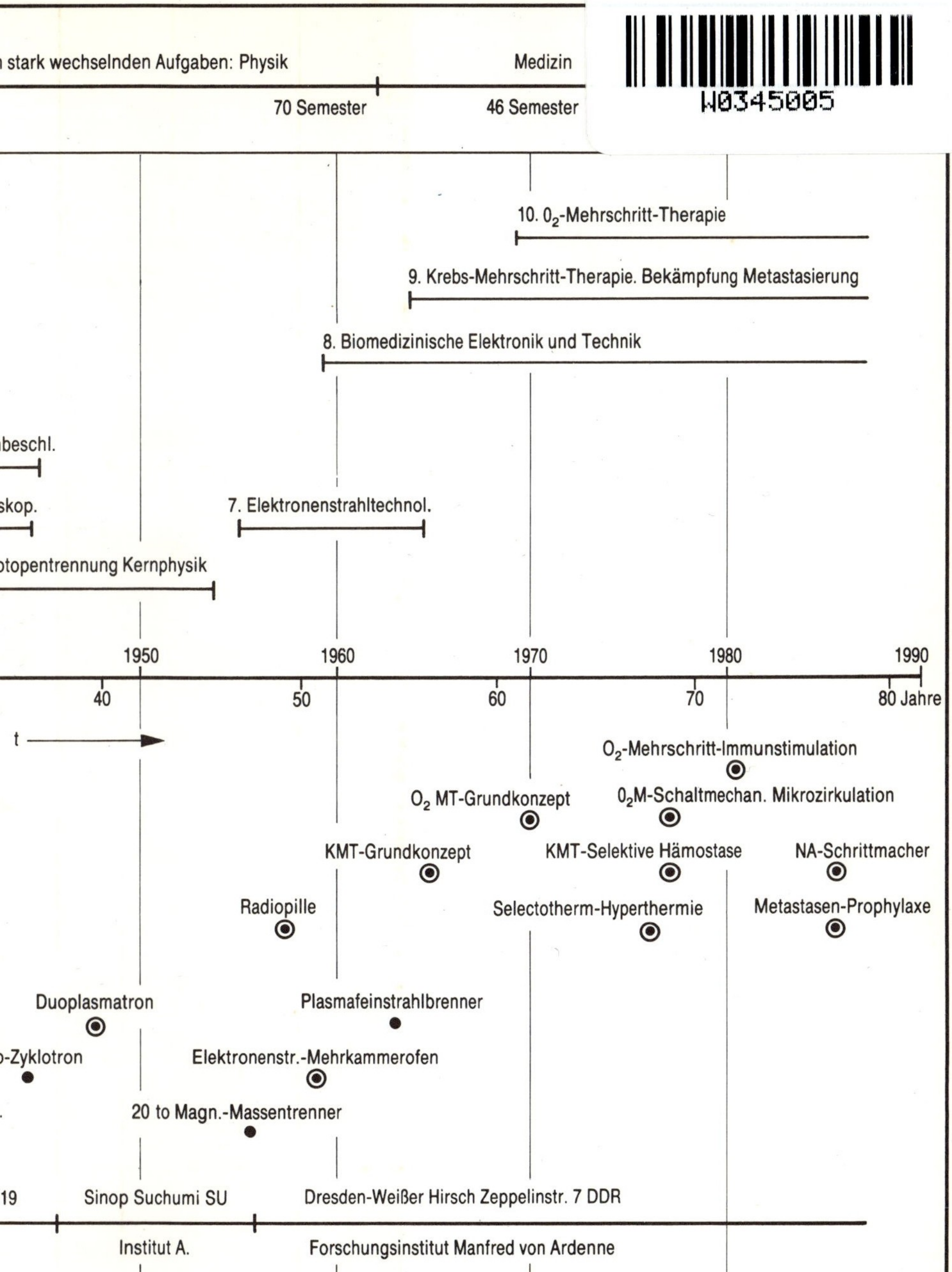

Manfred von Ardenne, eingetragen in Abhängigkeit vom Lebensalter

Biographie

Manfred von Ardenne

Mein Leben für Fortschritt und Forschung

nymphenburger

7. stark überarbeitete und ergänzte Auflage 1984

Lizenzausgabe für die Bundesrepublik Deutschland und Berlin (West), Österreich und die Schweiz

Umschlaggestaltung: Wolf Bachmann, München
Satz: Ludwig Auer, Donauwörth
Druck und Bindung: Ueberreuter, Wien
Printed in Austria
ISBN: 3-485-00483-9

Ein Wissenschaftler muß den Mut haben,
die großen ungelösten Probleme seiner Zeit
anzugreifen,
und ihre Lösungen müssen durch Ausarbeitung
unzähliger Experimente ohne kritische
Zeitverluste vorangetrieben werden.

Otto Warburg

Inhalt

1. Buch
Jugendjahre 1907 bis 1928

Kapitel 1: Blick in Vergangenheit und Zukunft

Dresden heute

Hochsommerwetter mit Fernsicht im Mai – das ist auch im milden Dresden eine Seltenheit. Ich sitze im Garten vor unserem Haus. Der Flieder blüht und duftet. Von hier, von meinem Institutsgelände auf dem »Weißen Hirsch«, blicke ich hinunter in das Elbtal und weiter auf die berühmte Silhouette der Stadt. Sie erscheint fast wie einst. An diesem warmen Sonnentag mit Föhn-Wetterlage sieht ohnehin alles wie verzaubert aus.
In einem solchen Augenblick begreift man, daß Bernardo Belotto, der sich Canaletto nannte, als er 1747 mit sechsundzwanzig Jahren aus Venedig nach Dresden kam, von dem Ort ergriffen war. Zahlreiche seiner weltberühmten Dresdner Veduten hängen heute in der Gemäldegalerie. Nach dem Inferno der Nacht vom 13. auf den 14. Februar 1945, in der amerikanische und britische Bomberverbände weite Teile der Stadt dem Erdboden gleichmachten, hätte man denken mögen, allein Bernardo Canalettos Bilder könnten die Vorstellung des einstigen Dresden wachhalten, denn selten gab es Maler, die wie er poetisches Empfinden mit topographischer Genauigkeit verbanden.
Der Kunsthistoriker Fritz Löffler – geboren in Dresden, 1937 wegen »Förderung entarteter Kunst« aus dem Stadtmuseum verbannt, nach 1946 über zwei Jahrzehnte für die Denkmalpflege aufopfernd wirksam – hat in einem Beitrag an das erinnert, was einst Corrado Ricci über die venezianischen Bilder, die Bernardo Canalettos Schüler und Neffe, Antonio Canaletto, gemalt hat, sagte: »Wenn Venedig vom Erdboden verschwände – quod Zeus avertat –, so

würden seine Bilder genügen, um es für uns ewig unvergeßlich zu machen.« Und Fritz Löffler fügt hinzu: »Diese Worte sind, betrachtet man heute Dresden und die Dresdner Veduten Bernardo Canalettos, zum Teil bittere Wahrheit geworden.«

Heute, am Sonntag, war die ganze Familie um den Mittagstisch versammelt: unsere Tochter, unsere drei Söhne, eine Schwiegertochter und der Schwiegersohn, und zwischen meiner Frau und mir saßen drei Enkel, die jetzt schlafen. Es ist ganz still im Haus. Ich genieße die Ruhe, denn werktags herrscht hier reges Leben, da das Gebäude, in dem wir wohnen, zugleich Bibliothek, Konferenzraum, Direktionsbüro und den Hauptteil der medizinischen Laboratorien des Forschungsinstituts enthält.

Sonst geht es bei Gesprächen im Kreis der Familie meist um Fragen der Arbeit, die wir alle sehr lieben: Unsere Tochter und drei Söhne sind als Physiker im Institut tätig. Heute mittag war das Thema ausnahmsweise einmal mein Erinnerungsbuch, das als Manuskript vorliegt. Meine Frau und die Kinder übten in liebevoller Zurückhaltung Kritik. Und so habe ich mir vorgenommen, das Manuskript noch einmal durchzusehen. Mir lag daran, die jungen Bürger unserer Republik für den technischen Fortschritt zu begeistern.

Darüber sinne ich nach.

Immer wieder wandern meine Gedanken. Das Gespräch mit meiner Frau und den Kindern über meinen Lebensweg weckt viele Erinnerungen. Habe ich alles wahrheitsgemäß und aufrichtig geschildert? Ich hoffe, es ist mir einigermaßen gelungen.

Die Welt, aus der ich komme und die mich geprägt hat, ist vergangen. Jedoch versteht es sich, daß ich viele Erlebnisse und Begegnungen vor allem aus meiner Kindheit und Jugend in einer mich beglükkenden Erinnerung habe. Allerdings kann ich das, was der große Theatermann Fritz Kortner in seinen nachgelassenen Schriften sagt, nämlich daß im Alter der Rückblick die einzig geziemende Blickrichtung ist, für mich nicht gelten lassen.

Ich lebe und wirke in der Gegenwart und hoffe, für die Zukunft noch einiges leisten zu können. Ich schätze meine fast fünfhundert Mitarbeiter, freue mich über ihre oft beispielgebende Einsatzbereitschaft und empfinde Dankbarkeit gegenüber der Stadt Dresden, die

uns zur Heimat geworden ist. Eng bin ich meinem Staat verbunden und fühle mich für ihn nicht weniger mitverantwortlich als für meine geliebte Familie. Und auch mit meinen nächsten Menschen, vor allem mit den Enkeln, gehen die Gedanken in die Zukunft. Daß das Leben der Kinder von heute glücklicher verlaufe ohne die Umwege und schmerzlichen Verirrungen, die viele Angehörige meiner Generation überwinden mußten, dafür sind wir älteren verantwortlich.
Meinen Enkeln war der Mordanschlag auf die Elbmetropole vor Kriegsende nur noch Bestandteil des Geschichtsunterrichts. Sie sehen in Dresden wieder die Stadt Canalettos, die traditionsreiche Residenz- und Barockstadt, die Stadt der Künste – der Malerei, der Musik, der Literatur –, die Gartenstadt, das Elbflorenz. Aber Dresden ist auch die Stadt, in der sich die wissenschaftlich-technische Revolution dokumentiert. In den neuen großen Sachbauten, die neben der Wiederauferstehung des Dresden von einst der Stadt von morgen Sinn und Zielrichtung geben werden, kündigt sich die durch den technischen Fortschritt im Dienste der Humanitas geprägte Zukunft an.
Wie die Elbmetropole dereinst auch aussehen wird: Der Strom, nicht mehr goldgelb, wie E. T. A. Hoffmann ihn beschrieb, sondern von dunkler Schönheit, wird das Stadtbild weiterhin bestimmen und unverwechselbar machen.
Von meinem Garten aus blicke ich der Elbe nach, die, sich immer weiter öffnend, den Jahrtausendstädten Meißen, Magdeburg und Hamburg zuströmt.

Geburtsjahr 1907

In Hamburg bin ich geboren. An einem Sonntag, am 20. Januar 1907. Was für ein Jahr war das? In meiner Geburtsstadt eröffnete Carl Hagenbeck seinen berühmten Tierpark. In Wien hob Oscar Strauss seinen »Walzertraum« aus der Taufe. Und die damaligen Klatschtanten hatten ihre Sensation, als die ehemalige Kronprinzessin von Sachsen den Geiger Enrico Toselli heiratete.
Es war das Deutschland Wilhelms II., Kaiser und König von Preußen. Reichskanzler Bernhard von Bülow hatte den Reichstag, der den Nachtragetat für die grausame Niederschlagung des Aufstandes

der Hereros und Hottentotten in Südwestafrika abgelehnt hatte, aufgelöst und Neuwahlen festgesetzt. Der Wahlkampf wurde von seiten der Regierung mit chauvinistischer Demagogie und antisozialistischer Pogromhetze geführt. Bülows Wahlparole lautete: »Für Ehre und Gut der Nation, gegen Sozialdemokraten, Polen, Welfen und Zentrum.«

Als »Hottentottenwahlen« gingen diese Reichstagswahlen in die deutsche Geschichte ein.

Sie brachten der Regierung den gewünschten Erfolg. Die Sozialdemokratie verlor sechsunddreißig von neunundsiebzig Mandaten. Im Wahljubel erinnerte Reichskanzler von Bülow an Bismarcks Wort: »Setzen wir das deutsche Volk in den Sattel, reiten wird es schon können« und fügte hinzu, die Welt werde nun erkennen, daß das deutsche Volk fest im Sattel sitzt »und alles niederreitet, was sich seiner Wohlfahrt, seiner Größe in den Weg stellt«.

Seit 1871 hätte die preußische Geschichte allmählich in die deutsche Geschichte übergehen sollen. Tatsächlich aber beherrschte noch lange über die Jahrhundertwende hinaus Preußen Deutschland. Diese Verpreußung war ein großes Verhängnis. Das Preußische Außenministerium hatte sich nur namentlich in das Auswärtige Amt des Kaiserreiches verwandelt, die Preußische Marine in die Reichsmarine. Der Preußischen Armee wurden die Heereskontingente der übrigen Staaten – außer Bayern – mehr oder weniger angegliedert. Und auch wirtschaftlich hatte Preußen das Übergewicht: Deutschlands Schwerindustrie – Ruhrgebiet, Oberschlesien, Saarland – lag in Preußen. Ein Problem besonderer Art war die Machtstellung des höheren Adels, speziell der Großgrundbesitzer in den preußischen Ostprovinzen. Sie versuchten jede Demokratisierung zu verhindern. Nicht zuletzt durch ihren Einfluß herrschte in Preußen zu dieser Zeit noch das »Dreiklassenwahlrecht«, das Wilhelm II. niemals aufgegeben hat. Erst nach dem verlorenen ersten Weltkrieg, nachdem der Kaiser geflohen und die Monarchie beseitigt war, wurde es abgeschafft.

Wohin bin ich mit meinem Grübeln gekommen: in die Welt, die vergangen ist, in die Welt, die mich geprägt hat, in das Jahr 1907, eine Ziffer, die ich noch heute, wenn ich dieses oder jenes Behördenformular auszufüllen habe, immer wieder schreiben muß.

Kapitel 2: Mein Elternhaus

Eltern und Geschwister

Für meine Eltern war das Jahr 1907 ein Jahr des Friedens und des Glücks. Voller Stolz zeigten sie die Geburt ihres ersten Sohnes an. Ich bin das älteste von fünf Kindern gewesen.

Mein Vater, Egmont Baron von Ardenne, war Offizier. Als Oberstleutnant schied er 1919 aus dem Heeresdienst aus und wurde später Regierungsrat. Mit gütigem Herzen und, wenn es darauf ankam, klugem Rat und viel Verständnis stand er mir in den Jahren meiner Jugend zur Seite. Er gewährte mir außergewöhnlich viel Freiheit, auch später, als es darum ging, für mich den richtigen Beruf zu finden. Tiefe Dankbarkeit erfüllt mich, wenn ich an ihn, der im Glück seiner Kinder das Hauptziel seines Lebens sah, zurückdenke.

Meine Mutter, Adela, eine geborene Mutzenbecher, konzentrierte ihre unermüdliche Bereitschaft zur Hilfe stets auf jenes ihrer fünf Kinder, das ihres Schutzes gerade am meisten bedurfte oder sich in einer kritischen Phase befand. So habe ich ihre liebevolle Art besonders in den frühen Jahren empfunden. Wir waren ihr vielleicht manchmal sogar wichtiger als der Ehemann! An strenge Maßnahmen meiner Eltern kann ich mich kaum erinnern. Sie bemühten sich stets, uns Vorbild zu sein im Leben und dadurch erzieherisch zu wirken.

Nachdem ich die üblichen physiologischen Funktionen erlernt hatte, soll die frisch erworbene Fähigkeit, auf Stühle und Tische zu steigen, meine Eltern wiederholt in ärgste Schrecken versetzt haben. Kurze Zeit später sah meine Mutter ihren Sohn auf dem äußeren Sims des offenen Fensters der im vierten Stock gelegenen Wohnung am Grindelhof balancieren. Seit dieser Zeit wurden an allen Fenstern der Kinderzimmer Gitter angebracht.

Zwei Verbote trafen mich in meiner frühen Kindheit offenbar tief, denn bis heute haben sie Erinnerungsspuren hinterlassen. Ich durfte nicht an einer Bootsfahrt auf der Alster teilnehmen – einem Lieblingsvergnügen. Das war die Strafe dafür, daß ich einer Fliege, einem dicken Brummer, ein vorzeitiges Ende bereitet hatte. Ein anderes Mal wurde mir untersagt, abends mit auf den Balkon des großväterlichen Hauses an der Alster zu gehen, von dem aus wir sonst das Feuerwerk bestaunten, das einmal wöchentlich am Harvestehuder Fährhaus abgebrannt wurde. Dies war die elterliche Reaktion auf mein Bemühen, das physikalische Verhalten eines kolloiden Gemenges auf besondere Art und Weise festzustellen: Ich hatte versucht, den Inhalt einer Hautcremedose mittlerer Größe möglichst gleichmäßig auf der Tapete des großväterlichen Gästezimmers zu verteilen. Die gleiche abwegige Neigung für die Verwendung von Salben konstatierte ich fünfunddreißig Jahre später bei meinen eigenen Kindern.

Beim Großvater

Im Hause meines Großvaters, an der Alster Nr. 8, imponierten mir besonders die verschiedenen Sprechrohre zwischen den einzelnen Stockwerken und der Küche, die die Aufgaben des heutigen Haustelefons erfüllten. Wenn man in eine Pfeife am Sprechtrichter blies, konnte der Partner an das andere Ende der Rohrleitung gerufen werden.

Und noch ein weiteres Erlebnis bei Großvater Mutzenbecher hat sich in meiner Erinnerung erhalten: 1912 sahen wir Kinder vom Gartenzaun aus den Kaiser durch die von einer dichten Menschenmauer umsäumte Straße fahren. Es war die Fahrt, wo der Kaiser vergeblich versuchte, den Oberbürgermeister der Hansestadt, Burghard, einen Freund meines Großvaters, für den Posten des Reichskanzlers zu gewinnen.

Etwa um diese Zeit übrigens soll zwischen meinen Eltern und Herrn Blohm, dem Inhaber der Hamburger Werft Blohm und Voß, im Scherz mein späterer Eintritt als Ingenieur in die Firma vereinbart worden sein.

In Rendsburg

Eine militärwissenschaftliche Vortragsreihe meines Vaters, in der er Vorschläge entwickelte, die dann im ersten Weltkrieg verwirklicht wurden, brachte seine Beförderung zum Brigadeadjutanten der kleinen Garnison Rendsburg. Ich war damals fünf Jahre alt. Unsere neue Wohnung lag unmittelbar am Nord-Ostsee-Kanal. Diesem Umstand verdanke ich mancherlei Eindrücke technischer Art. Es gab viel zu sehen: die Bagger, die kleine Feldbahn hinter dem Haus, eine alte Drehbrücke und vor allem die Hochbrücke, die gerade über den Kanal gebaut wurde. Das alles trug dazu bei, ein erstes Interesse für technische Dinge in mir wachzurufen. Auch die Kriegsschiffe im engen Kanal mit ihren bizarren Aufbauten, der Klang ihrer Sirenen und das nächtliche Spiel ihrer Scheinwerfer hatten eine große Anziehungskraft.

Basteln, meine Leidenschaft

Es war daher naheliegend, mit den Nachbarskindern aus Balken und Brettern ein floßartiges Gebilde zu zimmern und zu erproben. Vom guten Gelingen unseres Werkes konnte mein Vater sich überzeugen, als er bei seiner Rückkehr vom Dienst seinen des Schwimmens unkundigen Sohn in der Mitte eines Nebenkanals entdeckte. Unter mehr oder weniger gütigem Zureden gelang es ihm schließlich, mich an das sichere Ufer zu lotsen.
Meine Freude am Basteln erhielt durch ein Weihnachtsgeschenk, wie es heute leider nur selten zu finden ist, kräftigen Auftrieb: Es bestand aus einem Kasten mit etwa hundert Vierkanthölzern und Brettchen aus Kiefernholz, einem Paket passender Nägel, einem leichten Hammer und einer kleinen Säge. Nach beigefügten Vorlagen oder auch nach eigener Phantasie ließen sich aus diesen Elementen stabile Brücken, Lauben oder Häuser aller Art herstellen.

Wir ziehen nach Berlin

Kurz vor dem ersten Weltkrieg wurde mein Vater nach Berlin in das Kriegsministerium versetzt. Er hatte dort im Allgemeinen Kriegsdepartement die technischen und militärischen Aspekte geheimer Waffen zu prüfen. Aus der ersten Berliner Zeit ist mir vor allem ein

Besuch in der Wohnung des Kriegsministers General von Falkenhayn nahe dem Leipziger Platz im Gedächtnis. Im Spielzimmer der ältesten Tochter Falkenhayns, die später den im Zusammenhang mit dem 20. Juli 1944 zu Tode gekommenen Henning von Treskow heiratete, imponierte uns Kindern besonders ein mehrstöckiges Puppenhaus mit elektrischer Beleuchtung. Ebenso wirkte die feierliche Atmosphäre in den großen Räumen des Kriegsministeriums nachhaltig auf unsere Kindergemüter.
Im gleichen Jahr fand in Gegenwart des Kaisers die letzte Parade der preußischen Garderegimenter auf dem Tempelhofer Feld statt. Von unserem offenen Wagen aus hatten wir einen guten Blick auf das bunte, optisch wirkungsvolle militärische Bild. Deutlich entsinne ich mich des Vorbeimarsches des 1. Garderegiments mit den hohen Helmen der friderizianischen Zeit und an den Vorbeiritt der Kürassiere. Auch die Gruppe der Generale zu Pferd mit ihren federgeschmückten Helmen um Wilhelm II. hat sich mir eingeprägt. Wieviel Leid sich hinter dieser glänzenden Fassade verbarg, sollten wir in den bald folgenden Kriegsjahren erfahren.

Der große Komet und eine Sonnenfinsternis

Von den verschwommenen Kindheitseindrücken aus den Jahren vor dem ersten Weltkrieg heben sich nur wenige markante Ereignisse ab.
Das waren das Erscheinen des Halleyschen Kometen im Jahr 1910 und einige Jahre später eine Sonnenfinsternis. Daran erinnere ich mich gut: die Menschen auf der Straße, die zum Himmel starrten, wir selbst an den Fenstern unseres Hauses, ausgerüstet mit Fernrohren und geschwärzten Gläsern. Und dann das seltsame, bedrohliche Gefühl, als sich der helle Tag verfinsterte.
Dagegen muß das Bild des großen Kometen, den ich mit seinem den Nachthimmel überspannenden Schweif so deutlich vor mir sehe, sich wohl mehr aus den Erzählungen der Erwachsenen und aus Abbildungen geformt haben. Zumindest hat sich dem Dreijährigen unauslöschlich eingeprägt, wie eine solche unabwendbare Naturerscheinung die sonst so festgefügte Umwelt in Unruhe versetzen konnte.

Die Welt kann auf dem Kopf stehen!

Viel nachhaltiger als diese beiden kosmischen Ereignisse wirkten meine Erlebnisse in den Sommerferien 1912 in Bayrisch-Zell, im heute noch bestehenden Sanatorium Tannerhof der Familie von Mengershausen.

Noch jetzt, beim Schreiben, empfinde ich etwas von der brennenden Neugier, der prickelnden Unruhe, die mich packten, nachdem mir ein Bekannter meiner Eltern seinen Fotoapparat überließ. Wir hatten einen herrlichen Ausflug gemacht, verschiedentlich war fotografiert worden – verbunden mit den damals noch notwendigen umständlichen Zeremonien. Als ich dann endlich den geheimnisvollen Kasten selbst in der Hand hielt und entdeckte, daß auf der Mattscheibe des Apparates der sichtbare Teil der Welt auf dem Kopf steht, geriet einiges in mir in Bewegung. Man versuchte mir zu erklären, auf Grund welcher optischen Gesetze das Wunder erfolgte. Was ich davon gleich begriff, weiß ich nicht mehr, aber ganz deutlich entsinne ich mich noch der vielen Fragen, die sich im Zusammenhang damit stellten. Ich habe wohl damals begonnen, der Beantwortung solcher Probleme nachzuspüren, und glaube heute noch, daß zu dieser Zeit ein Samenkorn für mein frühes Interesse an naturwissenschaftlichen Experimenten gelegt wurde. Ein unscheinbares Ereignis – doch meinen Lebensweg hat es entscheidend mitbestimmt.

In einem Brief vom 16. 4. 1915 an Egmont von Ardenne von seiner Schwester Margot steht folgender Satz über mich, seinen Sohn Manfred: »Mir fällt stets von neuem auf, mit welch leidenschaftlicher Inbrunst er sich den Dingen hingibt. Wenn er das beibehält, muß er in seinem Fach einstmals Außergewöhnliches leisten!«

Mein erstes Instrumentarium

Erste Folge meines erwachten optischen Interesses war der von den Eltern genehmigte Kauf eines mit einer Lupe verschlossenen Gläschens, wie sie seinerzeit in Geschäften angeboten wurden. Man konnte damit in entsprechender Vergrößerung kleine Insekten und

Pflanzenteile untersuchen. Dieses unzulängliche Hilfsmittel wich aber bald einem Schülermikroskop, das mir mein Großvater Mutzenbecher, der 1914 nach Weimar übergesiedelt war, bei einem meiner jährlichen Besuche – es wird um 1916 gewesen sein – schenkte. Mit dem Instrument war es möglich, Fliegenflügel, Bienenstachel und ähnliches in etwa hundertfacher Vergrößerung zu betrachten. Außerdem ließen sich seine Grundelemente zu einem kleinen Fernrohr kombinieren. Mein Interesse an physikalischen Dingen muß aufgefallen sein, denn der älteste Bruder meiner Mutter, Dr. Franz Matthias Mutzenbecher, schenkte mir 1918, kurz vor seinem Tode, ein Physikbüchlein, das ich mit ausdauerndem Fleiß las und bald bis in alle Einzelheiten kannte. Auf der Titelseite dieses Büchleins stand der Name Warburg: ein Name, der fast ein halbes Jahrhundert später eine große Rolle in meinem Leben spielen sollte. Etwa um die gleiche Zeit schickte mir Professor Paul Hermann Scherrer, der spätere bedeutende Physiker der eidgenössischen Technischen Hochschule Zürich, nach einem Besuch bei meinen Eltern ein Paket mit Glasröhrchen verschiedener Durchmesser, Reagenzgläsern und einfachen Linsen. Die Glasröhrchen hatte ich allerdings nicht lange, denn statt für physikalische Versuche benutzte ich sie dazu, Erbsen gegen Fensterscheiben und in offene Fenster der Nachbarn zu pusten. Gar so ernsthaft kann mein Forschertrieb also doch noch nicht gewesen sein.

Methodisch vorgehen

Wie methodisch ich wiederum bestimmten Problemen gegenüber reagierte, beweist ein anderes Erlebnis: meine erste selbständige Reise, die ich in den Ferien 1917 zusammen mit meiner zwei Jahre jüngeren Schwester Magdalena von Berlin nach Münster am Stein antrat. Von meinen geistigen Vorbereitungen auf dieses Ereignis zeugt ein zufällig erhalten gebliebenes Schulheft. Darin befinden sich die Abschrift des Fahrplans, die dem »Baedeker« entnommenen wichtigsten Einzelheiten über die auf der Fahrt berührten größeren Städte, eine abgezeichnete Landkarte der unmittelbaren Umgebung unseres Reiseziels sowie eine weitere in größerem Maßstab

mit der Reiseroute. Daneben waren die Auf- und Untergangszeiten von Sonne und Mond und aus dem Hundertjährigen Kalender eine Art langfristige Wettervorhersage für die Ferienzeit eingetragen.
Zwei Jahre lang erhielt ich Privatunterricht. Dann kam ich in das Realgymnasium in Neutempelhof und mußte den weiten Weg über das noch unbebaute Tempelhofer Feld zur elterlichen Wohnung in der Neuköllner Hasenheide zu Fuß zurücklegen. So wurden die Straßenbahnkosten eingespart.

Ich hätte Astronom werden können

Während meiner Schulzeit habe ich, angeregt durch die damals weitverbreiteten Bastelbücher, aber auch direkt durch den Unterricht, sehr viel gebastelt und experimentiert. Wir verwendeten zum Beispiel in der Geographiestunde einen Sextanten, den ich aus selbstgeschnittenen kleinen Spiegeln und Zigarrenkistenholz gebaut hatte. Aus Brillengläsern, Gardinenstangen und Kistenholz entstanden mehrere bis zu 2 m lange Fernrohre, durch die man Mondkrater, Sonnenflecken, Venusphasen und den Jupiter mit seinen vier größten, von Nacht zu Nacht ihre Stellung ändernden Monden betrachten konnte.
Die Astonomie muß mich leidenschaftlich bewegt haben. Eines Nachts ertappte meine Mutter mich, als ich eine recht detailreiche Mondkarte abzeichnete. Ich schreckte auch nicht davor zurück, astronomische Abbildungen aus allen mir erreichbaren Büchern und Konversationslexika herauszuschneiden.

Das Rumpelkammer-Labor wird gegründet

Mit den Astrobildern tapezierte ich die Wände einer Kammer, die meine Eltern mir für meine Basteleien zur Verfügung gestellt hatten.
In diesem Raum mit seinen 4 m^2 Bodenfläche konzentrierte sich während der nächsten Jahre alles, was mich wirklich beschäftigte. Das ging bald so weit, daß ich mir schon während der Schulstunden

das Programm für die Versuche und Arbeiten aufstellte, die ich am Nachmittag machen wollte. Und nach Schulschluß war ich ausschließlich von dem Gedanken beherrscht, möglichst rasch in mein »Labor« zurückzukehren. Leider wirkte sich dieser Eifer auf die Unterrichtsergebnisse absolut nicht immer günstig aus. Dennoch gibt es für handwerklich oder technisch interessierte Kinder nichts Schöneres als einen Platz, an dem sie sich ihren Wünschen und Neigungen entsprechend ganz selbständig entfalten können. Mehr als große Festgeschenke kann das dazu beitragen, Selbständigkeit, Wissen und Können zu fördern.

Wissenschaft kostet Geld

Brillengläser, Okulare und Materialien, wie ich sie für meine Fernrohre und zum Ausbau der sich ständig erweiternden fotografischen Ausrüstung benötigte, kosteten Geld, das verdient sein wollte. Also graste ich als »Berufsfotograf« das weite Feld von Familie, Bekanntschaft und Hauspersonal ab. Auf Verlangen fertigte ich in meinem zeitweilig zur Dunkelkammer umgerüsteten Raum Vergrößerungen von Porträts bis fast zum Originalmaßstab an. Eine weitere Geldquelle scheine ich mir auch durch den Verkauf selbstgebauter Fotoapparate erschlossen zu haben, denn als mich fünfzehn Jahre später der Hochfrequenzphysiker Dr. H. E. Hollmann besuchte, brachte er als Antrittsgeschenk einen solchen Apparat und das Original der von mir quittierten Rechnung mit; nach diesem »Dokument« hatte seine Frau, die gegen Ende des ersten Weltkrieges zu unserer Spielgemeinschaft gehörte, den »Fotoapparat« für RM 1,10 (einschließlich Linse und Nägel!) erworben.

Alarmanlagen interessieren mich noch heute

Größere Einnahmen erzielte ich aber vor allem durch die Installation von Einbruch-Alarmanlagen. Sie wurden vom Wechselstrom-Lichtnetz gespeist und bestanden im wesentlichen aus der Reihenschaltung einer Glimmlampe und einer Telefon-Wechselstrom-

Klingel. Bei geschlossener Haustür wurde die Klingel mit Hilfe eines Kontaktes elektrisch überbrückt, so daß die Anlage schwieg. Öffnete man die Tür nur ganz wenig, war die Überbrückung aufgehoben – und die Klingel schrillte. Eine solche Einrichtung hat die Wohnung eines Nachbarn fast zwei Jahrzehnte lang geschützt. – Bis heute habe ich übrigens eine gewisse Vorliebe für Installationen dieser Art behalten. Daher sichern hochempfindliche Strahlenalarmsysteme unseren gesamten Wohn- und Institutskomplex auf dem Weißen Hirsch in Dresden.

Altmetall besonderer Art

Ausgezeichnet bewährte sich auch eine andere Methode, den Kassenbestand aufzufüllen. Hinter unserem Haus in der Hasenheide lagen Schießstände. Damals waren Blei und Messing sehr knapp, die Altwarenhändler der Umgebung zahlten dafür gute Preise – was lag also näher als kleine Expeditionen auf verbotenes Gelände. Recht erhebliche Mengen dieser Metalle haben wir durch systematisches und ausdauerndes Sammeln von Messingpatronenhülsen und durch fleißiges Suchen im Kugelfang der Scheibenstände zusammengebracht. Später schmolzen wir die spitzen Geschosse aus und setzten die so gewonnenen Bleibarren in dringend benötigtes Geld um. Allerdings war es bei diesen Ausflügen notwendig, rechtzeitig vor Beginn der Schießübungen zu verschwinden. Ich hatte eine Statistik angelegt, die uns ein Zusammentreffen mit den periodisch auf dem Gelände patrouillierenden Wachposten und Feldwebeln zu vermeiden half.

Die Schießstände in der Berliner Hasenheide

Wir Kinder führten auf dem Areal der damaligen Schießstände in der Berliner Hasenheide ein Dasein mit ungewöhnlichen Freiheiten. Das große Gelände durfte nur mit einem Ausweis, der einen Militärstempel trug, betreten werden, und gerade das gab uns gegenüber normalen Zivilpersonen das Gefühl völliger Sicherheit. Wie viele andere Offiziersfamilien hatten auch meine Eltern dort einen Garten gepachtet, der als sicherer Hafen für unsere Streifzüge diente. Zur Stadt hin wurde das Gebiet von einem hohen Holzzaun begrenzt, an den sich Hinterhöfe und die häßlichen Rückseiten vierstöckiger Mietshäuser anschlossen. Es machte uns wenig aus, beispielsweise durch Astlöcher in der Bretterwand mit einem weitreichenden Luftdruckgewehr die Fenster jener Wohnung zu beschießen, von der bekannt war, daß sie einem besonders würdevollen katholischen Pfarrer gehörte. Im Winter gaben Hügel gute Möglichkeiten zum Rodeln und Skilaufen.

In den Flegeljahren

Damals war ich mitten in den sogenannten Flegeljahren. Streiche zu ersinnen und durchzuführen – aus pädagogischen Gründen sollte ich eigentlich nicht darüber reden – gehörte zu den Höhepunkten und Hauptbeschäftigungen dieser Zeitspanne. Wichtigster Gesichtspunkt blieb dabei stets, sich nicht erwischen zu lassen. Die schlimmsten meiner Tollheiten müssen wirklich mit dem Mantel des Schweigens umhüllt bleiben.

Da es heute jedoch bei uns in den Papiergeschäften keine Knallkorken für Schreckschußpistolen mehr gibt, darf ich erzählen, daß wir diese Dinger in Abständen von zehn Metern auf die Straßenbahnschienen legten. Durch die Fenster der Haustore beobachteten wir dann die Reaktionen bei Schaffnern und Fahrgästen.

Kleine mit Schwefelwasserstoff gefüllte Glaskügelchen, sogenannte Stinkbomben, die damals ebenfalls in Papiergeschäften angeboten wurden, warf ich, unterstützt von gleichaltrigen Kumpanen, in Süßwarenläden. Die Lateinstunde schien uns dadurch attraktiver, daß wir in besonders geeigneten Augenblicken einen kleinen elektrischen Summer betätigten. Über feine, für den kurzsichtigen Lehrer nicht erkennbare Kupferdrähte stellten wir Kontakte unterschiedlicher Dauer mit einer Batterie her.

Diese Beispiele mögen genügen, um gewisse Mängel meines Charakters in jenen Jahren zu beleuchten. Vielleicht hatten derartige Unternehmungen auch ein positives Moment: Sie regten dazu an, erfinderisch zu sein, freilich auf den alleruntersten Stufen der Skala. An der Neuköllner Seite wurden die Schießstände durch den historischen Turnplatz von Friedrich Ludwig Jahn und an der entgegengesetzten Tempelhofer Seite durch einen abgeschlossenen Übungsbereich für Pioniere begrenzt. Das Betreten dieses Komplexes war strengstens verboten. Hier gab es richtige Kampfanlagen mit Schützengräben, tiefen Unterständen und kleinen Bunkern. Der Einsatz von Flammenwerfern, Tretminen, Granat- und Minenwerfern wurde frontmäßig erprobt. Die ausgebauten Stellungen dieses Geländes übten einen unwiderstehlichen Reiz aus. Prompt gerieten wir denn auch gelegentlich einmal in eine militärische Übung und lernten Granat- und Mineneinschläge aus knapp 20 m Entfernung kennen.

Die Sache mit dem kleinen Feuer

Vorsichtiger wurden wir erst, als eines Tages bei einer unserer Exkursionen fast ein Unglück passiert wäre. Wir hatten eine noch nicht detonierte Granate von ungefähr 8 cm Kaliber gefunden. Schnell war ein Reisighaufen zusammengetragen, angezündet und der Explosivkörper hineingeschoben. Sekunden später lagen wir vorschriftsmäßig in Deckung. Da tauchte etwa 300 m vor mir die Patrouille der Wachmannschaften auf. Sie kam auf uns zu, und mir war sofort klar, daß sie nichtsahnend in höchste Lebensgefahr geriet, sobald sie sich – was zu vermuten stand – anschickte, das Feuer zu löschen. Blitzschnell faßten wir daher einen Entschluß, stürzten auf das Feuer zu, rissen die Granate vor den Augen der Patrouille aus den Flammen, warfen sie beiseite und rannten davon – allerdings nicht planlos, sondern sternförmig auseinanderstiebend, wie das unserem taktischen Reglement für solche Fälle entsprach. Wir machten uns damals keine Gedanken darüber, daß solche »Experimente«, wie leider auch heute noch viele Beispiele zeigen, einen schlimmen Ausgang nehmen können. Wie viele junge Menschen sind besonders nach dem zweiten Weltkrieg durch unbedachten Umgang mit Fundmunition getötet oder verkrüppelt worden!

Mit dem Maschinengewehr gegen das Mädchenlyzeum

Als 1918 das Kaiserreich zusammenbrach, gewann das Schießstandgelände für uns noch mehr Reiz. Hatten wir früher jede Begegnung mit Patrouillen zu vermeiden versucht, so bemühten wir uns jetzt darum, mit ihnen zusammenzutreffen. Die Soldaten fanden nämlich gar nichts dabei, elfjährige Jungen in einigen für dieses Alter sonst nicht üblichen Fertigkeiten zu unterrichten. Sie lehrten uns, mit Handgranaten zu werfen, Tannenzapfen mit den verschiedenen Infanteriewaffen herunterzuschießen und sogar ein schweres Maschinengewehr zu bedienen. So angeleitet, brachten wir beim Einzug der Truppen in Berlin ein herrenlos auf der Straße zurückgebliebenes Maschinengewehr nach Einbruch der Dämmerung unbemerkt in die elterliche Wohnung eines unserer Freunde und demolierten, nachdem seine Eltern ausgegangen waren, die Turmuhr des gegenüberliegenden Mädchenlyzeums mit mehreren gutgezielten Feuerstößen. Bei den damaligen verworrenen Zuständen hatte das aber keine unmittelbaren Folgen für uns. Tatsächlich sammelten wir »Kriegserfahrungen« und »-eindrücke«, die vom Pfeifen der Querschläger bis zum Anblick Verwundeter reichten. Während einer dieser Unternehmungen, von denen unsere Eltern natürlich nichts wußten, mündete zum Beispiel der letzte Teil der Flugbahn eines kleinkalibrigen Geschosses unmittelbar hinter meinem linken Ohr.

Meine Interessen verlagern sich

Die leichte Verwundung führte zu näherer Bekanntschaft mit einem in unserem Hause wohnenden Chirurgen, dessen Röntgenlaboratorium mich sehr fesselte und dessen Funkeninduktor für 30 cm Schlagweite ich zwei Jahre später erwarb. Bald darauf verlagerte sich der Schwerpunkt meiner Interessen von Fotografie und Astronomie auf Physik, Elektrotechnik und Chemie.
Mit Hilfe zweier gegeneinander rotierender und mit Metallfolien belegter Schallplatten wollte ich mir eine »Influenzmaschine« bauen. Der Versuch mißlang jedoch, weil ich gewisse Elektroden mangelhaft isoliert hatte.

Der Herr mit dem schwarzen Vollbart

Daraufhin erregte eine Influenzmaschine mit großem Scheibendurchmesser im Schaufenster eines kleineren, nahe gelegenen Elektrogeschäftes meine stärkste Aufmerksamkeit. Kurz vor Weihnachten verschwand der auf meinem »Wunschzettel« dreimal unterstrichene Apparat leider aus dem Schaufenster, und auf meine Nachfrage erfuhr ich, daß er von einem Herrn mit schwarzem Vollbart gekauft worden sei. Da es keinen solchen Mann in unserem Familien- und Bekanntenkreis gab und ich das vorsorgliche Täuschungsmanöver meiner Eltern, die ihren Sohn kannten, nicht erwartete, war ich doppelt überrascht, die ersehnte Maschine auf dem weihnachtlichen Gabentisch zu finden.

Kapitel 3: Ein Junge bastelt

Der Experimentator macht sich ans Werk

Kurz nach Neujahr konnten die üblichen Versuche der Elektrostatik mit Influenzmaschine, Isolierschemeln, selbstgebauten Leydener Flaschen, Funkentafeln, Blattelektrometern, springenden Holundermarkkugeln, Spitzenentladungen und Geißlerröhren nichts Neues mehr bieten.
Als nächstes untersuchte ich das luftelektrische Potentialfeld an der Außenfront unseres Hauses. Die Versuchsanordnung war einfach: Eine lange Wachskerze befestigte ich an einem Besenstiel und steckte diesen möglichst weit aus einem Fenster hinaus. Um die Kerze, die gleichzeitig als Isolator diente, war ein feiner Draht gewunden, der ein Stückchen in die Flamme eintauchte. Das andere Drahtende wurde mit einem Blattelektrometer verbunden. Da die Flamme durch ihre ionisierende Wirkung das Potential der umgebenden Luft annahm, zeigte das Instrument wirklich eine Spannung an. Besonders aufregend fand ich es, die Schwankungen der Ausschläge vor und nach Blitzen bei örtlichen Gewittern zu beobachten.
Vom hochgespannten Gleichstrom der Influenzmaschine führte der Weg zum hochgespannten Wechselstrom. Bald erfüllten Funkeninduktoren allmählich zunehmender Schlagweite, Geißlerröhren, Lumineszenzröhren, Röntgenröhren und Leuchtschirme sowie Elektrisierapparate meine Kammer. Aus dem Fenster hingen Antennen in den Hof, und ich machte erste funkentelegrafische Versuche mit Fritter und selbstgebauten Relais. Die Gegenstation hatte ich in der entferntesten Ecke der Wohnung aufgebaut.

Meine Umwelt ist gefährdet

Tanten oder andere Besucher waren zu dieser Zeit gewissen Gefahren ausgesetzt. Legten sie ahnungslos die Hand auf die Türklinke, sprühten tückische Funken, und es gab kräftige elektrische Schläge. Mit ähnlichen physikalischen Erlebnissen sahen sich Straßenpassanten konfrontiert, die ein von mir vor das Haus gelegtes Portemonnaie aufzuheben versuchten. In der Dämmerung konnten sie den 0,1-mm-Kupferdraht nicht sehen, der zum ungeerdeten Pol eines Funkeninduktors führte, den ich auf dem Balkon des vierten Stocks in Tätigkeit setzte.

Röntgendurchleuchtungen und Tesla-Versuche

Mit Hilfe eines kleinen, von einem Akkumulator betriebenen Funkeninduktors, der Funkenentladungen von 3 cm Länge lieferte, und einer der damals handelsüblichen Versuchsröntgenröhren mit kalter Kathode gelangen mir auch bald die ersten Durchleuchtungen und Röntgenaufnahmen von Händen. Deutlich erinnere ich mich noch, wie stark mich die geheimnisvolle Durchdringungsfähigkeit der Röntgenstrahlung faszinierte.

Große Freude bereiteten mir ebenfalls die berühmten, von dem Jugoslawen Nikola Tesla im Jahre 1890 angegebenen Versuche mit hochfrequenten Tesla-Strömen. Das Spiel der Funkengarben, die im Dunkeln magisch leuchtenden und sich verästelnden Lichtbüschel sowie die im Hochfrequenzfeld elektrodenlos angeregten Leuchtröhren zogen mich in ihren Bann. Die Anlage wurde schließlich so weit ausgebaut, daß bei einem Leistungsumsatz von mehreren Kilowatt und sorgfältiger Abstimmung der Kreise Funken und Lichtbüschel von über 50 cm Länge erzielt werden konnten. Die Mitbewohner unseres Hauses sahen sich zu jener Zeit von ebenso unangenehmen wie rätselhaften elektrischen Störungen belästigt, denn die von den Tesla-Entladungen abgehenden Wanderwellen lösten im Leitungsnetz ihrer Wohnungen stromstarke Überschläge aus, die auch die stärksten Sicherungselemente durchbrennen ließen.

Keine Zeit für Höflichkeit

Wie kostbar mir damals meine Freizeit schien, mag folgende Episode zeigen, die bezeichnend für meinen grenzenlosen Eifer war, mehr

und mehr zu lernen, zu erforschen und zu entdecken: Meine Eltern hatten mich beauftragt, unsere hochverehrte »Effi Briest«-Großmutter Else von Ardenne bei ihrer Abreise zu begleiten und ihren Koffer zum Bahnhof zu bringen. Die Erledigung dieses Auftrages hätte etwa anderthalb Stunden in Anspruch genommen. Was tat ich, der ich mitten in der Endphase eines »hochwichtigen«, neuausgedachten Experiments steckte? Zum berechtigten Entsetzen der Erwachsenen bat ich darum, meine Begleiterpflichten einem Gepäckträger übertragen zu dürfen. Und es wurde dann wirklich ein Träger auf meine Kosten engagiert, da meine Großmutter nach anfänglichem Befremden rasch Verständnis für meine spezielle Lage zeigte.
Im Hinblick auf meinen späteren Beruf habe ich den damaligen Versuchen viel zu verdanken. Durch sie lernte ich nämlich: Bei physikalischen Anlagen genügt es nicht, sie richtig zusammenzufügen, sondern sie müssen optimiert werden, das heißt, alle beteiligten Elemente exakt so zu bemessen, daß die beste Wirkung eintritt.

Klingelstrom ist für alle da

Ebenso schulte die Erweiterung meiner Interessen auf die Gebiete der Schwachstromtechnik und Elektronik mein physikalisches Denken, wobei ich selbstverständlich auch hier mein neuerworbenes theoretisches Wissen in praktische Nutzanwendung umzusetzen mich bemühte. Geschädigter war unser Hauswirt, denn ich zapfte die Klingelleitung an und speiste die Nachttisch-Schwachstrombeleuchtung kostenlos aus der zentralen Klingelbatterie. Das gleiche galt für eine telefonische Verbindung zwischen meiner Arbeitskammer und der Küche, deren Mikrofone ich aus Bogenlampenkohlen und Zigarrenkisten gebaut hatte und die glänzend funktionierte. Etwa zu dieser Zeit lernte ich, einen Mithörapparat an die Stadtfernsprechleitung so anzuschließen, daß die Telefonierenden nichts davon bemerken konnten.
Sehr schnell erreichte mein Experimentieren eine Intensität, die meine Eltern veranlaßte, mir die Erlaubnis zu geben, die zweite Toilette der Wohnung für meine Versuche zu benutzen. Diese Räumlichkeit eignete sich mit ihren Armaturen und der zufälligen

Nähe eines Gashahnes hervorragend als provisorisches chemisches Laboratorium.

Schwarzbrennen

Bald hatte ich dort eine Dauer-Versuchsvorrichtung aufgebaut, die das Angenehme mit dem Nützlichen verband. Die Anlage war einfach und sehr ergiebig: Sie destillierte aus unbesteuertem, daher billig in der Drogerie erhältlichem Ameisenspiritus reinen Alkohol. Der wurde mit gutem Gewinn verkauft. Diese recht erheblichen Summen dienten dem weiteren Ausbau der chemischen Abteilung. Alles unter dem Motto: »Der Zweck heiligt die Mittel.«
Mein Lehrer in den Fächern Physik, Chemie und Mathematik bemerkte meine Kenntnisse und traf eine ganz ungewöhnliche Entscheidung: Er überließ mir nach kurzer Vorbesprechung Aufbau und Durchführung der für die nächste Unterrichtsstunde vorgesehenen Experimente. Außerdem erhielt ich die Erlaubnis, mit den Schulapparaten im Vorbereitungszimmer private Versuche abzuwickeln.

Alles kann man nicht wissen

Natürlich blieb es nicht ohne nachteilige Folgen, daß ich mich so einseitig nur für die Naturwissenschaften interessierte. Im Laufe der Jahre verschlechterten sich meine Noten in den anderen Fächern, vor allem in den Sprachen, ständig. Außerdem hatte ich kurz vor dem sogenannten Einjährigen-Examen das Pech, zum Direktor zitiert zu werden. Durch eine heftige Natriumexplosion war mein Tintenfaß zerstört worden. Ort und Urheber des Ereignisses ließen sich infolge der dabei entstandenen »Farbmarkierung« nicht verheimlichen. Das Zusammenwirken beider Momente hatte zur Folge, daß ich die Prüfung nicht bestand, obwohl mein Physik-, Chemie- und Mathematiklehrer im Konzilium mit größtem Nachdruck für mich eingetreten sein soll. Noch kurz vor seinem Tode durfte ich diesem Lehrer, Studienrat Dr. Böttcher, bei seinem Be-

such im Lichterfelder Laboratorium meine Dankbarkeit beweisen. Der Mißerfolg im Examen veranlaßte meinen Vater, mich aus der Tempelhofer Schule herauszunehmen. Ich mußte in das Friedrich-Realgymnasium, das in der Nähe unserer Wohnung lag, überwechseln. Immerhin wurde durch diese Maßnahme der Zeitverlust, der entstanden war, weil ich nicht in die nächsthöhere Klasse aufrücken durfte, von einem auf ein halbes Jahr reduziert.
Auf jeden Fall war die Einseitigkeit meiner Kenntnisse ans Tageslicht gekommen, und die Familie bemühte sich jetzt, dem abzuhelfen.

Literaturinteressierte Kusinen

Ein Jugendzirkel wurde eingerichtet, in dem allwöchentlich Stücke von Shakespeare, Schiller und anderen Klassikern mit verteilten Rollen gelesen wurden. Die Frau des Philosophen Eduard von Hartmann, eine ältere Freundin unseres Hauses, nahm diesen Kreis unter ihre Fittiche. Ihr Mann, in jüngeren Jahren Offizier, durch ein hartes Schicksal an beiden Beinen gelähmt, hatte die Kraft aufgebracht, sich zu einem bekannten Philosophen zu entwickeln. Einige seiner Werke, so auch seine »Philosophie des Unbewußten«, fand ich 1954 in der persönlichen Bibliothek Lenins, die im Moskauer Lenin-Museum am Roten Platz gezeigt wird und mich stark interessierte. Lenin hat sich unter anderem in seinem Werk »Materialismus und Empiriokritizismus« kritisch mit der idealistischen Philosophie Hartmanns auseinandergesetzt. Eduard von Hartmann starb 1906. Nach seinem Tode gab Frau von Hartmann verschiedene Schriften ihres Mannes heraus. Für diese Leistung wurde ihr von einer englischen Universität die Würde eines Dr. phil. honoris causa verliehen. Man sollte meinen, daß eine Persönlichkeit solcher Prägung uns vierzehnjährigen Jungen einen tiefen Eindruck vom Wesen und von der Schönheit der behandelten Werke hätte vermitteln können. Aber leider – wir waren wohl noch nicht reif genug – interessierte uns viel mehr, ob bestimmte, sonst schwer erreichbare Kusinen die abendlichen Lesestunden besuchten.
Mit einem der Jugendfreunde aus diesem Zirkel, dem Internisten Dr. Berthold Kern, einem Enkel Eduard von Hartmanns, traf ich

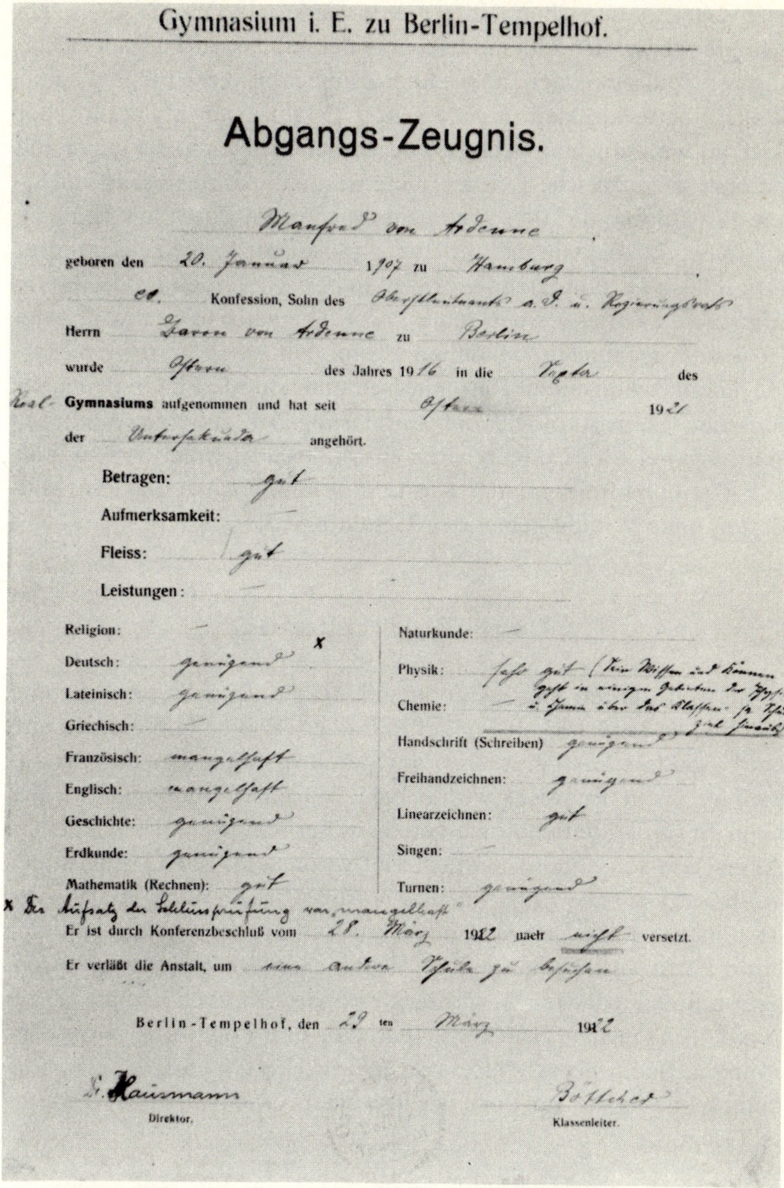

Gymnasium i. E. zu Berlin-Tempelhof.

Abgangs-Zeugnis.

Manfred von Ardenne

geboren den 20. Januar 1907 zu Hamburg

ev. Konfession, Sohn des Oberstleutnants a. D. u. Regierungsrats

Herrn Baron von Ardenne zu Berlin

wurde Ostern des Jahres 1916 in die Sexta des

Real-Gymnasiums aufgenommen und hat seit Ostern 1921

der Untersekunda angehört.

Betragen: gut

Aufmerksamkeit: —

Fleiss: gut

Leistungen: —

Religion:	—	Naturkunde:	—
Deutsch:	genügend x	Physik:	fast gut (Sein Wissen und Können geht in einigen Gebieten der Physik u. Chemie über das Klassen-Ziel gut hinaus)
Lateinisch:	genügend	Chemie:	—
Griechisch:	—	Handschrift (Schreiben)	genügend
Französisch:	mangelhaft	Freihandzeichnen:	genügend
Englisch:	mangelhaft	Linearzeichnen:	gut
Geschichte:	genügend	Singen:	—
Erdkunde:	genügend		
Mathematik (Rechnen):	gut	Turnen:	genügend

x Der Aufsatz der Schlussprüfung war mangelhaft.

Er ist durch Konferenzbeschluß vom 28. März 1922 nach nicht versetzt.

Er verläßt die Anstalt, um eine andere Schule zu besuchen.

Berlin-Tempelhof, den 29ten März 1922

Dr. Hausmann, Direktor. — Böttcher, Klassenleiter.

Mein Schulzeugnis über das nicht bestandene Examen (15 Jahre).

nach fast einem halben Jahrhundert wieder zusammen. Er ist ein Kämpfer gegen den Herzinfarkt, eine der häufigsten Todesursachen unserer Zeit, geworden, aber er hatte einen schweren Fehler begangen. Er hatte aus dem Schatz seiner Erfahrungen als praktischer Arzt im wesentlichen richtige Thesen abgeleitet und sie gegen die geltende medizinische Lehrmeinung um zehn Jahre zu früh vertreten. Wir führten 1970 eine gemeinsame Arbeit durch, als sich herausstellte, daß die von uns entdeckte lysosomale Zytolyse-Kettenreaktion auch als Fundamentalprozeß in der zweiten Phase des Herzinfarkts betrachtet werden muß. Diese Thematik leitete mich dann 1972 zu Forschungen, bei denen uns mit Hilfe von Säurewert-Messungen am schlagenden Rattenherzen und von Methoden der theoretischen Pharmakologie die Aufklärung der außergewöhnlichen Wirkungsweise des unberechtigt in Mißkredit geratenen Herzmittels g-Strophanthin gelang. Aus den gewonnenen Aspekten resultierten neue Waffen gegen den Herzinfarkt.

Die alte Berliner »Urania«

In jungen Jahren sind Aufnahmefähigkeit, Einfallsreichtum und Vitalität so groß wie nie wieder im Leben. Zeit ist in diesen Jahren ein besonders kostbares Gut, auf deren optimale Nutzung es ankommt. Mein Interesse wurde bald von einer Bildungsstätte des alten Berlin leidenschaftlich gefesselt, der ich und mit mir manche Altersgenossen außerordentlich viel verdanken: der Urania in der Taubenstraße. Die Experimental-Vorträge, die Vortragsreihen, die dort über fast alle Fachrichtungen der Naturwissenschaften in populärer Form von bedeutenden Wissenschaftlern gehalten wurden, hatten hohes Niveau. Noch heute erinnere ich mich lebhaft an die Ausführungen der Professoren Donath und Spieß über Röntgenstrahlen, Spektralanalyse, Optik, elektrische Gasentladungen, Radium sowie an die Vorträge des Ingenieurs Otto Nairz über drahtlose Telegrafie.

An beide Seiten des großen Vortragssaales der Urania schlossen sich Experimentiersäle an, die man vor den Vorträgen und während der Pausen aufsuchte. Die wichtigsten Grundversuche aus Mecha-

nik, Wärmelehre, Akustik, Optik und Elektrotechnik waren dort so aufgebaut, daß der Besucher, angeleitet durch eine Tafel mit erläuterndem Text, den Versuch selbst durchführen und Beobachtungen anstellen konnte. Die Experimentiersäle der alten Berliner Urania waren für Oscar von Miller und seine Mitarbeiter ohne Zweifel Vorbild für die Gestaltung des einzigartigen Deutschen Museums in München. Da ich mit dem Wächter des Saales für Elektrotechnik bald auf vertrautem Fuß stand, wurde mir die Neuanfertigung schadhaft gewordener Erläuterungstafeln übertragen. Dem Bildungszentrum war eine kleine wissenschaftliche Buchhandlung angegliedert, in der man unter anderem die Fachliteratur zum Thema des jeweiligen Vortrages einsehen und kaufen konnte.
Leider ist die Urania 1925 an den Folgen der Inflationszeit eingegangen. Eine von mir übernommene Vortragsreihe mit Experimenten über Rundfunktechnik und die damals neue elektrische Aufnahme von Schallplatten gehörte zu den letzten Veranstaltungen dieser Einrichtung.

Die Ausbildung der Jugend als politisches Problem

Das Kräftepotential moderner Staaten hängt zu einem großen Teil – die Zeit nach 1945 hat uns das gelehrt – von den Fähigkeiten ihrer Bürger ab, auf wissenschaftlicher Grundlage zu handeln und zu entscheiden. Für die Entwicklung von Industrie und Landwirtschaft sind die naturwissenschaftlich-technischen Kenntnisse von großer Wichtigkeit. Das Niveau der Leistungen läßt sich dadurch beträchtlich heben, daß die heranwachsende Generation frühzeitig mit den Aussichten und den Arbeits- und Denkmethoden der entsprechenden Fachsparten vertraut gemacht wird. Das sind Faktoren, deren Bedeutung für die Gestaltung der Nachwuchsförderung durch den Staat kaum überschätzt werden kann. Auf diesen Erkenntnissen beruhen eine ganze Kette von Maßnahmen zur frühen Anregung der naturwissenschaftlich-technischen Betätigung in der Deutschen Demokratischen Republik und nicht zuletzt auch die Regelungen, mit denen sich längere Pausen zwischen Schulabschluß und Beginn des Hochschulstudiums speziell der naturwissenschaftlichen Fachrichtungen vermeiden lassen, denn allzu lange Unterbrechungen führen leicht dazu, daß beispielsweise die Schulkenntnisse in Mathematik teilweise in Vergessenheit geraten und dann die Voraussetzungen zum gründlichen Studium aller mathematisch fundierten Disziplinen fehlen.

Der Einfluß von Institutionen nach Art der Berliner Urania auf die Jugend – die Archenhold-Sternwarte in Berlin-Treptow hat heute ähnliche Funktionen – ist meiner Meinung nach außerordentlich groß. Und gerade in einer Zeit, in der Naturwissenschaft und Technik so wichtig sind wie in der unsrigen, liegt es im Staatsinteresse, den jungen Menschen frühzeitig reiche wissenschaftlich-technische Bildungsmöglichkeiten zu erschließen, ohne eine gute Allgemeinbildung und fundierte gesellschaftswissenschaftliche Kenntnisse zu vernachlässigen.

In unserem Staat wird dieser Forderung bereits durch die allgemeinbildenden polytechnischen Oberschulen, durch Arbeitsgemeinschaften unterschiedlichen Charakters, Stationen junger Techniker, Wettbewerbe für junge Forscher, die Messe der Meister von Morgen und auch durch unsere, die Phantasie anregende umfangreiche Kinder- und Jugendliteratur Rechnung getragen. Auf das gleiche Ziel war die 1959 von mir angeregte und betreute Sendereihe »Fernsehstudio Naturwissenschaften« gerichtet, und ihm dienen viele weitere seither gestartete Sendungen naturwissenschaftlich-technischer, gesellschaftswissenschaftlicher und allgemeinbildender Thematik im Deutschen Fernsehfunk. Auch die Gesellschaft zur Verbreitung wissenschaftlicher Kenntnisse und die neue Urania tragen ihr Teil zur Weiterbildung der Bevölkerung aller Altersstufen bei.

Die Selektion und Förderung von außergewöhnlichen Talenten als Gegenwartsaufgabe von schicksalhafter Bedeutung für die kommenden Generationen in Europa

Im Herbst 1980 war an der Technischen Universität Dresden eine große Diskussion im Gange. Dort wurde daran erinnert, daß unser Staat seit mehr als zweieinhalb Jahrzehnten riesige Investitionen in

Wissenschaft und Technik vornimmt, aber es seien kaum Spitzenleistungen von Weltrang erzielt worden, kein Nobelpreis sei an Mitbürger der Deutschen Demokratischen Republik vergeben worden. Die Frage der Organisation höchster Leistungen in Wissenschaft und Technik, die um 1960 von mir in Forschungsrat-Reden und verschiedenen Schriften behandelt worden war, gewinnt zunehmende Aktualität. Offenbar genügt die große Breite, das heißt die große Zahl von Wissenschaftlern und Technikern, aus der sich die Talente über das Mittelmaß erheben, allein nicht.

Zum Entstehen von Spitzenergebnissen tragen in erster Reihe außergewöhnliche Talente und Könner mit starkem Leistungswillen bei. Die Findung der besten Methoden für Selektion und Förderung hervorragender Talente ist nicht nur ein Problem unseres Staates allein, es ist ein europäisches Problem.

Man denke an das Beispiel Japan. In erstaunlich kurzer Zeit ist Japan zu der Industriemacht herangewachsen, die heute das Wirtschaftsleben in vielen europäischen Staaten stark beeinträchtigt. Ich erinnere mich noch gut daran, es war etwa vor 50 Jahren, wie von den Japanern die erste Kleinbildkamera, die berühmte »Leica«, fast ohne Abänderungen nachgebaut wurde. Der Begründer von Leitz, den ich noch persönlich kannte, beklagte sich bei mir über den ideenlosen Nachbau! Wie schnell sind aus diesem Nachbau der »Leica« die hervorragenden neuen elektronischen Kameras mit automatischer Belichtungs- und Entfernungseinstellung geworden. 50 Jahre genügten Japan, um aus einem unterentwickelten industriellen Stadium zu einem industriellen Niveau vorzudringen, das schärfste Konkurrenz im Ursprungsland bedeutet.

Man denke bei solchen unerbittlichen Fakten an die nächste Generation, an die Zukunft. Was wird sein, wenn sich z. B. im volkreichen China die jetzt eingeleitete dramatische Entwicklung auf dem Weltmarkt auswirkt, wenn die Industrialisierung Koreas weiter fortgeschritten ist und viele andere, heute industriell noch wenig entwickelte Staaten weltmarktfähige Massenproduktionen zu exportieren beginnen. Wenn später diese Staaten mit ihren geringen Stundenlöhnen ihre Industrien entwickelt haben und dann der europäischen und auch unserer Wirtschaft Konkurrenz machen, wird sich eine äußerst kritische Situation abzeichnen. Daher muß man sich

jetzt mit Sorge fragen: Was muß *heute* getan werden, damit die nächste Generation gegenüber diesem Ansturm eine lebenswerte Existenz bewahren kann.
Man muß jetzt die notwendigen Gegenmaßnahmen treffen. Dazu gehört in erster Linie die rechtzeitige Selektion und Förderung außergewöhnlicher Talente aus der heranwachsenden akademischen Jugend. Dann gilt es, Ausnahmeregelungen für die Ausgewählten zu treffen und sie schließlich in eine Umwelt zu bringen, wo sie sich voll auswirken können. Stets sollten die so begünstigten jungen Menschen durch die Erkenntnis zu innerer Bescheidenheit geführt werden, daß Talent oder Genialität kein Verdienst, sondern eine Gnade und eine Verpflichtung ist.
Jugend muß kämpfen. Es darf ihr am Anfang nicht zu leicht gemacht werden. Sie sollte nicht gleich in den untersten Stufen große Gehälter erhalten. Sie sollte sich Gehaltserhöhungen durch gute Leistungen stets erkämpfen müssen. Erst durch das Kämpfen entstehen die Waffen, die im Leben zum echten Können führen. – Die Jugend ist die Kraftquelle der Zukunft. Auf dem Gebiet des Sports haben wir es glänzend verstanden, das Entstehen von Welt-Spitzenleistungen unserer Jugend zu organisieren. Die beim Sport bewährten Grundprinzipien sollten vom Staat mit einer außergewöhnlichen Aktion in den Bereich Wissenschaft und Technik übertragen werden unter Vermeidung von Schematisierung und Bürokratisierung. Die Prinzipien wären dabei nur wenig zu modifizieren:
Frühe Auswahl der Talente, Zusammenführung gleichartig Begabter in spezialisierten »Trainings«-Zentren, wechselseitige Anspornung, Gehalt nach Leistung, Forderung nach immer neuer Bewährung, Rückstufung bei Nichtbewährung, das heißt der Zwang zum Kämpfenmüssen, Anerkennung von Leistung und Können durch Übertragung von Verantwortung sowie Gewährung von hohen Aufgaben und weiterer persönlicher Förderung, Entwicklungsbegünstigung durch Ausnahmeregelungen und angepaßte Umweltbedingungen.
Um mit größerer Häufigkeit und immer wieder weit herausragende Leistungen einzelner oder kleiner Gruppen entstehen zu lassen, gilt es, die Talente durch Persönlichkeiten, die dazu fähig sind, früh zu erkennen und dann durch Ausnahmeregelungen und stimulierende

Umweltbedingungen uneigennützig zu fördern. Es kommt darauf an, nüchtern die Schlußfolgerungen aus der Realität zu ziehen, daß höchste Leistungen in Wissenschaft und Technik in der Regel von Persönlichkeiten getragen werden, die ausgezeichnet sind durch schöpferische Neugier, Phantasie, kombinatorisches Denken, Mut zur Tat, außergewöhnlichen Fleiß, nicht erlahmende Ausdauer und kooperative Arbeitsweise. Gleichzeitig muß bei unseren Mitbürgern die Bereitschaft entstehen, außergewöhnliche Leistungen nicht nur zu tolerieren, sondern zu wünschen und auszuzeichnen.
Wir brauchen echte Bahnbrecher der Wissenschaft und Technik. Wir brauchen Schrittmacher von solchem Format nicht nur für die Gestaltung fortwirkender, dem Ansehen unseres Staates dienender kultureller Leistungen, sondern vor allem für die Stärkung unserer Volkswirtschaft und für die weitere Erschließung des Weltmarktes.
Fast ein Merkmal von Talenten ist die große Einseitigkeit der Begabungen. Die *Einseitigkeit* muß am Anfang nicht nur in Kauf genommen, sondern durch *zentrale Verordnungen berücksichtigt werden.* Einseitigkeit in der Schule bedeutet sehr gute Zensuren in den interessanten Fächern der künftigen Berufsrichtung, aber auch meist schlechte Zensuren in den anderen Fachrichtungen.
Eine Schlußfolgerung sollte aus den vorausgehenden Überlegungen sofort gezogen werden. Die Zulassung zur Universitäts- bzw. Hochschulausbildung sollte nicht von der Durchschnittszensur über alle Fächer abhängig gemacht werden. Man sollte in der Zukunft vielmehr gerade *diejenigen delegieren und durch Sonderregelungen fördern, welche auffallend gute Zensuren (allein) in den Fächern des künftigen Berufes aufweisen.* Dieses Merkmal sollte auch bevorzugt eine zur Selektion von Talenten maßgebende Größe werden. Ein baldiges Handeln auf dieser Linie wird stark dazu beitragen, daß echte Talente mit sehr viel größerer Wahrscheinlichkeit und Häufigkeit in die gewünschte Bahn gelenkt werden.
Zu den Methoden für die Förderung außergewöhnlicher Talente in Schule, Hochschule und postgradualer Tätigkeit habe ich aus Anlaß meiner Ehrenpromotion an der Pädagogischen Hochschule Dresden einen 3-Phasen-Plan ausgearbeitet, welcher auf Anforderung interessierten Lesern zugesandt wird. Seine weitere Erörterung an dieser Stelle würde zu weit führen.

Adolf Butenandt zum gleichen Problem

Zu der vorigen Problematik formulierte Nobelpreisträger Professor Dr. Adolf Butenandt 1966:
»Man hört häufig, die Zeit der großen Gelehrten, die einsam in der Studierstube und im Laboratorium um neue Erkenntnisse ringen oder denen sich – wie Helmholtz von sich selbst sagte – die Erleuchtung besonders gern einstellt, wenn sie an einem sonnigen Tag langsam einen Hügel hinaufgehen, sei vorüber, und Fortschritte der Wissenschaft seien nur noch durch Zusammenarbeit vieler Spezialisten an einem vorgegebenen Problemkreis zu erzielen. Ich halte diese Auffassung für einen bedenklichen Irrtum, der zweifellos vorliegende Gegebenheiten auf Teilgebieten der Wissenschaft unzulässig verallgemeinert. Auch heute werden die entscheidenden ersten Impulse zum Fortschritt der Erkenntnis von einzelnen geliefert, und auch die moderne Gesellschaft benötigt den Gelehrten mit weitem Horizont, der befähigt ist, immer wieder Neues zu erfassen und zu ersinnen, der ganz durchdrungen ist von seiner Berufung.«

Einzelleistung und Kollektiv

In der Vergangenheit wirkte der schöpferische Genius oft in strenger Abgeschiedenheit, ja in Einsamkeit. Etwa so, wie Albert Einstein die nach ihm benannten, zum Teil überraschend einfachen revolutionierenden Gleichungen und Gesetzmäßigkeiten fand, als er allein segelte oder wanderte, im permutierenden Gedankenspiel aller jeweiligen Lösungsmöglichkeiten. Und doch, trotz der Isoliertheit des Schöpfungsaktes wären die großen Taten der Heroen des Geistes in früheren Zeiten nicht denkbar gewesen, ohne daß bedeutende Vorgänger und stimulierende Vorbilder Pate gestanden hätten. Die umwälzenden Entdeckungen und Erfindungen entstehen aus ihrer Zeit und im Wechselspiel mit einer begünstigenden Umwelt, in Wechselwirkung mit dem Leben. In jener wunderbaren Bescheidenheit, die wirkliche Größe oft kennzeichnet und erhöht, sagt Albert Einstein zu unserer Thematik: »Jeden Tag denke ich daran, daß mein äußeres und inneres Leben auf der Arbeit der jetzt lebenden sowie der schon verstorbenen Menschen beruht, daß ich mich anstrengen muß, um zu geben, im gleichen Ausmaß, wie ich empfangen habe und noch empfange.«

In der Gegenwart haben sich die Quellen für wissenschaftlich-schöpferische Leistungen und der Schöpfungsakt selbst gewandelt. Seltener waltet hierfür der Genius in stiller Abgeschiedenheit. Immer häufiger stellen sich die zündenden Ideen, das Erkennen bewegender Aufgaben und ihrer Lösungen in Wechselwirkungen beziehungsweise sogar im Wechselgespräch mit klugen Diskussionspartnern, oft Vertretern anderer, aber beteiligter Fachrichtungen, ein. Der wachsenden Kompliziertheit wird durch das Wirken im Kollektiv Rechnung getragen. Geblieben ist, daß die schöpferische Tat in Harmonie mit ihrer Zeit und als Fortsetzung der Leistungen von Menschen, die den Boden bereitet haben, erwachsen muß. Geblieben ist, daß diese kostbare und seltene Pflanze eines begünstigenden Umweltklimas bedarf und daß sie dort am häufigsten blüht, wo die Gestaltung einer fördernden Umwelt am besten gelingt.

Auch unter den Bedingungen der wissenschaftlich-technischen Revolution, die es dem einzelnen durch die Informationsexplosion unmöglich macht, die beteiligten Fachgebiete ganz zu überschauen, und daher die kollektive Arbeitsweise immer mehr an Bedeutung gewinnen läßt, wird die überragende, weite Gebiete beherrschende Forscherpersönlichkeit nicht an Bedeutung verlieren. Eher steigt sie noch im Rang, denn als Erster im Kollektiv trägt der leitende Wissenschaftler eine besondere Verantwortung für alle Entscheidungen. Um diese schwere Pflicht optimal erfüllen zu können, muß er in ständigem Gedankenaustausch mit den Mitgliedern seines Kollektivs stehen und ihre Anregungen aus anderen Fachsparten, Vorschläge, Kritiken und Arbeitsergebnisse laufend kennenlernen. Bei solcher Arbeitsweise bestehen die besten Voraussetzungen dafür, daß er selbst immer wieder durch starke schöpferische Impulse seine Mitarbeiter im Kollektiv als »Primus inter pares« zu großen Leistungen anspornt.

Beispiel Sowjetunion und die Dahlemer Institute

Als es galt, den Weltfrieden durch beschleunigte Entwicklung der sowjetischen Kernwaffen zu stabilisieren, sind in der Sowjetunion die hier skizzierten Prinzipien zur Förderung des Fortschritts angewendet worden. Die bedeutendsten Forscher der jüngeren Generation wurden 1945 ausgewählt. Sie erhielten für ihre Arbeit nahezu ideale Bedingungen. Jeder konnte sich sein Institut nach eigenen Vorstellungen bauen und einrichten lassen. Jeder konnte sich seine Mitarbeiter selbst wählen. Die Organisationsprinzipien waren damals die gleichen wie am Anfang dieses Jahrhunderts bei der Gründung der so erfolgreich gewesenen Berlin-Dahlemer-Kaiser-Wilhelm-Institute: Außergewöhnliche junge Talente wurden in eine Umwelt gesetzt, die sie sich selbst für möglichst effektive und kreative Forschung gestalten konnten. Bei der Auswahl der Talente war fast nur ihr Können maßgebend.

Phosphoreszenz, Fluoreszenz und die Folgen

Jahre hindurch bin ich mit einigen Schulfreunden ein- bis zweimal in der Woche Gast der alten Urania gewesen. Die Experimente, die wir dort sahen, wurden nach Möglichkeit mit häuslichen Mitteln wiederholt.

Das galt auch für einen Urania-Vortrag von Professor Donath über Phosphoreszenz und Fluoreszenz. Meine Versuche auf diesem Gebiet hatten allerdings nachteilige Folgen für einen vorübergehend in meinem Schlafzimmer einquartierten jüngeren Vetter, dessen Ängstlichkeit auf mich wohl herausfordernd gewirkt hatte. Damals waren die erst im zweiten Weltkrieg wegen der Verdunkelungsmaßnahmen überall eingeführten Leuchtfarben weiten Kreisen noch völlig unbekannt. Durch Zufall kam ich in den Besitz eines mit frommem Spruch versehenen Leuchtfarbenkreuzes, das mich zu einem Streich verführte. Ich weckte eines Nachts vorsichtig meinen Vetter und ließ das in bläulich-magischem Licht strahlende Kreuz lautlos auf komplizierten Bahnen über seinem Bett schweben, fast auf Griffnähe herankommen, urplötzlich verschwinden und nach einigen Sekunden an anderer Stelle ebenso unvermittelt wieder auftauchen. Grauenerfüllte Schreie meines Vetters alarmierten die Familie. Die Erscheinung klärte sich schnell auf. Ich hatte jenes Kreuz mit einer Taschenlampe unter der Bettdecke so lange angestrahlt, bis es kräftig zu phosphoreszieren begann, und dann fest an einen Besenstiel gebunden. Das ermöglichte mir nicht nur eine verhältnismäßig frei schwebende Führung, ich konnte auch nach einer schnellen Drehung die nicht mit der Farbe bestrichene Rückseite ins Blickfeld bringen, wodurch die Erscheinung verschwand. Mein starkes Interesse für das Gebiet der Lumineszenz ist bis heute geblieben und spiegelt sich wider in vielen Veröffentlichungen und Patenten über spezielle Anwendungen von Leuchtstoffen in Elektronenstrahl- und Ionenstrahlgeräten aller Arten, in der Röntgenphysik und im Unterricht mit astronomischen Leuchtfarben-Lehrbildern von außergewöhnlichem, fast natürlich wirkendem Kontrastumfang.

Spiele nie mit dem Gewehr!

Wenige Tage später bewahrte mich übrigens eine Erziehungsmaßnahme unseres Vaters davor, meinen damals sieben Jahre alten Bruder Ekkehard zu erschießen. Wir hatten das Schlafzimmer der Eltern durchstöbert und dabei ein Infanteriegewehr gefunden. In der Annahme, die Waffe sei nicht geladen, zielte ich auf meinen Bruder. Aber noch rechtzeitig erinnerte ich mich an den immer wieder betonten väterlichen Grundsatz, *Schußwaffen niemals auf Menschen zu richten.* Bevor ich abdrückte, hielt ich das Gewehr beiseite. Die unerwartete Explosion hinterließ bei mir mit den nachhaltigsten Eindruck dieser Lebensepoche.

Der weiße Sport und ein Mädchen namens Bettina

In den großen Ferien der Jahre 1920 und 1921 hatte ich das Glück, zunächst in Kopenhagen und dann in Den Haag bei befreundeten Familien aufgenommen zu werden, die beide begeistert Tennis spielten. Seit jenen Tagen gehört dem weißen Sport ein großer Teil meiner freien Zeit. Ich übte ihn erst in den Berliner Klubs »Blau-Weiß« und »Rot-Weiß« aus, dann auf dem eigenhändig mitgebauten Platz in der Sowjetunion und schließlich in der Sportgemeinschaft auf dem Weißen Hirsch bis zum heutigen Tage. Dem Tennissport verdanke ich unendlich viel: So sah ich 1936 bei einem internationalen Turnier des Tennisklubs »Blau-Weiß« im Grunewald auf dem kleinen M-Platz ein Mädchen, Bettina Bergengruen, deren Charme, Gestalt und Spielweise mich faszinierten. Auch die Einblicke, die ihr weißes Miniröckchen für Bruchteile von Sekunden bei Schmetterbällen oder beim Ballaufheben gewährte, dürften zu dieser Faszination beigetragen haben. Zwei Jahre später wurde dieses Mädchen meine Frau. –

Vermutlich hat das regelmäßige Tennisspielen über mehr als sieben Jahrzehnte stark zur Erhaltung unserer Gesundheit beigetragen wegen des damit verbundenen Trainings des Herzmuskels sowie der dabei langzeitig eintretenden guten Durchblutung und Sauerstoffversorgung aller Gewebe. Diese periodische Verbesserung des O_2-Stoffwechsels hat ja besondere Bedeutung bei bewegungsarmer Arbeitsweise, also auch gerade für den Physiker an Schreib-, Lese-, Labor- und Konferenztischen.

Das war gefährlich

1921 in Den Haag ergab sich die Gelegenheit zu sprengtechnischen Versuchen. Wenn ich mich an folgenden Vorgang erinnere, erkenne ich mit Schrecken, daß sich meine naturwissenschaftlichen Neigungen allzu häufig in gefährlichen Kindereien ausdrückten. Ich habe mich in dieser Hinsicht sicher nicht von anderen Jugendlichen unterschieden – allerdings waren es gleichzeitig auch immer Nebenprodukte einer viel ernsthafteren Tätigkeit und eines nie ermüdenden Lerneifers. Und manchmal konnte ich sogar bei späteren großen Forschungsaufgaben das verwerten, was ich viele Jahre früher im Spiel bei meinen vielen kleinen Experimenten kennengelernt hatte.

Solche Früchte hat folgendes Ereignis allerdings bestimmt nicht getragen: Ich hatte im Kinderzimmer der Familie eine Spielzeugpistole stabiler Ausführung gefunden, aus der mit Hilfe von Zündplättchen ein Gummigeschoß abgefeuert werden konnte. Die massive Bauart brachte mich auf den Gedanken, die Zündplättchen selbst nicht als Treibladung, sondern nur zur Entzündung eines von vorn in den Lauf eingebrachten Gemisches aus Kaliumchlorat, Schwefel und Zucker zu benutzen. Außerdem wollte ich den Gummistopfen durch eine aus geschmolzenen Bleisoldaten gefertigte Kugel ersetzen.

Beim ersten Versuch hatte ich die drei Bestandteile offenbar mangelhaft gemischt, denn das Geschoß verließ nur mühsam den Lauf. Beim zweitenmal füllte das nunmehr gut durchgerührte Pulver etwa die Hälfte der Pistole. Als ich abdrückte, gab es einen donnernden Knall, und für Sekunden schwang ein lautes Surren in der Luft. Etwa 100 m seitlich ging eine Fensterscheibe in Trümmer, ich hielt nur noch den Griff in der Hand, der davongeflogene Lauf blieb unauffindbar. Die gegossene Bleikugel aber hatte vorschriftsmäßig in Zielrichtung ein drei Zentimeter starkes Brett durchschlagen. Wieder einmal war mir das Glück treu geblieben: niemand wurde verletzt.

Harmonie im Freundeskreis

Das Familienleben der Haager Freunde wurde durch diesen Vorfall nicht getrübt. Dazu wären andere Ereignisse nötig gewesen. Selten habe ich eine Familie erlebt, deren Mitglieder so gut miteinander harmonierten. Sicher war der Grund dafür in der Persönlichkeit des Familienvaters zu suchen. Stets war dieser angesehene Hamburger Großkaufmann zu allen erdenklichen Streichen mit seinen Kindern aufgelegt.

Es konnte geschehen, daß er beim sonntäglichen Frühstück gemeinsam mit seinen Söhnen den allzu tief geratenen Ausschnitt im Sommerkleid der wohlgerundeten Mutter begutachtete, in der damaligen Zeit ein wohltuender Beweis unkonventioneller Lebensart. Er schreckte aber auch nicht davor zurück, mit uns kräftige Bogenlampenscheinwerfer zusammenzustellen, die dann nach Einbruch der Dunkelheit auf gegenüberliegende offene Schlafzimmerfenster befreundeter Ehepaare gerichtet wurden, bis die Bewohner zur allgemeinen Freude beunruhigt am Fenster erschienen.

Der Scheinwerfer und Großvaters große Glaslinse

Die auf diese anregende Weise 1921 in Holland begonnenen Scheinwerferversuche setzte ich nach meiner Rückkehr aus einem Fenster unserer Wohnung in der Berliner Hasenheide mit stärkeren Mitteln fort. Auf Anraten eines Elektromonteurs, zu dem ich engere Verbindung aufgenommen hatte, prüfte ich die Art der Schaltung des Elektrizitätszählers. Was ich gehofft hatte, fand ich bestätigt: Er war nur einpolig angeschlossen. Das hieß, ich konnte vom anderen Pol gegen die Erdleitung bei einer Spannung von 110 V nach Einsetzen entsprechend starker Sicherungen Stromstärken bis zu 50 A entnehmen. Diese Schaltung verschaffte mir bei kaltem Wetter eine kostenlose Heizung der Laborkammern, und außerdem ließ sich ein Bogenlampenscheinwerfer betreiben, der so stark war, daß man damit noch auf dem Turm einer 1 km entfernten Kirche eine deutliche Aufhellung erkennen konnte. Zur Strahlensammlung diente eine etwa 20 cm große Glaslinse mit relativ kurzer Brennweite. Bis ich sie meinem inzwischen zu uns gezogenen Großvater Mutzenbecher abspenstig machte, hatte dieser sie vorzugsweise dazu benutzt, Fotos früherer Reisen zu betrachten.

Die Zeiten waren damals recht unruhig. Wie groß mag daher das Entsetzen meines Vaters gewesen sein, als er an einem früh dunkelnden Winterabend auf dem Heimweg vom Büro schon kilometerweit entfernt Strahlenkegel aus einem Fenster seiner Wohnung dringen sah. Er kam vor unserem Hause gerade noch rechtzeitig an, um zu erleben, wie sich das Lichtbündel senkte und eine Menschenmenge grell beleuchtete, die sich vor dem Haus angesammelt hatte und fasziniert nach oben starrte. Ein striktes Verbot beendete meine lichttechnischen Versuche mit 5-kW-Bogenentladungen, die sich vier Jahrzehnte später in der Konzeption unseres »Plasmafeinstrahlbrenners« ausgewirkt haben dürften.

Chemie wird mir verboten

Noch ein zweites Mal griff die väterliche Autorität steuernd in den Wirkungsbereich meines Rumpelkammer-Labors ein – und entschied damit endgültig meine spätere Fachrichtung. Diverse heftige Explosionen in Anwesenheit würdiger Gäste und die Schädigung von Zink-Fensterbrettern durch Salzsäure hatten eines Tages seinen durchaus berechtigten Unwillen erregt. Vielleicht wäre mir das noch verziehen worden. Als aber kurz darauf bei Leucht-Beschriftung der Küchenwand à la Belsazar mit weißem Phosphor ein nur schwer zu löschender Phosphorbrand unsere Kücheneinrichtung gefährdete, wurde mir unwiderruflich jede weitere praktische Tätigkeit auf dem Gebiet der anorganischen Chemie untersagt.

Geheimnisvolle Morsezeichen vom Eiffelturmsender und ihre schicksalhaften Folgen

Chemikalien, Retorten und Bechergläser der chemischen Einrichtung mußte ich verkaufen. Um nicht wieder den Ärger meiner Umwelt auf mich zu ziehen, entschloß ich mich, möglichst lautlos und unsichtbar zu arbeiten. Dafür bot sich die drahtlose Telegrafie an, deren Fortschritte ich mit leidenschaftlicher Anteilnahme verfolgte, seit ein freundlicher Meteorologe der Wetterstation bei Münster am Stein mich 1917 die geheimnisvollen Morsezeichen des Eiffelturmsenders im Kopftelefon hatte hören lassen. Der kinderliebe Wetterwart konnte damals nicht ahnen, welch ein zukunftsträchtiges Samenkorn er mit seinem Handeln in das so aufnahmebereite Gehirn eines zehnjährigen Kindes senkte. Seit diesem Erlebnis wurde alles, was mit drahtloser Telegrafie zusammenhing, zum Schwerpunkt meiner jugendlichen Interessen. Heute sind Radio- und Fernsehgeräte unserer Jugend zu elektronischen Haushaltsgegenständen geworden, über die es sich kaum nachzudenken lohnt.

Anfänge meiner Radiobastelei in der Zeit vor Beginn des Rundfunks

Damals, 1921, gab es in einem bestimmten Charlottenburger Elektrogeschäft (CMG) die verschiedensten Teile aus Heeresbeständen für den Bau von Empfangs- und Sendegeräten billig zu kaufen. Ich investierte einiges Geld, doch die Abhörversuche mit einer Antenne, die unter dem Dach unsichtbar verspannt war, einem Silizium-Detektor und einem hochohmigen Hörer blieben zunächst erfolglos. Also fuhr ich mit dem »Detektor-Empfänger« und zwei Schulfreunden zur Großfunkstelle nach Nauen und nahm dort fast unmittelbar unter den Antennen des Senders das von der Tonfunkstation regelmäßig kurz vor dreizehn Uhr ausgesandte Zeitzeichen auf. Mein erster drahtloser Empfang im selbstgebauten Gerät!

Bei Führungen und im Anschluß an eigene Vorträge ist Nauen später noch oft das Ziel meiner Ausflüge gewesen. Über diese Station lief bis zum zweiten Weltkrieg ein großer Teil des Nachrichtenverkehrs Deutschlands mit den außereuropäischen Ländern. Das im Takt der Morsezeichen modulierte Singen der Hochfrequenzmaschinen und Frequenzwandler muß man gehört und die über 200 m hohen, auf einer Spitze stehenden Antennenmaste von unten betrachtet haben, um zu verstehen, welch nachhaltige Eindrücke in ihrer romantischen Entwicklungsphase befindliche Techniken hinterlassen können.

Nach einigen Schaltungsvariationen gelang es mir, das Zeitzeichen des Nauener Tonfunksenders in der elterlichen Wohnung zu empfangen, wenn auch vorerst die Lautstärke noch sehr zu wünschen übrig ließ. Bald kam ich aber dahinter, wie ich die Vorteile der Resonanzabstimmung des Schwingungskreises, einer guten Detektoreinstellung, des günstigsten Membranabstandes und guter Magnetisierung des Telefonhörers ausnutzen konnte. Nachdem ich die Anlage so auf höchste Empfindlichkeit getrimmt hatte, wurde das Abhören der Eiffelturm-Station und des Schiffsverkehrs auf Ost- und Nordsee vor allem im Bereich der 600-m-Welle zu einem immer neuen aufregenden Erlebnis. Oft waren auf dieser Welle die Morsezeichen der Küstenfunkstellen kav-Norddeich und kaw-Swinemünde laut hörbar. Das Verstehen der einfachen und oft wiederholten Rufzeichen dieser Stationen führte fast zwangsläufig zum Studium des »Morsens«. Wie leicht wird das Lernen in einem solchen Falle! Schon nach wenigen Wochen verstand ich den Inhalt der Telegramme zwischen Küstenstationen und Schiffen. Wieviel Romantik war damals mit dem Verfolgen von lauten Anrufen der Küstenstationen und leisen Antworten der auf hoher See befindlichen Schiffe verbunden! Einmal war sogar der SOS-Ruf eines Schiffes zu hören und ließ sofort die Stimmen aller anderen Schiffe auf der 600 m-Welle verstummen. Eine Rekordleistung dieser Etappe war wohl die gelegentliche nächtliche Aufnahme der afrikanischen Funkstation in Massaua mit Hilfe einer guten Hochantenne und eines fein eingestellten Detektors. Sicher ein Ergebnis, das in der heutigen Zeit hochgezüchteter Transistorgeräte nur belächelt wird. Mir scheint es jedoch ein Beispiel dafür zu sein, daß man sogar mit geringen Mitteln, wenn sie nur zur optimalen Wirkung gebracht werden, beträchtliche Resultate erzielen kann.

Der erste Röhrenempfänger

Als die Möglichkeiten des Detektor-Empfängers erschöpft schienen, fing ich an, eine Anlage mit Glühkathodenröhrchen zu bauen. In der Nachbarschaft wohnte ein Ingenieur, der mir die Röhren beschaffte, allerdings zu Preisen, die mit der Kapazität meiner Kasse nicht zu vereinbaren waren. Ein Ausweg fand sich erst, nachdem es mir gelang, einen Bekannten aus begütertem Hause für ähnliche Basteleien und damit für den Erwerb solcher Materialien zu interessieren. Ich ließ ihn den doppelten Preis zahlen und erhielt so immer eine Röhre kostenlos für mich. Mit einem auf diese Weise zusammengetragenen Satz, einigen billigen Spulen, Kondensatoren und Widerständen sowie einer Gruppe hintereinandergeschalteter Taschenlampenbatterien entstand in hartnäckiger Arbeit der erste Empfänger dieses Typs. Welche Tragik, als durch eine Fehlschaltung der mühevoll erworbene Röhrensatz kurz vor der ersten Inbetriebnahme durchbrannte! Glücklicherweise hatte besagter Freund noch weiteren Bedarf, und der Schaden konnte behoben werden. Mir jedoch hat sich die äußerst nachteilige Wirkung von Fehlschaltungen für alle Zeiten eingeprägt! Eine gründliche Schaltungskontrolle *vor* Herstellung von Verbindungen zu den Stromquellen gehört seitdem zu meinen Prinzipien.

Einsame Erfolge

Nach längeren vergeblichen Versuchen funktionierte endlich auch die »Rückkopplung«. Damit steigerten sich Empfindlichkeit und Selektivität, und das Röhrengerät empfing nun zum erstenmal die Morsezeichen einer großen Anzahl auch entfernterer Stationen. Eines Abends – meine Eltern waren schon ins Bett gegangen – vernahm ich im Telefonhörer die Klänge einer französisch gesungenen Oper. Welch ein Höhepunkt nach den vorausgegangenen Mühen und Rückschlägen war das damals! Dieses aufregende Ereignis mehrere Jahre vor Beginn des Rundfunks wollte ich trotz der späten Stunde natürlich meiner Umwelt mitteilen. Doch meine Eltern verließen in diesem großen Augenblick die wärmende Hülle ihres Bettes nicht. Das traf mich sehr und führte dazu, daß ich sie in der Folgezeit über die Ergebnisse meiner physikalischen Experimente kaum noch unterrichtete. Ich selbst habe aus diesem Vorgang und seinen Rückwirkungen Konsequenzen für mein eigenes Verhalten unseren Kindern gegenüber in ähnlichen Situationen gezogen.

Unkonventionelle Methoden

Da mein neuer Apparat täglich viele Stunden in Betrieb war, tat die Taschenlampen-Anodenbatterie nur wenige Wochen ihre Dienste. Eine neue Batterie war mir zu teuer, also versuchte ich, den Empfänger aus dem Lichtnetz zu speisen.

Dieser Entschluß setzte eine gewisse Kühnheit voraus, denn für die Ausnutzung des Wechselstroms in unserer Wohnung standen keine Gleichrichter-Bauelemente zur Verfügung. Den erforderlichen 220-V-Gleichstrom konnte ich nur von der gegenüberliegenden Straßenseite beziehen, die zufällig an das Gleichstrom-Netz der Stadt Berlin angeschlossen war. Allerdings erwies es sich als recht schwierig, zum Zimmer eines Freundes auf der gegenüberliegenden Seite der Hasenheide eine elektrische Verbindung herzustellen. Die Straße war ungefähr 75 m breit, und es herrschte ein reger Verkehr mit Straßenbahnen, Pferdefuhrwerken und Autobussen. Nur mit den Mitteln der Raketentechnik schien die Aufgabe lösbar. Also beschaffte ich in einem pyrotechnischen Spezialgeschäft mehrere größere Raketen. Eine Drachenschnur von 100 m Länge war vorhanden. Nach einem vergeblichen Abschußversuch, der beträchtliches Aufsehen erregte, weil das Geschoß zu tief flog und deswegen auf die gegenüberliegende Häuserwand prallte, gelang es, mit einer weiteren Rakete hinreichender Schubkraft ein Ende der Schnur über das Dach des gegenüberliegenden Hauses zu tragen, wo mein Versuchspartner sie sofort sicherte. An der straff über die Straße gespannten Leine wurde ein geeignetes Kabel nachgezogen. Alles Weitere war eine Kleinigkeit, meine Stromquelle zunächst gesichert.

Der Aufwand sollte sich aber leider nicht lohnen, denn unglücklicherweise nahmen wir wenige Tage später mit einem weittragenden Luftdruckgewehr Schießübungen auf die Einholtaschen nichts Böses ahnender Straßenpassanten vor. Ein Schuß ging fehl und traf die Hand einer über seltene Ausdauer verfügenden Frau. In nervenaufreibender Weise sondierte diese Dame, ängstlich von uns beobachtet, alle Einzelheiten der Umgebung und erblickte schließlich zwar nicht den Schützen, wohl aber das über die Straße gespannte Kabel. Einem herbeigerufenen Polizisten erklärte sie, von dem Draht sei etwas auf ihre Hand gefallen. Das wiederum veranlaßte den Beamten, bei uns zu erscheinen und die sofortige Entfernung der Leitung zu verlangen. So kann zuweilen auch eine falsche Theorie auf den richtigen Weg führen.

Handel hilft mir

Dieses Unternehmen war also mißlungen. Ich sah mich gezwungen, verschärft darüber nachzusinnen, wie ich mehr Geld bekommen könnte. Mit einem Zuschuß aus der sowieso knappen Haushaltskasse war nicht zu rechnen. Meine Mutter hatte bereits ihr möglichstes getan und mir kurz zuvor zur Konfirmation ein teures Lehrbuch über Radiotelegrafie geschenkt, das »Radiotelegrafische Praktikum« von Dr. Rein und Professor Wirtz. Mein Spürsinn kam mir zu Hilfe. Auf den Streifzügen durch die Elektrogeschäfte Berlins hatte ich nämlich festgestellt, daß von Geschäft zu Geschäft ganz ungewöhnliche Preisunterschiede zwischen den aus Heeresbeständen stammenden Teilen früherer Funkstationen bestanden. Das machte ich mir zunutze, kaufte ein, verkaufte und betrieb einen florierenden Handel mit allen möglichen funktechnischen Ersatzteilen. Natürlich mußte das alles außerhalb der Schulstunden geschehen und bedeutete im Grunde genommen harte Arbeit, doch dafür füllte sich die Laboratoriumskammer schnell mit neuen Apparaten, ja es stellte sich sogar ein gewisser Wohlstand ein.

Ich lerne wirtschaftlich denken

Vielleicht habe ich damals den Grundstein zu meinem späteren Forschungslaboratorium und Forschungsinstitut gelegt. Bestimmt aber lernte ich bei dieser kaufmännischen Tätigkeit – es war zudem noch in der Inflationszeit – sozusagen von der Pike auf wirtschaftlich denken. In den Jahren der Weimarer Republik half das entscheidend mit, mein Laboratorium durch schwerste Wirtschaftskrisen hindurchzusteuern. Dazu hat allerdings auch ein ganz unkonventionell hohes Arbeitstempo beigetragen, das es uns später ermöglichte, bei geeignet ausgewählten Sonderproblemen selbst über längere Zeiträume hinweg mit den großen staatlichen und industriellen Forschungsinstituten im In- und Ausland Schritt zu halten. Ich hatte zwar durch den privaten Charakter meines Laboratoriums die Wahl, mir die für mich ergiebigsten Themen zu suchen, aber die Konkurrenz der großen Unternehmen zwang mich ständig zu harter und intensiver Arbeit, um meine Existenz zu erhalten.
Je tiefer ich in die Praxis der drahtlosen Technik und Elektronik eindrang, desto mehr häuften sich die offenen Fragen. Niemand konnte mir Auskunft geben, zumindest niemand von den Leuten, die ich kannte. Und was das schlimmste war: Eine allgemeinverständliche populärwissenschaftliche Literatur über Funkwesen und Elektronik gab es zu dieser Zeit ebenfalls noch nicht.

Eine wichtige Bekanntschaft: Dr. Siegmund Loewe

Von einem meiner Handelspartner, dem Inhaber eines kleinen Kellergeschäftes in der Blücherstraße nahe dem Halleschen Tor, erfuhr

ich schließlich, daß ein gewisser Dr. Siegmund Loewe, dem ein größeres Hochfrequenzlaboratorium gehörte, dort des öfteren persönlich Einkäufe tätigte. Da ich den Namen im Register meines »Radiotelegrafischen Praktikums« fand, stand für mich fest: Es muß sich um einen bedeutenden Wissenschaftler handeln.
Ich bemühte mich, durch häufigen Besuch des Kellergeschäftes mit diesem Herrn zusammenzutreffen, und stand ihm endlich im Dezember 1922 gegenüber. Die Fülle und Vielfalt der aufgespeicherten Fragen, mit denen ich ihn überfiel, muß ihn stark beeindruckt haben, denn bevor er das Geschäft verließ, stellte er mir frei, sein Laboratorium so oft zu besuchen, wie ich wollte.
Damit begann eine zehnjährige harmonische Verbindung mit einem klugen und erfinderischen Industriellen. Ich habe ihm sehr viel zu verdanken. Von ihm lernte ich gründliche systematische Arbeit bei der Überwindung technischer Schwierigkeiten, die Fehlerortbestimmung in physikalischen Anlagen, die Vakuum-Röhrentechnik, und besonders weihte er mich in jene Probleme ein, die mit der Massenfertigung von Elektronenröhren und Elektronengeräten zusammenhängen. Bei diesem großen Praktiker erlebte ich, wie Erfindungen eigentlich entstehen, wie sie mit großem Fleiß praktisch realisiert und schließlich wirtschaftlich durchgesetzt werden müssen.
Rückschauend bereitet es mir Genugtuung und Freude, daß auch Dr. Loewe und seinem Unternehmen (Loewe-Opta) aus unserer späteren Zusammenarbeit Vorteile erwachsen sind, welche die Entwicklung der Firma mehrmals entscheidend beeinflußten.
Die großzügige Einladung zum Besuch des Laboratoriums befolgte ich schon am nächsten Tag, und von da an war ich ständiger Gast in den Arbeitsräumen in der Gitschiner Straße. Meine Eltern hatten nichts dagegen einzuwenden, nachdem sie meinen neuen Bekannten kennengelernt hatten, als er das kleine Rumpelkammer-Laboratorium mit seinen Einrichtungen und Apparaten in unserer Wohnung besichtigte.

Zu dritt geht es besser

Ich bekam Kontakt mit zwei Berliner Altersgenossen, die sich in ähnlichen Kammern wie ich leidenschaftlich mit der drahtlosen

Nachrichtentechnik befaßten. Damit hatte ich Gesinnungsgenossen gefunden, und nun begann eine Zeit fieberhafter Tätigkeit. Wir tauschten Apparateteile und Erfahrungen aus, experimentierten Tag und Nacht und brachten so die Leistungsfähigkeit unserer Empfänger auf einen Höchststand.

Welch ein Triumph, als die neuen Freunde eines Tages mit meiner selbstgebauten Anlage erstmals die Signale der nordamerikanischen Funkstation New Brunswick, Rocky Point und Annapolis hörten und dies anhand des ständig wiederholten Rufzeichens wii, wqk und nss bestätigen konnten! Die Aufnahme erfolgte durch eine im Flur der Wohnung in Ost-West-Richtung fest angebrachte Rahmenantenne von etwa 10 m^2 Fläche. Nach weiterer Entwicklungsarbeit gelang später der Hörempfang, ja sogar der von Funkzeichen mit Morseschreiber von 12000 km entfernten Groß-Stationen lpz (Buenos Aires) in Südamerika und pkx (Malabar) auf Java. Bald gab es im Äther kaum noch einen in Berlin aufzunehmenden Sender, dessen Rufzeichen, Wellenlänge und Eigenart in unserem Kreise nicht genauestens bekannt gewesen wäre.

Wir übten weiter fleißig morsen und konnten nach kurzer Zeit einen großen Teil des Telegrammverkehrs aus Übersee kontrollieren. Unser besonderer Ehrgeiz bestand darin, die Telegramme selbst dann noch zu entziffern, wenn die Antworten der offiziellen postalischen Empfangsstation in Geltow bei Potsdam Aufnahmeschwierigkeiten erkennen ließen.

Gespräche im Äther

Später erlebten wir auf diese Weise auch die Anfangszeit des Telefonverkehrs nach Amerika. Während der ersten Gegensprechversuche zwischen Nauen und Rio de Janeiro hörten wir zum Beispiel eine Unterhaltung zweier 12 000 km voneinander entfernter Brüder namens Muth. Sie hoben auch die Bildtelegrafie mit aus der Taufe. Von diesen Versuchen verdient eine lakonische Äußerung eines der beiden Brüder Muth festgehalten zu werden. Telefunken wurde damals von einem Generaldirektor Schapira geleitet, der sich in den Kreisen der Mitarbeiter recht unbeliebt gemacht hatte. Das Bild ebendieses Generaldirektors diente als Unterlage bei den Bildsendeversuchen zwischen Nauen und Rom. Den negativen Ausfall eines Bildübertragungsversuches teilte der eine Bruder Muth den Herren in Nauen durch Funktelegramm mit: »Direktor Schapira völlig unbrauchbar.«

Die Feuerwehr kommt

Ständig waren wir bestrebt, die Leistungen unserer Empfänger zu verbessern. Wir erprobten die verschiedensten Arten von Antennen. Für die Aufnahme längerer Wellen schienen die bei dem damaligen Entwicklungsstand des Telefonwesens noch oberhalb der Dächer verlegten kilometerlangen Drähte besonders geeignet. Das Anzapfen solcher Leitungen war natürlich strengstens verboten, denn wenn man nicht die von uns benutzte kapazitive Ankopplung anwandte, gab es schwere Störungen. Als der älteste unserer Freunde eines Tages aus der Schule heimkam, erwartete ihn bereits ein Kriminalbeamter, der ihm einen Draht mit der Frage entgegenhielt, ob er ihn kenne. Tags zuvor hatte er damit die unerlaubte Verbindung zu den oberirdischen Leitungen des Telefonamtes hergestellt. Eine Nachbarin hatte ihn beobachtet und angezeigt. Dieser ersten Berührung mit der Berliner Polizeibehörde sollten weitere folgen.
Schon vorher war mir ein ähnliches Unternehmen mißlungen. Wenige Minuten, nachdem ich meinen Draht angeschlossen hatte, brauste eine Feuerwehr vor den in der Nähe installierten Feuermelder, stellte dessen Unversehrtheit fest und läutete schließlich unverrichteterdinge wieder davon. Inzwischen war mir klargeworden, daß die angezapften Leitungen auf roten Isolatoren verspannt waren und daher wohl Feuermelder und Feuerwache miteinander verbanden.

Wir senden – wenn auch illegal

Nach all diesen Experimenten spürten wir den dringenden Wunsch, nicht nur zu empfangen, sondern auch zu senden. Unser Traum war, eine eigene Verbindung zwischen uns zu schaffen. Diese Verlokkung war so groß, daß wir nicht davor zurückschreckten, mit den Staatsgesetzen in Konflikt zu kommen, die das Nachrichtenmonopol des Reiches sicherten. Und wir hatten Erfolg. Trotz der Kontrolle des Äthers durch die Telegrafen-Überwachungsstelle der Reichspost konnten wir uns länger als ein Jahr unbehelligt fast täglich per Funk miteinander verständigen.

Folgenden Trick hatten wir uns zu unserer Sicherheit ausgedacht: Zunächst baute jeder mit den Mitteln seines Laboratoriums, das heißt mit den dort vorhandenen Funkeninduktoren oder Röhren eine Sendeanlage zusammen, deren charakteristischer Ton in einem Empfänger aus der Entfernung abgehört wurde. Danach suchten wir unter den zahlreichen uns bekannten Funkstellen eine, deren Zeichen einen möglichst ähnlichen akustischen Eindruck hinterließen. Der eigene Sender wurde auf diese Welle abgestimmt, und unser individueller Nachrichtenverkehr über Berlin erfolgte dann mit dem Originalrufzeichen und möglichst in der Landessprache der ermittelten Station. Auf diese Weise tauchten unsere Sendungen im Stimmengewirr des Äthers unauffällig unter, obwohl wir Wellen benutzten, die heute im Bereich jedes Rundfunkgerätes liegen.

Allen Vorsichtsmaßnahmen zum Trotz ist unser Treiben den amtlichen Stellen schließlich doch aufgefallen. Einige Jahre später sprach mich nach einem meiner Vorträge über Rundfunktechnik ein Zuhörer an und stellte sich als Beamter der staatlichen Überwachungsstelle vor. Lachend erzählte er mir von seinen Beobachtungen und Peilergebnissen in bezug auf unsere Sendungen in der Vorrundfunkzeit: »Von einer Weitergabe des Tatbestands hat man seinerzeit abgesehen, um den Werdegang heranwachsender Kollegen nicht zu stören!«

Mein Sender wurde von einem Funkeninduktor betrieben, dessen Unterbrecher hohe und regelmäßige Funkenfolgen zuließ. Der daraus resultierende hohe Ton ähnelte dem einer französischen Küstenstation. Zur Verbesserung der Reichweite war in möglichst großer Höhe zwischen den Schornsteinen des Hauses eine etwa 30 m lange Antenne verspannt worden. Sobald der Sender in Betrieb war, wies diese in der benutzten Schaltung eine Spannung von etwa 5000 V gegen Erde auf.

Es war ein großes Glück im Unglück, daß jener Dachdecker zufällig angeseilt war, der bei seiner Arbeit während unseres Funkbetriebs die Zuführung meiner Sendeantenne berührte!

Die Nachteile der Erdtelegrafie

Auch mit weniger gut ausgerüsteten Freunden der unmittelbaren Nachbarschaft stellte ich eine Nachrichtenverbindung zum Kammer-Laboratorium her, und zwar mit Hilfe sogenannter Erdtelegrafen, die aus Heeresbeständen billig zu erhalten waren. Das Prinzip dieser Einrichtung bestand darin, daß zum Beispiel zwischen Gas- und Wasserleitung kräftige tonfrequente Wechselströme im Morse-Rhythmus geleitet wurden. Mehrere hundert Meter entfernt konnte man dann möglicherweise ebenfalls zwischen Gas- und Wasserleitung die Zeichen mit Hilfe eines Verstärkers unter den vagabundierenden Strömen der Straßenbahn noch gut heraushören und mit einer analogen Einrichtung antworten. Allerdings stellte sich bald heraus, der gesamte Telefonverkehr in den beteiligten Häusern war lahmgelegt, solange unsere kräftigen Erdtelegrafeneinrichtungen arbeiteten.

Funksprüche eines Freundes von hoher See

Der älteste aus unserem technischen Freundeskreis war mittlerweile Bordfunker auf einem Schiff geworden, das zwischen Hamburg und Spanien verkehrte. Nach allem Vorausgegangenen lag es nahe, mit ihm zu verabreden, daß er auf hoher See zu bestimmter Zeit Funksprüche und, was glücklicherweise nie ans Tageslicht kam, sogar kurze Telegramme an uns abgab.
Mit fieberhafter Spannung erwarteten wir jedesmal in später Stunde zum vereinbarten Zeitpunkt die Stimme des Freundes im Äther und verfolgten mit höchstem Interesse von Nacht zu Nacht das Schwächerwerden der Rufzeichen seiner Station, wenn sein Schiff sich mehr und mehr vom Heimathafen entfernte.

Jede Wissenschaft durchläuft ein romantisches Stadium

Welche Romantik liegt doch zuweilen in der Forschung verborgen! Jeder Wissenschaftszweig, jedes technische Gebiet durchläuft am Beginn seiner Entwicklung ein Jugendstadium, in dem sich häufig von einem Tag zum anderen überraschende Ausblicke und unbekannte Möglichkeiten oft großer Tragweite erschließen. Glücklich jene Pioniere, die nicht nur eine solche zeitlich meist eng begrenzte Etappe miterleben durften, sondern die mitgestaltend darüber hinaus jenes Hochgefühl gespürt haben, das nach vorausgegangenen, manchmal lange durchgehaltenen Bemühungen das Gelingen von Entdeckungen, Erfindungen, Konstruktionen, das Erkennen neuer Gesetzmäßigkeiten und neuer Wege im schöpferischen Menschen auslöst!

Auch in späteren Entwicklungsstadien, wenn ein Fachgebiet bereits zu einem geschlossenen Ganzen geworden ist und nur selten durch zumeist mühselig erkämpfte Einzelfortschritte bereichert wird, liegt noch viel Reizvolles hinter der scheinbar nüchternen Fassade versteckt, denn was jene Pioniere beim großen ersten Schöpfungsakt empfanden, kann im Augenblick des Vertrautwerdens mit einem neuen Wissenschaftsbereich im Kleinen nachvollzogen werden. Vielleicht ist ein Erleben dieser Art auf jene Menschen beschränkt, die ein leidenschaftliches Interesse für ein Fach empfinden und deren Arbeit dadurch für sie selbst zur Quelle sich ständig erneuernder Freuden wird.

Unvergeßliche Momente

Ich habe nicht nur einmal in der Vorrundfunkzeit die aufregende Phase einer Technik miterlebt. Auf anderen Gebieten durfte ich ebenfalls in ihrem romantischen Stadium gestaltend mitmachen. Unvergeßliche Stunden dieser Art waren es, als es im Lichterfelder Laboratorium am 14. Dezember 1930 zum erstenmal gelang, Fernsehbilder mit Hilfe selbstentwickelter Elektronenstrahlröhren vom einen Ende des Arbeitszimmers zum anderen zu übertragen; als 1934 mit dem von mir erfundenen elektronenoptischen Bildwandler

Sehen bei völliger Finsternis unter Infrarotbestrahlung möglich wurde; als 1938 in dem von mir konzipierten Elektronen-Rastermikroskop die Abbildung von Diatomeen mit einzigartiger Tiefenschärfe und guter Auflösung erfolgte; als im Winter 1939/40 mein Elektronen-Stereomikroskop von bisher unbekannten Welten Raumbilder mit höchster Auflösung lieferte; als 1942 bei der Erprobung der Atomumwandlungsanlage über 2 m lange Blitze machtvoll die Fertigstellung des Hochspannungsteiles verkündeten; als wir 1958 die ersten Elektronen-Anlagerungs-Massenspektren von negativen undissoziierten Molekülionen organischer Substanzen erhielten; als mit unserem 1959 gebauten 60-kW-Elektronenstrahl-Mehrkammerofen das Umschmelzen und Entgasen großer Metallblöcke im Hochvakuum gelang und ganz besonders, als in den Jahren 1968 bis 1984 unsere multidisziplinären medizinischen Forschungen zu so überraschenden Entdeckungen und weitreichenden Ergebnissen auf mehreren zentralen Gebieten der Medizin führten.

Drahtlose Telefonie vom Schornstein aus

Doch wieder zurück zum Funkbetrieb in den Jahren 1922 und 1923. Die vereinzelten Telefonsendungen, die wir gelegentlich abhörten, lösten natürlich den Wunsch nach Umstellung unseres Morseverkehrs auf Telefonverkehr aus, und schon bald waren Versuche in dieser Richtung erfolgreich. Nachdem wir zwei 5-W-Senderöhren eingebaut hatten, erklangen unsere auf einer Welle des heutigen Rundfunkbereichs ausgestrahlten Mundharmonikakonzerte aus dem primitiven Lautsprecher des etwa 3 km entfernten Empfängergerätes meines Freundes.

Das beste Zimmer der Wohnung

Inzwischen hatten die bedrohlich zunehmende Enge in der Laborkammer und mein stetiger wirtschaftlicher Aufstieg dazu geführt, daß die Eltern mir das beste Zimmer der Wohnung, einen Raum von etwa 30 m^2, vermieteten. Bald trug von hier aus ein Telefonie-Röhrensender die Klavierübungen meiner Schwester durch den Äther dem über Berlin verteilten Freundeskreis zu.

Physik im Spiel gelernt

Seit 1916 hatte ich fast jede nicht von der Schule beanspruchte Minute zum Basteln und Experimentieren verwendet. So habe ich seit dem neunten Lebensjahr Physik gewissermaßen im Spiel gelernt. Dadurch entwickelte sich früh das Gefühl für die naturwissenschaftliche Arbeitsweise. Und doch sind mir die späteren Erfolge in der beruflichen Laufbahn nicht als Geschenke Fortunas zugefallen. Fleiß, gezieltes, präzise auf die jeweilige Aufgabe ausgerichtetes Studium, Ausdauer, Hinwendung der ganzen Gedankenwelt auf das Arbeits- oder Forschungsziel kennzeichnen diesen früh begonnenen und sich eigentlich über mein ganzes Leben erstreckenden Lernprozeß.
Beim Studium halfen mir zunächst zahlreiche Bücher über Physik, Elektrotechnik, Nachrichtentechnik und Chemie, die ich bei einem Trödler zu Altpapierpreisen erwarb. Daß ihr Erscheinen meist schon Jahrzehnte zurücklag, spielte in dieser Phase der Entwicklung keine Rolle. Jedes der Werke las ich lückenlos. Um schnell mit der gerade interessierenden Problematik vertraut zu werden, benutzte ich schon damals die Methode, mich über die gleiche Gesetzmäßigkeit, die gleiche Naturerscheinung, das gleiche Experiment oder die gleiche Apparatur in möglichst vielen verschiedenen Büchern zu orientieren. Auf diese Weise wurde der Gegenstand jeweils aus der unterschiedlichen Blickrichtung mehrerer Autoren betrachtet und daher gründlicher erkundet.

Radiovorführung bei Reichspräsident Ebert

Noch als Schüler wirkte ich im März 1923 bei Bemühungen mit, die für die Entwicklung des europäischen Rundfunks geschichtliche Bedeutung erlangt haben. Der Techniker B. Wienecke* und ich

---

* Von 1955 bis 1961 Mitarbeiter des Forschungsinstituts Manfred von Ardenne in Dresden

erhielten eines Nachmittags den Auftrag, den kleinen Röhrensender im Loeweschen Laboratorium in Betrieb zu setzen. Er wurde dann einige Stunden später mit Schallplattenmusik und Sprache moduliert. In der Wilhelmstraße hörte der damalige Reichspräsident Ebert dieser Sendung zu. Er sollte durch einen kurzen Vortrag für den Gedanken des Rundfunks gewonnen werden. Über diese Vorführung beim Reichspräsidenten durch Dr. S. Loewe, O. Kappelmeyer und mich berichtet übrigens auch der bekannte, 1961 verstorbene Rundfunkpionier Dr. E. Nesper* in seinen Lebenserinnerungen.

Dank dieser Initiative von Siegmund Loewe und Eugen Nesper und der von ihnen veranlaßten Gründung eines funktechnischen Vereins zur Förderung des Rundfunkgedankens gelang es schließlich, die anfänglichen starken Widerstände der Reichspost (Staatssekretär Bredow) zu überwinden. Die historische Wahrheit ist, daß Dr. Siegmund Loewe und Dr. Eugen Nesper als eigentliche Väter des deutschen Rundfunks anzusehen sind.

Rundfunk und Schule

Im Sommer 1923 hielt Dr. Loewe über den gleichen Sender eine von Schallplattenmusik begleitete Ansprache an die im großen Physiksaal meiner Schule versammelten oberen Klassen. Meine Empfangsgeräte waren für diesen Tag hier aufgestellt worden. In dem »Radio«-Vortrag ging es um die großen Zukunftsaussichten der Hochfrequenztechnik im allgemeinen und den Zweck des Rundfunks im besonderen.

Ein Nebenziel dieser Veranstaltung war, bei der anwesenden Lehrerschaft den Eindruck meiner sich unaufhaltsam verschlechternden Schulleistungen in den nicht-naturwissenschaftlichen Fächern zu kompensieren. Auch in dieser Hinsicht war die Veranstaltung ein Erfolg. Das Lehrerkollegium war tatsächlich derart beeindruckt, daß ich in die nächsthöhere Klasse aufrücken durfte, allerdings unter der Bedingung, mit Primareife von der Schule abzugehen.

---

* E. Nesper, Ein Leben für den Funk, München 1950, S. 103

Eigentlich war diese Entwicklung der Dinge gar nicht so nachteilig, denn ich verließ die Lehranstalt gerade rechtzeitig, um an der im Herbst 1923 beginnenden Rundfunkentwicklung aktiv teilnehmen zu können. Noch bevor ich ausschied, hatte ich mein erstes – später erteiltes – Patent angemeldet und meinen ersten Artikel für eine Fachzeitschrift geschrieben.

Der geheime Sender und die Konsequenzen

Das letzte Schuljahr hatte für die Familie noch einige Aufregungen gebracht. Unsere regelmäßigen Telefoniesendungen auf den Wellen um 400 m waren schließlich mehreren staatlichen Funkstationen aufgefallen. Sie ließen uns anpeilen.
Wir wurden abgehört, und der Zufall wollte es, daß die Klavierkunst meiner Schwester gerade bei der fraglichen Sendung nicht zur Verfügung stand. Dafür hatten wir den Text eines Zeitungsartikels ausgestrahlt, in dem wiederholt die Stadt Moskau vorkam. Sofort vermutete man einen illegalen kommunistischen Sender, und die politische Abteilung des Berliner Polizeipräsidiums erhielt die Anweisung, die geheimnisvolle Angelegenheit aufzuklären. An einem Sonntagmorgen wurde unser Haus umstellt. Ein Leutnant, gefolgt von sechs Mann mit vorgehaltener Waffe, verlangte stürmisch Einlaß in die Wohnung der zu dieser Stunde noch friedlich schlummernden Eltern. Nach eingehender Haussuchung versiegelten sie sämtliche Türen und Schränke meines Laborzimmers. Ich selbst sollte am folgenden Tag im Polizeipräsidium, Abteilung der politischen Polizei, am Alexanderplatz erscheinen.
Es bedurfte keiner weitreichenden Phantasie, um vorauszusehen, daß die Polizei die Anlagen endgültig einziehen würde. Damit standen die technische Arbeit und der wirtschaftliche Ertrag von Jahren auf dem Spiel. Ein Ausweg mußte gefunden werden. Ich alarmierte meine Freunde, nutzte alle meine Beziehungen aus. Tatsächlich gelang es, innerhalb von wenigen Stunden einen Berg von defekten Bauteilen, durchgebrannten Röhren und veralteten, auf alle Fälle aber technisch aussehenden Gegenständen zusammenzutragen. Mit Hilfe von Wasserdampf lösten wir die polizeilichen Siegel vorsichtig

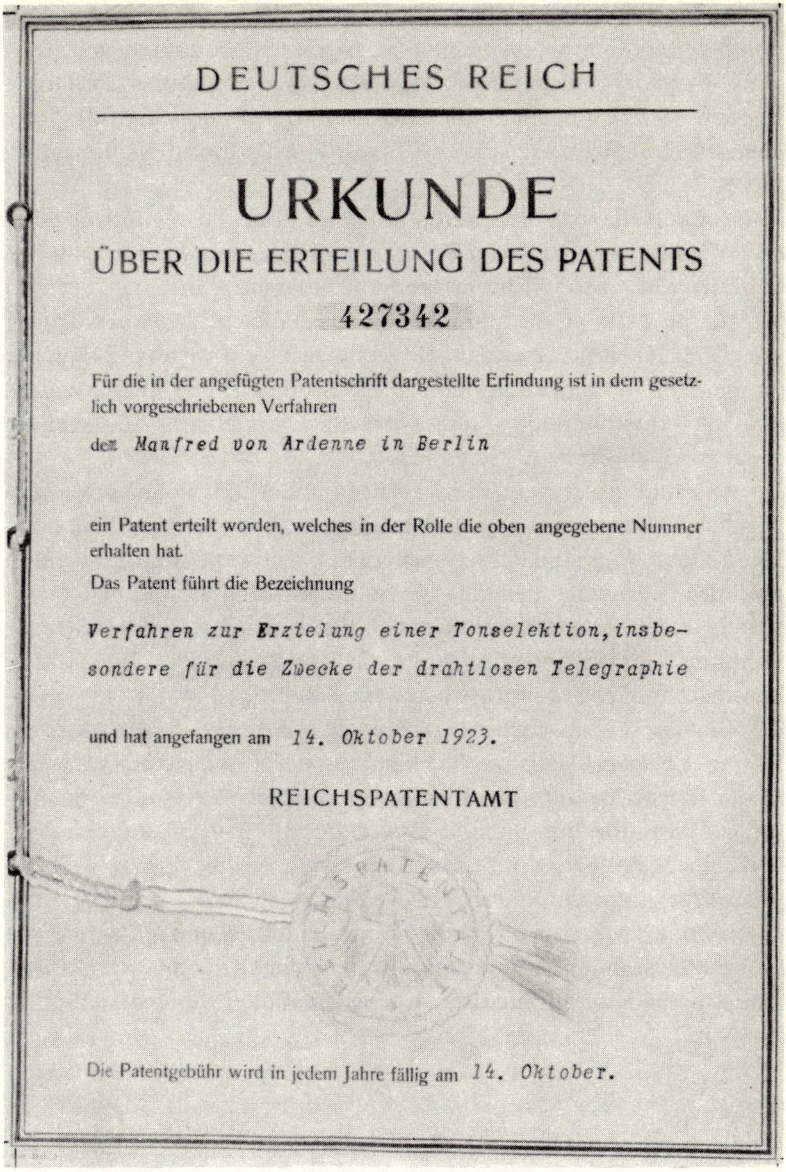

DEUTSCHES REICH

URKUNDE

ÜBER DIE ERTEILUNG DES PATENTS

427342

Für die in der angefügten Patentschrift dargestellte Erfindung ist in dem gesetzlich vorgeschriebenen Verfahren

dem Manfred von Ardenne in Berlin

ein Patent erteilt worden, welches in der Rolle die oben angegebene Nummer erhalten hat.

Das Patent führt die Bezeichnung

Verfahren zur Erzielung einer Tonselektion, insbesondere für die Zwecke der drahtlosen Telegraphie

und hat angefangen am 14. Oktober 1923.

REICHSPATENTAMT

Die Patentgebühr wird in jedem Jahre fällig am 14. Oktober.

Das erste Patent 1923 (16 Jahre).

und ersetzten in fieberhafter Tätigkeit die hochwertigen Anlagen und Röhren durch entsprechende Attrappen. Konnten wir nicht ganze Anlagen austauschen, wechselten wir wenigstens die Drehkondensatoren, Spulen, Widerstände und ähnliche wertvolle Teile gegen schadhafte aus. Schließlich wurden die Siegel wieder angeklebt.

Während Helfer die geretteten Anlagen über die Hintertreppe in die Wohnung benachbarter Freunde schleppten, erschienen auf der Vordertreppe bereits die ersten Polizeibeamten in Zivil, um den Abtransport des »Geheimsenders« in das Polizeipräsidium einzuleiten. Zwei Jahre später sah ich die rechtzeitig »entwerteten« Objekte zu meinem Vergnügen auf einer Polizei-Ausstellung wieder, versehen mit einem Schild: »Geräte eines Schwarzhörers«. So sind sie sogar noch zu etwas nütze gewesen.

Im Anschluß an eingehende Verhöre im Berliner Polizeipräsidium brachte die Post eines Tages eine Vorladung zur Verhandlung beim Neuköllner Jugendgericht. Nach dem Sachverständigengutachten und der Verteidigungsrede, die mein Vater übernommen hatte, plädierte der Staatsanwalt für endgültige Einziehung aller beschlagnahmten Geräte und eine hohe Geldstrafe, da der Jugendliche bereits erhebliche Honorare aus seinen Beiträgen in der Tagespresse (Beweis sei ein soeben erschienener Aufsatz in der »BZ am Mittag«) bezöge! Nach der Verkündung des Urteils ließ der mit den Ermittlungen beauftragte Kriminalkommissar der politischen Abteilung schmunzelnd durchblicken, daß ihm die Ablösung der polizeilichen Siegel nicht unbekannt geblieben sei. Sicherlich wäre das Verfahren unter den damaligen Bedingungen sehr viel unangenehmer verlaufen, hätte nicht ein Sohn aus angesehener Familie vor Gericht gestanden. Immerhin war ich glücklich, das »Laboratorium« nach diesen dramatischen Zwischenfällen weiterbetreiben zu können.

Mein erstes Buch

Wie schon in manchem vorausgegangenen Jahr verbrachte unsere Familie auch 1923 einen Sommermonat auf dem Gut Borstel mei-

nes Onkels Graf Baudissin in Holstein. Unvergessen sind die damaligen Spaziergänge in den Wäldern der Umgebung mit meinem Vetter Wolf Graf Baudissin, der nach dem 2. Weltkrieg den Neuaufbau der Bundeswehr mitgestaltete und dann Leiter des Hamburger Instituts für Friedensforschung wurde. Nach mehr als 50 Jahren haben wir uns öfters wiedergetroffen. Jedesmal waren die Gespräche ein Geschenk für die ganze Familie.
Früher hatte ich, um Mittel für den Ankauf meiner Apparate zu schaffen, in Borstel wiederholt einige Wochen in der Landwirtschaft mitgearbeitet. Seit dieser Zeit empfinde ich uneingeschränkte Hochachtung vor den Leistungen und harten Pflichten der auf dem Lande tätigen Menschen. Diesmal nutzte ich die Reise zur Niederschrift meiner ersten Buchveröffentlichung. Das »Funk-Ruf-Buch« enthielt eine Zusammenstellung aller in Berlin aufnehmbaren Funkstationen einschließlich ihrer Rufzeichen und Wellenlängen auf Grund unserer Beobachtungen in den vorausgegangenen Jahren. Im Gegensatz zu den amtlichen Verzeichnissen, die auch die unbenutzten Ausweichwellen nannten und ebenso die in Deutschland nicht aufzunehmenden Sender, spiegelte sich in meiner Schrift das Bild der Wellenverteilung so, wie es im Bereich zwischen 200 m und 20 000 m damals von Berliner Empfangsstationen tatsächlich wahrgenommen wurde. Bei dem empirischen Weg, der zu den Ergebnissen in meiner Schrift führte, hatte ich – zunächst – auch die streng geheimen Sendestationen der Reichswehr und der Polizei in den Listen mit angegeben.
Diese Lückenlosigkeit meiner Aufstellung beunruhigte gleichzeitig mehrere Ministerien. Ich wurde wieder eingehend verhört, und ein Postrat, der das amtliche Verzeichnis betreute und zu dem ich zitiert wurde, legte mir dringend nahe, die Veröffentlichung zurückzuziehen. Doch ich folgte seinem »Rat« nicht, schon weil ich mit dem Buchhonorar lange notwendige Neuanschaffungen für mein Laboratorium bestreiten wollte. Auch diesmal ging es gut.

Sieben Goldstücke

Ende 1923 hatte ich eine für die Inflationszeit ungewöhnliche Einnahme. Gerlach in Königswusterhausen und Herzog in Eberswalde

führten damals wöchentlich zu bestimmten Zeiten Versuchssendungen durch, und wer einen Empfänger hatte, konnte auf drahtlosem Weg übertragene Musik hören. Eine Sensation! Das veranlaßte einen gutsituierten Geschäftsmann am Kurfürstendamm, mir den Auftrag zu erteilen, eine Empfangsanlage mit vier Röhren zu bauen. Vereinbarter Preis: sieben Goldstücke. Ich machte mich an die Arbeit, lieferte das Gerät fristgemäß ab und war froh, daß es einwandfrei arbeitete.
Von einem der sieben Goldstücke kaufte ich jenes hochempfindliche Meßinstrument, mit dem anderthalb Jahre später die für den Aufstieg des Laboratoriums und für die Empfängertypen der Rundfunkindustrie in den Jahren 1925 bis 1928 richtungweisend gewordenen Kennlinien-Messungen durchgeführt wurden. – Der erwähnte erste und zugleich so beträchtliche finanzielle Erfolg auf dem Gebiet der Herstellung von Apparaten trug wohl zur Entscheidung bei, bald darauf den Handel mit Funkgeräten aufzugeben und die für meine Experimente notwendigen Einkünfte aus der Fertigung und später aus der Entwicklung von Industriegeräten zu erschließen.

Meine Urgroßeltern feiern eiserne Hochzeit

Am 4. September 1923 fand ein Familienereignis statt, wie man es selten feiern kann: die eiserne Hochzeit meiner Urgroßeltern Heinrich und Elisabeth von Ohlendorff in Hamburg. Heinrich Freiherr von Ohlendorff war ein Freund Bismarks gewesen und hatte zur Unterstützung von dessen Politik die Norddeutsche Allgemeine Zeitung (die spätere DAZ) gegründet. Es war eine glanzvolle Festlichkeit, die noch einmal die große Familie dieses erfolgreichen Hamburger Kaufmanns vereinte. Ein Essen mit hundert Personen bildete den Abschluß des Tages, und der über neunzigjährige Jubilar blieb bei keiner der ihm zu Ehren gehaltenen Tischreden die Antwort schuldig.
Nach dem Tode meines Urgroßvaters, dem um 1875 eine kleine Flotte gehört hatte, die Guano importierte, zerflatterte sein bedeutender Nachlaß in alle Winde. Güter, Geschäftshäuser und Kunst-

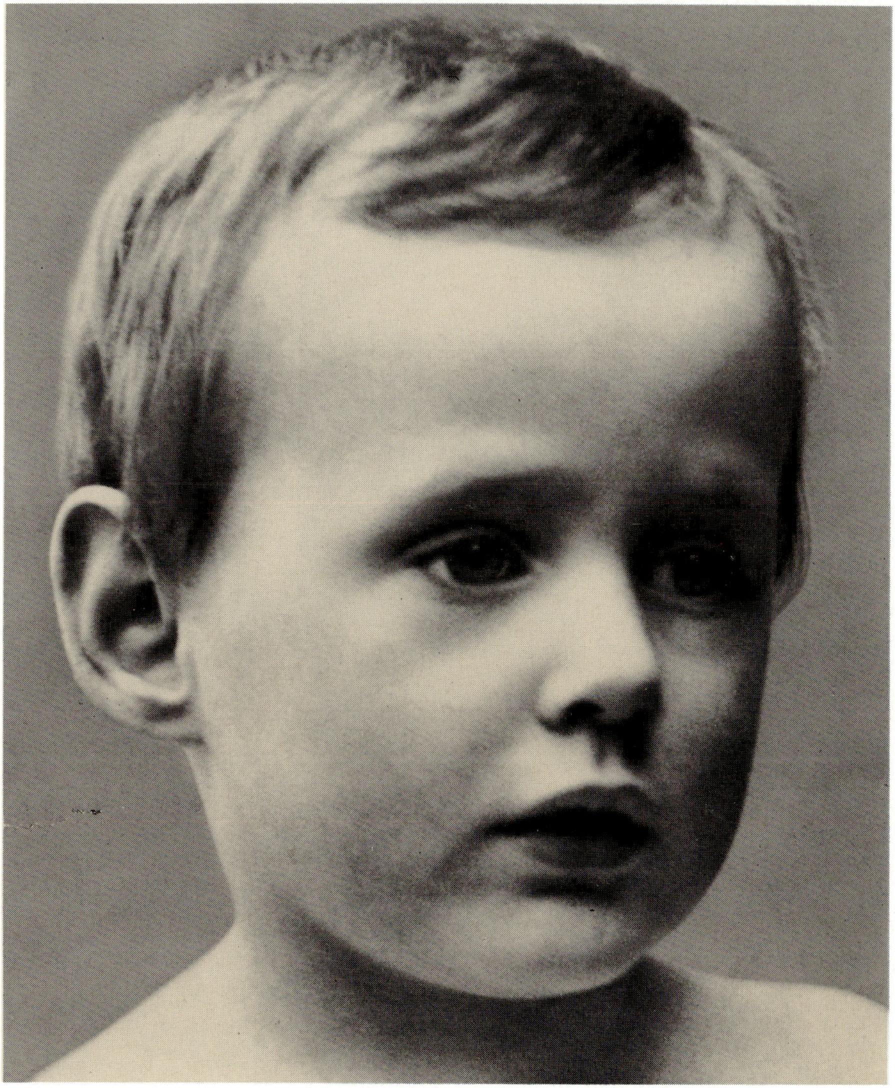

Manfred von Ardenne Ende 1908

Vier Generationen (1908) Heinrich Freiherr von Ohlendorff (Urgroßvater), Dr. Matthias Mutzenbecher (Großvater, links), Egmont Baron von Ardenne (Vater, rechts), Manfred Baron von Ardenne.

Adela von Ardenne, mit den Kindern Manfred und Magdalena, Hamburg 1912.

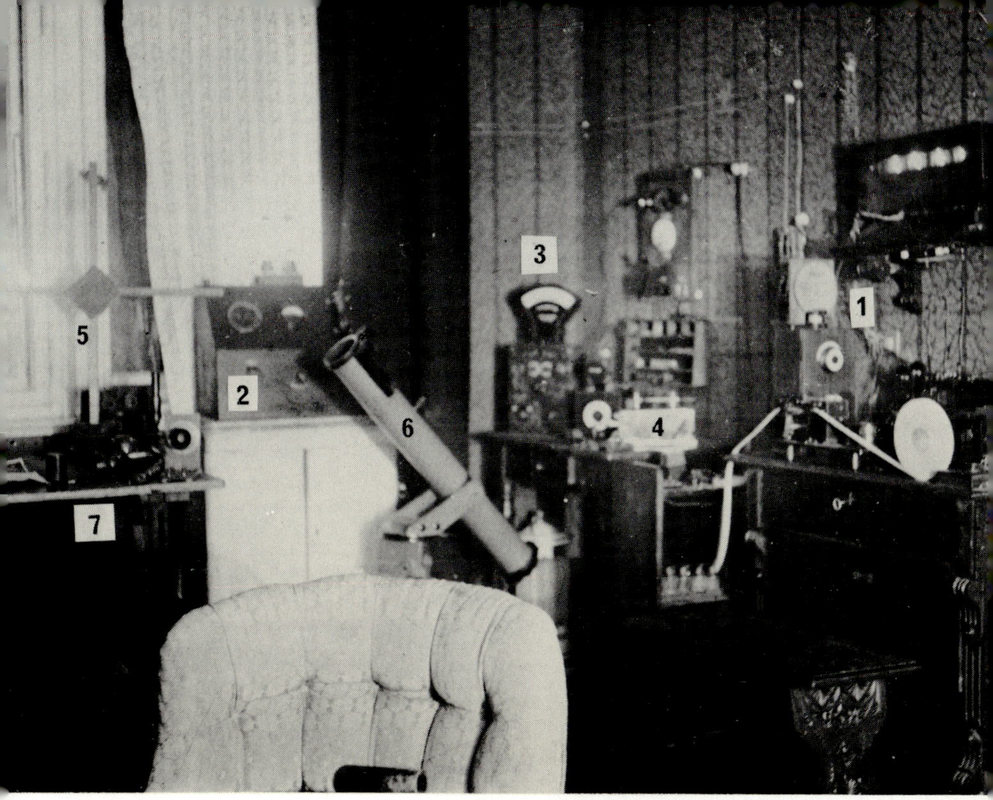

Teilansicht des Bastel-Laboratoriums im Jahre 1923 (16 Jahre)

1. *Langwellen-Überlagerungsempfänger für den Schreibempfang der nordamerikanischen Sender.*
2. *10 Watt-Telefonierröhrensender für 400 m Wellenlänge (vor der Beschlagnahme durch die politische Polizei).*
3. *Detektorempfänger.*
4. *3 cm Funkeninduktor.*
5. *Rahmenantenne.*
6. *4 Zoll Spiegelteleskop.*
7. *Labortisch (ehemaliger Plättisch der Mutter).*

Manfred von Ardenne 1923 mit 16 Jahren
Die damalige Beschäftigung mit dem Lichtmikroskop wurde zum Ausgangspunkt für die vierzehn Jahre später einsetzende Arbeit am Elektronenmikroskop und am Raster-Elektronenmikroskop.

Widerstandsortsempfänger OE333 mit Dreifachröhre (1926). Dieses in mehreren Millionen Exemplaren gebaute billige Gerät bahnte dem Rundfunk den Weg ins Volk. 50 Jahre später erinnerte die Bundespost durch eine Briefmarke (oben links) an diesen Empfänger.

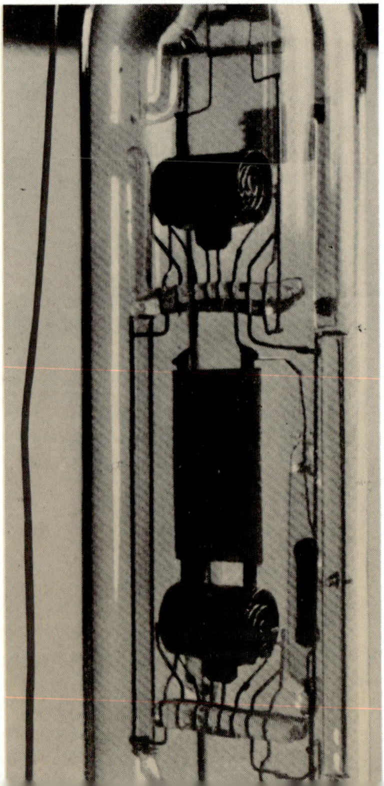

Der erste Breitbandverstärker (18 Jahre). Erste Mehrfachröhre und zugleich erster Breitbandverstärker aus dem Jahre 1925 (Bandbreite 10^6 Hertz). Durch einen besonders kapazitätsarmen Aufbau in Verbindung mit steileren Röhrensystemen wurde die Grenze aperiodischer Verstärkung um einen Faktor 10 in Richtung höherer Frequenzen hinausgeschoben und damit erstmalig ein Breitbandverstärker im heutigen Sinne gebaut.

schätze wechselten den Besitzer. Seine verschiedenen Wohngebäude wurden in den englischen Bombenteppichen des zweiten Weltkrieges (Sir Watson Watt!) vernichtet.
Ich habe mich bemüht, Gemälde und Kunstgegenstände aus dem schönen, im Hamburger Stadtteil Hamm gelegenen Haus der Urgroßeltern zu sammeln. Manches konnte ich zurückkaufen, was heute in Dresden unsere Erinnerungen an diesen fast legendären Vorfahr lebendig hält.
In den letzten Jahren vor seinem Tode interessierte sich der alte Herr übrigens sehr für die damals gerade aufkommenden ersten Radios. Die Rundfunk-Vorträge seines jungen Urenkels und die Bücher, die unter meinem Namen erschienen, sollen ihm besondere Freude bereitet haben.

Kapitel 4: Vom technischen Hobby zur Forschung

Mitwirkung bei den ersten Radiosendungen des Vox-Haus-Senders

Im Winter 1923/24 wurde es Ernst mit dem Rundfunk. Experimental-Vorträge vor funktechnischen Vereinen und Rundfunk-Vorträge mit technischem Inhalt machten mich in den entsprechenden Kreisen bekannt, und bald hatte ich zahlreiche Verbindungen zu maßgebenden Ingenieuren und Wissenschaftlern der Hochfrequenztechnik. Es sprach sich herum, daß ich bei meinen Vorträgen sogar den Lautsprecher-Empfang der Langwellen-Station pkx (Malabar) auf Java vorführte – für die damalige Zeit eine Art Empfangsrekord. Außerdem verschaffte meine schnell anwachsende publizistische Tätigkeit in der Tages- und Fachpresse meinem Namen eine gewisse Geltung.

Siebzehn Jahre war ich damals alt, und doch öffneten sich mir bereits die Tore zu den Laboratorien des werdenden Rundfunks. Bald besuchte ich häufig die Verstärker-Räume des ersten deutschen Senders im Vox-Haus, Potsdamer Straße 4. Auf Holztischen waren dort im Dachgeschoß primitive Sendeanlagen aufgebaut. Hier konnte ich meine Kenntnisse und Erfahrungen praktisch verwerten. Zusammen mit dem damaligen technischen Leiter Weichart probten und veranstalteten wir die erste Übertragung aus der berühmten Berliner Philharmonie. Dabei dienten aus folgendem Grunde Geräte von mir als Mikrofonverstärker:

Bei dem damaligen Entwicklungsstand der Technik bereitete die gleichmäßige Verstärkung aller Frequenzen von den tiefsten bis zu den höchsten Tönen des Hörbereichs Schwierigkeiten. Eine Anordnung, die ich entwickelt hatte, sicherte den gewünschten Effekt. Ich nahm die Verstärkung der Mikrofonströme nicht in einem Niederfrequenz-, sondern – nach vorausgegangener Modulation eines kleinen Hilfssenders – indirekt in einem breitbandigen Hochfrequenz-Verstärker vor. Dieses Prinzip wurde später unter anderem in der Fernsehtechnik, in der die Forderung nach gleichmäßiger Verstärkung der sehr breiten Frequenzbänder noch viel schwerer zu erfüllen war, mit geringen Abwandlungen unter dem Namen »Träger-Frequenz-Verfahren« bekannt und gehört heute zu den Elementarmethoden der Elektronik.

Die elektrische Aufnahme von Schallplatten leitet eine große Entwicklung ein

Den Vox-Haus-Sender hatte Ing. Schäffer gebaut, der vom Laufburschen sich zum Leiter des Sendelaboratoriums von Telefunken »qualifiziert« hatte. Zur gleichen Zeit wie ich war Ing. Schäffer auf die naheliegende Idee gekommen, die schlechte Qualität der damaligen rein mechanischen Aufnahme von Schallplatten durch Umstellung auf die elektrische Aufnahme mit Mikrofon, Verstärker und elektromagnetisch gesteuertem Schneidstift entscheidend zu verbessern. Er tat dies bei Elektrola, der Verfasser bei dem Schallplattenkonzern Lindström. Die erste elektrisch aufgenommene Lindström-Platte ist über die Wirren der Zeiten erhalten geblieben und steht heute in der Museumsecke unserer Bibliothek. – Nur wenig später führte Dr. Hausdorf die erste elektrisch aufgenommene Langspielplatte vor. Es waren die Anfänge eines großen Industriezweiges.

Praktikantenzeit

Um meine manuellen Fertigkeiten zu steigern, war ich bald nach Verlassen der Schule als Praktikant in eine mechanische Versuchswerkstatt eingetreten und hatte dort bis zum Beginn meiner Tätigkeit in der Hochfrequenztechnik gearbeitet. Eine unentbehrliche Lehrzeit, wenn ich sie unter den Aspekten meines späteren Berufs betrachte. Ich wurde mit den wichtigsten handwerklichen Arbeiten vertraut, gewann eine hohe Achtung vor dem universellen Können erfahrener Feinmechaniker und begriff die Bedeutung guter Werkstatteinrichtungen für die experimentelle Arbeit. Und noch eine wichtige Sache lernte ich: die voraussichtliche Stundenzahl für die Ausführung bestimmter Arbeiten abzuschätzen.

Mit siebzehn Jahren selbständig

1924 beendete ich meine Praktikantenzeit, und von da an, seit meinem siebzehnten Lebensjahr, bestritt ich meinen Unterhalt und die weiteren Kosten meiner beruflichen Ausbildung selbst. Meinen Eltern zahlte ich die Miete für das große Zimmer, das sie mir überlassen hatten – und ich war sehr froh, ihren Haushalt in dieser Weise entlasten zu können. Ganz bestimmt war es für sie nicht leicht, mit dem Gehalt eines Regierungsrates fünf Kinder mit allem Notwendigen zu versehen und ihre berufliche Ausbildung vorzubereiten.

Die notwendigen Mittel erhielt ich vorwiegend aus den Honoraren für meine ersten Bücher, für radiotechnische Veröffentlichungen und schließlich auch aus dem Erlös technischer Entwicklungen und Erfindungen. Es war mir immer eine Genugtuung – ich kann das nicht verhehlen –, daß ich mir meinen Weg ins Leben ohne finanzielle Unterstützung von irgendeiner Seite selbst gebahnt habe.

Mein Studium – kurz, aber intensiv

In meinem ersten »Rundfunkjahr« beschränkte sich meine Tätigkeit im großen und ganzen auf die Erprobung und Variation von Hochfrequenzschaltungen – im Grunde genommen auf eine Art Basteltätigkeit. Ein Physiker, den ich damals kennenlernte, äußerte sich sehr abfällig über diese Beschäftigung mit Hochfrequenzproblemen. Er war der absolut richtigen Meinung, man könne mit dieser Methode nur Teilergebnisse erzielen, ein wirklicher Fortschritt sei aber erst auf Grund sorgfältiger Messungen und genauer Kenntnisse der theoretischen Zusammenhänge zu erreichen. Da ich diese Ansicht auch schon von anderer Seite gehört hatte, faßte ich den Entschluß, meine Arbeitsweise grundsätzlich zu ändern. Ich durfte mich unter Befürwortung durch den Nobelpreisträger Geheimrat Nernst und Graf Arco an der Berliner Universität immatrikulieren und besuchte vier Semester lang die grundlegenden Vorlesungen über Physik, Chemie und Mathematik. In zweifacher Hinsicht bin ich sehr froh, dieses kurze »Grundlagenstudium« absolviert zu haben: Einmal verschaffte es mir das für den ernsten Beginn notwendige theoretische Wissen, zum anderen erhielt ich einen unerhört starken Impuls durch das lebendige Vorbild der großen Wissenschaftler, die damals die Berliner Universität auszeichneten: Albert Einstein, Max Planck, Max von Laue, Walter Nernst, Arthur Wehnelt und Wilhelm Westphal.

Nach meinen vier Semestern »Grundlagenstudium« – ich kann es mit Recht als Studium bezeichnen, da ich mich dem Inhalt der Vorlesungen mit außergewöhnlichem Ernst und in ständigem Austausch mit zwei befreundeten Kommilitonen widmete – setzte ich meine wissenschaftliche Ausbildung auf eine recht ungewöhnliche Weise fort: Ich begann das »Spezialstudium«, in enger Beziehung zu den jeweils vorliegenden Aufgaben und Problemen. Diese bis zum heutigen Tage, über etwa 60 Jahre fortgesetzte Methode erwies sich bei dem besonders ausgeprägten Wechsel der Themen und Fachgebiete für mich als äußerst effektiv. Ein solches »Studium in Permanenz«, das der schnellen Entwicklung und Veränderung der Wissenschaften in unserem Jahrhundert besonders gut Rechnung trägt, hat dann auch einen großen Teil meiner Freizeit so restlos ausgefüllt wie bei anderen Zeitgenossen ein mit Leidenschaft betriebenes Hobby.

Die »Wissensspeicher-Bücher«

Nach Jahrzehnten, als sich wichtige Bereiche der grundlegenden Fächer immer mehr erweiterten und in unserer Forschung weitere große Wissenszweige dazukamen, begann ich, mir ein Instrument zu schaffen, das es mir ermöglichte, die Merkkapazität meines Gehirns wesentlich zu entlasten und außerdem mein vorhandenes Wissensfundament ständig zu aktualisieren: Ich verfaßte meine »Wissensspeicher-Bücher«, zum Beispiel »Tabellen zur angewandten Physik«, drei Bände, 1956 bis 1971; »Tabellen zur medizinischen Elektronik«, 1962; Tabellen in »Grundlagen der Krebs-Mehrschritt-Therapie«, 1971.

Postgraduales Spezialstudium in Permanenz trägt der schnellen Veränderung der Wissenschaften in unserer Zeit Rechnung

Auf das permanente Spezialstudium in Verbindung mit konkreten Projekten und auf den ständigen Nutzen, den ich aus den Wissensspeicher-Büchern mit ihren vielen tausend Informationsspeicher-Tabellen zog, führe ich die meisten Erfolge meiner wissenschaftlichen und technischen Lebensarbeit zurück. Sicher erwarben sich meine Kommilitonen von 1925, die nach vier grundlegenden Semestern ihr Studium in klassisch-akademischer Weise bis zur Doktorprüfung fortsetzten, ein lückenloses theoretisches Wissen in ihren Spezialfächern. Vielleicht wurden sie klüger als ich – aber über das ganze Leben gesehen habe ich bestimmt nicht weniger geleistet als sie.

Das mag auch darauf zurückzuführen sein, daß die Aus- und Weiterbildungsprinzipien, die ich praktizierte, in nahezu idealer Weise dem vehementen Fortschritt der Naturwissenschaften seit 1925 und der Vielfalt der immer neu hinzukommenden, für unsere Forschung wichtigen Fächer Rechnung trugen. Niemals hätte ich 1925 bei der Programmierung meiner Ausbildung berücksichtigen können, daß Jahrzehnte später ganze Wissenskomplexe aus Gebieten wie denen der Mikroelektronik, Elektronenoptik, Plasmaphysik, Vakuumphysik, Biologie, Physiologie, Medizin, Informatik für den Erfolg unserer Arbeiten entscheidende Bedeutung erlangen würden. Manche dieser Fächer existierten damals noch gar nicht, andere lagen weitab von meinen ursprünglichen Interessengebieten.

Die Rationalisierung der wissenschaftlichen Ausbildung stellt eines der großen Probleme unserer Zeit dar. Die Verwirklichung der genannten Ausbildungsmethoden deutet sich heute bereits in den Reformen des Hochschulwesens der Deutschen Demokratischen Republik an, zum Beispiel im Forschungsstudium und in der Herausgabe von Wissensspeicher-Büchern für die grundlegenden Fächer.

Vielleicht darf ich unter diesen Aspekten einige verallgemeinernde Betrachtungen anstellen: Mit Sicherheit läßt sich sagen, daß ein einmaliger Hoch- und Fachschulabschluß von heute nicht ausreicht, wenn man sich mit einiger Phantasie jene Aufgaben vor Augen führt, die im Laufe der nächsten dreißig Jahre vor unserer heutigen Jugend stehen. Schon im kommenden Jahrzehnt, mehr noch in den darauffolgenden, werden viele Disziplinen durch den enormen Fortschritt tiefgreifenden Veränderungen unterworfen sein. Neue Fachgebiete kommen hinzu, die Einsatzfelder verschieben sich, und die Hoch- und Fachschulausbildung muß mit dieser Entwicklung Schritt halten. Sicher ist es erforderlich, dazu die Ausbildung in den grundlegenden Naturwissenschaften – Mathematik, Physik, Chemie – weiter zu optimieren. Ich glaube, das Spezialstudium sollte nur – dann allerdings mit höchstem persönlichen Einsatz des Studenten – in Verbindung mit konkreten Forschungs- und Entwicklungsaufgaben betrieben werden.

Multidisziplinäre Forschung und kollektive Arbeitsweise

Auch das spätere Berufsleben wird die Forderung nach einer Weiterbildung in Verbindung mit konkret zu lösenden Problemen immer stärker erheben. Im Wechsel der Forschungs- und Entwicklungsthemen wird sich dabei ganz zwangsläufig der Schatz an Wissen und Erfahrungen stetig erweitern. Die Notwendigkeit, das postgraduale Studium im Zusammenhang mit dem aktuellen Arbeitsfeld erheblich zu intensivieren, ergibt sich auch daraus, daß die Quelle des Fortschritts immer häufiger an den Grenzen zwischen den verschiedenen Fachdisziplinen liegt. Hieraus folgt die noch ständig wachsende Bedeutung der multi- beziehungsweise interdisziplinären Forschung und der kollektiven Arbeitsweise.

Forschungsstudium in angeregtem Zustand

Durch das Studium neuer Gebiete, neu hinzugekommener Fachbereiche oder sogar berufsfremder Disziplinen genau zu dem Zeitpunkt, an dem das Wissen zur schöpferischen Lösung einer konkreten aktuellen Aufgabe eingesetzt werden kann, ergeben sich große Vorteile. So entwickelt sich zum Beispiel das Vorstellungsvermögen unter der Bedingung einer exakten Problemstellung viel besser. Das Gelernte prägt sich tiefer ein, man studiert mit besonderer Intensität und Gründlichkeit, weil das geistig Erworbene ja unmittelbar genutzt wird. Vor allen Dingen ist man aber in dem Augenblick, in dem man versucht, in eine neue Problematik einzudringen, nicht jenem gefährlichen Moment der »Betriebsblindheit« ausgesetzt. Das Wesentliche des neuen Fachs wird schärfer gesehen. Tatsächlich denkt und handelt man in einer solchen Phase in einer Art angeregtem Zustand, der den Willen zu hoher Aktivität auslöst und der viel leichter zu bedeutenden schöpferischen Leistungen führt. Die geschilderte zielorientierte und polydisziplinäre Weiterbildung im Beruf ist geradezu eine Voraussetzung für die erfolgreiche Leitung von Forschungs- und Entwicklungskollektiven in der Zukunft. Aber sie ist auch für die einzelnen Mitglieder des Kollektivs zu fordern, weil erst sie ein gutes wechselseitiges Verstehen zwischen den Vertretern der verschiedenen Fachrichtungen sichert. Ein permanentes Studium kann allerdings nicht oder doch nicht allein auf Kosten der Arbeitszeit gehen. Für das mit dem konkreten Thema korrelierende Spezialstudium sollte ein Teil der Freizeit genutzt werden. Das dürfte um so unproblematischer sein, je mehr das fortwährende Lernen unseren jungen Menschen zum echten Bedürfnis wird.

Meine erste wissenschaftliche Arbeit führt zum Widerstands-Ortsempfänger

Ich habe schon gesagt, daß mich 1924 die Kritik an meiner damaligen Arbeitsweise tief beeindruckt hatte und ich allen Ehrgeiz daransetzte, künftig ähnlichen negativen Beurteilungen vorzubeugen. Als erste wissenschaftliche Aufgabe nahm ich die Messung von Arbeitskennlinien an Verstärkerstufen mit Widerstandskopplung in Angriff. Die theoretische und technische Auswertung meiner Ergebnisse ließ die billiger herzustellenden und verzerrungsfreier arbeitenden Widerstandsverstärker in bezug auf Verstärkungsgrad gegen-

über den bis 1924 fast ausschließlich benutzten Transformationsgeräten konkurrenzfähig werden. Es war nur notwendig, eine neue Röhrentype mit ungewöhnlich kleinem sogenanntem Durchgriff zu entwickeln. Diese Spezialröhre wurde dann schnell auf Weisung von Sigmund Loewe gebaut. Zu den Messungen wurde ich durch die zunächst rätselhafte Beobachtung angeregt, daß sich bei einem meiner Empfänger immer dann besonders hohe Lautstärken ergaben, wenn die Kathoden der Verstärkerröhren sehr schwach geheizt wurden, so schwach, daß sie nur ein Hundertstel der sonst gegebenen Emission haben konnten. Diese Untersuchung führte zu einer 1925 gemeinsam mit H. Heinert abgefaßten wissenschaftlichen Arbeit, die wir im »Jahrbuch der drahtlosen Telegraphie und Telephonie«, der späteren »Zeitschrift für Hochfrequenztechnik«, veröffentlichten. Außerdem fanden meine Erkenntnisse ihren Niederschlag in einer Patentanmeldung, die nach einigen Jahren in der letzten Instanz, unter dem Einfluß der Gegnerschaft fast der ganzen europäischen Rundfunkindustrie, zu Fall gebracht wurde (Begründung: eigene Vorveröffentlichung).
Meine Arbeit wurde ein großer Erfolg, weil der aus ihr resultierende Fortschritt für die damalige Rundfunkindustrie von höchster Aktualität war. Ich schlußfolgerte daraus: Es kommt darauf an, eine Aufgabe von hohem Rang scharf zu erkennen und zu einer Zeit zu lösen, da ihre Bedeutung gerade noch nicht offensichtlich ist.
Auch mehrere andere Radiofirmen bauten den in einem einfachen Mahagonikasten eingefügten ersten Widerstands-Ortsempfänger nach, der schnell in großen Stückzahlen auf den so aufnahmefähigen Rundfunkmarkt kam! Z. B. erschien dieses Gerät bei Telefunken unter der Bezeichnung »Arcolette«. Der eingetretene geschäftliche Erfolg war für die Firma Loewe-Radio von entscheidender Bedeutung, denn das junge Unternehmen befand sich zu diesem Zeitpunkt in großen finanziellen Schwierigkeiten.
Der zunächst auf den Empfang stärkerer Rundfunksender beschränkte Ortsempfänger war die Vorstufe zu einer Entwicklung, die weniger leicht von der Konkurrenz nachzubauen war. Gemeinsam mit Dr. Loewe konnte ich ein Jahr später dieses Gerät durch den Einbau von drei Verstärkerröhren mit ihren Kopplungsgliedern in einen einzigen Glaskolben erheblich vereinfachen.

Meine Dreifachröhre senkte den Preis für Rundfunkgeräte dieser Leistung auf ein Drittel. Der erste »integrierte Schaltkreis«

Die Theorie der Spannungsverstärkung mit Widerstandskopplung lehrte, daß um so höhere Verstärkungsgrade ohne kritischen Verstärkungsrückgang bei hohen Tonfrequenzen erzielbar sind, je besser es gelingt, die Eigenkapazitäten in Röhrenstufen und Kopplungsgliedern herabzusetzen. Dies brachte mich auf den Einfall, Siegmund Loewe vorzuschlagen, alle Röhrensysteme und Kopplungsglieder mit kürzesten Verbindungen in einem einzigen Glaskolben unterzubringen. Ich rief sofort Siegmund Loewe an, von dem ich wußte, daß er stets bis spät in die Nacht in seinem Laboratorium arbeitete. Loewe erkannte sofort die Tragweite des Konzeptes, und dank seiner außergewöhnlichen Tatkraft entstand schon bald nach unserem nächtlichen Telefongespräch die Loewe-Dreifachröhre, die dann in mehreren Millionen Exemplaren gebaut wurde. Die Dreifachröhre repräsentierte den ersten integrierten Schaltkreis der Elektronik.

Bei der Aufnahme ihrer Produktion ahnten wir noch nicht, welche Fülle technischer Detail- und Kontrollarbeit zu leisten war, um in der Massenfertigung die Ausschußquote niedrig zu halten. Der 1926 in den Handel gebrachte einfache Ortsempfänger dieser Bauart senkte die Preise für dreistufige Rundfunkempfänger auf dem europäischen Markt auf etwa ein Drittel. Das Gerät wurde in einer Stückzahl von mehreren Millionen abgesetzt. Lange vor dem erst 1934 kreierten »Volksempfänger« hat unsere Dreifachröhre dem Rundfunk den Weg ins Volk gebahnt. 1973 wurde eine Briefmarke mit dem Bild unseres Dreifachröhren-Ortsempfängers herausgegeben.

Mir selbst flossen aus einem Vertrag dem Absatz proportionale, erhebliche Beträge zu. Sie wurden zur Rückzahlung der Schulden, zum Ausbau des Laboratoriums und zur Intensivierung der Arbeit verwendet.

Durchsetzung der Nutzung von Forschungsergebnissen

Vor Abschluß meines Vertrages mit der Firma Loewe hatte ich mich monatelang vergeblich bei verschiedenen kleineren Unternehmen darum bemüht, das gleiche Gedankengut zu verwerten und diese zur Aufnahme einer Fabrikation des neuen Empfängertyps zu überreden. Als ich dann zu Dr. Loewe kam, erkannte dieser im Laufe der ersten halben Stunde die Tragweite der ihm vorgelegten Meßergebnisse, und bereits wenige Tage später war die Vereinbarung unterzeichnet. Aus diesen und ähnlichen Vorgängen in späterer Zeit kristallisierte sich die Erfahrung, daß es um so leichter gelingt, die Nutzung eines Forschungsergebnisses durchzusetzen, je größere fachliche Fähigkeiten die gegenüberstehenden Persönlichkeiten haben, sofern das betreffende Gedankengut einen wirklichen Fortschritt erschließt.
Die Begegnung mit bedeutenden Persönlichkeiten gehört zu den Geschenken, die das Leben solchen Menschen gewährt, die selbst Wesentliches für die Gesellschaft leisten. Vielfach ergibt sich die Bekanntschaft ganz zwanglos und automatisch aus der Arbeit. Das Zusammentreffen mit einflußreichen Menschen – abgesehen von meinen Begegnungen mit Nazigrößen zwischen 1933 und 1945 – stimuliert nicht nur die eigene charakterliche und geistige Entwicklung, sondern ist auch ein besonders schönes, tief befriedigendes Nebenergebnis der beruflichen Leistung. Es war für mich eine Quelle unendlicher Freude, im Lauf der Jahre, sei es im Lichterfelder Haus, im Sinoper Institut oder auf dem Weißen Hirsch, viele führende Persönlichkeiten, die entscheidend zum Fortschritt der Naturwissenschaften und der Technik beigetragen haben, kennenzulernen und mit ihnen oft lange Unterhaltungen über Themen zu führen, die uns interessierten.

Namen aus meinem Gästebuch

Ich denke dabei besonders an unvergeßliche Stunden mit den Klassikern der Naturforschung des 20. Jahrhunderts – mit Planck, Hahn, Heisenberg, Nernst, von Laue, Sommerfeld, Warburg, dem Englän-

der Watson-Watt und den Amerikanern de Forest, Ives und Zworykin. An das Zusammensein mit Forschern wie Artzimovich, Baird, Barkhausen, Bothe, von Braun, Bürger, Butenandt, Debye, Druckrey, de Duve, Flügge, Friedrich-Freksa, Geiger, Hertz, Joffé, Kurtschatow, Lohmann, Mattauch, Meitner, Meyerhoff, Möllenstedt, Parin, Paton, Pirani, Pohl, Ruska, Schröter, Steenbeck, Thirring, von Weizsäcker, Weksler, Westphal, um nur einige Namen aus meinem Gästebuch herauszugreifen. Als Sternstunden empfinde ich rückschauend auch die Begegnungen mit Pionieren der Technik unserer Zeit, wie mit Erwin Braun, Hans Vogt, Felix Wankel und anderen.
Nur weniges ist dem Fortschritt von Wissenschaft und Technik so förderlich wie das Gespräch und der Erfahrungsaustausch mit anderen Forschern und vor allem mit international führenden Spezialisten. Man erfährt von noch nicht veröffentlichten Arbeiten, man erhält die Informationen mit Wichtung, und man hört konstruktive Kritik von Freunden. Ohne diese Informationsquelle wird ein Forscher schnell steril. Für diesen freien Informationsaustausch ist oft die in westlichen Industrieländern häufig gegebene Bindung von Wissenschaftlern und Technikern an privat-wirtschaftliche Interessen hinderlich. Der Konkurrenzkampf zwischen den einzelnen Firmen errichtet meistens nur schwer übersteigbare Schranken und erlaubt daher keine offene gegenseitige Information. Dadurch muß sich das Entwicklungstempo zwangsläufig verlangsamen. Das habe ich besonders in den Anfangszeiten der Fernsehtechnik beobachtet. Damals lag die Arbeit fast ausschließlich in den Händen der Privatfirmen, deren Laboratorien sich auf Weisung der Werkdirektoren ängstlich gegeneinander abschirmen mußten. Hätte man die Konstruktionen und Erfahrungen aller beteiligten Forschungsstellen zusammengefaßt, wären sicher einige Jahre bei der Entwicklung des Fernsehens eingespart worden.

Der erste Breitband-Verstärker kam zu früh

Schon kurz bevor die bereits erwähnte Niederfrequenz-Dreifachröhre herauskam, war 1925 aus der Arbeit meines kleinen Laboratoriums in der Hasenheide die Zweifachröhre für aperiodische Hochfrequenzverstärkung und damit der erste Breitband-Verstärker der Elektronik mit einer Bandbreite von ungefähr einer Million Hertz entstanden. Die Grenze der aperiodischen Verstärkung wurde in der Zweifachröhre durch einen besonders kapazitätsarmen Aufbau in Verbindung mit steileren Röhrensystemen um einen Faktor größer als 10 in Richtung höherer Frequenzen hinausgeschoben.

1925 fand die Konstruktion kaum Beachtung, sie war zu früh vorgelegt worden. Erst fünf Jahre später gehörte der Breitband-Verstärker zur Voraussetzung der Fernsehtechnik, der Elektronenstrahl-Oszillographen-Technik und weitere fünf Jahre danach auch der Radartechnik und der modernen Nachrichtentechnik mit Übertragungskanälen großer Bandbreiten (Richtfunkstrecken, Fernseh-Relaisstrecken, Breitband-Kabelverbindung und so weiter).

Der richtige Zeitpunkt einer Forschungsaufgabe

Aus dieser und weiteren später gesammelten Erfahrungen folgte die Erkenntnis, daß Forschungsergebnisse, Erfindungen und Konstruktionen nur dann erfolgreich sind, wenn sie einem aktuellen Bedürfnis der gesellschaftlichen oder wissenschaftlich-technischen Entwicklung entsprechen, also wenn sie zu einem ganz bestimmten Zeitpunkt entstehen. Das bedeutet eine starke Einschränkung, welche die Aufgabenstellung zu einem für den Erfolg so entscheidenden Faktor werden läßt. Ist das Gedankengut seiner Zeit zu weit voraus, kann es noch keine Anwendung finden und gerät in Vergessenheit. Entsteht es dagegen zu spät, sind bereits andere als Pioniere tätig gewesen. Die Wahl des richtigen Augenblicks erfordert ein besonders gutes Vertrautsein mit dem wirklichen Weltstand von Wissenschaft und Technik, das heißt eine gute Kenntnis der Literatur und einen möglichst engen Kontakt mit den besten Fachkollegen.

Die Erklärung dafür, daß den meisten Erfindungen von Laien oder Anfängern kein Erfolg beschieden ist, liegt in den geschilderten Zusammenhängen. Aber auch der Spezialist sollte stets daran denken, wenn ihm Erfindungen und Konstruktionen vorgeschlagen werden, die er schon längst kennt, und nicht überheblich die vergeblichen Bemühungen belächeln. Er müßte vielmehr prüfen, ob die ihm vorgelegten Arbeiten die Fähigkeit zu schöpferischer Tätigkeit verraten, und – bei positivem Urteil – den Autor fördern.

Graf Arco

Nachdem ein Vertrag mit der Firma Loewe über die neue Empfängertype mit Widerstandsverstärker abgeschlossen war, interessierte sich auch die Großfirma Telefunken für die Konstruktion. Der technische Direktor Graf Georg Arco suchte mich in Begleitung Dr. W. Runges, eines seiner engsten Mitarbeiter, im Laborzimmer in der Hasenheide auf. Für mich war das ein großes Ereignis, kannte ich doch schon als Junge alle erreichbaren Lebensbeschreibungen dieses fortschrittlich gesinnten Mannes in- und auswendig. Als Folge des Besuches nahm Telefunken die Fertigung meines Gerätes (Arcolette) auf. Graf Arco, unter dessen technischer Führung Telefunken zu einer Weltfirma geworden war, ist mir durch seine positive und tolerante Einstellung zu jedem technischen Fortschritt, durch die Sicherheit seines Urteils, die Originalität seiner Gedanken und seinen Charakter stets als Idealgestalt eines Leiters wesentlicher technischer Projekte erschienen.

Wie groß ist doch die Bedeutung, die den leitenden Persönlichkeiten eines Industriewerkes zukommt! Ihre Qualität beeinflußt nachhaltig das Zusammenspiel der Leitung mit dem Kollektiv der anderen Wissenschaftler und der übrigen Belegschaft und hemmt oder fördert die Entwicklung des Werkes. Von ihrer Menschenkenntnis hängt es meist ab, daß die geeigneten Mitarbeiter gefunden und an den richtigen Platz gestellt werden. Die Fähigkeiten des technischen Leiters tragen besonders entscheidend dazu bei, ob neue technische Möglichkeiten rechtzeitig erkannt und ausgenutzt werden. Die Energie und Erfahrung des verantwortlichen Leiters sind ausschlaggebend dafür, daß alle auf dem Weg liegenden Schwierigkeiten schnell überwunden werden.

Viele Jahre nach meiner ersten Begegnung mit Graf Arco hatte ich kurz vor Ausbruch des zweiten Weltkrieges das Glück, mit ihm

gemeinsam einen Erholungsurlaub an der italienischen Riviera zu verbringen. Bald darauf starb er. Vielleicht sind mir gerade deshalb die abendlichen Unterhaltungen in San Remo unvergeßlich. Kuriose Geschichten wußte er von dem Pionier der drahtlosen Nachrichtentechnik, dem Italiener Marconi, zu berichten. Beispielsweise: Das Ehepaar Marconi nutzte die erzwungene ländliche Einsamkeit beim Bau der englischen Großfunkstation Carnavon ernstlich und erfolgreich dazu, Gänsen das Seiltanzen auf ausgespannten Drähten beizubringen.
Graf Arco war vom Ausbruch eines neuen großen Krieges überzeugt und sagte die Zerstörung Deutschlands durch den Hitlerfaschismus voraus.

Aufsätze und Vorträge als Mittel zur Durchsetzung des Neuen

Als es darum ging, den Markt für den Mehrfachröhren-Ortsempfänger zu erschließen, begriff ich: Das Tempo, mit dem sich eine Neukonstruktion durchsetzt, kann stark erhöht werden, wenn die für den Absatz maßgebenden Kreise durch Vorträge und möglichst viele Aufsätze in Fachzeitschriften schnell über die wesentlichen Merkmale unterrichtet werden. So sind von mir mehr als fünfzig Artikel über das neue Gerät in den europäischen Rundfunk-Zeitschriften erschienen, und Vortragsreisen führten mich in die meisten größeren Städte Deutschlands. Besonders häufig bedachte ich Bielefeld mit Besuchen, wohnte doch dort eine von mir sehr verehrte Kusine.

Pionierarbeiten zur späteren HiFi-Technik

Das nächste, über mehrere Jahre bearbeitete Hauptthema meines Laboratoriums war die Verbesserung der Klangqualität bei der Wiedergabe von Rundfunk- und Schallplattendarbietungen. Diese die heutige HiFi-Technik einleitenden Arbeiten umfaßten wegweisende Veröffentlichungen über Theorie und Praxis der Endverstärkung (die einen weiteren Besuch Graf Arcos auslösten), Bemühun-

gen um die Durchsetzung des heute allgemein üblichen elektrischen Aufnahmeverfahrens bei einem großen Schallplattenkonzern, die Entwicklung von Schwebungsgeneratoren und Röhrenvoltmetern für Messungen im Bereich der Tonfrequenzen, Arbeiten an Mikrofonen für Meßzwecke und an Lautsprechersystemen.
Aus dieser Tätigkeit ist mir jene freudige Stimmung gegenwärtig geblieben, die ich beim Einsatz meines 100-W-Endverstärkers empfand, als zum erstenmal in einem einwandfreien elektrodynamischen Lautsprecher mit großem Schallschirm die Bässe mitübertragen wurden und dann mit Hilfe eines parallel betriebenen elektrostatischen Lautsprechers auch die Tonfrequenzen am oberen Ende des Hörbereiches das Klangbild ergänzten. Die abfällige Kritik über die Qualität der damaligen Rundfunk- und Schallplattenmusik durch Berufsmusiker war der spezielle Anlaß für die Aufnahme von Forschungen auf diesem seinerzeit noch völlig unerschlossenen Gebiet gewesen.

Reise in die USA

Anfang 1927 begannen mich gewisse Einzelheiten der amerikanischen Rundfunk-Empfängertechnik zu interessieren. Um sie zu studieren, reiste ich nach Nordamerika. Im Verlauf dieser Fahrt und während verschiedener längerer Aufenthalte in England habe ich recht gute englische Sprachkenntnisse erworben, die mir später für das Studium der amerikanischen und englischen Fachliteratur und für die vielen Diskussionen mit Fachkollegen dieser Länder äußerst nützlich geworden sind.
Schon während meiner Reise in die Vereinigten Staaten konnte ich genügend Englisch, um vor dem Mikrofon einer der New-Yorker Rundfunkstationen bestehen zu können und um einen wissenschaftlichen Vortrag vor dem Institute of Radio Engineers zu halten.
Auf der Überfahrt nach New York hatte ich dank einem mitgenommenen Empfangsgerät noch einmal Erlebnisse, die an die früheren Zeiten im Rumpelkammer-Laboratorium erinnerten. Ich hörte – unerlaubt – Telegramme der Küstenfunkstelle Norddeich mit zum Teil recht kuriosem Inhalt an die mitreisende jungverheiratete Frau

meines in Europa zurückgebliebenen Verlegers ab, verfolgte das langsame Schwächerwerden der europäischen Sender und das allmähliche Einsetzen und Stärkerwerden des Empfangs der amerikanischen Rundfunk- und Küstenstationen.
Unser Schiff legte zur gleichen Stunde am Pier in Manhattan an, als Lindbergh nach seinem ersten Flug über den Atlantik aus Paris zurückkehrte. So wurde ich kurz nach der Landung in New York auf dem Broadway Zeuge der Triumphfahrt dieses Pioniers der Luftfahrt durch die begeisterte Menge.

Eine versäumte Gelegenheit

Bei dieser Schiffsreise verpaßte ich zum ersten-, allerdings wohl auch zum letztenmal in meinem Leben, eine vielversprechende Gelegenheit. Es war Tradition, gegen Ende der damals neuntägigen Fahrt die Passagiere durch ein Bordfest mit improvisierten Kostümen zu verabschieden. Vor Beginn der Feier wurde ich von einer hübschen jungen Schwedin, einer Reisebekanntschaft, die großen Eindruck auf mich gemacht hatte, in ihre Kabine gebeten und lächelnd ersucht, ihr beim Pudern ihres Rückenausschnittes zu helfen. Ich tat dies mit lückenloser Sorgfalt – aber ich tat auch nicht mehr. Aus dem Zeitpunkt dieser Episode ersieht man wohl, daß ich – zumindest in bezug auf meine Beziehungen zur ach so holden Weiblichkeit – ein ausgesprochener Spätentwickler gewesen bin; wahrscheinlich nicht zum Schaden meines beruflichen Werdeganges. – Später folgte ich dann in der Regel einer Empfehlung von Curt Goetz: »Man überwindet eine Versuchung am besten, indem man ihr nachgibt!«
50 Jahre danach nahm diese fortschrittliche Dame erneut Kontakt zu mir auf. Wieder kam es zu nichts, aber diesmal aus ganz anderen Gründen.

Dr. Lee de Forest

Nebenziel meines Aufenthaltes in Amerika 1927 war die Lieferung einer verzerrungsarmen Verstärkeranlage für Tonfilmzwecke an Dr.

Lee de Forest, den 1961 verstorbenen berühmten Erfinder der Radioröhre (Hochvakuum-Elektronenröhre mit Gitter). Seit 1920 hatte de Forest – ähnlich wie die deutschen Erfinder Vogt, Engel, Massolle (Triergon-Gruppe) – an der Pionierentwicklung der Tonfilmtechnik gearbeitet. Ich war ihm schon 1922 als Schüler begegnet. In New York saß ich ihm nun auf dem hohen Barstuhl in der kleinen seinem Tonfilm-Laboratorium benachbarten Eisdiele gegenüber und hörte seinen mit sprühendem Geist vorgetragenen Voraussagen über die kommende Entwicklung des Tonfilms und des Fernsehens zu. Ähnlich wie in Edison, dessen Biographie ich während der USA-Reise las, sehe ich in der Persönlichkeit Lee de Forests eine der Idealgestalten unter den Erfindern unseres Zeitalters. Leider hat die Welt, und insbesondere die Vereinigten Staaten, es versäumt, ihm zu Lebzeiten die verdiente Würdigung angedeihen zu lassen.

Die Industrie muß sich spezialisieren

Mit Sorge um die europäische Technik und Zukunft sah ich damals in Amerika die außerordentlich weit fortgeschrittene Spezialisierung und damit Rationalisierung der industriellen Produktion. Für fast jede Gruppe von Bauelementen gab es besondere Fabriken. Sehr groß war die Leistungsfähigkeit von Fabrikationsstraßen für Meßinstrumente und Meßeinrichtungen. Diese Tatsachen sind dann entscheidend gewesen für das schnelle Tempo der amerikanischen Forschung und industriellen Entwicklung seit 1927.
Die weitgehende Aufgliederung der Fertigung ist um so eher möglich, je größer das zugeordnete Wirtschaftsgebiet und damit die Absatzchancen sind. Daraus folgt auch die eminente Bedeutung der in Gang befindlichen sozialistischen ökonomischen Integration der RGW-Länder. In der Sowjetunion ist die Notwendigkeit einer weitgehenden Auffächerung der Bauelemente-Fertigung früh erkannt worden. Mit darauf sind zum Teil ihre schnellen Fortschritte auf Gebieten zurückzuführen, die, wie die Raketen- und Kerntechnik, gegenwärtig die Geschichte der Menschheit entscheidend beeinflussen.

Warum ich Berlin liebte

Wir schrieben das Jahr 1928. Ich war jetzt einundzwanzig Jahre alt. Kein Zweifel, Berlin hatte mich geformt, denn ich war noch nicht schulpflichtig gewesen, als ich in diese Stadt gekommen war. Die psychologische Wissenschaft allerdings würde meine Auffassung in Zweifel ziehen, da sie ja zu wissen glaubt, daß die entscheidenden Kindheitseindrücke in die ersten drei Lebensjahre fallen. Aber in meinem Bewußtsein ist, von wenigen geschilderten frühen Erinnerungen abgesehen, Berlin die Stadt, die mit meiner Kindheit, Jugend und den ersten großen Erfolgen für immer verbunden bleiben wird. Die nüchternen Berliner habe ich in mein Herz geschlossen, ihre Sprache lieben gelernt; ja, auch ihren einzigartigen Dialekt und ihren Mutterwitz. Ihr Humor vollbringt ein kleines Wunder: Jeder Fremde beginnt sich bald als Berliner zu fühlen.

In der U-Bahn kann es passieren, daß ein Arbeiter grinsend an seine Mütze tippt und sagt: »Frollein, ab nechste Haltestelle müssense aber uff Ihre eijnen Beene stehn, meine brauch ick zum Aussteijen.«

Überhaupt, die U-Bahn: Mit ihr bin ich aufgewachsen. Sie gab es in Berlin schon, als ich in Hamburg noch nicht geboren war. Berlin entwickelte sich damals zu einer Riesenstadt und steuerte, während ich im ersten Jahr zur Schule ging, schon auf die vier Millionen Einwohner zu. Sie wurde zum Magneten – auch für die ernsten und die heiteren Künste.

Berliner Theater

Großen Eindruck machte auf mich das Theater. In den Jahren zwischen 1932 und 1934 war ein Neffe von Max Reinhardt Laborant meines Lichterfelder Instituts. Durch ihn bekamen wir des öfteren Logenplätze im Deutschen Theater. Am stärksten sind meine Erinnerungen an Aufführungen mit Werner Krauss, der mich später durch seine Mitwirkung am »Jud-Süß«-Film enttäuschte. 1931 hatte er mich als Wilhelm Voigt in Zuckmayers »Der Hauptmann von Köpenick« zum Lachen und Weinen gebracht. Es war unglaublich, wie dieser Schauspieler sich in die Rolle des Schusters hineinlebte. Schwankhafte, märchenhafte, köstliche Szenen, über die man sich vor Lachen ausschütten mußte, verdichteten sich in Werner Krauss zur Satire auf Uniform-Fetischismus und zur sozialen Anklage gegen das kaiserliche Deutschland, dessen Ungeist noch immer in der Weimarer Republik lebendig war.

Ich war von dem Stück so angetan, daß ich es mir Monate später noch einmal ansah. Die Hauptrolle war umbesetzt worden. Max Adalbert spielte jetzt den Hauptmann. Er war ein außerordentlich beliebter Volksschauspieler, dem das Publikum sonst in allen möglichen und unmöglichen Possen zujubelte. Den Schuster Voigt gestaltete er ganz anders als Werner Krauss, aber nicht weniger überzeugend als dieser. Er spielte die Rolle verhaltener, war eine etwas traurigere Schusterfigur; vielleicht kam er der Wirklichkeit aus dem Jahre 1906, die für Zuckmayer die Vorlage zu seinem Stück bildete, sogar noch näher als Krauss. Für mich war es ein ganz besonderes Erlebnis, zu sehen, wie verschieden man eine Rolle anlegen kann, ohne den dichterischen Gehalt zu verletzen.

Wenn meine Frau und ich von den vergangenen Theaterjahren sprechen, klingt es für unsere Kinder geradezu phantastisch, uns mehr als dreißig Bühnen nennen zu hören, auf denen über Jahrzehnte Abend für Abend in Berlin Theater gespielt wurde. Eine Aufführung mit Krauss als Faust und Gründgens als Mephisto im damaligen Staatstheater ist mir in einzelnen Szenen noch heute gegenwärtig. Stärkere Gegensätze als diese beiden Schauspieler sind schwer vorstellbar. Das Publikum wußte nicht, wem es den größeren Beifall zollen sollte.

Wir genossen aber auch weniger ernste Darbietungen, ließen uns von Fritzi Massary und der heiteren Kunst der Operette ebensogern hinreißen wie von den amüsanten Komödien, die Curt Goetz – ein entfernter Verwandter meiner Frau – schrieb und in denen er selbst spielte. Curt Goetz war ein Meister des Dialogs und vielleicht sogar der beste deutsche Konversationsschauspieler seiner Zeit, ein Künstler der leichten Muse, der Noblesse hatte. Mich beeindruckte immer besonders, wenn er, der Stückeschreiber, als Schauspieler auf der Bühne stand. Ich glaube, keiner wäre imstande gewesen, die von ihm erdachten Pointen so zu servieren, wie er es vermochte.

Filmvergnügen

Im Kino habe ich eigentlich immer nur – ich muß es bekennen – geistige Entspannung, Unterhaltung und Vergnügen gesucht. Ein Film, der bei den ersten Fernsehversuchssendungen der Reichspost immer wieder gezeigt wurde, hieß »Der Kongreß tanzt« mit Lilian Harvey und Willi Fritsch. Er spielt zur Zeit des Wiener Kongresses, und ich möchte einfügen, daß man ihn natürlich nicht an ernsthaften Maßstäben messen darf. Aber wenn man von der Bagatellisierung der historischen Tatsachen absah, konnte man sich bezaubern lassen. Hinreißend war die Fahrt von Lilian Harvey als Handschuhverkäuferin durch das sommerliche Wien, die Straßen, die Vorstadt, über das Land, in das Schloß. Ununterbrochene Bewegung: eine Fahrt, ein Tanz, ein Jubel; auch filmtechnisch eine Glanzleistung. Bedenke ich, wie wenige Unterhaltungsfilme mir in Erinnerung geblieben sind, läßt sich daraus eigentlich folgern, daß gute Unterhaltung gar keine leichte Sache ist. –
Ich möchte nicht den Eindruck erwecken, als sähe ich die »goldenen zwanziger Jahre« etwa als preisenswertes Zeitalter in der deutschen Geschichte an. Wegen meiner intensiv auf die Forschung gerichteten Interessen empfand ich die großen wirtschaftlichen Krisen als äußerst störend; hatte ich doch selber finanziell mit ihnen fertig zu werden.

2. Buch
Berlin-Lichterfelde 1928 bis 1945

Kapitel 1: Bis zum Forschungsergebnis elektronisches Fernsehen

Ich kaufe ein Haus

Ende 1927 hatte ich bereits mehrere Mitarbeiter, und mit den erweiterten Aufgaben waren auch die Meßanlagen und Apparaturen angewachsen. Dabei bestand das ganze Laboratorium noch immer aus dem einen Raum in der Wohnung meiner Eltern. Im Januar 1928 löste ich dieses Raumproblem auf eine mir heute sehr riskant erscheinende Art mit einem großen Sprung. Ich mietete in Berlin-Lichterfelde Ost, Jungfernstieg 19, ein großes mehrstöckiges Haus, das dann länger als sechzehn Jahre meine Arbeits- und Wohnstätte war.

Bei Abschluß des Vertrages, der eine Optionsklausel für den späteren Ankauf des Gebäudes und des 5000 m^2 großen Grundstückes enthielt, war ich noch nicht mündig. Mein Vater mußte mit unterschreiben. Schon ein Jahr später wurde ich, obwohl ich eigentlich einen langjährigen Mietvertrag hatte, von dem Vermieter vor die Wahl gestellt, entweder Haus und Grundstück in kürzester Frist zu erwerben oder aber mich nach anderen Räumlichkeiten umzusehen. Natürlich hatte ich bereits viele Installationen und Einbauten vorgenommen. Ein Umzug hätte erhebliche Verluste an Zeit und Geld verursacht. Was blieb mir also anderes übrig – ich entschloß mich, ohne über Mittel zu verfügen, schweren Herzens zum Kauf des Hauses.

Schulden über Schulden

Alle Einnahmen, die ich bis zu diesem Tag gehabt hatte, waren für Verbesserungen der Laboratoriumseinrichtung verwandt worden. So kam es, daß ich 1929, im zweiundzwanzigsten Lebensjahr, eine Gesamtschuld von über 150000 RM auf mich nahm. 50000 RM lieh mir die Firma Loewe kurzfristig. Allerdings hatte Dr. Siegmund Loewes Bruder David als Mitinhaber der Loewe-Radio-Werke die Forderung gestellt, im Falle meiner Zahlungsunfähigkeit zu den festgelegten Rückzahlungsterminen solle eine Übereignung des Laboratoriums an seine Firma erfolgen. Mir blieb keine andere Möglichkeit, als diese harte Bedingung zu akzeptieren und im Vertrauen auf mich selbst das große Risiko einzugehen. Bereut habe ich das nie, aber es waren doch sehr schwere Jahre, die ich durchzustehen hatte. Unter einem eisernen Zwang mußte ich lernen, noch mehr als bisher streng wirtschaftlich zu denken. Fehler konnte ich mir nicht leisten, besonders wenn es darum ging, die richtige Auswahl unter den möglichen Angeboten zu treffen, die aus den Bereichen der Forschung, Entwicklung und Produktion auf mich zukamen.

Ein großer Auftrag der Reichspost

David Loewe, den der Nimbus eines fast zu geschäftstüchtigen Leiters des Unternehmens umgab, hat mir nie verziehen, daß ich den geliehenen Betrag fristgemäß zurückgezahlt habe. Glücklicherweise war ich dazu in der Lage, weil ein Vortrag über die neuen aperiodischen Verstärker (Breitband-Verstärker) mit Zweifachröhren mir auf Veranlassung des 1933 von Hitler verabschiedeten Staatssekretärs Dr. Kruckow einen sehr lukrativen Meßgeräteauftrag der Reichspost einbrachte. Später erzählte mir Dr. Kruckow, daß er mir damit in Kenntnis meiner Lage bewußt helfen wollte. – Er war der erste, dem ich am Weihnachtsabend 1930 unsere Fernsehbild-Übertragungen mit Elektronenstrahlröhren zeigte. Dr. Kruckow ist es gewesen, der die Selbstwähltechnik in unser Telefonwesen einführte.

Trotz dieses Auftrags und trotz der beträchtlichen Lizenzsummen, die mir aus dem großen Absatz unserer Geräte und Mehrfachröhren zuflossen, waren meine Mittel in diesen Zeiten so knapp, daß ich über anderthalb Jahre in einem fast leeren Schlafzimmer ohne Tapete hausen mußte. Der Eindruck dieser Schlafstätte scheint sehr deprimierend gewesen zu sein, denn als mich der erwähnte Herr David Loewe einmal während einer Krankheit mit einem Rosenstrauß in der Hand besuchte, traten Tränen der Rührung in seine sonst bedeutend härter blickenden Augen.

Vorstöße in neue Fachbereiche

Dafür aber entwickelte sich das Laboratorium ausgezeichnet. Meßgeräte und Apparaturen für die Untersuchung von Lautsprechern wurden gebaut, Einrichtungen zur Durchmessung von Rundfunk-Empfängern, Feldstärkenmeßgeräte und Werkstätten. Mit Hilfe stroboskopischer Lichtquellen gelang es, die Art des Schwingens von Lautsprecher-Membranen unmittelbar sichtbar zu machen, und durch Kombination mit der optischen Schlierenmethode war bei starker Erregung sogar die Ablösung der Schallwellen zu beobachten.

Da die erforderlichen Meßgeräte im Handel noch nicht zu erhalten waren, mußten sie im Laboratorium selbst entwickelt, hergestellt und geeicht werden; eine Tätigkeit, die Schweiß kostete und viel Zeit zusätzlich beanspruchte. In meinem 1929 erschienenen Buch »Verstärkermeßtechnik« fanden die dabei gesammelten Erfahrungen ihren Niederschlag. – Dieses Buch bewirkte, daß mein Rat oft bei speziellen Meßproblemen eingeholt wurde. Zu den Ratsuchenden gehörten damals Niels Bohr und mehrere Physiologen, wie Schäfer Asher und Steinhausen. Die Erforschung von Nervenaktionspotentialen hatte begonnen.

Ein Problem, die Messung der Oberflächenrauhigkeit von Metallen mit Abtastkopf, Verstärker und Elektronenstrahl-Oszillograph, führte in diesen Jahren dazu, daß mich Dr. Franz Skaupy, einer der Pioniere der Sintermetallurgie, besuchte.

Infrarottransparente Damenbekleidung

Dr. Skaupy, der sich unter anderem große Verdienste um die Entwicklung der Glühlampentechnik erworben hat, beschäftigte sich mit der Durchlässigkeit von Gläsern und anderen Stoffen für Strahlen der verschiedenen Wellenlängen. Dabei fand er eine für kurzwelliges Infrarot völlig transparente Textilfaser. Dieses Forschungsergebnis soll Skaupy auch in seiner privaten Sphäre ausgewertet haben – es heißt, daß er aus diesem Material modische Damenbekleidung und Unterkleidung herstellen ließ und bei Partys besonders attraktive Damen zu einer Modenschau mit den schicken Modellen veranlaßte. Anschließend machte er mittels der gerade bekannt werdenden Infrarot-Fotografie eine Gruppenaufnahme von den »Mannequins«. Das fotografische Ergebnis, das die Infrarot-Transparenz des Skaupyschen Spezialgewebes eindrucksvoll bewies, soll später erhebliche Turbulenz zwischen Partygästen und Gastgeber verursacht haben.

Elektrische Gedankenübertragung funktionierte nicht

Durch die Entwicklung der Hochfrequenz-Zweifachröhren verfügte mein Institut von 1925 bis 1930, das heißt fast fünf Jahre lang, als einzige Stelle über sogar fabrikationsmäßig gefertigte Breitband-Verstärker im heutigen Sinne. Da lag es nahe, neben der Ausnutzung für den Rundfunk-Empfang nach weiteren Gebieten zu suchen, auf denen wissenschaftliches oder technisches Neuland mit Hilfe dieser Einheiten erschlossen werden konnte.
Eine Möglichkeit vermutete ich in der Physiologie. Aus verschiedenen Veröffentlichungen schien damals hervorzugehen, daß in der Umgebung lebender Wesen eigenartige elektrische Felder bestehen. Die Erforschung der gehirnelektrischen Ströme (Elektroenzephalographie) durch M. Berger (1930) hatte zu dieser Zeit noch nicht begonnen. Bekanntlich rollt beim Träumen manchmal innerhalb weniger Sekunden ein außerordentlich komplizierter Gedankeninhalt ab. Diese Tatsache und die immer wieder behaupteten Gedankenübertragungen konnten zu dem Schluß führen, dem Denken des

Menschen seien höherfrequente elektrische Vorgänge zugeordnet, bei denen dann eine Fernwirkung erklärlich, ja zu erwarten gewesen wäre. Gegen diese Auffassung sprach eine praktische Erfahrung: Niemals hatten sich Einwirkungen auf den Denkprozeß der Bedienungsmannschaften starker Sender gezeigt, die intensiven Hochfrequenzfeldern ausgesetzt waren.
Trotzdem machten wir einen Versuch mit einem Abschirmkäfig für die Versuchsperson, einer Elektrode zur Potentialabnahme am Kopf und kräftiger Verstärkung des Frequenzbereiches von wenigen Hertz bis 1 Million Hertz. Bei einem positiven Versuchsverlauf hätten sich ungeheure Auswirkungen für die menschliche Zukunft ergeben. Eine elektrische Gedankenübertragung einstellbarer Stärke, eine neue Form des Unterrichts mit Denkverbindung vom Lehrer zum Schüler, neue Wege zur Arbeitsanleitung und zur Aufklärung von Verbrechen wären mit dieser Methode denkbar gewesen.
Es zeigten sich jedoch selbst bei den höchsten Verstärkungsgraden und star-k periodischen Denkbemühungen keinerlei zugeordnete mittel- und hochfrequente Wechselspannungen. Nur schwache, undefinierbare, sehr niederfrequente Ströme, die besonders durch Augenschließen und Muskelbewegungen stimuliert wurden, waren zu beobachten.

Verpaßte Gelegenheit mit dem EEG

Für diese Erscheinungen interessierte ich mich aber wegen der geschilderten Zielsetzung nicht weiter – leider!, denn ich stand hier wohl unmittelbar vor der Entdeckung des Elektroenzephalogramms (EEG). Man soll eben auch und gerade dann weiter forschen, wenn etwas gefunden wird, was nicht gesucht wurde. Diese Lehre hat sich mir tief eingeprägt, als einige Jahre danach die von Berger in Jena erzielten Ergebnisse bekannt wurden. Die Weiterentwicklung der gehirnelektrischen Forschung ergab später, daß die elektrischen Vorgänge vorwiegend aus Komponenten mit extrem niedrigen Frequenzen zusammengesetzt sind, die von unserem Gerät nur schwach erfaßt wurden. So hinderte uns ein zufällig gegebener Verlauf der

Frequenzkurve des Verstärkers daran, die Wahrnehmungen deutlicher zu beobachten und vielleicht schon im Jahre 1928 das Tor zur heutigen Elektroenzephalographie zu öffnen.

Die konzipierte Breitband-Nachrichtentechnik bleibt 1930 nur ein Projekt

Ein anderer Versuch zur Ausnutzung meiner Breitband-Verstärker hatte wohl nur deshalb keinen durchschlagenden Erfolg, weil die Firma Loewe, mit der ich ja zusammenarbeitete, nicht groß oder, besser gesagt, nicht mächtig genug war, die später so umwälzend gewordene Technik durchzusetzen. Die erste Anwendung der konzipierten Breitband-Nachrichtentechnik sah ich in einer Form, die besonders den ärmeren Bevölkerungsschichten zugute gekommen wäre. Der Ausgangsgedanke der durch Messungen, Vorversuche, Konstruktion und Detailerfindungen fundierten Vorschläge bestand in folgendem: Außerhalb der Großstädte – wo bekanntlich auch entfernte Rundfunkstationen verhältnismäßig störungsfrei aufgenommen werden können – war eine zentrale Empfangsanlage vorgesehen. Von hier aus sollten die Hochfrequenzen aller beziehungsweise der wichtigsten Sender des Wellenbereiches entweder über ein Hochfrequenzkabel mit zwischengeschalteten Breitband-(Pegel-)Verstärkern oder über eine Breitband-Ultrakurzwellenverbindung (Richtfunkstrecke) unmittelbar einer zentralen Verteilungsstelle in der Mitte der Großstadt zugeführt werden. Diese sollte durch Wiederausstrahlung der Originalhochfrequenzen oder besser mit Hilfe eines Ultrakurzwellensenders die Sendung der entfernten Stationen relativ einfachen Empfängern in der Großstadt auf geringem Störpegel zuleiten.

Auf diese Weise wäre auch im Zentrum der Großstädte ein einwandfreies Radiohören gewährleistet, und die durch die hohe Konzentration elektrischer Anlagen bedingten zahlreichen Störungen wären weitgehend ausgeschaltet gewesen. Man hätte außerdem volkswirtschaftlich viel einsparen können, da durch den gewissermaßen zentralen Hochfrequenzverstärker radikal vereinfachte Rundfunkapparate ausgereicht hätten.

Am 21. Oktober 1930 hielt ich über meine Messungen und Vorschläge ein Referat, dessen Inhalt in der »Elektrotechnischen Zeitschrift« (*51,* 1619, 1930) und in der Zeitschrift »Elektrische Nachrichtentechnik« des gleichen Jahres erschien. Ein großer Konzern, dessen leitende Wissenschaftler in vielen Diskussionen vorher mitgeholfen hatten, die meinem Vortrag zugrunde liegenden Ideen weiterzuentwickeln, war noch wenige Tage zuvor bereit gewesen, das Projekt durchzusetzen und zu realisieren.

Ein gutes Projekt wird wegen Gefährdung des Absatzes teurer Radiogeräte abgelehnt

In letzter Minute kamen die Direktoren dieses Unternehmens dann plötzlich zu der Einschätzung, das Rundfunkgeschäft könne stark zurückgehen, da bei der vorgeschlagenen Zentralisierung der Hochfrequenzverstärkung die Empfänger wesentlich billiger würden. Daher erlebte ich eine große Überraschung. Dieselben Herren, die mich vorher unterstützt hatten, traten nach dem von Profitstreben diktierten Frontwechsel ihres Konzerns in der Aussprache auf höheren Befehl als Gegner der neuen Methode auf.

Freunde und Feinde – damals

Vor Beginn der Veranstaltung wurden zum allgemeinen Befremden am Saaleingang von meinen Gegnern Flugblätter verteilt; ebenso war die polizeiliche Schließung wegen Überfüllung für eine wissenschaftliche Zusammenkunft im größten Hörsaal der Berliner Technischen Hochschule einigermaßen ungewöhnlich. Leider gelang es auch nicht, den mit dem Konzern eng verbundenen Reichsrundfunkkommissar Dr.-Ing. e. h. Hans Bredow für einen Großversuch zu gewinnen. Es blieb beim Diskutieren.

Nur wenige Wissenschaftler, unter ihnen die Professoren Heinrich Barkhausen, Dresden, und Hans Georg Möller, Hamburg, die mir nach meinen Ausführungen gratulierten, erkannten damals die technische Bedeutung der vorgetragenen Ideen und insbesondere ihre universelle Anwendbarkeit in der Nachrichtentechnik an.

Bei dem 60jährigen Jubiläum der Loewe-Opta-Werke in Kronach 1983, wo ich den Festvortrag mit den Erinnerungen an die Anfangszeit des Unternehmens übernommen hatte, wiesen mich der Chefredakteur der Fachzeitschrift »Elektronik«, Günther Klasche, und unser alter Freund aus der Rundfunkzeit, Prof. Karl Tetzner, darauf hin, daß mein Projekt aus dem Jahre 1930 vielleicht eine Renaissance erleben würde. Sie meinten, daß bei Nutzung von Satelliten zur Ultrakurzwellen-Abstrahlung mein altes Vorhaben sich vorzüglich zur Versorgung großer unerschlossener Gebiete (Sibirien, China, Brasilien) mit Rundfunksendungen eigne.

Durch das Echo, das meine Vorschläge seinerzeit in der Fach- und Tagespresse auslösten, hatte ich mir eine ganze Schar von Feinden geschaffen. Gleichzeitig gewann ich allerdings auch die Sympathie einiger wichtiger Persönlichkeiten, zum Beispiel des Leiters des Reichspostzentralamtes Dr. Ohnesorge, des späteren Reichspostministers.

Rückschauend muß ich hier an die Worte denken, die der Freund und Nachfolger Michael Faradays, der englische Physiker John Tyndall, vor fast hundert Jahren der Rechtfertigung seiner Rede von Belfast voranstellte: »Einigen Trost gewährt mir indes jener Ausspruch des Diogenes, den Plutarch uns übermittelte: Wer ein vollkommener Mensch sein will, muß gute Freunde oder erbitterte Feinde haben, wer aber beides besitzt, dem wird es am besten ergehen.« – Dieses Zustandes durfte ich mich damals zweifellos rühmen. Und um eine Erfahrung war ich auch reicher geworden: daß nämlich die Großfirmen den technischen Fortschritt bremsen, wenn er ihren Gewinn zu reduzieren droht.

Spätere Anwendung unserer Breitbandmethoden, aber keine Anerkennung

Viele Jahre später hatte ich dann die Genugtuung, die von mir 1930 zur gleichzeitigen Übertragung der modulierten Hochfrequenzen des ganzen Rundfunkwellenbereiches von einer zentralen Empfangsstation zur Großstadt vorgeschlagene Methode (Breitband-Richtfunkstrecke, Breitband-Kabel mit Breitband-Relaisverstärker,

Vielfach-Trägerfrequenztelefonie) zur Grundlage der modernen Hochfrequenz-Nachrichtentechnik werden zu sehen. Außer in Patentakten und Patentprozessen ist diese Tatsache kaum bemerkt und kommentiert worden. Darüber braucht sich niemand zu wundern, denn es stand keiner der großen Elektrokonzerne hinter mir und meinen Patenten. Und in solchen Fällen versagt das Erinnerungsvermögen der großen Industriebetriebe.

Die Fernsehtechnik beschäftigt mich

Die Nichtbeachtung dieser für den Fortschritt der Nachrichtentechnik geleisteten Pionierarbeit durch die zuständigen Stellen verstimmte mich sehr. Ich beschloß, mich sofort einer neuen Aufgabe solcher Art zu widmen, die von vornherein Diskussionen über Wert oder Unwert der Arbeitsergebnisse ausschloß. Dafür schien mir die *Übertragung von Fernsehbildern mit Elektronenstrahlröhren* geeignet zu sein. Fernsehbilder konnten auch die einflußreichsten Generaldirektoren und Reichsrundfunkkommissare nicht wegdiskutieren, waren sie doch für jedermann sichtbar und selbst für Laien von der Bildqualität her zu beurteilen.

Vorzüge der Fernsehtechnik mit Elektronenstrahlen

Alle an der Entwicklung des Fernsehens maßgeblich beteiligten europäischen Stellen bedienten sich 1930 ohne Ausnahme mechanischer Methoden zur Bildzerlegung und -zusammensetzung. Mit zunehmender Bildfeinheit mußte der mechanisch-optische Weg zu sehr lichtschwachen Bildern und zu sehr teuren präzisionsmechanischen Bauelementen führen, die dann ein Hindernis für die allgemeine Durchsetzung des Fernsehens gebildet hätten. Ich sah, daß dieser Weg in einer Sackgasse enden mußte. Demgegenüber hatte die Bildsynthese mit abgelenkten Elektronenstrahlen den grundsätzlichen Vorteil, daß bewegte mechanische Teile ganz wegfielen und höchste Präzision der Bildschreibung allein auf Grund einer elektronenoptischen Entwicklung erreichbar schien. Ein weiterer prinzipieller Vorzug bestand, wie ich aus theoretischen Erwägungen erkannte, in der viel höheren Helligkeit bei großer Bildfeinheit (d. h. der für allgemeine Nutzung notwendigen hohen Bildpunktzahl). Diese grundsätzliche Überlegenheit des Fernsehens auf rein elektronischer Basis in den genannten entscheidenden Punkten erwies sich bald nach unseren öffentlichen Demonstrationen als ausschlaggebend. Heute werden Fernseheinrichtungen mit mechanischer Bildzerlegung überhaupt nicht mehr verwendet. Man kann sie nur noch in Museen studieren.

Entwicklung der Elektronenstrahlröhre mit Lichtsteuerelektrode

Der Einsatz von Elektronenstrahlröhren für Fernsehversuche war für mich naheliegend, weil ich 1929 im Lichterfelder Laboratorium für die Untersuchung hoch- und niederfrequenter Schwingungsvorgänge die erste abgeschmolzene Elektronenstrahlröhre mit Glühkathode und Lichtsteuerelektrode für Anodenspannungen von etwa 3000 V entwickelt hatte. Bei dieser bestand gegenüber den bis dahin bekannten und im Handel befindlichen Braunschen Röhren (Wehnelt-Rohr, Western Electric-Rohr) eine auf das über 200fache erhöhte Fluoreszenzfleckhelligkeit. Diese Steigerung und die Einführung der negativ vorgespannten »Lichtsteuerelektrode« dürfen rückblickend als die entscheidenden Voraussetzungen für den späteren allgemeinen Einsatz der Elektronenstrahlröhre in der Oszillographentechnik, in der Radartechnik und beim Fernsehen angesehen werden.
Deutlich erinnere ich mich noch heute an den aufregenden Augenblick, als plötzlich auf dem Schirm unseres Versuchsrohres nach Formierung der Haarnadel-Oxydkathode, negativer Vorspannung der Steuerelektrode und Anlegung der Anodenspannung von 1500 V ein scharfer Leuchtfleck in strahlender Helligkeit auf dem Fluoreszenzschirm sichtbar wurde.

Mein Glasbläser Emil Lorenz

Bei diesem ersten Versuch im Jahre 1928 war außer mir nur noch mein Glasbläser Emil Lorenz zugegen, der das Versuchsrohr hergestellt und auf den Pumpstand angeschmolzen hatte. Er war zuvor bei Otto Warburg und Otto Meyerhoff in Dahlem tätig gewesen. Als er in mein Labor überwechseln wollte, versuchten Otto Meyerhoff und Fritz Haber, die seine Tüchtigkeit schätzengelernt hatten, ihn für das Dahlemer Kaiser-Wilhelm-Institut für Biologie zurückzuhalten. Emil Lorenz kam aber trotzdem zu mir und war von 1928 bis zu seinem Tode 1971 in Dresden, also über dreiundvierzig Jahre, einer meiner engsten Mitarbeiter. Am Anfang unserer Zusammenarbeit, er war damals zwanzig, ich einundzwanzig Jahre alt, wurde mir zum erstenmal richtig klar, wie sehr ein Erfinder oder Wissenschaftler der harmonischen Ergänzung durch besonders befähigte Handwerker bedarf. Wenn beide zusammen, wie wir damals, begeistert für ein großes Forschungsthema ihr Bestes geben, dann kann man mit hoher Wahrscheinlichkeit ein positives Resultat erwarten.

Ich werde Produzent von Elektronenstrahl-Oszillographen

Für das Haus in Lichterfelde Ost waren vierteljährlich unerbittlich sehr erhebliche Abzahlungen zu leisten. Die laufenden Einnahmen reichten dafür nicht entfernt aus, zumal auch die Gehälter und Löhne der Mitarbeiter pünktlich gezahlt sowie die Laborerweiterungen finanziert werden mußten. Die Notlage zwang mich schließlich dazu, in den Jahren 1929 bis 1934 die Glasbläserei und die Werkstätten des Laboratoriums mit zur Fertigung von Elektronenstrahl-Oszillographen zu benutzen. In diesen Jahren lernte ich im eigenen Haus die Freuden und Leiden eines Produktionsleiters kennen. Zum Beispiel, wenn die Post Aufträge über fünfzig bis hundert Elektronenstrahlröhren von Watson-Watt aus England, von General Radio aus den USA oder aus Moskau von Joffé brachte, der Betrieb auf vollen Touren arbeitete und dann plötzlich – etwa durch einen Glasbruch – fünf Elektronenstrahlröhren auf einem der Pumpgestelle gleichzeitig zum Ausschuß wurden. Immerhin gelang es, mit Hilfe des wirtschaftlichen Ertrages aus der Oszillographen-Fertigung sowie aus der schon erwähnten Meßgeräte-Herstellung alle finanziellen Forderungen termingerecht zu befriedigen und dabei noch die Einrichtungen des Laboratoriums laufend zu verbessern.

Ökonomie und Nutzeffekt in der Forschung

Die Erfahrungen, die ich schon in diesen jungen Jahren bei der Verbindung wissenschaftlichen und ökonomischen Denkens zum Teil sogar in den kritischen Zeiten der sogenannten »Brüningschen Notverordnungen« sammelte, haben mir drei Jahrzehnte später sehr geholfen, als es 1962 bei Tagungen des Forschungsrates und des 6. Nationalkongresses – an denen hohe Staatsfunktionäre der Deutschen Demokratischen Republik teilnahmen – darum ging, Wege zur wirksamen weiteren Stärkung der ökonomischen Grundlagen unseres Staates zu erschließen und erfolgreich zu beschreiten. Rationelle wissenschaftlich-technische Spitzenleistungen anzusteuern stand dabei im Vordergrund. Das war auch in allen folgenden Jahren der Grundgedanke bei der Leitung unseres Forschungsinstituts auf dem Weißen Hirsch.

Mein Leuchtfleck-Abtaster als Fernsehbildgeber

Anfang 1930 hatte ich schon durch ein Referat vor Fachleuten in der Technischen Hochschule Charlottenburg und durch einen Aufsatz in der Zeitschrift »Fernsehen« auf die Vorteile der neuen Elektronenstrahlröhre mit negativ vorgespannter Lichtsteuerelektrode für den Fernseh-Empfang aufmerksam gemacht. Wenige Tage nach dem geschilderten, negativ verlaufenen Hochschulvortrag über die Verbesserung des Rundfunk-Empfanges in der Großstadt wurde mir plötzlich klar, daß eigentlich im Lichterfelder Laboratorium fast alles betriebsbereit zur Verfügung stand, um einen ersten Versuch zur Übertragung von Diapositiven unter Verwendung der Elektronenstrahlröhre auf der Sende- und Empfangsseite vorzunehmen. Ich erklärte Emil Lorenz meinen Plan. Jene Begeisterung packte uns, die man nur manchmal und meist vor großen Ereignissen empfindet. In fieberhafter Eile entnahmen wir dem Fertigungslager zwei Elektronenstrahlröhren, stellten zwei Einrichtungen zur Erzeugung der Ablenkspannungen aus Bestandteilen des Niederfrequenz-Labors zusammen, brachten einen der Breitband-Verstärker in Betriebsbereitschaft und entlehnten dem optischen Labor eine Linse hoher Lichtstärke und eine Photozelle geringer Trägheit.

Noch am gleichen Abend, am 14. Dezember 1930, hatten Emil Lorenz und ich ein entscheidendes Erlebnis. Ich hielt eine Schere vor den Schirm meines »Leuchtfleck-Abtasters« und sah tatsächlich, wie ihre Konturen am anderen Ende des Zimmers auf dem Leuchtschirm der Empfängerröhre erschienen. Wir wiederholten den Versuch mit einem Diapositiv und erzielten einen noch viel eindrucksvolleren Erfolg.
Der *Leuchtfleck-Abtaster,* der an diesem Tag von mir konzipiert und erstmalig experimentell realisiert wurde, ist später unter der englischen Bezeichnung »flying spot scanner« zum vielbenutzten Element der Fernseh- und Computer-Technik sowie der Elektronik geworden. Sic transit gloria mundi!

Geburtsstunde des elektronischen Fernsehens

Jetzt wurde es im Labor und in den Werkstätten aufregend. Wir experimentierten, gingen bei der Elektronenstrahlablenkung zu sogenannten Kippschwingungen über, wandelten die Mechanik eines Kinoprojektors ab, machten viele Kontrollversuche, veränderten nach den gesammelten Erfahrungen die Elektrodensysteme unserer Elektronenstrahlröhren, probierten neue Photozellen und Breitband-Verstärker ... Und schließlich gelang im Frühjahr 1931 die Übertragung von Kinofilmen mit der damals von den Fernsehern auf mechanischer Grundlage gerade erreichten Bildqualität von 10000 Bildpunkten, aber mit sehr viel größerer Bildhelligkeit. Die öffentliche Vorführung dieser Anlage im Herbst 1931 auf der Berliner Funkausstellung wurde vierzig Jahre später in zahlreichen europäischen und amerikanischen Fach- und Tageszeitungen als »Weltpremiere des elektronischen Fernsehens« bezeichnet. 50 Jahre später auf der Berliner Funkausstellung 1981, wurde ich zu einer Jubiläumsfeier dieses Ereignisses als Ehrengast und zur Abhaltung einer Pressekonferenz eingeladen. – Im Herbst 1931 hatten wir gegenüber dem Frühjahr bereits dadurch eine wesentlich höhere Bildqualität erreicht, daß wir bei den Empfängerröhren mit axial-symmetrischen Elektrodensystemen variabler Spannung die Fleckschärfe bei gleichzeitig herabgesetztem Vakuum verbessern konnten. Abbildungssysteme dieser Art sind einige Jahre später, nachdem das Fachgebiet Elektronenoptik herangewachsen war, als »elektrostatische Immersionslinsen« bezeichnet worden. Interessanterweise stand an dem Drehknopf unseres auf der Funkausstellung gezeigten Empfängers für die Potentialeinregelung der Voranode bereits die Bezeichnung »Fleckschärfe«. Wir benutzten damals schon Elektronenlinsen zur Strahlfokussierung, ohne es zu wissen.

Ein Unglück vor Eröffnung der Funkausstellung 1931 gefährdet unsere Vorführung des elektronischen Fernsehens

Als wir am Nachmittag des Tages vor Eröffnung der Berliner Funkausstellung noch einen letzten Probelauf unserer Fernsehanlage durchführten, brannten infolge einer Fehlschaltung die Kathode der Leuchtfleck-Abtaströhre durch und danach auch die Kathoden der beiden Reserveröhren. Es war eine Katastrophe; aber wir waren jung! Noch in der Nacht wurden die drei defekten Röhren in Lichterfelde mit neuen Kathoden versehen, evakuiert und formiert. Dann ging es in schneller Fahrt zum Funkturmgelände, und zehn Minuten vor Eröffnung der Funkausstellung lief die Anlage wieder mit hellen guten Bildern auf dem Leuchtschirm der Elektronenstrahl-Empfängerröhre. Kurz nach Eröffnung der Ausstellung gratulierte mir als erster der damalige preußische Innenminister Max Severing zur Qualität der gezeigten Bilder. Hinterher hatten mein unvergessener Glasbläser und Vakuumtechniker Emil Lorenz und ich das tiefe Zufriedenheit auslösende Bewußtsein, in einem wichtigen Lebensaugenblick durch schnelles Handeln eine schwere Krise überwunden zu haben.

Das elektronische Fernsehen setzt sich durch

Die Anlage, die im Herbst 1931 während der Berliner Funkausstellung von der Eröffnungsstunde bis zum Schluß laufend in Betrieb gezeigt wurde, bewies, daß die elektronische Methode bereits im Anfangsstadium ihrer Entwicklung den von allen anderen Stellen

The New York Times.

NEW YORK, SUNDAY, AUGUST 16, 1931

Cathode radio television station on which Baron von Ardenne of Germany has been experimenting since 1928. The transmitter and receiver (inset) will be exhibited in a forthcoming Berlin Radio Exposition. The images are seen on the end of the tube in the square aperture of the receiver.

The Flying Spot Scanner

Bericht in der New York Times vom 16. August 1931 zur Weltpremiere des Fernsehens mit Elektronenstrahlröhren und zur Erfindung des Leuchtfleck-Abtasters (Flying Spot Scanner).

gezeigten mechanischen Fernsehern überlegen war. Als Auswirkung unserer Demonstration stellten sich sämtliche interessierten europäischen Firmen und Laboratorien außergewöhnlich schnell auf das elektronische Fernsehen um. Schon 1933 war dieser Prozeß fast überall vollzogen. Ohne unbescheiden zu sein, darf ich für mich

in Anspruch nehmen, diese schnelle Entwicklung durch meine Bereitschaft gefördert zu haben, allen Fachkollegen jeden gewünschten Einblick in die Methoden und Ergebnisse meiner Arbeit zu gewähren. Für manche gab es dabei unvergeßliche Augenblicke.
So sahen nach ihren eigenen Worten der englische Fernseh-Erfinder Baird, der Leiter der Fernsehentwicklung von Telefunken, Professor Schröter, die technischen Leiter der Fernseh-AG sowie die für dieses Gebiet zuständigen Stellen der Deutschen Reichspost damals in Lichterfelde zum erstenmal ein Bild mit Halbtönen auf dem Leuchtschirm einer Elektronenstrahlröhre.
Mit dem englischen Fernseh-Pionier John Baird, der die ersten Fernsehübertragungen in der Welt mit Hilfe der rotierenden Nipkowscheibe als Bildzerleger realisierte, hatte ich mehrere Begegnungen. Die ersten zwei fanden auf den Berliner Funkausstellungen 1928/1931 statt und die letzte Begegnung in meinem Lichterfelder Institut laut Gästebuch am 21. 1. 1932. Beim ersten Treffen auf der Funkausstellung hatte ich versucht, John Baird von den großen Vorteilen unserer neuen Elektronenstrahlröhren mit Lichtsteuerelektrode und hellem Brennfleck gegenüber seiner mechanischen Nipkowscheiben-Anordnung für die Gewinnung heller Bilder hoher Auflösung zu überzeugen. Mein Ziel war dabei, ihn als Käufer unserer Elektronenstrahlröhren und Zusatzgeräte zu gewinnen. Für mich selbst war es ein Glück, daß John Baird sich damals nicht überzeugen ließ. So kam es dann bald nach diesem Gespräch zu unserem eigenen Fernsehversuch mit Elektronenstrahlröhren auf Geberseite und Empfangsseite am 14. 12. 1930. Es liegt eine erhebliche Tragik darin, daß die englische Baird-Gesellschaft später als eine der letzten Fernsehgesellschaften ihre Technik von der Bildzerlegung mit mechanischen Mitteln zur elektronischen Bildzerlegung umstellte. Kurz danach gingen der englischen Baird-Gesellschaft die finanziellen Mittel aus; die Umstellung war zu spät erfolgt. Die geschilderten Vorgänge sind ein Beispiel dafür, daß zukunftsreiche Wege von den Experten häufig nicht erkannt werden.
Dr.-Ing. e. h. Walter Bruch, der Erfinder des Pal-Farbfernsehsystems, gibt in seinem 1967 erschienenen Buch „Kleine Geschichte des deutschen Fernsehens“ aus eigenem Erleben folgende Schilderung der damaligen Ereignisse:

»Fritz Schröter, einer der Vorkämpfer des Fernsehens, erkannte die Bedeutung der Braunschen Röhre für dieses Gebiet schon frühzeitig und schrieb darüber. Aber er konnte selbst seine eigenen Laboratorien noch nicht überzeugen. Da kam von einer ganz anderen Seite ein neuer Impuls. Der ›deus ex machina‹ war der junge Berliner Erfinder Manfred von Ardenne, Berlin-Lichterfelde. Vor einer Villa am Jungfernstieg entsteigen am 10. Januar 1930 Fritz Schröter, Otto von Bronk und andere Fernsehexperten einem Auto, das hinter einem Mercedes-Kompressor-Sportwagen hält. Manfred von Ardenne hat die Herren eingeladen, um ihnen erste Halbtonfernkinobilder auf einer Braunschen Röhre zu zeigen. Der nur wenig über zwanzig Jahre alte Autodidakt hatte trotz seiner Jugend schon eine erstaunliche Karriere gemacht. 1925, noch als Schüler, konnte er den damaligen Inhaber der Firma Radio AG D. S. Loewe, Siegmund Loewe, von der Bedeutung des Breitband-Widerstandsverstärkers überzeugen und anregen, seine Mehrfachröhren zu bauen. Viel Geld bekommt von Ardenne dafür. Er kann sich ein Laboratorium einrichten – das Haus am Jungfernstieg – und fährt jenen Mercedes-Kompressor-Wagen. Er versammelt um sich eine Reihe junger, strebsamer Ingenieure – auch ich war damals für kurze Zeit in diesem Laboratorium tätig –, und er untersucht alle Randgebiete des Rundfunks. Seine publizistische Begabung und das Wissen, daß man nur durch Offenbarung seiner Arbeiten wieder Geld für neue erhalten kann, helfen ihm, bekannt zu werden. In seinem Labor wird auch viel fotografiert, und es liegt deshalb nahe, daß ihn die Braunsche Röhre als Oszillograph interessiert, denn sie verspricht auf einfache Weise gute Schirmbildaufnahmen. Unbekümmert geht er an die Entwicklung solcher Röhren heran und erzielt erstaunliche Erfolge. So findet er, daß man an einer zusätzlichen Elektrode mit einer regelbaren Spannung gut die Fleckschärfe einstellen kann, braucht dazu also nicht mehr die zusätzliche Konzentrierspule. Ferner benutzt er den sogenannten ›Wehneltzylinder‹, der von Arthur Wehnelt an der Universität Berlin zur Konzentration des elektronischen Strahlenbündels eingeführt worden war, für die Helligkeitssteuerung des Schirmlichtpunkts. Zusammen mit der Vakuumfirma

Leybold u. Co. wird eigens eine Gesellschaft gegründet, Leybold-von Ardenne-Oszillographengesellschaft. Sie fabriziert Zubehörteile und diese Röhren.
Auf dieser Grundlage ist es für von Ardenne leicht, seine Röhre schnell auf Fernsehen umzustellen. Viele Bausteine können hierfür vom Lager der Firma Leybold und von Ardenne entnommen werden. Genau wie Manfred von Ardenne selbst, sind auch seine jungen Mitarbeiter vom mechanischen Fernsehen nicht historisch vorbelastet. Ihnen allen liegen elektrische Schaltungen näher als mechanische Gebilde. Im Mai 1930 kann er auf der Braunschen Röhre Bilder wiedergeben. Noch kommen die Bilder vom mechanischen Geber.
Aber auch dieser mechanische Geber ist von Ardenne und seinen Mitarbeitern ein Dorn im Auge, und so versucht er, für die senderseitige Abtastung die Braunsche Röhre ebenfalls zu verwenden. Noch im selben Jahr, am 24. Dezember 1930, kann er der Fachwelt das *erste* vollelektronische Fernsehbild in Europa zeigen, ja das *erste* Bild in der Welt überhaupt, das von einem Leuchtfleckabtaster ausgeht, wie hinfort die Braunsche Röhre als Abtaster heißen sollte. Vermerken wir, daß noch heute fast alle Film- und Diapositiv-Übertragungen in unserem Fernsehen von Leuchtfleck-Abtastern, ›flying spots‹, wie sie jetzt auf gut deutsch heißen, kommen. Manfred von Ardenne hat diese *ersten* Fernsehbilder fotografiert, und so können wir uns jederzeit wieder einen Begriff davon machen, wie die damaligen Bilder aussahen. Die Kornstruktur des Leuchtschirmes war noch stark sichtbar, das Nachleuchten des Abtastschirmes führte zu Verwischungen. Erst später sollten die Engländer Bedford und Puckle einen Weg zeigen und Karolus einen anderen, wie man das Nachleuchten ›entzerren‹ kann. Auf der Funkausstellung des Jahres 1931 demonstrierte von Ardenne, zusammen mit der Firma Loewe, ein vollelektronisches Fernsehen mit 100 Zeilen. *Es war die erste öffentliche Vorführung dieser Art auf der Welt.*
Diese Ardenne-Vorführung spornte die anderen Firman an, in ihren Laboratorien die Entwicklung der Braunschen Röhre für den Fernsehempfänger, der ›Bildröhre‹, wie sie von nun an heißen sollte, voranzutreiben.«

Was die Konzerne nicht wahrhaben wollten

Soweit die Erinnerungen von Walter Bruch. In vielen älteren Aufsätzen über die Entwicklungsgeschichte des Fernsehens, in offiziellen Ausstellungen der Industrie und in den Museen zur Geschichte der Technik sind meine in den Jahren 1925 bis 1935 entstandenen Beiträge zur Entwicklung des rein elektronischen Fernsehens oft übergangen oder unrichtig dargestellt worden. Bestimmte Konzerne wollten es eben nicht wahrhaben, daß ihnen, den Riesen auf ihrem Gebiet, von einem erst dreiundzwanzig Jahre jungen Physiker der Weg in die Zukunft einer wichtigen Technik gewiesen wurde.

V. K. Zworykin entwickelt die erste Kameraröhre

Wir lagen mit unseren internen Vorführungen der rein elektronischen Fernsehtechnik vor Spezialisten Ende 1930 bis April 1931 bzw. mit unserer öffentlichen Vorführung auf der Berliner Funkausstellung 1931 um etwa 1 Jahr früher als der Fernsehpionier V. K. Zworykin in den USA. Dies ergab sich aus Gesprächen bei unserem Besuch des Ehepaars Zworykin 1975 in Princeton. Durch diese Tatsache werden die großen Verdienste Dr. Zworykins nicht geschmälert, denn er hatte sich die schwierigere Aufgabe gestellt, eine Kameraröhre, sein Ikonoskop, auf der Geberseite einzusetzen. Der Bau dieser ersten Kameraröhre war in der damaligen Zeit ein sehr kompliziertes technologisches Problem. Unser Leuchtfleckabtaster war viel leichter zu realisieren. Daraus resultierte unser zeitlicher Vorsprung.

Hochzeilen (HD)-Fernsehen und Satelliten-Fernsehen in naher Zukunft

Die Entwicklung der Fernsehtechnik ist z. T. durch große Sprünge gekennzeichnet. Hierbei ist nicht nur an den großen Sprung beim Wechsel von der Schwarz-Weiß- zur Farbbild-Technik gedacht, sondern an jene Phasen, wo eine Erhöhung (meist Verdopplung) der Zeilenzahl stattfand. Als die Fernsehtechnik in die Sackgasse mechanischer Methoden (Nipkow-Scheibe, Spiegelräder) geraten war, betrug die Zeilenzahl nur 30 bis 45. Erst durch den Übergang zu 90 Zeilen beim Beginn mit der Elektronenstrahl-Technik wurde das Fernsehen diskutabel. Bei den folgenden Umstellungen der Norm auf 180, 360 und schließlich 625 Zeilen vervierfachte sich jedesmal die Zahl der Bildelemente pro Bild. Wer diese Umstellungen und die ihnen zugeordnete sehr große Steigerung der Bildqualität miterlebt hat, der sieht mit großen Erwartungen einem Ereignis entgegen, das wahrscheinlich in 8 bis 15 Jahren stattfindet. Gemeint ist die Umstellung der Farbfernsehtechnik auf z. B. 1250 Zeilen, in solcher Form, daß auch die bisherigen Empfänger mit der 625-Zeilen-Norm das 1250-Zeilen-Bild aufnehmen können (Wahrung der Kompatibilität). Auf die Tatsache, daß die Zeit für eine solche Umstellung heranreift, habe ich schon am 24. 10. 1977 in Briefen an Max Grundig und V. K. Zworykin, den alten Freund aus der Pionierzeit der Fernsehtechnik, aufmerksam gemacht. In diesen Briefen wies ich darauf hin, daß die für eine Verdopplung der Zeilenzahl notwendigen Technologien (z. B. Bildröhren mit stabilen HD-Bildschirmmasken, Elektronik der breiteren Frequenzbänder) bereits entwickelt sind. Seit einigen Jahren wird diese Umstellung, besonders in Verbindung mit der Satelliten-Übertragungstechnik, international diskutiert. Erste sehr überzeugende Vorführungen des HD (High Definition)-Farbfernsehens fanden 1983 auf einer internationalen fernsehtechnischen Konferenz statt. Die Einführung eines (kompatiblen) Hochzeilenfernsehens wird durch eine Reihe günstiger Momente erleichtert: Ein neuer großer Markt wird erschlossen, die Rechentechnik benötigt ebenfalls die Hochzeilen-Bildausgabe und die Fortschritte der Satelliten-Kommunikations-Methoden stellen gute Lösungen bei der Einführung in Aussicht.

Kapitel 2: Das Laboratorium wächst zum Institut

Meine Arbeitsmethoden

Damals wirkte sich mein Alleingang mit dem kleinen Privatlaboratorium trotz aller erfolgreichen Arbeiten an und mit der Elektronenstrahlröhre schon nach kurzer Zeit nachteilig aus. Bei der nun einsetzenden stürmischen Entwicklung des Fernsehens lagen bald nur noch die vielköpfigen Arbeitsgemeinschaften staatlicher Laboratorien oder großindustrieller Forschungsstätten im Rennen. Ich wurde mir meiner begrenzten Möglichkeiten bewußt und mußte einsehen, daß ich unter den gegebenen Verhältnissen die im richtigen Augenblick gefundenen Problemlösungen nur dann günstig verwerten konnte, wenn es mir gelang, die Unterstützung einer genügend großen Institution zu gewinnen.
Dennoch gelang es mir unter den zum Teil recht schwierigen Wirtschaftsbedingungen im Vorkriegsdeutschland und trotz der Konkurrenz der Großindustrie, mein Lichterfelder Laboratorium über alle Krisen hinwegzubringen und weiter auszubauen zu einem kleinen Institut. Das verdanke ich meinem Grundsatz, möglichst permanent ein hohes Arbeitstempo einzuhalten. Folgende Prinzipien, die ich auch heute noch im Forschungsinstitut auf dem Weißen Hirsch zu befolgen versuche, dienten diesem Ziel:
Niemals eine Arbeit auf den folgenden Tag verschieben, die gleich erledigt werden kann. Briefe, wenn es sich machen läßt, sofort bei ihrem Empfang beantworten. Möglichst viele Standardteile und Grundelemente auf Lager halten. Unverzügliche Beschaffung darüber hinaus benötigter Geräte, Teile und Materialien durch telefonische Vorausbestellung. Sofortige Bezahlung der Rechnungen und – falls nötig – auch Einsatz der persönlichen Beziehungen zu den Werkleitungen. Durch direkte Kontakte mit den international führenden Spezialisten immer über die Entwicklung in anderen Ländern auf dem laufenden sein. Systematische Aufarbeitung und Speicherung der wesentlichen wissenschaftlich-technischen Informationen und Resultate, zum Teil in Form von Tabellen und Kurven für

die Haupt- und Nebengebiete unserer Arbeit. Aufbau der Laboranlagen – soweit durchführbar – in betriebsbereitem Zustand. Schnelle Beschlußfassung über die zutreffenden wissenschaftlichen und wirtschaftlichen Entscheidungen. Günstige Grund- und flexible dynamische Struktur der Institution. Rasche Überleitung der Ergebnisse in die Praxis.
Für ein permanent hohes Arbeitstempo waren die Bedingungen sowohl in Berlin als auch später in Dresden ungewöhnlich günstig. Spezialisten fast aller Fachrichtungen standen in diesen beiden Städten zur Verfügung, wissenschaftliche Literatur des Auslandes ließ sich oft im Laufe von Stunden beschaffen, Forschungsinstitute für viele Fachsparten befanden sich am Ort, und außerdem konzentrierten sich hier Industriebetriebe jeder Größenordnung. Teilweise gestatteten unsere Arbeitsergebnisse uns, neben den laufenden physikalischen Forschungen und den wissenschaftlichen und sonstigen Veröffentlichungen über längere Zeit im Durchschnitt ein bis zwei Patente pro Woche anzumelden.

Mercedes-Sportwagen 180 PS

Wichtige Dienste leistete mir das Auto. Zunächst war ich gezwungen, einen Wagen zu benutzen, um meine vielen Verpflichtungen schnell erledigen zu können – aber bald machte mir das Autofahren auch großen Spaß. Sicher trug dazu bei, daß der Bruder des Rennfahrers Manfred von Brauchitsch von 1925 bis 1932 die Geschäfte meines Sekretariats wahrnahm. Seine Erzählungen und ein zufälliger Besuch des Schweizer Ingenieurs Jaray, des Erfinders der Stromlinienform, verführten mich zum Kauf eines 180-PS-Mercedes-Sportwagens – des gleichen Typs, mit dem Manfred von Brauchitsch seine Rennen austrug. Vor allem lernte ich, in den Kurven so zu fahren, wie es dem sportlichen Modell mit tiefer Schwerpunktlage entsprach. Die Kenntnis dieser Technik hat mich später manche Gefahrensituation unfallfrei überwinden lassen. Ich stand kurz davor, selbst aktiv an Rennen teilzunehmen. Aber – mein eigentliches Hobby war eben doch die Arbeit.
Kauf und Betrieb des 7-Liter-Mercedes-Kompressor-Wagens – er benötigte 30 l Benzin auf 100 km – überstiegen meine damaligen

wirtschaftlichen Verhältnisse. Deshalb erwarb ich bald darauf noch einen gebrauchten kleinen BMW. Dieser Typ war aus dem Zwergauto Dixi hervorgegangen und ganz billig zu unterhalten. Wenn wenig Geld in der Kasse war, benutzte ich den kleinen Wagen, im umgekehrten Fall den großen. Ich erinnere mich, lange Zeit vorwiegend den BMW gesteuert zu haben.
Mein Verhältnis zum Auto führte etwa dreißig Jahre später dazu, daß wir im Institut auf dem Weißen Hirsch mehrjährige Untersuchungen zur Physik des Unfallschutzes für Kraftfahrzeuginsassen anstellten.

Physikalische Ortung eines Autodiebes

Eines Morgens im Jahre 1931 war mein geliebter kleiner BMW-Wagen verschwunden. Natürlich ärgerte ich mich sehr, schließlich hatte ich ihn sauer genug verdienen müssen. Wenige Tage später wurde bei einem geheimnisvollen Telefonanruf die Rückgabe des Autos gegen Zahlung einer bestimmten Summe in Aussicht gestellt. Allerdings hatte der Dieb nicht mit den technischen und organisatorischen Möglichkeiten unseres Labors gerechnet.
Ich veranlaßte den Unbekannten, einige Stunden später noch einmal anzurufen. Inzwischen verabredete ich mit dem Fernsprechamt einen der damaligen Technik angepaßten Trick: Sobald der Autodieb sich wieder meldete, sollte kurzzeitig mit einem unserer Transformatoren sehr kräftige Schallplattenmusik auf die Telefonleitung übertragen werden. Diese Musik mußte dann durch das sogenannte Übersprechen bei dem betreffenden Amt sofort den zugeordneten Klappenschrank kenntlich machen und damit ermöglichen, die benutzte Verbindung schnell zu finden.
Das funktionierte ausgezeichnet. Des Diebs Verwunderung über die Geräuschkulisse bei Gesprächsbeginn legte sich bald. Mit vorbereiteten Themen dehnte ich die telefonische Verhandlung auf fünfzehn Minuten aus. Dann meldete die Stimme eines Polizei-Offiziers am anderen Ende die Festnahme meines Gesprächspartners. Die Zeitspanne hatte genügt, um den Standort des Apparates herauszufinden, von dem angerufen wurde, und eine Polizeistreife dorthin zu

dirigieren. Der Spitzbube hatte eine Fernsprechzelle am Potsdamer Platz benutzt. Bald darauf befand sich das gestohlene Auto wieder in meiner Garage.

Begegnung mit Fritz von Opel

Die Entwicklung der Elektronenstrahl-Oszillographen führte um 1930 zu einem Besuch des technisch sehr interessierten Industriellen Fritz von Opel. Wir unternahmen damals gemeinsam Versuche zur Aufzeichnung der Druck-Zeit-Diagramme in den Zylindern von Otto-Motoren mit Elektronenstrahlröhren. Solche Aufzeichnungen wurden bald darauf zu einer Routinemethode der Automobiltechnik. Fritz von Opel wurde sehr bekannt durch seine Fahrversuche auf der Berliner Avus mit von Raketen angetriebenen Fahrzeugen. Weniger bekannt, aber von mir miterlebt, wurden seine etwas verrückten Versuche zur elektronischen Fernsteuerung von Autos. Dabei steuerte er einen Opelwagen ohne Insassen durch den Berliner Verkehr von einem in etwa 10 m Abstand folgenden Auto aus. Die grenzenlose Verwunderung über das intelligente, aber leere Auto, welche sich in den Gesichtern von Passanten und Verkehrsteilnehmern widerspiegelte, blieb für Fritz von Opel die Hauptbelohnung für die aufgewendete Mühe.

Sternstunden

Gegen Ende des gleichen Jahres war die inzwischen auf dem Dach des Lichterfelder Hauses errichtete Sternwarte mit einem parallaktisch montierten Spiegel-Fernrohr von 25 cm freier Öffnung ausgestattet worden. Heute befindet sich übrigens dieses wertvolle – von dem bekannten Astro-Optiker B. Schmidt konstruierte – Goerz-Instrument nach verschiedenen Abenteuern während des zweiten Weltkrieges und danach im Kaukasus in der Volkssternwarte des Ostseebades Heringsdorf.

Ich verbrachte jetzt wieder, wie schon als Schüler, manche Nachtstunde bei der eingehenden Betrachtung der Sterne. Wie deutlich werden die berühmten Objekte des Himmels durch ein Instrument dieser Größe, langbrennweitige Okulare und binokulare Beobachtungsmöglichkeit sichtbar! Welch unvergeßliches Bild bietet bei klarem Himmel ein Objekt wie der Orionnebel oder die Sternhaufen im Perseus und wie der Kugelsternhaufen im Herkules dem Auge des Menschen! Wie stärkt sich in solchen besinnlichen Momenten am Fernrohr der Blick für das Wesentliche!

Liebhaber-Astronomen in »klassenloser« Gesellschaft

Das Interesse für Astronomie brachte mich damals mit einer Vereinigung in Berührung, in der sich drei Jahrzehnte lang Berliner Liebhaber dieser Wissenschaft zusammenfanden. Die Freude an der Sternkunde verband hier den Nachtwächter, der zwischen seinen Rundgängen Jupiterbeobachtungen anstellte, mit dem pensionierten Bergwerkdirektor, die Apothekergestalt Spitzwegscher Prägung mit dem Schüler und den Arbeiter einer Maschinenfabrik mit dem Chirurgen. In dieser einzigartigen Gesellschaft hörte ich Vorträge über die Berechnung von Kometenbahnen von einem Mann, der tagsüber aus Pappmaché Maikäferbeine für Schokoladenfabriken stanzte, und Berichte über die Korrektur komplizierter Linsensysteme von einem Händler in Fischereigeräten. Begeisterung für die Naturwissenschaften traf man in dem Zirkel in gerade jener Stärke und Reinheit, die alle erfüllen muß, die forschend dieses Feld durchstreifen wollen.
Dieser Kreis wurde von dem 1957 verstorbenen Astronomen und Optiker Dr. Gramatzki sogar über den zweiten Weltkrieg hinaus fest zusammengehalten. Er, der in jüngeren Jahren Persönlickeiten wie Albert Einstein und Rabindranath Tagore durch seine Gedanken zu fesseln gewußt hatte, vereinigte vielseitige Interessen mit einer außergewöhnlich tiefen geistigen und wissenschaftlich-technischen Bildung. Stets war er bestrebt, die behandelten Fragen auch philosophisch zu durchdringen. Das ließ sowohl das Gespräch mit ihm als auch seine Vorträge zu unvergeßlichen Erlebnissen werden. Bis zum Ende des zweiten Weltkrieges gehörten Gramatzkis zu unseren engeren Freunden. Manche Anregung zur Thematik mei-

ner Arbeit schöpfte ich aus den abendlichen Plaudereien mit ihnen. Anfang 1932 hatte ich das Alter erreicht, in dem andere junge Menschen meines Jahrgangs ihr Hochschulstudium beendeten. Dieser Zeitpunkt darf daher mit einiger Berechtigung auch als das Ende meiner Lehrjahre betrachtet werden.

Menschenkenntnis gehört auch dazu

Im Laufe des Jahres 1932 lernte ich mehr über die Schwächen menschlicher Charaktere als in dem ganzen vorausgegangenen Jahrzehnt. Zu jener Zeit neigte ich aufgrund meiner frischgesammelten Lebenserfahrungen dazu, die Menschen in Kategorien einzuteilen, abgestuft nach der Höhe der Geldsumme, die sie vom rechten Weg abbringen konnte. Ich mußte mitten in der Wirtschaftskrise erleben, wie langjährige Mitarbeiter weniger hundert Mark wegen plötzlich meine Gegner wurden, wie angesehene Kaufleute und Rechtsanwälte sehr ehrlich waren, solange es nur um kleine Beträge ging, aber mit ausgeklügelten Tricks bedenkenlos die Grenze zum Kriminellen überschritten, wenn sie die Möglickeit sahen, einige zehntausend Mark für sich abzuzweigen.

Ein seltsamer »Ingenieur« mit Namen Kassner

Diese Art der Menschenbeurteilung ergab sich aus der Begegnung mit einer der merkwürdigsten Gestalten, die je auf dem weiten Feld der Physik ihren Lebensunterhalt gesucht haben. Ein Ingenieur Kassner hatte eineinhalb Jahre vorher verschiedene Meßgeräte für das Gebiet extrem kurzer elektrischer Wellen in meinem Laboratorium entwickeln lassen. Anfang 1932 erschien er dann mit Ergebnissen, die viele Protokollhefte füllten und denen Fotografien hervorragend ausgestatteter Laboratorien beigelegt waren. Hierauf konnten wir auch unsere Geräte erkennen. Da die Messungen des Ingenieurs mit den von uns selbst in Lichterfelde hergestellten Instrumenten durchgeführt worden waren – so dachte ich wenigstens –, hatte ich zu den vorgelegten Resultaten Vertrauen.

Nach diesen Daten mußte ihm auf dem Wellenbereich zwischen 1 und 100 cm Länge eine große Entdeckung gelungen sein. Im Gegensatz zu der bekannten Theorie Debyes sollten bei vielen zusammengesetzten Flüssigkeiten, zum Beispiel beim Blutserum, außerordentlich scharfe Resonanzen gewisser molekularer oder übermolekularer Bestandteile im Bereich der Zentimeterwellen vorkommen. Unter Einwirkung von Hochfrequenzfeldern, die auf eine der gefundenen Resonanzwellen abgestimmt waren, ergab sich angeblich eine Reihe neuer physikalischer und biologischer Effekte.

Ein phantastisches Projekt

Ein Weg zur Beeinflussung von Lebensvorgängen mit Hilfe richtbarer Kurzwellenstrahlen schien gefunden, ebenso eine neue Möglichkeit zur elektrischen Analyse des menschlichen Serums und anderer Körperflüssigkeiten – sowie noch vieles mehr.
Natürlich war ich zunächst kritisch, mein Vertrauen zu den Ergebnissen Kassners wurde aber schließlich durch zahlreiche auf seinen Namen lautende, gedruckte Patentschriften über elektronische Rechenmaschinen aus den dreißiger (!) Jahren gestärkt. Außerdem beeindruckten mich seine hervorragenden mathematischen Kenntnisse und auch einige geniale Konstruktionsideen, die ein Jahrzehnt später tatsächlich realisiert wurden. Kurz und gut – ich entschloß mich, seine Vorschläge zu akzeptieren und mit ihm gemeinsam die Forschungen auf dem angedeuteten Grenzgebiet zwischen Physik und Medizin aufzunehmen.
Wie es bei meinem engen Zusammenwirken mit Dr. Loewe selbstverständlich war, machte ich ihn sofort mit der Person und den Arbeiten Herrn Kassners bekannt und versuchte, ihn dafür zu interessieren. Ich war bestürzt, als er jede Beteiligung ablehnte; andererseits gab mir das die Freiheit, selbständig zu handeln. Nach zwei Monaten gelang es mir trotz äußerst ungünstiger Wirtschaftskonjunktur, einen Schweizer Industriellen für das Projekt zu gewinnen. Fazit: eine Gesellschaft mit einem Aktienkapital von einer Million Schweizer Franken kam zustande.

Gründung einer merkwürdigen Aktiengesellschaft

Diese Gründung brachte damals für alle, die mit ihr zu tun hatten, einige Unruhe mit sich. Der Anwalt des Schweizer Finanziers verschaffte sich gegen die Ambitionen seines einflußreichen Auftraggebers zusätzliche Besitzanteile, und mein wirtschaftlicher Berater schmuggelte ohne Skrupel in den Gründungsvertrag für sich erstaunliche Beteiligungen an zukünfigen Gewinnen hinein. Ja, es fehlte nicht viel, und ich hätte durch mein Vertrauen zu diesem Menschen das gesamte Laboratorium in Lichterfelde verloren, versuchte er doch, mich zur Errichtung eines zweiten Laboratoriums zu veranlassen. Dies hätte es meinem früheren Vertragspartner ermöglicht, eine bereits für diesen Fall vorbereitete einstweilige Verfügung wegen Vertragsverletzung zu erwirken. Damit wäre das Laboratorium bis zur Klärung vor dem Reichsgericht, das heißt bis zu meinem wirtschaftlichen Ruin, lahmgelegt worden.
Irgendwie ahnte ich drohendes Unheil und glaubte Anzeichen dafür zu bemerken, daß unsere Existenz, das Ergebnis aller Arbeit in den vorausgegangenen Jahren auf dem Spiel standen. Diese Lage rechtfertigte ungewöhnliche Handlungen.

Katastrophe in letzter Minute abgewendet

Durch die Dechiffrierung eines Telegramms, welches für den Ausgang der Skagerrakschlacht im ersten Weltkrieg maßgebend gewesen sein soll, hatte Ingenieur Kassner ausgezeichnete Beziehungen zu damals führenden Persönlichkeiten, unter anderen zu Curtius und dem bald darauf zum Reichskanzler berufenen und später von der SS ermordeten General von Schleicher. Das nutzte ich in dieser Situation für mich aus. Ein Besuch bei von Schleicher führte zu der außergewöhnlichen Erlaubnis, die Spionageabteilung der Reichswehr einschalten zu dürfen. Von da an rollte eine Handlung wie in einem modernen Fernsehkrimi ab: Im Wannseer Golfklub fiel in einem bestimmten Personenkreis scheinbar zufällig mein Name. Provozierende Bemerkungen wurden gemacht – und bald waren die Pläne gegen mich ausgeplaudert.

Noch am gleichen Abend erfuhr ich von ihnen. Ich war kaum mehr überrascht zu hören, daß mein wirtschaftlicher Berater mit meinen Gegnern unter einer Decke steckte. In der Folgezeit tat ich dann jeweils das Gegenteil von dem, was er mir riet. Dadurch gelang es mir, die sehr ernst gewordene Gefahr abzuwenden.
Bald nach Gründung der Schweizer Aktiengesellschaft Dipol AG entstand in Arbon unmittelbar am Ufer des Bodensees eine Forschungsstätte, deren Einrichtungen und Werkstätten das damalige Lichterfelder Laboratorium weit in den Schatten stellten. Jetzt endlich war die Gelegenheit zur Nachprüfung der Meßergebnisse Herrn Kassners und der behaupteten neuen Effekte gegeben.
Mit dem ganzen ihm zu Gebote stehenden Ideenreichtum versuchte er, gerade das immer wieder zu verhindern oder zu verzögern. Als der wahre Sachverhalt mir gegenüber schließlich nicht mehr zu verschleiern war und seine Daten sich schlankweg als Fälschungen erwiesen, hatte Kassner schon vorsorglich den Schweizer Finanzier vor mir gewarnt. Daher glaubte mein eidgenössischer Partner mir nicht, als ich ihm reinen Wein einschenkte, sondern forderte mich auf, meine Anteile an der gemeinsamen Gesellschaft abzugeben. Hätte jener Industrielle mir damals vertraut, würde er sein investiertes Geld sicher nicht verloren haben. Ohne Zweifel wären manche der vielen erfolgreichen späteren Projekte, zum Beispiel Elektronenstrahl-Oszillographen, Elektronenmikroskope, in den schönen neuen Laboratorien und Fertigungsstätten der Dipol AG zu industriellen Produktionen herangereift. Im Zusammenhang mit unserer Krebsforschung erhielt ich 1970 von ihm einen liebenswürdigen Brief, der mir Freude bereitete. Kurz vor seinem Tode besuchten wir ihn in seinem schönen Haus in Liechtenstein. Es waren harmonische Stunden mit übereinstimmender Beurteilung des Vergangenen. Die Zeit heilt Wunden.

Aus der Krise in einen neuen Vertrag

Bedingt durch das Projekt mit Herrn Kassner, hatte ich meine Bindungen mit der Firma Loewe gelöst. Nachdem nun das Vorhaben in der Schweiz fehlgeschlagen war, stand ich mitten in der

Wirtschaftskrise vor dem Zwang, eine neue Finanzierungsgrundlage für das Lichterfelder Laboratorium und die Rückzahlung der noch verbliebenen Schulden zu finden. Meine Bemühungen führten 1933 zum Abschluß eines Vertrages mit der C. Lorenz AG, in dessen Rahmen dann in den folgenden Jahren die Fernseh-Abteilung dieses Betriebes aufgebaut wurde. Die Glasbläserei meines Laboratoriums war damals weitgehend auf die Herstellung von Fernsehröhren mit Kolbendurchmessern bis zu 35 cm spezialisiert.
Die Entwicklungsarbeit an der Kathodenstrahlröhre und ihre Anwendung vor allem in der Meßtechnik, die in einem 1933 erschienenen Buch ihren Niederschlag fand, brachte mich nach und nach mit vielen bedeutenden Persönlichkeiten – zum Beispiel aus der Elektronik, der Medizin, der Industrie – in Berührung und verschaffte mir tiefe Einblicke in gerade aktuelle Problemstellungen der verschiedensten Forschungsgebiete aus Naturwissenschaft und Technik.

Professor Watson-Watt

Zu den interessantesten Begegnungen aus dieser Zeit gehört jene mit dem Leiter der Radio Research Station in Slough, Professor Watson-Watt. Dieser engliche Forscher besuchte zwischen 1929 und 1933 mehrmals das Lichterfelder Laboratorium, um sich über technische Fortschritte zu informieren und – nicht zuletzt – große Aufträge auf Elektronenstrahlröhren zu erteilen, die über manche Schwierigkeiten jener Tage hinweghalfen. Seit 1935, und besonders auch im zweiten Weltkrieg, hatte dieser Wissenschaftler das Vertrauen der englischen Regierung.* Seine persönlichen Leistungen auf dem Gebiet der Radartechnik mit Elektronenstrahlröhren trugen im Krieg entscheidend zur erfolgreichen Abwehr des Unterseeboot-Krieges und der Luftangriffe des faschistischen Deutschland gegen England bei. Er wurde in den Adelsstand erhoben und von Churchill im Unterhaus – als Sieger in der Schlacht um London

* Siehe Winston S. Churchill, Der zweite Weltkrieg, Toth Verlag Hamburg 1948–1954, Bd. 1, S. 102.

vorgestellt. Leider entwickelte Sir Watson-Watt dann auch das unten besprochene Panorama-Radargerät, welches die Zielmarkierung bei den Bombenteppich-Luftangriffen gegen die deutschen Städte ermöglichte.

Englische Elektronenphysiker

Einige Reisen nach London und Gegenbesuche in Lichterfelde führten zu einem engeren Kontakt mit fast allen maßgebenden englischen Elektronenfachleuten, besonders mit den Physikern Bedford und Puckle der Cossor-Werke sowie mit Pocock, dem Herausgeber der Fachzeitschriften »Wireless Engineer« und »Wireless World«. Puckle übersetzte später mein Buch »Fernsehempfang« ins Englische.

Werbung war notwendig

Um meinem Laboratorium auf internationaler Ebene einen Platz zu sichern, habe ich bis zum Beginn des zweiten Weltkrieges stets den größten Wert darauf gelegt, auch in den Fachzeitschriften des Auslands zu publizieren. Ich mußte stets selbst die finanzielle Grundlage meines Instituts sichern und war daher gezwungen, ständig eine Art Werbung zu betreiben. Diese propagandistische Note, die vor allem in den Jahren, in denen es für mich um die nackte Existenz ging, bei manchen Veröffentlichungen unvermeidlich war, ist mir oft sehr verübelt worden. Dabei liegt doch auf der Hand, daß ein Laboratoriumsleiter, dem in Zeiten schlechter Wirtschaftskonjunktur schon die Gehälter der Mitarbeiter Sorgen bereiten, vor einer gänzlich anderen Situation steht als sein Kollege, der vom Staat oder von seiner Firma ein gesichertes Gehalt bezieht.

Mein Vater verweigerte sich den Nazis

Als das Jahr 1933 begann, hatte ich mir mit meinem Laboratorium schon ein festes wissenschaftliches Fundament geschaffen, und ich hätte eigentlich zufrieden sein können. Dennoch spürte ich ein gewisses Unbehagen, das allerdings nicht in meiner fachlichen Arbeit, sondern in der politischen Entwicklung begründet lag. Mein Vater, der alle Geschehnisse sehr aufmerksam verfolgte, äußerte sich immer häufiger besorgt über das Aufkommen der Hitlerpartei. Er hatte schon 1932 eine grundsätzliche, auch mich nachhaltig beeinflussende Entscheidung getroffen. In seiner Eigenschaft als Regierungsrat im Versorgungsamt lernte er Hermann Göring kennen, der ihn kategorisch aufforderte, in die NSDAP einzutreten. Das war Vorbedingung für eine leitende Position, in der mein Vater die Betreuung aller Wehrmachtsangelegenheiten hätte übernehmen sollen.

Im richtigen Gefühl für die gefährlichen Ziele und die Hemmungslosigkeit der NS-Führung lehnte mein Vater diese Aufforderung ebenso kategorisch ab. Auch in der Folgezeit ist er von dieser Grundeinstellung nie abgegangen, obwohl es für ihn beispielsweise leicht gewesen wäre, seine aus dem Ersten Weltkrieg stammende Bekanntschaft mit dem späteren Postminister Ohnesorge für die eigene Karriere auszunutzen.

Das Jahr 1933

Sicherlich war ich damals politisch noch sehr unerfahren und ganz mit meinen technischen Aufgaben beschäftigt. Auf jeden Fall aber hatte ich mir viel zuwenig Gedanken über politische Probleme gemacht, um das Ausmaß dessen auch nur zu ahnen, was im Jahre 1933 begann. Gleich in den ersten Januartagen verhandelten Hitler und von Papen mit dem Bankier von Schroeder und bereiteten die unmittelbare Regierungsübernahme durch Hitler vor. Am 30. Januar war es soweit. Die SA marschierte im Fackelschein durch das Brandenburger Tor. Dann brannte der Reichstag; es wurde von Massenverhaftungen gemunkelt. »Die Rote Fahne«, die am 23. Oktober 1930 meine Rundfunkarbeiten gewürdigt hatte, erschien nicht mehr. Wenige Tage später traten wir an die Wahlurnen. Meine Stimme hatte zwar nicht der KPD gehört, aber als die einundachtzig Mandate der Kommunisten im Reichstag annulliert wurden, fragte ich mich, ob das noch mit Recht und Demokratie zu vereinbaren sei. Die Verfälschung des 1. Mai durch die Hitlerregierung wurde mir in diesen Tagen noch nicht so recht bewußt. Viel später, als mir zufällig Egelhaafs Historisch-politische Jahresübersicht für 1933 in die Hände fiel, las ich darin auf Seite 127: »In hinreißender Weise verkündete Hitler das Ideal der Volksgemeinschaft am 1. Mai. Dieser Tag, bisher ein Feiertag der klassenkämpferischen Arbeiterschaft, wurde durch Beschluß des Kabinetts zum ›Feiertag der nationalen Arbeit‹ erhoben. Ein Aufruf Goebbels' verdeutlichte den Sinn der Feier: ›Wo ehedem marxistische Haßgesänge ertönten, da werden wir uns nun zum Volk bekennen... Wo früher der Geist eines öden Materialismus triumphierte, da wollen wir... die nationale Verbundenheit aller Stände, Stämme und Berufe zu einem einigen Deutschland... bekunden. Stirn und Faust sollen einen Bund schließen, der unlösbar ist.‹«

Als ich dieses Buch in der Hand hielt, war mir die marxistische Weltanschauung nicht mehr fremd, und ich hatte schon manche Stunde in Gesprächen über politische und historische Fragen verbracht. So wurden mir viele Unwahrheiten klar, welche die Grundlage für die Agitation der braunen Machthaber bildeten. Schon einen Tag nach dem 1. Mai 1933 wurden die Gewerkschaften verboten und ihr Vermögen beschlagnahmt. Am 10. Mai brannten auf dem Opernplatz in Berlin Bücher humanistischen und fortschrittlichen Inhalts. In dieser Zeit gingen viele der bedeutendsten Vertreter des deutschen Geisteslebens und der Kunst, die ich hoch verehrte, in die Emigration. Zu denen, die nicht mehr in einem faschistischen Deutschland leben wollten oder konnten, gehörten die Physiker Einstein, Max Born, Hans Bethe u.a., die Schriftsteller und Künstler Johannes R. Becher, Bert Brecht, Marlene Dietrich, Lion Feuchtwanger, Lea Grundig, die Brüder Mann, Anna Seghers und Arnold Zweig. Andere wie Egon Erwin Kisch, Erich Mühsam, Ernst Niekisch, Ludwig Renn oder Günter Weisenborn wurden ins Zuchthaus oder in die neueingerichteten Konzentrationslager geworfen. Durch die »Reichskulturkammer« sollte das gesamte kulturelle Leben gleichgeschaltet werden.

Das alles entsprach so gar nicht meinen Vorstellungen. Dennoch, der Papst schloß seinen Frieden mit den Exponenten dieses offen terroristischen und reaktionären Regimes, und manches schien wirklich nicht schlecht zu sein, was geschah. Die Arbeitslosenzahl nahm ab, man begann Autobahnen zu bauen, und die Organisation »Kraft durch Freude« konnte doch auch nur Gutes bringen, wenn sie hielt, was sie versprach, und den arbeitenden Menschen schöne Reisen und nette Erlebnisse vermittelte. Zu diesem Zeitpunkt erkannte ich noch nicht die verhängnisvolle Zielstellung dieser Maßnahmen. Mein leidenschaftliches Interesse galt vor allem den technisch-wissenschaftlichen Problemen, die auf mich einstürmten. Sie zu lösen und bei der Durchsetzung ihrer Nutzung mitzuwirken war mein Streben.

Mitarbeit am Entstehen der Radartechnik

Die Arbeit an der Elektronenstrahlröhre führte unmittelbar nach dem Machtantritt des Nationalsozialismus im Rahmen des erwähnten C.-Lorenz-Vertrages zu intensiven weiteren Bemühungen meines Laboratoriums auf dem Gebiet der elektronischen Fernsehtechnik und vor allem zu wesentlichen Beiträgen für die werdende Radartechnik (Funkmeßtechnik). Ich entwickelte 1936 das Polarkoordinaten-Elektronenstrahlrohr, und mein Institut lieferte die ersten Apparaturen zur Erprobung mit Breitband-Verstärkern und Elektronenstrahl-Oszillographen an die Versuchsstationen der Luftfahrt und Marine sowie an andere Entwicklungsstellen der Radartechnik.

Fernsehausstellung 1933

Alljährlich nahm ich an den Fernsehausstellungen der Deutschen Reichspost teil. 1933 wurde ich auf der Berliner Funkausstellung am Stand unserer Versuchsanlage durch den Postminister Ohnesorge mit besonders freundlichen Worten über meine bisherigen Arbeiten Hitler vorgestellt. Bei dieser Gelegenheit erhielt ich einen umittelbaren Eindruck von diesem Menschen, der in solchen Fällen auf hypnotisierende Wirkung bedacht war. Er erinnerte mich darin

an General von Ludendorff, den ich 1919 als zwölfjähriger Junge kennengelernt hatte.
Am Rundgang Hitlers nahm ein großer Kreis von höheren Staats- und Postbeamten teil. Es war für mich lehrreich – und auch unterhaltend – zu beobachten, wie eine Anzahl mir bis dahin sehr kühl gegenüberstehender Beamten nach meiner bevorzugten Behandlung augenblicklich ihre Einstellung zu mir änderten – und dies möglichst lebhaft bekundeten.
Gleich nachdem Hitler die Fernsehhalle verlassen hatte, implodierte auf dem benachbarten Ausstellungsstand des Reichspostzentralamtes eine große 35-cm-Kolben-Fernsehröhre mit einem explosionsartigen Knall. Wenige Minuten waren vergangen, seit er unmittelbar davorstand. Die Glassplitter blieben zum Teil in den umgrenzenden Wänden stecken. Wie hätten die schwerbewaffnete SS-Begleitmannschaft und Hitler selbst auf diese Röhrenimplosion reagiert? Jedenfalls hielten meine Fachkollegen nachher eine Art Dankgottesdienst ab.

Neuer Auftritt Kassners

Ein paar Monate später besuchte mich Professor Philipp aus dem Kaiser-Wilhelm-Institut für Chemie, einer der Mitarbeiter Professor Otto Hahns, und unterrichtete mich von der Absicht Görings, eine größere Forschungsgesellschaft (Kapital: eine Million Reichsmark) mit einem gewissen Ingenieur Kassner zu gründen. So erhielt ich davon Kenntnis, daß dieser Herr, nachdem die Gelder der Schweizer Dipol AG in Arbon aufgebraucht waren, im Begriff stand, ein neues Unternehmen auf unreeller Grundlage aufzuziehen.
Inzwischen hatte ich überdies erfahren, er habe nacheinander verschiedene Mitglieder des Düsseldorfer Industrie-Klubs und eine Wiener Finanzgruppe um Beträge von insgesamt nahezu einer Million Mark erleichtert. Professor Philipp waren in bezug auf einige wissenschaftliche Angaben Kassners Zweifel gekommen, die er in einer Rücksprache mit mir klären wollte. Diesmal hatte der sich an der Grenze zwischen physikalischer Dichtung und Wahrheit bewe-

gende Ingenieur allzu große Dreistigkeit entwickelt. Ich berichtete auf Verlangen von Ohnesorge bei Göring offen über die mir bekannten Schwindeleien Kassners und verhinderte damit die beabsichtigte Gründung. Während unseres Gespräches schien Göring sich in einem leichten Rauschzustand zu befinden.

Das Patent auf den Bildwandler

Anfang 1934 richtete Minister Ohnesorge, den ich im Oktober 1930 im Anschluß an meinen Vortrag an der Technischen Hochschule kennengelernt hatte, mir ein Labor für Dezimeterwellen ein, in dem dann bald darauf meine Erfindung des elektronenoptischen Bildwandlers praktisch realisiert wurde. Damals legte man mir sehr nahe, Mitglied der NSDAP zu werden. Ich lehnte es ab; genau wie zuvor mein Vater.

Mein Patent auf den elektronenoptischen Bildwandler, am 25. Februar 1934 unter der Bezeichnung »Anordnung zur Umformung von Bildern aus einem Spektralgebiet in ein anderes« angemeldet, erhielt ich übrigens erst am 28. Januar 1954 unter der Patentschriften-Nr. 902 890, also erst nach zwanzig Jahren, ein Kuriosum im Bereich des Patentwesens.

Nur dem Umstand, daß ich die Rechte am Bildwandler vertraglich an Siemens abgetreten hatte, verdanke ich die – wenn auch späte – Erteilung dieses Grundpatents gegen die Einsprüche vieler Weltfirmen. So stand die Siemens und Halske AG hinter der Anmeldung. Ein Privatmann hätte unmöglich zwanzig Jahre lang diesen Kampf durchhalten können. Hier zeigt sich eine prinzipielle Schwäche der Patentgesetzgebung unter kapitalistischen Bedingungen oder, besser gesagt, ihr Wesen.

Die Feuerwehr hat keinen Zutritt

Zu dem mir von Ohnesorge in einem der Gebäude des Tempelhofer Reichspostzentralamtes eingerichteten Laboratorium hatte übrigens außer meinen Mitarbeitern niemand Zutritt. Weder der Präsident des Reichspostzentralamtes noch die Feuerwehr konnten in die Räume. Das stellte sich heraus, als eines Abends die Einrichtung für die Ausheizung der Bildwandlerröhren nicht ausgeschaltet wurde. Diese flexibel angeschlossene Einrichtung brannte sich erst ein Loch durch den Labortisch und schließlich durch den Fußboden des im ersten Stock gelegenen Raumes. Nur durch diesen günstigen Verlauf gelang es der Feuerwehr schließlich, vom unteren Raum aus das Feuer zu löschen.

Meine Erfindung des Bildwandlers findet keine Beachtung

Ich war fest davon überzeugt, daß der elektronenoptische Bildwandler auf drei – einander ganz fern liegenden – Gebieten größte Bedeutung erlangen würde: bei der Röntgendiagnostik, in der beobachtenden Astronomie und für die Abwehr von Luftangriffen. Ohne mir über mögliche politische und militärische Folgen meiner Bemühungen Gedanken zu machen, war ich bestrebt, seine Anwendung in einfacher oder in Kaskadenausführung durchzusetzen. Daher besuchte ich gemeinsam mit dem späteren Leiter der Forschungsanstalt der Deutschen Reichspost, Dr. Banneitz, den Chef der Forschungsabteilung im Heereswaffenamt, Professor Schumann. Dieser Herr, ein unfähiger Mann an wichtiger Stelle, erkannte den Wert des Bildwandlers nicht. Daher wurden wirklich einsatzfähige Konstruktionen, gefertigt in kleinsten Stückzahlen, erst im März 1945 auf der dritten Sitzung des Kuratoriums für Hochfrequenzforschung im Reichsforschungsrat einem kleinen Kreis gezeigt.

Vorschlag für einen Wissenschaftsrat

Die Unterredung mit Professor Schumann hatte mich sehr deprimiert. Deshalb benutzte ich meine Bekanntschaft mit einem häufigen Tennispartner, dem damaligen Chef des Ministeramts im Reichswehrministerium und späteren Generalfeldmarschall von Reichenau, um auf die schnell wachsende Bedeutung von Naturwissenschaft und Technik aufmerksam zu machen. Ich schlug vor, der Führung von Wirtschaft und Wehrmacht ein beratendes Gremium aus schöpferischen Persönlichkeiten der Wissenschaft und Technik an die Seite zu stellen. 1934 hatte ich noch die Hoffnung, daß es einem solchen Rat – mit Forschern wie Planck, von Laue, Gerlach, Heisenberg, Warburg – auch gelingen könnte, manches Unheil abzuwenden und manchem Verstoß gegen die Menschenrechte wirksam entgegenzutreten. Von Reichenau stand meinem Anliegen völlig verständnislos gegenüber.

Zum engeren Stab von Reichenaus gehörte damals der spätere Generalfeldmarschall Paulus. Mit ihm, der nach seiner Entlassung aus der sowjetischen Kriegsgefangenschaft bis zu seinem Tode 1957 auf dem Weißen Hirsch in Dresden wohnte, habe ich mich über diese Episode öfter unterhalten.

Meine Erfahrungen mit von Reichenau waren übrigens die gleichen, die Professor G. Thomson machte, der mich noch kurz vor seinem Tode besucht hatte. Professor Thomson war schon im November 1933 mit einer Denkschrift »Über die Gefahr der Zurückdrängung der exakten Naturwissenschaften an den Schulen und Hochschulen« bei der Staatsführung für eine großzügige Förderung der Naturwissenschaften eingetreten. Und wie mir Geheimrat Max Planck später erzählte, war er in seiner Unterredung mit Hitler, die einige Zeit nach dem Machtantritt der Nazis stattfand, in dieser Hinsicht ebenfalls auf taube Ohren gestoßen.

In ihrem maßlosen Herrenmenschentum, mit ihrer antihumanen Ideologie und ihrer Ignoranz glaubten Hitler und seine Gefolgschaft, nicht auf die Ratschläge der Wissenschaftler, die einer vernünftigen Weiterentwicklung dienen sollten, angewiesen zu sein. Solche Hinweise lagen wohl auch nicht im Interesse der Konzerne und Großgrundbesitzer, die hinter diesem System standen. Rückblickend bin ich dem Schicksal dankbar, daß es in Hitlerdeutschland nicht zu einer stärkeren Einflußnahme der Naturwissenschaftler kam. Das verbrecherische Regime hätte ihre Vorschläge doch nie dazu benutzt, den Krieg zu verkürzen oder gar zu verhindern, sondern ihn zu verlängern.

Denkwürdiges Gespräch mit Richard Wienstein

Beim Tennis im »Blau-Weiß«-Klub hatte ich den Ministerialdirektor in der Reichskanzlei, Richard Wienstein, kennengelernt, mit dem mich bald eine außerordentlich enge und nur durch seinen frühen Tod jäh abbrechende Freundschaft verband. Den vertraulichen Gesprächen mit ihm verdanke ich entscheidende Hinweise zur Beurteilung leitender Persönlichkeiten des nationalsozialistischen Staates. Besonders interessant waren die Bemerkungen Wiensteins etwa über Stresemann, Brüning oder Hitler. Er kannte sie alle aus seiner langjährigen Tätigkeit als Staatsrechtler der Reichskanzlei und konnte seine Meinung über sie mit einer Fülle von Einzelheiten belegen. Über Stresemann äußerte er sich sehr positiv. Hieran habe ich mich 50 Jahre später erinnert, als bei einer privaten Begegnung Bundeskanzler a. D. Helmut Schmidt im Gespräch formulierte: »Stresemann, der einzige Staatsmann der Weimarer Republik.« – Das Urteil Wiensteins über Hitler war vernichtend. Alle Äußerungen Wiensteins standen unter diesem Aspekt und waren erfüllt von der Sorge um die Zukunft Deutschlands.

Noch ist mir jener Grunewald-Spaziergang gegenwärtig, den wir in den Tagen unternahmen, als Hitler von den britischen Ministern Simon und Eden besucht wurde. Sie brachten ein Angebot mit, welches nach meiner Erinnerung etwa darauf hinauslief, Deutschland solle in Europa die zweite Stelle nach England einnehmen. Wir spürten damals beide starkes Unbehagen und befürchteten, die anmaßende Kompromißlosigkeit Hitlers bei diesen Verhandlungen werde unvorstellbares Unheil über Deutschland heraufbeschwören. Diese Unterhaltung mit Wienstein wirkte lange nach und ließ bei mir allmählich eine innere Ablehnung des Nationalsozialismus wachsen. Tiefes Mißtrauen gegen die großen und kleinen Führer dieser Ära erfaßte mich.

Produzent oder Forscher

Im Laufe des Jahres 1934 hatte sich der Absatz unserer Elektronenstrahlröhren und -Oszillographen ganz erheblich erhöht. Jetzt stand

ich vor der Wahl, mich entweder ausschließlich auf die Fertigung dieser Einheiten zu spezialisieren und damit Hersteller von elektronischen Meßgeräten zu werden oder aber den Fabrikationssektor abzutrennen und meine Kräfte auf die reine Entwicklungs-und Forschungstätigkeit zu konzentrieren.
Ich entschied mich für die zweite Variante und habe diesen Entschluß später nie bereut. Nun hatte ja auch die Produktion ihre Aufgaben erfüllt. Mit ihrer Hilfe war es mir gelungen, die hohen, durch den Hauskauf entstandenen Schulden abzutragen und dem Laboratorium eine gesunde wirtschaftliche Grundlage zu geben.
Im ganzen betrachtet, war diese Periode für das Laboratorium sehr nutzbringend. Es hatte sich zu einem kleinen Institut entwickelt. In kürzester Zeit mußten wir Arbeitsmethoden und größere Werkstätteneinrichtungen schaffen, die für die weitere – oft an mehreren Problemen gleichzeitig betriebenen – Forschungs- und Entwicklungstätigkeit ausreichten.
Die Abtrennung des Fertigungssektors führte 1934 zur Gründung der »Leybold und von Ardenne-Oszillographen-Gesellschaft« in Köln und dann in Berlin. Obwohl die Einrichtungen und Räume dieser Gesellschaft wiederholt stark erweitert wurden, konnte sie den ständig wachsenden Anforderungen des Marktes schon nach wenigen Jahren nicht mehr nachkommen. Aus diesem Grund wurde sie 1937 Siemens und Halske angegliedert.

Physikertagung 1936 in Bad Salzbrunn

Die Physikertagung 1936 verlief mit einiger Dramatik. Der mit Lenard befreundete Nobelpreisträger Johannes Stark nutzte seinen politischen Einfluß aus und versuchte in seiner Rede Anhänger für seine Pläne zu gewinnen, welche den Bau riesiger physikalischer Institutionen an der Berliner Heerstraße vorsahen. In dieser Rede waren auch Ausfälle gegen den emigrierten Albert Einstein enthalten. Max von Laue trat dann in seiner berühmten Rede, die mit dem Galilei-Wort endete: »Und sie bewegt sich doch!«, für Einstein und seine das physikalische Weltbild verändernden Ansichten ein. Lange anhaltender Beifall belohnte Max von Laue für seine mutigen Worte.

Ich selbst hatte auf dieser Physikertagung über meinen Polarkoordinaten-Oszillographen vorgetragen, welcher von der Leybold-von-Ardenne-Oszillographen-Gesellschaft auf den Markt gebracht wurde.

Geheimrat Nernst und der fürsorgende ungarische Hotelportier

Nach meinem Vortrag über den neuen Oszillographentyp setzte sich Geheimrat Nernst neben mich und lud mich zu einem Besuch auf seinem Rittergut Zibelle ein. 10 Jahre waren vergangen, seit ich seine Vorlesungen über Experimentalphysik an der Berliner Universität, die er mit Anekdoten über seine Freunde Edison, Rathenau u.a. belebte, gehört hatte. Große Tragik für Deutschland lag darin, daß einer der besten Nernst-Schüler, F. A. Lindemann, der spätere Viscount Cherwell, den britischen Premierminister Churchill zu den Bombenteppichangriffen auf die deutschen Großstädte verleitete.
In Salzbrunn war meine letzte Begegnung mit dieser glänzenden Persönlichkeit. Nernst starb am 18. November 1941.
In den mittleren Jahren seines Lebens, zu einer Zeit, wo ihm immer wieder neue große Ideen kamen, hatte er die Angewohnheit, diese Gedanken sofort auf seine gestärkten Manschetten zu notieren. Seine Frau mußte diese Notizen vor der Wäsche abschreiben, damit sie nicht verlorengingen.
Etwa in den gleichen Jahren muß jene Geschichte passiert sein, die mir Max Vollmer erzählte: Nernst war allein zu einer wissenschaftlichen Veranstaltung in Budapest eingetroffen und in einem der vornehmsten Hotels abgestiegen. Bei der Begrüßung stellte ihm der Hotelportier die fürsorgliche Frage: »Wünschen Euer Exzellenz ein Mensch für die Nacht oder wünschen Euer Exzellenz zu pausieren?« Die Antwort von Nernst hat Vollmer verschwiegen. Als ich selbst ein halbes Jahrhundert später zum ersten Mal Budapest besuchte, gehörten Hotelportiers dieser Qualifikation schon lange der Vergangenheit an – leider.

Ich heirate Bettina Bergengruen

Das Jahr 1938 brachte erhebliche Dramatik in mein Privatleben. Mit einiger Turbulenz und nicht ohne schwere innere Erschütterungen endete meine im Alter von einundzwanzig Jahren geschlossene, kinderlos gebliebene erste Ehe. Im gleichen Jahr heiratete ich Bettina Bergengruen, eine 1916 in Berlin geborene Enkelin des »Alt Heidelberg«-Dichters Wilhelm Meyer-Förster und zugleich Nichte des Schriftstellers Werner Bergengruen.

Zu der Befriedigung, die ich in der Arbeit fand, gesellte sich von damals bis zur Stunde der Niederschrift dieser Zeilen eine wohl seltene Harmonie der ehelichen und häuslichen Sphäre. Welche Fülle unvergleichlicher Freuden und welche Kraft zum beruflichen Handeln habe ich dieser Übereinstimmung, diesem Verständnis meiner Frau zu verdanken! Wie sehr hat unsere innige Verbindung dazu beigetragen, schwere Stunden im und nach dem Kriege leichter zu ertragen. Die Wahl des Ehepartners ist sicher ein Schicksalsaugenblick im Leben jedes Menschen, der oft für seinen weiteren Werdegang ausschlaggebend wird.

Der liebe Augustin und unsere Hochzeitsreise

Auf unser privates Denken und Handeln hatte übrigens das Buch von Horst Wolfram Geißler: »Der liebe Augustin«, das wir in unserer Verlobungszeit lasen, einen nachwirkenden Einfluß. Diese liebenswürdige Geschichte eines leichten Lebens bestärkte uns darin, die Dinge dieser Welt – soweit es eben möglich ist – von der heiteren Seite zu betrachten. Auch entnahmen wir dem Buch die Einsicht, daß der jeweils heutige Tag der wichtigste Tag des Lebens ist. Mich lehrte es, den Wert besinnlicher Stunden im menschlichen Dasein, Augenblicke innerer Einkehr, die im Wirbel meines Alltags so selten geworden waren, höher einzuschätzen.

Von unserer Hochzeitsreise will ich nur verraten, daß wir den Abschiedsschmerz der Schwiegereltern mit Hilfe der damaligen Fernseh-Sprech-Verbindung München-Berlin wesentlich reduzierten. Auf diese Weise konnten sich die in Berlin Zurückgebliebenen vom

Wohlbefinden der Tochter überzeugen und ein am gleichen Tag fälliges Geburtstagsgeschenk im 180-Zeilen-Fernsehbild bewundern. Wissenschaftler bringen es anscheinend auch während der Flitterwochen nicht fertig, auf ihrem Gebiet ganz untätig zu sein.

Meine Familie

In den folgenden Jahren erschlossen sich uns die ständig neuen großen und kleinen Freuden, die mit dem Heranwachsen gesunder eigener Kinder seit Urzeiten verbunden sind. Welch tiefes Glück umgab uns zuweilen selbst in den Zeiten der Bombennächte über Berlin, wenn wir die Gesichter der schlafenden Kinder betrachteten. Übrigens nahmen wir den Kleinen die Angst vor den Fliegeralarmen und den meist damit verbundenen nächtlichen Störungen auf ganz einfache Weise: Wir gaben ihnen die Süßwarenzuteilungen grundsätzlich nur während dieser Stunden.

Zu meinen Schwiegereltern, insbesondere zur 1942 allzufrüh verstorbenen Schwiegermutter, gewann ich ein ungewöhnlich herzliches Verhältnis. Auch manchen Impuls zu beruflichen Entschlüssen verdanke ich den abendlichen Plaudereien am Kamin über die Ereignisse des Tages. Stets nahm der kleine Kreis, in dem ich zu Hause war, an meinen Problemen, meinem Alltagsleben Anteil.

Ein Rat für junge Väter und jung gebliebene Großväter

Nicht ganz zufällig erschien in unserer Familie im Abstand von etwa 3 bis 5 Jahren ein neues Baby. Diese Art von »Familienplanung« wurde auch in der zweiten Generation fortgesetzt. Daher war es mir über Jahrzehnte möglich, zuerst als Vater, später als Großvater ganz regelmäßig zur Kaffeestunde ein jeweils jüngstes Kind oder Enkelkind für etwa 10 Minuten auf den Arm zu nehmen. Mit ihm schlenderte ich dann langsam durch die Wohnung. Vor allem, was das Kinderseelchen interessierte, blieben wir ein Weilchen stehen und ich gab passende Hinweise: vor Gemälden, Spieluhren, Glöckchen, Figuren, Geräten usw. Ein Rundgang dieser Art dient gleichzeitig einer guten Entwicklung des Gemütslebens der Kleinen, aber auch der Väter bzw. Großväter. Wenn man den Rundgang stets zur gleichen Stunde macht, strecken sich die kleinen Ärmchen schon nach wenigen Tagen dem Ankommenden erwartungsvoll entgegen. Ich habe nie einsehen können, warum solche schönen Augenblicke des Lebens nur den Müttern vorbehalten bleiben sollen.

Großmutters tragische Liebe

In diesen Jahren geschah es, daß auf einer Gesellschaft bei einem Prinzen Bentheim das Schicksal der Eltern meines Vaters aus ferner Vergangenheit in mein Blickfeld gerückt wurde. Ein weißhaariger Herr begrüßte mich mit den Worten: »Ihr Großvater hat meinen Vetter im Duell erschossen.« Er war ein Vetter des Düsseldorfer Amtsgerichtsrates E. Hartwich, um dessentwillen Else von Ardenne, geborene von Plotho, jenes Schicksal widerfuhr, das Theodor Fontane seinem Roman »Effi Briest« zugrunde gelegt hat.
Beim neunzigsten Geburtstag meiner Großmutter im Jahre 1943 lenkte ich das Gespräch auf ein Buch, das nach einem halben Jahrhundert über sozialhygienische Arbeiten Hartwichs erschienen war, und versuchte ihr begreiflich zu machen, wie sehr ich diesen Mann schätze. Meine Worte: »Ich hätte damals genauso gehandelt wie du!« rührten sie tief. Nach einigen Wochen schickte sie mir ein kleines Päckchen. Es enthielt die Briefe Hartwichs aus den Jahren 1883 bis 1885 an meine Großmutter – eben jene, die den Anlaß zu dem tragischen Duell im Jahre 1886 gebildet hatten. Sie schrieb mir dazu: »Du bist der einzige, der mich nach ihm gefragt hat. So sollst Du auch das Wenige bekommen, das ein hartes Schicksal mir von dem strahlenden Menschen gelassen hat. Daß Dir die Freude wurde, durch einen Verwandten in ein gerechtes gutes Licht den Mann gerückt zu sehen, der unendliches Leid, aber auch unendliches Glück in mein Leben gebracht hat, war mir ein Geschenk. Deshalb lege ich Euch die leichten Briefe bei, die einen Einblick gewähren in den Frohsinn und die Unbeschwertheit unseres Sonnendaseins – damals.« Diese Briefe hüte ich als einen besonderen Schatz für unsere Kinder und die Fontane-Forschung.

Noch im hohen Alter war ihr Gesicht von einer berückenden, edlen Schönheit. Ein kluger Mann hat einmal gesagt, eine Frau, die mit sechzehn Jahren schön ist, verdiene keinerlei Bewunderung. Ist sie es aber noch mit sechzig Jahren, dann dankt sie dies ihrer Seele. Der Ausspruch kommt mir beim Betrachten ihres Bildes in den Sinn, und ich sehe diesen Gedanken auch durch die Autobiographie des Düsseldorfer Malers Wilhelm Beckmann* bestätigt, der über meine Großmutter schrieb: »Indem sie in ihrer Natürlichkeit und Sicherheit sich in ungebundener Freiheit gab, wirkte sie durch ihr Wesen und ihre intensiven geistigen Anregungen auf uns alle in einer beglückenden Weise dergestalt ein, daß ein jeder von dem Zeitpunkt an, wo er in ihren Bannkreis trat, fühlte, wie seine Schaffenskraft gesteigert wurde.«

Im Alter von etwa fünfzig Jahren bestieg sie als erste Frau den an der Schweizer Grenze, dicht bei Liechtenstein gelegenen 2970 m hohen Berg »Scesaplana«, zu dessen Gipfel meine Frau und ich 1969 bei einem Abstecher nach Klosters mit bewunderndem Erinnern emporblickten. Mit sechzig Jahren lernte sie skilaufen und mit achtzig Jahren radfahren. Am 5. Februar 1952 starb sie neunundneunzigjährig in Lindau am Bodensee als älteste Bürgerin dieser Stadt.

Ihr Lebensweg, ihre tiefe Menschlichkeit und Lebensweisheit machten aus meiner Großmutter eine der verehrungswürdigen Frauengestalten, die späteren Generationen in schweren und leichten Tagen unendlich viel geben können.

Großvaters Karriere

Vom Wirken meines Großvaters, Armand von Ardenne, finden sich Nachklänge in Biographien aus den Kreisen der Düsseldorfer Künstlerschaft der achtziger Jahre des vorigen Jahrhunderts und von den Heerführern des Ersten Weltkrieges. Obwohl er als Lehrer an der Preußischen Kriegsakademie, als Historiker der Zieten-Husaren und schließlich als Divisions-General in Magdeburg – sein

* Wilhelm Beckmann, Im Wandel der Zeiten, Mittler u. Sohn, Berlin 1930, S. 88

unmittelbarer Vorgesetzter dort war von Hindenburg – den Höhepunkt der militärischen Laufbahn im damaligen Deutschland erreichte, fand er im ersten Weltkrieg keine Verwendung. Er war beim Kaiser in Ungnade gefallen und wurde vorzeitig verabschiedet. Ein von General von Hindenburg aus diesem Anlaß an meinen Großvater geschriebener Abschiedsbrief trägt das Datum 16. März 1904.

Armand von Ardenne zog den kaiserlichen Unwillen durch ein Gutachten auf sich, in dem er sich für das von Heinrich Ehrhardt in der Rheinischen Metallwarenfabrik entwickelte Rohrrücklaufgeschütz und gegen die traditionelle Krupp-Kanone ausgesprochen hatte. Technisch befand er sich, wie die weitere Entwicklung bestätigte, völlig im Recht, aber der Kaiser war mit Krupp liiert.

Zu den Hintergründen bei der vorzeitigen Verabschiedung meines Großvaters schreibt der durch seine Zukunftsromane so bekannt gewordene Hans Dominik in seinen Lebenserinnerungen »Vom Schraubstock zum Schreibtisch« (Scherl, Berlin, 1942): »Die von Heinrich Ehrhardt geleitete Rheinische Metallwarenfabrik war im Laufe des letzten Jahrzehnts dazu übergegangen, auch Kanonen herzustellen, und dadurch eine Konkurrenz von Krupp in Essen geworden. Ehrhardt hatte sich aber nicht darauf beschränkt, Geschütze der hergebrachten Art zu erstellen, sondern er hatte auch sofort sehr energisch das Problem in Angriff genommen, wie man den beim Abfeuern eines Geschützes auftretenden Rückstoß unschädlich machen könne, und hatte als erster ein Rohrrücklaufgeschütz in Verbindung mit einer die Rückstoßarbeit vernichtenden Flüssigkeitsbremse entwickelt. Das Verhältnis zwischen den beiden großen Firmen war infolge dieses Wettbewerbes einigermaßen gespannt, und der Kaiser nahm für die älteste und größte Waffenschmiede Deutschlands, für das Krupp-Werk, gegen Ehrhardt Partei. Es war ein großes Glück, daß unsere Artillerie trotz dieser Unstimmigkeiten bis zum Weltkriege doch noch mit einem brauchbaren Rohrrücklaufgeschütz ausgerüstet wurde, aber mehrere hohe Offiziere, die sich rückhaltlos für das Ehrhardt-Geschütz einsetzten, unter anderen den Generalleutnant Baron von Ardenne, hat ihr pflichtgemäßes Verhalten die Karriere gekostet.

Herr von Ardenne, mit dem ich befreundet war, hat mir später seine

Geschichte erzählt. Er hatte eine Batterie von Ehrhardt-Geschützen zur Erprobung bekommen und gab darüber einen Bericht, der naturgemäß nur lobend ausfallen konnte. Darauf stellte ihn der Kaiser mit den Worten: ›Sie wissen doch, Exzellenz, daß ich nichts von diesen Geschützen halte.‹ Ardenne erwiderte: ›Es war meine Pflicht, Majestät, über meine eigenen Erfahrungen zu berichten, und das habe ich getan.‹ Darauf sah ihn der Kaiser starr an, drehte sich, ohne ein Wort zu sagen, um und ging fort. Drei Monate später hatte Herr von Ardenne seinen Abschied und wurde auch während des Weltkrieges nicht reaktiviert.
Als ich die Sache 1914 von Exzellenz von Ardenne hörte, wollte ich sie immer noch nicht recht glauben. 1921 kam ich aber zu dem alten Geheimrat Ehrhardt nach Zella-Mehlis, um ihm bei der Abfassung seiner Lebenserinnerungen behilflich zu sein, und erhielt von ihm die Bestätigung dieser Angelegenheit.«
Interessant war mir, daß sich dieser Vorfahr offensichtlich eingehend mit ballistischen Problemen beschäftigte und aufgrund seiner Studien die technische Überlegenheit der neuen Konstruktion frühzeitig erkannte. Vielleicht habe ich nach den Mendelschen Gesetzen von ihm die Neigung zu Physik und Technik geerbt. Jedenfalls sind mir von meinen anderen Verwandten ausgesprochen technische Interessen nicht bekannt.

Zwei Forscher mit fast immer gleichen Erfindungsgedanken

Ende 1937 hatte ich im Auftrag des Reichspostministers Ohnesorge einen Vertrag mit der Forschungsanstalt der Deutschen Reichspost geschlossen, der unserer Fernseh-Forschung und meinem Laboratorium ein stabiles wirtschaftliches Fundament gab. Aus den im Rahmen dieser Vereinbarung und mit Unterstützung der Deutschen Forschungsgemeinschaft am Elektronenmikroskop geleisteten Arbeiten entstanden 1938 einige Erfindungen, die teilweise sehr schnell – auch in England und Amerika – verwertet wurden.
Im Rahmen der dazu nötigen Verhandlungen kündigte der bekannte Fernsehpionier und spätere Vizepräsident der Radio-Corporation of America, Dr. Zworykin, im Juli 1939 seinen Besuch für

Ende September an. Schon 1936 hatte ich die Freude gehabt, diesen bedeutenden Forscher als Gast im Lichterfelder Laboratorium zu begrüßen. Als er damals meinen Bildwandler sah, stellten wir fest, daß wir beide fast zu derselben Zeit und ohne daß einer von den Arbeiten des anderen wußte, die gleichen Gedanken gehabt und folglich auch einander Entsprechendes erfunden hatten. Ebenso war es uns bei der Verwendung der Elektronenstrahlröhre für das Fernsehen ergangen.

Das sollte sich um 1940 bei der Erschließung des Elektronenmikroskops und um 1957 bei der Entwicklung des verschluckbaren Intestinalsenders zur Druck- und pH-Wert-Signalisierung aus dem Magen-Darm-Trakt noch zweimal wiederholen. Unsere Gehirnstrukturen waren einander offenbar sehr ähnlich, denn wir zogen aus den wissenschaftlich-technischen Entwicklungen unserer Zeit stets fast die gleichen Schlußfolgerungen für die eigene Erfindertätigkeit. Ein Beweis dafür, daß sich der Erkenntnisprozeß aus der Umwelt heraus formt und es die Aufgabe der Forscher und Erfinder ist, die Zeichen der Zeit zu deuten und ihnen praktisch verwertbare Form zu geben.

Bestimmt ist es aber nicht damit getan, nur den technischen Entwicklungstendenzen zu folgen. Der Wissenschaftler muß stets im Auge behalten, was aus seinen Forschungsergebnissen wird. Er muß sich mit dafür verantwortlich fühlen, daß sie nicht zu antihumanen Zwecken mißbraucht werden, sondern dem Fortschritt der menschlichen Gesellschaft dienen.

Vom Werden einer »Erfindung«

Im Trubel unserer Arbeit blieb wenig Zeit übrig für Rückblicke oder Aufzeichnungen zur Historie der entstandenen Erfindungen. Heute bedauere ich dies, nicht nur, weil einige Geisteskinder, die in Berlin-Lichterfelde das Licht der Welt erblickten, inzwischen zu eigenen Fachsparten mit umfangreicher Spezialliteratur und Spezialistenkongressen herangewachsen sind, sondern weil aus der Analyse des Schöpfungsaktes Lehren gezogen werden können. Diese erreichen einen um so allgemeingültigeren Charakter, je mehr Einzel-

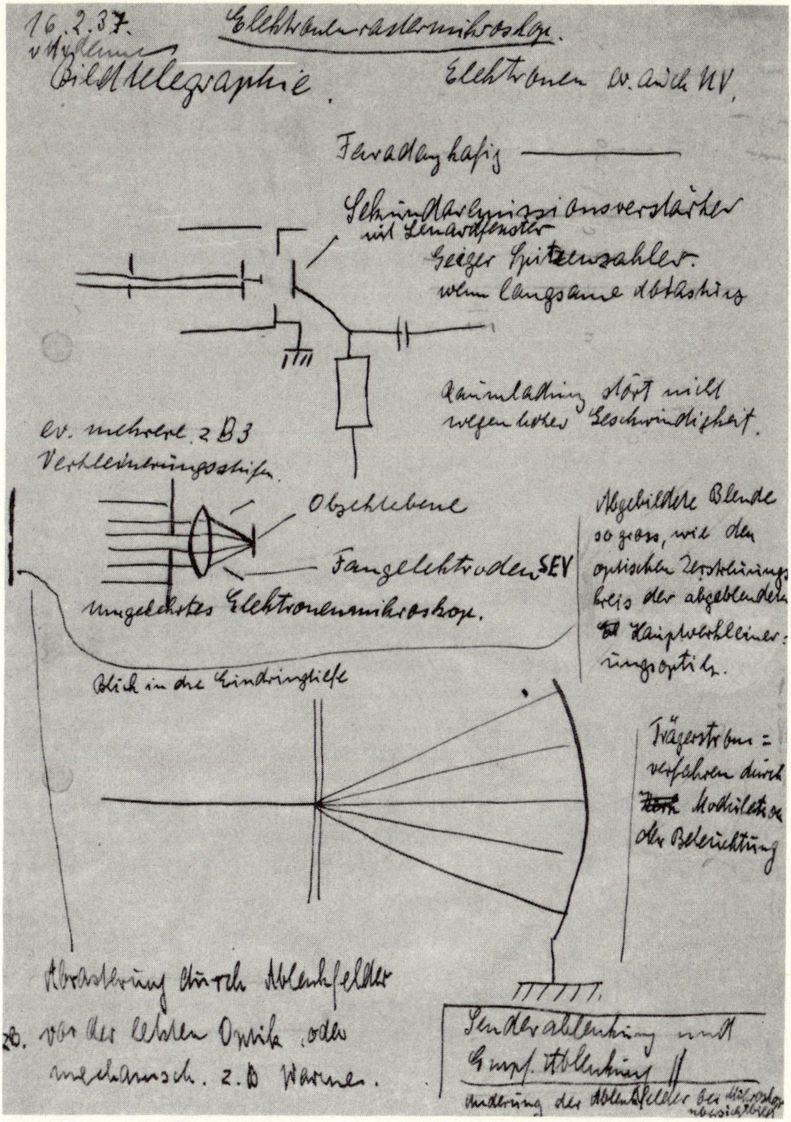

Erste Fixierung der Grundgedanken des Elektronen-Rastermikroskopes (Electron-scanning microscope) Mitte Februar 1937. Betriebsweisen für Abbildung von Oberflächen oder von durchstrahlbaren Mikroobjekten.

analysen ihnen zugrunde liegen. Hier handelt es sich um eine aktuelle Thematik, deren systematische Bearbeitung Antwort geben kann auf Fragen wie »durch welche Maßnahmen läßt sich die Entstehungswahrscheinlichkeit von Erfindungen erhöhen?«, »ist das Erfinden erlernbar?«, »kann man Erfindungen planen?« und so weiter.

Zu den Erfindungen, an die ich mich noch heute genau in allen Einzelheiten ihres Entstehens erinnere, gehört das Raster-Elektronenmikroskop (scanning electron microscope). Der Hauptgedanke, das mikroskopische Objekt mit einem durch mehrere elektronenoptische Verkleinerungsstufen hergestellten extrem feinen Elektronenfleck zeilenweise, wie bei einem Fernsehbild, abzutasten und die vom Objektelement ausgehende (sekundäre) Elektronenstrahlung zur Modulation eines synchrongeschriebenen Elektronenbildes zu benutzen, stellte sich in einer stillen Stunde des Nachdenkens über die verschiedenen Abbildungsfehler ein, welche in ihrem Zusammenwirken das Auflösungsvermögen des normalen Durchstrahlungs-Elektronenmikroskops limitieren. Ich sinnierte darüber, auf welche Weise der bei ihm durch unterschiedliche Abbremsung der primären Elektronenstrahlung im Objekt entstehende sogenannte »chromatische Bildfehler« vermieden werden kann. Die Erfindungsthematik ergab sich in diesem Falle im Rahmen einer quantitativen Analyse der Einflüsse, welche die Schärfe der elektronenmikroskopischen Objektabbildung verschlechtern.

Der konkrete Weg zur Lösung der Aufgabe, die zündende schöpferische Idee, resultierte dann aus der Kombination einer fremden und einer eigenen elektronenoptischen Anordnung. Es war dies der von Max Knoll beschriebene Testbildgeber mit Abtastung eines Klischees durch einen noch relativ groben Elektronenstrahl von einigen zehntel Millimetern Durchmesser und die von mir kurz zuvor erdachte Anordnung zur Herstellung submikroskopisch feiner Elektronen-Brennflecke durch ein- oder mehrstufige Verkleinerung mit Hilfe kurzbrennweitiger Elektronenlinsen (Umkehrung des Strahlenganges im Elektronenmikroskop). Die skizzierte Lösungsidee erhielt wenige Minuten nach ihrer Konzeption ihre Ergänzung durch den weiteren Gedanken, die an der Objektoberfläche ausgelöste sekundäre Elektronenstrahlung durch einen »Sekundär-Elek-

tronen-Vervielfacher« um viele Zehnerpotenzen zu verstärken und zur Modulation des synchron abgelenkten Elektronenstrahles der Bildschreibröhre zu verwenden. In dieser guten Stunde des Nachsinnens strömten fast von selbst nahezu alle Lösungsprinzipien herbei, welche die modernen, industriell gefertigten Raster-Elektronenmikroskope kennzeichnen. Die wichtigsten Gedanken wurden in einer unscheinbaren, hier wiedergegebenen Skizze festgehalten. Diese Skizze zum Werden einer Erfindung habe ich seit 1937 aufbewahrt, weil ich von der ersten Stunde an die Vorstellung hatte, dieses elektronenmikroskopische Abbildungsprinzip würde mit seiner großen Tiefenschärfe eine erhebliche wissenschaftliche und industrielle Bedeutung erlangen.
Eine Erfindung wird erst dadurch zu einem echten Fortschritt, daß sie praktisch realisiert wird und der menschlichen Gesellschaft Nutzen bringt. Deshalb wurde schon wenige Tage nach dem Entstehen der ersten Prinzipskizze mit der Konstruktion des Versuchsmodells auf dem Reißbrett und schon wenige Wochen später mit dem Bau der Versuchsanlage begonnen. Schließlich funktionierte dann alles gut, und die einzelnen Elemente spielten so zusammen, wie ich es mir in meiner Phantasie vorgestellt hatte. Wir verdankten dies auch mit dem Umstand, daß wir zu dieser Zeit bereits über experimentelle Erfahrungen mit allen wesentlichen Bauteilen des Mikroskoptyps verfügten. Die Phase der Verwirklichung wurde ebenfalls schnell durchlaufen, und noch gegen Ende des gleichen Jahres konnten die ersten überzeugenden Versuche stattfinden. Daran hatten vor allem mein unvergessener technischer Helfer, Emil Lorenz, und die am Bau beteiligten Feinmechaniker Anteil. Vor Beginn der Ausführungsarbeiten hatte ich sie für das interessante Ziel unserer gemeinsamen Arbeit begeistert.

Das geschilderte Beispiel »Vom Werden einer Erfindung« zeigt, daß im Pionierstadium einer jungen Wissenschaft, auch unter den Bedingungen der Gegenwart, von einem einzigen Forscher der entscheidende Impuls ausgehen kann. Aber auch für seinen Erfolg waren Elemente Voraussetzung, die andere vor ihm geschaffen hatten. In späteren Stadien einer Wissenschaft und Technik, besonders jedoch beim Werden bedeutender »Entwicklungen«, ist es nur noch selten ein einzelner Forscher allein, von dem die entscheidenden Impulse stammen. Meist sind diese Impulse Vektoren von Komponenten, an denen mehrere Partner, zum Beispiel Partner eines Kollektivs, beteiligt sind. Wie an anderer Stelle noch näher diskutiert wird, entspringt die Intuition, speziell wenn mehrere Fachdisziplinen zusammenwirken müssen, in der Wechselwirkung mit Partnern anderer Fachsparten. Bei großen komplexen Entwicklungen kommt hinzu, daß oft eine ganze Kette von Erfindungen und Lösungen zu durchlaufen ist, bei der ein Glied auf das andere aufbaut. Hier bildet es fast die Regel, daß der schließlich erzielte Fortschritt der fleißigen und ausdauernden Zusammenarbeit einer Gemeinschaft zu verdanken ist.

Das Raster-Elektronenmikroskop

Im Februar 1937 begann mit der geschilderten Erfindung des Elektronen-Rastermikroskops für uns die Arbeit auf einem neuen wissenschaftlichen Gebiet. Von da an bis zum Ende des zweiten Weltkrieges wurden etwa fünfzig Prozent unserer Arbeitskapazität für Entwicklung und Anwendung des Elektronenmikroskops und der Elektronenmikroskopie in Anspruch genommen.
Bei dem ersten Raster-Elektronenmikroskop wurde das Objekt durch einen Elektronenstrahl (Elektronensonde) mit etwa 10 nm (1/100 000 mm) Durchmesser in nebeneinanderliegenden Zeilen abgetastet und das Objektbild durch einen synchron gesteuerten, in seiner Intensität von der Objektstruktur (zum Beispiel Sekundärelektronenausbeute) modulierten Elektronenstrahl stark vergrößert auf den Leuchtschirm einer Fernsehbildröhre oder auf eine Fotoschicht geschrieben.
Dieser Mikroskoptyp wurde ungefähr fünfundzwanzig Jahre später in England durch den Arbeitskreis um McMullen unter der Firmenbezeichnung »Stereo-Scan« auf den Markt gebracht. Ein weiterer verbesserter Mikroskoptyp dieser Art mit höherer Auflösung wurde fünfunddreißig Jahre später von Siemens entwickelt und angeboten. Man verwendet das Elektronen-Rastermikroskop allgemein für die Oberflächenuntersuchung von Metallen, Halbleitern, Fasern, medizinischen und biologischen Objekten und so weiter. Seit 1967 wer-

den laufend eindrucksvolle Oberflächenbilder in den wissenschaftlichen Zeitschriften und Büchern vieler Fachsparten veröffentlicht. Durch ihre extrem große Tiefenschärfe, ihre Plastik und gute Auflösung vermitteln sie neue Einblicke in den Mikrokosmos. So erhielt ich 1970 von dem Amerikaner A. V. Crewe die Mitteilung, ihm sei mit dem Raster-Elektronenmikroskop durch die auch von mir vorgesehen gewesene Kombination mit einem Feldemissions-Elektronenstrahler die Abbildung einzelner schwerer Atome gelungen.
1937 erzielte ich erstmals mit dem Rastermikroskop – ich wandte dabei den schon erwähnten Kunstgriff mehrstufiger elektronenoptischer Verkleinerung an – Elektronenstrahlen beziehungsweise Elektronenflecke mit Durchmessern bis herab zu 10 nm. Es war naheliegend, nach weiteren Einsatzmöglichkeiten für diese feinen Strahlen zu suchen. In der Folgezeit entstanden bei uns Einrichtungen zur Mikroanalyse des Objektes, zur Feinstrahl-Beleuchtung in normalen Durchstrahlungs-Elektronenmikroskopen, das Elektronen-Schattenmikroskop und das Röntgenstrahlen-Schattenmikroskop.

Vertrag mit Siemens

Die Erfindung und Entwicklung des Elektronen-Rastermikroskops führte zu einem Vertrag mit Siemens. Damals begann diese Firma gerade in Zusammenarbeit mit Dr. B. von Borries und Dr. E. Ruska eine elektronenmikroskopische Abteilung aufzubauen. Einer Abmachung dieses Vertrages folgend, bot ich sowohl das Elektronen-Schattenmikroskop als auch das Röntgenstrahlen-Schattenmikroskop zur Verwertung an. Das Elektronen-Schattenmikroskop ergab bei unseren Experimenten saubere Elektronenbilder auf Einkristall-Leuchtschirmen. Von Borries und Ruska beurteilten es jedoch so negativ, daß ich sogar von einer Publikation unserer Versuche absah. Ein Jahr später erschien dann die Veröffentlichung von Dr. Boersch über das Elektronen-Schattenmikroskop, die Beachtung in der Fachwelt fand.

Man soll seinem eigenen Urteil folgen

Ähnlich erging es mir mit dem Röntgenstrahlen-Schattenmikroskop, dem der Siemens-Kreis ebenfalls keinerlei Zukunftsaussichten zubilligte. In diesem Fall schrieb ich wenigstens zwei Publikationen über den Grundgedanken und verschiedene Ausführungsformen. Später sind dann in den Vereinigten Staaten von Amerika und in England Röntgenstrahlen-Schattenmikroskope industriell hergestellt worden, deren Bauweise und Daten ziemlich weitgehend mit den von mir veröffentlichten Unterlagen übereinstimmten. 1956 wurde in Cambridge (England) sogar ein Symposium »Microscopy with X-Rays« unter Leitung von Professor Cosslett abgehalten, das zu einem großen Teil der Röntgenstrahlen-Schattenmikroskopie gewidmet war.

Die Erfahrungen, die ich im Zusammenhang mit der Beurteilung meiner beiden Schattenmikroskope sammelte, lehrten mich: Auch das Urteil sehr anerkannter Fachkollegen kann unrichtig sein. Wenn man glaubt, einen neuen Weg gefunden zu haben, sollte man ihn selbst so weit beschreiten, bis seine Grenzen erkennbar und in einer wissenschaftlichen Abhandlung darstellbar werden. – Auch über das Raster-Elektronenmikroskop hatten die Siemens-Spezialisten von Borries/Ruska 1937 ein Gutachten abgegeben, dessen sehr negativer Inhalt mir allerdings erst nach Ende des zweiten Weltkrieges bekannt wurde, als die Akten des Siemens-Forschungslabors als Kriegsbeute in der Sowjetunion und in unserem Institut landeten.

Meine Elektronen-Mikrosonde

Aus der Arbeit mit der feinen Elektronensonde ergaben sich noch 1938 im Lichterfelder Labor die Feinstrahl-Elektronen-Beugung und die ersten gelungenen Materialbearbeitungsversuche mit dieser Mikrosonde extrem großer Energiedichte. Aus diesen Versuchen sind heute weite Fachgebiete herangewachsen. Ferner entstand der Elektronen-Mikrooszillograph. Dieses Gerät schreibt die Oszillogramme in mikroskopischer Feinheit und mit sehr großer Geschwindigkeit auf feinkörnige fotografische Schichten. Der Mikrooszillo-

graph ist in den Vereinigten Staaten während des zweiten Weltkrieges in großer Stückzahl industriell gefertigt worden und hat dort zur Entwicklung der Dezimeterwellentechnik beigetragen.
In der Folgezeit wurde unsere feine Elektronensonde auch beim Feinstrahlkondensor der Elektronenmikroskopie sowie bei den Röntgen-Mikroanalysatoren nach Cosslett-Duncumb und anderen vielfach angewandt.

Grundelemente der Elektronenstrahl-Technologie

Jahrzehnte später war die Elektronen-Mikrosonde das Grundelement einer sich schnell ausweitenden Technik, der Elektronenstrahl-Technologie. Ab 1966 halfen die in unserem Institut auf dem Weißen Hirsch entwickelten »Elektronenstrahl-Mikrobearbeitungsautomaten mit Programmiereinrichtung« unter anderem entscheidend, die Dünnschicht-Mikroelektronik durch Großserienherstellung von Schaltkreisen mit passiven und sogar aktiven Elementen bei Taktzeiten von nur wenigen Sekunden industriell aufzubauen.
Diese Aufzählung der verschiedenen Anwendungsgebiete der durch elektronenoptische Verkleinerung hergestellten feinen Elektronensonde zeigt wohl deutlich, wie eine ursprünglich nur für eine ganz bestimmte Aufgabe erarbeitete Anordnung viele kaum voraussehbare weitere Möglichkeiten erschließen kann.
So ist es sehr oft in der Forschung. Hat man neue Methoden und Anordnungen gefunden, ist es meist sehr lohnend und reizvoll, gründlich darüber nachzudenken, in welcher Richtung sie noch erfolgreich eingesetzt werden könnten. Dazu gehören allerdings viel Phantasie, gute Fachliteraturkenntnisse, hohe Konzentrationsfähigkeit und nicht zuletzt auch Diskussionen mit Fachkollegen, aus denen sich oft wichtige Anregungen ergeben.

Das Universal-Elektronenmikroskop

In einer Arbeit, die ich 1938 über »Die Grenzen für das Auflösungsvermögen des Elektronenmikroskops« in der »Zeitschrift für

Physik« veröffentlichte, begründete ich, daß mit dem Durchstrahlungs-Elektronenmikroskop ein Auflösungsvermögen von mindestens 1 nm erreichbar sein müßte. Gegenüber dieser Schätzung zeigten die besten elektronenmikroskopischen Aufnahmen zu jenem Zeitpunkt kaum eine Auflösung von 10 nm. Danach war also wenigstens noch eine Steigerung der spezifischen Bildpunktzahl elektronenmikroskopischer Aufnahmen im Verhältnis 100:1 möglich. Diese Erkenntnis veranlaßte mich, zunächst ohne Unterrichtung des Siemens-Kreises ein Durchstrahlungs-Elektronenmikroskop für höchste Auflösung, das *Universal-Elektronenmikroskop,* zu entwikkeln. Ende 1939 war es betriebsbereit, und schon die ersten, Anfang 1940 gewonnenen Bilder ließen einen sehr bedeutenden Schärfegewinn gegenüber den besten Aufnahmen anderer Elektronenmikroskope erkennen. Sie gestatteten zum Teil Einblick in bis dahin unbekannte Bereiche des Mikrokosmos, zum Beispiel die Morphologie der Rauche, unentwickelter und entwickelter Bromsilberkörner, der Katalysatoren, der Fasern sowie die ersten Bilder von Teilungsvorgängen der Bakterien und von definierten chemischen Molekülen. In einem Aufsatz für die »Naturwissenschaften« faßte ich Abbildungen und Technik zusammen.

Meine Reaktion auf monopolistische Bestrebungen

Die geheime Entwicklung des Universal-Elektronenmikroskops war meine Reaktion auf monopolistische Bestrebungen von E. Ruska, der im Siemens-Elektronen-Rastermikroskop-Vertrag einen Passus einfügen ließ, welcher mir ausdrücklich Entwicklungsarbeiten am Durchstrahlungs-Elektronenmikroskop untersagte. Erst durch die eindrucksvollen elektronenmikroskopischen Aufnahmen in diesem Aufsatz erfuhr Siemens davon, daß ich heimlich die Entwicklung eines normalen Durchstrahlungs-Elektronenmikroskops durchgeführt hatte. Wenige Tage nach Veröffentlichung des Aufsatzes meldete sich Dr. Hermann von Siemens, der damalige Chef von Siemens, zusammen mit seinen Elektronenmikroskopikern Dr. E. Ruska und Dr. B. von Borries zum Besuch in Lichterfelde an. Als ich mit den Herren auf dem Wege zu dem im 2. Stockwerk aufgestellten Instrument war, äußerten sie starke Verwunderung darüber, daß mein Mikroskop zur Vermeidung von Erschütterungen nicht im Keller und dort auf einem Betonblock montiert sei. So war es nämlich bei den damaligen Siemens-Geräten, wo trotz dieser Baumaßnahme die Fluoreszenzbilder immer noch vibrierten. Die Verwunderung meiner Besucher steigerte sich noch, als sie beim Blick auf den Leuchtschirm meines Instrumentes ein völlig ruhig stehendes Bild sahen. Ich holte dann einen Hammer und schlug gegen das Instrument. Objekt und Abbildung rückten dabei um ein kleines Stück weiter und blieben dann schwingungsfrei und völlig ruhig in ihrer neuen Lage. All dieses war das Ergebnis meines einfachen Konstruktionsprinzips, den elektronenmikroskopischen Objektträger fest gegen die zugekehrte Fläche des Objektivs zu drücken. Auf diese naheliegende Weise wurde die Unschärfe bei den hochvergrößerten elektronenmikroskopischen Fotos bedeutend herabgesetzt und ein großer Fortschritt im praktischen Auflösungsvermögen erreicht. Darüber hinaus war es gelungen, die Auflösung auch noch durch die Entwicklung besserer magnetischer Objektive mit herabgesetzter Öffnungsfehlerkonstante zu steigern. Ich konnte an diesem Tage auch die ersten mit dem Instrument gewonnenen elektronenmikroskopischen Stereobilder sowie elektronenmikroskopische Dunkelfeldbilder von bis dahin nicht gekannter Auflösung zeigen. Anfang 1940 hatten wir einen für die Siemens-Entwicklung nicht ungefährlichen Vorsprung in der Bauweise des Standard-Durchstrahlungs-Elektronenmikroskops erreicht, der zum Teil durch Patentanmeldungen abgesichert war. Ich stellte Dr. von Siemens vor die Entscheidung: Entweder wir schließen mit Siemens einen Ergänzungsvertrag ab, durch den auch die Entwicklung des Universal-Elektronenmikroskops gebilligt und mitfinanziert wird, oder ich leite ein Zwangslizenzverfahren ein, dessen positiver Ausgang für mich wegen der Größe des zu demonstrierenden technischen Fortschrittes klar vorauszusehen war, und beginne mit einer Fabrikation unseres Instrumententyps. Die Entscheidung von Siemens spiegelte sich in dem Abschluß eines Ergänzungsvertrages bald nach diesem Besuch wider. So ergab es sich, daß bis zum Ende des 2. Weltkrieges alle unsere Erfindungs- und Konstruktionsgedanken dieser Thematik in die Entwicklung der von Siemens produzierten Elektronenmikroskope einflossen.

Hohes Entwicklungstempo durch Baukastenprinzip

Beim Universal-Elektronenmikroskop war ein Konstruktionsprinzip angewendet worden, welches wir auch später immer wieder befolgten. Es besteht darin: Das in Metall angefertigte Instrument wird so gebaut, daß alle für seinen Betrieb wesentlichen Bestandteile bequem, ohne Demontage oder Umbau des Gerätes, ja sogar ohne Verjustierung der übrigen Teile, herausgenommen und ausgewechselt werden können.
Wir wandten dieses Baukastenprinzip – aus der modernen naturwissenschaftlichen Forschung ist es nicht mehr wegzudenken – an, weil es eine schnelle Realisierung neuer Ideen und Methoden erlaubt, etwa durch kurzfristigen Neubau der auswechselbaren Einzelelemente, ohne das Gesamtinstrument umkonstruieren zu müssen. Ein viel rascheres Entwicklungstempo ist die Folge.

Bilder, die das menschliche Auge noch nie sah

Im Fall des Universal-Elektronenmikroskops zum Beispiel kamen wir relativ schnell zu einer Fülle von Ergebnissen: Die übergroße Empfindlichkeit des Gerätes gegen mechanische Erschütterungen konnte beseitigt und im wesentlichen dadurch Anfang 1940 das Auflösungsvermögen von vorher etwa 10 nm auf zunächst 3 nm gesteigert werden. Aus der Überlegung, daß die sehr hohe Tiefenschärfe des Elektronenmikroskops für das Stereoverfahren große Vorteile gegenüber den Verhältnissen beim Lichtmikroskop bietet, entstanden eine Einrichtung für die Aufnahme stereoskopischer Teilbilder und die schon erwähnten *ersten elektronenmikroskopischen Stereoaufnahmen.* Wir rüsteten das Objektivsystem mit in Betrieb zentrierbaren hochgereinigten Blenden von wenigen nm-Durchmesser aus. Dadurch erreichten wir die ersten Dunkelfeld-Elektronenbilder mit übermikroskopischer Auflösung. Nachdem wir ein Objektivsystem mit einer Objektabschattungseinrichtung geschaffen hatten, wurden die ersten übermikroskopischen Bildpaare vom Ablauf bestimmter Lebensvorgänge gewonnen. Weiter bauten wir in Verbindung mit dem 1941 entwickelten 200-kV-Univer-

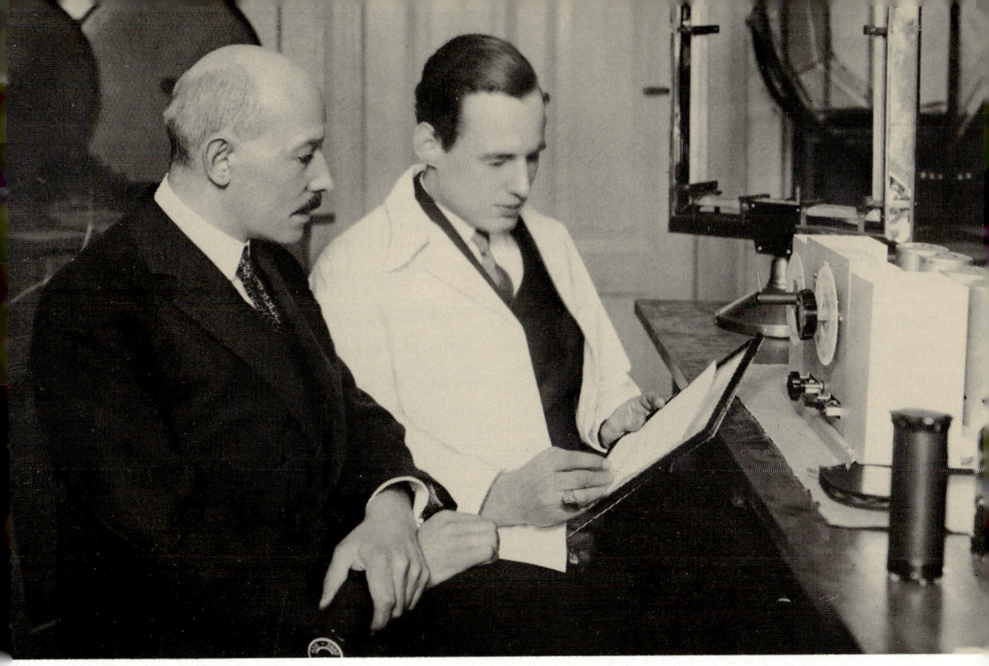

Besprechung mit Dr. Siegmund Loewe (links) über die Probleme des im Bilde rechts sichtbaren Breitband-Verstärkers im Jahre 1928. Nach einer durch Hitlerzeit, Emigration Loewes und dem Krieg bedingten Pause von 25 Jahren traf ich 1956 wieder mit Loewe zusammen. Trotz der langen Pause stellte sich der alte harmonische Kontakt in der ersten Minute wieder ein, und seither trafen wir mit einer gewissen Regelmäßigkeit Dr. Loewe und Frau in Berlin.

Dr. L. de Forest mit mir (19 Jahre) in Berlin 1926. De Forest, der Erfinder der Verstärkerröhre, interessierte sich damals für unsere Mehrfachröhren und ihre Fertigungsprobleme.

Das erste vom Schirm einer Elektronenstrahlröhre auf eine Projektionswand geworfene Fernsehbild (von Ardenne Januar 1931).
Das mit Hilfe einer Lichtsteuerelektrode modulierte Bild hatte das Format 40x40 cm², Anodenspannung 5000 Volt.

Unretuschierte Momentaufnahme eines mit einer Rasterung von etwa 10 000 Bildpunkten auf einem mit Elektronenstrahlröhren zerlegten und wiedergegebenen Films. April 1931.

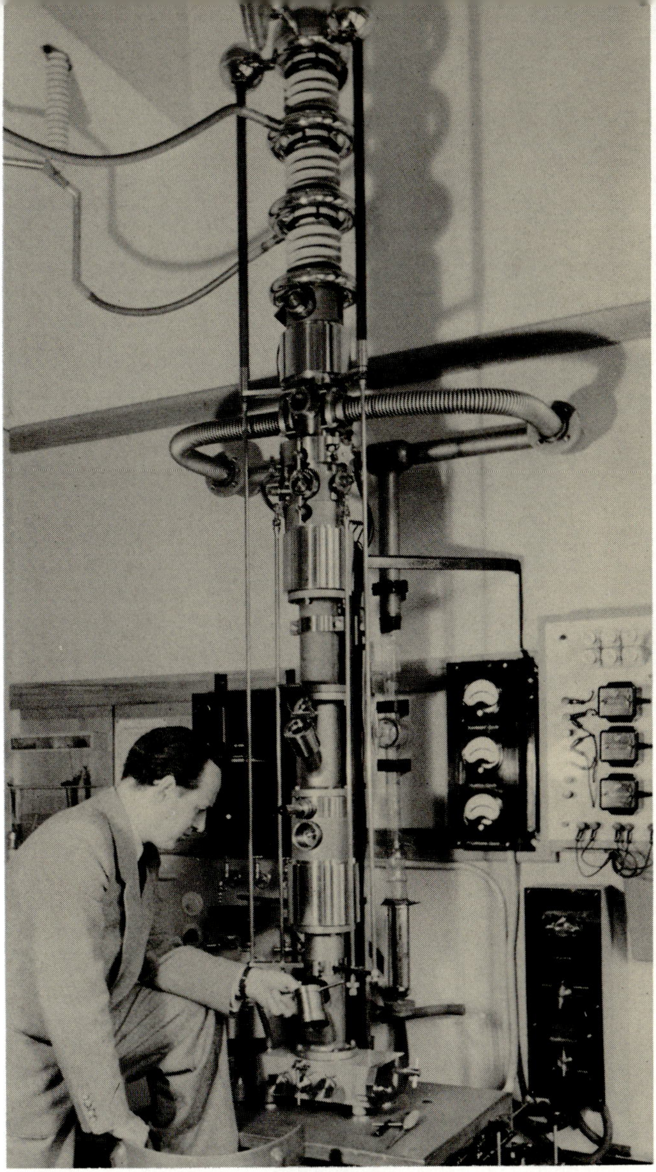

Am 200-kV-Universal-Elektronenmikroskop mit Objekterhitzungseinrichtung und Vakuum-Filmkamera. Mit diesem Instrument, das 1944 bei einem Bombenangriff zerstört wurde, ist die Entwicklung von Elektronenmikroskopen für sehr hohe Beschleunigungsspannung eingeleitet worden. 20 Jahre später wurde diese Technologie durch französische und japanische Wissenschaftler weiter vervollkommnet. Für das Gerät interessierte sich auch der Nobelpreisträger Max von Laue, der mich 1939 besuchte.

Das erste elektronenmikroskopische Stereobild (von Ardenne Januar 1940)
Stark belichtete, unentwickelte Bromsilberkörner. Kurz darauf entdeckte ich die Faserstruktur der entwickelten Bromsilberkörner.

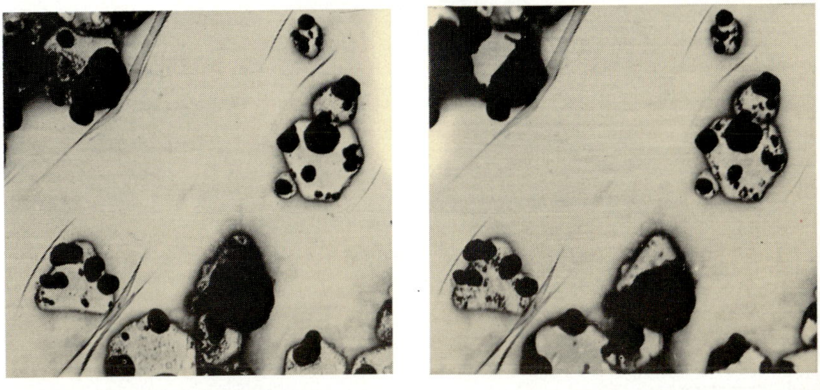

Max Planck beim Besuch des Lichterfelder Institutes am 2. Februar 1940.

Eine Karte von Max Planck, dessen Quantentheorie das Atomzeitalter einleitete.

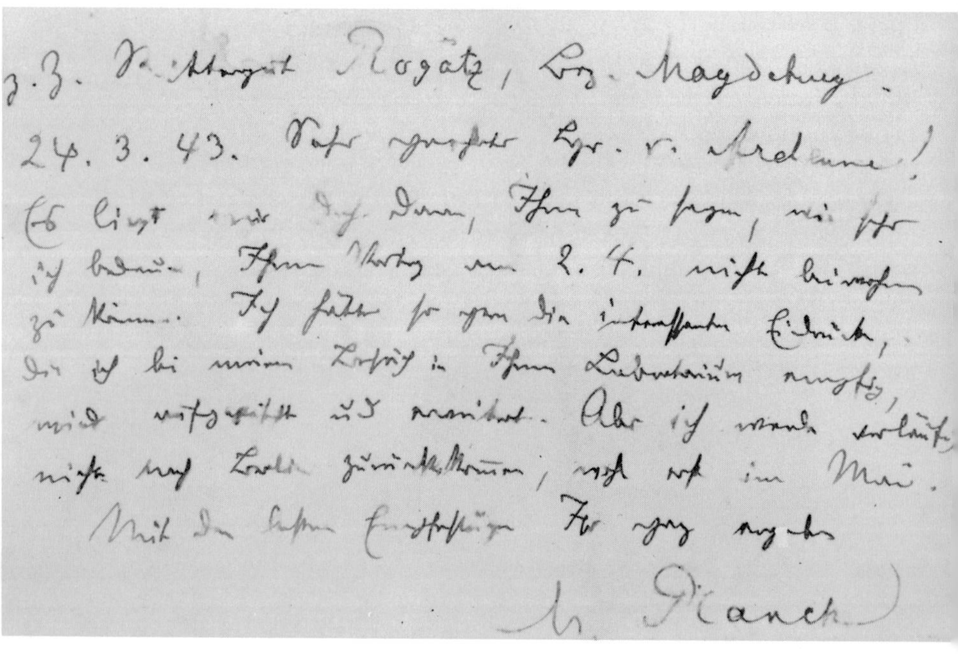

z. Z. Rittergut Rogätz, Bez. Magdeburg.
24. 3. 43. Sehr geehrter Herr v. Ardenne!
Es liegt mir daran, Ihnen zu sagen, wie sehr ich bedaure, Ihrem Vortrag am 2. 4. nicht beiwohnen zu können. Ich hätte so gern die interessanten Eindrücke, die ich bei meinem Besuch in Ihren Laboratorien empfing, wieder aufgefrischt und erweitert. Aber ich werde vorläufig nicht nach Berlin zurückkommen, erst im Mai.
Mit den besten Empfehlungen Ihr ganz ergebener
M. Planck

sal-Elektronenmikroskop ein Objektivsystem mit Objekterhitzungseinrichtung, das zusammen mit einer Vakuumfilmkamera Platzwechsel und Sintervorgänge bei einstellbaren, definierten Objekttemperaturen bis über 1500° C kinematografisch festzuhalten gestattete und den Weg zur späteren Elektronenmikroskopie mit sehr viel höheren Spannungen wies. Schließlich gelang es noch während des Krieges durch Verstärkung des Objektiv-Magnetfeldes und Objektivlage nahe dem Feldmaximum (Vorläufer der heutigen Kondensor-Objektiv-Einfeldlinse), das Auflösungsvermögen auf 1,2 nm (12 Å) zu steigern.

Als Anfang 1940 diese Verbesserung und mit ihr die erste Abbildung definierter chemischer Moleküle glückte, als darüber hinaus wenige Wochen später die ersten stereoskopischen Bilder von Welten hergestellt werden konnten, die dem menschlichen Auge bis dahin verschlossen waren, verwirklichte sich ein Traum meiner Jugendjahre. Gemeinsam mit dem inzwischen verstorbenen Physiologen Hans H. Weber gelang 1941 die erste Abbildung der Fadengestalt des Muskeleiweißes Myosin.

Max von Laue besichtigt mein Universal-Elektronenmikroskop

Der erste Besucher, der im Dezember 1939 mein Universal-Elektronenmikroskop in Betrieb beobachtete und bei dieser Gelegenheit auf dem Schirm einer Fernsehröhre auch die Abbildung von Oberflächen (Diatomeen) mit meinem Elektronen-Rastermikroskop in hoher Tiefenschärfe sah, war der Nobelpreisträger Professor Dr. Max von Laue. Angeregt durch hochgradig aufgelöste Bilder sich teilender Bakterien, sprachen wir damals besonders über die zu erwartenden Konsequenzen aus der Entwicklung des Elektronenmikroskops sowie des Elektronen-Rastermikroskops für den Fortschritt der Biologie und vor allem der Zellforschung.

Bei seiner Ankunft erwarteten wir den hohen Gast am Haupteingang des Lichterfelder Gebäudes. Groß war unsere Überraschung, als der Besucher in sportlichem Dreß mit einem Rucksack über die Hintertreppe erschien. Er hatte vorher unerkannt sein Fahrrad an der Rückseite des Hauses abgestellt.

Start ins Unglück

Vom Kriegsausbruch 1939 ist mir noch heute das Gefühl tiefster Depression gegenwärtig, das die Geschehnisse und Reden dieser Tage bei mir auslösten. Seit dem Simon-Eden-Besuch in Berlin hatte ich einen solchen Start in das Unglück erwartet. Mit Wehmut denke ich an die letzten Gespräche mit meinen beiden jüngeren Brüdern vor ihrer Abreise an die Front zurück. Sie wußten, welchem Schicksal sie entgegengingen. Wenige Monate später waren Gothilo und Ekkehard gefallen; der eine vor Warschau und der andere bei Rethel.

Mein Bruder Ekkehard ist dadurch vor einem schlimmeren Tod vier Jahre später bewahrt worden. Mit hoher Wahrscheinlichkeit wäre er in der Widerstandsbewegung des 20. Juli 1944 aktiv tätig geworden. Schon 1939 war seine gegnerische Einstellung zu Hitler, wie bei unserem Vater und unserem Vetter Erwin von Witzleben, stark ausgeprägt. Sein Pate beim Eintritt in das traditionsreiche Regiment 9 der Potzdamer Garnison war Hennig von Treskow, der nach dem Mißlingen des Attentats auf Hitler am 21. Juli 1944 seinem Leben ein Ende setzte. Mich haben gegenüber den Männern des 20. Juli 1944 und des Widerstands stets Gefühle tiefer Bewunderung und großer Verehrung bewegt. Sie setzten ihr Leben ein, um den verlorenen Krieg zu beenden, d. h. um Millionen von Menschenleben beider Seiten zu retten. Sie verloren ihr Leben, aber doch nicht vergeblich. Was blieb, war der notwendig gewesene Versuch zur Rettung der Ehre für die Mehrheit der Bürger deutscher Nation in einer Phase der schlimmsten Greueltaten Hitlers und seiner Gefolgsleute in Deutschland. – Doch zurück zur Zeit des Kriegsausbruches.

Der Weiterbestand des Laboratoriums während des Krieges erschien zunächst auf dem üblichen Wege über das Rüstungskommando gesichert, obwohl infolge meiner politischen Zurückhaltung gegen Ende 1939 keine speziellen Aufgaben von aktueller militärischer Bedeutung bearbeitet wurden.

Mein Buch »Elektronen-Übermikroskopie«

Meine ganze Kraft galt zu jener Zeit der Forschung am und mit dem Elektronenmikroskop sowie der Abfassung meines im Frühjahr 1940 herausgekommenen Buches »Elektronen-Übermikroskopie«. Dieses erste Buch über Technik und Anwendung der Elektronenmikroskopie erschien noch während des Krieges in der Sowjetunion, in den Vereinigten Staaten und in Japan. Die japanische Ausgabe löste, wie mir Elektronenoptiker aus dem Fernen Osten später erzählten, die starke Orientierung der Industrie des Landes auf Elektronenmikroskope und Elektronenstrahlanlagen aus. Dieser Tatbestand führte 1979 zu einer Einladung der »Japanischen Gesellschaft für Elektronenmikroskopie«, bei der wir viele Provinzen des interessanten Inselstaates kennenlernten.
Ein großer Teil der Arbeiten, die in dem Buch zusammengefaßt sind, waren gemeinsam mit Mitarbeitern des Kaiser-Wilhelm-Instituts für physikalische Chemie geleistet worden. Auf Initiative des Leiters dieses Instituts, des Kolloidchemikers Professor Dr. Peter Adolf Thiessen, kam es zu einem Abkommen zwischen der Deutschen Forschungsgemeinschaft und meinem Laboratorium. Bald darauf wurde ein weiterer Vertrag mit der von Professor Houdremont geleiteten Versuchsanstalt von Krupp in Essen abgeschlossen, der dazu führte, daß Krupps gesamte übermikroskopische Forschung bei uns erfolgte. Außerdem bestand ja noch die Siemens-Vereinbarung. Diese Bindungen sicherten nicht nur die finanziellen Mittel für unsere Forschungen, sondern gaben der Tätigkeit einen Anstrich, der die Wichtigkeit des Instituts auch während des Krieges außer Zweifel stellte. Darauf mußte ich im Interesse meiner Mitarbeiter und der Erhaltung des bisher Geschaffenen Wert legen. Während des Krieges erhielt ich einen Lehrauftrag zum Thema »Elektronenmikroskopie« an der Berliner Universität. Einer meiner Schüler war damals der spätere Rasterelektronenmikroskopiker G. Pfefferkorn.

Denkwürdiges Gespräch mit Max Planck

Am 2. Februar 1940 besuchte Geheimrat Max Planck das Lichterfelder Laboratorium und sah die mit dem Universal-Elektronenmikroskop erzielten Ergebnisse. Sein Freund von Laue hatte ihn neugierig gemacht. Plancks sonst stets ernster Blick hellte sich auf, als er die zahlreichen hochvergrößerten elektronenmikroskopischen Aufnahmen, die ersten Stereobilder aus dem Mikrokosmos und speziell die ersten Wiedergaben von chemischen Molekülen auf dem Leuchtschirm des Mikroskops erblickte.

Als Professor Planck sich verabschieden wollte, fragte ich, ob ich ihn nach Hause fahren dürfe. Er setzte sich neben mich in den Mercedes. Der Weg von Lichterfelde bis zu seinem Haus im Grunewald dauerte vielleicht nur eine Viertelstunde. In meiner Erinnerung spielt diese Fahrt jedoch eine besonders große Rolle, und der Gedankenaustausch mit ihm ist mir unvergeßlich geblieben.

Dadurch, daß Geheimrat Planck meinen Arbeiten im Institut soviel Interesse entgegengebracht und sich sehr zugänglich gezeigt hatte, war ich ermutigt, ein ganz persönliches Gespräch mit ihm zu führen – in aller Offenheit. Vielleicht trug das enge Nebeneinander im Wagen mit zu diesem Wunsch bei. Natürlich hätten wir auch im Institut keine Zuhörer gehabt. Aber der begrenzte Raum des Autos vermittelte das Gefühl einer besonderen Vertrautheit, was unsere Unterhaltung offenbar erleichterte.

Auf dem Rücksitz lag der »Völkische Beobachter« mit dem Wehrmachtsbericht: »... Die deutsche Luftwaffe setzte die Aufklärungstätigkeit gegen Großbritannien fort.« Max Planck hatte die Zeitung in die Hand genommen und sprach diese Zeilen laut nach. In jenem Augenblick stand in seinem Gesicht geschrieben, was er dachte. Ich fragte ganz spontan: »Was wird werden?«

»Das können Sie ja im ›Völkischen Beobachter‹ nachlesen. Wir fahren gegen England.« Sein Ton war sarkastisch. Den anschließenden Dialog habe ich so in Erinnerung:

Er fragte, wobei er mich von der Seite ansah: »Oder glauben Sie das nicht? Haben Sie Zweifel?«

»Ja«, antwortete ich. »Ich kenne Amerika. Die ungeheure industrielle Potenz dieses Landes.«

»Sie glauben also, Amerika wird uns eines Tages den Krieg erklären?«
»Ja«, gestand ich.
»Dann erwarten wir das gleiche. Die jetzigen militärischen Erfolge sollten einen Wissenschaftler, der kritisch zu denken gelernt hat, nicht täuschen. Leider täuschen sich noch immer sehr viele.« Nach längerer Pause fügte er hinzu: »Ich bin sehr besorgt.«

Max Planck zur Urankernspaltung

Daraufhin fragte ich: »Sie denken an die Hahnsche Entdeckung der Urankernspaltung? Was werden die Folgen sein?«
»Die Folgen werden unvorstellbar sein.«
Heute weiß ich nicht mehr, wie es mir möglich war, den Wagen an diesem Mittag sicher durch den Verkehr zu lenken. Planck hatte ein tiefernstes Gesicht. Und wie zu sich selbst sagte er: »Wenn dieses Machtmittel in unrechte Hände gerät...« Er sprach den Satz nicht zu Ende.
Ich wollte etwas erwidern. Mir fiel nichts Besseres ein als: »Es ist die gewaltigste Energiequelle der Natur.«
»Ja«, entgegnete Planck, »und sie müßte zum Wohle der Menschheit eingesetzt werden.« Wieder Schweigen. Und dann der Satz, den ich nie vergessen werde: »Aber es wird anders kommen.«
Als wir zu Beginn unserer Unterhaltung über die Kriegslage sprachen, mußte ich unwillkürlich an die Unterredung denken, die ich nach der Machtergreifung der Nazis mit meinem Freund Richard Wienstein führte. Schon damals war von ihm der Krieg und alles Schreckliche vorausgesehen worden. Planck kannte das »Dritte Reich« noch besser. Er hatte miterlebt, wie die Blüte der deutschen Wissenschaft in Tod, Elend und Emigration getrieben wurde.
So, wie damals das Gespräch mit Wienstein meine Skepsis gegen die nazistische Politik verstärkte, ist der 2. Februar 1940 für mich ein Markstein geworden. Die ernsten Mahnungen Max Plancks ließen in mir die Erkenntnis reifen: Der wahnsinnige, von Hitlerdeutschland ausgelöste Krieg kann nur in einer Katastrophe enden.

Die Grundhaltung von Max Planck

Von Max Plancks hohem ethischen Verantwortungsgefühl war ich tief beeindruckt und begann, mir Gedanken darüber zu machen, wie der einzelne Forscher auf die Anwendung seiner Arbeitsergebnisse im Sinne der Menschlichkeit und des Fortschritts Einfluß nehmen kann.

Max Planck wird oftmals als ein Mann beschrieben, der in seinem Urteil bis aufs äußerste abwägend und vorsichtig gewesen sei. Ich habe ihn so eigentlich nicht kennengelernt. Er war sicherlich zurückhaltend, bis er sich eine Meinung gebildet hatte. War er in seinen Überlegungen zu einem Ergebnis gekommen, vertrat er seine Überzeugung jedoch mit eindringlicher Bestimmtheit und seltener Zivilcourage. Das erlebte ich an manchen Abenden im Kreise seiner berühmten Kollegen. Aus dieser Haltung erklärt sich sein mutiger Gang zu Hitler nach 1933, um als Präsident der Kaiser-Wilhelm-Gesellschaft sein Veto gegen die Judenverfolgung einzulegen. Hitler hatte ihn stehenlassen.

Max Plancks Sohn wird hingerichtet

Plancks hohe Gesinnung, sein Widerstandsgeist gegen die Hitlerherrschaft wurde von seinen Angehörigen geteilt. Immer wieder muß ich daran denken, wie 1945 kurz vor Kriegsende Hermann Priebe vor uns stand, der Pfarrer mit dem zweifachen Doktortitel, der meine Frau und mich getraut hatte und mit dem die Familie meiner Frau schon seit langer Zeit befreundet war. Als er uns begrüßte, spürten wir sofort, daß er uns etwas Schreckliches sagen würde: »Plancks Sohn ist hingerichtet worden.« Wir saßen wie versteinert. Hitler hatte sich an seinem Widersacher gerächt, der menschliche Ungeist am menschlichen Geist. Max Planck trug für den Rest seines Lebens schwer an dieser Last. Zum letztenmal hatte ich ihn 1941 bei einer Akademiefeier gesehen, während der mir für meinen Beitrag zur Entwicklung des Elektronenmikroskops die Silberne Leibniz-Medaille der Preußischen Akademie der Wissenschaften verliehen wurde.

Gebrauch und Mißbrauch der Macht

Der Befehl zur Hinrichtung des Sohnes von Max Planck ist nur einer von Millionen Fällen, in denen Hitler die in seine Hand gelegte Macht mißbraucht hat. Wenn eine übergeordnete gesetzliche Kontrolle fehlt, verführt Macht leicht zu Mißbrauch. Die Analyse von Machtausübung und Machtmißbrauch gibt in der Regel gute Hinweise zur moralischen Größe von Staatsmännern, Politikern und Wirtschaftsführern. Selten ist es, daß Macht und Weisheit sich zusammenfinden, wie in folgendem Beispiel aus der griechischen Geschichte, wo edle Gesinnung und wunderbare Menschlichkeit noch über die Jahrtausende zu uns strahlt:

Der sterbende Perikles, jener athenische Staatsmann, welcher so großen Anteil an der Blüte der griechischen Kultur im klassischen Altertum hatte, soll bekanntlich gesagt haben: »Ihr preist meine glücklichen und glänzenden Taten. Vergeßt aber nicht das Schönste und Größte, nämlich, daß nie einer meiner Mitbürger durch meine Schuld in Trauer versetzt worden ist!«

In unserer Zeit, wo die Entwicklung von Ethik und Moral weit zurückgeblieben ist gegenüber dem lawinenartigen Wachstum von Naturwissenschaft und Technik, könnten von Gestalten wie Perikles und Planck stärkste Impulse ausgehen, wenn ihr Charakterbild in das Zentrum breiter pädagogischer Bestrebungen gerückt würde.

Max Planck – der klare Formulierer

Max Planck, der kühle Denker, war auch ein großer Formulierer. Ich wüßte nicht, wer die Aufgaben des experimentellen Physikers gegenüber denen des theoretischen Physikers klarer und anschaulicher mit im Grunde so einfachen Worten hätte darlegen können wie er. »Es stellt sich immer dringender die Notwendigkeit einer zweckmäßigen Arbeitsteilung ein«, sagte er das letztemal vor Studenten am 28. März 1947 in einem Vortrag, der dank einer Bandaufnahme erhalten geblieben ist. »Der Experimentator steht in vorderster Linie. Er ist es, der die entscheidenden Versuche und Messungen ausführt. Ein Versuch bedeutet die Stellung einer an die Natur gerichteten Frage. Und eine Messung bedeutet die Entgegennahme der von der Natur darauf erteilten Antwort. Aber ehe man einen Versuch ausführt, muß man ihn ersinnen, das heißt: Man muß die Frage an die Natur formulieren. Und ehe man eine Messung verwertet, muß man sie deuten, das heißt: Man muß die von der Natur erteilte Anwort verstehen. Mit diesen beiden Aufgaben beschäftigt sich der Theoretiker.«

Plancks Aufzeichnungen

Das Spiel des Zufalls ließ die handschriftlichen Ausarbeitungen dieses großen Wissenschaftlers über die Vorlesungen, die er in seiner Studienzeit gehört hat, und seine persönliche wissenschaftliche Bibliothek bei Kriegsende in das Institut gelangen, das ich in der Sowjetunion leitete. Wegen der Luftangriffe hatte Professor Planck diese Dinge verlagert, und so waren sie schließlich in die Sowjetunion gekommen. Als die Aufzeichnungen eintrafen, ließ ich sie umgehend registrieren und sicher verwahren. Die Niederschriften beeindruckten und berührten mich tief. Sie zeichneten sich durch außergewöhnliche Übersichtlichkeit, Gründlichkeit und – durch gestochene Schrift aus. Als im Winter 1956/57 eine sowjetische Delegation bei uns weilte, regte ich an, diese persönlichen Dokumente aus der Hand des Schöpfers der Quantentheorie der Deutschen Akademie der Wissenschaften zur Verfügung zu stellen. Meine Bitte fand Gehör. Auf der Festsitzung der Deutschen Akademie der Wissenschaften zu Berlin aus Anlaß des hundertsten Geburtstages von Max Planck am 23. April 1958 wurden die handgeschriebenen Materialien und die Bibliothek übergeben.

Zusammenarbeit mit Instituten anderer Fachrichtungen

Bis zur Inbetriebnahme des ersten Universal-Elektronenmikroskops beschränkte sich die Zusammenarbeit mit anderen Forschungsinstituten fast ausschließlich auf fachlich gleichartige Entwicklungsstellen. Eine solche Kooperation, die den Charakter eines

Wettbewerbs hat, verlangt vom erfinderisch und publizistisch tätigen Wissenschaftler, wenn die Verbindung über mehrere Jahre stabil bleiben soll, ein besonders hohes Maß an Produktivität, Geschicklichkeit in der gegenseitigen Abgrenzung der Aufgaben und viel Diplomatie. Meine beiden Universal-Elektronenmikroskope – sie stellten mit ihren Zusatzeinrichtungen über mehr als ein Jahrzehnt die leistungsfähigsten Instrumente dieser Art dar – führten nun zu einer anderen Form des Zusammenwirkens, bei der Partner verschiedener Fachrichtungen einer möglichst effektiven Nutzung der Instrumente für die Forschung, also einem gemeinsamen Ziel zustreben und sich wechselseitig helfen. Die Interessen liegen nicht im Widerstreit miteinander, sondern ergänzen sich. Das fördert die Ergebnisse und schafft eine Atmosphäre, an die alle Beteiligten besonders gern zurückdenken.

Projekt eines Panorama-Radargeräts zur Abwehr von Luftangriffen

Auf der Physiker-Tagung 1936 in Bad Salzbrunn hatte ich über eine speziell für die Zwecke der Radartechnik entwickelte Elektronenstrahleinrichtung, den Polarkoordinaten-Oszillographen, referiert. Er war nicht nur für Meßzwecke, sondern auch für eine besondere Art von Fernsehen ausgezeichnet geeignet. Ein Freund der Familie, der Kurzwellen-Physiker Dr. H. E. Hollmann, wollte dieses Gerät in den ersten Kriegsmonaten für das Sehen mit sehr kurzen elektrischen Wellen verwenden; ein Thema, mit dem er sich schon früher beschäftigt hatte. Wir faßten den Plan, gemeinsam die Entwicklung eines Panorama-Radargeräts mit aller Energie durchzusetzen. Uns war die Möglichkeit, die neue Einrichtung zur Abwehr von Luftangriffen zu verwenden, so klar, daß wir unseren Vorschlag, erläutert durch allgemeinverständliche Zeichnungen und Fotos von Leuchtschirmfiguren, am 28. Oktober 1940 unmittelbar Göring unterbreiteten. Der lehnte jedoch ab, weil es sich bei dem Projekt um eine mehrjährige Entwicklung handle, die einzuleiten sich nicht mehr lohne, da der Krieg schon so gut wie gewonnen sei. Er schien 1940 überhaupt wenig an Maßnahmen zum Schutz gegen feindliche Angriffe aus der Luft interessiert zu sein. Mit unserer Anlage hätten die

Echos angreifender Flugzeugverbände – heute eine Selbstverständlichkeit – auf weite Entfernung vom Erdboden aus geortet werden können.

Gleiche Lösung wie das Panorama-Radargerät der Alliierten

Die 1940 von uns eingereichte Anordnung ist fast bis in alle technischen Einzelheiten, sogar in der Wahl der Wellenlänge, mit jenem Gerät identisch, das etwa zweieinhalb Jahre später erstmals dem Oberkommando der Wehrmacht bekannt wurde, als eine entsprechend ausgerüstete Maschine der Alliierten bei Rotterdam abgeschossen worden war.
In England war Sir Watson-Watt zum gleichen Zeitpunkt wie wir zu den – im Gegensatz zu unserem Projekt freilich auf offensive Verwendung zugeschnittenen– technischen Lösungen gelangt und auf starkes Interesse der britischen Regierung gestoßen. Er war in den entscheidenden Anfangsstadien seiner Tätigkeit auf dem Gebiet der Radiowellenmessung mit Elektronenstrahlröhren in den Jahren vor 1933 durch Zusammenarbeit mit uns stimuliert worden. Bei seiner Konstruktion zeichneten sich auf dem Schirm einer Elektronenstrahlröhre im Flugzeug bei Dunkelheit und durch dichte Wolken die wichtigsten Konturen der überflogenen beziehungsweise anzugreifenden Städte und Gebiete ab. Die Steuerung des Bildinhalts erfolgte durch Wellen eines 9,2-cm-Impuls-Magnetronsenders mit Hohlraummagnetron nach Megaw, die vom Erdboden reflektiert wurden. Während des Krieges lief dieses Gerät in England unter der Geheimbezeichnung H2S-Radar.
Am 1. Januar 1944 schrieb Goebbels im »Völkischen Beobachter«: »Das scheinbare Abflauen des U-Boot-Krieges beruht auf einer einzigen technischen Erfindung auf seiten unserer Gegner. Sie auszuschalten sind wir nicht nur im Begriff, sondern wir sind überzeugt, daß dies auch in kurzer Frist gelungen sein wird.«

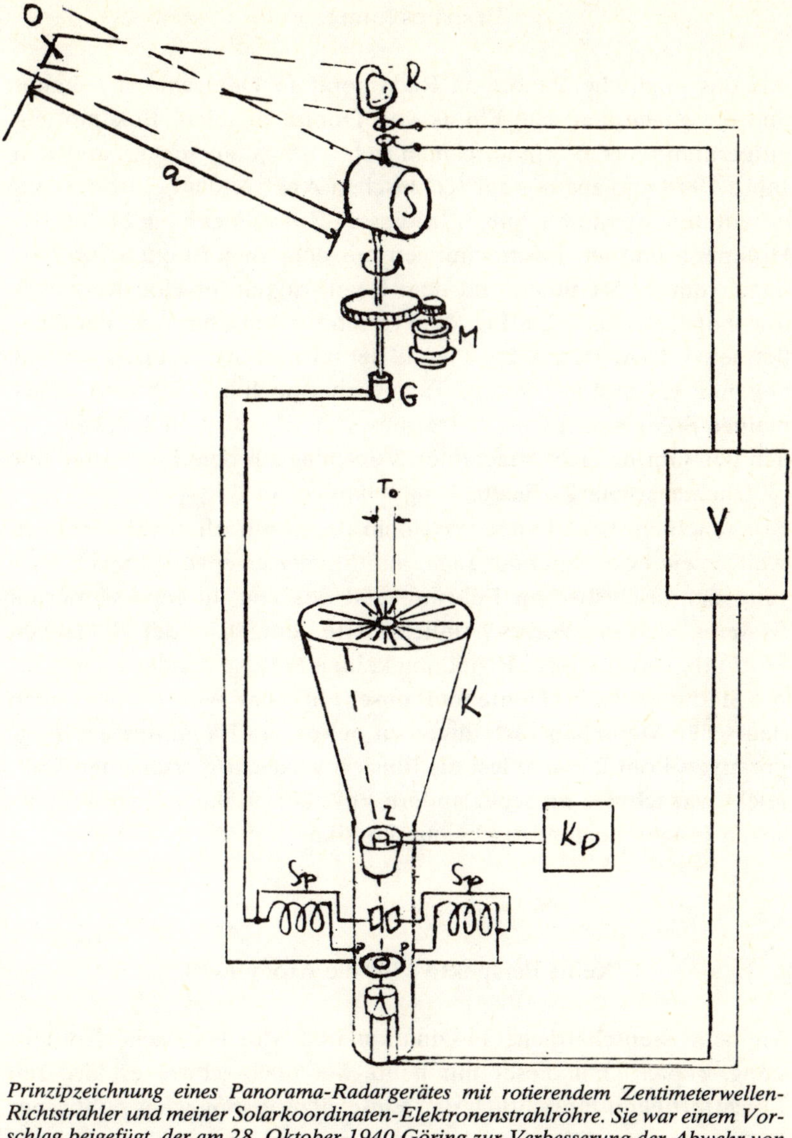

Prinzipzeichnung eines Panorama-Radargerätes mit rotierendem Zentimeterwellen-Richtstrahler und meiner Solarkoordinaten-Elektronenstrahlröhre. Sie war einem Vorschlag beigefügt, der am 28. Oktober 1940 Göring zur Verbesserung der Abwehr von Luftangriffen gegen Städte unterbreitet wurde. Göring lehnte ab, weil es sich um eine längere Entwicklung handle und der Krieg schon so gut wie gewonnen sei.

Zu spätes Interesse

Als das englische Panorama-Radargerät in Deutschland bekannt und die ganze deutsche Physik von Dönitz zu seiner Bekämpfung aufgerufen wurde, erinnerte man sich unseres Vorschlags aus dem Jahre 1940 und zog uns zur technischen Analyse des bei Rotterdam erbeuteten Apparates hinzu. In diesem Zusammenhang hatten Dr. Hollmann und ich Besprechungen mit dem Beauftragten von Dönitz, Admiral Stummel, und dem Beauftragten für Hochfrequenzforschung, Staatsrat Dr. Plendl. Typisch für den Charakter der Großen jener Tage ist, daß Dr. Plendl, der mir seit über zehn Jahren gut bekannt war und mir wenige Tage vorher noch herzlich zur Geburt meines Sohnes gratuliert hatte, unseren schriftlichen Hinweis auf den von Göring nicht beachteten Vorschlag aus dem Jahre 1940 mit plötzlicher eisiger Zurückhaltung beantwortete.

Mir scheinen diese Dinge vor allem deshalb noch erwähnenswert, weil sie ein bezeichnendes Licht auf die menschenverachtende Haltung der faschistischen Führung und des von ihr repräsentierten Systems werfen. Wahrscheinlich hätte, entgegen der damaligen Hoffnung, auch unsere Erfindung keinen entscheidenden Schutz für die Städte gebracht. Heute muß unser ehrlicher Wunsch, das Leben deutscher Menschen verteidigen zu helfen, im Bannkreis jener aggressiven Politik zumindest als Illusion verdächtig erscheinen. Vielleicht war ich wie mancher andere Physiker zu jener Zeit in politischen Fragen noch allzusehr nur Physiker.

Keine Perspektive für die Atomphysik

Meine wissenschaftliche Faszination über die Hahnsche Entdekkung, gepaart mit dieser mir heute nur noch schwer erklärbaren Leichtfertigkeit hinsichtlich der Einschätzung möglicher politischer Konsequenzen, führte mich bald darauf in eine noch kritischere Position.

Während besonders in den Vereinigten Staaten die experimentelle und später die angewandte Kernphysik in den Jahren nach 1933

gewaltig gefördert und ausgebaut wurde, konnten die maßgebenden Atomphysiker in Deutschland eine großzügige staatliche Unterstützung in der gleichen Zeit nicht durchsetzen.
Der Grund dafür lag zum Teil in der Gleichgültigkeit der Staatsführung, zum Teil in der Unfähigkeit und dem mangelnden Durchsetzungsvermögen des für die Forschung verantwortlichen Kultusministers Rust und nicht zuletzt wohl auch darin, daß die führenden Atomphysiker von vornherein auf zeitraubende Versuche verzichteten, staatliche Unterstützung zu bekommen. Die wissenschaftlichen Führungsspitzen der großen Elektrokonzerne schienen ebenfalls die gewaltigen Zukunftsaussichten der Kernphysik nicht erkannt zu haben. Folglich wurden größere Atomumwandlungsanlagen in Deutschland weder entwickelt noch gebaut. Erst als die Bedeutung der Hahnschen Entdeckung am 15. August 1939 durch einen Aufsatz von Dr. Flügge – zu dieser Zeit Mitarbeiter im Kaiser-Wilhelm-Institut für Chemie – in der »Deutschen Allgemeinen Zeitung« leicht verständlich dargestellt wurde, zeigten sich einige höhere Staatsstellen zeitweilig interessiert.

Atomumwandlungsanlagen wurden nicht fertiggestellt

Damals besuchte ich Professor Philipp, den Mitarbeiter von Professor Hahn, und versuchte ihn zu bewegen, eine Sonderunterstützung zum Bau größerer Atomumwandlungsanlagen zu beantragen. Er hielt diesen Weg für nicht opportun, da hierbei die für die Kaiser-Wilhelm-Institute zuständigen Instanzen übergangen worden wären. Zwei Jahre später leiteten Professor Hahn und seine Mitarbeiter doch noch über das Luftfahrtministerium solch ein Vorhaben ein, das aber nicht vollendet wurde – wobei die anglo-amerikanischen Luftangriffe sicher eine wesentliche Rolle gespielt haben.
Da das eigentlich zuständige Hahnsche Institut seine Forschungsbasis nicht erweiterte, machte ich Ende 1939 den Reichspostminister Ohnesorge in einem Schreiben und durch persönlichen Vortrag auf die ungeheure Bedeutung der Hahnschen und Straßmannschen Entdeckung aufmerksam. Dieser Vorstoß blieb ebenfalls erfolglos.

Bei Besuchen in Dahlem und Lichterfelde hatte ich 1941 sowohl Professor Otto Hahn als auch Professor Werner Heisenberg die Frage gestellt, wieviel Gramm des reinen Isotops Uran-235 zur Entfesselung einer momentan ablaufenden Kernkettenreaktion benötigt würden. Sie antworteten mir: »Wenige Kilogramm.« In diesen vertraulichen Gesprächen vertrat ich die Auffassung, es sei technisch durchaus möglich, mit Hilfe hochgezüchteter magnetischer Massentrenner (die wir damals gedanklich vorbereitet hatten), Uran-235-Mengen von einigen Kilogramm zu erhalten, wenn man dafür große Elektrokonzerne einsetzen würde.

Im Sommer 1942 dürfte es gewesen sein, daß der Reichspostminister Ohnesorge Hitler über seine Einschätzung der Lage informierte. Es kam zu der bekannten Szene, bei der Hitler sich an die anwesenden Militärs wandte und ironisch formuliert haben soll: »Sehen Sie, meine Herren, ausgerechnet mein Postminister offeriert mir heute die Wunderwaffe, die wir brauchen.« Kurz danach erfolgte ein Besuch von Ohnesorge bei mir in Lichterfelde. Ich erinnere mich noch deutlich an seine Worte: »Von jetzt ab resigniere ich und werde mich nur noch im Rahmen meines Ressorts für die Atomkernforschung interessieren und einsetzen.« – Mein eigenes privates physikalisches Interesse an der Thematik einer momentan ablaufenden Kernkettenreaktion war schon Anfang 1942 bei einem abendlichen Besuch des Ehepaars von Weizsäcker stark gedämpft worden. Carl Friedrich von Weizsäcker unterrichtete mich damals darüber, er und Heisenberg seien zu dem Ergebnis gekommen, daß die Wirkungsquerschnitte für die Urankernspaltung bei hohen Temperaturen sehr stark abnehmen, so daß es nicht zu einer explosiv ablaufenden Kettenreaktion kommen könne. In diesem Irrtum blieben Heisenberg und von Weizsäcker bis zum Tag von Hiroshima befangen, wie ihre mit Tonband aufgezeichneten Äußerungen beim Eintreffen der Nachrichten vom Abwurf der ersten Atombombe auf Hiroshima beweisen. Nach dem Protokoll* sagte Heisenberg damals: »Ich bin bereit zu glauben, daß es eine Hochdruck-Bombe ist,

* Leslie R. Groves, Now it can be told, Harper & Brothers Publ. New York 1962.

aber ich glaube nicht, daß sie etwas mit Uran zu tun hat, sondern daß es ein chemisches Ding ist, bei dem man die gesamte Explosionswirkung enorm verstärkt hat.« Mit Dankbarkeit gegenüber dem Schicksal kann rückblickend festgestellt werden, daß Irrtümer und Zufälle ernste Initiativen zur Entwicklung einer Atombombe in Deutschland verhinderten.

Unausdenkbar, wäre unter Hitler die Atombombe gebaut worden! Durch die Unmenschlichkeit der Faschisten wäre für die Völker Europas und darüber hinaus für die gesamte Menschheit schlimmstes Unheil entstanden.

Die Indikatormethode mit radioaktiv markierten Isotopen

Mich hatte dieses neue Feld der Atomphysik so gepackt, daß ich nicht nachließ, auf seine wissenschaftliche Bedeutung hinzuweisen. Allerdings beschränkte ich mich 1940 darauf zu betonen, wie wichtig es sei, leistungsfähige Umwandlungsanlagen für die zukünftige kernphysikalische Forschung mit markierten Isotopen zu schaffen. Insgeheim dachte ich dabei besonders an die technischen Voraussetzungen zur Herstellung von radioaktiven Isotopen für die Indikatorenmethode. Diese vor allem für biochemische, biologische und medizinische Untersuchungen hochwichtige Analysemöglichkeit interessierte mich damals sehr. Daher schrieb ich 1944 ein Buch über die Grundlagen der Herstellung und Anwendung von Isotopen als Indikatoren.

Die Intervention bei Ohnesorge 1939 hatte schließlich doch noch Auswirkungen. Ich erhielt von ihm den Auftrag, im Lichterfelder Laboratorium eine 1-Million-Volt-van-de-Graaff-Anlage zu errichten. Sie war 1941 vollendet. Angeregt durch meine Pläne, gründete Ohnesorge außerdem im Bereich der Postverwaltung ein kernphysikalisches Institut in Miersdorf bei Zeuthen (nach 1950 Kernphysikalisches Institut der Deutschen Akademie der Wissenschaften Miersdorf bei Zeuthen), das zunächst eine Philips-Kaskaden-Generator-Anlage erhielt. 1940 wurde dann sowohl in meinem Laboratorium als auch im Miersdorfer Institut der Deutschen Reichspost mit dem Bau einer 60-Tonnen-Zyklotron-Anlage und später einer

Pilotanlage für magnetische Massentrennung mit Plasma-Ionenquelle begonnen.
Bei den Versuchen mit der 1-Million-Volt-Anlage erwies es sich als günstig, sie mit einer Elektronenquelle und am unteren Ende des Entladungsrohres mit einem Lenardfenster zu armieren. So arbeitete sie als Elektronenstrahl-Generator. Wurde die Anlage angeschaltet, sahen wir im Meßbunker das magische blaue Leuchten eines 2 m langen Elektronenstrahles in der freien Atmosphäre. Ein unvergeßliches Bild gewaltiger, gebändigter Energie.

Strahlenschäden

Inzwischen war es mir geglückt, den Auskeimungsvorgang von Kartoffelbazillussporen im Übermikroskop abzubilden. Wohl in dem Gedanken, daß dabei die lebendige Substanz den viele Größenordnungen höheren Elektronendichten im Elektronenmikroskop standgehalten hatte, streckten ich und zwei meiner Mitarbeiter etwa für eine halbe Sekunde die rechte Hand in den 1-Million-Volt-Elektronenstrahl. Wir wußten, er dringt nicht tiefer als etwa 4 mm in das lebende Gewebe ein. Auch das mag zu unserer leichtsinnigen Handlungsweise beigetragen haben. Wir spürten nur ein leichtes Hitzegefühl. Wie sich später herausstellte, hatte die ionisierende Wirkung einem hypothetischen Radiumpräparat von etwa 100 kg entsprochen.
In den folgenden Wochen und Monaten lernten wir drei Betroffenen Strahlenschädigungen auf so schmerzhafte und eindrucksvolle Weise kennen, daß wir für dieses Physiker-Leben gegen jede weitere Unbedachtheit beim Umgang mit Strahlen gefeit sein dürften. Verbrennungen dritten Grades riefen nach etwa vierzehn Tagen das höchste Interesse der Spezialärzte wach. Abgesehen von steif bleibenden Fingern traten jedoch keine anderen Dauerschäden auf, weil größere Gefäße unbestrahlt geblieben waren. Ich erwähne diese am eigenen Leib gemachte Erfahrung, um die Notwendigkeit der modernen Strahlenschutz-Maßnahmen und Strahlenschutz-Gesetzgebung zu betonen. Außerdem hat das Erlebnis dazu beigetra-

gen, mein fachliches Interesse an Strahlentherapie und am Krebsproblem wachzurufen.

Etwa um die gleiche Zeit geriet eine meiner Laborantinnen in Lebensgefahr. Sie hatte ein Glasröhrchen mit unserem stärksten Radiumpräparat – wie sich zeigte, einem fehlerhaften – dicht vor ihrem Gesicht, als es explodierte. Ihr Leben verdankt sie wohl nur dem Umstand, daß sie zum kritischen Zeitpunkt nicht ein-, sondern ausatmete. So blieb, wie die Messungen erkennen ließen, die von ihrem Körper aufgenommene Menge an Radiumelement unterhalb des schädlichen Wertes.

Durch die Radiumexplosion wurde leider ein Teil unserer kernphysikalischen Laboratorien unbrauchbar, denn in dem betreffenden Raum und seiner Umgebung ergab sich trotz sofort eingeleiteter und erfolgreicher Wiedergewinnungsmaßnahmen, Auswechslung der gesamten Einrichtung und Neugestaltung der Zimmerwände und -böden eine für die empfindlichen Zählrohr-Apparaturen kritische Zunahme des sogenannten Nulleffektes.

Beschäftigung »belasteter« Personen

Im Gegensatz zu den staatlichen Instituten und den vom Staat kontrollierten beziehungsweise subventionierten Laboratorien der Industrie konnte ich dank der Toleranz des Postminsters Ohnesorge auch politisch belastete oder durch die »Arier«-Paragraphen betroffene Personen beschäftigen. In verschiedenen Fällen wurden mir sogar von Kollegen, die in ihrem eigenen Bereich nicht helfen konnten, Bitten übermittelt, denen wir im Rahmen unserer Einstellungsmöglichkeiten immer mit Freude entsprochen haben. Unsere Bereitschaft dazu wurde auch Professor Max von Laue bekannt, der sich im Herbst 1940 an mich wandte. Er tat es für den Kernphysiker F. G. Houtermans, der bereits viele unerfreuliche Erlebnisse und manche Verhöre hinter sich hatte. Da in Lichterfelde gerade die kernphysikalischen Laboratorien aufgebaut wurden und mich die Indikatormethode mit radioaktiven und stabilen Isotopen immer stärker zu interessieren begann, erfüllte ich den Wunsch Max von Laues besonders gern.

Houtermans als Mitarbeiter und Forscher

Houtermans trat am 1. Januar 1941 in den Kreis der Mitarbeiter des Lichterfelder Laboratoriums ein und war dort bis kurz vor Kriegsende tätig. Während dieser Jahre ist er mit seinen phantasievollen, genialen Ideen eine der tragenden Säulen im Lichterfelder Team gewesen. Bald nach dem Krieg folgte dieser hervorragende Kernphysiker, für den sich schon Niels Bohr eingesetzt hatte, einem Ruf an die Universität Bern, wo er bis zu seinem Tod den Lehrstuhl für Physik innehatte.

Mit seinen früheren Arbeiten hatte Houtermans wichtige physikalische Grundlagen für die Entwicklung der Wasserstoffbombe geschaffen. In Lichterfelde beschäftigte er sich mit der Abschätzung des Energieverbrauchs bei der Isotopentrennung. Dieses Thema stellte ich ihm gleich zu Beginn im Hinblick auf die vermutete und später in den Vereinigten Staaten und in der Sowjetunion zur Gewißheit gewordene Bedeutung der Isotopentrennung für die Indikatorenmethode und für die Realisierung von Kernkettenreaktionen. Auch bei der Messung von Wirkungsquerschnitten für langsame Neutronen machte er sich verdient.

Die wichtigsten Ergebnisse seiner Tätigkeit faßte Houtermans in einem Geheimbericht »Zur Frage der Auslösung von Kernkettenreaktionen« zusammen, der damals allen maßgebenden deutschen Kernphysikern übermittelt wurde. In dieser Schrift aus dem Jahre 1941 sagte Houtermans die Spaltbarkeit durch Neutronen und die Perspektive des Plutoniums voraus. Er stellte die Überlegenheit des Plutonium-Verfahrens gegenüber der Spaltstoffherstellung durch Isotopentrennung dar und machte auf jenen Weg aufmerksam, der heute in den sogenannten Brutreaktoren als wohl rationellste Methode zur Energiegewinnung angewandt wird. Sie allein gestattet die vollständige Ausnutzung des Energieinhalts von natürlichem Uran.

Es ist überraschend, diese Arbeit in den zusammenfassenden offizi-

rechte Seite: Auszüge aus einem Bericht meines Lichterfelder Institutes vom August 1941, in welchem die Überlegenheit des Plutonium-Verfahrens gegenüber der Spaltstoffgewinnung durch Isotopentrennung von F. G. Houtermans klar ausgesprochen wird. Leider ist die Existenz dieser Arbeit im offiziösen Schrifttum dieser Jahre bisher verschwiegen worden.

Zur Frage der Auslösung von Kern-Kettenreaktionen

von Fritz G. Houtermans

Mitteilung aus dem Laboratorium Manfred von Ardenne

Berlin-Lichterfelde-Ost

Inhalt

U^{235}. Daher muss also ein entstehendes langlebiges Produkt der Masse 239 durch thermische Neutronen spaltbar sein. Jedes Neutron, das anstatt an U^{235} Spaltung zu bewirken von U^{238} eingefangen wird, schafft also einen neuen, durch thermische Neutronen spaltbaren Kern. Wir können daher eine Apparatur, die es gestattet, mit einem Energieumsatz an wägbaren Mengen U^{235} die Kettenreaktion ablaufen lassen, gleichzeitig als eine Isotopenumwandlungsapparatur ansehen. Der Vorteil gegenüber einer Isotopentrennungsapparatur ist aber der, dass das neugeschaffene Produkt, das ja eine Kernladung von 93 oder mehr hat, chemisch nicht mehr mit dem Uran identisch und daher mit gewöhnlichen chemischen Methoden abzutrennen ist. Da nun viel grössere Mengen, nämlich das 139fache an U^{238} zur Verfügung stehen, so ist die Verwertbarmachung desselben als "Brennstoff" für eine Kettenreaktion ein für unsere Themenstellung viel wichtigerer Vorgang, als die Isotopentrennung, die bloss das U^{235} zu verwerten gestattet.

Für die Anregung zu dieser Arbeit und deren Ermöglichung danke ich Baron Manfred von Ardenne.

Berlin-Lichterfelde-Ost, August 1941

ellen Nachkriegsberichten kaum erwähnt zu finden, obwohl die Houtermansschen Untersuchungen sowohl von sowjetischen als auch von amerikanischen Wissenschaftlern mit größtem Interesse zur Kenntnis genommen wurden.

Das Lichterfelder 60-Tonnen-Zyklotron

Professor Houtermans, der bei seinen Messungen zunächst an die verhältnismäßig schwachen natürlichen Strahlenquellen gebunden war, setzte sich sehr für die Errichtung des 60-Tonnen-Zyklotrons in Lichterfelde ein. Außerdem war mit Professor Hahn besprochen worden, daß unsere Anlage auch seinem Dahlemer Kreis zur Verfügung stehen sollte. Ich hatte auf eine genauso gute Zusammenarbeit mit dem Hahnschen Kaiser-Wilhelm-Institut für Chemie gehofft, wie sie mit dem Thiessenschen Kaiser-Wilhelm-Institut für physikalische Chemie und dem Butenandtschen Kaiser-Wilhelm-Institut für Biochemie schon länger bestand. Leider ist es durch den Luftkrieg nicht mehr zur endgültigen Inbetriebnahme des Zyklotrons gekommen.

Bau der unterirdischen Laborbunker

Und doch hat sich der Bau der Anlage sehr positiv ausgewirkt. Die dazu notwendigen Strahlenschutz-Maßnahmen erforderten erhebliche Sorgfalt und gaben mir eine Handhabe, 1941, das heißt zu einer Zeit, als dies noch möglich war, die sofortige Errichtung mehrerer großer unterirdischer Betonbunker durchzusetzen. In meiner damaligen Lage fühlte ich mein Institut besonders durch die vorausgesehenen anglo-amerikanischen Luftüberfälle bedroht. Ich fürchtete sie um so mehr, weil ich die Leistungsfähigkeit der Motorenindustrien dieser Länder aus eigener Anschauung kannte.
Während die Parallelanlage der Reichspost in Miersdorf oberirdisch installiert wurde, entstand unser Zyklotron in dem Hauptbunker von 10 × 10 m Grundfläche, dessen Boden fast 10 m unter der Erdoberfläche lag. Über 1½ m starke Eisenbetonwände bildeten einen guten Bombenschutz.

Daneben ließen wir noch zwei kleinere bauen, von denen der eine die 250-kW-Transformatorenstation aufnahm und der andere speziell als Luftschutzbunker diente. Wegen dieses Sonderzwecks gab es keine Verbindungstür zu den anderen unterirdischen Räumen. Er hatte auch nur eine Bodenfläche von etwa 2×3 m.
Diese Bauten waren Ende 1942, das heißt gerade rechtzeitig vor Einsetzen des verstärkten Luftkriegs, fertig geworden. Ehe der Bombenhagel Berlin erreichte, entschloß ich mich im Frühjahr 1943, die wertvollsten Apparate -des Instituts und die wichtigsten Anlagen in arbeitsfähigem Zustand auf engem Raum im Bunker aufzustellen. Den größten Teil der Wohnungseinrichtung ließ ich ebenfalls dorthin bringen. Dadurch konnte ich die Laboratoriums- und Wohnungseinrichtung trotz der Ereignisse, die nach dem Frühjahr 1943 über uns hereinbrachen, erhalten.

Der erste schwere Luftangriff

Den ersten schweren Luftangriff erlebten wir in Lichterfelde am 1. März 1943. An diesem Abend brannte unter anderem das Nachbarhaus und das nahe gelegene Laboratorium unseres Freundes Hollmann ab. Der Eindruck dieser Zerstörungen veranlaßte mich, sofort eine Reihe von Maßnahmen zu ergreifen, um unsere Gebäude möglichst zu schützen. So wurde zum Beispiel der gesamte Dachstuhl innen und zum Teil auch außen mit Glaswolle umkleidet, der Boden mit einer 3 cm starken Sandschicht und teilweise mit Eisenblech und Glaswolle bedeckt; den Raum über meinem unverlagert gebliebenen Arbeitszimmer ließ ich gleichfalls mit Glaswolle auslegen.

Schutzmaßnahmen bewährten sich

Als ein Jahr später, Ende März 1944, ein »Bombenteppich« über unseren Stadtteil gelegt wurde und dabei mehrere Brandbomben in das Hauptgebäude einschlugen, verdankte ich diesen vorsorglich getroffenen Anordnungen, daß ich Werte von mehreren hunderttausend Mark retten konnte. Der Dachstuhl des Hauses und die

oberen Räume brannten infolge meiner Maßnahmen sehr langsam ab, und so hatten wir genügend Zeit, die wichtigsten noch im Hause verbliebenen Sachen und Anlagen herauszuholen.
Da sich die Glaswolle auf dem Boden über meinem Arbeitszimmer mit Löschwasser vollsog, blieb dieser wichtige Raum vom Brand unberührt; ebenso gelang es, alle Werkstätten, die 1-Million-Volt-Atomumwandlungsanlage und das nicht in den Bunker verlegte 200-kV-Elektronenmikroskop zu erhalten. Am folgenden Tag fanden wir alle fünf Meter Einschlagstellen auf dem Grundstück.
In dieser Brandnacht kam es darauf an, die eigenen Luftschutzkräfte unter Berücksichtigung der Windrichtung, der Lage von Brandtüren und Brandmauern im Gebäude und der bereitstehenden Löschwassermengen mit kühlem Kopf zu führen und immer wieder zu kontrollieren, ob die Anordnungen trotz der Aufregung auch wirklich ausgeführt wurden. Durch die Glaswollverkleidung und die Räumung der oberen Etage blieben die Mauern völlig unbeschädigt und erwiesen sich beim wenig später mit Hilfe des Rüstungskommandos eingeleiteten Wiederaufbau als stabil genug, ein Eisenbetondach von 45 cm Stärke zu tragen. Bei Kriegsende war das Hauptgebäude mit allen komplizierten Institutsinstallationen wiederhergestellt und in betriebsbereitem Zustand.
Schon vor dem Brand hatten wir bei dem englischen Nachtangriff auf Lankwitz am 23. August 1943 die Wirkung sogenannter Luftminen nachhaltig gespürt. Damals fielen an der Grundstücksgrenze zwei dieser Sprengkörper, die das gerade fertiggestellte Gartenhaus und zwei Nachbargebäude zerstörten. Die Bewohner kamen mit dem Leben davon, weil sie unsere Bunker aufgesucht hatten. Teilweise eingestürzte Außenmauern und viele eingedrückte oder geborstene Zwischenwände in unserem Hauptgebäude waren das Ergebnis der in einer Entfernung von nur 40 m detonierten Minen.

Selenphotozellen zur Brandstellenmeldung

Wir hatten in sämtlichen Räumen, von den äußersten Ecken der Dachstühle bis zur untersten Etage, Selenphotozellen installiert, die zunächst in Parallelschaltung mit einem Galvanometer im Luftschutzbunker verbunden waren. Sobald bei einem Nachtangriff das Licht einer Brandbombe direkt oder indirekt eine der Selenzellen traf, schlug das Galvanometer kräftig aus; man konnte dann die Parallelschaltung aufheben, über einen Wahlschalter mit Raumbezeichnung sofort den Brandort bestimmen und das Feuer noch im Entstehen bekämpfen. Als unser Hauptgebäude getroffen worden war, funktionierte die Anlage ausgezeichnet, nützte uns jedoch nur begrenzt, weil mehrere Brandbomben mit Sprengladung ausgerechnet auf die Treppe unseres Bunkers gefallen waren und uns hinderten, ihn schnell zu verlassen.

Nachdem ich die Anlage in der Zeitschrift »Gasschutz-Luftschutz« im Mai 1943 beschrieben hatte, sollten in Deutschland die wichtigsten Betriebe mit solchen Meldeeinrichtungen versehen werden. Tatsächlich wurden aber nur etwa fünfzig auf diese Weise geschützt und erhielten die erforderlichen Teile mit den notwendigen technischen Anweisungen.

Auf unserem Grundstück ließ ich zusätzlich an der Fahnenstange eine größere Selenphotozelle wasserdicht anbringen. Verbunden mit einem hochempfindlichen Galvanometer, zeigte sie im Bunker den Feuerschein von Brandbomben an, die in einem Umkreis von etwa 100 m auftrafen. Sie diente zur örtlichen Vorwarnung.

Informationstechnik über lokale Entwicklung eines Luftangriffes

Im Ausstieg des Luftschutzbunkers hatten wir ein kleines 2-Zoll-Fernrohr aus meiner Sternwarte mit einigen Spiegeln und einer starken Verkleinerungslinse von etwa 15 cm Durchmesser kombiniert. Mit dem Instrument konnte man vom Bunker aus den Himmel in einem Raumwinkel von 90° ungefähr wie mit bloßem Auge betrachten. Durch diese optische Einrichtung sahen wir während der Angriffe, wann und wo die Markierungszeichen – damals allgemein Christbäume genannt – abgeworfen wurden und vor allen Dingen den Lichtblitz explodierender Bomben.

Die von den Detonationen im Verlauf der Angriffe verursachten Luftdruckschwankungen zeichneten wir seit Mitte 1944 mit einem umgebauten Barographen auf. Aus dem Zeitabstand zwischen

Lichtblitz und Barometerreaktion ergab sich jeweils die Entfernung des Bombeneinschlages. Diese Hilfsmittel erlaubten uns, vor allem in Verbindung mit der gleichzeitig per Radio abgehörten Luftlagemeldung, ungefähr den jeweiligen Schwerpunkt des Bombardements und die noch bevorstehende Dauer einzuschätzen. Besonders die Barographen-Aufzeichnungen spiegelten eindrucksvoll die zunehmende Stärke der englischen Nacht- sowie der amerikanischen Tagangriffe gegen Kriegsende wider.
Physik und Elektronik beschäftigten uns übrigens während der Fliegeralarme so sehr, daß keine Zeit zum Nachdenken über die Gefahren des Augenblicks blieb. Dadurch haben wir uns damals alle viel Nervensubstanz erhalten.

Deutsche »Luftkriegführung« 1944

Ungefähr Mitte 1944 kündigte der Präsident der Forschungsanstalt der Deutschen Reichspost, Gerwig, den Besuch des Generalfeldmarschalls Milch und des Postministers an. Thema des Besuchs sei die Frage, ob und wie man mit kernphysikalischen Strahlen feindliche Flugzeuge herunterholen könne. Ich äußerte so unverhohlenes Erstaunen über die Naivität der Fragestellung, daß der Besuch gar nicht zustande kam. Die Führung der Luftwaffe schien aber doch ernstere Absichten zu haben, denn im Januar 1945 suchte mich Dr. Baer vom Planungsamt des Reichsforschungsrates auf, um verschiedene technische Möglichkeiten zu diskutieren. Er hatte wenige Tage zuvor von Göring den Auftrag erhalten, die »physikalischen Methoden zur Bekämpfung feindlicher Bomber zu erforschen und zusammenzustellen«. Das zu einem Zeitpunkt, als die meisten deutschen Städte bereits in Schutt und Asche lagen!

Vernachlässigter Schutz der Zivilbevölkerung

Damals stellte ich mir die Frage, warum die deutsche Luftkriegführung nicht bei Bekanntwerden der Produktionsziffern der amerikanischen und englischen Flugzeugindustrie oder zumindest bei den ersten mit der Teppich-Taktik geflogenen Bombenangriffen der Gegner Forschung und Technik alarmierte. Einen Katalog von Maßnahmen zum Schutz der Zivilbevölkerung hätte man entwikkeln oder, besser noch, die Einstellung des verbrecherischen und obendrein völlig aussichtslos gewordenen Krieges veranlassen müssen. Natürlich waren diese Vorstellungen subjektiv. Mir schien der Lauf der Ereignisse einfach eine Folge davon zu sein, daß keine kompetenten Leute aus den verschiedensten Gebieten von Wissenschaft und Technik in führenden Stellungen saßen. Der »Reichsforschungsrat« konnte solche Aufgaben nicht lösen. Dazu war seine Einflußsphäre viel zu begrenzt. Diese Gedanken, die mich im Kern schon Anfang der dreißiger Jahre bewegt hatten, bedrängten mich während des Krieges besonders stark. Deswegen hatte ich Anfang 1942 einen Besuch des Postministers Ohnesorge benutzt, meine Überlegungen in dieser Richtung noch einmal mit allem Nachdruck auszusprechen. Bei der Unterredung waren der Staatssekretär im Postministerium Nagel und der Präsident des Reichspostzentralamtes Gladenbeck zugegen.

Ohnesorge meinte schließlich, er halte meine Ansichten prinzipiell für richtig und erkenne die Notwendigkeit der vorgeschlagenen Maßnahmen ohne Einschränkung an, aber nach den Erfahrungen, die er in letzter Zeit gesammelt habe, resigniere er. Gegenüber den Militärs und Hitler könne er sich nicht durchsetzen. Am Ende unseres Gesprächs stellte er meine Berufung in den Reichsforschungsrat in Aussicht. Sie erfolgte jedoch erst drei Jahre später durch ein Schreiben Görings vom 2. Januar 1945 und brachte für mich insofern einen informatorischen Gewinn, als ich mich in drei Kuratoriumssitzungen über den Stand von Wissenschaft und Technik sowie über die bei Kriegsende aktuellsten technischen Probleme orientieren konnte.

Nutzlose Denkschrift

Auch nach der Aussprache mit Ohnesorge habe ich mich im Herbst und Winter 1942 unter dem Eindruck der immer stärker werdenden Bombenangriffe auf unsere Städte bemüht – diesmal durch eine

Denkschrift mit konkreten Vorschlägen für die Bildung eines wissenschaftlichen Rates –, meine Vorstellungen zu verwirklichen. Dabei stimulierte mich das starke Interesse des später im Zusammenhang mit den Ereignissen des 20. Juli 1944 hingerichteten Generalmajors Thiele und des Chefs des Berliner Rüstungskommandos, Generalmajor Hillert.

Diese beiden Generäle, die sich vielfach für die Milderung des hereinbrechenden Unglücks verwandten, erhofften von einem wissenschaftlichen Rat neue Einflußmöglichkeiten auf die »Nach mir die Sintflut«-Weisungen der letzten Hitlerzeit. Einer der engeren Mitarbeiter Speers, Generalmajor Hartmann, der Chef des Amtes Entwicklung, ließ sich bei mehreren Besprechungen völlig für die Vorschläge gewinnen. Doch dann schied er nach einer schweren Herzattacke aus dem Dienst aus. Ich war entmutigt.

Wenn man sich vergegenwärtigt, daß meine fast zehnjährigen Bemühungen um die Gründung eines wissenschaftlichen Rates als Einflußinstrument in Richtung Vernunft, Menschlichkeit, Zivilbevölkerungsschutz negativ verliefen und daß ähnliche Versuche von Max Planck und anderen Persönlichkeiten ebenfalls scheiterten, so drängt sich die Schlußfolgerung auf, daß dahinter nicht schlechthin einfach eine Mißachtung von Wissenschaft und Technik stand, sondern bewußte Mißachtung des Menschen, brutale Unmenschlichkeit.

Ich lehne Wernher von Brauns Angebot ab

Das Laboratorium beschäftigte sich während des Krieges – nicht zufällig – vorwiegend mit Themen der Grundlagenforschung. Hieraus resultierte eine gewisse Zurückgezogenheit. Trotzdem ergab sich manche Berührung mit wichtigen Persönlichkeiten im Mittelpunkt und am Rande des Geschehens. Zum Beispiel besuchte mich Mitte 1942 Wernher von Braun, um mich als Mitarbeiter für Spezialthemen der Raketentechnik zu gewinnen. Ich lehnte sein Angebot ab. – Eine Einladung in die Wilhelmstraße konnte ich nicht zurückweisen. Dort lernte ich Ribbentrop kennen, arrogant und unheilbringend, die Gräfin Ciano, den japanischen Botschafter Oshima, den italienischen Botschafter Alfieri und viele andere. Die einzige Freude auf diesem Empfang war die ausgiebige Unterhaltung mit dem Heidelberger Biochemiker Richard Kuhn.

Der Dichter Werner Bergengruen

Im Frühjahr 1943 – die Armee von General Paulus hatte gerade in Stalingrad kapituliert – besuchte uns der in Riga geborene Onkel meiner Frau, Werner Bergengruen. Eine der großen Leistungen dieses Dichters und Schriftstellers ist bekanntlich die Übersetzung von Leo Tolstois wunderbarem Werk »Krieg und Frieden« in die deutsche Sprache. Es war naheliegend, daß sich unsere Unterhaltung zuerst nur um die Ereignisse von Stalingrad, die Sowjetunion und das bevorstehende Ende des »Dritten Reiches« drehte. Werner Bergengruens Worte: »In der Sowjetunion stehen tüchtigen Vertretern deines Faches alle Türen offen« trugen kurz vor Kriegsende zu meiner späteren Entscheidung für die Sowjetunion bei.
Dann wandte sich unser Gespräch Erinnerungen an das Berlin der zwanziger Jahre zu. Er erzählte von der Hilfe, die ihm der Dichter Meyer-Förster bei ersten schriftstellerischen Arbeiten gab, von Begegnungen mit Paul Lindau und von der Verehrung, die der Dichter Hermann Sudermann meiner Schwiegermutter Edith Bergengruen in ihren jungen Jahren entgegengebracht hatte.

Premiere elektronischer Musik

Ich wußte, daß Werner Bergengruen sich für Musik interessierte, und lenkte die Unterhaltung auf jene denkwürdige Veranstaltung am Potsdamer Platz, zu der die größte Berliner Konzertdirektion 1926 eingeladen hatte. Es war die Premiere elektronischer Musik mit Vorführungen des Leningrader Professors Theremin. Er hatte ein Gerät konstruiert und spielen gelernt, bei dem eigenartige Interferenztöne mit wählbarer Höhe und Vibrato scheinbar aus der Luft gegriffen wurden. Kein Stuhl im Saal war leer geblieben. Unmittelbar neben mir saß Graf Arco, vor ihm Albert Einstein. In den

vordersten Reihen waren mir Max Reinhardt und der berühmte Theaterkritiker Alfred Kerr sowie die musikinteressierte Nora von Siemens aufgefallen. Mitten im Saal entdeckte ich Gerhart Hauptmann, der aber während des Konzertes protestierend aufstand und kopfschüttelnd hinausging. Wir waren uns einig: Die damalige Veranstaltung hat großen Einfluß auf die Musikinstrumenten-Technik gehabt.
Professor Walter Nernst, der dabeigewesen war, konzipierte seinen Neo-Bechstein-Flügel. Ihm folgten bald mein guter Bekannter aus der Loewe-Zeit Dr. Trautwein mit seinem Trautonium sowie Dr. Vierling mit seiner elektronischen Orgel. – Bei diesem Treffen 1943 haben wir Werner Bergengruen das letztemal gesehen.

Eine unerfreuliche Begegnung

Zu den für mich unerfreulichsten Begegnungen während des Krieges gehört die mit Staatsrat Professor Esau. Mitte 1943 beendete ich das Manuskript für ein Buch über die beiden kernphysikalischen Indikatorenmethoden mit Isotopen, ein wichtiges Thema, das nach 1945 besonders für die biochemische und medizinische Forschung sehr große Bedeutung erlangte. Professor Esau war damals Beauftragter für Kernphysik im Reichsforschungsrat. Ich hatte mich vor Beginn der Niederschrift bei ihm vergewissert, daß keine Bedenken gegen eine solche Veröffentlichung bestanden. Dennoch verhinderte er mit Hilfe einer Kontrollstelle im Propagandaministerium länger als ein Jahr ihr Erscheinen. In dieser Zeit veranstaltete er in Straßburg eine Tagung, die sich mit ganz ähnlichen Themen beschäftigte. Erst als Professor Esau zufällig abgelöst und Professor Gerlach Beauftragter für Kernphysik wurde, konnte meine Arbeit kurz vor Kriegsende gedruckt werden. Mit viel Glück rettete ich trotz des sich immer mehr verstärkenden Luftkrieges wenigstens einen Teil der Auflage noch rechtzeitig in einen Bunker. Damals ist das Buch in Deutschland offiziell nicht mehr erschienen. Eine sowjetische Ausgabe kam 1948 heraus.

Vorsorge für die Zukunft

Im letzten Jahr der Hitlerherrschaft konzentrierte ich alle Kräfte auf das Ziel, bei Kriegsende über möglichst viele wichtige Spezialanlagen, Einrichtungen und arbeitsfähige Laboratorien zu verfügen. So entstanden auf Anregung von Walter Glaser – dem Mitbegründer der heutigen theoretischen Elektronenoptik – nach einem Besuch im Bunker das neue Universal-Elektronenmikroskop mit dem schon erwähnten Hochleistungsmagnet-Objektiv und seiner Objektlage etwa im Feldmaximum, mit Feinstrahlkondensor und Objektkühlung sowie ein Registrier-Massenspektrometer. Die Arbeiten an der Zyklotronanlage und an einem magnetischen Isotopentrenner eigener Konzeption für hohen Massentransport forcierte ich ebenfalls. Bei dem Isotopentrenner handelte es sich um eine Versuchsanlage mit 2-Tonnen-Magnet, ringförmigem Trennmagnetfeld und zentral angeordneter Plasma-Dampf-Ionenquelle. Über eine sehr ähnliche Anlage berichtete 1947 in den USA die »Physical Review«. Die Tatsache, daß wir uns fast während des ganzen Krieges mit dem Thema Isotopentrennung theoretisch und – soweit es der Luftkrieg zuließ – mit der magnetischen Isotopentrennung auch experimentell beschäftigten, hat nach dem Krieg die Arbeitsrichtung des Forschungsinstituts, das ich in der Sowjetunion aufbaute und leitete, bestimmt.

Baupläne

Gegen Ende des Krieges war in Deutschland die Bautätigkeit selbst in Fällen, bei denen die volle Unterstützung des Rüstungskommandos sicher war, fast ganz zum Erliegen gekommen. Dennoch gelang es mir, nicht nur das abgebrannte Hauptgebäude in neuer, zweckmäßigerer Aufteilung wieder vollständig zu restaurieren, ich ließ sogar noch ein neues Laboratorium errichten. Die Baubehörde fragte ich allerdings nicht, und als Material wurden Steine aus der Ruine eines inzwischen erworbenen Nachbargrundstücks gewonnen. Das 5000 m^2 große günstig angrenzende Gelände hatte ich im Frühjahr 1944 gekauft. Damit wollte ich die Erweiterung des Instituts durch drei neue Gebäude unmittelbar nach dem Krieg vorbereiten. Der Dekan der bauwissenschaftlichen Fakultät der Technischen Hochschule, Professor Seeger, entwarf die Pläne dafür bis ins Detail. Sie wurden zwar dann in Lichterfelde nicht realisiert, halfen mir jedoch unmittelbar nach Beendigung des Krieges sehr, als ich in der Sowjetunion den Auftrag übernahm, ein großes Forschungsinstitut zu errichten.

Noch einmal werden unsere Anlagen besichtigt

Im Sommer 1944 besuchte uns Dr. Hermann von Siemens zum letztenmal. In seiner Begleitung befanden sich der Nobelpreisträger Professor G. Hertz und Professor K. Küpfmüller. Die Herren besichtigten im unterirdischen Bunker das neue Universal-Elektronenmikroskop, das Registrier-Massenspektrometer, das damals nahezu fertiggestellte 60-Tonnen-Zyklotron und die Versuchsanlage unseres magnetischen Isotopentrenners mit Plasma-Ionenquelle. Diese prominenten Wissenschaftler zeigten ein unverhohlenes Interesse an den Einzelheiten der Anlagen. Das gab mir die Gewißheit, über mehrere wichtige physikalische Spezialanlagen zu verfügen, die für die kommende Zeit eine solide Grundlage zur Fortsetzung der wissenschaftlichen Forschungsarbeiten sicherten.
Bald nach dem geschilderten Besuch war Professor Hertz noch einmal in Lichterfelde. Bei dieser Gelegenheit nahmen wir kein Blatt vor den Mund. Der Krieg war verloren. Wir besprachen Möglichkeiten, wie wir unsere Mitarbeiter in dem zu erwartenden Chaos bei Kriegsende am besten schützen konnten.
Ende Oktober 1944 erläuterte ich meinen Mitarbeitern im Rahmen eines letzten Betriebsabends in Lichterfelde den Stand und die künftige Bedeutung unserer technischen Entwicklungen beziehungsweise Forschungen. Ich wollte ihnen damit einen geistigen Rückhalt in den bevorstehenden schweren Monaten geben und den Zusammenhalt unseres ganzen Kreises festigen. Dieser Abend hat wesentlich dazu beigetragen, daß die wichtigsten Mitarbeiter sich entschlossen, bei mir zu bleiben, als das Lichterfelder Laboratorium unmittelbar nach dem Krieg in die Sowjetunion überführt wurde.

Eine folgenreiche Unterlassung

In meinem Buch über die beiden kernphysikalischen Indikatorenmethoden mit Isotopen hatte ich bei dem kurzgefaßten Dank für die Unterstützung unserer Forschungsarbeiten durch die Reichspost nur die Formulierung »Reichspostminister« benutzt und den Namen »Ohnesorge« weggelassen. Mitte Januar 1945, wenige Tage nachdem ich den Jahresbericht mit meiner Buchveröffentlichung übergeben hatte, wurden auf Anordnung von Ohnesorge sämtliche Verträge zum nächstmöglichen Termin (Ende 1945!) gekündigt, die mein Laboratorium mit der Deutschen Reichspost verbanden. Professor Gladenbeck eröffnete mir in höherem Auftrag, ich sei »persona non grata« beim Herrn Reichspostminister geworden. Die Vereinbarungen mit der Post bildeten damals die Hauptquelle für die Finanzierung unserer Forschung. Um niemand unnötig zu beunruhigen, hielt ich die Kündigung bis zum Kriegsende geheim. Nach Ende des Krieges erleichterte mir diese Kündigung den Übergang in die neue Zeit. Vielleicht war dies die Absicht von Ohnesorge gewesen.

Als die sowjetischen Truppen in den ersten Wochen des neuen Jahres näher rückten, trafen wir alle Vorbereitungen, um die engeren Mitarbeiter mit ihren Familien, die eigenen Angehörigen, das Laboratorium und die Wohnung möglichst gut durch den bevorstehenden Kampf um Berlin zu bringen. Wir kaschierten die Bunkereingänge mit abgebrannten Laborschränken und einem gewaltigen Schrotthaufen. Das Einstiegsloch in der Mitte des Gerümpelberges war durch ein zerknittertes Eisenblech verdeckt. Die Tarnung ist uns so gut gelungen, daß die Bunkereingänge später von keinem Uneingeweihten gefunden wurden.

Die Front erreicht Lichterfelde

Im April 1945 erreichte die Front Lichterfelde. Wir lebten und schliefen gemeinsam mit zahlreichen Familien von Mitarbeitern und Nachbarn in den Bunkern. Ein rechtzeitig vorbereiteter Brunnen sorgte für Wasser, die notwendigsten Lebensmittel hatten wir in

vereinten Bemühungen beschafft, Wachskerzen und Notbeleuchtungsanlagen sicherten das Licht.
Auch gegen etwaige Plünderer war vorgesorgt. Tränengasampullen standen bereit, die im Kaiser-Wilhelm-Institut für physikalische Chemie fabriziert worden waren. Glücklicherweise brauchten wir sie nicht anzuwenden. Als weitere Vorsichtsmaßnahme hatten wir die verschiedenen unterirdischen Räume durch eine spezielle Telefonanlage miteinander verbunden. An den Grundstückszugängen verwiesen Schilder in russischer Sprache auf den Institutscharakter des ganzen Komplexes. Außerdem war, meinem Vorschlag entsprechend, mit den befreundeten Leitern verschiedener Kaiser-Wilhelm-Institute und Forschungseinrichtungen eine Art Schutzring verabredet worden; derjenige, der als erster prominenten sowjetischen Wissenschaftlern begegnete, sollte sich sofort für den Schutz aller angeschlossenen Institute einsetzen. Der Wert dieser Verabredung hat sich in den kritischen Tagen für uns und unsere Freunde eindrucksvoll bewiesen.

Der Schutzbrief

Es war am 27. April abends in einem Augenblick tiefster Depression. Die Kämpfe in unserem Bezirk verebbten. Gerade waren die Hilfeschreie eines in der Nähe Verwundeten verstummt, als die Nachricht vom Tod des Bruders eines Nachbarn eintraf, der mit uns im Bunker Zuflucht gesucht hatte. Da hörten wir das Brummen eines schweren Motors. Aus einem sowjetischen Panzerwagen stieg Professor Thiessen, der Leiter des Dahlemer Kaiser-Wilhelm-Instituts für physikalische Chemie, und winkte uns beruhigend zu. Er wurde von einem Major der Sowjetarmee begleitet – einem führenden Chemiker, wie sich später herausstellte. Der Major fertigte eine Art Schutzbrief für mein Lichterfelder Institut aus, und von diesem Augenblick an waren die Bunker ein noch begehrteres Asyl für die verängstigte Nachbarschaft. Den Schutzbrief ließ ich sofort originalgetreu mit unserer Kopiereinrichtung vervielfältigen und an den Kreis der Mitarbeiter verteilen.
Unsere Vereinbarung, an der sich neben Professor P. A. Thiessen auch Professor G. Hertz und Professor M. Vollmer beteiligt hatten,

ist sicher nicht ohne Einfluß auf unser Nachkriegsschicksal in der Sowjetunion gewesen. Unter anderem führte sie wahrscheinlich dazu, daß Professor Hertz und ich in der Sowjetunion in enger örtlicher Verbindung blieben und gleichzeitig vor ähnliche Aufgaben gestellt wurden.

Nur geringe Kriegsschäden

Bei den Kampfhandlungen war nur eines unserer Nebengebäude von einer Granate beschädigt worden. Das ist nicht nur Glück gewesen. Schon zweieinhalb Monate vorher, als die unverantwortlichen »Verteidigungsmaßnahmen« für Berlin eingeleitet wurden, hatte ich um eine Besprechung mit dem zuständigen Kampfkommandanten, Generalleutnant Schroeder, gebeten. Er sagte mir nach Studium seiner Karte auf der Kommandostelle zu, bemüht zu bleiben, bei unserem Institut und den Bunkern keine wesentlichen Kämpfe entstehen zu lassen. Ich erreichte das wohl nur deshalb, weil ich nachdrücklich auf die Bedeutung der Anlagen und Gebäude für den Wiederaufbau einer deutschen Forschung nach dem Krieg hinwies. Jedenfalls unterblieb in der Nähe der Bau von militärischen Stellungen, der Einbau von Flakgeschützen und vor allem die Verteidigung der unmittelbar gegenüberliegenden SS-Kaserne durch deren Besatzung.

»Lähmungsaktion« in letzter Stunde

Die sogenannte Lähmungsaktion, die nach Weisung des Berliner Rüstungskommandos darin bestehen sollte, in frontnahen Gebieten alle Anlagen durch Zerstörung von wichtigen Bestandteilen außer Betrieb zu setzen, gab mir die Möglichkeit, meine wichtigsten Mitarbeiter im kritischen Augenblick sogar vom »Volkssturm« frei zu halten und in den Bunkern verschwinden zu lassen. Ich brauchte sie eben für die wirksame Durchführung der Lähmungsaktion im letzten Augenblick. Zerstört wurde natürlich nichts!
Unsere Freistellungen vom Volkssturm riefen beim Ortsgruppenleiter der NSDAP eine derartige Feindschaft gegen mich hervor, daß er bei seinem letzten Gang in brauner Uniform unmittelbar vor dem

Eintreffen der sowjetischen Panzerspitzen auf einen meiner Mitarbeiter schoß, der eine gewisse Ähnlichkeit mit mir hatte. Glücklicherweise traf die Kugel nicht, sondern schlug wenige Zentimeter neben dem Kopf meines Kollegen ein.

Keine Verlagerung nach dem Westen

Kurz vor dem Durchbruch der sowjetischen Armeen bei Küstrin war mir, ohne daß ich darum gebeten hatte, vom Rüstungskommando eine Bescheinigung ausgestellt worden, die es mir ermöglicht hätte, zusammen mit meiner Familie sowie den meisten Anlagen und Dokumenten Berlin zu verlassen und einen Ort westlich der Elbe aufzusuchen. Ich folgte dieser Aufforderung nicht, was unter den damaligen Umständen keineswegs ungefährlich war. Ich wußte, wie die territoriale Abgrenzung zwischen der Sowjetunion und den Westmächten in Deutschland vorgesehen war. Ich entschied mich zum Bleiben – und damit für die sowjetische Seite. Die Richtigkeit dieses Entschlusses, der unsere und unserer Kinder Zukunft bestimmte, habe ich später immer wieder empfunden, je mehr ich mir der ganzen Tragweite meiner Entscheidung bewußt wurde.
Durch mein Verbleiben in Berlin-Lichterfelde handelte ich auch gegenüber meinen Mitarbeitern, die mir voll vertrauten, nach bestem Wissen und Gewissen. Ich ließ sie im kritischen Augenblick nicht allein, gab ihnen einen starken Rückhalt und wurde durch ihre Treue belohnt. Das so fest zusammengewachsene wissenschaftlich-technische Kollektiv mit seiner vielfältigen Tradition zerflatterte nicht im Sturmwirbel der Ereignisse.
Die im Laufe von zwanzig Jahren erarbeiteten Einrichtungen hatte ich mit viel Mühe über den Krieg gerettet. Ich war froh, daß sie für das weitere Wirken des Instituts voll zur Verfügung standen.

Die Wiedereinrichtung meines Lichterfelder Instituts

Sobald das Infanteriefeuer aufhörte – die letzten Granaten detonierten noch in der Nachbarschaft –, gingen wir, zunächst vorsichtig, jedoch nachdem wir den »Schutzbrief« besaßen, ganz offen dazu über, die Gebäude wieder betriebsbereit zu machen und mit dem auf die Bunker verteilten Inventar fertig einzurichten sowie die unterirdischen Laboratorien in einen für die weitere Arbeit zweckmäßigen Zustand zu bringen. Während Berlin und Umgebung bei Kriegsende nahezu überall Bilder stärkster Zerstörung und chaotische Zustände zeigten, befanden sich unsere Häuser mit ihren Laboratorien und der Wohnung bereits in einem fast friedensmäßigen Zustand. Die Fenster waren normal verglast, die Räume fertig gestrichen, die Labormöbel und die Wohnung eingeräumt, die wichtigsten Anlagen und Apparate an ihrem vorgesehenen Platz. Auch darin kam die innere Stärke unserer zusammengebliebenen arbeitsbereiten Gemeinschaft zum Ausdruck.

Generaloberst Machniow unterbreitet mir einen Vorschlag

Am 10. Mai 1945 erschien Generaloberst Machniow mit seinem Stab bei uns. Er war Beauftragter für den Sektor Wissenschaft und Technik und Verbindungsoffizier zur sowjetischen Akademie der Wissenschaften. Mitglieder dieser Gruppe waren, wie wir später erfuhren, die bekannten Professoren Artzimovich, Flerow, Kikoin und Migulin. Die sowjetischen Wissenschaftler dehnten die Besichtigung und die nachfolgende Besprechung über mehrere Stunden aus. Ihr Interesse fand seinen Grund in unseren Arbeiten am Elektronenmikroskop, die besonders Professor A. Joffé, der Senior der sowjetischen Physik, aufmerksam verfolgt hatte. Beeindruckend waren natürlich auch die kernphysikalischen Anlagen und die vollkommene Unversehrtheit der Laboratorien. Jahre danach sagte Professor Artzimovich, wir hätten wie eine einsame friedliche Insel im Chaos Berlins gewirkt.

Schon zu Beginn des Besuches war unser Grundstück durch eine stärkere Gruppe sowjetischer Soldaten unter Schutz gestellt worden. Diese Wache riegelte in den folgenden Tagen das Areal bei Tag und Nacht lückenlos ab.

Gegen Ende der Unterhaltung legte General Machniow mir nahe, bei den zuständigen Stellen der UdSSR einen Antrag auf wissenschaftliche Zusammenarbeit einzureichen. Ich schrieb ohne innere

Vorbehalte ein Gesuch, das meiner einige Monate vorher getroffenen Entscheidung, keine Verlagerung vorzunehmen, genau entsprach. Hatte mir doch Professor Houtermans oft aus eigener Anschauung von der hohen Achtung erzählt, die in der Sowjetunion Menschen entgegengebracht wird, welche durch schöpferische Leistungen den Fortschritt von Naturwissenschaft und Technik fördern. Diese Erfahrung fand ich später immer wieder und oft in überraschender Form bestätigt. Außerdem hatte ich ausländische Rundfunk-Sendungen abgehört und kannte die Vereinbarung aus dem Jalta-Vertrag, die Arbeit deutscher Spezialisten und Wissenschaftler den Siegerstaaten zur Verfügung zu stellen, um sie so durch ihre Leistungen zur Wiedergutmachung der angerichteten materiellen Schäden beitragen zu lassen.
Eine Umsiedlung des Lichterfelder Instituts in die Sowjetunion stand zwar nicht zur Debatte, doch war vom Tag des Gesprächs mit der Wissenschaftlerkommission an die Zukunft für uns fest vorgezeichnet.

Generaloberst Saweniagins Angebot

Am 19. Mai 1945 kam Generaloberst Machniow noch einmal zu mir. In seiner Begleitung befand sich der spätere Stellvertretende Ministerpräsident der Sowjetunion, Generaloberst Saweniagin, der Begründer von Magnitogorsk. Mit diesem bedeutenden Mann sollte ich im folgenden Jahrzehnt alle großen Probleme und Fragen zu besprechen haben. Ich lernte ihn wegen seiner außerordentlichen Klugheit, Tatkraft und Menschlichkeit sehr schätzen. In schwierigen Situationen hat er uns deutschen Spezialisten gegenüber stets mit großem Verständnis und mit allem Entgegenkommen gehandelt, das ihm die Rücksichtnahme auf die Staatsinteressen der Sowjetunion erlaubte.
Bei dem Zusammentreffen am 19. Mai 1945 unterrichtete Generaloberst Saweniagin mich von dem Vorschlag seiner Regierung, Aufbau und Leitung eines großen, für die Sowjetunion arbeitenden, technisch-physikalischen Forschungsinstituts zu übernehmen.
Seine Thematik sollte sein: Feinstrukturforschung (Elektronen-Mi-

kroskopie, Elektronen-Rastermikroskopie, verschiedene Arten der Mikroanalyse mit der Elektronen-Mikrosonde), Anwendung der Indikatormethoden mit radioaktiven und stabilen Isotopen (kernphysikalische Meßtechnik, magnetische Isotopentrennung und Massenspektrometrie), also eine Fortsetzung unserer Lichterfelder Forschungen. Ohne mehr als Sekunden zu zögern, akzeptierte ich diesen überraschenden Vorschlag.

Abflug in die Sowjetunion

Zwei Tage später, am 21. Mai 1945, fuhren meine Frau und ich in militärischer Begleitung durch das Trümmerfeld Berlins zum Flughafen Tempelhof. Von dort aus traten wir, gemeinsam mit meiner Sekretärin, Frau Elsa Suchland, meinem Schwiegervater, Alexander Bergengruen, und dem Biologen Dr. Wilhelm Menke als wissenschaftlichem Berater die Reise nach Moskau an. Als wir die Wälder überflogen, die noch von den Schlachten brannten, und die deutsche Grenze passierten, sagte Professor Artzimovich, der uns begleitete: »Sie werden bei uns in der Sowjetunion vieles ganz anders finden, als Sie es bisher gewohnt waren.« – Und so ist es auch gewesen.
Die Kinder und alles andere hatten wir relativ leichten Herzens in Lichterfelde zurückgelassen, denn wir reisten ja nur »zum Abschluß eines Vertrages für zwei Wochen in die Sowjetunion«. Aus diesen vierzehn Tagen sind dann zehn inhaltsreiche Jahre geworden.

3. Buch
Sowjetunion 1945 bis 1955

Kapitel 1: Das Forschungsinstitut bei Suchumi

Ankunft in Moskau

Wir eilten Moskau in einer Douglas-Transportmaschine entgegen, die mit zwei Sofas und einigen Teppichen provisorisch für die Personenbeförderung hergerichtet worden war. Nach mehrstündigem Flug über unbekannte Weiten und schier endlose Wälder landeten wir auf dem Zentralen Militärflughafen Wnukowo. So wenige Tage nach Kriegsende herrschte hier außergewöhnlicher Betrieb. In kürzesten Zeitabständen starteten und landeten Maschinen.
Als wir das Rollfeld betraten, gesellte sich ein Mädchen vom dunklen Typ der Südkaukasierinnen zunächst wortlos zu uns. Später stellte sich heraus, daß sie uns als ständige Begleiterin und Dolmetscherin attachiert war. Nach einigen hundert Metern gemeinsamen Weges eröffnete sie die Unterhaltung mit den Worten: »Haben Sie Ihre Kinder nicht mitgebracht?« Eine Frage, die uns bald recht nachdenklich stimmte.
Während beim Abflug in Berlin schönstes Frühlingswetter geherrscht hatte, schneite und regnete es in Moskau, und auch das Bild der Straßen mit den bis auf die Trittbretter überfüllten Straßenbahnen trug nicht dazu bei, unsere Stimmung zu heben. Die Fahrt im Auto durch die Vorstädte, vorbei an den kleinen, damals noch typischen Holzhäuschen, dauerte lange. Schließlich erreichten wir einen am Moskwa-Kanal gelegenen Vorort mit Datschen, kleinen, von Gärten umgebenen Sommer- und Wochenendhäusern. Der Name dieses Vorortes, in dem wir die nächsten Monate verbringen sollten, lautete in der Übersetzung »Silberwald«.

Schöne Tage im Silberwald

Der Wagen bog von der Straße in ein hochumzäuntes Waldgrundstück ab und hielt vor einer dieser Datschen. Dann folgte Überraschung auf Überraschung. Ein ganzer Stab stand zu unserer Betreuung bereit: ein Koch mit weißer Mütze, zwei Hausmädchen und ein Heizer. Kaum hatten wir das für vierzehn Tage zusammengestellte Gepäck in den zugewiesenen Zimmern untergebracht, als wir zum Essen gebeten wurden.

Die Tür zu einem Speisezimmer öffnete sich feierlich. Strahlende Lichtfülle umfing uns, und eine weiß gedeckte, festlich anmutende Tafel nahm unsere Blicke gefangen. In der fast sechsjährigen Kriegszeit waren wir in bezug auf Ernährung zu äußerster Bescheidenheit gezwungen gewesen, und nun erwarteten uns hier lukullische Genüsse in völlig ungewohnter Quantität und Qualität: kräftige Suppe mit Sahne, gebratene Hühner, dazu hellstes Weißbrot, Butter, Aufschnitt in Fülle, mehrere Sorten Käse, Dessert, Wein, Wodka, Bier und Kaffee. Ein vollkommenes Souper, wie wir es selbst in den weit zurückliegenden Friedenszeiten kaum gesehen hatten.

Als wir die erste Überraschung überwunden hatten, gaben wir uns – wenn auch mit moralischen Hemmungen wegen der allgemein herrschenden Not und mit dem Gedanken an unsere ausgehungerten Angehörigen zu Hause – den dargebotenen Genüssen hin.

Bei dieser üppigen Verpflegung blieb es bis zum Ende des dreimonatigen Aufenthalts im Silberwald. Und das, obgleich die Bevölkerung der Sowjetunion nach Kriegsende pro Kopf weniger zu essen bekam, als selbst für die Versorgung der Kriegsgefangenen zur Verfügung gestellt wurde – das wußten wir damals allerdings noch nicht.

In der Moskauer Großen Oper

Bald nach der Ankunft, nur sechzehn Tage nach Kriegsende, reservierte man in der Moskauer Großen Oper eine Seitenloge für unsere Gruppe. Es wurde das Ballett »Schwanensee« von Peter Tschaikowski mit hervorragender Besetzung gegeben. Links neben uns saßen prominente Mitglieder der englischen Botschaft, rechts einige

Angehörige der amerikanischen Vertretung – und wir als Deutsche, zwei Wochen nach Ende des Hitlerkrieges, dazwischen! Als unsere Nachbarn hörten, daß wir deutsch sprachen, warfen sie äußerst interessierte Blicke herüber. Vielleicht vermuteten sie, führende sozialistische deutsche Politiker zu sehen.
Nach den vielen Luftangriffen auf Berlin und den Schrecken des Krieges fühlten wir uns in eine andere Welt versetzt. Dieses Empfinden wurde noch erheblich stärker, als wir das Opernhaus verließen und zum erstenmal seit Jahren wieder die helle Lichterflut abendlicher Straßenbeleuchtung bestaunten.
Bei einem zweiten Besuch der Großen Oper im August, kurz vor unserer Abreise nach dem Süden, erlebten wir den Augenblick, als die Nachricht von der Beendigung des kurzen Sowjetisch-Japanischen Krieges und damit vom Ende des Zweiten Weltkrieges eintraf. Die Vorstellung wurde unterbrochen, ein Sprecher gab das Ereignis feierlich bekannt, und das Orchester intonierte die Hymne der Sowjetunion.

Ich beginne meine Biographie zu schreiben

Als sich Anfang Juni die zum Abschluß des Vertrages vorgesehenen vierzehn Tage dem Ende näherten, drängte ich immer energischer, aber vergeblich auf den Beginn der Verhandlungen. Unsere Dolmetscherin tröstete mich mit den Worten: »Ruhen Sie sich aus! Gehen Sie spazieren!«
So unternahmen wir regelmäßig weite Spaziergänge an der Moskwa und durch den Laubwald, der an den Datschen-Vorort grenzte. Die große sommerliche Hitze verführte gelegentlich dazu, uns in den kleinen versteckten, von zarten Birken umstandenen Teichen abzukühlen. Schleier der Dämmerung, die sich nach unvergeßlich schönen Sonnenuntergängen über uns ausbreiteten, ersetzten dabei die im Reisegepäck fehlende Badebekleidung. Dieses freie Badeleben behielten wir anfangs am Schwarzen Meer bei, bis die Kisten aus Berlin eintrafen und der Textil-Notstand beseitigt werden konnte.
In dieser Zeit des Wartens begann ich, die vorliegende Biographie zu skizzieren. Um die erzwungene Ruhepause zu nutzen, bat ich um Schreibmaschine und Papier und verfaßte die ersten beiden Haupt-

kapitel hier im Silberwald. Nach diesem Beginn wurde die Niederschrift dann bis zum heutigen Tage fortgesetzt.
Natürlich grübelte ich auch viel. Das Warten machte mich unruhig. Wie könnte der Vertrag aussehen, den ich schließlich über die Zusammenarbeit mit sowjetischen Stellen unterzeichnen würde? Vielleicht bedeutete diese Verzögerung, daß sich überhaupt alles geändert hatte?

Unsere Kinder kommen

Es war der zweiundzwanzigste Tag im Silberwald bei Moskau. Meine Frau sprach gerade tief betrübt über die Trennung von den Kindern. Wir ahnten nicht, daß uns einer der aufregendsten und zugleich schönsten Augenblicke bevorstand.
Ein Auto fuhr vor die Datscha. Ich höre noch die Worte meiner Frau: »Das wird der Lieferwagen sein. Oder ob sie dich endlich zu den Verhandlungen abholen?« Dann warf sie einen Blick aus dem Fenster und rief: »Das sind die Kinder und Renata und Gerda!« Tatsächlich stiegen unsere fünfjährige Beatrice und der zweijährige Thomas, meine Schwester Renata und eine entfernte Verwandte, Frau Gerda Langsdorff, aus dem Wagen. Es war ein Wiedersehen, als seien seit unserem Abschied Jahre vergangen. Fragen und Antworten schwirrten durch den Raum: »Wie kommt ihr hierher?« – »Was war nach unserer Abreise aus Lichterfelde?« Und nun erfuhren wir, die wir noch auf den Beginn der Verhandlungen warteten: »Ein Güterzug mit dem ganzen Inventar aus den Bunkern, den Labors und der Wohnung ist unterwegs nach Moskau. Mitarbeiter aus Lichterfelde begleiten den Zug!«
Gerda Langsdorff fiel meiner Schwester ins Wort: »Noch am einundzwanzigsten Mai, zehn Minuten nach eurer Abfahrt zum Flughafen, begannen hundert sowjetische Soldaten zusammen mit uns und deinen Mitarbeitern alles einzupacken. Es sind siebenhundertfünfzig Kisten geworden. Als das Holz nicht mehr reichte, haben wir eine Kegelbahn aus der Nachbarschaft demontiert. Sogar das Sechzig-Tonnen-Zyklotron und die Eine-Million-Volt-Anlage sowie der große Transformator vom Höchstspannungs-Elektronenmikroskop kommen im Güterzug mit.«

Die kleine Beatrice ergänzte: »Auch alle unsere Spielsachen sind dabei, und es gab viel zu essen!«
Dann wieder meine Schwester, an mich gerichtet: »Die Arbeit im großen Bunker mußte für zwei Tage unterbrochen werden, weil in der Eile einige von deinen Tränengasampullen zerbrachen. Das war furchtbar komisch!«

Wir sind alle wieder vereint

Fast zuletzt, gewissermaßen am Rande, erfuhr ich eine immens wichtige Tatsache: Die meisten meiner Mitarbeiter und Helfer aus Berlin-Lichterfelde waren inzwischen im Sanatorium S'chodnja bei Moskau eingetroffen und warteten auf mich.
Wenige Tage darauf hatte ich dort die ersten Unterhaltungen mit ihnen und ihren Familien. Alle waren gut untergebracht und wurden ausgezeichnet verpflegt. Sie erzählten mir, daß sie beim Einpacken des Lichterfelder Inventars die komplizierten Geräte persönlich sachverständig verstaut hätten. Tatsächlich kamen auch die empfindlichsten optischen Instrumente völlig unversehrt am endgültigen Bestimmungsort an.
Nach all diesen Nachrichten, die unsere Freunde mitbrachten, stand die ursprünglich vorgesehene Rückreise nach Berlin nicht mehr zur Diskussion. Mit dieser Möglichkeit hatte ich absolut nicht gerechnet. Deswegen waren zahlreiche Wertsachen und besonders wertvolle technische Geräte in sehr schwer auffindbaren Verstecken geblieben. Wir konnten sie nur wiedererlangen, wenn eine Vertrauensperson noch einmal zurückfuhr. Dies durchzusetzen erwies sich als äußerst schwierig. Doch schließlich durfte meine Kusine, Frau Langsdorff, die kostspieligen Dinge aus Lichterfelde holen.

Zu essen gibt es genug

Auch nach Ankunft der Kinder und der Mitarbeiter mußten wir noch eine Weile warten, bis ich zu den Verhandlungen gerufen wurde. Wir vertrieben uns die Zeit, so gut es eben ging. Während der Spaziergänge am Moskwa-Kanal trafen wir öfter auf deutsche Kriegsgefangene, die unter Bewachung Holzstämme aus Kähnen ausluden. Bei unserem reichgedeckten Tisch war es natürlich naheliegend, den Landsleuten Nahrungsmittel und Zigaretten zukommen zu lassen. Unbemerkt packten wir handliche Päckchen mit Brot, Brathühnern, Eiern, Tabakwaren und anderem und legten sie vorsichtig an heimlich verabredete Stellen. Einige Male glückte dieses Unternehmen, doch dann wurden die Wachmannschaften aufmerksam und arretierten mich. Ich mußte meine Wohnadresse angeben und man brachte mich zu unserer Datscha, wo mein Erscheinen unter doppelter Bewachung erhebliche Bestürzung auslöste. Glücklicherweise klärte der für meine Sicherheit verantwortliche NKWD-Mitarbeiter den Offizier der Wachmannschaften über uns auf, und ich wurde mit einer freundlichen Ermahnung sofort wieder in Freiheit gesetzt.

Die Wahl fiel auf Grusinien

Ende Juni fanden in Moskau endlich die ersten Besprechungen statt. Ein Beauftragter der Regierung erklärte mir, unsere künftige Arbeitsstätte würde in der Sowjetunion liegen; den Ort für das Institut könnte ich selbst wählen: Moskau, die Krim oder Grusinien. Wir überlegten uns, daß die Schönheit der Natur die schöpferischen Kräfte sehr fördern kann, und entschieden uns trotz gewisser Bedenken wegen des Klimas für Grusinien. Ich bat darum, den Standort möglichst dort zu wählen, wo der Kaukasus besonders nahe an das Schwarze Meer heranreicht. Diesem Wunsch wurde entsprochen.

Suchumi, herrlicher Ort an der kaukasischen Schwarzmeerküste

So haben wir dann fast zehn Jahre in Sinop bei Suchumi gelebt. Unser Sohn Alexander und viele Kinder der deutschen Gruppe sind hier geboren worden. Das nahe Meer, die subtropische Natur und die Berge waren immer wieder eine Quelle vieler Freuden. Haben

wir doch später auf zahlreichen Autofahrten die kaukasische Riviera mit ihren Kurorten Sotschi, Gagra, Nowi Afon, Gudauta und Suchumi kennengelernt.
Unter all diesen Orten ist Suchumi der landschaftlich weitaus reizvollste, denn diese Stadt liegt an einer bezaubernden Meeresbucht, überragt von dem einzigartigen Panorama der schneebedeckten Gebirgskette des Zentralkaukasus. Wie keiner der anderen Kurorte ist Suchumi Ausgangspunkt für zahlreiche schöne Hochgebirgstouren, aber auch für kleinere Ausflüge. Nicht weit entfernt in südöstlicher Richtung, um Kutaissi, liegt die Kolchis des Altertums. Die Sage berichtet von diesem fruchtbaren Gebiet als dem Land, wo Milch und Honig fließen.
Unmittelbar nach der Entscheidung über den Standort des Instituts wurden mir Zeichnungen und Fotos von dem großen Intourist-Sanatorium Sinop bei Suchumi mit dem Auftrag übergeben, Pläne für die Umgestaltung der Gebäude als Technisch-Physikalisches Forschungsinstitut und für notwendige weitere Instituts- und Werkstattbauten auszuarbeiten.

Zwei benachbarte Institute – ein großer Vorteil

Zu diesem Zeitpunkt hörten wir davon, daß auch Professor Dr. Gustav Hertz mit einer Gruppe von Mitarbeitern in die Sowjetunion kommen und den Auftrag, eine ähnliche Forschungsstätte zu organisieren, erhalten würde. Ich schlug vor, das Hertzsche Institut in der Nähe des unseren zu projektieren, und wies dabei auf die Vorteile einer solchen Entscheidung für die wissenschaftliche Zusammenarbeit beider Einrichtungen hin. Meine Argumente wurden akzeptiert, und so etablierte sich Professor Hertz bald darauf in dem 7 km von Sinop entfernten Ort Agudseri.
Diese Nachbarschaft war tatsächlich äußerst wertvoll. In den folgenden Jahren konnten wir uns manches Mal gegenseitig geistig und materiell helfen. Das beeinflußte das Tempo der wissenschaftlichen Arbeiten positiv und befruchtete oft die wissenschaftlichen Ergebnisse.
Außerdem entwickelten sich zwischen beiden deutschen Speziali-

stenkreisen menschliche Beziehungen, die in einem fremden Land, in dem wir kaum Kontakt mit der Außenwelt hatten, große Bedeutung erlangten. Es ergab sich ganz von selbst, daß Professor Hertz und ich viele wichtige, besonders menschliche Probleme miteinander besprachen, bevor wir uns an die zuständigen sowjetischen Stellen wandten. Die Gemeinsamkeit des Handelns, die zwischen uns bis zur Rückkehr aus der Sowjetunion bestehen blieb, hat sich für beide Mitarbeiterkreise sehr günstig ausgewirkt.

Der Mißbrauch der Atomenergie wird furchtbare Realität

In den heißen Augusttagen wurden wir von den schrecklichsten Geschehnissen des zweiten Weltkrieges, den amerikanischen Atombombenabwürfen auf die japanischen Städte Hiroshima und Nagasaki, unterrichtet. Entsetzt verfolgte ich alle Meldungen über die grauenvolle Wirkung dieser neuen Waffe. Ich fragte mich: Warum das? Der Krieg war doch schon entschieden. Weshalb mußten Hunderttausende Menschen sterben oder zum Siechtum verurteilt werden? Diese antihumane Kriegsführung der Amerikaner konnte ich nicht begreifen. Sie versetzte mir einen Schock, den ich lange nicht überwand.
In Japan war durch die Amerikaner vollzogen worden, was Max Planck vom Hitlerregime in Deutschland befürchtet hatte. Sollten nun unmenschliche Kräfte aus Übersee die Schreckensherrschaft des Faschismus in Europa ablösen? Das durfte einfach nicht geschehen! Wo aber lag nach dem schlimmsten aller Kriege die Kraft, die das verhindern konnte? Ich stellte mir erneut die Frage, welche Verantwortung ich als Wissenschaftler in dieser Situation zu tragen hatte. Mußte ich nicht meine Kräfte und Fähigkeiten einsetzen, um jene zu unterstützen, die einer derartigen Entwicklung entgegenwirken konnten?

Unser Institut und seine Aufgabe

Das Hauptgebäude des Sinoper Forschungsinstituts, ein früheres Sanatorium, umfaßte ungefähr hundert Räume, aufgeteilt in drei Stockwerke. Grundlage für die Planung des Instituts war die in

Lichterfelde mit dem Beauftragten der sowjetischen Regierung besprochene wissenschaftliche Thematik, die eine Fortsetzung der in Berlin durchgeführten beziehungsweise begonnenen Arbeiten in vergrößertem Maßstab sein sollte. Im Laufe der Ereignisse verlagerten sich jedoch die Schwerpunkte und die Zielsetzung wurde geändert.

Der Weg zu dieser radikalen Umstellung der künftigen Institutsthematik von der geplant gewesenen Elektronenmikroskopie, der Rasterelektronenmikroskopie, der Mikroanalytik mit der Elektronensonde, der kernphysikalischen Markierungsmethoden mit radioaktiven und stabilen Isotopen zum neuen Hauptthema »Verfahren der industriellen Isotopentrennung« führte über Geschehnisse von großer Dramatik.

Wenige Tage nach Abwurf der ersten amerikanischen Atombombe auf Hiroshima erschien in unserer Datscha im Silberwald Generaloberst Saweniagin und teilte mir im Auftrage Marschall Berias mit, daß die ursprünglich vorgesehene Thematik des Institutes nicht mehr möglich sei, da die USA Atombomben entwickelt und diese in Japan erstmalig eingesetzt hätten. Diese Vorgänge zwängen die Regierung der Sowjetunion, als künftiges Arbeitsgebiet des Institutes unsere Mitwirkung bei der Entwicklung sowjetischer Atombomben vorzusehen. Ich wehrte mich gegen diese Entscheidung mit allen mir zur Verfügung stehenden Argumenten und ging dabei bis nahe an die gefährliche Zerreißgrenze der Verhandlung. Der General überzeugte mich, daß die Entscheidung unwiderruflich war. So mußte ich mich in die völlig veränderte Lage eindenken und mich mit ihr abfinden.

Die entscheidende Sitzung bei Marschall Beria

Mitte August 1945 hieß es ohne jede Voranmeldung: »Sie müssen sofort in die Stadt.« Erst auf der Fahrt erfuhr ich, daß es sich um Marschall Beria handelte, den damals engsten Vertrauten Stalins. Sein Amtssitz befand sich in der Nähe der Lubjanka, des Gefängnisses der NKWD mit seinen differenzierten Räumlichkeiten. Nach kurzer Wartezeit wurde ich in einen Raum geführt mit langem

Tisch, an dessen einem Ende sich der Marschall zu meiner Begrüßung erhob. Ich wurde gebeten, rechts neben ihm Platz zu nehmen, und saß damit einer Reihe von sowjetischen Kernphysikern und Wissenschaftlern gegenüber, die an der anderen langen Seite des Tisches Platz genommen hatten. Es waren dies u. a. die Professoren Kurtschatow, Alichanow, Galperin, Kikoin, Artzimovich und, wenn ich mich recht erinnere, die Generale Saweniagin und Machniow. Dann begann Beria die Sitzung mit den an mich gerichteten Worten: »Die Regierung der Sowjetunion wünscht, daß in dem Institut, dessen Direktor Sie werden, die Entwicklung unserer Atombombe stattfindet!« Ich hatte etwa 10 Sekunden Zeit, mir die Antwort zu überlegen, von der das weitere Lebensschicksal meiner Mitarbeiter, meiner Familie, meiner selbst und wohl auch von mindestens 1000 deutschen Spezialisten bestimmt werden würde. Die große Bedeutung des Augenblicks war mir klar bewußt.
Meine Antwort hatte etwa folgenden Wortlaut: »Den soeben geäußerten Vorschlag betrachte ich als eine große Ehre für mich, denn er ist zugleich Ausdruck eines ungewöhnlich großen Vertrauens in die Leistungsfähigkeit meiner Person. Die Lösung des Problems, um das es hier geht, hat aber zwei verschiedene Bereiche: 1. die Entwicklung der Atombombe selbst und 2. die Entwicklung des Isotopentrennverfahrens im industriellen Maßstab zur Gewinnung der Kernspaltstoffe wie Uran 235. – Die Isotopentrennung ist der eigentliche und sehr schwierige Engpaß der Entwicklung. Ich schlage deshalb vor, daß allein die Isotopentrennung zur Hauptaufgabe für unser Institut und die deutschen Spezialisten bestimmt wird und daß die hier vor mir sitzenden führenden Kernphysiker der Sowjetunion die Entwicklung der Atombombe als große Tat für ihre eigene Heimat vollbringen.«
Nach dieser Antwort zog sich Beria mit seinen Kernphysikern zu einer kurzen Beratung zurück. Dann teilte mir Marschall Beria mit, er sei mit der von mir vorgeschlagenen Aufgabenteilung einverstanden.
Im weiteren Teil der Sitzung ging es schon um Details. Ich wies darauf hin, daß für die Isotopentrennung in industriellen Maßstäben riesige Produktionsanlagen notwendig seien, was sicher aus den amerikanischen Berichten bekannt sei. Besorgt stellte ich die Frage,

ob unter den gegebenen Bedingungen unserer Arbeit eine solche Unterstützung gewährt werden könne, damit der angestrebte Erfolg überhaupt möglich sei. Beria antwortete, die notwendige Unterstützung werde von der sowjetischen Regierung gegeben, und man werde von mir, aber auch von meinen Mitarbeitern, nicht mehr verlangen, als was ein einzelner Mensch zu leisten imstande sei.
Nach der Sitzung hatte ich Empfindungen, wie sie wohl auch der Reiter über den Bodensee gehabt haben muß. Zufällig hatte mich ein wenige Tage vorher gelesener Bericht über das Schicksal des Erbauers der Basilius-Kathedrale am Roten Platz seelisch gut für diese Sitzung präpariert. Ihm sollen die Augen mit glühenden Eisen ausgebrannt worden sein, damit er sein Kunstwerk nicht wiederholen konnte. Seit der Sitzung bei Beria arbeiteten wir daran, die Lösung der uns gestellten geschichtlichen Aufgabe möglichst zu beschleunigen. Dabei lehrten uns Überlegung und Erfahrung, daß es sich im hohlen Zahn des Löwen am sichersten wohnt.
Zur Sitzung Mitte August 1945 bei Beria sei noch folgende Szene erwähnt: Etwa 1½ Jahrzehnte später, nach unserer Rückkehr aus der Sowjetunion, bei einem Staatsempfang in Berlin, spielte sich folgendes ab: Chruschtschow besuchte damals zusammen mit Bulganin die DDR. Unser Ministerpräsident Otto Grotewohl stellte mich Ministerpräsident Chruschtschow vor unter Hinweis auf mein 10jähriges Wirken in Suchumi. Chruschtschows Reaktion lautete übersetzt: »Ach, Sie sind der Ardenne, der damals seinen Hals so gut aus der Schlinge gezogen hat!« Ich antwortete dem hohen Gast, das seien genau meine Gefühle gewesen beim Verlassen der entscheidenden Sitzung mit Marschall Beria.

Schicksalsentscheidungen für weitere zugeteilte Spezialisten

Um die Entwicklung der Verfahren zur industriellen Isotopentrennung bewältigen zu können, sollten dem Hertzschen und unserem Institut Wissenschaftler, Techniker und Handwerker aus den Kriegsgefangenenlagern zugeteilt werden. Wahrscheinlich rettete dieser Beschluß manchem der dafür herangezogenen Männer das Leben, denn bei der unmittelbar nach Beendigung des Hitlerkrieges allgemein herrschenden Nahrungsmittelnot und den Seuchen, die unter den gefangenen Soldaten zunächst grassierten, war die Sterblichkeit auch in den Gefangenenlagern hoch. Dafür hatten die Betroffenen allerdings damit zu rechnen, einige Jahre länger als ihre Kameraden in der Sowjetunion zu bleiben.

Professor Thiessen kommt zu uns

Schließlich gelang es mir noch, die Berufung von Professor Thiessen an das in Sinop aufzubauende Institut zu erreichen. Er hatte wenige Tage vorher brieflich darum gebeten. Ich bemühte mich besonders gern, diesen Wunsch zu erfüllen, weil ich ihm für die langjährige Förderung unserer elektronen-mikroskopischen Arbeiten sehr zu Dank verpflichtet war. Außerdem bedeutete seine Anwesenheit in Sinop für mich eine große Hilfe, da mir klar war, daß so ein Mammutinstitut nicht von mir allein zu Höchstleistungen geführt werden konnte.

Die Reise nach dem Süden

Ende August kam der sehnsuchtsvoll erwartete Augenblick, der die Anweisung zur Abreise nach dem Süden brachte. Für die Fahrt wurde extra für uns ein Schlafwagen modernster Bauart zur Verfügung gestellt. Auf dem Bahnhof trafen wir die Ehepaare Hertz und Vollmer, die gemeinsam mit uns nach Suchumi reisen sollten.

Meine Kollegen Professor Hertz und Professor Vollmer

Die beiden Professoren und ich brachten eigentlich ähnliche Voraussetzungen für die Aufgaben mit, die vor uns lagen. Wir besaßen alle drei praktische Erfahrungen, um wissenschaftliche Erkenntnisse in industrielle Produktionen umzusetzen.

Professor Hertz hatte sich große Verdienste erworben, als er Anfang der zwanziger Jahre bei der Einrichtung der Philips-Forschungslaboratorien in Eindhoven entscheidend mitwirkte. Hier hatte er auf dem Sondergebiet der Hochzüchtung elektrischer Gasentladungen gearbeitet und für die Klärung des Elementarvorgangs durch die Elektronenstoßmethode gemeinsam mit James Franck den Nobelpreis erhalten. Er war maßgebend am Aufbau des Physikalischen Instituts der Berliner Technischen Hochschule beteiligt gewesen und hatte viele Jahre hindurch ein großes Forschungslaboratorium in der Industrie geleitet. Von Professor Vollmer waren auf dem Fundament seiner bahnbrechenden physikalisch-chemischen Forschungen Produktionsverfahren entwickelt worden, die ihn eng mit der chemischen Industrie in Kontakt gebracht hatten.

Erinnerungen an berühmte Berliner Kolloquien

Auf der langen Bahnfahrt tauschten wir viele Erinnerungen miteinander aus. Häufiges Gesprächsthema bildeten die berühmten Kolloquien am alten Physikalischen Institut der Berliner Universität in den zwanziger und dreißiger Jahren. Hertz und Vollmer waren bedeutend älter als ich, und das, was sie dort sagten, hinterließ schon damals bei mir einen tiefen Eindruck. Hertz hatte eine besondere Art, das wissenschaftliche Gespräch in diesen Runden zu eröffnen, an denen Einstein, Planck, Nernst, von Laue, Pringsheim, Westphal und viele andere teilnahmen, die heute zu den Klassikern der Naturwissenschaften zählen. Ich höre noch heute, wie Professor Hertz meist mit den Worten begann: »Ich sage jetzt wahrscheinlich etwas sehr Dummes, aber . . . « Und dann entwickelte er stets einen seiner geistvollen Gedankengänge!

Auch Professor Vollmer hatte an etlichen Kolloquien teilgenommen. Sein glänzender Disput mit Irving Langmuir über Fragen der Wanderung von Fremdatomen auf Oberflächen ist mir noch heute gegenwärtig. Der amerikanische Gelehrte war einer der zahlreichen Gäste, die es sich nicht nehmen ließen, bei ihren Berlin-Besuchen an einem der Abende mit Einstein, Planck und den anderen Kollegen teilzunehmen.

Die Rückschau auf ein, wie uns schien, goldenes Zeitalter der Physik wurde zuweilen von den Ehefrauen unterbrochen. Sie holten uns

auf den Boden der Wirklichkeit zurück. Außerdem beanspruchten meine beiden Kinder, die mitfuhren, einen Teil der Zeit. Sie hatten natürlich Fragen über Fragen.
Doch immer wieder kreiste das Gespräch unter uns drei Männern um die in allernächster Zukunft zu lösenden Aufgaben. Professor Dr. Max Vollmer, der später nach seiner Rückkehr einige Jahre Präsident der Deutschen Akademie der Wissenschaften war, sollte zunächst am Hertzschen Institut in Agudseri eine Arbeitsgruppe übernehmen. Später trennte er sich von Hertz und wirkte mit seinen Schülern Dr. Richter und Dr. Bayerl in der Nähe von Moskau.

Reisebilder

Die Reise nach Suchumi dauerte eine Woche. Wirklich, das russische Land war so weit, so unendlich groß, wie wir immer gehört hatten. Bis Armawir begegneten wir vielen zerstörten Städten, Dörfern, Ruinen von Bahnhöfen. Überall wurde aber aufgeräumt und aufgebaut, manchmal mit Hilfe deutscher Kriegsgefangener. Nur wenige Jahre später waren in dem gleichen Gebiet keinerlei Spuren des Krieges mehr zu entdecken.
Da die direkte Strecke nach Suchumi gesperrt war, fuhr der Zug am Nordrand des Kaukasus vorbei. Wir hatten wunderbares Wetter und konnten das schneebedeckte Massiv des Elbrus und in der Ferne einige Fünftausender der Zentralkette erkennen.

Am Kaspischen Meer

Bei sommerlicher Gluthitze erreichten wir eines Mittags die Ufer des Kaspischen Meeres. Fast orientalisch mutete hier die Bevölkerung mit ihren turbanartigen Kopfbedeckungen und ihren fremdartigen Verhaltensweisen an. Nach einer mehrstündigen Fahrt zwischen Kaspischem Meer auf der einen Seite und den felsigen Ausläufern des Kaukasus auf der anderen erblickten wir gegen Abend die Bohrtürme von Baku. Dann bog der Zug ins Innere des Landes ab – am Südrand des Kaukasus entlang. Am folgenden Mittag hielt er im schön gelegenen Tbilissi. Nachts ging die Reise weiter.

Erste Eindrücke von unserer neuen Heimat

Als der nächste Morgen graute, fuhren wir bereits durch die kaukasische Riviera mit ihren Teeplantagen, Eukalyptusbäumen, Mimosenhainen. Wir waren erstaunt über die üppige Vegetation, die sich da in voller Pracht vor uns ausbreitete. Bald kam auch das Schwarze Meer in Sicht, und unser Sonderwagen wurde auf dem Bahnhof Suchumi abgestellt.

Einige Stunden mußten wir warten, dann hieß uns ein General, der mir auch in der ersten Periode des Institutsaufbaus zur Seite stand, in fließendem Englisch mit großer Liebenswürdigkeit willkommen. Er brachte mich und meine Familie zu unserem künftigen Wohnhaus in Sinop – einem kleinen historischen zweistöckigen Gebäude. Hier wurden wir von zwei unserem Haushalt zugeteilten Helferinnen vor einer reichgedeckten Tafel erwartet.

Danach führte der General uns durch das weite Institutsgelände. Der Eindruck war überwältigend. Das moderne, aus rötlichem Tuffstein errichtete Hauptgebäude des Institutskomplexes lag in einem großen Botanischen Garten von seltener Schönheit und Vielfalt. Die verschiedensten Palmenarten, Zypressen, Korkeichen, Kamelienbäume, Bananenstauden, Bambushaine, Feigenbäume und Oleanderbüsche gaben den parkähnlichen Anlagen ein wahrhaft südländisches Gepräge.

Märchen und rauhe Wirklichkeit

Die subtropische Natur, der tiefblaue Himmel, die unmittelbare Nähe des Schwarzen Meeres, der sorgfältig vorbereitete Empfang ließen mich glauben, in ein Märchen versetzt zu sein. Aber die Fragen der Mitarbeiter, die schon einige Tage vorher in Suchumi angekommen waren, holten mich bald auf den Boden der Wirklichkeit zurück. Jetzt zeigte sich erst der ganze Umfang der übernommenen Aufgabe. Es galt nicht nur, Aufbau und Einrichtung des Forschungsinstituts zu organisieren, auch der Bau der Hilfsgebäude und Werkstätten, einer Elektrizitätsstation, eines kleinen Wasserwerkes, einer kleinen Gasanstalt und nicht zuletzt die Errichtung

der Wohngebäude für die Mitarbeiter des ganzen Objekts und ihre Familien war zu planen.
Das Wirkungsfeld war so weit gesteckt, daß wir anfangs sogar die benachbarten Täler auf ihre Eignung zur Anlage einer Siedlung prüfen mußten. Dieser Ort, Kaschtak bei Kelassuri, ist dann an dem Platz gebaut worden, den ich vorgeschlagen hatte. Die Häuser liegen an den Hängen der Ausläufer des Kaukasus und bieten zum Teil eine wunderbare Aussicht auf das Schwarze Meer und die Bucht von Suchumi.

Wir richten uns ein

Viele Probleme standen in diesen Tagen vor uns. Nur einige seien erwähnt: Die Mitarbeiter brauchten zunächst eine vorübergehende Unterkunft. Die siebenhundertfünfzig Kisten aus Lichterfelde mußten ausgepackt und das Inventar erst provisorisch und danach endgültig in den Laboratorien aufgestellt werden. Die Ausrüstung für Laboratorien und Werkstätten war zu komplettieren. Die Bestellliste nahm den Umfang eines kleinen Buches an. Obwohl sie speziell auf unser Institut ausgerichtet war, wurde sie von der für uns zuständigen Verwaltung kurzerhand verdoppelt und in dieser Form gleich auch für das Hertzsche Institut in Agudseri benutzt.

Die Suche nach kriegsgefangenen deutschen Spezialisten

Jetzt war es an der Zeit, unseren Mitarbeiterstab zu ergänzen. Professor Hertz und ich bekamen eine Liste von internierten deutschen Wissenschaftlern, die sich nach Kriegsende in Lagern bei Moskau aufhielten. Wir konnten Vorschläge unterbreiten, wer uns für unsere Institute geeignet schien. Darüber hinaus sollten wir in verschiedenen Suchumi benachbarten Kriegsgefangenenlagern die in Aussicht genommenen Spezialisten selbst befragen und nach den geführten Gesprächen eine Entscheidung treffen.
Auf dem ersten Weg gelangten der bekannte Gasentladungsphysiker Dr. Max Steenbeck und mit ihm noch zahlreiche weitere inter-

nierte Wissenschaftler an das Sinoper Institut. Auf dem zweiten Weg kam der Hauptteil der Laboranten, Feinmechaniker und Handwerker zu uns.
Das erste Kriegsgefangenenlager, das Professor Hertz und ich im Februar 1946 besuchten, lag bei Otschamtschire südlich von Suchumi. Wir erregten – begleitet von General Kotschlawaschwili in voller Uniform – unter den Lagerinsassen großes Aufsehen. Die Aufregung wuchs noch, als allmählich unsere Absichten bekannt wurden. Alle vorgesehenen Fachkräfte wurden einzeln in eine mit Hitler-Karikaturen ausgeschmückte Baracke geführt, in der Hertz und ich mit dem General und dem begleitenden Dolmetscher hinter einer Tischreihe Platz genommen hatten.

Schicksalsentscheidungen in wenigen Minuten

Für viele der Befragten bedeutete das Fünfminutengespräch die Entscheidung über ihr weiteres Lebensschicksal und die Zukunft ihrer Familie. Aber auch für Professor Hertz und mich war die Aussprache mit den künftigen Mitarbeitern eine sehr ernste Angelegenheit. Standen wir doch vor der Aufgabe, in diesem kurzen Wortwechsel einen Eindruck von den fachlichen und charakterlichen Eigenschaften der uns gegenübergestellten Menschen gewinnen zu müssen. Von der Richtigkeit der Entscheidungen konnte Erfolg oder Mißerfolg der uns übertragenen schwierigen Entwicklungsarbeiten abhängen.

General Saweniagin

Wie tief diese Auswahl in das Leben der Betroffenen eingreifen konnte, zeigte sich bald darauf, Anfang 1947, als die Regierung der UdSSR den aus der Kriegsgefangenschaft gekommenen Mitarbeitern die Möglichkeit gab, Frauen und Kinder nach Suchumi zu holen. Für viele war es ein schwerer Entschluß, den Antrag auf Übersiedlung ihrer Familien zu stellen. Den Ausschlag gab für die meisten die offizielle Äußerung General Saweniagins, daß die

Rückkehr nach Deutschland nicht vor 1951 möglich sein würde. Ich selbst habe, wenn ich gefragt wurde, meinen Mitarbeitern geraten, ihre Angehörigen nach Suchumi kommen zu lassen, denn ich war der Meinung, gerade in schweren Zeiten sollte die Familie möglichst zusammen sein. Außerdem birgt eine Trennung über mehrere Jahre für manche Ehe die Gefahr der Entfremdung in sich.
Die mit der Organisation des Instituts und mit der Gestaltung der Lebensverhältnisse des deutschen Kreises zusammenhängenden Fragen waren schon im Oktober 1945 mit General Saweniagin durchgesprochen und von ihm entschieden worden. Diese Sitzung, an der nur noch meine Sekretärin und von sowjetischer Seite der Chef des Objekts teilnahmen, war insofern bemerkenswert, als sie im Salonwagen des Generals in der Zeit von zweiundzwanzig Uhr abends bis vier Uhr morgens stattfand. Das menschliche Verständnis General Saweniagins erleichterte mir damals die Vertretung der Interessen des deutschen Spezialistenkreises sehr.

Vortrag über die kinematische Theorie der Atombombe im Institut A

Etwa um 1942 wurde in den USA aus theoretischen Betrachtungen erkannt, daß es zur Atombombenexplosion notwendig ist, mit hoher Geschwindigkeit (durch explosive Mittel) mehrere Spaltstoff-Teilmassen zusammenzuführen, damit dann die Kettenreaktion explosionsartig abläuft. So entstand in den USA die kinematische Theorie der Atombombe, an der Dr. Klaus Fuchs mitgewirkt hat oder von der er im Rahmen seiner Mitarbeit Kenntnis erhielt.
Im Oktober 1945, in der Anlaufzeit des neuen Instituts, hielt der sowjetische Kernphysiker G. N. Flerow vor einem ausgesuchten Kreis der wissenschaftlichen Mitarbeiter einen Vortrag über die kinematische Theorie der Atombombe. Flerow hatte noch während des Krieges Stalin in einem Brief über die Möglichkeit der Atombombe informiert. Ich wunderte mich über das Thema des Vortrages, da die Institute bei Suchumi sich nach der Beria-Entscheidung ausschließlich mit Isotopentrennung zu befassen hatten. Offenbar wurde mit der Abhaltung dieses Vortrages ein besonderer Zweck

verfolgt. Dieser Eindruck verstärkte sich, als uns vor dem Vortrag nahegelegt wurde, Fragen zu stellen und uns kräftig an der Diskussion zu beteiligen. In einem Vorgespräch mit Flerow hatte ich festgestellt, daß er den Inhalt der geheimen Houtermans-Arbeiten über die Theorie der Kernkettenreaktionen kannte. Beim Vortrag Flerows, der in die intimsten Details des Anklingvorganges von Atomexplosionen ging, gewann ich den Eindruck, daß es sich nicht um Forschungsergebnisse von Flerow selbst handelte. Vielleicht erwartete man von unseren Diskussionsbeiträgen ergänzende Gesichtspunkte zu dem vorgetragenen Gegenstand.

Der Spionagefall Klaus Fuchs und wir

Als ich Jahre später von dem Spionagefall Klaus Fuchs hörte, war der Gedanke naheliegend, daß es sich bei dem Flerow-Vortrag um die Darstellung der von Klaus Fuchs überkommenen Informationen gehandelt habe. Einige Jahre nach unserer Rückkehr aus der Sowjetunion kam auch Klaus Fuchs aus dem englischen Gefängnis in die DDR und ich lernte ihn persönlich kennen. Ich erzählte ihm von Einzelheiten des Flerow-Vortrages und fragte ihn, ob dieses oder jenes Detail seinen Informationen entstamme. Er bestätigte meine Annahme. Es ist möglich, daß er durch seine politische Spionagetat die Fertigstellung der ersten sowjetischen Atombombe und damit auch der späteren Wasserstoffbombe beschleunigt hat.

Geschichtliche Bedeutung der Beschleunigung des nuklearen Gleichgewichts SU–USA nach dem Zweiten Weltkrieg

Schon sehr bald nach Übernahme der von Marschall Beria gestellten Aufgabe wurde uns allen klar, daß ein Erfolg unserer Arbeit maßgebend dazu beitragen würde, das nukleare militärische Gleichgewicht zwischen der Sowjetunion und den Vereinigten Staaten von Amerika herzustellen. Es war unsere Hoffnung, daß durch schnelle Herstellung des nuklearen Patt der Ausbruch eines nuklearen 3. Weltkrieges verhindert werden würde. Diese Auffassung bildete für

uns alle die moralische Rechtfertigung für unsere Mitwirkung bei Schaffung der technischen Voraussetzung für den Bau von Kernwaffen. Deutlich erinnere ich mich an zahlreiche Diskussionen, die wir 1949 über die Gefahr eines nuklearen Präventivkrieges der USA gegen die Sowjetunion führten. Es ist abzuschätzen, daß auch die schnelle Arbeit unseres Sinoper Spezialistenkreises bei der industriellen Isotopentrennung den Eintritt des nuklearen Gleichgewichtes vorverlegt hat. Das so frühe Erscheinen des Atomwaffenpotentials der Sowjetunion hat die USA überrascht und bis zum heutigen Tage die nukleare Auseinandersetzung zwischen den beiden Hauptmächten verhindert.
Zu diesem Thema stellte ich 1983 bei einem Besuch meines Vetters Wolf Graf Baudissin (beteiligt am Aufbau der Bundeswehr, Leiter des Institutes für Friedensforschung in Hamburg, Sozialdemokrat) die Frage: »Habe ich eigentlich aus deiner politischen Sicht richtig gehandelt, daß ich in der Sowjetunion zur schnellen Entwicklung der industriellen Isotopentrennung beitrug?« Seine Antwort war: »Ja, das ist auch aus unserer Sicht gut gewesen, denn hierdurch ist das nukleare Patt beschleunigt worden, welches in den zurückliegenden Jahrzehnten den Kernwaffenkrieg zwischen den USA und der Sowjetunion verhindert hat.«

Kurze Freude über zwei Motorboote

Um dem Botaniker und Strahlengenetiker die Meeresflora näherzubringen und unter den gegebenen Umständen unser Leben so angenehm wie möglich zu gestalten, hatte ich für das Botanische Laboratorium ein kleines Motorboot beantragt. Es wurde in jener Nachtsitzung auch von Saweniagin bewilligt. Knapp einen Monat später erhielt ich vom Chef des Objekts die Nachricht, auf dem benachbarten Bahnhof Kelassuri seien zwei Wasserfahrzeuge eingetroffen. Ich solle mir aussuchen, welches ich haben wolle. Das zweite sei für das Hertzsche Institut bestimmt. Wir fuhren sofort los und waren erstaunt, zwei große, hochseetüchtige Kajütenboote mit 200-PS-Chrysler-Motoren vorzufinden. Meine Hoffnung, daß auch die übrige bestellte umfangreiche Institutsausrüstung bald und in guter

Qualität eintreffen würde, wurde dadurch gewaltig bestärkt. Im übrigen freuten wir uns schon sehr auf die ersten Schwarzmeerfahrten.
Leider sollte nie etwas daraus werden. Zunächst wartete ich eine Weile vergebens auf die Überführung der Boote. Als ich dann ein paarmal nachgefragt hatte, wo die Fahrzeuge blieben, erhielt ich die Auskunft, wir könnten sie nicht bekommen. Was war geschehen? Der Sicherheitsbeauftragte für unseren Institutsbereich hatte – vor allem wegen der nahen türkischen Grenze – Bedenken angemeldet. Die Motorboote waren nach Moskau zurückgeschickt worden.

Ein wohlbehütetes Dasein

Ungefähr zu dieser Zeit begannen sowjetische Soldaten, einen engmaschigen Stacheldrahtzaun einmal um das Institut selbst und dann um das übrige Areal zu ziehen, auf dem die Wohnhäuser standen. Nach dieser Maßnahme durften die deutschen Mitarbeiter und ihre Angehörigen das Gelände nur noch in sowjetischer Begleitung verlassen. Die Vorschrift galt sowohl für Einkäufe in Suchumi, die nun in Gruppen durchgeführt wurden, als auch für Ausflüge sowie gegenseitige Besuche zwischen den beiden Instituten A (Ardenne) und G (Hertz). Erhebliche Schwierigkeiten traten zuweilen auf, wenn weniger Begleiter zur Verfügung standen, als für Erledigungen außerhalb des Objekts nötig gewesen wären. Aber wir mußten uns damit abfinden – wir waren schließlich nicht als Touristen hier.
Dieses wohlbehütete Dasein hinter einer Umzäunung dauerte bis zur Einleitung unserer Rückkehr nach Deutschland, das heißt etwa neun Jahre.
Es war jetzt nicht mehr gestattet, irgendwelche Unterhaltungen oder Korrespondenzen mit Personen, die nicht zu unserem Kreis gehörten, zu führen. In den Briefen an Verwandte und Freunde wurden direkte oder indirekte Mitteilungen gestrichen, aus denen der Ort der Institute zu entnehmen gewesen wäre. Durch die strenge Zensur und vor allem durch die mehrmonatige Laufzeit der Briefe war die Verbindung mit der Heimat vorübergehend sehr lose geworden – ein Umstand, der häufig Depressionen auslöste. Heute

weiß ich: Diese für uns so schwerwiegenden Beschränkungen sind damals aus Geheimhaltungsgründen im sowjetischen Staatsinteresse unerläßlich gewesen. Wie notwendig und berechtigt die Sicherheitsmaßnahmen waren, geht auch daraus hervor, daß trotz allem im Laufe der Jahre erstaunlich viele Einzelheiten im Westen bekannt und zu einem Mosaik zusammengefügt wurden, aus dem gewisse Rückschlüsse gezogen werden konnten.

Wir mußten uns anpassen

Unsere Lebensumstände schufen in mancherlei Hinsicht außergewöhnliche Verhältnisse; vielleicht etwas gemildert durch die relativ hohe Zahl der in diesem Kreis vereinten Menschen. Sympathien und Antipathien begannen eine sehr große Rolle zu spielen, Freundschaften und Feindschaften zeichneten sich mit einer Schärfe ab, wie sie im Leben unter Normalbedingungen sonst kaum auftreten.

Wir hatten uns einem Umgewöhnungsprozeß seltener Intensität zu unterziehen. Er betraf keineswegs nur die relativ eingeschränkte Bewegungsfreiheit, sondern wir mußten uns dem Leben an der Grenze Kleinasiens anpassen, uns von einer deutschen Großstadt auf ein ländliches Gebiet in der Sowjetunion umstellen. Hinzu kamen noch das ungewohnte subtropische Klima, die andersgeartete Ernährung und schließlich das enge Miteinanderleben besonders in der Anfangszeit, in der die Mitarbeiter noch in provisorischen Unterkünften wohnten. Es war sehr wichtig, diese Probleme durch eine Reihe von psychologisch richtig gewählten Maßnahmen zu lösen oder wenigstens auszugleichen, damit bei den Mitarbeitern und ihren Familien Arbeitsfreude, Gesundheit und Lebensfreude erhalten blieben.

Kleine Freuden, große Wirkung

Deswegen organisierten wir Feste aller Art, das heißt Kinderfeste, Kostümfeste und Sommerfeste im Botanischen Garten des Objekts, veranstalteten Schallplattenkonzerte und Klavierabende. Auf einem

mit Unterstützung der sowjetischen Verwaltung selbstgebauten Tennisplatz fanden regelmäßig Turniere statt, und manch andere sportliche Wettkämpfe wurden ausgetragen. Auch das Badeleben am nahen, kaum hundert Meter entfernten Strand des Schwarzen Meeres sowie die in kleineren und größeren Gruppen unternommenen Ausflüge in die bergige Umgebung Suchumis brachten vielfache Abwechslung in unser Dasein.
Zur geistigen Anregung richteten wir Unterrichtszirkel für Russisch, Chemie, Physik, Mathematik und Politik ein. Es wurden populärwissenschaftliche Vorträge über aktuelle Themen gehalten. Den gleichen Zweck hatte die umfangreiche Leihbibliothek, die mein Schwager Otto Hartmann in Berlin im Auftrag der sowjetischen Verwaltung zusammenstellte.

Fester Zusammenhalt, enge Verbundenheit

Aus dem gemeinsamen Streben und Erleben erwuchs auf dem Fundament der Achtung vor der fachlichen Leistung des anderen schon nach wenigen Monaten eine menschliche Verbindung seltener Stärke zwischen Wissenschaftlern und Handwerkern. Gerade der experimentell arbeitende Forscher im Bereich der Naturwissenschaften ist mehr als in den meisten anderen geistigen Disziplinen auf die Hilfe und das Können der Facharbeiter (zum Beispiel Mechaniker, Elektroniker, Glasbläser) angewiesen, die ihm die jeweils erforderlichen Spezialgeräte und Anlagen bauen. Der Wissenschaftler aus diesem Bereich fühlt sich daher auch schon unter normalen Umständen seinen handwerklichen Kollegen besonders eng verbunden. Wieviel mehr mußte dies in unserem abgeschlossenen Kreis der Fall sein.

Zehn Liter Eierlikör

Bei einem Sommerfest, das wir nur für die deutschen Mitarbeiter veranstalteten, herrschte aus finanziellen Gründen beträchtlicher Mangel an alkoholischen Getränken, denn die Kriegsgefangenen bezogen noch nicht ihr späteres normales Gehalt.

Dieses Übel wurde damals auf ganz unbürokratische Weise beseitigt: Im chemischen Labor standen für die Arbeit stets erhebliche Mengen reinen Alkohols zur Verfügung. Kollegen mit besten Fachkenntnissen fabrizierten davon hochprozentigen Eierlikör, den sie in einen 10-l-Glasballon abfüllten. Bis dahin war die Sache einfach. Die Schwierigkeit begann damit, diesen großen Behälter aus dem Institut herauszubringen, dessen Eingang Tag und Nacht durch sowjetische Soldaten bewacht wurde. Sie hatten strenge Anweisung, Materialien nur mit sorgfältig ausgefüllten Kontrollscheinen passieren zu lassen. Unsere findigen Berliner wußten sich aber zu helfen. Sie bildeten einen »Stoßtrupp« von zwei Mann. Einer setzte eine Gasmaske auf. Dann rannten beide heftig gestikulierend auf den Institutsposten zu. Der vorderste schrie schon von weitem: »Ostoroschno, jad!« (Vorsicht, Gift!), während der Gasmaskenträger die Flasche weit von sich weghielt und durch Gebärden die Gefährlichkeit des Inhalts betonte. Erschreckt wich der Posten zur Seite – und zehn Liter Eierlikör hatten die Wache passiert. Natürlich war die Stimmung auf dem Fest durch dieses – juristisch allerdings bedenkliche – Husarenstück gesichert.

Grusinische Feste an Gebirgsbächen

Einige Ausflüge unternahmen wir gemeinsam mit den sowjetischen Angehörigen des Instituts. An kleinen Gebirgsflüssen wurde stundenlang kampiert, und der reichlich fließende grusinische Wein trug viel zum engeren Kontakt zwischen sowjetischen und deutschen Mitarbeitern bei, der für die Arbeit so wichtig war. Solche Unternehmungen brachten für mich als Institutsleiter meistens einige Sonderbelastungen mit sich – zum Beispiel in bezug auf den Alkoholkonsum oder wenn ich von einer der Damen unserer sowjetischen Verwaltung zur Vorführung des grusinischen Messertanzes aufgefordert wurde.

Schallplattenabende im Botanischen Park

Unvergeßlich blieb allen, die es miterlebten, eines der Schallplattenkonzerte im Freien. Auf Parkbänken unter Palmen und blühenden Kamelienbäumen verteilt saßen zum großen Teil erst kurz vorher zu uns gekommene Kriegsgefangene und hörten der Musik zu. In dieser späten Dämmerstunde bei fast tropischer Wärme schwirrten Hunderte Glühwürmchen umher und illuminierten mit ihren Lichtimpulsen den Park. Dabei erklang auch jenes bekannte Lied von Robert Schumann nach einem Heine-Gedicht, in dem von den beiden aus russischer Kriegsgefangenschaft zurückkehrenden Grenadieren die Rede ist.

. . . frohe Feste

Die Kostümfeste mit ihren Vorbereitungen und Überraschungen lenkten die Gedanken für Wochen in eine heitere Richtung. Es ist nur zu verständlich, wenn in einigen Fällen Mitarbeiter, die aus Kriegsgefangenenlagern direkt in das Milieu unserer Feiern kamen, Mühe hatten, die sprunghafte Wandlung ihrer Lebensbedingungen innerlich zu verarbeiten.
Auf Treppen wurden Rutschbahnen aus glatten Einlegebrettern von Ausziehtischen kunstgerecht improvisiert. So konnte man von einer Wohnetage in die andere mehr oder weniger sanft seinem Glück entgegenschweben. Hatte die Stimmung ihren Höhepunkt erreicht, geschah es gelegentlich, daß die Damen sogar auf den Schultern ihrer Kavaliere besagte schiefe Ebene hinabglitten.
Bei einem dieser Feste passierte die Sache mit dem vertauschten Ehemann. In vorgerückter Stunde hatte eine unserer reizvollsten jüngeren Ehefrauen auf dem Diwan eines durch kollektive Arbeit hervorgezauberten türkischen Zimmers eine Stellung à la Madame Recamier eingenommen. Sie war in einer lebhaften Unterhaltung begriffen, die ihre ganze Aufmerksamkeit gefangennahm, während ihr Ehemann durch liebevolles Streicheln ihrer Beine zu ihrem unterbewußten Wohlbefinden beitrug. Trotz der geringen Raumbeleuchtung hatte ein gegenübersitzender Freund des Hauses neidvoll

diese ehemännliche Aktivität wahrgenommen. Ein Gedankenblitz, und beide vertauschten, unbemerkt von der betreffenden Dame, ihre Plätze und Tätigkeiten. Nunmehr amüsierte sich der Ehemann mit einigen aufmerksam gewordenen Festteilnehmern über die sich allmählich steigernden Bemühungen des Freundes. Erst nach zehn heiteren Minuten fand die Komödie mit einem lauten Schrei der Getäuschten ihr Ende.

Was man sich so erzählte

Wenn der in eine Kinderbadewanne eingefüllte und aus diesem Reservoir abgezapfte grusinische Wein die Zungen löste, wurden Geschichten aus vergangenen Zeiten erzählt. Was unser Werkstattleiter Willy Roggenbuck dann über seinen Busenfreund »Wasserwelle« berichtete, verdient hier wenigstens mit einer kleinen Episode festgehalten zu werden. Wasserwelle war ebenso wie der Werkstattleiter während des Zweiten Weltkriegs Versuchsmechaniker bei der Radargerätefertigung von Telefunken. Trotz seiner Unregelmäßigkeiten im Dienst wurde er von der Werkleitung u. k. gestellt und gehalten, weil seine vielen Streiche in ungewöhnlichem Maße zur Verbesserung der Stimmung aller Beschäftigten beitrugen. Wasserwelle machte sich zum Beispiel nichts daraus, eines Tages mit verstellter Stimme bei der Betriebsleitung anzurufen: »Hier spricht der Vater von Herrn Wasserwelle. Ich muß Ihnen leider mitteilen, daß mein Sohn gestern durch einen Verkehrsunfall ums Leben gekommen ist.« Große Trauer im Werk. Sofort wurde eine Sammlung eingeleitet, um einen besonders schönen Kranz zu beschaffen – und am nächsten Morgen erschien Wasserwelle wie immer, gesund an Leib und Seele, zur Arbeit.
Der vorstehende Fall erinnert mich übrigens an eine Mitteilung westlicher Nachrichtendienste, Professor Hertz und ich seien in der Sowjetunion ums Leben gekommen, während wir doch gerade unsere Institute bei Suchumi organisierten. So hatten wir beide die ungewöhnliche Gelegenheit, unsere eigenen Nachrufe lesen zu können.

Die verbrannte Sonntagsgans

Herzhaftes Gelächter löste immer wieder die Begebenheit mit der »Sonntagsgans« aus. Ein Physiker am Institut war schon damals ein großer Anhänger der Automation und pflegte die moderne Technik überall und oft auf verschlungensten Wegen einzusetzen, wenn er glaubte, damit seine Lebensbedingungen verbessern zu können. Für das Sonntagsmenü hatte seine Frau mit viel Beredsamkeit auf dem Suchumer Basar eine fette Gans erworben. Dieses Tier sollte im elektrischen Backofen gebraten werden.

Jede Familie verfügte über einen Elektroanschluß mit Sicherungsautomaten, die auf dem Treppenflur außerhalb der Wohnung angebracht waren. Zwecks optimaler Zeitausnutzung und Bequemlichkeit wollte der Mitarbeiter den in die späten Abendstunden verlegten Bratprozeß vom ehelichen Bett aus fernsteuern. Mit diesem Ziel fabrizierte er, als die im Kochbuch vorgesehene Zeit abgelaufen war, am Stecker seiner Nachttischlampe einen Kurzschluß. Daraufhin fiel der Automat der Hauptsicherung vorschriftsmäßig heraus, und der Abschluß des Bratprozesses schien gesichert zu sein.

Als jedoch die Hausfrau am Sonntagmorgen in die Küche ging und erwartungsvoll die Tür des Ofens öffnete, fand sie nur noch verkohlte Reste ihres zuvor so ansehnlichen Vogels. Die Erklärung für diesen programmwidrigen Ablauf der Dinge lag ganz einfach darin, daß ein anderer Hausbewohner den herausgesprungenen Sicherungsautomaten gesehen und kameradschaftlich wieder in Kontaktstellung gebracht hatte. Man sieht – dem Einsatz moderner Technik sind gelegentlich Grenzen durch nicht einkalkulierte Zwischenfälle gesetzt.

Der Austausch von Freizeitepisoden außerhalb der Arbeitsstunden war auch für mich ein kleiner Ausgleich für den Ernst und die Anstrengung bei der Lösung der wissenschaftlichen Probleme.

»Technische Sowjets« als Leitungsinstrument

Alljährlich wurden die Arbeitsergebnisse auf einem Technischen Sowjet ausgewertet und die Aufgaben für das kommende Jahr fixiert. Das Besondere dieser Zusammenkünfte lag darin, daß man oft in einer einzigen Sitzung über mehrere Vorhaben entschied. Gleichzeitig legte das Gremium die erforderlichen Durchführungsmaßnahmen fest. Ich habe erlebt, wie auf diese Weise Projekte von sehr großer wirtschaftlicher und staatspolitischer Bedeutung gründlich beraten und nach einem Sitzungsaufwand von nur wenigen Stunden in Gang gebracht wurden. Das war möglich, weil in den Technischen Sowjets zusammen mit führenden Wissenschaftlern und Ingenieuren auch die Leiter der zuständigen Industriewerke, die für die Administration maßgebenden Mitarbeiter und die entscheidungsberechtigten Mitglieder der Regierung anwesend waren. Alle hatten nur ein Ziel – den wissenschaftlich-technischen Fortschritt ihres Landes zu beschleunigen.

Professor Kurtschatow

Eine der hervorragenden Persönlichkeiten in diesen Sitzungen war der Kernphysiker Akademiemitglied Professor Kurtschatow. In ihm begegnete ich einem bedeutenden Wissenschaftler, der durch Können und Tatkraft in den Nachkriegsjahren entscheidende Leistungen für die Sowjetunion vollbrachte. Er hat mich auch in menschlicher Hinsicht tief beeindruckt. Seine Fähigkeit, das Wesentliche sofort zu erkennen, seine stets sachliche Denkart und seine liebenswürdigen Umgangsformen befähigten ihn in hohem Maße, Mitarbeiter zu besonderen Leistungen anzuspornen. Als er 1960 starb, wurde seine Urne – wie schon wenige Jahre vorher die von Generaloberst Saweniagin – an der Kremlmauer beigesetzt. Das ist ebenfalls ein Zeichen der hohen Achtung, die der Wissenschaft in der Sowjetunion, wie überhaupt in allen sozialistischen Ländern, entgegengebracht wird.

Das Lichterfelder Inventar bleibt mein Eigentum

Schon bald nachdem wir unsere Tätigkeit in der UdSSR aufgenommen hatten, wurde von den zuständigen Stellen eine grundsätzliche Entscheidung gefällt, die für mich und den Aufbau des späteren

Dresdner Instituts von größter Tragweite war: Mein ganzes bei Kriegsende nach Suchumi transportiertes Inventar des Lichterfelder Laboratoriums sollte nicht als Reparationsleistung angesehen werden, sondern mein Privateigentum bleiben und bei der Rückkehr nach Deutschland wieder mitgenommen werden dürfen. Die Überführung erfolgte im Herbst 1954 ohne Schwierigkeiten. Diese Festlegung, die mir selbst und unserem Land erhebliche Werte erhielt, wurde wohl auch deswegen getroffen, weil das Inventar des Lichterfelder Laboratoriums vorwiegend von mir persönlich erarbeitet worden war, denn es stellte hauptsächlich den Gegenwert für Hunderte von Patenten dar, die meinen Namen als Erfinder tragen.

Drei Arbeitsgruppen, drei Verantwortungsbereiche

Ende 1945 trafen kurz nacheinander Professor Dr. Thiessen und Dr. Steenbeck in Sinop im mir unterstellten Institut A ein. Schon wenige Tage später grenzten wir die Verantwortungsbereiche unter uns ab und teilten das Mammutinstitut in drei nahezu unabhängige, jede für sich gut steuerbare Arbeitsgruppen auf. Gleichzeitig wurde auch ihre wissenschaftlich-technische Thematik präzisiert und aufeinander abgestimmt. Dank dieser klaren Richtlinien und der Besonnenheit jener beiden bedeutenden Persönlichkeiten ist es in der langen Zeit unserer Zusammenarbeit trotz mancher schwieriger Situationen niemals zu ernstlichen Differenzen gekommen. Fast immer führte eine offene Aussprache zu einer einheitlichen Auffassung, die wir dann einzeln oder gemeinsam vertraten. Rückblickend bin ich besonders glücklich darüber, gerade Professor Dr. Thiessen und Dr. Steenbeck an meiner Seite gehabt zu haben. Ihre Arbeit hat in allen drei Bereichen des Instituts entscheidend dazu beigetragen, daß wir alle Aufgaben erfolgreich erfüllen konnten.

Das Rückkopplungsprinzip bei der Leitung der Mitarbeiter

Bei der ständigen Suche nach den besten Organisationsformen, bei der Entscheidung vieler wichtiger persönlicher Fragen der etwa zweihundertköpfigen deutschen Gemeinschaft mußte ich die Erfahrung machen, daß »Regieren« gar keine einfache Sache ist – selbst wenn es sich nur um einen relativ kleinen Kreis von Menschen handelt. Erst allmählich fanden wir die unter unseren Verhältnissen psychologisch günstigsten Leistungsprinzipien heraus und lernten die Reaktionen auf Anordnungen, die erlassen wurden, abzuschätzen. Für ein solches in sich geschlossenes Kollektiv im Ausland die Verantwortung zu tragen, kann geradezu eine Schule der Menschenführung sein, denn unter den geschilderten Bedingungen sieht man selbst noch sehr deutlich die Auswirkung seiner Weisungen und Maßnahmen in ihren feinsten Verästelungen, und die vielfältige Kritik dringt noch unmittelbar ans Ohr. Diese stabilisierende negative Rückkopplung schwächt sich mit zunehmender Größe der zu lenkenden Gruppe leider oft bedeutend ab. In solchen Fällen wird der Einbau eines unabhängigen Rückkopplungskanals, der die Informationen unverfälscht von unten nach oben weiterleitet, zur dringenden organisatorischen Aufgabe. Wie weise handelten die Kalifen, als sie sich in geeigneten Zeitabständen verkleidet unter ihr Volk mischten, um seine Probleme und Ansichten wirklich ungeschminkt kennenzulernen. Sehr viele innere politische Spannungszustände, deren Auswirkungen ich miterlebt habe, hätten sich niemals entwickeln können, wenn der Informationsrückfluß ausgereicht hätte. Um das Leiten in Wirtschaft und Politik zu optimieren, sollten viel stärker als bisher die Modelle der Kybernetik und der modernen Systemtheorie sinnvoll genutzt werden.

Auch daran mußten wir denken

Eines unserer schwierigsten organisatorischen Probleme in Sinop war die gerechte Verteilung des besonders anfangs sehr beschränkten Wohnraums an die Mitarbeiter und ihre Familien. Um es zu lösen, bildeten wir eine Kommission von Vertrauensmännern der drei Arbeitsgruppen und der Werkstätten, die heiß debattierte – und sich schließlich auf einen Vorschlag einigte, der nur noch bestätigt zu werden brauchte. Eine andere Methode, unnötige Mißstimmungen zu vermeiden, bestand darin, die Formulierungen geplanter

Anordnungen mit den Vertrauensmännern der verschiedenen Gruppen vorher zu diskutieren – und vor allem stets auch die Begründung für ihre Notwendigkeit mit bekanntzugeben.

Professor Joffé, Nestor der sowjetischen Physik

Der Besuch von Akademiemitglied Professor Joffé, dem Nestor der sowjetischen Physik, leitete am 12. Oktober 1945 die wissenschaftliche Arbeit am Institut in Sinop ein. Wir führten eine lange Fachdiskussion über die Lösung der Aufgaben, die uns die sowjetische Regierung gestellt hatte.
Professor Joffé sah ich zum letztenmal kurz vor seinem Tode im Frühjahr 1958 bei einem Vortrag, den ich auf der Leipziger Physikertagung über meinen Elektronen-Anlagerungs-Massenspektrographen hielt. Sein Wissen und seine Tatkraft haben einen entscheidenden Einfluß auf die Entwicklung der sowjetischen Physik gehabt und ihren heutigen hohen Stand mitbegründet.
Joffé war in jungen Jahren einer der befähigsten Schüler Conrad Röntgens in München gewesen. Nach der Großen Sozialistischen Oktoberrevolution, als viele russische Physiker, die der Bourgeoisie verbunden waren, emigrierten, blieb er in seinem Petersburger Institut und bekam von Lenin den Auftrag, ein neues Fundament der physikalischen Forschung in der Sowjetunion aufzubauen. So wurde er der Organisator dieses unerhört wichtigen Wissensgebietes.
Professor Joffé war aber auch Hochschullehrer und hat die meisten der führenden sowjetischen Physiker ausgebildet. Die Professoren Kurtschatow, Alichanow, Alichanian, Krassin, Weksler, Artzimovich, Kikoin und etliche andere gehörten zu seinen Schülern. Viele der von ihm geprägten Wissenschaftler haben in den folgenden Jahren das Institut bei Suchumi besucht und unsere Ergebnisse mit kontrolliert.

Glasapparaturen oder Metallbauweise

Organisation und Aufbau des Instituts beanspruchten in der ersten Zeit meine Arbeitskraft sehr stark. Aus diesem Grunde mußte mein wissenschaftlicher Stellvertreter, der Physiker Dr. Steudel, sehr

selbständig handeln. Er war früher an Oszillographenröhren-Entwicklungen beteiligt gewesen und daher gewohnt, seine Versuche mit Glasapparaturen durchzuführen. Diese Methode wollte er auch im Rahmen der uns übertragenen Aufgabe, eine Großanlage für magnetische Isotopentrennung zu entwickeln, anwenden und ließ sich nicht davon überzeugen, daß in unserem Fall die Metallbauweise notwendig war. Ich sah mich gezwungen, ihn durch einen anderen Wissenschaftler zu ersetzen.
Meinen alten Lichterfelder Mitarbeitern und mir schien die Metallkonstruktion für größere Vakuumanlagen selbstverständlich, und die vorausgegangene Entwicklung des 60-Tonnen-Zyklotrons, der Elektronenmikroskope und anderer Geräte hatte die Richtigkeit dieses Weges bestätigt. Wir wären in eine katastrophale Lage geraten, wenn ich nicht gleich zu Beginn meine Auffassung durchgesetzt hätte. Der magnetische Trenner, zu dem wir schließlich gelangten, war eine Großanlage in Metallausführung mit einer Vakuumkammer, die allein schon über 10 t Gewicht hatte. Sie wurde durch riesige Öldiffusionspumpen mit einem Saugvermögen von etwa 20 000 Liter pro Sekunde evakuiert, und der dazugehörige Magnet wog 200 t.

Tisch-Elektronenmikroskop und Staatspreis

Ich erhielt zusätzlich die Aufgabe, ein Tisch-Elektronenmikroskop zu entwickeln. Die Konstruktionszeichnungen konnte ich schon bald abliefern. Etwa ein halbes Jahr später erschien im Januar 1947 der Chef unseres Objekts, eine prall mit Rubelscheinen gefüllte Aktentasche unterm Arm. Mir war ein Staatspreis verliehen worden.

Eine Rundfunk-Sendung hat Folgen

Während die technisch-wissenschaftliche Arbeit zur Lösung der uns übertragenen Hauptprobleme auf vollen Touren lief, kursierten in westlichen Publikationsorganen zwei Berichte über uns, welche die

Lebensbedingungen des deutschen Kreises recht nachhaltig beeinflußten. 1947 brachte die Rundfunkstation Jerusalem eine Sendung, in der die Namen der Hauptmitarbeiter meines Instituts lückenlos aufgeführt wurden, und etwa ein Jahr darauf erschien in Westdeutschland ein Aufsatz mit dem Titel »Im goldenen Käfig«. Er beschrieb nicht nur das Leben in Sinop, sondern brachte auch gewisse Einzelheiten über Institutsstruktur und Aufgabenbereich.

Strenge Vorschriften waren notwendig

Bald nach seinem Erscheinen wurde mir ein Zeitungsexemplar mit diesem Artikel vorgelegt. Als ich ihn gelesen hatte, wunderte ich mich nicht über die Verschärfung der Geheimhaltungsvorschriften. Tatsächlich wurden dann so strenge Maßnahmen getroffen, daß durch sie zeitweilig sogar die Arbeit selbst erschwert war. Ich informierte meine Mitarbeiter ohne jede Beschönigung über die Lage und erklärte ihnen die Ursache der neuen Anordnungen. Jeder von uns mußte, um selbst richtig zu handeln, den Ernst der Situation kennen. Immerhin kam es damals im Bereich des Sinoper Instituts A nicht zu schwerwiegenden Zwischenfällen, was ich mit auf diese offene Unterrichtung aller Institutsangehörigen zurückführe.

Kleine Ursache, große Wirkung

Die Befolgung der Geheimhaltungsvorschriften löste zuweilen auch heitere Ereignisse aus. So spielte sich bei einem der jährlichen Technischen Sowjets über die Institutsarbeit in Moskau folgendes ab:

Für die Sitzung hatten Professor Dr. Thiessen, Dr. Steenbeck und ich weisungsgemäß ausführliche Jahresberichte mit viel Zahlenmaterial und den Plänen für das kommende Jahr ausgearbeitet. Immer wenn wir nach Moskau mußten, wohnten wir etwa 40 km von der Stadt entfernt in dem idyllisch gelegenen abgeschlossenen Gebäudekomplex Osero. Dort hat sich übrigens auch Generalfeldmarschall Paulus nach seiner Gefangennahme mit anderen höheren

Offizieren einige Zeit aufgehalten. Unsere durch Sonderkurier nach Osero gebrachten Unterlagen waren vorschriftsmäßig in den Panzerschrank eingeschlossen worden. Der Termin für die Abfahrt zum Technischen Sowjet rückte näher, aber zum Schrecken der Verantwortlichen fehlte der Schlüssel für den Safe. Ein Soldat der Wache hatte ihn an sich genommen, und es hieß, er sei spazierengegangen. Große Aufregung! Suchkommandos schwärmten aus. Nach etwa einstündigem Bemühen fand man den Soldaten mit seinem Mädchen und dem Panzerschrankschlüssel im Wald. Die anschließende Fahrt nach Moskau glich einem Autorennen; eine Reihe Minister und Mitglieder der Sowjetischen Akademie der Wissenschaften mußten ungefähr eine Stunde lang auf uns und unsere Berichte warten.

Zusammentreffen mit alten Bekannten in Osero

Wegen der Technischen Sowjets und anderer Besprechungen verbrachte ich durchschnittlich ein bis zwei Wochen pro Jahr in Osero. Der Aufenthalt dort hatte seinen besonderen Reiz durch das Zusammentreffen mit Professor Max Vollmer und seiner Gattin, die sich stets unermüdlich für das Wohlbefinden der Gäste aus dem Süden einsetzte. Hier traf ich unerwartet auch den Pionier auf dem Gebiet der Luftverflüssigung, Dr. Ing. h. c. Paul Heylandt, den ich das letztemal vor dem zweiten Weltkrieg bei einem gemeinsamen Rundfunk-Interview mit dem greisen Luftschiffer Professor Dr.-Ing. h. c. August von Parseval gesehen hatte. Dieses Rundfunk-Interview leitete übrigens ein Student namens Blüthgen, den ich dann 1957 in Ilmenau als Professor für Elektromedizin begrüßen konnte.
Bei den wiederholten Reisen nach Moskau beobachteten wir die rasante Entwicklung der Stadt schon in den Jahren zwischen 1945 und 1955. Es wurde sehr viel gebaut, und die Bevölkerung sah nicht mehr ärmlich aus wie unmittelbar nach Kriegsende. Hübsche Kleidung und fröhliche Menschen kennzeichneten das Straßenbild. Auch die gewaltige Zunahme des Autoverkehrs in Moskau war symptomatisch für den raschen ökonomischen Aufschwung des Landes.

Ein gewisser Dr. Ronald Richter

Aus fachlichen Gründen hatte eine Reise nach Moskau im Jahre 1951 einen etwas dramatischen Charakter: Eines Abends um dreiundzwanzig Uhr erschien ein Beauftragter der sowjetischen Verwaltung in unserem Sinoper Haus und eröffnete mir, ich möchte um drei Uhr morgens, also nur vier Stunden später, nach Moskau abreisen. General Saweniagin wünsche mich dringend zu sprechen. Auf der Fahrt stellte sich heraus: an Professor Hertz und Dr. Steenbeck war die gleiche Bitte gerichtet worden. Beide Herren kannten ebensowenig wie ich den Zweck des plötzlich arrangierten Aufbruchs. Wir hatten jedoch den Eindruck, es müsse sich um etwas ganz besonders Wichtiges handeln.
Erst im Arbeitszimmer von General Saweniagin beziehungsweise Professor Jemeljanow lüftete sich das Geheimnis. Meldungen waren eingetroffen, wonach es einem österreichischen Physiker, Dr. Ronald Richter, gelungen sein sollte, in einem Geheimlaboratorium des argentinischen Diktators Perón auf der Insel Huemul das Problem der geregelten Kernfusion praktisch zu lösen. Diese Nachricht verursachte bei unserer Moskauer Dienststelle beträchtliche Aufregung. Während der Besprechung trafen aus allen Teilen der Welt Stellungnahmen und Gutachten zu den spärlichen amtlichen Mitteilungen aus Argentinien ein. Wir wurden gefragt, was nach unserer Meinung von den Meldungen zu halten sei, und sollten uns über die Möglichkeiten, Plasma mit Temperaturen von mehreren Millionen Grad herzustellen, äußern.
Für den Fall, daß dieser Dr. Ronald Richter bei Perón der gleiche Dr. Ronald Richter sei, der im März 1943 im Kernphysikalischen Institut des Reichspostministeriums, welches ich damals leitete, eingestellt worden war, empfahl ich General Saweniagin, die ganze Angelegenheit nicht ernst zu nehmen. Ich hatte nämlich mit diesem Herrn ausgesprochen schlechte Erfahrungen gemacht und ihn trotz des kriegsbedingten Arbeitskräftemangels bald wieder entlassen müssen. Phantasie und wissenschaftliche Wirklichkeit vermischten sich bei ihm so sehr, daß man sich auf seine Arbeitsergebnisse nicht verlassen konnte. Sofort angeforderte Informationen über den Lebenslauf jenes Physikers in Argentinien ließen keinen Zweifel an

der Identität mit meinem zeitweiligen Mitarbeiter aus Berlin-Lichterfelde. Damit war der Fall für uns erledigt. Professor Hertz, Dr. Steenbeck und ich konnten wieder nach dem Süden zurückreisen. Ich erinnere mich, von diesem Dr. Richter bereits 1943 in Lichterfelde den Gedanken gehört zu haben, man müsse mit Hochstrom-Gasentladungen die Vereinigung von leichten Kernen zu Helium versuchen. Damit bewegte er sich durchaus auf der richtigen Linie. Sein eines Wissenschaftlers unwürdiges Handeln lag darin, theoretische Spekulationen als reale Tatsachen auszugeben und sich durch unwahre Darstellung der Lage Mittel für experimentelle Entwicklungsarbeiten sowie persönliche wirtschaftliche Vorteile zu verschaffen.

Der Tote ist auf der letzten Station ausgestiegen

Bald nach Rückkehr von der Besprechung über die Ronald-Richter-Affäre hörten wir von folgender wahren Begebenheit, welche das Gericht in Suchumi beschäftigte: Der Sohn eines in Suchumi wohnenden Grusiniers, ein Student, war in Moskau verstorben. Die Familie wünschte die Beerdigung in der Heimat. Deshalb beauftragte der Vater zwei Kommilitonen seines Sohnes mit der Überführung der Leiche von Moskau nach Suchumi in der für solche Fälle vorgesehenen aufwendigen Form: mit einem Sarg. Hierfür übersandte er an die Freunde seines Sohnes einen nicht unerheblichen Betrag. Die beiden Kommilitonen waren knapp bei Kasse. Sie entschieden sich dafür, das Problem auf billigere Weise zu lösen und den bedeutenden Differenzbetrag ihrer eigenen Kasse zuzuführen. Hierzu wurde eine zusätzliche Eisenbahnfahrkarte Moskau–Suchumi gelöst und ein breitrandiger Hut beschafft. Dieser Hut wurde der reisemäßig bekleideten Leiche aufgesetzt. Links und rechts stützten die beiden Kommilitonen den Verstorbenen, der so das Bild eines Schwerkranken vermittelte, und brachten ihn unbehelligt bis zum Fensterplatz in einem freien Abteil des um diese Jahreszeit oft wenig besetzten Zuges nach dem Süden. Schließlich gelangten die Kommilitonen bis kurz vor Noworossisk. Heiteren Sinnes begaben sie sich in den Speisewagen mit dem Gedanken: die Sache ist gelaufen, und begannen dort mit dem Feiern ihres Erfolges. Inzwischen war in Noworossisk ein neuer Reisender in den Zug gestiegen und hatte das Abteil gewählt, wo nur der scheinbar Schlafende am Fenster saß. Der Neuankömmling legte einen schweren Koffer in das Gepäcknetz, welches sich über dem »Schlafenden« befand. Der Zug ruckte an, der Koffer fiel auf den »Schlafenden«, und nun stellte der Neuankömmling fest, daß offenbar der heruntergefallene Koffer seinen Mitreisenden getötet hatte. In seinem Schrecken und seiner Verwirrung ergriff er die Leiche und warf sie aus dem Fenster des fahrenden Zuges hinaus. Danach wandelte er sich, in der Hoffnung, daß alles gut gehen werde, in das Normalbild eines Reisenden. Kurze Zeit später kehrten die beiden Kommilitonen alkoholisch beschwingt von ihrer Feier im Speisewagen zurück. Der Leser wird ihren Stimmungsumschwung und ihr Entsetzen nachempfinden, als sie die Leiche nicht mehr im Abteil vorfanden und auf ihre Frage die Antwort erhielten, der Reisende sei auf der letzten Station ausgestiegen. Selbstverständlich wurde der Tote aus Moskau schnell gefunden und die Beteiligten mit schweren Strafen belegt.

Leningrad und das Werk »Elektrosila«

Während die Aufenthalte in Moskau stets nur wenige Tage dauerten, habe ich in Leningrad mehr als ein Jahr verbracht. Die vorübergehende Verlegung des Arbeitsortes nach dem Norden wurde 1949 notwendig, als unsere Entwicklungsarbeiten am magnetischen Isotopentrenner den Übergang zur Großanlage mit einem Elektromagneten von 200 t Gewicht verlangten. Ein solcher Großmagnet stand in einer der Hallen von »Elektrosila«. Dieses Werk ist in der Weltöffentlichkeit inzwischen besonders durch den Bau des 10-Milliarden-Elektronenvolt-Synchrophasotrons in Dubna an der Wolga bekannt geworden. Das leistungsfähige Kollektiv von Wissenschaftlern und Konstrukteuren, das wir hier bei »Elektrosila« in Aktion sahen, machte einen hervorragenden Eindruck.

Großer Augenblick – das magnetisch geführte Plasma

In der Werkhalle erlebten wir einige recht dramatische Stunden. Ich denke besonders daran, wie die Trennanlage nach langen, vergeblichen Versuchen erst beim Besuch der Abnahmekommission der Regierung in Anwesenheit mehrerer Minister endlich mit der geforderten Betriebszeit einwandfrei arbeitete. Erregend war auch jener Augenblick, als wir, und mit uns auch sowjetische Wissenschaftler wie zum Beispiel Professor Artzimovich, zum erstenmal die scharf begrenzte Plasmasäule der Uranmetall-Ionenquelle isoliert im Raum des starken Magnetfeldes erblickten. Bei diesen Experimenten im Jahre 1949 mit Plasmaführung in homogenen und inhomogenen Magnetfeldern zeigte sich optisch und uns allen unvergeßbar die Ausschaltung der Wandeinflüsse bei einem erhitzten Plasma durch Anwendung starker Magnetfelder, eine Methode, die heute für die Kernfusionsforschung große Bedeutung erlangt hat.

Industrielle Kathodenzerstäubung mit dem Ringspalt-Plasmatron

Weitere Experimente mit Plasmaführung in inhomogenen Ringspaltmagnetfeldern führten 25 Jahre später bei ihrer Anwendung zur Kathodenzerstäubung zu einer extrem effektiven Zerstäubungsquelle (hohe Massenstromerzeugung fast beliebiger zu zerstäubender Metalle, Möglichkeit reaktiver Zerstäubungen). Die Bedeutung des *Ringspalt-Plasmatrons* für die Beschichtungstechnik wurde in Europa zuerst von meinem Stellvertreter Siegfried Schiller und unserem Mitarbeiter Ulrich Heisig erkannt. Bereits in den Jahren 1976 bis 1980 wurden etwa 10 verschiedene Typen dieser Einheit gebaut und halfen uns entscheidend bei der Entwicklung industrieller Beschichtungsverfahren moderner Prägung für Mikroelektronik und Elektronik. Das Ringspalt-Plasmatron, welches eine neue Etappe der Beschichtungstechnik einleitete, kam ab 1980 auch bei der Beschichtung großflächiger Objekte wie Tafelglas, Folien usw. zum Einsatz.

Ab und zu ein Knall

Eine heitere Episode fällt mir aus unserer Arbeitsperiode bei »Elektrosila« ein: Während der Großmagnet in Betrieb war, ertönte ab und zu ein fürchterlicher Knall, der zunächst die völlige Zerstörung der Versuchsanlage vermuten ließ. Dieser akustische Vorgang fand aber jedesmal eine völlig harmlose Aufklärung. Einer unserer Physiker war leidenschaftlicher Pfeifenraucher und pflegte seine Tabakvorräte in einer großen Eisenblechbüchse bei sich zu tragen. Gelegentlich schaffte es das starke Magnetfeld, ihm diese Blechbüchse aus der Tasche zu ziehen, und sie prallte dann mit entsprechendem Getöse auf eine der Polschuhflächen auf.
In der Kantine des Werkes fiel mir ein hübsches junges Mädchen auf, das mich bei meinem ersten Erscheinen dort wie ein Wundertier betrachtete. Als ich diskret nachforschte, erfuhr ich, daß dieses junge Menschenkind wissen wollte, wie ein »wirklicher Baron« aussieht. Es war unter den neuen gesellschaftlichen Verhältnissen herangewachsen, und ein Adliger gehörte für seine Vorstellung schon der Geschichte an.

Silvester im Hotel »Ewropeiskii«

Zwei Silvester haben wir in Leningrad miterlebt. Bekanntlich ist dieses Fest in der Sowjetunion die größte Familienfeier des Jahres, bei der ein geschmückter Tannenbaum selten fehlt. Eine begingen wir gemeinsam mit unseren sowjetischen Mitarbeitern und ihren Frauen sowie der für unsere Sicherheit verantwortlichen Begleitung. Wir wohnten damals im Hotel »Ewropeiskii«, nahe dem Newski-Prospekt, und die sowjetischen Kollegen hatten für die Feier ein geräumiges Appartement gemietet, in dem es dann hoch herging.

Immer war Vorsicht geboten

In Leningrad durften wir die Wohnung nie allein verlassen. Zum Teil lag das sicher in einem Vorkommnis begründet, das sich gleich am ersten Tag meines Aufenthalts in dieser Stadt abspielte. Ich war damals im »Oktober-Hotel« am Moskauer Bahnhof untergebracht, und zwar zusammen mit den Regierungsbeauftragten für die Suchumer Institute, zwei Generälen. Kurz nach der Ankunft schlenderte ich, flankiert von diesen beiden hohen Offizieren, durch die Eingangshalle des Hotels. Man sah mir wohl den Ausländer an, denn plötzlich kam ein eleganter Herr mit ausgestreckter Hand auf mich zu, um mich zu begrüßen. Kaum bemerkten die Generäle diese Absicht, als sie sich von beiden Seiten hindernd dazwischenschoben. Der Unbekannte war der Vertreter einer großen englischen Tageszeitung und wollte mich interviewen.

Leningrader Kunstgenüsse

Leningrad ist eine Reise wert. Wir haben es im Winter erlebt, als sich die Eisschollen auf der Newa türmten. Wir sind im Frühling durch den Puschkin-Park, den »Letnii Sad«, spaziert. Die Kinder erinnern sich besonders an ein großes Feuerwerk und manche lustige Vorstellung im kleinen Sommertheater. Die Admiralität, die Peter-Pauls-Festung und die Isaak-Kathedrale sind nur einige der bekanntesten historischen Bauten, welche die Konturen dieser einzigartigen, weiträumig gestalteten Stadt prägen.
Die größte Anziehungskraft besaßen für meine Frau und mich die Ermitage und das Winterpalais. Nicht weniger als dreißigmal weilten wir gemeinsam in dieser berühmten Gemäldegalerie. Jedesmal fanden wir neue Kunstwerke, ja sogar neue Räume, die uns vorher entgangen waren.

Anregung und Harmonie durch klassische Musik

Oft besuchten wir auch die Leningrader Philharmonie. Beeindrukkend ist die wunderbare Akustik und Ausgestaltung des ganz in weißen Marmor gekleideten Konzertsaals. So bedeutende Künstler wie David Oistrach und Svjatoslav Richter durften wir hier wiederholt erleben.
Selten vermag das dichterische Wort in mir gleich starke Empfindungen auszulösen wie die klassische Musik. In meinem Stereoplattenschrank haben »Der Rosenkavalier« von Richard Strauss und

vom gleichen Komponisten das Duett aus »Arabella«, aber auch seine berühmten Liebeslieder ihren bevorzugten Platz. Daneben liegen die Platten von Beethoven: das Klavierkonzert Nr. 5, die Eroica, die Pastorale, die Neunte.
Ich empfinde mit denen, die sagen, von Beethovens Musik gehe eine starke moralische Kraft aus, die es verbietet, uns mit der einfachen Feststellung unseres Daseins zu bescheiden. Sie fordert bewußtes Tätigsein im Sinne des Humanismus. Alle Leidenschaften, die Musik entfacht, münden in befreiende Menschlichkeit und in den Wunsch, Großes zu leisten!

Einstein über Musik

Freunden gegenüber habe ich mich im Gespräch über Musik oft auf eine Äußerung berufen, die Hedwig Born überliefert hat. Als sie einmal an Einstein die Frage richtete, ob sich prinzipiell alles auf physikalische Gesetzmäßigkeiten zurückführen ließe, erwiderte dieser: »Ja, das ist denkbar, aber es hätte doch keinen Sinn. Es wäre eine Abbildung mit inadäquaten Mitteln, so, als ob man eine Beethoven-Symphonie als Luftdruckkurve darstellte.«

Einstein 1949 zu Fragen der Gesellschaftsordnung

Albert Einstein war nicht nur einer der bedeutendsten Baumeister der Physik in unserem Jahrhundert, er war bekanntlich auch ein Gelehrter, der sich mit den bewegenden Kräften und Fragen seiner Zeit ständig auseinandersetzte. Die Verkümmerung des Einzelmenschen betrachtete er als einen schweren Mangel des Kapitalismus. In seinen hinterlassenen Schriften findet sich eine Stellungnahme aus dem Jahre 1949 zu Fragen der Gesellschaftsordnung. Er schreibt: »Ich bin überzeugt, um diesen schweren Mißständen abzuhelfen, gibt es nur ein Mittel, nämlich die Errichtung einer sozialistischen Wirtschaft mit einem Erziehungssystem, das auf soziale Ziele abgestellt ist. In einer solchen Wirtschaft gehören dann die Produktionsmittel der Gemeinschaft, die sie nach einem bestimmten Plan benutzt. Man würde in einer solchen Planwirtschaft die Produktion den Bedürfnissen der Gemeinschaft anpassen, die zu leistende Arbeit unter die Arbeitsfähigen verteilen und jedem, Mann, Frau und Kind, den Lebensunterhalt garantieren. In der Erziehung würde man Sorge tragen, in jedem einzelnen, neben seinen eigenen Gaben auch das Verantwortungsgefühl gegenüber seinen Mitmenschen zu pflegen und nicht wie in unserer heutigen (kapitalistischen) Gesellschaft Macht und Erfolg zu verherrlichen.«

Meine innere Hinwendung zum Sozialismus

Während des Leningrader Aufenthalts mußte ich vorübergehend getrennt von der Familie leben. Das Alleinsein war für mich völlig ungewohnt. Manchmal saß ich in meinem Zimmer im Hotel »Ewropeiskii« und hatte genügend Zeit, um über viele Probleme unseres Lebens nachzusinnen. In diesen Stunden der Besinnung, in denen mich auch die Leitung des großen Instituts in Sinop nicht unmittelbar belastete, überdachte ich meine bisherigen Entscheidungen. Ich hatte den Krieg, dem auch meine beiden Brüder zum Opfer fielen, als Instrument zur Lösung politischer Fragen tief verabscheuen gelernt und schätzte insbesondere nach den Gesprächen mit Max Planck und Otto Hahn ein, daß künftige militärische Konflikte noch unvergleichbar größere Tragik für die Menschheit bedeuten würden. Bei allen bewaffneten Auseinandersetzungen der neueren Zeit traf der weit überwiegende Anteil der Leiden stets die wenig begüterten Menschen, die Arbeiter und Bauern. Deshalb war ich der festen Überzeugung, daß nur ein von der Arbeiterklasse im Bündnis mit der Bauernschaft geführtes System wahrhaft für den Frieden sein konnte. Aus diesen Überlegungen heraus hatte ich meine Forschungen und die mit so viel Schwierigkeiten über den Krieg geretteten Anlagen dem Aufbau des Sozialismus zur Verfügung gestellt. In meinen nachdenklichen Stunden und oft nach vorausgegangenen Gesprächen mit den Arbeitern und Wissenschaftlern bei »Elektrosila«, fern von der relativen Abgeschlossenheit unseres Daseins am Schwarzen Meer und in stärkerem direktem Zusammenleben mit den vom Krieg so schwer geprüften Leningradern gewannen diese Gedanken noch größere Klarheit. So beschleunigten gerade die Leningrader Monate meine innere Hinwendung zum Sozialismus.

Die 1 Million-Volt-Atomumwandlungsanlage (Van de Graaff-Generator) im Hochspannungssaal des Lichterfelder Institutes.

Blick in den großen Zyklotron-Bunker des Lichterfelder Institutes während des Luftkrieges 1943/45.
Im Vordergrund links: Das »Sekretariat«. Links: Das 60 Tonnen-Zyklotron. Rechts: Das Universal-Elektronenmikroskop und der Platz für das Massenspektrometer.

Das Hauptgebäude, 1943 durch Bomben schwer beschädigt, 1944 abgebrannt, war bei Kriegsende 1945 in der abgebildeten Form mit starkem Betondach und Betonzwischendecken vollständig wiederaufgebaut und eine Woche nach Kriegsende schon wieder eingerichtet.

Das erste, in Moskau mir gezeigte Bild von dem Inturist-Erholungsheim in Sinop bei Suchumi, welches für das Institut A vorgesehen war. Es lag in einem botanischen Garten, 120 m davor der Badestrand des Schwarzen Meeres und wenige 100 m dahinter die Anstiegswege zu Vorbergen des Kaukasus. Wir lebten an dieser bevorzugten Stelle Grusiniens von 1945 bis 1955.

Blick auf die Bucht von Suchumi, von einem der Spazierwege auf den unmittelbar hinter unserem Wohnhaus beginnenden Vorbergen.

Unsere Familie auf einer Autotour an die Kura bei Borschom in der Nähe von Tbilissi.

Frauenmangel – ein heikles Thema

Um mir die Stunden des Alleinseins zu verkürzen, las ich viel in den Werken unserer großen Dichter. Ich war reif geworden, die ganze Größe ihres Denkens und ihrer Darstellungskunst zu erfassen. Schließlich unternahm ich sogar selbst einige tastende Schritte auf dem Gebiet der Dichtkunst und Malerei. Es blieb jedoch bei diesen Vorversuchen, denn auf meine intensiven Anträge hin erschienen Frau und Kinder in der Stadt an der Newa. Wie gut hatten wir es in dieser Hinsicht gegenüber den aus den Kriegsgefangenenlagern zu uns gestoßenen Kollegen!

Das Zahlenverhältnis zwischen den Letztgenannten und den mit ihren Familien aus Deutschland gekommenen Spezialisten betrug zwischen 1946 und den Massenentlassungen der Kriegsgefangenen 1949 etwa 2:1. Infolgedessen fehlte es sehr an Frauen. Dieser Mangel und das in dem subtropischen Klima verstärkte Kräftefeld Amors bewirkten die Ankristallisation von »Hausfreunden« bei manchen Familien. Auf den Institutsfesten schilderten zwar talentierte Minnesänger in wirkungsvollen Gedichten die Vorzüge einer solchen Form des Zusammenlebens, der Großteil der Ehemänner ließ sich aber davon offensichtlich nicht so recht überzeugen. Um zur Milderung der geschilderten Situation beizutragen, stellte die Spitzweg-Figur unseres Kreises, der Apotheker und Optiker Hoffmann, der jener schon früher erwähnten Berliner astronomischen Vereinigung angehört hatte, seine langbrennweitigen astronomischen Fernrohre zur Verfügung. Gemeinsam mit einigen unbeweibten Männern beobachtete er die sich in 100 m Entfernung auf einem Balkon ebenso ahnungslos wie hüllenlos sonnende Damenwelt.

Amouröse Ruhestörung

Auch unter den sowjetischen Kollegen unseres Kreises war Amor wirksam und ließ sie vereinzelt in lauen Sommernächten gewaltige Hindernisse überwinden. Jedenfalls erwachten meine Frau und ich eines Nachts vom Geräusch vieler Schritte, das durch die geöffneten Fenster ins Schlafzimmer drang. Wir warfen einen vorsichtigen

Blick über das Balkongeländer. Das Haus war von einer halben Kompanie Soldaten lückenlos umstellt. Vor der Tür stand ein Offizier, an den ich mich nach einiger Zeit mit der Frage wandte, was diese nächtliche Truppenübung zu bedeuten habe. Er stellte die Gegenfrage, ob wir wüßten, wo sich der fremde Mann befinde, der durch eines der Fenster eingestiegen sei. Ein Wachposten habe ihn beobachtet. Ich erklärte, nichts bemerkt zu haben, woraufhin sich der Offizier für die Störung entschuldigte. Offenbar um uns nicht zu erschrecken, wurde das Haus nicht durchsucht. Es blieb aber weiter umzingelt, wenn auch in so vergrößertem Abstand, daß in der Dunkelheit nichts mehr zu erkennen war.
Als der Morgen dämmerte, entstand erneuter Lärm. Ein Unbekannter war aus dem Zimmer der unteren Etage gestiegen, in dem unsere gute Olga, die Betreuerin der Kinder, mit einer weiteren Hausangestellten schlief. Er wurde sofort von der Postenkette abgefangen und festgenommen. Später erfuhren wir, der nächtliche Eindringling war ein fremder Soldat gewesen, der ungeachtet aller damit verbundenen Risiken von der Straße her die scharf bewachte Umzäunung des Institutsgeländes durchbrochen hatte, um zu seiner Freundin zu kommen.

Erdbeben, Nordlicht, Stürme

Nicht immer waren die nächtlichen Ruhestörungen in Sinop so harmlos. Zweimal schreckten uns tektonische Erdbeben, die unsere Kronleuchter in kräftige Schwingungen versetzten und sogar Risse in der Wand verursachten. Erregend war vor allem das dumpfe Dröhnen, das den Erdstößen vorausging beziehungsweise sie begleitete.
Auch eine andere Naturerscheinung, die wir in der Sowjetunion kennenlernten, wird unvergeßlich bleiben: ein besonders starkes Nordlicht mit ständig wechselnden farbigen, meist grünen Draperien, das wir während einer der »weißen Nächte« in Leningrad sahen.
Ein ebenfalls sehr eindrucksvolles Bild bot das Schwarze Meer an stürmischen Tagen, wenn 4 bis 5 m hohe Wellen gegen unseren

Strand tobten. Die gewaltige Brandung wirbelte vom Meeresboden nicht nur Sand, sondern auch ziemlich große Steine auf. Dadurch kam leider ein tollkühner Schwimmer unserer deutschen Gruppe ums Leben.

Zehn Gräber ließen wir zurück

Dieser erste Unfall erschütterte uns alle sehr. Nachlässiger Umgang mit Giften, kindliches Spiel mit Streichhölzern und das Älterwerden der Mitarbeiter waren die Ursachen für weitere tragische Ereignisse. So hatte ich im Laufe der Jahre als Institutsleiter immer wieder die traurige Pflicht, am offenen Grab Abschied von den Dahingegangenen zu nehmen und die Angehörigen in Deutschland zu unterrichten. Bei der Abreise 1955 blieben zehn Gräber auf dem schönen, auf einer Anhöhe gelegenen Friedhof Michailowka nördlich von Suchumi zurück.

Unser Sohn Thomas und die Tüte Malariamücken

Glücklicherweise hatten wir keine Malariafälle mit letalem Ausgang, obwohl in den ersten Jahren etwa die Hälfte der Mitarbeiter an dieser heimtückischen Krankheit litt. Wie sehr sie damals Gegenstand von Familiengesprächen war, charakterisiert folgende Antwort unseres Sohnes Thomas, die er 1947 im Alter von vier Jahren seiner Mutter nach Ankündigung von Erziehungsmaßnahmen gab: »Wennste mich noch mal haust, sammle ich eine Tüte Mücken, dann stechen die dich und dann kriegste Malaria!« Durch systematische Bekämpfung der Anophelesmücke ist es der Suchumer Gesundheitsbehörde in den Jahren nach 1947 gelungen, die Malariagefahr in diesem Gebiet fast vollständig zu beseitigen.

Gebirgsausflüge mit unserem Esel

Die schöne Lage Suchumis lockte besonders im Frühjahr und im Herbst, wenn der Himmel wochenlang wolkenlos bleibt, immer wieder zu kleinen Ausflügen in die Vorberge des Kaukasus. Bei einer dieser Unternehmungen erwarben wir zur Freude der Kinder einen jungen Esel. Das Tier war allen Jugendlichen des Mitarbeiterkreises bald ein geduldiger Spielgefährte. Es wurde in einem kleinen Holzstall unmittelbar neben unserem Haus untergebracht. Oft begleitete der Esel uns nach der Arbeitszeit auf Spaziergängen über die Vorberge, die hinter unserem Wohngebäude begannen, und tobte sich bei solchen Gelegenheiten kräftig aus. Manchmal galoppierte er kilometerweit über die Hänge, kehrte jedoch als kluges Tier stets zurück.

Der erste große Urlaub in Borschom

Schon bald nach der Ankunft in Sinop hatten wir mit dem Dienstwagen, der mir als Institutsdirektor während der ganzen Zeit in der Sowjetunion zur Verfügung stand, die Schönheiten unserer Umgebung erforscht. Häufig fuhren wir auf den guten Straßen längs der Küste nach dem wundervoll gelegenen Kloster Nowi Afon und den weiter entfernten modernen Schwarzmeer-Kurorten Gudauta, Gagra und Sotschi.

Die erste Urlaubsreise führte uns nach Borschom, einem 800 m hoch gelegenen Kurort nahe der türkischen Grenze. General Kotschlawaschwili bereitete den Aufenthalt dort vor. Am 28. August 1947 mittags sollte die Fahrt beginnen. Ich hatte mich von meinen Mitarbeitern verabschiedet, und unsere Familie harrte gestiefelt und gespornt zur festgesetzten Stunde erwartungsfroh der vielbesprochenen Abreise. Zwar pünktlich, aber mit der Nachricht, der Dieselzug fahre erst einen Tag später, erschien schließlich einer der Dolmetscher. Unser Sohn Thomas brach in Tränen aus.

Am nächsten Tag zur gleichen Zeit war es dann wirklich soweit. Kaum hatte der General die letzten Abschiedsworte gesprochen, ergriff der Chef der Wache das Puppenköfferchen unserer Tochter Beatrice und gab damit das Signal zum Aufbruch. Unter Führung unseres Obersts eilte die ganze Familie, attachiert von drei Wachsoldaten, einem Dolmetscher und den beiden Chauffeuren, zu den bereitstehenden Autos. Wenig später verließ der bequeme Dieselzug den Bahnhof Suchumi. Zwölf Stunden dauerte die Reise. Dann

waren wir mit Gepäck und Lebensmitteln für vier Wochen am Zielort angekommen und weckten erst eine falsche und danach die richtige Wirtin aus tiefem Schlaf.
Die lange und heiße Fahrt hatte den Wunsch nach einer ausgiebigen Reinigung hervorgerufen. Leider erfuhren wir, daß aus dem einzigen Wasserhahn des Hauses nur morgens das kostbare Naß flösse. Nach wortreichem Hin und Her konnten wir schließlich eine Katzenwäsche veranstalten, bei der die Wirtin aus einer Teetasse Wasser spendete.

Delikate elektrische Reparatur

Nun wollten wir der ersehnten Nachtruhe entgegengehen. Dafür mußte die kleine 220-Volt-Glühbirne ausgeschaltet werden, die das Schlafzimmer bei dem in Borschom installierten 110-Volt-Netz mit einer ausgesprochen intimen Beleuchtung versah. Der Lichtschalter war jedoch defekt und die Lampe in ziemlicher Höhe angebracht. Immerhin gelang das Vorhaben, indem meine Frau – recht leicht bekleidet – den Tisch in der Zimmermitte bestieg und von mir gestützt die Birne in der Fassung lockerte. Dieses Unternehmen löste ein vielstimmiges, herzliches Gelächter auf dem Flur aus. Wir Mitteleuropäer hatten übersehen, daß ein Klarglasfenster mit nur schüchtern angedeuteten Scheibengardinen unseren Schlafraum mit dem von neugierigen Mitmenschen angefüllten Korridor verband. Nach einer, ungeachtet der vorgerückten Stunde, ausgiebigen ehelichen Diskussion der Tageserlebnisse schliefen wir schließlich ein.

Vorzüge der »Nitschewo-Philosophie«

Einige organisatorische Maßnahmen und meine nervensparende »Nitschewo-Philosophie« (nitschewo = es macht nichts) ließen am nächsten Tag bei sonnigem Wetter alles in rosigem Licht erscheinen. Ein Wasserreservoir wurde geschaffen, der Lichtschalter repariert und eine 110-Volt-Glühbirne aufgetrieben. Außerdem gewannen wir die Erkenntnis, es entsteht wirklich kein moralischer Schaden, wenn sich die morgendliche und abendliche Tätigkeit am Waschbecken unter den Augen von Mitbewohnern und Nachbarn abspielt. Auch an die Tatsache, daß ich während der ganzen Borschomer Zeit zur Tarnung unter einem fremden Namen leben mußte und in den amtlichen Registraturen als Kunstmaler geführt wurde, gewöhnte ich mich schnell.

Viele Wanderungen und Autotouren in die Täler und Berge der Umgebung des Kurorts haben wir damals gemacht. Sie führten uns durch Flußtäler mit alten Burgen und Schlössern und zu Dörfern, die zum Teil 1800 m hoch lagen. Wir besichtigten auch das als Museum eingerichtete frühere Schloß eines Großfürsten inmitten eines herrlichen Parks am Ufer der Kura.

Die Fahrt zum »schönsten Tal der Erde«

Drei Jahre später unternahmen wir die schönste, aber auch gefährlichste Tour während unserer Zeit in der Sowjetunion – die Fahrt durch das Inguri-Tal im Zentralkaukasus. Dieses landschaftlich herrliche Gebiet im Inneren Swanetiens war von erfahrenen Alpinisten in begeisterten Superlativen als das »schönste Tal der Erde« gepriesen worden. In meteorologischer Hinsicht um etwa zwei bis drei Wochen zu spät, aber gerade noch vor Einsetzen der Regenzeit starteten meine Frau, Dr. Gernot Zippe, ich und zwei kräftige Begleiter am 2. Oktober 1950 mittags von Sugdidi aus mit einem offenen Willies-Personenkraftwagen (ca. 30 cm Bodenfreiheit, Vierradantrieb).

Gefährliche Kurven

Bereits in den Vorbergen stieg die etwa 170 km weit mit Lastwagen befahrbare, sehr schmale Straße auf eine Höhe von mehr als 100 m über dem scharf eingeschnittenen Flußbett des Inguri an. Zu ungefähr einem Drittel ihrer Länge war sie in steil abfallende felsige Bergwände eingehauen. Dadurch bestand Steinschlaggefahr. An den zahlreichen Holzbrücken und balkonartigen Straßenausbauten ließen sich häufig deutlich Abnutzungserscheinungen erkennen. Außerdem gaben die dortigen Chauffeure vor unübersichtlichen Abschnitten nicht regelmäßig Signal. Das alles machte das Befahren dieser Strecke – die inzwischen zu einer modernen Hochgebirgsstraße mit allen notwendigen und möglichen Sicherungen ausgebaut wurde – damals wirklich recht gefährlich. Ein Bekannter aus dem Nachbarinstitut, der die Tour wiederholte, entging nur dadurch dem Absturz in die Tiefe, daß sein Wagen bei einem Zusammenstoß zufällig in Richtung des Berges gedrückt wurde. Wären uns diese Einzelheiten bekannt gewesen, hätten wir seinerzeit – schon unserer Kinder wegen – wahrscheinlich von dem Vorhaben abgesehen. Damit wären uns jedoch einmalige Erlebnisse verlorengegangen.

Gefährliches Nachtlager unter freiem Himmel

Bei dieser Hochgebirgstour waren uns die zwei Begleiter in vielen Fällen eine große Hilfe, besonders durch ihre Beherrschung der grusinischen Landessprache. In Russisch konnten wir uns mit der Zeit zwar fast fließend unterhalten, doch Grusinisch ist – außer den paar Gedichten und Liedern, die die Kinder in der Schule lernten und zu Hause aufsagten – bis zuletzt »ein Buch mit sieben Siegeln« geblieben. Wenige Kilometer hinter Chaischi wechselt die Fahrstraße von der südlichen auf die nördliche Seite des Inguri. Unweit der Brücke schlugen wir das erste Nachtlager unter freiem Himmel auf.
Kurz vor dem Einschlafen sah ich, wie sich hinter einem der Felsblöcke nacheinander die Konturen von drei Männerköpfen gegen den nächtlichen Himmel abzeichneten. Sie betrachteten aufmerksam Dr. Zippe, meine Frau und mich, die wir uns um das Lagerfeuer gruppiert hatten. Die zwei anderen schliefen – vom flackernden Schein des Feuers nicht erreicht und dadurch unsichtbar für die geheimnisvollen Späher – etwas abseits.
Meiner Frau rief ich leise zu: »Du, da sind drei Leute, die uns beobachten. Was wollen die wohl?« Sie sprang mit sportlichem Elan aus dem Schlafsack und alarmierte unsere Begleitung. Fast gleichzeitig stürmten drei verwegene Gestalten, wie sie in den Nachkriegsjahren in vielen Ländern zu finden waren, mit lauten Rufen auf uns

zu. Ihre offenbar nicht gerade freundschaftlichen Absichten änderten sich jedoch sofort, als aus dem Dunkel unsere Begleiter auftauchten und zu ihnen traten. Nach kurzem Disput setzten sich die drei an unserem Feuer nieder und zündeten als Symbol friedlicher Haltung ihre Pfeifen an. Wortlos rauchten sie bis zum letzten Pfeifenzug und verschwanden dann still wieder in der Nacht.

Im Tal des Inguri

Die Fahrt am folgenden Tag brachte uns bald hinter Tawrali, wo der Inguri aus seiner südöstlichen Hauptrichtung abbiegt und nach Osten in das eigentliche innere Swanetien weiterfließt. Das vorher eng und tief eingeschnittene Tal öffnete sich hier weit. Ausgedehnte grüne Hochflächen, die nur von der schmalen Inguri-Schlucht durchschnitten sind, bilden den Vordergrund eines unerhört eindrucksvollen Hochgebirgspanoramas. Eingestreut in die fruchtbaren Hochflächen mit Mais- und Kartoffelfeldern und großen Viehherden liegen die überraschend zahlreichen Dörfer und Höfe mit ihren charakteristischen viereckigen Türmen. Die 10 bis 20 m hohen Wehrtürme stammen aus der noch nicht lange zurückliegenden Zeit, da die Männer dieses Tales Blutrache übten und sich so mit großem prozentualen Erfolg gegenseitig umzubringen pflegten. Viele der älteren Steinhäuser und Höfe gleichen daher kleinen Festungen.

Der Uschba

Gegen Mittag erreichten wir Betscho, das in einem etwa 10 km langen Seitental des Inguri liegt. An seinem Ende steigt das gewaltige Felsmassiv des Uschba (4695 m) empor. Nach Form und Lage erinnert der Berg von hier aus gesehen stark an das Matterhorn aus der Richtung Zermatt. Am 4. Oktober bestiegen wir auf bequemen, auch mit Tragtieren begehbaren Wegen den zum Uschba führenden Südostgrat bis ungefähr zum Einstieg in das Felsmassiv (ca. 2500 m). Leider war der Berg meist von Wolken eingehüllt, doch milderten herrliche Ausblicke, zum Beispiel auf die Gletscher der Leila-Kette, unsere Enttäuschung.

Ein Totengeleit

Am folgenden Morgen weckten uns in der Frühe schrille Klageschreie, die durch das Betscho-Tal hallten. Ein Fahrer, mit dem wir noch am Vortag gesprochen hatten, war mit seinem Auto von der schmalen Straße in die Tiefe gestürzt. Bald hatte sich ein großer Teil der Einwohner von Betscho am Dorfeingang versammelt und gab dem Toten das Geleit in sein Haus. An der Spitze des feierlichen Zuges schritt die Gruppe der Klageweiber, dann folgten die Träger mit der Bahre und, den Zug beschließend, die Männer des Dorfes mit glockenartigem Chorgesang.

Unvergeßliche Ausblicke

Am frühen Vormittag fuhren wir noch 18 km tiefer in das Inguri-Tal hinein bis Mestia, das am Fuße des sich dort steil erhebenden Tetnuld (4800 m) liegt. Dieser Abschnitt war einmalig und bildete zweifellos den absoluten Höhepunkt unserer Tour. Wir hatten eine klare Sicht, wie man sie meist nur nach starken Regenfällen erlebt. So erblickte man von einzelnen Aussichtspunkten gleichzeitig die gewaltigen Bergmassive des Koschtan-Tau (5151 m) und des Dych-Tau (5203 m) am Ende des Inguri-Tals, den dicht vor uns aufragenden Tetnuld sowie auf der gegenüberliegenden Südseite des Tales die Eismauer der Leila-Kette.
Eingerahmt von den im Schmuck des Neuschnees glänzenden Bergriesen, faszinierte das in kräftigen Herbstfarben getönte Tal mit den ungezählten Viehherden auf den Hochebenen und seinen romantischen Bauten uns bergbegeisterte Touristen. Das Wort vom »schönsten Tal der Erde« war nicht übertrieben. Eine vergleichbare Konzentration landschaftlicher Schönheiten habe ich nur auf dem Gornergrat mit seinem Rundblick auf Monte Rosa, Matterhorn und

Weishorn erlebt, allerdings fehlte am Gornergrat die herrliche Einsamkeit, die den Wanderer in der kaukasischen Bergwelt umgibt.
Als sich die Wolken gegen Mittag wieder verdichteten, traten wir die Rückfahrt an, die unser Chauffeur nach den traurigen Ereignissen des frühen Morgens und einem Blick auf das abgestürzte Auto am Straßenrand mit besonderer Vorsicht absolvierte. Mit Einbruch der Dunkelheit erreichten wir glücklich wieder Sugdidi, den Ausgangspunkt unserer Reiseroute. Nach gründlicher Reinigung und dem Genuß von zwei Flaschen guten grusinischen Weins empfanden wir den Schlaf in richtigen weichen Betten als große Errungenschaft der Zivilisation.

Kodori-Tal und Bagatski-Felsen

In besonders schöner Erinnerung bleibt auch ein mehrtägiger Ausflug, den wir 1951 durch das nahe bei Suchumi gelegene Kodori-Tal zum 2800 m hohen Kluchorski-Paß unternahmen. Das Tal zieht sich etwa 80 km vom Meer bis ins Innere des kaukasischen Vorgebirges hin. Schon vorher waren wir bei verschiedenen Autotouren über Zebelda immer tiefer ins Kodori-Tal vorgedrungen. Jeder Kilometer brachte dabei größere und gewaltigere Naturschönheiten.
Kurz nach Zebelda verengt sich das Tal zu einer Bergspalte, in deren Tiefe tosend der Kodori schäumte. Die Fahrstraße verläuft hier in schwindelnder Höhe eingehauen in den sogenannten Bagatski-Felsen, dessen Wildheit von früheren Kaukasus-Expeditionen schon oft beschrieben worden ist. Der Weg war zu unserer Zeit noch so schmal, daß Autos ihn nur in einer Richtung passieren konnten. Im Laufe der Jahre haben wir diese Stelle mindestens dreißigmal überwunden und es in der Regel vorgezogen, dem Wagen zu Fuß zu folgen.

Zum Kluchorski-Paß

Etwa in der Mitte des Kodori-Tales liegt Lata mit einem großen Touristenlager, Ausgangsstation für zahlreiche Hochgebirgswanderungen in das Elbrus-Gebiet. Bald danach beginnen Seitentäler mit herrlichen Ausblicken auf Berggruppen, bedeckt von Gletschern und ewigem Schnee. Bei Wanderungen zum Kluchorski-Paß fuhren wir mit unseren Autos bis hinter Genze am Ende des Kodori-Tales, wo in etwa 1500 m Höhe die Suchumer Heerstraße aufhörte. Dort blieben Wagen und Chauffeure zurück, und vierzehn Personen begannen mit dem 12 km langen Aufstieg zum Paß. Gleich am Anfang machten Holzfäller auf eine Bärenfamilie an der gegenüberliegenden Bergwand des Tales aufmerksam. Nach einstündigem Marsch sperrten die gewaltigen Reste einer Schneelawine den Weg, doch es lohnte sich, dieses Hindernis zu überwinden. Eine seltene Konstellation von Naturerscheinungen fesselte uns gleich darauf.

An dem steilen Felsen, der den Weg rechts begrenzte, mündete eine vielleicht 200 m lange, ziemlich ausgewaschene Rinne. Hoch oben sahen wir im freien Raum einen mehrere Meter dicken Wasserstrahl, der mit fast horizontaler Anfangsrichtung unter starkem Druck aus einer senkrechten Felswand kam. Dieses Wasser stürzte dann die Rinne herunter. Mehr als 1000 m über dem Riesenwasserspiel bildeten bizarr geformte Berggrate eine malerische Kulisse. Auch an anderen Stellen belebten donnernde Sturzbäche oder schleierartig aufgefächerte Quellen mit mehreren 100 m Gefälle die Natur. Welch faszinierende Wildheit, welch gewaltige Maßstäbe hatte diese kaukasische Bergwelt!

Je weiter die Gruppe aufstieg, um so mehr traten Gletschergebiete ins Blickfeld. Kurz vor dem Kluchorski-Paß erreichten wir bei Einbruch der Dämmerung eine kleine Berghütte, in der ein Hirte mit seiner Familie wohnte. Wir wurden gastlich aufgenommen und übernachteten mit achtzehn Personen in dem 16 m^2 großen Raum. Von der Unterkunft aus waren etwa ein Dutzend Gletscher zu überschauen. Dieses Panorama, das von einem schmalen, spitzen Berg in unmittelbarer Nähe beherrscht wurde, genossen wir in sternklarer Nacht bei Vollmondschein und früh bei Sonnenaufgang. Es ist allen unvergeßlich geblieben.

Der Nachar-Paß

Am folgenden Morgen zogen unsere Frauen es vor, bei der Hirtenfamilie zu bleiben, während ich mit einer kleinen Gruppe weiter zum Nachar-Paß kletterte, dessen Scheitel 2930 m hoch ist. Von

hier bot sich ein einzigartiger Blick auf den nur 30 km nordöstlich liegenden Elbrus. Der Weg zum Nachar-Paß führte an deutschen Granatwerfer-Stellungen aus dem zweiten Weltkrieg vorbei, neben denen noch unbenutzte Munition aufgestapelt lag.
Beim Abstieg von der Hütte, etwa auf der Mitte des Rückweges, überholten uns Männer, die mit unserer Reisebegleitung ein aufregendes Gespräch führten. Wir erfuhren, daß am Vortag eine Touristengruppe, Männlein wie Weiblein, durch drei Kriminelle bis auf das letzte Kleidungsstück ausgeplündert worden war. Hier befand man sich in einer sehr abseits gelegenen Gegend, in der kurz nach Kriegsende noch nicht die heutige Sicherheit gewährleistet war. Einige von uns konnten es nicht unterlassen, frivol zu bemerken, wir seien leider um einen Tag zu spät gestartet. Unsere Kleidung wäre ohnehin nicht viel wert gewesen, denn wir alle hatten für diese Wanderung die ältesten Sachen angezogen. Meine Frau und ich trugen beispielsweise unsere praktischen »Gebirgsflußschuhe«. Das waren ausgediente Schuhe, bei denen eingedrungenes Wasser aus seitlichen Löchern schnell wieder abfließen konnte.

Falsch kommentiertes »Erinnerungsfoto«

Gegen Abend erreichten wir müde, aber wohlbehalten die zurückgelassenen Autos und bezogen in Genze, auf dem Maisboden einer kleinen Blockhütte, Nachtquartier. Ein am Morgen darauf kurz vor der Abfahrt aufgenommenes Erinnerungsfoto, das uns in der abgetragenen Bekleidung zeigt, erschien 1956 in der westdeutschen illustrierten Zeitschrift »Quick« zur »Charakterisierung unseres Lebensstils in der Sowjetunion«.

Am Riza-See

Gut gefiel uns immer wieder der Aufenthalt am Riza-See, einem Bergsee im Westkaukasus unmittelbar an der Zentralkette. Er hat fast 1 km^2 Wasserfläche und ist nur etwa 100 km von Suchumi entfernt. Über das Bsyb-Tal kann man ihn leicht erreichen. Der

Riza-See ist ein sehr beliebter Ausflugsort für alle Besucher der kaukasischen Riviera. Meistens ist Sotschi Ausgangspunkt für solche Omnibusfahrten durch außerordentlich reizvolle Schluchten und über zahlreiche Serpentinen. An der Stelle, wo die Autostraße auf den See stößt, befindet sich ein modernes Hotel mit einem wundervollen Ausblick auf das Wasser und die gegenüberliegende, hier etwa 3500 m hohe, schneebedeckte Bergkette. Dieses Hotel wurde 1946 von dem Ministerium gebaut, dem wir deutschen Spezialisten unterstanden. Es galt als Kompensation für die beiden in Sinop und Agudseri zu Instituten umgewandelten Sanatorien.
Obwohl Baden, Angeln, Motorbootfahrten und Spaziergänge mancherlei Abwechslung brachten und der Riza-See in der Regel Endpunkt und Krönung der Fahrten bildet, haben wir ihn meist nur als Basis unserer Ausflüge betrachtet. Sie begannen stets 2 km oberhalb der sogenannten Quelle, die an der Fortsetzung der Autostraße etwa 20 km hinter Riza liegt. Da diese Straße noch höher, bis fast zur Baumgrenze führt, sind die Kletterpartien von dort aus nicht übermäßig anstrengend. Schon nach kurzem Fußmarsch gelangt man zu vielen wundervollen Aussichtspunkten. Ich bin mit meiner Familie und meinen Mitarbeitern wohl mehr als ein dutzendmal in diesen einsamen Gegenden hinter Riza gewandert.
Einige Unternehmungen führten uns vom damaligen Endpunkt der Betonstraße aus, die rechts um den Riza-See herumläuft, in südöstlicher Richtung auf relativ bequemen Pfaden durch hochalpine Flora zu felsigen Bergmassiven und schmalen Gratwegen mit wunderbarer Fernsicht. 100 m unterhalb eines der Grate trafen wir auf einen kristallklaren tiefblauen Bergsee, der auch im Hochsommer von Schneehängen eingerahmt ist, die zum Teil bis zum Kamm hinaufreichen. Unvergeßlich ist allen, die diese Tour miterlebten, der Augenblick geblieben, als wir das erstemal die Höhe des Berges erklommen und völlig unerwartet einen viele Quadratkilometer großen Gletscher erblickten, der sich an den nordöstlichen Hängen der Bergkette hinzog. Zugleich bot sich uns ein Gebirgspanorama von seltener Schönheit: die Aussicht auf das rund 100 km entfernte Elbrus-Massiv.

Die wilden Pferde

Bei einem anderen Ausflug begegnete uns eine Herde von etwa hundert frei umherstreifenden Pferden. Wir hatten den Gipfel schon beinahe erstiegen, da sahen sieben Pferdeköpfe neugierig über die Bergkuppe herunter – ein phantastisches Bild. Oben umringte uns die ganze Meute, und der Leithengst nahm unmittelbar vor uns Angriffsstellung ein. Die Situation änderte sich sofort, als ich, die Methode der Berghirten nutzend, einen schweren Stein aufhob und damit zu werfen drohte. Nach dieser Geste rannte der Hengst und alle anderen Tiere den Weg zurück, den wir heraufgekommen waren. Der Anblick der vielen den Hang wild hinuntergaloppierenden Pferde war unerhört eindrucksvoll.

Reiterfest in Suchumi

Aus den Erinnerungen an die Jahre in Grusinien sind auch die Reiterfeste nicht wegzudenken, die jeden Herbst auf einem großen Feld nordwestlich von Suchumi stattfinden. In langen schwarzen Karakulmänteln kamen die Teilnehmer auf rassigen Pferden von weit her geritten. Die gewaltige innere Kraft der Bergvölker des Südkaukasus – in die russische Geschichte haben sie sich oft genug mit blutigem Griffel eingeschrieben – konnten wir erahnen, wenn etwa tausend Reiter in ihren Nationalkostümen, massiert im Karree, bewaffnet und mit wehenden Fahnen über das Feld galoppierten. Bei diesem Schauspiel, das sich meist unter tiefblauem Himmel vor dem Hintergrund der schneebedeckten Zentralkette des Kaukasus vollzog, glaubten wir etwas von der aufregenden, aber auch todbringenden Romantik der Reiterangriffe in den Schlachten früherer Jahrhunderte zu spüren.

Kapitel 2: Neue Pläne und Vorbereitung der Rückkehr

Zusätzliche eigene Forschungsthemen

Im Jahre 1950 begann ich, zunächst im geheimen, neben der Hauptproblematik des Instituts selbstgestellte Themen zu bearbeiten. Dabei wählte ich solche Aufgaben, von denen vorauszusehen war, daß sie für die sowjetische physikalische Forschung von größerer Bedeutung sein und uns daher bis zur Rückkehr in die Heimat im schönen Sinop festhalten würden. Ich fürchtete die unproduktive Belastung eines Ortswechsels, zu dem wir bei der damals schon angekündigten Quarantänezeit sonst sicher gezwungen gewesen wären. So, wie es bei Mitarbeitern anderer Institute der Fall war, hätten wir die kaukasische Riviera möglicherweise verlassen und in ein Industriegebiet mit ungünstigen Wohnverhältnissen übersiedeln müssen. Für mich wäre eine Ortsveränderung außerdem wegen des umfangreichen Inventars des Lichterfelder Instituts sehr schwierig gewesen. Vor allen Dingen aber wollte ich keine Zeit für wissenschaftliche Weiterarbeit verlieren.
Als Themen eigener Wahl möchte ich hier nur die Entwicklung von Hochstrom-Ionenquellen, die später unter dem Namen Uno- und Duoplasmatron-Ionenquellen in der Fachliteratur bekannt wurden, und die Erarbeitung von zwei Präzisions-Massenspektrographen für höchste Auflösungsvermögen erwähnen.

Die Duoplasmatron-Ionenquelle

Die Duoplasmatron-Ionenquelle war die einzige Ionenquelle mit fast hundertprozentiger Ionenausbeute. Sie hat sich daher später sehr schnell durchgesetzt. Fast hundert Arbeiten ausländischer Autoren sind inzwischen über diese Quelle publiziert worden. Bei den meisten großen Teilchenbeschleunigern der Kernphysik und der sogenannten Ionenimplantation fand sie Anwendung. Sogar für kosmische Raketen mit Ionenantrieb beziehungsweise mit Bahnkorrektur durch emittierte Ionenstrahlen scheint die Duoplasmatron-Ionenquelle praktisches Interesse gewonnen zu haben. Das schlußfolgere ich aus meiner Wahl zum Mitglied der Internationalen Astronautischen Akademie (Paris) im Jahre 1965.

Der Präzisions-Elektronenstrahl-Oszillograph

Gegen Ende unserer Zeit in der Sowjetunion entwickelten wir den Präzisions-Elektronenstrahl-Oszillographen mit einem Schreibfleck etwa von 3 μm Durchmesser bei 9 × 12 cm Schreibfläche, das entspricht 10^9 Bildelementen pro $10^2 cm^2$ Schreibfläche. Dieses Gerät wurde dann in Dresden weiter verbessert und im heutigen VEB RFT Meßelektronik Dresden produziert. Schließlich gehörte noch ein Röntgen-Taschendosimeter zu den auf eigene Initiative begonnenen Arbeiten. Die Erfahrungen, die wir bei der Bearbeitung der genannten Themen sammelten, waren auch für die künftige Tätigkeit in der Heimat sehr wertvoll. Sie bildeten einen Teil des geistigen Fundaments, auf dem nach der Rückkehr das Forschungsinstitut in Dresden aufgebaut wurde.

»Initiative wie Ardenne«

Als der Beauftragte der Moskauer Verwaltung, General Kotschlawaschwili, schließlich diese außerplanmäßigen Forschungen und ihren bedeutenden Umfang entdeckte, gab es zunächst ernste Differenzen. Sogar der Hinweis, der Entwicklungsabschluß unserer Hauptaufgabe würde auf keinen Fall verzögert, beschwichtigte den formal durchaus berechtigten Unwillen des Generals nur wenig. Glücklicherweise änderte sich die Situation auf einem der Technischen Sowjets in Moskau sehr bald zu meinen Gunsten. Die Experimente waren zu diesem Zeitpunkt bereits so weit fortgeschritten, daß ich im Institutsbericht die Arbeitsprinzipien und einige der erstaunlichen Daten der Duoplasmatron-Ionenquellen bekanntgeben konnte. In der anschließenden Kritik des Jahresberichtes lobte der Vorsitzende des Technischen Sowjets mein Vorgehen und legte den anwesenden Leitern anderer Institute dringend nahe, »Initiative wie Ardenne« zu entwickeln.

Auf dem Sowjet war natürlich auch General Kotschlawaschwili anwesend und hörte das positive Echo. Von da an hatte ich bis zu unserer Rückkehr in der Themenwahl praktisch freie Hand. Dadurch konnten wir noch in Sinop die schwierige Standardisierung und Normierung der künftigen elektronenoptischen Anlagen erarbeiten. Zu dieser langjährigen Vorbereitung auf die Zukunft gehörte unter anderem auch die Entwicklung und Normierung zahlreicher vakuumtechnischer Bauelemente.

Einige der Ursachen des wirtschaftlichen Aufstiegs der Sowjetunion

1953 verbrachte unsere Familie den Urlaub wieder am Riza-See. Diesmal wohnten wir in der dem Hotel »Riza« gegenüberliegenden stillen, abgeschlossenen Seitenbucht des Sees am Fuße der steil ansteigenden Bergkette. In der Besinnlichkeit dieser Tage beschäftigte mich besonders die Frage nach den tiefen Wurzeln des gewaltigen wirtschaftlichen Aufschwungs, der sich seit dem Frühjahr 1945 vor unseren Augen in der Sowjetunion vollzogen hatte. Bei diesen Betrachtungen kristallisierte sich als eine der wohl wichtigsten Ursachen heraus, daß im sozialistischen System der Sowjetunion, wie überhaupt ganz allgemein in der ausgereiften sozialistischen Gesellschaft, eine Selektionsmethode realisiert wird, welche die leistungsfähigsten, charakterstärksten, aktivsten Menschen an die Spitze von Staat, Industrie und Wissenschaft bringt. Die geistige Führungsschicht wird im Sozialismus aus dem großen Reservoir des ganzen Volkes gewonnen.
Zu den nachhaltigsten Eindrücken meiner Zeit in der Sowjetunion gehört, daß ich eine Reihe von Persönlichkeiten kennen- und achtengelernt habe, die genau auf diese Weise an die Spitze von Staat und Wissenschaft gelangten. Während der zehn Jahre unseres Aufenthalts in der UdSSR unmittelbar nach dem zweiten Weltkrieg wurde das Land zentral regiert, und selbst relativ unbedeutende Fragen mußten Moskauer Dienststellen zur Entscheidung vorgelegt werden. Die Energieströme der Verantwortlichen im Zentrum durchdrangen das gewaltige Land bis in die letzten Winkel und führten es aufwärts.
Eine weitere Ursache für den schnellen wissenschaftlich-techni-

schen und industriellen Aufstieg der Sowjetunion schien mir die völlig offene und uneigennützige Zusammenarbeit aller jeweils in Betracht kommenden Wissenschaftler, Techniker und Spezialisten bei der Lösung wichtiger Aufgaben zu sein.
Die unter sozialistischen Verhältnissen außerordentlich günstigen Bedingungen für jede wissenschaftliche Arbeit haben dazu geführt, daß die Sowjetunion den vor einem Vierteljahrhundert auf manchen Sektoren vorhandenen Rückstand längst überwunden hat und heute sogar in wesentlichen Zweigen von Wissenschaft und Technik die Weltspitze bestimmt oder mitbestimmt. Aus diesem Grunde habe ich dafür gesorgt, daß außer meinen Kindern Beatrice und Thomas, die noch in Grusinien die Schule besuchten, auch mein Sohn Alexander in Kiew im Institut unseres Freundes Paton Gelegenheit erhielt, die russische Sprache im Lande selbst zu erlernen.

Der Tod des Marschalls Beria

Nach Stalins Tod war Marschall Beria, der über NKWD und Atombombe verfügte, der mächtigste Mann in der Sowjetunion. Für das, was er vorhatte – wie es später offenbar wurde –, ist es ein Symptom, daß er bemüht war, wo er nur konnte, den Nimbus Stalins abzuschwächen. Auf dieser Linie lag es auch, die berühmte Stalin-Datscha am Riza-See seinem Verwaltungsbereich zugänglich zu machen. So hatten wir 1953 das schon erwähnte Glück, unseren Sommerurlaub auf dem einzigartigen Gelände und in den Räumlichkeiten der Stalin-Datscha verbringen zu können. Nur wenige Monate später stand ich ziemlich fassungslos vor der Nachricht vom Tode Marschall Berias und von seinen mißglückten verräterischen Plänen.

Finanzielle Grundlage für die Zukunft

Zu Beginn des Jahres 1950 war von offizieller sowjetischer Seite verschiedentlich geäußert worden, die deutschen Spezialisten könnten nach Abschluß der Arbeiten und einer anschließenden zweijährigen Quarantänezeit in die Heimat zurückkehren.

Damit ergab sich für mich zusätzlich die komplizierte, allerdings auch tief befriedigende Aufgabe, unser künftiges Leben vorzubereiten.
Der erste Schritt dafür war die finanzielle Grundlage. Wir hatten die Erlaubnis, einen erheblichen Teil der Gehälter auf eine Bank in der Deutschen Demokratischen Republik zu überweisen, und zwar mit dem sehr günstigen Wechselkurs ein Rubel gleich zwei Mark der Deutschen Notenbank. Mein Konto hatte sich außerdem beträchtlich erhöht, als ich 1947 einen Staatspreis und Ende 1953 den Stalinpreis verliehen bekam. Das ermöglichte mir, mit den finanziellen Ergebnissen meiner persönlichen Arbeit in der Sowjetunion bis zur Rückkehr im Frühjahr 1955 mehrere Grundstücke mit großen, gut geeigneten Gebäuden zu erwerben und alles das aufzubauen, was uns dann nach unserer Rückkehr umgab.
Im August 1953 war plötzlich der Wechselkurs Rubel–Mark der Deutschen Notenbank für uns auf ein Viertel herabgesetzt worden. Das hätte für den Aufbau in Dresden einen schweren Schlag bedeutet. Die weitere Finanzierung des Vorhabens schien unmöglich. Glücklicherweise stimmten jedoch die sowjetischen Behörden nach einem von mir in dieser Sache an Walter Ulbricht gerichteten Brief einer Rücknahme der Kursänderung für alle noch in der UdSSR arbeitenden deutschen Spezialisten zu.
Die Schilderung dieser Einzelheiten scheint mir notwendig, weil sie die sehr ungewöhnliche Tatsache erklären, daß im sozialistischen System ein – wie sich noch zeigen wird – recht umfangreiches privates Forschungsinstitut heranwachsen konnte.

Nochmalige Entscheidung zwischen Ost und West

Gleich bei Beginn der Projektierung unserer Rücksiedlung aus der Sowjetunion mußten zwei Fragen von grundsätzlicher Bedeutung für meine eigene Familie und die der Mitarbeiter beantwortet werden. Ich meine die erneut an mich herantretende Entscheidung zwischen dem Leben im sozialistischen oder im kapitalistischen System. Damit hing natürlich auch die Wahl des künftigen Wohnorts zusammen.

Ohne zu schwanken, entschied ich mich für ein Leben in der Deutschen Demokratischen Republik, obwohl ich damit eine bedeutende finanzielle Belastung auf mich nahm. Wären wir an den alten Platz des Instituts in Berlin-Lichterfelde Ost – jetzt in Westberlin gelegen – zurückgekehrt, hätten uns die beiden fast 10 000 m^2 großen Grundstücke mit ihren vier völlig wiederhergestellten Gebäuden und den unseren Arbeitsthemen angepaßten Installationen ohne Kosten zur Verfügung gestanden. Sie waren ja mein unbelastetes Eigentum geblieben. So aber war ich gezwungen, für den Aufbau unserer Existenz in der Deutschen Demokratischen Republik neues Gelände mit geeigneten Bauten zu kaufen und große Beträge für den Umbau der Häuser sowie für die Installierung der Laboratorien aufzuwenden.

Humanistische Ziele und stürmischer Fortschritt

Seit dem Tag von Hiroshima waren Fragen der Menschlichkeit, der Moral und Ethik in der Weltpolitik in mein Blickfeld gerückt, und meine Entscheidung für oder gegen eines der beiden Weltsysteme wurde wesentlich von ihrer Haltung zu diesen Problemen beeinflußt.

Während meiner Tätigkeit in der Sowjetunion hatte ich gesehen: Im sozialistischen System steht dem produktiv tätigen Naturwissenschaftler ein weites, eigentlich nur durch das eigene Leistungsvermögen begrenztes Wirkungsfeld offen. Er kann mit größerer schöpferischer Kraft wirksam werden und damit dem Fortschritt der Gesellschaft dienen. Daraus resultierte meine feste Überzeugung, daß wir im Bereich der Deutschen Demokratischen Republik größere innere Befriedigung finden würden und wesentlich mehr zur friedlichen Zukunft der Menschheit beitragen könnten, als dies in Westdeutschland möglich gewesen wäre. Die einzigartige Entwicklung, die nach unserer Rückkehr die Arbeit des Instituts auf dem Weißen Hirsch in ihrer Thematik und Vielfältigkeit nahm, hat die Richtigkeit meiner Ansichten nachdrücklich bestätigt.

Wir wählen Dresden

Vorübergehend hatten wir Weimar als künftigen Wohnort in Erwägung gezogen. Die Nähe von Jena, Eisenach, dem Thüringer Wald und dem Harz reizten uns. Auch verbanden mich viele Jugenderinnerungen mit der Stadt an der Ilm. Wir entschieden uns am Ende jedoch aus einer ganzen Reihe von Gründen für Dresden. Wegen seiner großen Technischen Hochschule, der zahlreichen wissenschaftlichen Spezialinstitute und Bibliotheken sowie der vielen an diesen Instituten tätigen bedeutenden Wissenschaftler schien die Stadt für unsere Arbeit sehr geeignet. Damals beeinflußten sowohl die an Namen wie Barkhausen, Binder, Görges, Hallwachs, Toepler geknüpfte große Tradition als auch die geistige Kraft der um 1955 hier tätigen Persönlichkeiten wie Görlich, Kienast, Mierdel, Peschel, Recknagel, Reichardt, Schwabe, Simon und andere unseren Entschluß.
Außerdem hatten sich in Dresden viele Industriebetriebe, Werkstätten und Handelszentralen auf den Gebieten der Elektrotechnik, Nachrichtentechnik, Feinmechanik, Optik, Metallurgie, Glastechnik und Chemie etabliert. Wir konnten also hoffen, unser Kollektiv rasch mit tüchtigen Fachkräften zu ergänzen und bei der Arbeit gute Unterstützung durch die reibungslose Belieferung mit Spezialgeräten und Materialien sowie eventuelle Fertigungshilfen von seiten der örtlichen Industrie und Werkstätten zu finden. Auch die Bedingungen für die schnelle Überleitung unserer Forschungsergebnisse in die Produktion konnten hier besonders günstig sein.

Diese Stadt zieht uns an

Für unser persönliches Leben erschien uns Dresden wegen seiner schönen Lage am Elbebogen und seiner landschaftlich so reizvollen Umgebung mit der nahen Dresdner Heide, der Sächsischen Schweiz und dem Erzgebirge besonders anziehend, aber auch sein Ruf als Stadt der Musik und bildenden Künste bestärkte den Wunsch, dort zu wohnen. Natürlich trugen diese Zukunftsbilder sehr dazu bei, uns allen den bevorstehenden Abschied von der einzigartigen Landschaft der kaukasischen Riviera zu erleichtern.

Aus dem Buch von Richard Peter »Dresden – eine Kamera klagt an« kannten wir das Chaos der Zerstörung, das sich durch den Bombenangriff am 13. Februar 1945 über die Innenstadt der Elbemetropole herabgesenkt hatte. Aus der Ferne verfolgten wir mit Bewunderung die erfolgreichen Bemühungen um den Wiederaufbau dieser Stadt unter den so unendlich schwierigen Verhältnissen nach Kriegsende. Ich war tief beeindruckt, als uns die von dem damaligen Oberbürgermeister Walter Weidauer initiierte Entscheidung der Regierung der DDR bekannt wurde, den total zerstörten Zwinger wiederzuerrichten. Dieser unter so unerhört komplizierten Lebensbedingungen im September 1945 gefaßte heroische Entschluß und die daraus erkennbare Geisteshaltung hatten erheblichen Anteil daran, in Dresden eine neue Heimat zu suchen.

Folgen unserer Wahl für die Stadt Dresden

Ohne daß wir es damals ahnten, ist durch unsere Wahl dem Gesicht Dresdens ein neuer markanter Zug eingeprägt worden. Das erfuhr ich von Oberbürgermeister Walter Weidauer, als er viele Jahre später bei einem feierlichen Anlaß zu uns sprach. Er sagte, durch meine frühzeitigen Vorbereitungen von der Sowjetunion aus und auf Grund der dadurch bedingten schnellen Betriebsbereitschaft des Instituts im Augenblick der Rückkehr sei ein Kristallisationszentrum für Kernphysik und Elektronik in Dresden gebildet worden. So habe unser Handeln die Regierung 1955 dazu angeregt, das Zentralinstitut für Kernphysik mit dem Atomreaktor in Rossendorf bei Dresden zu errichten, die Kerntechnische Fakultät an der Technischen Hochschule zu gründen und das Industriewerk VEB Vakutronik (heute VEB Meßelektronik) dort aufzubauen.
Zu diesen Neugründungen kamen später auf Grund von Anregungen, die ich im Forschungsrat gab, noch der VEB Hochvakuum und das Institut für Radiologische Technik und Medizinische Elektronik hinzu.
Schließlich hat auf Grund eines Gesprächs von Max Steenbeck und mir mit Walter Ulbricht die elektronische Datenverarbeitung (Robotron, Rafena) im Dresdner Raum einen bedeutenden Platz einge-

nommen. Wir hatten darauf hingewiesen, daß das zentral geleitete sozialistische System von der elektronischen Datenverarbeitung größere Vorteile hat als das kapitalistische System. 14 Tage später erfolgte der Beschluß im Ministerrat über die Gründung von Robotron. – Es war also in Dresden eine Art Gründungs-Kettenreaktion ausgelöst worden.
Übrigens startete und steuerte ich schon von Suchumi aus die Entwicklung des 2-Millionen-Volt-van-de-Graaff-Generators beim Dresdner VEB Transformatoren- und Röntgenwerk. Dadurch wurde die Fertigstellung dieser 1959 auch für uns selbst recht wichtig gewordenen Einheit sicher um mehrere Jahre vorverlegt.

Grundstückserwerb auf dem Weißen Hirsch

Ende 1950 bat ich meinen Schwager Hartmann, im schönsten Bezirk Dresdens, auf dem Weißen Hirsch, ein Gelände mit passenden Gebäuden zu suchen und möglichst schnell zu kaufen. Voller Spannung öffneten wir damals alle aus Berlin kommende Post. Endlich, im Frühsommer 1951, traf der Brief mit dem ersehnten Angebot ein. Wieder stand in einem bedeutsamen Augenblick des Lebens das Glück auf meiner Seite. Gleich in der ersten Offerte präsentierte sich uns das Grundstück Weißer Hirsch, Plattleite 27/29, das schließlich im Februar 1952 unser Eigentum wurde. Lage, Ausdehnung und Schnitt des Areals sowie Größe und Architektur der Gebäude waren fast ideal. Auf dem Weißen Hirsch hätte sich kaum ein geeigneteres Objekt finden lassen. Mit tiefer Bewegung betrachtete damals die ganze Familie die Fotos und Zeichnungen. Jetzt begann das Pläneschmieden. Wie freute uns die Bemerkung in einem der Briefe, man könne vom Aussichtsturm des Hauptgebäudes auf Dresden und die Elbe herabblicken und über diesem Panorama, eingerahmt durch die Loschwitzer Höhen und die Ausläufer der Dresdner Heide, das Erzgebirge sehen! Auch die Mitteilung, daß an der langen rückseitigen Gartenfront eine romantische Schlucht läge, wurde sehr begrüßt.
Glückliche Umstände erlaubten zum Teil unmittelbar nach unserem Einzug, zum Teil einige Jahre später, die seitlich angrenzenden

Nachbargrundstücke Plattleite 31, 25a, 19 und Zeppelinstraße 1, 2, 7, 8 und 10 ebenfalls zu erwerben. Das ermöglichte dann eine wirklich großzügige und sehr zweckmäßige Gestaltung des gesamten Instituts- und Wohnkomplexes.

Ein Ziel: die Erhaltung der wissenschaftlich-technischen Tradition

Eine der wichtigsten Aufgaben für die Zukunft lag darin, menschlich und fachlich besonders geeignete Mitarbeiter für die Teilnahme an unserem Dresdner Projekt zu gewinnen. Nur auf diese Weise konnte es gelingen, die wertvollen technisch-wissenschaftlichen Traditionen des alten Lichterfelder Laboratoriums und des großen Sinoper Instituts vereint und ohne fühlbare Lücken für unsere künftige Arbeit in Dresden zu erhalten. Das war nicht einfach, denn die feste Orientierung auf Dresden bedeutete auch für die Mitarbeiter die Entscheidung für das sozialistische System. Außerdem neigten manche Kollegen zu der irrigen Auffassung, eine enge Bindung an mich würde sie noch länger in der Sowjetunion festhalten. Trotz dieser Hemmnisse gelang es, bis zur Abreise einen großen Kreis besonders tüchtiger Fachkräfte zu überzeugen. Sie sind später nicht enttäuscht worden.

Unsere auf die Rückkehr ausgerichteten Pläne hatten schließlich unter den Wissenschaftlern der Institute in Sinop und Agudseri so große Werbungskraft, daß sich noch ein zweiter Spezialistenkreis zusammenfand. Er bildete dann den personellen Kern des VEB Vakutronik (VEB RFT Meßelektronik Dresden).

Im Hinblick auf den neuen Beginn in der Heimat riet ich zu sparsamster Lebensführung in Suchumi und zu voller Ausnutzung der uns von sowjetischer Seite großzügig zugestandenen Geldüberweisungsmöglichkeiten. Zwar kursierte in diesen Jahren das boshafte Wort von den »Hungerleidern des Sachsenringes«, aber dafür fanden fast alle Mitglieder des »Dresdner Kollektivs« hohe Bankkonten vor. Ein Teil von ihnen, vor allem die fachlich wichtigsten Mitarbeiter, hatten durch meine Vermittlung auf dem Weißen Hirsch oder in der Nähe eigene Wohnhäuser gekauft. Den anderen wurden sehr schnell entsprechende Wohnungen zur Verfügung gestellt. Etliche dieser Gebäude und Räume waren bereits vor unserem Eintreffen durch Dresdner Dienststellen neu hergerichtet worden, was mancherlei Vorteile bot.

Ferngesteuerter Aufbau meines Instituts

Der im Frühjahr 1952 beginnende dreijährige Aufbau des ersten Instituts- und Wohnkomplexes auf dem Weißen Hirsch und die erwähnte Hilfe für die Mitarbeiter wären ohne eine permanente Interessenvertretung in der Heimat nicht möglich gewesen. Mein Schwager Hartmann übertrug unmittelbar nach dem Grundstückskauf Herrn Ingenieur Johannes Richter die Wahrnehmung unserer Angelegenheiten. Dieser widmete sich zuerst nebenberuflich und ab 1. Januar 1953 mit voller Arbeitskraft unseren Problemen.
Schon während der Kaufverhandlungen hatten wir anhand der Haus- und Grundstückszeichnungen, die bis ins einzelne gehenden Pläne für die künftigen Laboratorien, Werkstätten und Wohnräume ausgearbeitet. In der Baubeschreibung, einem Buch von mehr als hundert Seiten, fand sich jede Steckdose, jedes anzufertigende Labormöbel, der Aufstellort jedes Laborgeräts, die Anordnung jedes Möbelstücks und jedes Gemäldes im Raum genau bezeichnet. Über tausend Briefe steuerten den Aufbau aus der Ferne, und die allwöchentlich eintreffenden Fotos und Berichte von den Fortschritten waren eine sich immer wieder erneuernde Quelle von Freuden und angenehmen Aufregungen.

Meine Arbeit am »Wissensspeicher« beginnt

Für mich verging diese Übergangszeit besonders schnell, weil ich seit 1951 jede freie Stunde nutzte, um ein Tabellenwerk zusammenzustellen, in dem ich mich darum bemühte, unser gesamtes Fachwissen aufzuarbeiten, systematisch zu ordnen und in konzentrierter Form zu speichern. Ich hatte mich entschlossen, einen solchen Wissensspeicher zu schaffen, weil es für die einzelnen immer schwerer wurde, in den jeweiligen Spezialgebieten die wesentlichen Grundlagen und den wahren Entwicklungsstand mit allen Details zu überblicken. Mit Hilfe von Wissenschaft und Technik bemüht sich der Mensch, die Effektivität seiner Arbeit, seiner Maschinen, seiner Geräte, seiner Energiequellen so hoch wie möglich zu gestalten. In vielen Fällen ist dabei die natürliche Grenze, ein Nutzeffekt von 100 Prozent, nahezu erreicht worden. Wie aber steht es mit der Ökonomie der »geistigen« Arbeitsweise? Wir wollen diese Frage besonders an den Forscher richten, der stets wechselnde Probleme zu lösen hat und bei dem daher die Gefahr unrationeller Arbeitsweise viel größer ist als bei reproduktiven Wissenschaftlern und Technikern.

Auf Grund einer ausreichenden Statistik auf den Gebieten der Elektronen- und Ionenphysik glaube ich behaupten zu dürfen, daß bei der Lösung von Forschungsaufgaben sehr oft mehr als 50 Prozent der Arbeitszeit mit dem Suchen von einmal gelesenen Literaturstellen, irgendwo veröffentlichten Formeln, Daten, Stoffeigenschaften, Arbeitsmethoden, Konstruktionsprinzipien und so weiter, aber auch mit der Wiederholung lange bekannter Berechnungen beziehungsweise Formelableitungen verlorengehen. Das gilt für günstige Arbeitsbedingungen, bei denen dem Wissenschaftler eine ausgezeichnete Fachbibliothek zur Verfügung steht. Sind aber die entsprechenden Fachzeitschriften oder Bücher schwer oder gar nicht erreichbar, gestaltet sich die Forschungstätigkeit noch wesentlich unrationeller, und oft wird es nicht mehr gelingen, mit der stets schneller fortschreitenden Entwicklung des internationalen Wissensstandes Schritt zu halten.

Ich wählte für den Wissensspeicher die Form einer kombinierten Sammlung von Methoden, Formeln, Kurven, Daten, Konstruktionsbeispielen mit Literaturhinweisen und zum Teil Literaturauszügen. Das Werk ist in der zweiten Auflage 1962/1971 unter dem Titel »Tabellen zur angewandten Physik« in drei Bänden mit insgesamt etwa zweitausendfünfhundert Seiten in Berlin erschienen.

Es gab aber noch andere Überlegungen, dieses Buch zu schreiben. In ihm sah ich einen gangbaren Weg, um den von meinen Mitarbeitern und mir im Laufe der zehnjährigen Sinoper Arbeit gesammelten Erfahrungsschatz mit seinen wissenschaftlichen, technischen und konstruktiven Daten ziemlich lückenlos in die Deutsche Demokratische Republik mitnehmen zu können. Für dieses Ziel lohnte es sich, besonders große Anstrengungen und Belastungen auf sich zu nehmen.

Freundschaftliches Handeln von Professor Jemeljanow

Vor Beginn dieser Schreibtischarbeit, die mich damals bis an die Grenze des physischen Leistungsvermögens beanspruchte, hatte ich von Professor Jemeljanow die Zusage erhalten, das Manuskript des Buches mit nach Deutschland nehmen zu dürfen. Wenige Wochen vor der Abreise traf dann die offizielle Erlaubnis dazu ein. Darin konnte ich einen Beweis großen Vertrauens und ein besonderes Entgegenkommen sowohl mir als auch unseren Dresdner Plänen gegenüber sehen. Man wollte uns beim Start in der Elbestadt helfen.
Einen weiteren Vertrauensbeweis erhielt ich, als mir einige Zeit nach unserer Rückkehr durch eine freundschaftliche Entscheidung von Professor Jemeljanow über die Sowjetische Botschaft in der Deutschen Demokratischen Republik eine umfangreiche Zusammenstellung von geheimen Konstruktionszeichnungen der in der Sowjetunion von uns entwickelten Anlagen und Geräte zugesandt wurde. Dieses mir von Jemeljanow erwiesene große Vertrauen hat mich zu dem Entschluß geführt, ihn niemals zu enttäuschen.
Auch die Arbeiten zum Elektronenstrahl-Anlagerungs-Massenspektrographen, zum Präzisions-Elektronenstrahl-Oszillographen sowie die Normierung elektronenoptischer Anlagen und vakuumtechnischer Bauelemente gelangten, eingeordnet als praktische und geistige Werte in das umfangreiche Tabellenbuch, lückenlos nach Dresden.

Arbeitsbereitschaft des Dresdner Instituts zum Zeitpunkt unserer Rückkehr

Alle diese Maßnahmen – die Abfassung des Wissensspeichers, die Zusammenstellung des Mitarbeiterstabs, der mehrjährige ferngesteuerte Aufbau des neuen Instituts- und Wohnkomplexes sowie die

Rücksendung des Inventars der Lichterfelder Laboratorien und der Wohnungseinrichtung mehrere Monate vor der Rückreise – waren auf ein Ziel ausgerichtet: Das Dresdner Forschungsinstitut sollte nach unserer Ankunft so schnell und so leistungsfähig wie möglich seine Tätigkeit zum Nutzen der Heimat aufnehmen. Durch unser Vertrauen in die Zukunft und die geschilderte Vorsorge gewannen wir wohl drei bis vier Jahre. Jedenfalls brauchten einige der gleichzeitig mit uns zurückkehrenden Wissenschaftler so lange, um ihre eigenen Institute zu planen, zu bauen und einzurichten. Wir aber hatten nicht nur die Jahre gewonnen, sondern gleichzeitig eine langfristige Arbeitsunterbrechung vermieden, und blieben vorn im harten Wettrennen mit der Forschung anderer Länder.
Der Keim zu einer Anzahl späterer Erfolge liegt darin begründet.

Freunde in der Heimat

Dankbar möchte ich der Tatsache gedenken, daß in einer für unseren Aufbau kritischen finanziellen Situation am 20. Februar 1954 der damalige Präsident der Deutschen Akademie der Wissenschaften, Professor Dr. Friedrich, einen Beschluß der Akademie erwirkte, der unsere Institutsplanung in Dresden dringend befürwortete. Auch dem bekannten Gasentladungsphysiker, Akademiemitglied Professor Dr. Rompe, bin ich für die Unterstützung unserer Bemühungen in jenen Tagen zu großem Dank verpflichtet.

Wir packen

Mitte 1953 richtete ich im Parterre unseres Wohnhauses in Sinop eine kleine Tischlerei mit Kreissäge und Holzlager ein. Kistenbauen, Kistenpacken und Einschalungsarbeiten waren für die Zeitspanne von fast eineinhalb Jahren unser regelmäßiger abendlicher Sport, bis schließlich sowohl das Inventar meines früheren Laboratoriums aus Berlin-Lichterfelde als auch die Wohnungseinrichtung versandfertig für die große Reise bereitstanden.
In den letzten Monaten schliefen wir in seltsamen spartanischen

Betten, nur noch umgeben von regalartigen Möbeln, die wir in der Haustischlerei improvisiert hatten. An die Wand geklebte Bilder aus illustrierten Zeitschriften mußten uns die wohlverpackten Ölgemälde ersetzen.
Ende 1954 verließen die versiegelten Waggons mit den Kisten die benachbarte Station Kelassuri in Richtung Heimat. Bald darauf benachrichtigte uns ein Telegramm über das verlustfreie Eintreffen unserer Habe in Dresden. Wenige Tage später konnten wir schon Fotos von den bezugsfertigen Räumen auf dem Weißen Hirsch betrachten: Laboratorium und Wohnung – ausgestattet mit dem vorausgesandten und genau nach meinen Plänen aufgestellten Inventar.

Zwei deutsche Staaten

Während dieser Monate interessierten wir uns alle besonders stark für die Vorgänge in der Heimat. Aus der Ferne hatten wir das Werden von zwei deutschen Staaten beobachtet und besorgt festgestellt, daß sie nicht – wie ich anfangs sehr stark hoffte – zueinander fanden, sondern sich immer mehr voneinander entfernten. Ich sah aus der Ferne die schicksalhaften Konsequenzen dieses Geschehens und war fest entschlossen, in der Heimat auch zu den politischen Grundfragen aktiv Stellung zu beziehen.
Noch ein anderes Ereignis erregte mich in diesen Wochen. Mitte Februar zerstörte ein Großbrand die neuerbauten Sendesäle des Staatlichen Rundfunkkomitees in Berlin-Oberschöneweide. Es entstand ein Schaden von rund zwei Millionen Mark, und vierzehn Personen erlitten bei den Löscharbeiten schwere Verletzungen. Die Nachrichten besagten, ein Gegner der Deutschen Demokratischen Republik hatte Brandsätze in das Kanalsystem der Klimaanlage eingebaut, die das Feuer auslösten. Mich empörte diese unnütze Gefährdung von Menschenleben und sinnlose Zerstörung von Werten. Glaubten denn jene Leute, die den Sozialismus ablehnten, tatsächlich durch solche Terrormaßnahmen die Entwicklung aufhalten oder gar rückgängig machen zu können?

Der Abschied

Endlich, Mitte März 1955, häuften sich die Anzeichen, daß die Abreise unmittelbar bevorstand. Professor Jemeljanow traf aus Moskau ein, um uns zu verabschieden. Man lud uns noch ein letztes Mal mit unseren sowjetischen Mitarbeitern zu einem festlichen Abendessen ein. Nach alter russischer Sitte tranken wir Wodka, und viele große Abschiedsreden wurden gehalten.

Wir hatten fast zehn Jahre freundschaftlich, ohne ernsthafte Differenzen zusammengewirkt, das Institut A aufgebaut und die gestellten wissenschaftlichen Aufgaben gemeinsam gelöst. Viele gute Freunde hatten wir gewonnen, von denen uns die Trennung schwerfiel. Das Leben im Sozialismus war uns vertraut und lieb geworden. Die zehn Jahre in der Sowjetunion haben unser Leben bereichert.

Am folgenden Morgen stand der Zug für die Abfahrt nach Moskau bereit. Ein letzter Blick streifte unsere Wirkungsstätte, die unter dem heutigen Namen »Physikalisch-Technisches Institut Suchumi« bald auch international bekannt wurde.

Unsere Kinder haben in Grusinien eine helle unbeschwerte Jugend erlebt. Mein Sohn Alexander und manches Kind meiner Mitarbeiter sind hier geboren worden. Es ist nur natürlich, daß uns dies schöne Land mit dem nahen Schwarzen Meer, der südländischen Vegetation und den kaukasischen Bergen im Lichte einer zweiten Heimat erscheint.

Zwischenstation in Moskau

Nach der Ankunft in Moskau hatten wir Gelegenheit, den neuentstandenen Gebäudekomplex der Lomonossow-Universität zu besichtigen. Als ich vor den gewaltigen Hochbauten stand, mußte ich an manche Fahrten nach Moskau zurückdenken, die ich in den ersten Jahren meines Aufenthalts in der Sowjetunion unternahm. Damals hatte ich bei den Leninbergen nur kleine Holzhäuser gesehen, und nichts deutete die einzigartige Entwicklung an, die sich jetzt auf diesem Gelände vor Moskau vollzogen hatte. Auf der Rückfahrt bot sich vom gegenüberliegenden Moskwa-Ufer ein unvergeßlicher Blick auf den Kreml mit seinen goldenen Kuppeln, charakteristischen Türmen, Kirchen und Gebäuden im Glanz der winterlichen Sonne. Dann blieb der große Omnibus auf der Uferstraße im hohen Schnee stecken. Wir wurden schon unruhig. Erst wenige Minuten vor Abfahrt erreichten wir den Zug, der uns über Brest-Litowsk in die Deutsche Demokratische Republik bringen sollte.

Wieder in Deutschland

Während der Fahrt klettert das Stimmungsbarometer immer höher, je mehr wir uns der deutschen Grenze nähern. Um die Nachmittagsstunde des 23. März 1955 treffen wir in Frankfurt an der Oder ein, wo uns ein Beauftragter des damaligen Ersten Stellvertreters des Ministerpräsidenten, Walter Ulbricht, und der Direktor der Deutschen Akademie der Wissenschaften, Professor Dr. Wittbrodt, erwarten. Bei dem anschließenden Essen ist zum erstenmal das »Dresdner Kollektiv« vereinigt, alle Spezialisten, die im neuen Institut mitarbeiten wollen. Ich werde gefragt, ob ich schon am übernächsten Tag in der Lage sei, den Besuch Walter Ulbrichts zu empfangen. Natürlich sage ich mit großer Freude zu.
Bald darauf steigen wir in einen bereitstehenden Sondertriebwagen nach Dresden. Bereits während der Eisenbahnfahrt werden die ersten Besprechungen geführt. In Cottbus begrüßt uns eine kleine Delegation mit Blumen. Alles ist wie im Traum. Als die Elbhöhen und die Türme Dresdens im Schein der abendlichen Sonne sichtbar werden, können wir uns fast nicht mehr beherrschen. Welch ein starkes Gefühl der Beglückung kann einen Menschen erfüllen, wenn er nach so langem Verweilen im Ausland wieder heimatlichen Boden betritt.

4. Buch
Dresden 1955 bis 1984

Kapitel 1: Das Institut auf dem Weissen Hirsch

Die erste Nacht auf deutschem Boden

Als der Triebwagen auf dem Dresdner Hauptbahnhof eintraf, wurden wir schon von den ersten Mitarbeitern meines Instituts erwartet und feierlich empfangen. Das Auto stand bereit, um meine Familie und mich zu unserem Hause auf dem Weißen Hirsch zu bringen. Wir entschieden uns jedoch dafür, gemeinsam mit den Kameraden der Suchumi-Zeit im Omnibus zum Hotel »Astoria« zu fahren und dort die erste Nacht auf deutschem Boden zu verbringen. Gleich auf den Weißen Hirsch zu fahren, hatten wir fast ein wenig Angst: die Konzentration und Intensität an freudigen Eindrücken wäre zu groß gewesen. Auch ein Übermaß an Freude kann schädlich sein. Aus dieser Einsicht heraus verteilten wir die mit unserer Rückkehr verbundenen tief erregenden Erlebnisse bewußt auf mehrere Tage.
Das Abendessen im »Astoria« führte uns alle noch einmal zusammen. Daran schloß sich ein kurzes Orientierungsgespräch an, bei dem ein Vertreter vom Rat des Bezirkes Dresden und der Rundfunkkommentator Karl-Eduard von Schnitzler anwesend waren.

Wir staunen

Am nächsten Morgen mußte ich meine Frau beruhigen. Sie stand am Fenster und staunte, und mir ging es nicht viel anders: die deutschen Mädchen, die als Studentinnen der Technischen Hochschule zur Vorlesung gingen und in Scharen den Platz überquerten, sahen so ganz anders aus als die russischen Frauen, an deren Typ wir uns in den zurückliegenden zehn Jahren gewöhnt hatten. Andererseits muß das Äußere der eigenen Familie damals erheblich von der Dresdner Norm abgewichen sein, denn wir erregten bei den ersten schüchternen Ausgehversuchen beträchtliches Aufsehen. Vielleicht lag es an der altmodischen Kleidung, vielleicht waren aber auch die langen Zöpfe unserer großen Tochter daran schuld.

Zu Hause auf dem Weißen Hirsch

Nachdem wir Personalausweise erhalten hatten, brach ich mit meiner Familie zum Weißen Hirsch auf. Schon die Anfahrt längs des südlichen Elbufers mit dem Blick auf den Hirschberg war beeindruckend schön. Als das Auto dann vor dem Haus in der Plattleite hielt, standen die Hausangestellten am Eingang und überreichten uns nach alter Sitte feierlich Brot und Salz. Beim anschließenden Rundgang durch die Gebäude begrüßten wir jedes Möbelstück, jeden Gegenstand wie einen vertrauten Bekannten. Alles war genau so eingerichtet, wie es aus der Ferne geplant gewesen war.
Der Wissenschaftliche Direktor der Deutschen Akademie der Wissenschaften zu Berlin, Professor Dr. Wittbrodt, der in der Aufbauzeit oft geholfen hatte, ließ es sich nicht nehmen, uns auf diesem Rundgang zu begleiten. Als die Tür zum ehelichen Schlafzimmer geöffnet wurde, trat er erschrocken zurück und entschuldigte sich sehr verlegen. Er glaubte, auf dem Bett die Rückenpartie einer unbekleideten jungen Dame erblickt zu haben. Die optischen Gründe für diese Vision klärten sich schnell auf. Wir hatten von Suchumi aus eine Kopie des berühmten Gemäldes »Venus mit dem Spiegel« von Velázquez etwa in Originalgröße anfertigen lassen. Dieses Bild stand noch ungerahmt so, daß es im gegenüber angebrachten großen Toilettenspiegel wirklich aussah, als ob die Venus auf dem Bett ruhe.
In den Laboratorien und Werkstätten fanden wir die alten Einrichtungen, ergänzt durch viele neuerworbene Anlagen und Maschinen, fertig installiert und betriebsbereit an den vorgesehenen Plätzen. So konnte zugleich mit unserer Ankunft am Freitag, dem 25. März 1955, auch die Arbeit auf dem Weißen Hirsch beginnen.

Walter Ulbricht besucht uns

Am folgenden Tag traf um elf Uhr vormittags der Erste Stellvertreter des Vorsitzenden des Ministerrates und spätere Vorsitzende des Staatsrates, Walter Ulbricht, ein. Er zeigte sich an unseren Plänen außerordentlich interessiert und blieb nach dem gemeinsamen Mittagessen sogar bis zum Nachmittag. Diese ausführliche Unterredung ist für die weitere Entwicklung des Instituts von entscheidender Bedeutung gewesen und hat, wie ich später erfuhr, auch großen Einfluß auf die Organisation der gesamten Kernphysik-Vorhaben im Dresdner Raum gehabt. Wir erhielten als Ergebnis der Besprechung einen Vertrag, der Staatsaufträge in bestimmter Höhe pro Jahr garantierte und so eine stabile finanzielle Basis für wirklich großzügige Forschungen bot. Damit war dem Institut bei erfolgreicher Arbeit eine schnelle Entwicklungsmöglichkeit gesichert.
In Walter Ulbricht war ich einem Mann der Tat begegnet, der schnell das Wesentliche erkannte, sich die Argumentation des Gesprächspartners aufmerksam anhörte und dann nicht lange mit der endgültigen Entscheidung zögerte. Ich habe mir deswegen immer wieder erlaubt, aus meiner Sicht Empfehlungen über notwendige Maßnahmen, Veränderungen oder Festlegungen an ihn heranzutragen. Die Persönlichkeit Walter Ulbrichts wurde in der westlichen Welt lange Zeit sehr unterschätzt. Ebenso ist auch in späteren Jahren die entscheidende Bedeutung seiner Mitstreiter im Politbüro der Sozialistischen Einheitspartei Deutschlands und im Ministerrat der Deutschen Demokratischen Republik als Motoren des Fortschritts im Westen allzuoft unterbewertet worden.
Ulbricht erwähnte bei diesem Besuch, daß alle aus der SU zum Aufbau meines Institutes nach Dresden gesandten Dokumente über seinen Schreibtisch gelaufen seien.

Ein nagelneuer SIS-Wagen

Eine besonders erfreuliche Folge dieses Besuches zeigte sich eine Woche später, als der Oberbürgermeister von Dresden, Walter Weidauer, zu uns kam. Nachdem wir einige schwebende Fragen besprochen hatten, bat er mich, ihn zur Eingangstür des Hauses zu begleiten. Dort übergab er mir als Geschenk Walter Ulbrichts einen nagelneuen sowjetischen SIS-Wagen. Diese starke und sichere Limousine hat uns lange Zeit besonders bei den vielen Fernfahrten auf der Autobahn zwischen Dresden und Berlin ausgezeichnete Dienste geleistet. Unzählige Aufsätze und Briefe habe ich auf dieser Strecke, ungestört vom Getriebe des Instituts, in dem geräumigen SIS diktieren können.

Das Märchenbuch

Wenige Tage später lernten wir bei einem gemeinsamen Essen im benachbarten »Luisenhof« die Arbeiter und Handwerker kennen, die in den vorausgegangenen Jahren mit großer Sorgfalt das Institut auf dem Weißen Hirsch auf- und ausgebaut hatten. Während dieses harmonischen Beisammenseins, wo ich von unseren Zukunftsplänen erzählte, erhielt ich als Gastgeber feierlich ein schön gebundenes Buch überreicht, in dem auf mehr als hundert Seiten falsche, zum Teil recht unfreundliche Gerüchte verzeichnet waren, die uns und den Aufbau unseres Instituts in der Plattleite umgaben und die später in der westdeutschen Presse immer wieder als »Wahrheiten« serviert wurden.
Beispielsweise war das Märchen aufgezeichnet, die Regierung der Deutschen Demokratischen Republik habe mir ein Bankkonto von unbegrenzter Höhe zur Verfügung gestellt, oder es stand dort, ich sei Besitzer eines Rennstalls. Phantastisch ist auch die Behauptung, Zwiebeln seien im Augenblick nur deswegen Mangelware, weil wir »soviel Zwiebelsaft für die Isotopenversuche benötigten«!

Wichtige Entscheidungen

Einen Monat nachdem wir in unseren Gebäudekomplex an der Plattleite eingezogen waren und ernsthaft mit der Arbeit begonnen hatten, kam der damalige Innenminister und heutige Ministerpräsident, Willi Stoph, zu uns. Wir besprachen die Einzelheiten zur

Realisierung aller mit Walter Ulbricht verhandelten Maßnahmen. Bei diesem Besuch wurde auch der heute »VEB RFT Meßelektronik Dresden« genannte Betrieb in der Dornblüthstraße offiziell gegründet. Unter der Leitung von Professor Dr. Werner Hartmann entwickelte er sich später zu einem sehr bedeutenden Industriewerk. Zwischen unserem Forschungsinstitut und diesem Produktionsbetrieb bestand über viele Jahre eine enge vertragliche Bindung. Auf Grund dieser Vereinbarung übernahm das Werk die Fertigungen der Duoplasmatron-Ionenquelle, des Präzisions-Elektronenstrahl-Oszillographen und eines neuartigen magnetischen Isotopentrenners für hohen Massentransport bei nur 20 Tonnen Magnetgewicht.

Meine Wissensspeicher erscheinen

Mitte 1956 kamen die in der ersten Auflage 1400 Druckseiten umfassenden Bände meines Wissensspeichers über Elektronenphysik, Ionenphysik und Übermikroskopie heraus. Daraufhin erreichte mich 1959 ein Weihnachtsgruß aus den Vereinigten Staaten, der unter Bezug auf diese Bücher mit den Worten endete: »Unbekannterweise von einem Physiker, der nicht mehr versteht, wie er so lange ohne Ihre beiden Tabellenbücher hat auskommen können.« Diese freundlichen Worte aus der Ferne deuteten das an, was wir selbst in unseren verschiedenen Forschungsabteilungen feststellten: Die Benutzung der Wissensspeicher führte zu einer erheblichen Zeitersparnis in der wissenschaftlich-technischen Tätigkeit.
Seit Mitte 1956 habe ich dann neben der Institutsarbeit im Durchschnitt pro Tag zwei Stunden aufgewandt, um die wichtigsten neuen Informationen aus allen uns interessierenden Bereichen zu ordnen, in Tabellenform aufzuarbeiten und in Manuskripte für weitere Auflagen und Bücher einzufügen. Infolge eines derartigen Dauerstudiums blieb ich selbst sowohl auf meinem sich rasch erweiternden Fachgebiet als auch in den neu hinzukommenden Disziplinen (zum Beispiel Medizin) fortwährend auf dem laufenden. Viele Anregungen und kombinatorisch-konstruktive Gedanken verdanke ich dem Zwang zur täglichen Auswertung der ständig eintreffenden internationalen Fachliteratur.

Die laufend durchgeführte Aufbereitung aller für unsere Arbeit wesentlich erscheinenden Informationen führte dazu, daß mir nach persönlichem Maß geschneiderte Erfahrungs- und Informationsspeicher zur Verfügung standen, welche 1972 einen Umfang von fast 5000 Seiten mit »Informationsblöcken« erreichten. Dieses Handeln hatte im Zusammenwirken mit der Selbstanwendung der unten besprochenen »Sauerstoff-Mehrschritt-Therapie« für mich eine unerwartete schicksalhafte Folge: *das Ansteigen meiner persönlichen geistig-schöpferischen Leistungsfähigkeit mit zunehmendem Lebensalter*. Dieses Ansteigen spiegelt sich beispielsweise in der Zunahme der Zahl meiner wissenschaftlichen Veröffentlichungen pro Jahr wider. Aus modernen Forschungen über die Abnahme der Gedächtnisleistung des menschlichen Gehirns mit zunehmendem Lebensalter ergibt sich eine sehr einfache Erklärung. Danach nimmt nur das Kurzzeitgedächtnis und die Zugriffsfähigkeit zu ungeordneten Informationen kritisch ab, während das Langzeitgedächtnis und die Zugriffsfähigkeit zu geordneten Informationen (Informationsblöcken) nahezu voll erhalten bleibt. Weil ich selbst die Aufbereitung der Informationen vornahm, wurden sie in das Langzeitgedächtnis eingeprägt, und dadurch, daß dabei gleichzeitig die Ordnung der Informationen zu Blöcken erfolgte, wurde die sonst gegebene starke Abnahme der Zugriffsfähigkeit mit dem Alter vermieden. Da die Fähigkeit des kombinatorischen Denkens, solange ein guter O_2-Status ($\triangleq$ energetischer Status) erhalten bleibt, nicht beeinträchtigt wird und der Schatz an Erfahrungen und Informationen mit dem Lebensalter ansteigt, mußte durch meine Handlungsweise auch aus theoretischer Sicht eine Zunahme der geistig-schöpferischen Leistungsfähigkeit mit den Lebensjahren resultieren. Bei der wachsenden Bedeutung der Computer in der kommenden Zeit sollten aus diesem sehr individuellen Einzelbeispiel Schlußfolgerungen gezogen werden.

Aufgaben, Ehrungen, Pflichten

Schon wenige Monate nach der Rückkehr aus der Sowjetunion hatte ich die Freude, in die Sektion Physik der Deutschen Akademie der Wissenschaften zu Berlin und gegen Ende des gleichen Jahres in

den »Wissenschaftlichen Rat für die friedliche Anwendung der Atomenergie« berufen zu werden. Letzterer hatte unter anderem die Aufgabe, den Ministerrat bei allen die friedliche Anwendung der Atomenergie betreffenden Fragen, insbesondere bei den Entscheidungen zum Aufbau der Atomkraftwerke, zu beraten.
Anfang Juni 1956 wurde ich zum Honorar-Professor an der Elektrotechnischen Fakultät der Technischen Hochschule Dresden ernannt. Außer einer Vorlesung über Elektronen- und Ionengeräte habe ich weitere Verpflichtungen dieser Art an der Hochschule vermieden, um meine ganze Kraft für die Forschung, die Leitung meines Instituts und die zunehmende Tätigkeit in fachlichen und staatlichen Gremien zu reservieren.

Generalfeldmarschall Paulus zu Besuch

Anfang Mai 1955 suchte uns der ehemalige Generalfeldmarschall Paulus auf, der seit seiner Rückkehr aus der Sowjetunion ebenfalls auf dem Weißen Hirsch wohnte. Wir führten viele aufschlußreiche Unterhaltungen über die Tragödie von Stalingrad, über seine zu späte Entscheidung gegen Hitler, über die Ereignisse des 20. Juli 1944, über die charakterlichen Grenzen der Persönlichkeit des damals zum Generalinspekteur der Bundeswehr und Vorsitzenden des ständigen militärischen Ausschusses der NATO avancierten Generals Heusinger und über den Generalfeldmarschall von Reichenau, den ich noch vom Berliner »Blau-Weiß«-Klub aus der Zeit um 1935 gut in Erinnerung hatte. Die tragischen Ereignisse von Stalingrad, mit denen Paulus' Name in der Geschichte verbunden ist, hatten ihn zu einem tief überzeugten Gegner des Krieges werden lassen. Deshalb fand gerade bei ihm eine Rede, die ich bereits im April 1956 vor dem Nationalrat der Nationalen Front des demokratischen Deutschland über *»Die Verwendung der für militärische Zwecke angehäuften Weltvorräte an Spaltmaterial zum Wohle der Menschheit«,* hielt, besonders starke Zustimmung.
Den Text dieser Ausführungen hatte ich auch an verschiedene mir von früher bekannte westdeutsche Atomphysiker gesandt, die sich ein Jahr später zu der politisch sehr bedeutsam gewordenen gemein-

samen Erklärung der »Göttinger Achtzehn« vereinigten. Immerhin konnte ich bei einigen Unterzeichnern der Göttinger Erklärung wenigstens ein freundliches Echo registrieren. Da es sich bei dieser Ansprache um meine persönliche Stellungnahme zu einer der Hauptfragen unserer Zeit handelt, soll sie im folgenden auszugsweise wiedergegeben werden:

Meine Rede über die mögliche friedliche Verwendung von Kernsprengstoffen

»Über das furchtbare Inferno eines Atomkriegs, über das gigantische Ausmaß der Einzelereignisse sowie über ihre Plötzlichkeit und Unabwendbarkeit ist die bedrohte Menschheit noch bei weitem nicht ausreichend orientiert. Dies zeigt sich darin, daß die Reaktion auf diese Gefahr in der Weltöffentlichkeit bis zum heutigen Tage noch nicht genügt hat, um einen allgemeinen Verzicht auf die Anwendung von Gewalt als letztem Mittel der Politik zu erwirken.
Die Kriege der Vergangenheit konnten durch Waffenstillstand oder bedingungslose Kapitulation im Augenblick solcher Entscheidung beendet werden. Der Atomkrieg aber setzt sich weit über den Zeitpunkt seiner Entscheidung noch lange aus sich selbst heraus fort, nämlich zwei bis drei Halbwertszeiten der gefährlichen Radioisotope (bei Anwendung von Kobalt 60 zum Beispiel zehn bis fünfzehn Jahre). Jedoch besteht darüber hinaus eine noch viel länger wirkende Bedrohung des Menschengeschlechts. Das ist der Eingriff in die Erbanlage oder, präziser gesagt, die Auslösung von Mutationen durch Einwirkung der radioaktiven Strahlungen auf die Gene des Menschen. Über tausend Jahre, also vierzig Generationen, währt der tragische Tribut (Zunahme der Geburtenrate anomaler Kinder, nicht lebensfähiger Kinder oder zeugungsunfähiger Kinder), den die Nachfahren von strahlungsexponierten Individuen für die eingetretenen Mutationen zu entrichten haben, wie der Zoologe H. J. Muller (Nobelpreisträger, USA) kürzlich begründet hat. Welch ungeheure Verantwortung trägt bei diesen furchtbaren Perspektiven die lebende Generation! Vor ihr liegt die gigantische Aufgabe, die Kräfte von Moral und Ethik in wenigen Jahren so zu

vervielfachen, daß wir und viele auf uns folgende Generationen nicht zum Opfer des Mißbrauchs der von uns selbst geschaffenen Technik werden.
In einigen Staaten wird seit zum Teil mehr als zehn Jahren mit Hilfe riesiger großindustrieller Werke sogenanntes Spaltmaterial, wie Uran 235 und Plutonium, in ständig steigenden Mengen produziert und angesammelt.
Dieses Spaltmaterial ist in erster Linie für Atomwaffen, das heißt für Atombomben, Atomgeschosse und so weiter sowie als Zünder für Wasserstoffbomben bestimmt. Außerdem wird in großen ständig steigenden Mengen Uran 238 gewonnen, welches als Mantelmaterial der Wasserstoffbombe den Hauptanteil der Energieentwicklung bei ihrer Explosion beisteuert. Je länger diese Großproduktionen andauern, je mehr sich die Raketentechnik zur Weltraumschiffahrt hin entwickelt und je weiter die Fernsteuerung von nuklearen Geschossen mit den Mitteln der neuesten elektronischen Rechentechnik und der Hochfrequenztechnik ausgebaut wird, desto größer wird das Unheil sein, welches bei kriegerischem Einsatz der Atomenergie über die Menschheit hereinbricht. Darum ist der Verzicht auf den Krieg als Mittel zur Entscheidung von Streitfragen und das Verbot der Atomwaffen die Schicksalsfrage, der die Menschen gegenwärtig gegenüberstehen. Endgültiger Verzicht auf den Krieg und Verbot der Atomwaffen sind die höchsten politischen Forderungen der Gegenwart, und ihre Erfüllung wird mit jedem Tag dringlicher.
Die britische Zeitung ›Manchester Guardian‹ vom 28. Februar 1956 berichtet, daß zum Beispiel allein die USA über Vorräte an Spaltmaterial verfügen, die ausreichen, 32 500 Atombomben herzustellen. Legt man solche Zahlen zugrunde, so ergibt sich als düsteres Bild: Schon heute genügen mit hoher Wahrscheinlichkeit die Weltvorräte an spaltbarem Kernmaterial, um alle Großstädte auf der Erde zu zerstören.
Das Verbot der Atomwaffen wird die Atomenergie aus einem Fluch fast sprunghaft in einen Segen für die Menschheit verwandeln, denn man könnte die riesigen, in Jahren aufgesammelten Vorräte an Spaltmaterial und an Uran 238 statt als Super-Explosivstoff für Tod und Vernichtung in den Atomkraftwerken der Zukunft als Super-Brennstoff zur Erzeugung von Elektroenergie und Wärmeenergie

verwenden. Diese günstige physikalische Situation wird in den politischen Erörterungen gegenwärtig noch merkwürdig wenig betont. Man könnte also den zunächst für militärische Zwecke betriebenen gewaltigen Spaltmaterial-Aufwand, der den Lebensstandard der Völker auf beiden Seiten seit 1945 stark belastet hat, noch nachträglich und im Laufe der kommenden Jahrzehnte fast verlustfrei zum Wohle der Menschen einsetzen. Die Natur selbst hat unserer Generation hier einen Weg offengehalten, der uns vom Abgrund fort in eine gesicherte schöne Zukunft führen könnte.

Lassen Sie mich mit der gezügelten Phantasie eines technischen Physikers einmal dieses Bild einer hellen Zukunft ausmalen: Der Energiegehalt von Spaltmaterial und Mantelmaterial für die angenommene Menge von 50 000 Atombomben des gegenwärtigen Typs (jede äquivalent etwa 1 Million Tonnen des Standard-Sprengstoffes Trinitrotoluol) entspricht etwa 5×10^{13} = 50 Billionen kWh oder 5 Milliarden Tonnen reiner Kohle. Diese Menge ist das Sechsfache der Kohleförderung der USA, der Sowjetunion und Englands zusammen im Jahre 1954. Würde man solche gewaltigen Energiebeträge und die laufend hinzukommenden noch größeren Beträge wirklich friedlichen Zwecken zuwenden, so brauchte in den kommenden Jahrzehnten auch in den kältesten Wintern niemand mehr zu frieren. Verkehrswesen, Technik und Industrie ließen sich relativ schnell auf eine viel höhere Entwicklungsstufe bringen. Ein großer Teil der Kohlevorräte könnte der chemischen Industrie für die Kunststoffherstellung reserviert bleiben und so weiter.

Niemals ist in der Weltgeschichte ein für Kriegswerkzeuge betriebener Aufwand so menschheitsfeindlich gewesen wie die Atombombenproduktion des vergangenen Jahrzehnts.

Niemals ist ein Aufwand dieser Größenordnung für Kriegswerkzeuge durch das eingetretene Gleichgewicht der furchtbaren Kräfte in kurzer Zeit so völlig sinnlos geworden.

Aber auch niemals in der Geschichte der Welt hat eine solche Möglichkeit wie heute bestanden, eine ursprünglich für militärische Zwecke vorgenommene Ausgabe, welche nach Hunderten von Milliarden Mark zählt, wieder zurückzuerhalten.

Kanonen konnte man eben nicht in landwirtschaftliche Maschinen, Explosivstoffe nicht in Kohle verwandeln, aber Spaltmaterial kann

man in Wärme oder Elektroenergie umformen. In der nächsten Zeit muß unsere Generation die politischen Schlußfolgerungen aus den geschilderten Realitäten ziehen. Da sollte es dann keinen Menschen mit Verstand, Verantwortungsgefühl und moralischem Denken mehr geben, der den Tod von einigen Hundert Millionen Kindern, Frauen und Männern stärker anstrebt als die endliche Erfüllung der ewigen Sehnsucht des Menschen, ›Friede auf Erden‹.
Möge eine solche Auffassung von der Lage bei immer mehr Völkern zur Grundlage ihres Wollens und Handelns werden.
Mögen die Stimmen beider Seiten sich auf der Basis solcher Überlegungen treffen.
Dann werden die Lichter am politischen Horizont dieser Tage zu strahlendem Glanz im Zenit aufsteigen und die tiefen Schatten auslöschen, von denen die Gegenwart noch immer verdunkelt wird.«

Das furchtbarste Profil des nuklearen Krieges moderner Art

Seit dieser Rede hat sich die Gefährlichkeit einer nuklearen Auseinandersetzung unvorstellbar verstärkt. Leider nahm die Öffentlichkeit diese Tatsache kaum zur Kenntnis. Ich meine nicht allein die Überproduktion von nuklearen Sprengköpfen und von interkontinentalen Trägerraketen, die »overkill«-Situation. Ich denke besonders an die Erkenntnis, daß bei Ausbruch eines totalen Kernwaffenkriegs mit der *gleichzeitigen* Zündung eines ganzen Netzes von H-Bomben gerechnet werden muß. Dadurch würde sich die Hitzeentwicklung auf der Erdoberfläche etwa verdreifachen, und die Radarsteuerung der Antiraketen-Raketen wäre ausgeschaltet.
Immer wieder bin ich, wenn sich weitere Gedanken und Argumente bei mir angesammelt hatten und wenn sich die Gelegenheit dazu ergab, in Wort und Schrift gegen den Atomkrieg – gegen den Krieg als Mittel zur Entscheidung von Streitfragen überhaupt – aufgetreten und habe mich für die allgemeine Abrüstung eingesetzt.
Auch heute, achtundzwanzig Jahre nach meiner Rede, hoffe ich immer noch, daß die internationale Abrüstung kommen wird. Ich glaube wirklich fest daran.

1956 stellte ich mich wiederholt in den Dienst der Aufklärung über die furchtbare Wirkung der verschiedenen Waffen vom Kernspaltungs- beziehungsweise Kernfusionstyp und versuchte, die militärischen und politischen Folgen einer Kombination dieser Waffen mit ballistischen Interkontinental-Raketen bzw. mit elektronisch gesteuerten Fernraketen hoher Tragfähigkeit zu demonstrieren. Meine Reden und Äußerungen in Presse, Rundfunk und Fernsehen haben über den Rahmen der Deutschen Demokratischen Republik hinaus spürbare Resonanz gezeigt. Dazu hat die Wiedergabe meiner Stellungnahmen auch in westlichen Zeitungen und Zeitschriften mit beigetragen. In diesem Zusammenhang führte ich ebenfalls eine umfangreiche Korrespondenz mit einigen Unterzeichnern der Göttinger Erklärung und hatte einen Briefwechsel mit Frédéric Joliot-Curie, der in einer persönlichen Einladung zur Weltfriedenskonferenz in Stockholm 1958 gipfelte.
Als Anerkennung meiner steten Bemühungen im eigenen Lande darf ich wohl die Auszeichnung mit der »Ernst-Moritz-Arndt-Medaille« des Nationalrates der Nationalen Front des demokratischen Deutschland im Dezember 1957 und mit der »Deutschen Friedensmedaille« im April 1957 sowie meine Wahl zum Mitglied des Deutschen Friedensrates werten.
Mit meinem öffentlichen Eintreten gegen den Atomkrieg und für die allgemeine Abrüstung handelte ich im Sinne meiner tiefen Überzeugung: Die Ergebnisse von Naturwissenschaften und Technik dürfen nur zum Wohl der Völker eingesetzt werden!
Als ich 1945 aus dem Munde von General Saweniagin zum erstenmal von den amerikanischen Atombombenabwürfen auf Hiroshima und Nagasaki gehört hatte, war mir mit Entsetzen klargeworden, welches Grauen über die Menschheit hereingebrochen wäre, wenn die faschistische deutsche Führung dieses Machtmittel zuerst in die Hand bekommen hätte. Bereits oben habe ich davon erzählt, daß ich in der Sowjetunion an der Entwicklung großtechnischer Verfahren zur Trennung der Uranisotope, die sowohl für die friedliche Nutzung zur Energiegewinnung als auch für die Atombewaffnung notwendig war, mitgearbeitet habe. Ich tat dies nach eingehenden Diskussionen mit verantwortlichen sowjetischen Politikern in der absoluten Gewißheit: Unsere Arbeit dient durch ihren Beitrag zum

nuklearen Gleichgewicht der Erhaltung des Weltfriedens. Ich habe mich hierbei nicht geirrt. Beweis ist die Tatsache, daß wir seither in Europa die längste Friedensperiode unseres Jahrhunderts haben erleben dürfen.

Otto Hahns berühmter Rundfunk-Vortrag

Jahre später, beim gemeinsamen Mittagessen im Hotel Bad Schachen nahe Lindau erzählte mir Otto Hahn einige Einzelheiten aus der Zeit der Erklärung der Göttinger Achtzehn gegen die nukleare Aufrüstung. Es war wie früher in Berlin. Wieder empfand ich ganz unmittelbar seine menschliche Anteilnahme und Wärme, sowie seine Liebenswürdigkeit und seinen Humor. Hahn erzählte uns, wie es zu seinem Vortrag im Westdeutschen Rundfunk gekommen war. Er wollte nicht länger zu den Gefahren eines Atomkrieges schweigen und schrieb einen Artikel über die Auswirkungen von Kobalt 60, der vom Westdeutschen Rundfunk ausgestrahlt werden sollte. Das geschah aber zunächst nicht. Adenauer hatte interveniert.

Otto Hahn gab jedoch nicht auf und erreichte schließlich, daß er seinen Vortrag halten konnte. Er wurde in Dänemark, Norwegen und England gesendet, dann von der »Frankfurter Allgemeinen« abgedruckt. Das bildete den Auftakt zu Hahns Aufruf an die Teilnehmer der Lindauer Nobelpreisträger-Tagung, eine Erklärung über die Gefahren des Mißbrauchs der Kernenergie zu unterzeichnen.

Die Reaktion von Franz Josef Strauß

Otto Hahn erzählte mir, wie aufgebracht sich der seinerzeitige Verteidigungsminister der Bundesrepublik Deutschland, Franz Josef Strauß, gebärdete, der von ihm und einigen anderen Wissenschaftlern gebeten worden war, eine öffentliche Erklärung abzugeben, in der sich die Bundesrepublik verpflichtete, keine Atomwaffen herzustellen oder zu lagern. Strauß warf daraufhin Professor Hahn vor, er unterstütze mit seinen Aktionen die Sowjetunion. Die Auseinandersetzung mit Franz Josef Strauß führte dann im April 1957 zu der vielbeachteten Presseerklärung der sogenannten Göttinger Achtzehn, in der führende westdeutsche Naturwissenschaftler eine Atombewaffnung ihres Landes ablehnten: Fritz Bopp, Max Born, Rudolf Fleischmann, Walther Gerlach, Otto Hahn, Otto Haxel, Werner Heisenberg, Hans Kopfermann, Max von Laue, Heinz Maier-Leibnitz, Josef Mattauch, Friedrich-Adolf Paneth, Wolfgang Paul, Wolfgang Riezler, Fritz Straßmann, Wilhelm Walcher, Carl Friedrich Freiherr von Weizsäcker, Karl Wirtz.

»Die Erde ist ein völlig bedeutungsloser Planet!«

Die Erklärung der Göttinger Achtzehn hatte große Wirkungen gehabt und war weltweit kommentiert worden, obwohl sie gegenüber der ursprünglich vorgesehenen Fassung entschärft worden war. Als ich Otto Hahn darauf ansprach, daß es Strauß, unterstützt von Adenauer, Globke, Heusinger und Speidel, damals offenbar gelungen sei, ihn und die anderen zu dieser erheblichen Abschwächung ihrer Stellungnahme zu bewegen, entzog er sich der Antwort und nahm zu einer der vielen Anekdoten, die er immer parat hatte, Zuflucht: »Sie wissen doch«, sagte er, »was Einstein einem Zeitungsmann, der ihn fragte, ob man wirklich die Erde mit Hilfe der neuen Erfindungen auf dem Gebiet der Atomphysik in die Luft sprengen könne, geantwortet haben soll: ›Natürlich stimmt es. Aber das spielt doch gar keine Rolle. Die Erde ist ein völlig bedeutungsloser Planet.‹« Ich ging auf sein Lachen ein, und wir brachen dieses ernste Thema ab. Unsere Unterhaltung wanderte wieder einmal zu der alten Berliner Zeit zurück. Otto Hahn warf bedeutungsvoll ein: »Sie haben ja den großen Einschnitt in meinem Leben, den ersten Weltkrieg, nicht miterlebt, waren damals noch zu jung. Wir aber haben alle nach dem Sturz der Monarchie gelernt, umzudenken. Manche schneller, andere langsamer.«

Otto Hahns menschliche Grundeinstellung

Ich glaube, es war selten, Otto Hahn über das reden zu hören, was ihn bewegte. Er war bekannt für scherzhafte Schilderungen, für liebenswürdige Übertreibungen und charmante Pointierungen. An diesem Abend in Lindau klang zwischen allen vergnüglichen Erinnerungen jedoch immer wieder ein ernster Ton an, der eine nachdenkliche Stimmung hinterließ. Otto Hahn kam noch einmal auf die Diskussion mit Adenauer und Strauß zurück und erklärte mir, die Veröffentlichung vom April 1957 sei das maximal Erreichbare gewesen, nicht nur in Anbetracht der Haltung von Adenauer oder Strauß, sondern auch im Hinblick auf manche seiner Kollegen, welche die politische Auseinandersetzung scheuten. Und dann ein Satz, für den ich ihm dankbar bin: »Es ist gut, daß du drüben das Möglichste für den Frieden versuchst.«

Er wechselte in diesem Gespräch mehrmals von »Sie« auf »Du«, von »Du« auf »Sie«.

»Kennen Sie Willstätter?« fragte er mich nach einer Weile.

»Den Chemiker? Seine Erinnerungen lese ich immer wieder. Sie gehören zu den Büchern, die ich nicht entbehren möchte.«

»Willstätter«, sagte Hahn, »hat damals standgehalten, hat einfach abgelehnt, mitzumachen.«

Zunächst erriet ich nicht, was er meinte. Dann aber erzählte er von seiner Militärzeit, und ich erfuhr, er habe unter der Monarchie auf den Reserveleutnant verzichtet. Aus meinen Kindheitseindrücken, die ich ja in einem Offiziershaushalt gewann, kann ich abschätzen, was das in der damaligen Zeit bedeutet hat.

Ich lernte Professor Hahn an diesem Abend als einen Menschen kennen, der Zeit seines Lebens durch und durch Zivilist gewesen ist. Er machte sich Vorwürfe, daß er im ersten Weltkrieg an den Arbeiten für den Gaskampf mitgewirkt hatte. »Sie wissen ja, ich bin Chemiker, nicht Physiker, also war ich dran. Ich habe mir damals tatsächlich einreden lassen, der Einsatz von Gas würde den Krieg verkürzen. Ja, und sehen Sie, ein Mann wie Richard Willstätter – und der war ja auch Chemiker – hat sich dazu nicht hergegeben. Das gab es damals auch schon. Wir haben erst aus den Erfahrungen lernen müssen.«

Nach einer Weile sagte er – so, als spräche er zu sich selber: »Als Lise Meitner bei Nacht und Nebel Deutschland verlassen mußte, da wußten meine Frau und ich endgültig, was die Glocke geschlagen hatte. Fürchterlicher Gedanke, was hätte passieren können, wenn Scherrer und andere nicht geholfen hätten, sie heimlich, ohne Visum, über die Grenze nach Holland zu bringen.«
Die Kollegen hatten Lise Meitner immer als das »physikalische Gewissen« von Otto Hahn bezeichnet. An diesem Abend hatte ich für einen Augenblick das Gefühl, sie könne auch sein politisches Gewissen gewesen sein. Wieder begegnete ich dem hohen politischen Verantwortungsgefühl eines großen Wissenschaftlers und Humanisten. Ich erinnerte mich an eigene Gespräche mit Lise Meitner, die ich seit ihrem ersten Besuch im Lichterfelder Laboratorium am 18. März 1928 kannte, und dann kam mir für Sekunden jene Unterhaltung ins Gedächtnis, die ich 1940 mit Max Planck geführt hatte.

Ein Gespräch mit Otto Grotewohl

Auf Grund meiner Rede vor dem Nationalrat hatte ich 1956 das erste eingehendere Gespräch mit dem damaligen Ministerpräsidenten unseres Staates, Otto Grotewohl. Der Gedanke, die Weltvorräte an Atomwaffen könnten auch für friedliche Zwecke ausgenutzt werden, interessierte ihn lebhaft.
Unsere Unterhaltung fand während einer festlichen Veranstaltung in Dresden statt. Nach den ersten Sätzen ergriff er meinen Arm und hakte mich unter. So durchquerten wir mehrere Male den Saal. Obwohl ich durch diese Geste ausgezeichnet werden sollte, fragte er vorher, ob mir solche Vertraulichkeit auch nicht unangenehm sei. Gerade durch diese liebenswürdige, feine Art, durch die menschliche Wärme seines Wesens hat Otto Grotewohl mich damals fester als durch Verträge mit unserem Staat verbunden. Später hatte ich noch oft Gelegenheit, mit ihm zu sprechen, bei meinen Bemühungen um die Gründung des Forschungsrates, auf der gemeinsamen Sechsländerreise im Januar 1959, im kleinen Kreis abends in seiner

Wohnung in Berlin-Niederschönhausen, im Dresdner Klub und auf vielen Staatsempfängen. Niemals hat sich dabei das Bild meines ersten Eindrucks gewandelt. Auch die Frau des Ministerpräsidenten besaß diese seltene Gabe, die Herzen ihrer Mitmenschen sofort zu gewinnen.

Ein Fernrohr aus der Hand Galileo Galileis

Während der ersten Dresdner Jahre hatte ich einen sehr aufregenden Besuch. Kurz vor seinem Tod, dessen Nähe er wohl schon ahnte, kam Carlo Donadini, der Sohn des früheren sächsischen Hofrats Professor Ermengildo A. Donadini, zu mir. Er war der letzte Nachkomme eines alten Florentiner Guelfengeschlechts. Zu meiner großen Freude bot er mir ein einzigartiges Kulturdokument aus dem Besitz seiner Familie zum Geschenk an, ein terrestrisches Fernrohr aus der Hand Galileo Galileis. Die Übersetzung der Signatur auf dem Rohr lautet: »Ich, Galileo Galilei, schrieb dies mit eigener Hand am 20. März 1629 zu Florenz.« Nachdem ich dieses für die Geschichte des Fernrohrs so wertvolle Gerät erhalten hatte, untersuchte ich die Bauweise sowie den Strahlengang und berichtete darüber an Hand einer Röntgenaufnahme in der Zeitschrift »Optik«.

Die Sternwarten Plattleite 27 und Zeppelinstraße 7

Ende 1956 ließ ich auf dem Institutsgelände an der Plattleite eine kleine Sternwarte mit drehbarer 4-m-Kuppel errichten, in der ein aus der Sowjetunion mit zurückgebrachter 20-cm-Zeiss-Refraktor aufgestellt wurde. Zehn Jahre später kam dann die in der Zeppelinstraße 7 am Elbhang gelegene größere Sternwarte mit 7-m-Kuppel und 25-cm-Zeiss-Refraktor hinzu, die vorzugsweise wissenschaftlichen Aufgaben diente. Die Betrachtung von Planeten, Kugelsternhaufen und der größeren Nebelflecke in Teleskopen dieser Abmessungen ist einer der besten Wege, um dem Menschen die gewaltigen Maßstäbe des Kosmos näherzubringen und ihn innere Bescheidenheit zu lehren.

Aus Dankbarkeit für die Hilfe der Stadt Dresden beim Aufbau des Instituts habe ich die kleinere Einrichtung für alle astronomisch interessierten Besucher zugänglich gemacht. Zehntausende, meist Schulkinder, haben hier im Laufe der Jahre unter Anleitung meiner Mitarbeiter Kurt Menke und Christian Gottfried die Schönheiten des nächtlichen Himmels kennengelernt. Im Innern der Kuppel sieht man eine künstliche Nachbildung des Wintersternenhimmels, die fluoresziert und alle mit bloßem menschlichen Auge sichtbaren Himmelskörper zeigt. Auf der schwarzen Kuppelinnenfläche mußten dafür insgesamt 2840 Sternnachbildungen mit photometrisch kontrollierten Helligkeitswerten und hoher Genauigkeit an den kartographisch richtigen Stellen befestigt werden. Da bei dieser Methode (wie bei der Malerei mit Fluoreszenzfarben) ein Kontrastumfang von mehr als 1000:1 möglich ist, entsteht ein einzigartig natürlicher Eindruck.

Dieses Ergebnis ermutigte mich, durch einen Kunstmaler Leuchtfarben-Lehrbilder ausgewählter astronomischer Objekte herstellen zu lassen und sie in den Sternwarten an der Plattleite und in Heringsdorf aufzuhängen. Auf sechzehn Tafeln wird das, was man sonst im Teleskop zu sehen bekommt, so gut nachgeahmt, daß den Gästen auch bei bedecktem Himmel oder am Tag ein intensiver Eindruck von den Wundern des Firmaments vermittelt werden kann. Diese Bilder, deren Fluoreszenz durch eine kleine Standard-Quecksilberdampflampe mit Schwarzglaskolben und ultraviolettem Licht erregt wird, sind später auch als Lehrmittel in unseren Schulen verbreitet worden.

Gründung des »Dresdner Klubs«

Im Zusammenhang mit der Gründung der Kernphysikzentren und dem Aufbau neuer Industrien im Bezirk Dresden hatte die Regierung den Gedanken gefaßt, im ehemaligen Lingner-Schloß am rechten Elbhang einen Klub für die schöpferisch tätigen Geistesschaffenden ins Leben zu rufen. Im Juni 1955 richtete der damalige Oberbürgermeister der Stadt, Walter Weidauer, kurz nachdem der offizielle Auftrag aus Berlin eingetroffen war, die Bitte an mich, ihm

Vorschläge für die Organisation des Klubs, die Verwendung der Räumlichkeiten im Lingner-Schloß sowie für besondere Einrichtungen zu unterbreiten. Meine Anregungen wurden dann nach Beratung mit den verschiedenen Interessentengruppen in den wesentlichen Punkten akzeptiert. Im März 1957 erhielt ich den ehrenvollen Auftrag, den Dresdner Klub zu eröffnen.

Die Zusammenführung schöpferischer Menschen aus verschiedenen Fachgebieten

In meiner Eigenschaft als 1. Vorsitzender des Kuratoriums des Dresdner Klubs habe ich mich viele Jahre lang darum bemüht, durch Beratung und eigene Vorträge der Entwicklung dieses Unternehmens zu dienen. Auf ausdrücklichen Wunsch der Regierung sollte die Mitgliederzahl dieser Vereinigung begrenzt bleiben. Ihre berufliche Zusammensetzung unterschied sich vorteilhaft von so manchem Klub, den ich bis dahin kennengelernt hatte. Die verschiedenen Wissenschaftsgebiete waren durch zahlreiche bedeutende Persönlichkeiten aus der Technischen Universität, der Pädagogischen Hochschule, Institutionen der angewandten Kernphysik sowie der verschiedenen naturwissenschaftlich-technischen Forschungsinstitute und der Medizinischen Akademie Dresden vertreten. Viele Mitglieder gehörten der Industrie an. Diesem Kreis stand in harmonischer Ergänzung ein zweiter gegenüber, der Musiker, Schauspieler, Tänzer, Schriftsteller, Maler und Bildhauer umfaßte. Zu den beiden genannten, einander komplementären Gruppen gesellten sich als dritte Komponente Persönlichkeiten, die in der Politik, in der Volksarmee und im Staatsapparat tätig waren. Auf diese Weise bot der Dresdner Klub die in unserem Zeitalter zunehmender Spezialisierung der Wissenschaften und Künste so wichtige Möglichkeit, durch Vorträge, Diskussion und direkte Gespräche Querverbindungen zwischen den Vertretern der einzelnen Gebiete herzustellen. Aus dieser geistigen Wechselwirkung ergaben sich dann im Laufe der Zeit viele bedeutende Impulse, deren wirtschaftliche Auswirkungen die Investitionen für diese Einrichtung sicherlich weit übertroffen haben.

Höhepunkte des Klublebens waren zweifellos Veranstaltungen, für die wir so bekannte Persönlichkeiten gewinnen konnten wie den Vorsitzenden des Staatsrates Walter Ulbricht, den Verteidigungsminister Heinz Hoffmann, die Mitglieder des Politbüros des Zentralkomitees der Sozialistischen Einheitspartei Deutschlands, Professor Hager, Professor Albert Norden, Werner Krolikowski und Egon Krenz, den inzwischen verstorbenen Präsidenten der Volkskammer Professor Dr. Johannes Dieckmann, seine Nachfolger Gerald Götting und Horst Sindermann, den damaligen Außenminister Dr. Lothar Bolz, die langjährigen Minister für Gesundheitswesen Max Sefrin und Ludwig Mecklinger, den Präsidenten des Nationalrates Professor Dr. Erich Correns, den ersten Sekretär der SED-Bezirksleitung Dresden Hans Modrow, den Vorsitzenden des Rates des Bezirkes Günther Witteck, den jetzigen Oberbürgermeister Gerhard Schill sowie die Professoren Theodor Brugsch, Werner Ludwig, Herrmann Henselmann und schließlich Dr. Hermann Rühle.
Die Zusammenführung schöpferischer Menschen aus Politik, Wirtschaft, Wissenschaft und Kunst, das sich daraus entwickelnde Wissen um die Arbeiten des anderen, führte zu einem viel besseren Verständnis manch aktueller Probleme.

Themen und Ziele der Klubveranstaltungen

Das Themenspektrum der Vorträge reichte von Studien über die Stadt der Zukunft, den Wiederaufbau Dresdens, die innere Gestaltung der neuen Semper-Oper, neue Lösungen medizinischer und technischer Probleme bis zu Gesprächen mit dem Komponisten Werner Egk und aktuellen Foren über die innen- oder außenpolitische Lage.
Eine der ersten Vortrags- und Diskussions-Veranstaltungen im Dresdner Klub beschäftigte sich mit der Frage, wie der Nutzeffekt der hohen Staatsausgaben für Forschung und Entwicklung verbessert werden könne. Von ihr gingen starke Impulse aus, die zusammen mit anderen gleichgerichteten Bestrebungen bald darauf zur Gründung des Forschungsrates der Deutschen Demokratischen Republik durch den Ministerrat führten. Mit der Schaffung dieses

Gremiums, das sich später zu einem hervorragenden Hilfsinstrument unserer Wirtschaftsführung entwickelte, wurden Bemühungen belohnt, deren Anfänge in den Herbst des Jahres 1956 zurückreichen. Seit damals hatte ich in Gesprächen mit der Leitung des Zentralen Amtes für Forschung und Technik, mit Walter Ulbricht, mit meinem früheren Kollegen aus Suchumi Professor Dr. Thiessen, mit dem damaligen Präsidenten der Akademie der Wissenschaften, Professor Dr. Vollmer, und schließlich in einem ausführlichen Schreiben an Ministerpräsident Otto Grotewohl immer wieder auf die Notwendigkeit solch eines wissenschaftlichen Beirates hingewiesen.

Berufung in den Forschungsrat

Unmittelbar nach seiner Gründung wurde ich im Juli 1957 in den Forschungsrat berufen. Als sein Mitglied konnte ich die Bildung des VEB Hochvakuum sowie der Zentralen Entwicklungsstelle für radiologische Technik und medizinische Elektronik in Dresden durchsetzen. Diese beiden Institutionen haben später kritische Lücken im Wirtschaftsgefüge unseres Staates ausgefüllt.

Der Vorsitz des Forschungsrates wurde Professor Dr. Thiessen übertragen, der damit eine gewaltige Verantwortung und Arbeitslast auf sich nahm. Er hat diese schwere Aufgabe bis 1965 mit großer Energie und Gewandtheit gemeistert. Dann trat Professor Dr. Max Steenbeck seine Nachfolge in diesem Amt an, unter dessen Leitung das erste Atomkraftwerk der DDR gebaut wurde.

Als beratendes Organ des Ministerrates ist der Forschungsrat für fast alle bedeutsamen Vorhaben der Deutschen Demokratischen Republik in Wissenschaft und Technik zuständig. Über die zentralen Arbeitskreise und Kommissionen kann er auf alle wichtigen Forschungs- und Entwicklungsprobleme Einfluß nehmen. Ich sehe es als eine wesentliche Bereicherung meines Lebens an, daß ich bei den Tagungen dieses Wissenschaftlerkollektivs regelmäßig mit den geistig führenden Persönlichkeiten der verschiedenen Fachsparten zusammenkam und mit ihnen über viele Fragen diskutieren durfte. Eine sehr harmonische Atmosphäre kennzeichnete alle unsere Sit-

zungen, Diskussionen und Gespräche. Fast stets herrschte reine Sachlichkeit. Man kannte nur das hohe gemeinsame Ziel und ordnete alles dem Willen zur gegenseitigen Hilfe unter.
Als gemeinsames Ziel stand vor uns, Wissenschaft und Forschung zum Wohle des Menschen einzusetzen.

Besuch von Professor Jemeljanow

Im Februar 1957 hatten wir die Freude, Professor Wassili Jemeljanow zusammen mit einigen führenden sowjetischen Wissenschaftlern und sowjetischen Kollegen aus der Suchumi-Zeit das erstemal auf dem Weißen Hirsch zu empfangen. Die Gäste besichtigten das Institut und seine Einrichtungen mit großem Interesse. Dieses Zusammensein, das sich bis spät in die Nacht hinein ausdehnte, hat unsere langjährigen freundschaftlichen Beziehungen zu Professor Jemeljanow noch mehr vertieft. Mit innerer Anteilnahme folgten wir damals den Worten dieses bedeutenden und doch so bescheidenen, gütigen Mannes über Fragen der Weltpolitik.
1935 war Professor Jemeljanow der Aufbau des ersten Elektro-Stahl-Werkes der Sowjetunion in Tscheljabinsk übertragen worden. Sein Wirken in dieser Stadt an den Osthängen des Südurals während des zweiten Weltkrieges ist von geschichtlicher Bedeutung.

Der verschluckbare Intestinalsender

Die Fortschritte der Transistortechnik erlaubten mir 1956, den verschluckbaren Intestinalsender, auch Endoradiosonde genannt, zu konzipieren. Das ist ein frequenzmodulierter Sender in Mikrobauweise, der aus der Speiseröhre, dem Magen oder dem Darmtrakt für die ärztliche Diagnostik wichtige Meßwerte an einen außerhalb des Körpers installierten Meßempfänger signalisiert. Auf diese Weise können die örtlichen Druck-, Säure- und Temperaturwerte bei der Passage der Senderpille durch den Körper gemessen werden. Um bei Anwendung der Radiopille schnell einen umfassenden Einblick in die physiologisch bedingten und sehr charakteristischen Schwan-

kungen dieser Werte zu erhalten, hatte ich den Empfänger gleich als Registrierapparat mit direkter Schreibung der Meßwertgruppen entwickelt.
Mein medizinischer Partner bei diesen Bemühungen, der Chef der Chirurgischen Klinik in Dresden-Johannstadt und Mitglied des Senats der Medizinischen Akademie »Carl Gustav Carus«, Professor Dr. med. H. B. Sprung, den ich durch den Dresdner Klub kennengelernt hatte, probierte das neue Diagnosegerät sofort in zahlreichen Versuchen unter variierten Bedingungen aus. Die Ergebnisse veröffentlichten wir unmittelbar danach gemeinsam. Unsere Arbeiten gehören zu den ersten Mitteilungen über die nach dieser Methode kenntlich gewordenen typischen Erscheinungen in der Speiseröhre sowie im Magen- und Darmtrakt. Mit dem Bau des verschluckbaren Intestinalsenders erhielt die Innere Medizin ein neues Hilfsmittel für die Funktionsprüfung des gesunden und kranken Körpers in den genannten Bereichen und zum Beispiel für das Studium der Säurereste in Abhängigkeit von Ernährung, Medikamenten, Zeit und Ort im Intestinaltrakt. Als äußere Anerkennung für die Erfindung der Endoradiosonde übertrug man mir auf der 2. Internationalen Konferenz für medizinische Elektronik in Paris 1959 die Leitung der Sitzung, in der dieses Thema behandelt wurde.

Der Kontakt zur Medizin vertieft sich

Diese Forschungen vertieften meinen schon seit 1934 (Elektronisches Spektralphotometer 1934, Röntgenbildwandler 1934, Elektronenmikroskopie 1937, Isotopenmethoden!) bestehenden Kontakt zur Medizin weiter, und zwar nunmehr besonders zu dem schnell wachsenden Gebiet der medizinischen Elektronik beziehungsweise bio-medizinischen Technik. Hier trat unser Institut seitdem mit zahlreichen Entwicklungen an die Öffentlichkeit: elektronische Geräte und Anlagen zur Patientenüberwachung, Herz-Lungen-Maschinen für die Herzchirurgiezentren der Deutschen Demokratischen Republik, Stationen mit extrakorporalem Kreislauf zur Rettung aus schweren Krisen, Universal-pO_2-Meter, Ultraschall-Diagnostik-Anlagen, Krebs-Therapie-Anlagen und vieles andere mehr.

Eine neue Forschungsmethode: die EA-Massenspektrographie

In der Sowjetunion hatten wir in den letzten Jahren zwei Präzisions-Massenspektrographen für hohes Auflösungsvermögen geschaffen. Die dabei gesammelten Erfahrungen halfen mir unmittelbar nach der Rückkehr, als ich mit den Arbeiten an einem Elektronen-Anlagerungs-Massenspektrographen für die Molekulargewichtsbestimmung vielatomiger Moleküle begann. Im Gegensatz zu den bis dahin gebauten Präzisions-Massenspektrographen kam bei diesem Gerät die Erzeugung der Ionen nicht durch Elektronenstoß, sondern durch den sanfteren Vorgang einer Anlagerung von negativen Ladungsträgern (Elektronen, negative Ionen) sehr kleiner kinetischer Energie zustande. Bei einer Ionisierung solcher Art erhält man nicht positive, sondern negative Ionen, und es unterbleibt in der Regel die Aufsplitterung der zu untersuchenden Moleküle in viele Bruchstücke kleiner Masse. Frühere tastende Vorstöße in dieser Richtung im Ausland waren an der sehr geringen Ausbeute der genannten Ionisierungsmethode gescheitert. Durch die Entwicklung der Ionenquelle für die Anlagerung negativer Ladungsträger mit ihrer um viele Größenordnungen höheren Effektivität wurde das Gebiet neu erschlossen.

Für die präzise Molekulargewichtsbestimmung vielatomiger organischer Moleküle, für die Untersuchung von Gemischen verschiedener Arten von Molekülen (zum Beispiel von Ölen), für die Analyse von bekannten oder unbekannten Naturstoffen, für die Abschätzung der Bindungskräfte zwischen den Atomen solcher Moleküle hat die Elektronen-Anlagerungs-Massenspektrographie als Forschungsmethode heute große Bedeutung gewonnen. 1968 wurde sie für die Feinanalyse von Körperflüssigkeiten und der chemischen Zusammensetzung von Zellmembranen (Lipidspektren) eingesetzt. Sie eröffnete der medizinischen und biochemischen Diagnostik und Therapie neue Möglichkeiten. Unter anderem fanden wir große Unterschiede zwischen den Spektren der Membranlipide von Krebszellen und Normalzellen. 1971 faßte ich diese Arbeiten mit Dr. K. Steinfelder und Dr. R. Tümmler in einem Buch zusammen. Große Freude löste eine späte Würdigung dieser Forschungen in der »Zeitschrift für angewandte Chemie« *39* (1981) 635, aus.

Der erste Dr. »honoris causa«

Im September 1958 wurde ich – völlig überraschend – für die Erschließung der EA-Massenspektrographie und für die Erfindung des Röntgenstrahlen-Schattenmikroskops 1939 von der Mathematisch-Naturwissenschaftlichen Fakultät der Universität Greifswald mit der Verleihung des Doktortitels »honoris causa« ausgezeichnet. Die würdige Feier im Auditorium maximum der Greifswalder Universität fand bei meiner Rückkehr ihre heitere Ergänzung durch eine Begrüßungszeremonie, an der sich alle Mitarbeiter des Dresdner Instituts beteiligten.

Tages Arbeit, abends Gäste ...

Auch auf dem Weißen Hirsch sind wir der Gewohnheit vorausgegangener Jahre treu geblieben, die ernste Arbeit ab und zu durch heitere Festlichkeiten zu unterbrechen. Bei solchen zwanglosen Zusammenkünften verwandelte sich gelegentlich das optische Laboratorium des Instituts für die Dauer einer Nacht in ein türkisches Zimmer mit den letzten Finessen orientalischer Lebensweise.
Viele der neu hinzugekommenen Dresdner Freunde trugen manches Mal durch geistvoll-humoristische Reden, kleine gesangliche oder schauspielerische Einlagen zur Steigerung der Stimmung der anderen Gäste bei. An eine kleine Episode von einem Beisammensein, für das wir keine Kostümierung vereinbart hatten, denke ich mit leichtem Schmunzeln. Im feierlichen schwarzen Anzug erschien die Magnifizenz der Technischen Hochschule Dresden, der spätere Präsident der Kammer der Technik, unser Freund Horst Peschel. Bei der Begrüßung der Hausfrau schien ein unbekanntes Ereignis ihn seelisch zu erschüttern. Zur Überraschung der Gastgeber erklärte er, unbedingt noch einmal nach Haus zurückfahren zu müssen, und eilte die Treppe wieder hinunter. Wir stürzten ihm nach und erfuhren nun endlich die wahre Ursache seines seltsamen Benehmens. Seine Magnifizenz hatte bei der Verbeugung vor der Hausfrau bemerkt, daß er noch die häuslichen Filzpantoffeln trug. Glücklicherweise hatte er die gleiche Schuhnummer wie ich, und so konnte schnelle Hilfe gewährt werden.

Nationalpreis 1. Klasse und weitere Auszeichnungen

Am 7. Oktober 1958 erhielt ich die höchste wissenschaftliche Auszeichnung unseres Staates, den Nationalpreis 1. Klasse »für wissenschaftliche Leistungen bei der Entwicklung der Wissenschaft in der Deutschen Demokratischen Republik und für bahnbrechende Arbeiten auf dem Gebiet der Elektronen- und Ionenphysik sowie der Hochfrequenztechnik und für umfangreiche Beiträge in der Literatur der Kernphysik«. Die Freude bei meiner Familie und mir war natürlich groß. Ich war glücklich über diese Auszeichnung, die mir zuteil wurde. Außerdem ermöglichte mir die mit dem Nationalpreis verbundene beträchtliche Summe, ein weiteres Nachbargrundstück zu kaufen und durch Ausbau des dazugehörigen Gebäudes unser Institut um einiges zu erweitern.
Weitere Nationalpreise und manche andere Auszeichnungen kamen im Laufe der folgenden Jahrzehnte hinzu.

Studentische Ehrung

Kurz vor Weihnachten hatte ich in Meißen eine etwas ungewöhnliche Begegnung, die damals in dem engen Gäßchen, das vom alten Marktplatz zum Dom emporführt, erhebliches Aufsehen erregte. Nach Erledigung einiger geschäftlicher Dinge war ich mit meiner Sekretärin vor der Rückfahrt nach Dresden in eine Milchbar gegangen, die in der besagten kleinen Gasse liegt, um einige Erfrischungen zu bestellen. Plötzlich sah ich außen am Fenster einen jungen Mann mit bunter Papiermütze, der einen ebenso herausgeputzten Begleiter auf uns aufmerksam machte. Wenige Sekunden später waren es etwa hundert junge Leute, die uns durch das Fenster anstarrten. Dann drang eine Gruppe von ihnen in die Bar ein. Hintergründig schmunzelnd, denn meine Begleiterin war eine hübsche junge Dame, wurde mir eröffnet: »Herr Professor, Sie sind erkannt! Studenten der Dresdner Technischen Hochschule laden Sie zur Teilnahme an der Semester-Abschlußfeier im Meißner Burgkeller ein.«
Leider mußte ich dieses Angebot wegen anderer Verpflichtungen

ablehnen, aber genügend vertraut mit studentischen Gedankengängen bei solchen Anlässen schob ich dem Sprecher einige Geldscheine unter seinen Papierhut zum besseren Gelingen des Festes. Kaum war das geschehen, erklang in der kleinen Straße aus hundert Kehlen ein dreifaches »Hoch soll er leben«. Der Chorgesang in und vor der Milchbar ging dann über in »Gaudeamus igitur« und wurde mit einigen anderen alten Studentenliedern fortgesetzt. Schließlich verschwand die fröhliche Sängerschar in Richtung Meißner Dom. Fast konnte man sich in längst vergangene Zeiten studentischer Romantik zurückversetzt fühlen.
Schönes altes Meißen mit den verwinkelten engen Gäßchen, mit dem Marktplatz und der nahen Vinzenz-Richter-Ecke, mit seinen vielhundertjährigen Bauten und dem alles beherrschenden Dom hoch über der Elbe! Welch ein Glück, daß die Bombergeschwader des zweiten Weltkrieges an dieser malerischen Stadt vorbeigeflogen sind!

Einladung zur großen Reise

Im Herbst 1958 kam für mich ein völlig überraschender Anruf: der damalige Stellvertretende Ministerpräsident und Minister für Auswärtige Angelegenheiten, Dr. Lothar Bolz, fragte mich im Auftrag von Otto Grotewohl und Walter Ulbricht, ob ich bereit sei, als Mitglied der Regierungsdelegation an einer Reise des Ministerpräsidenten nach China teilzunehmen. Die Route würde über Ägypten, Syrien, Irak, Indien und Vietnam mit Zwischenaufenthalten von fünf bis zehn Tagen in den jeweiligen Ländern führen.
In einem abendlichen Gespräch mit meiner Frau wurde mir klar, wie reich mich das Leben bisher beschenkt hatte. Brachte doch seit Jahrzehnten fast jeder neue Tag aufregende Arbeitsergebnisse, Begegnungen mit bedeutenden Menschen, reizvolle Ereignisse in der privaten Sphäre. – Ich freute mich über das außergewöhnliche Angebot zu dieser großen Reise sehr.

Kapitel 2: Die grosse Reise

Ein kleines rosa Glücksschwein

Wenige Minuten vor der Abfahrt betrat ich noch einmal kurz mein Arbeitszimmer. Dabei entdeckte ich ein kleines rosa Glücksschweinchen auf meinem Schreibtisch. Die sofort eingeleiteten Erkundigungen nach dem aufmerksamen Spender blieben ohne Ergebnis. Besonders energisch bestritten meine beiden Sekretärinnen, in diesem Fall Initiative entwickelt zu haben, wobei aber jede die andere in Verdacht hatte. Schließlich stellte sich heraus, unser zweieinhalbjähriger Sohn Hubertus hatte den Talisman, der seinen Spielsachen entstammte, auf meinen Schreibtisch gelegt, als er wieder einmal Lutschbonbons aus der ihm wohlvertrauten rechten Schreibtischschublade stibitzte. So hat dann auch die weite Reise bis zu ihrem Ende unter einem glücklichen Zeichen gestanden.

Feierliche Verabschiedung

Nach einer Besprechung beim Ministerpräsidenten Otto Grotewohl über die politischen Ziele und die Aufgaben der einzelnen Mitglieder starteten wir am 4. Januar 1959 in früher Morgenstunde. Zur Regierungsdelegation gehörten Ministerpräsident Otto Grotewohl, der Stellvertretende Ministerpräsident und Außenminister Dr. Lothar Bolz, der Stellvertreter des Außenministers Sepp Schwab, der Stellvertreter des Ministers für Innen- und Außenhandel Gerhard Weiß und ich. Hinzu kamen noch achtundzwanzig Begleitpersonen (Chef des Protokolls, Botschaftsräte, Reporter von Presse, Fernsehen, Film und Funk, Sekretäre, Sicherheitsbeauftragte und so weiter). Ehe sich der große Vogel, eine sowjetische TU 104 mit zwei Düsentriebwerken, in die Luft hob, fand eine Verabschiedung mit Ehrenkompanie und Musikkapelle statt, die im Licht der Scheinwerfer besonders feierlich wirkte. Der damalige Erste Stellvertreter des Ministerpräsidenten, Walter Ulbricht, viele Mitglieder des Ministerrates und der Leitung des Staatsapparates sowie das diplomati-

sche Korps hatten sich eingefunden und gaben uns ihre besten Wünsche mit auf den Weg.
Achtundzwanzig Tage dauerte diese Reise. Fünfundzwanzigtausend Kilometer waren es – und unzählige Menschen, Gesichter, Eindrücke, Erschütterungen, Tatsachen, Freuden und Hoffnungen, die jeden Reisetag bis zum Rand ausfüllten.

Aus meinem Reise-Tagebuch

Ich entnehme meinem Tagebuch:
4. Januar
Zwischenlandung in Budapest. Nachmittags afrikanische Küste, bald darauf Kairo. Auf dem Flughafen wird der Ministerpräsident mit militärischen Ehren von Vertretern der Regierung, den Diplomaten der befreundeten Länder und den Mitgliedern unserer Vertretung begrüßt, ein würdiger, aber zeitraubender Vorgang. Nasser gibt unserer Delegation im Kubbeh-Palast ein Abendessen. Hohe Auszeichnungen für unsere Delegation. Ich selbst wurde durch die Verleihung des Großkreuzes des Verdienstordens mit Band überrascht. (Es war ein Orden mit breiter Schärpe, so auffallend, daß ich ihn später nie getragen habe.)
Gespräch mit dem Vizepräsidenten und Verteidigungsminister.

5./6. Januar
Abstecher nach Port Said und El Ismailiya. Ägyptisches Museum. Cheopspyramide von Gizeh. Ich referiere vor Naturwissenschaftlern und Mitgliedern der ägyptischen Atomenergie-Kommission.

7. Januar
Kurzer Aufenthalt in Damaskus. Essen mit dem Staatspräsidenten.

8.–11. Januar
Vier Tage in Bagdad. Unterredung mit dem irakischen Ministerpräsidenten Kassem. Begeistertes Volk und herzlicher Empfang. Besichtigung einer Klinik. Vortrag vor Wissenschaftlern und Mitgliedern der Irakischen Atomenergie-Kommission. Besuch in Babylon.

12. Januar
Neu-Delhi. Wohnen im Palast des Maharadschas von Haidarabad. Nachmittags auf Einladung Professor Kotharis Vortrag vor Naturwissenschaftlern der Delhi-Universität. Abendessen im kleinen Kreis bei Premierminister Nehru. Unterhaltung mit Frau Indira Gandhi, der Tochter Nehrus, die mich durch ihre klugen Gedanken und ihr sicheres politisches Urteil sehr beeindruckte. Gespräch mit ihr über ein Indien-Buch, das mein Vetter Hans Brockhaus gerade übermittelt hatte.

13. Januar
Vorlesung im National Physical Laboratory auf Einladung Professor Krishnans. Wichtige Kontakte zu maßgebenden Wissenschaftlern. Empfang im »Ashoka-Hotel« mit Nehru. Atompolitisches Gespräch mit Verteidigungsminister Menon.

14. Januar
Agra. Beim Grabmal Tadsch Mahal und in Kaiser Akkars »Rotem Fort«. Bauweise und Bäder eines Harems besichtigt. (25 Jahre später steht mein Sohn Alexander vor dem Tadsch Mahal und bewundert dieses schönste und größte Symbol menschlicher, den Tod überdauernder Liebe.)

15. Januar
Am Vormittag Fahrt zum Bhakra-Staudamm am Himalaja. Er dient sowohl der Energiegewinnung als auch der Bewässerung weiter Landstriche der Provinz Pandschab. Eines der größten wirtschaftlichen Unternehmen gegenwärtig in Indien. Mittagessen mit Ministern der Provinz Pandschab. Nachmittags nach Chandigarh. Le Corbusier demonstriert an dieser Stadt die Prinzipien moderner Städteplanung.

16. Januar
Wieder in Neu-Delhi. Besuch beim indischen Staatspräsidenten Prasad. Nachmittags Empfang durch ein Bürgerkomitee von Neu-Delhi, etwa tausendzweihundert Personen. Abends Flug nach Kal-

kutta. Mitternächtliche Fahrt durch die Straßen. Indien des Elends und der Hungersnöte: Zu Hunderten liegen die Menschen in Dekken gehüllt auf den Straßen und schlafen.

17. Januar
Bei Sonnenaufgang nach Hanoi, der Hauptstadt der Demokratischen Republik Vietnam. Überschäumende Begeisterung beim Empfang. Wohnen im Palais des Staatspräsidenten Ho chi Minh. In der herzlichen inneren Grundstimmung spiegeln sich die Gemeinsamkeit der Ziele, die freundschaftliche Verbundenheit aller Mitglieder der sozialistischen Völkerfamilie. Ho chi Minh, Ministerpräsident Pham van Dong und die anderen Minister sind Menschen mit ungezwungenem, offenem Wesen, mit denen sofort warmer menschlicher Kontakt entsteht. Abends Vorstellung im Stadttheater von Hanoi.

18. Januar
Große Kundgebung mit der Bevölkerung Hanois. Stadtbummel. Besichtigung von zwei Pagoden.

19. Januar
Fahrt zur größten Hafenstadt Hai-phong. Tropische Vegetation, bizarre Berge, Bananenplantagen und Reisfelder. Begeisterung beim Besuch einer Schule für fünfhundert Mädchen aus Südvietnam. Mittagessen beim Oberbürgermeister. Gespräche mit einer Gruppe von Spezialisten aus der DDR, die hier beim Aufbau der Werftindustrie und einer Glasfabrik mitarbeiten.

20. Januar
Mein 52. Geburtstag. Unsere ganze Reisegesellschaft bringt mir Liebenswürdigkeiten entgegen. Ministerpräsident Pham van Dong macht mir Geschenke. Vor allem aber überrascht mich Staatspräsident Ho chi Minh mit dem größten Strauß, den ich je erhielt: 200 der schönsten roten Rosen.

Hier möchte ich meine Tagebuchaufzeichnungen einmal unterbrechen, um einige Impressionen über Ho chi Minh wiederzugeben:

»Aber der Duft der Rose strömt in die Tiefen des Gefängnisses und belehrt die Häftlinge über Unrecht und Leid im Leben.«

Diese zwei Zeilen aus den Gedichten in seinem Gefängnistagebuch haben seit damals eine besondere Bedeutung für mich. Ho chi Minh gehörte zu den seltenen Ausnahmemenschen, die angesichts der Not unserer Mitmenschen ihre Empfindungen in dichterische Sprache und ihre Einsicht in politische Wirksamkeit umzusetzen vermögen.

Er fragte mich nach meiner Familie und wollte wissen, ob ich schon Enkel habe. Ich wußte, daß er kinderlos war, aber eine ganz besondere Beziehung zu Kindern hatte, wie ja überhaupt für die Vietnamesen die Familie eine sehr große Bedeutung besitzt. Das drückt sich sowohl in der überall spürbaren Liebe zu den Kleinen als auch in der hohen Achtung vor alten Menschen aus. Nirgendwo anders habe ich das so stark empfunden wie in Hanoi.

Man hat mir erzählt, daß Ho chi Minh nach der Unabhängigkeitserklärung im Jahre 1945 als Staatschef nicht etwa einen Appell an die Parteimitglieder, an die Soldaten oder an die Bürger, sondern an die Kinder des Landes gerichtet hat. Er sprach als Onkel Ho zu ihnen und schloß mit den Worten: »In diesem Jahr habe ich euch nichts anzubieten. Ich kann euch nur meine herzlichsten Küsse geben.«

Der erste Eindruck von ihm war: Liebenswürdigkeit, Höflichkeit, Zuvorkommenheit. Als Ho chi Minh dann von Lenin sprach, wirkte er gespannter, zäher, unbeirrbarer. Minuten später, als der Name Gandhi fiel, glaubte ich, er habe von beiden etwas: von Lenin und von Gandhi. Ho chi Minh vertrat die Ansicht, Menschen machen die Geschichte. Es fiel mir auf: Er sagte nicht »Männer«, sondern »Menschen«. Schwer zu sagen, ob er sich bei dieser Äußerung bewußt war, daß er zu den Großen der Welt zählte. Die Art, wie er sprach, leise, ohne Pathos, hinterließ eher das Gefühl, er halte andere für bedeutend, weniger sich selbst. Empfand ich die Art, wie er sein Gegenüber ansah, im ersten Augenblick als mild, so faszinierte mich bald der Wechsel im Ausdruck seiner Augen. Milde wechselte mit Härte, je nachdem, wovon er sprach. Hinter der Intelligenz seines Gesichtsausdrucks spürte man Weichheit, Toleranz, Weisheit. Seine eindrucksvolle Stirn und seine auffälligen, fast

Generaloberst A. P. Sawenjagin, Begründer von Magnitogorsk, war der sowjetische Regierungsbeauftragte für die Institute A und G bei Suchumi. U. a. fand Ende 1945 mit ihm ein Gespräch statt über die Ausrüstung ballistischer Fernraketen mit Atomsprengköpfen.

Akademik Igor W. Kurtschatow († 1960) war wissenschaftlicher Leiter aller Kernphysik-Forschungen in der Sowjetunion. Abgeordneter des Obersten Sowjets; mehrfacher Träger der höchsten Staatsauszeichnungen der UdSSR.

Akademik Abraham Joffé, Schüler Röntgens, Mitbegründer der Sowjetischen Akademie der Wissenschaften, hatte meine Einladung in die Sowjetunion Anfang Mai 1945 veranlaßt und besuchte uns in Suchumi am 12. 10. 1945.

Professor Jemeljanow, Konstrukteur des T34-Panzers im 2. Weltkrieg und zentrale Figur im Thorndike-Film »Das Russische Wunder«, zeitweilig Atomminister und Atomdiplomat der Sowjetunion. Durch das Vertrauen und die Freundschaft, welche er mir entgegenbrachte, hat er mich fester als durch Verträge mit der Sowjetunion und der DDR verbunden.

Generalfeldmarschall Paulus und ich im Mai 1956 auf dem Weißen Hirsch nach einer Unterhaltung über die Nationalrats-Rede gegen den Atomkrieg vom 23. 4. 1956.

Ein letztes Wiedersehen mit Otto Hahn auf der Nobelpreisträgertagung 1966 in Lindau.

Die am Elbhang errichtete Sternwarte Zeppelinstraße 7 mit dem Zeissrefraktor (Objektivdurchmesser E-25 cm, Brennweite 375 cm). Ungewöhnliche Gestaltung der Kuppelkonstruktion mit 650 cm Durchmesser auf 500 cm Kuppellaufkranz. Stahlleichtbau und Kunststoff-Formteile aus glasfaserverstärktem ungesättigtem Polyesterharz (Die Sterne 46 *(1970), 85).*

Das von Galileo Galilei am 20. 3. 1629 zu Florenz signierte terrestrische Fernrohr.

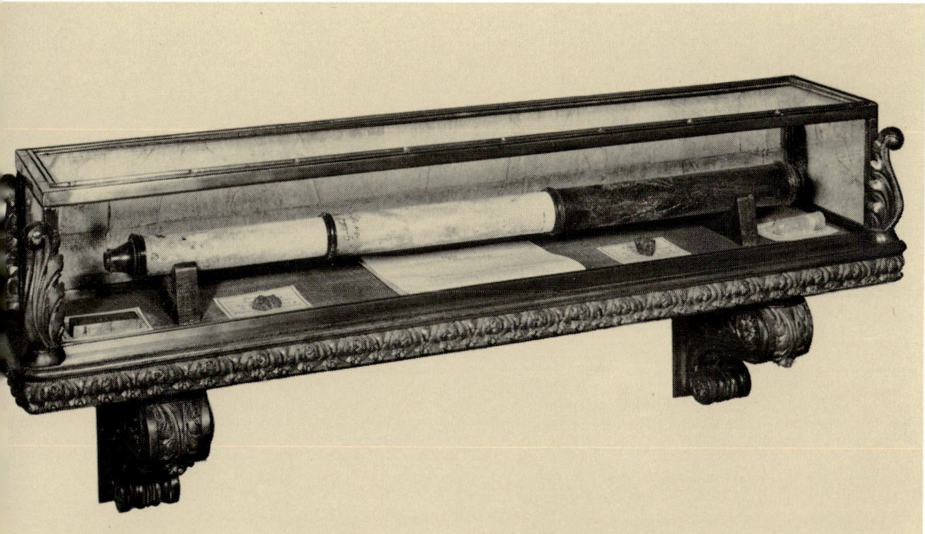

Ordensverleihung durch den Präsidenten der Vereinigten Arabischen Republik Nasser.

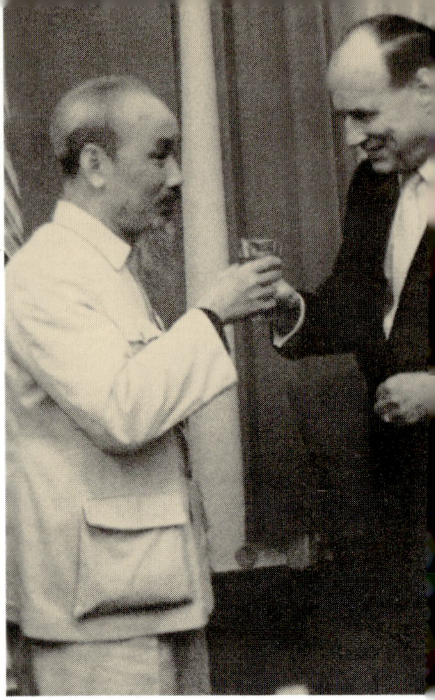

Bei Staatspräsident Ho chi Minh in Vietnam.

Empfang der Delegation bei Mao Tse-tung am 27. Januar 1959 in Peking.

wild wirkenden weißen Haare machten ihn zu einer unverwechselbaren Erscheinung. Das, was ihn charakterisierte, würde ich zusammenfassend in einem Wort ausdrücken: Güte.
Natürlich sprachen wir von dem Leid seines Volkes. Der Eindruck, den ich aus diesem Teil des Gesprächs mitnahm, hat sich in mir im Lauf der Jahre zur Gewißheit verdichtet: Das Volk liebte ihn, weil er das Volk liebte.

Doch weiter in meinem Tagebuch:
21. Januar
Besuch in einem Krankenhaus und einer Oberschule, die teilweise mit Hilfe der Deutschen Demokratischen Republik eingerichtet worden ist. Feierliche Unterzeichnung des gemeinsamen Kommuniqués.

22. Januar
Nach großer Verabschiedungszeremonie Start zum Flug nach Peking.
Nachmittags Empfang in der chinesischen Hauptstadt mit Fahnen, Blumen, Trommelwirbeln, Hochrufen, Händeklatschen, Militärmusik, Ehrenkompanie, Begrüßungsreden. Abendessen im kleinsten Kreis zu Ehren unserer Delegation bei Ministerpräsident Tschou En-lai. Großes Essen und feierliche Zeremonie. (Über die Turbulenz der Nach-Mao-Zeit höre ich später von klugen Chinesen den Satz: »Es ist schade gewesen, daß Tschou En-lai vor Mao gestorben ist!«)

23. Januar
Nachmittags mehrstündige Verhandlung zwischen unserer und einer chinesischen Regierungsdelegation unter dem Vorsitz von Tschou En-lai. Abends Staatsbankett im modernen »Peking-Hotel«. Gespräch mit dem Oberbürgermeister über den französischen Architekten Le Corbusier und die Städte der Zukunft.

24. Januar
Vormittags auf Einladung von Minister Professor Tschien Sandschen, Direktor des Forschungsinstituts für Atomenergie bei der Akademie der Wissenschaften Chinas, Vortrag vor etwa hundert-

zwanzig Wissenschaftlern. Die anschließende Diskussion zeigt ein sehr hohes Niveau der leitenden Wissenschaftler, unter denen sich langjährige Schüler von Professor Rutherford (Cambridge), Professor Joliot-Curie (Paris), Professor Bothe (Heidelberg) und Professor Hoffmann (Halle) befinden. Rundgang durch die verschiedenen Gebäude des chinesischen Forschungszentrums für Atomenergie. Ungezählte junge Wissenschaftler und ihre Helfer bevölkern Gebäude und Gelände. Es ist wie der Blick auf einen Ameisenhaufen. (Wahrscheinlich bin ich einer der letzten europäischen Wissenschaftler gewesen, der dieses Forschungszentrum vor den sich anbahnenden Ereignissen sehen durfte.) Nachmittags Großkundgebung im Pekinger Sportpalast zu Ehren unserer Regierungsdelegation. Programm mit Tanz, Gesang und artistischen Vorführungen.

25. Januar
Absoluter Ruhetag. Stadtbummel durch das alte Peking. Blick in die »verbotene Stadt«, den Winteraufenthalt der früheren chinesischen Kaiser. Einkauf von Geschenken.

26. Januar
Vormittags Vertretung unseres Ministerpräsidenten bei der Besichtigung der ersten Pekinger Werkzeugmaschinenfabrik. Nachmittags in einer Landwirtschaftsausstellung und Empfang beim indischen Botschafter in Peking aus Anlaß des zehnten Jahrestages der Befreiung Indiens.

27. Januar
Besprechung beim Vorsitzenden der Volksrepublik China, Mao Tse-tung, in seinem Amtssitz. Aus allen Worten von chinesischer Seite klingt eine enge Verbundenheit zur Sowjetunion heraus. (Nichts deutete die später auftretenden Differenzen und den schließlich offenen Bruch der chinesischen Führer um Mao Tse-tung mit der kommunistischen Weltbewegung an.) Am Besprechungstisch sitze ich Mao Tse-tung schräg gegenüber und verfolge gespannt die Unterhaltung zwischen ihm und Grotewohl. Sie drehte sich um die weitere Entwicklung der Verhältnisse in Afrika.

28. Januar
Besuch des außerhalb Pekings dicht vor den Bergen gelegenen Sommerpalastes der früheren chinesischen Kaiser. Am Nachmittag auf Einladung des chinesischen Ministeriums für Gesundheitswesen im Forschungsinstitut für Medizin der Akademie der Wissenschaften Vortrag über medizinische Elektronik. Anschließend Empfang in unserer Botschaft. Außenminister Dr. Bolz und ich abends in einem Pekinger Theater: Dialoge, Gesänge, artistische Einlagen, buntfarbige Masken und Kostüme, fremdländischer Lärm einer Viermannkapelle.

29. Januar
Abschiedszeremonie mit Ehrenkompanie. Flug über die Chinesische Mauer, die Wüste Gobi, die Transsibirische Eisenbahnlinie und den zugefrorenen Baikalsee. Nach Zwischenlandungen in Irkutsk und Omsk gegen 15 Uhr in Moskau. Gefährliche Landung bei kräftigem Schneetreiben und böigem Wind.

30. Januar
Abfassung des Reiseberichts und Abschlußbesprechung bei Ministerpräsident Otto Grotewohl, an der auch Walter Ulbricht und Heinrich Rau teilnehmen.

31. Januar
Letzter Reisetag. Um 12 Uhr Moskauer Zeit startet unser Flugzeug. Nur Otto Grotewohl bleibt mit seiner Frau in der Sowjetunion, um am XXI. Parteitag der KPdSU teilzunehmen. Am späten Nachmittag erreichen wir Berlin. Glückliches Wiedersehen nach einmonatiger Trennung. –
Diese Sechsländerreise des damaligen Vorsitzenden unseres Ministerrates, Otto Grotewohl, hat wesentlich zur Erhöhung des politischen Ansehens der Deutschen Demokratischen Republik auf internationaler Ebene beigetragen. Sie war ein erster und lange nachwirkender Schritt auf dem Weg zur Durchsetzung der allgemeinen diplomatischen Anerkennung unseres Staates.

Kapitel 3: Für die Deutsche Demokratische Republik

Überspringen einer Entwicklungsstufe der Vakuummetallurgie

Im Januar 1959, noch während unserer Reise, konzipierte ich die technische Lösung eines vakuummetallurgischen Verfahrens, bei dem die Metalle im Hochvakuum mit Hilfe eines in einer getrennten Kammer erzeugten Elektronenstrahles sehr hoher Leistung geschmolzen, entgast und gereinigt werden. Durch diese Konzeption wurde eine Entwicklungsstufe (Vakuum-Lichtbogenofen) erfolgreich übersprungen, für die besonders in den westlichen Ländern viel investiert worden war.
Von der wissenschaftlichen Planung bis zur Betriebsbereitschaft der ersten Großanlage (30- beziehungsweise 60-kW-Type) verging nur eine Zeit von sieben Monaten. Das hohe Tempo war möglich, weil eine völlig unbürokratische Leitungsmethode nach Art der schon früher erwähnten Technischen Sowjets angewandt und zur Lösung spezieller Probleme eine überbetriebliche Arbeitsgemeinschaft gebildet wurde. Bei dieser Form des Zusammenwirkens bemüht sich jeder Partner, die von seinem Werk oder seinem Institut übernommene Teilaufgabe im Interesse des Staates so schnell und so gut wie möglich zu lösen.

Der Elektronenstrahl-Mehrkammerofen

Im Oktober 1959 nahm der erste Elektronenstrahl-Mehrkammerofen in unserem Institut die Arbeit auf. Später wurden von uns Großanlagen mit 14 m Ofenhöhe und 1200-kW-Elektronenstrahlern konstruiert und gemeinsam mit dem VEB LEW »Hans Beimler« in Hennigsdorf gebaut. Sie schmelzen und entgasen Stahlblöcke bis zu 20 Tonnen. Einer der Öfen prägte das Vakuumstahlwerk im Edelstahlwerk Freital bei Dresden und ist seit 1966 bis zum heutigen Tage mit hohem Zeitausnutzungsfaktor (mehrere Schichten) laufend in Betrieb.

Die Entwicklung des Elektronenstrahl-Mehrkammerofen-Verfahrens wurde 1965 mit dem Nationalpreis 2. Klasse ausgezeichnet und ist dank der Tüchtigkeit meines heutigen ersten Stellvertreters, Prof. Dr. Siegfried Schiller, und weiterer inzwischen herangewachsener jüngerer Mitarbeiter (Diplomphysiker Peter Lenk, die leitenden Konstrukteure Gerhard Jäger, Winfried Kunack, Manfred Pöhler und andere) zu einem großen ökonomischen und politischen Erfolg unserer wissenschaftlichen Arbeit geworden.

Das Mehrkammerofen-Verfahren gewinnt politische Bedeutung

In einem politisch kritischen Augenblick wurde die Deutsche Demokratische Republik durch dieses Verfahren bei zahlreichen wichtigen Sondermetallen unabhängig von der Einfuhr aus westlichen Ländern. Für einige Spezialsorten verwandelten wir uns sogar vom Importeur zum Exporteur. Analysen des Eisen-Forschungsinstituts bewiesen, daß die mit den neuen Anlagen geschmolzenen Sonderstähle wesentlich höhere Festigkeitseigenschaften besaßen als die besten Schwedenstähle. In einer Rede, die der Vorsitzende des Staatsrates kurz nach Besichtigung unseres Ofens im Edelstahlwerk Freital auf dem 17. Plenum des Zentralkomitees der Sozialistischen Einheitspartei Deutschlands hielt, würdigte er die Bedeutung der von uns geschaffenen Möglichkeit zur Erzeugung hochwertigsten Stahles für die Friedenspolitik der Deutschen Demokratischen Republik.

Auf Grund unseres Vorsprungs bestand die Chance, dem Staat durch Export der Mehrkammeröfen große Devisengewinne zu verschaffen. Als es dem zuständigen Minister in Moskau nicht gelang, Aufträge dafür mitzubringen, lud ich den führenden sowjetischen Metallurgen, Professor Samarin, zu einem Besuch ein. Die Eindrücke, die er bei der Besichtigung der Anlage während eines Schmelzprozesses gewann, führten dazu, daß eine in der Sowjetunion begonnene, aber noch nicht soweit gediehene Entwicklung abgestoppt und der Deutschen Demokratischen Republik ein Auftrag in der Hundertmillionen-Mark-Größenordnung erteilt wurde. Im Zusammenhang mit diesen Ereignissen entstand im Hennigsdorfer Werk »Hans Beimler« ein Produktionsschwerpunkt. Ein Teil des Werkes ging von der Diesel-Lokomotiven-Produktion zur Fertigung unserer Mehrkammeröfen über. Noch heute ist mir die freudige Reaktion der Hennigsdorfer Arbeiter in Erinnerung, als ich sie in der großen Werkhalle über die besondere Bedeutung ihres tatkräftigen Einsatzes bei der Fertigstellung der vielen Elektronenstrahl-Mehrkammeröfen für unsere Volkswirtschaft ausführlich informierte.

Ein 1200 kW-Elektronenstrahl-Mehrkammerofen für China

Den 1200 kW-Ofen in der Freitaler Ausführung hatten wir gleich doppelt gebaut, weil die Sowjetunion einen Auftrag auf den Ofen fest in Aussicht stellte. Als der zweite Ofen fertig hergestellt war, starb der beteiligte SU-Minister und niemand konnte sich mehr an die gegebene Zusage erinnern. Werte in Höhe von 7 Millionen Mark lagen auf Eis. Deshalb bot ich 1965 dem mich besuchenden chinesischen Minister für Leichtmetall-Industrie den zweiten Ofen mit dem Hinweis an: »Eigentlich ist der Ofen für die Sowjetunion bestimmt, aber bei schneller Auftragserteilung kann er auch nach China geliefert werden.« 14 Tage später traf der Auftrag aus Peking ein. – Einige Jahre danach fragte ich Walter Ulbricht, ob ich richtig gehandelt hätte, den Ofen nach China weiterverkauft zu haben? Er lachte und gab zur Antwort: »Ja, das haben Sie großartig gemacht!«

Pressenotiz als Anregung

Ende 1959 brachte die gesamte Weltpresse eine wahrhaft sensationelle Meldung: »Bei der Explosion eines Düsenflugzeuges in der Luft ist ein Pilot (ohne Fallschirm) herausgeschleudert worden und hat das unwahrscheinliche Glück gehabt, in einen großen Heuhaufen zu stürzen. Die Folge seines Aufpralles ist nur ein Beinbruch gewesen.«
Mit diesem ungewöhnlichen Vorfall hatte die Natur selbst den Weg zur Lösung eines der großen technischen Probleme unserer Tage gewiesen: die konstruktive Gestaltung von Schnellverkehrsmitteln

mit großer Fahrsicherheit für die Insassen. Der Fall des Fliegers zeigte mir damals, es gibt Bremsstoffe und Bedingungen, die auf einem Bremsweg in der Größenordnung von einem Meter die völlige Abbremsung eines mit mehreren hundert Kilometern pro Stunde bewegten menschlichen Körpers erlauben, ohne durch den Bremsvorgang kritische Körperverletzungen hervorzurufen.

Beiträge zur Entwicklung des »Sicherheitsautos«

Bei der erschreckend hohen und ständig wachsenden Zahl von Unfallopfern regte die Pressenotiz mich an, den Bau von Sicherheitsautos, das heißt von Kraftfahrzeugen mit »innerem Bremsweg«, vorzuschlagen und gemeinsam mit meinem Mitarbeiter Dr. Siegfried Panzer in mehrjährigen Untersuchungen die Entwicklung energieverzehrender Bremsstoffe, Blechteile, Sicherheitsgurte und während des Unfalls sich explosionsartig aufblasender Kissen aus gefalteten Kunststoffolien zu betreiben.
Nachdem wir die Forschungsergebnisse in den Fachorganen veröffentlicht hatten, griffen das Fernsehen und zahlreiche in- und ausländische Zeitschriften unsere Anregungen auf. Bald begann man allgemein, sich mit der Einführung von inneren Bremswegen durch konstruktive Maßnahmen (günstig gestaltetes Knautschblech vor und hinter dem festen Fahrgastraum, Auskleidung des Fahrgastraums mit Bremskunststoffen und so weiter) im Kraftfahrzeug zu beschäftigen. Seit 1962 haben wir uns darum bemüht, die gefundenen Möglichkeiten im Automobilbau der Deutschen Demokratischen Republik praktisch durchzusetzen. 1966 ging dann die Fahrzeugindustrie dazu über, Ergebnisse unserer Forschungsarbeiten anzuwenden: Sicherheitsgurte mit innerer Energieaufnahme, Innenauskleidung mit einem Schutzpolster aus halbhartem Polyurethanschaumstoff, Vermeidung von punktförmigem Angriff der Unfallsenergie auf den Körper des Insassen.

Belgien, das Land meiner Vorfahren

1959 nahm ich an der internationalen Konferenz über Medizinische Elektronik in Paris teil. Meine Reise dahin führte über Hamburg und durch Belgien. Die Tage in meiner Geburtsstadt an der Elbemündung brachten nach fast fünfundzwanzig Jahren ein freudiges Wiedersehen mit den vielen und inzwischen noch zahlreicher gewordenen Verwandten.
In Belgien lernte ich als Hauptrepräsentanten des dortigen Zweiges meiner Familie den Vetter Colonel Oscar d'Ardenne kennen. Er lebte mit seiner Frau auf einem kleinen burgartigen Schloß in Dahlem Visé bei Verviers. Als Hitler Belgien überfallen hatte, hielt das von Colonel d'Ardenne befehligte Fort Neuf Château bei Lüttich im Mai 1940 den härtesten Angriffen stand. Paris war schon von den deutschen Truppen eingenommen, er verteidigte sein Fort immer noch. Dafür wurde ihm noch zu seinen Lebzeiten ein Denkmal gesetzt. In Verviers zeigte er uns die alten Häuser, in denen vor über hundert Jahren meine belgischen Vorfahren gelebt hatten. Beim Abschied geleitete der Vetter uns in seinem Wagen noch weit in das Ardennengebirge hinein, dessen dichte Fichtenwälder einen unvergeßlichen Eindruck hinterließen. Wir übernachteten in dem Städtchen Bouillon, das von einer Burg aus der Kreuzritterzeit beherrscht wird. Nachts sahen wir dies alte Gemäuer, in dem einst die Grafen d'Ardenne gehaust hatten, von Scheinwerfern mit Quecksilberdampflampen magisch angestrahlt.

Naturwissenschaftliche Forschung braucht leistungsfähige Werkstätten

Ein Forscher auf dem Felde der Naturwissenschaften befindet sich fast stets in einer Art Wettrennen mit Wissenschaftlern in konkurrierenden Einrichtungen. Die Wahrscheinlichkeit eines Erfolges wird deshalb stark erhöht, wenn sehr leistungsfähige Werkstätten mit hochqualifizierten Mitarbeitern (Traditionsträgern) ohne große Zeitverluste zur Verfügung stehen, um die benötigten Versuchseinrichtungen schnell herzustellen, abzuändern oder zu ergänzen. In dieser entscheidenden Frage ergab sich für uns 1960 mit Bau und Ausrüstung eines größeren Werkstattgebäudes ein großer Fortschritt. In den folgenden Jahren wurden weitere bedeutende Werkstattkapazitäten durch unsere Zweigwerkstatt in Öderan und manche Kooperationspartner erschlossen.

Erweiterung des Institutskomplexes

Im Herbst 1959 wurden mir die in unserer Nachbarschaft gelegenen Grundstücke Zeppelinstraße 7 und 10a zum Kauf angeboten. Das Areal in der Zeppelinstraße 7, dessen Hauptteil früher dem Industriellen R. Lieberknecht gehört hatte, umfaßte eine Fläche von über 17 000 m^2.

Kurz vorher hatte der damalige Stellvertretende Oberbürgermeister von Westberlin, Herr Amrehn, mich bei einem Empfang aus Anlaß eines wissenschaftlichen Kongresses »abzuwerben« versucht. Natürlich berichtete ich über diesen Vorgang an hoher Stelle. Trotz meiner eindeutigen Haltung führte Otto Grotewohl mich einige Monate nach unserer »großen Reise«, als meine Frau und ich im Hause des Ministerpräsidenten eingeladen waren, etwas abseits von den übrigen Gästen. Er stellte mir die Frage: »Herr von Ardenne, können wir Ihrer auch ganz sicher sein?« Ich antwortete: »Herr Ministerpräsident, ich will Ihnen durch die Tat beweisen, daß ich und meine Familie für alle Zukunft mit unserem sozialistischen Staat verbunden sind. Ich bin bereit, meinen in Westberlin gelegenen, noch vor Kriegsende mit allen Installationen wiederaufgebauten wertvolleren Lichterfelder Institutskomplex gegen ein räumlich etwa gleich großes Objekt auf dem Weißen Hirsch zu tauschen, das mir gerade von einer achtzigjährigen Dame angeboten worden ist, die gerne nach dem Westen zu ihren Kindern übersiedeln möchte.« Unser Ministerpräsident war über diese spontane Antwort erfreut und veranlaßte, daß mir bei der Freistellung des neuen Gebäudes in der Zeppelinstraße 7 und vor allem bei seiner recht komplizierten baulichen Anpassung an die Zwecke meines Forschungsinstituts und des notwendig werdenden Wohnungsumzugs geholfen wurde. Mußte doch das, was an speziellen Installationen und Raumaufteilungen in Lichterfelde vorlag, dann von der Sowjetunion aus im Gebäude Plattleite 29 mit meinen privaten Mitteln hergerichtet wurde, jetzt noch ein drittes Mal in der Zeppelinstraße zum großen Teil neu aufgebaut werden!

Zeppelinstraße 7

Bei dem Tausch ließ ich das neuerworbene Eigentum gleich auf die Namen unserer vier Kinder eintragen und übernahm die dafür fällig werdenden Steuersummen. Dadurch wollte ich sie enger mit dem Institut auf dem Weißen Hirsch verbinden. In die Zeppelinstraße 7 verlegte ich unsere Wohnräume, meine persönlichen Arbeitsräume und die für mich immer wichtiger werdenden Laboratorien für multidisziplinäre Medizin. Gleichzeitig sollten diese Maßnahmen dazu beitragen, die Werte des Instituts und die persönliche Habe zu trennen. Hatte ich doch vor, das in kurzer Zeit rasch gewachsene Forschungsinstitut in seiner Organisationsform dem sozialistischen System noch stärker anzupassen und so seinen Bestand auch über meine eigene Lebenszeit hinaus zu sichern.
Das Haus Zeppelinstraße 7, das frühere Naumann-Schlößchen, hat sicherlich mit die schönste Lage in Dresden. Von seinen Balkons reicht der Blick an klaren Tagen von der Sächsischen Schweiz, den Bergen der Tschechoslowakei, übers Erzgebirge bis zu den Turmspitzen von Meißen. Gern läßt man von hier aus die Augen über den weiten Elbebogen schweifen, wenn Dampfer der »Weißen Flotte« mit Urlaubsgästen auf dem Strom dahingleiten, Segelflieger sich in die Luft erheben und ihre Kurven drehen oder Schafherden friedlich die Uferwiesen abgrasen. Und bei Nacht fasziniert das flimmernde bunte Lichtermeer Dresdens und seiner Vorstädte, das bei Vollmond einem Bild aus orientalischen Märchen gleicht. Kein Zufall, daß wir uns auf historischem Boden befinden. Eine 1883 erschienene Chronik enthält folgenden Kommentar, der sich unmittelbar auf die heutigen Grundstücke Zeppelinstraße 7 und 10a bezieht:
»Was den Weinberg anbelangt, so gehörte der obere Teil zu den Besitzungen des Königs August und war ein Lieblingsplatz von ihm.

In Ansehung dieses Umstandes ließ auch Apotheker Hoffmann als nachfolgender Besitzer zum oberen Thore einen silbernen Schlüssel für den Gebrauch des Königs und der Königin anfertigen. Noch in späterer Zeit besuchten sie alljährlich einige Male den Weinberg. Auf der Höhe saßen sie da, vor dem Lusthause auf einer Bank und erlabten sich an der paradiesischen Aussicht.«

Wilhelm von Kügelgen und der »Napoleonblick«

Der in diesem Auszug erwähnte Apotheker Hoffmann hatte 1852 etwa auf der Mitte des Hanges ein bis heute erhalten gebliebenes Gebäude errichtet, von dem noch jetzt eine Treppe zu uns heraufführt. Vor anderthalb Jahrhunderten gehörten die Grundstücke zum Weinberg des Malers Gerhard von Kügelgen, der sein später abgerissenes Haus an der Stelle des Hoffmannschen gebaut hatte. In der bekannten Autobiographie Wilhelm von Kügelgens, den »Jugenderinnerungen eines alten Mannes«, finden wir folgende begeisterte Schilderung, die auf unsere Aussicht Bezug hat – und zum Teil auch die eigenen Gedanken ausdrückt, wenn wir von dieser bevorzugten Stelle den Blick ins Weite richten:
»Von hier aus stieg die mit Obstbäumen untermischte Weinanlage aufwärts bis zum Rücken des Berges und verlief dann weiter nach dem ›Weißen Hirsch‹ und der Bautzener Straße zu in Wiesen, Feld und Eichgestrüpp. Ich glaube nicht zu übertreiben, wenn ich sage, daß man von der Höhe mindestens sechzehn Quadratmeilen übersah mit noch einmal so viel Ortschaften, unzähligen Schlössern und Landhäusern, Wäldern und Feldern, Bergen und Tälern, den breiten Elbstrom mitten durchgeschlungen. Zählt man zu diesen Eigenschaften noch das pretium affectionis eigenen Besitzes, so konnte unser Weinberg, wie er eben war, uns schon als Paradies erscheinen, und was mußte es erst werden, wenn alle Neubauten und Verbesserungen hinzukamen, die noch im Plane lagen.«
Die obere Terrasse vor dem Haus Zeppelinstraße 7 soll jener Platz gewesen sein, von dem Kaiser Napoleon I. 1813 die Schlacht um Dresden leitete. In der heutigen Bezeichnung dieses Flecks als Napoleonblick klingt diese Legende an.

Eine Romanze aus der Familienchronik

Bei einer solchen örtlichen Beziehung verdient folgende Romanze aus der Familienchronik vor dem Vergessen bewahrt zu werden. Die Urgroßmutter einer meiner Tanten, in jungen Jahren ein Fräulein Caroline von Schachten, lebte Ende der zwanziger Jahre des vorigen Jahrhunderts in Wien. Während ihres Aufenthalts dort trat ihr der junge Herzog von Reichstadt, der Sohn Napoleons I., näher, und es erwuchs zwischen den beiden eine tiefe Zuneigung. Als Caroline in ihre Heimat nach Schachten in Hessen zurückkehren mußte, fiel die Trennung schwer. Vergebens hatte sie bis zum letzten Augenblick auf einen Abschiedsgruß ihres Freundes gewartet, da traf kurz vor der Abfahrt ein Kurier ein und übergab ihr ein kleines Päckchen. In der Hoffnung, darin einen Brief zu finden, öffnete Caroline es und hielt enttäuscht nur einen Marzipanapfel in der Hand.

Heimgekehrt nach Hessen, heiratete sie bald darauf. Ihr Mann, ein dreißig Jahre älterer Diplomat, starb bereits 1841. Die Kinder wuchsen heran. Später nahm sie eines der Enkelkinder, das seinen Vater früh verloren hatte, ganz zu sich. Den Marzipanapfel des Herzogs von Reichstadt, der 1832 jung aus dem Leben schied, hatte sie über all die Jahre aufbewahrt. Er befand sich treu behütet in einer Glasvitrine, deren Schlüssel abgezogen in einem Versteck lag. Eines Tages war ihre Enkelin Luise allein in der Wohnung geblieben. Bei der Heimkehr fand Großmutter Caroline ihren Schützling, der den Schlüssel aus seinem Versteck geholt hatte, vor der geöffneten Vitrine mit dem Marzipanapfel. Das Kind ließ den Apfel beim Eintreten der Großmutter erschrocken fallen. Er zerbrach, und ein Türkis-Ring seltener Schönheit fiel heraus. Nun endlich wußte die alte Frau, was der junge Sohn Napoleons I. ihr vor vielen Jahren hatte sagen wollen. Caroline starb 1885, ihre Enkelin Luise haben wir noch kennengelernt. Wie seltsam spielt doch zuweilen das Schicksal mit den Menschen!

Konzentration der Kräfte und Investitionen

Im Herbst 1959 zeichnete es sich immer deutlicher ab, daß die gute Verzinsung der Milliardenbeträge, die unser Staat für die Unterstützung von Forschung und industrieller Entwicklung in den vergangenen Jahren aufgewendet hatte, in Frage gestellt war. Viele Ergebnisse wurden zu langsam oder gar nicht in die Produktion überführt. Eine neue Entwicklungsetappe mit neuen Notwendigkeiten zeichnete sich ab. Deshalb unterbreitete ich im Winter 1959 dem damaligen Ersten Sekretär des Zentralkomitees der Sozialistischen Einheitspartei Deutschlands, Walter Ulbricht, den Vorschlag, die Kräfte nicht mehr auf allzu viele Produktionszweige zu zersplittern, sondern die zur Verfügung stehenden Kapazitäten auf bestimmte ökonomisch günstige Schwerpunkte, besonders auf auszuwählende Spitzenergebnisse unserer Forschung, zu konzentrieren.

Konstruktive Kritik hochwillkommen

Bei den Unterredungen im kleinen Kreis und bei meinen öffentlichen Äußerungen zu diesem Thema bemühte ich mich, jener bekannten These Theodor Storms zu entsprechen: »Nur die haben ein Recht zu kritisieren, die ein Herz haben zu helfen.«
Die Konzentration der Kräfte und der Investitionen auf Objekte mit ausgesprochenem Pioniercharakter, die keine Konkurrenz auf dem Weltmarkt zu fürchten haben, gewährleistet bei der richtigen, zur Wirtschaftsstruktur passenden Auswahl, daß auch unter der Bedingung einer hohen einkalkulierten Gewinnquote der Auslandsabsatz über längere Zeit gesichert bleibt. Das gilt besonders dann, wenn bei allen Gliedern der Produktionskette, von der Forschung bis zum Vertrieb, laufend ein hohes Tempo aufrechterhalten wird. Außerdem muß die Fabrikation von Großserien angestrebt werden, die wiederum die Installation von mechanisierten und automatisierten Fertigungsstraßen möglich macht. Schnelle Produktionsabläufe für größere Zeiträume zu garantieren, schien in diesem Zusammenhang eine der wichtigsten Forderungen zu sein. Meine eigenen Erfahrungen hatten mir immer gezeigt, daß die Beachtung des Zeitfaktors für

das zu produzierende Objekt einen weit besseren Schutz auf dem Weltmarkt bildete als das beste Patent. Deswegen empfahl ich, bei der Organisation der Schwerpunktaufgaben fachlich gut fundierte, zeitsparende Leitungsmethoden nach Art der schon öfter erwähnten Technischen Sowjets anzuwenden und für die wichtigsten Komplexe Themen-Bevollmächtigte einzusetzen, die direkt der höchsten Regierungsebene unterstehen.
Durch viele Aufsätze in Zeitungen und Zeitschriften, durch Reden auf der V. Bezirksdelegiertenkonferenz der Sozialistischen Einheitspartei Deutschlands in Dresden, auf dem 12. und 14. Plenum des Zentralkomitees der SED, auf dem III. Kongreß der Kammer der Technik und auf dem VI. Nationalkongreß der Nationalen Front des demokratischen Deutschland habe ich meine Ansichten geäußert. Ebenso legte ich in Einzelgesprächen mit Mitgliedern des Politbüros des Zentralkomitees der SED, mit dem Vorsitzenden des Staatsrates und Mitgliedern der Regierung in der Zeit zwischen 1959 und 1962 diese Gedankengänge immer wieder dar. Auf der Plenarsitzung des Forschungsrates im Frühjahr 1962 und wenige Monate später auf dem VI. Nationalkongreß der Nationalen Front des demokratischen Deutschland forderte ich die Miteinschaltung der im Forschungsrat vereinigten Spitzenwissenschaftler mit Industrieerfahrung in die staatliche Exekutive und damit auch in die Verantwortung.

Die Mitverantwortung des Wissenschaftlers

Ich war der Meinung – und das sprach ich 1963 auf der Plenarsitzung des Forschungsrates offen aus –, daß man uns zur Verantwortung ziehen würde, wenn wir uns nicht selbst darum bemühten, im Wirtschaftsmechanismus unseres Staates eine gute Verzinsung der für Forschung und Entwicklung aufgewandten Milliardenbeträge zu erreichen. Ich schlug vor, viel stärker als bisher das Leistungsprinzip auch in die Wissenschaft hineinzutragen. Wo angemessene Leistungen der Wissenschaftler ausbleiben, dürfte man nicht vor Veränderungen zurückschrecken. Wie in der Landwirtschaft sollte man dort stärker düngen, wo laufend wertvolle Früchte heranwachsen, und dafür in ertragsarmen Bereichen entsprechend sparen. Ein turbulenter Meinungsstreit von drei Stunden war die Folge dieser offenen Worte.

Folgenreiche Regierungsmaßnahmen

Seit Anfang 1960 hatte bereits eine Reihe von Regierungsmaßnahmen der Lage Rechnung getragen. Der Forschungsrat wurde umgestaltet und durch jüngere Mitglieder ergänzt. 1961 entstand ein Staatssekretariat für Forschung und Technik, das später in das Ministerium für Wissenschaft und Technik unter Dr. Herbert Weiz und seinem Stellvertreter Klaus Herrmann umgewandelt wurde. Auf dem 17. Plenum des Zentralkomitees der SED im Oktober 1962 und auf dem VI. Parteitag der Sozialistischen Einheitspartei Deutschlands im Februar 1963 fielen dann die endgültigen Entscheidungen über die Neuorientierung unserer Wirtschaft auf »weltmarktfähige, qualitäts- und bedarfsgerechte Produktion«. In unserer Gesetzgebung fanden diese grundlegenden Entscheidungen durch das »Neue ökonomische System der Planung und Leitung der Volkswirtschaft« ihren Niederschlag. Zu seiner Ausarbeitung glaube ich durch meine Gedanken und Vorschläge mit beigetragen zu haben. Die Reden und Aufsätze, die ich zu diesem Thema verfaßte, erschienen im Frühjahr 1963 gesammelt in einem Band. Heute hat der Inhalt dieses Bandes die gleiche Aktualität wie vor 20 Jahren!

Ein ehrenvolles Angebot, aber die Gesundheit geht vor

Im November 1962 erhielt ich eine Einladung in das Zentralkomitee der Sozialistischen Einheitspartei Deutschlands. Im Auftrag Walter Ulbrichts fragte Hermann Axen mich, ob ich bereit sei, als Nachfolger des kurz zuvor verstorbenen Georg Handke die Pflichten des Präsidenten der Gesellschaft für Deutsch-Sowjetische Freundschaft zu übernehmen. Es gab gute Gründe, mir diese Aufgabe anzutragen: Die Gesellschaft war damals bestrebt, die tech-

nisch-wissenschaftliche Komponente in ihrem Wirken zu verstärken; außerdem mußte ich durch meine zehnjährige Tätigkeit in der Sowjetunion und als Leninpreisträger für diese Funktion geeignet erscheinen. Der Vorschlag war für mich sehr ehrenvoll. Damals fürchtete ich jedoch, einer zusätzlichen starken Belastung gesundheitlich nicht mehr standhalten zu können. Die Möglichkeit der Anhebung meines energetischen Status, insbesondere der Herz-Kreislauf-Reserven durch Sauerstoff-Mehrschritt-Therapie, die mir in meinen späteren Jahren entscheidend half, hatte ich damals noch nicht entdeckt. Aus diesem Grunde, und weil ich noch wichtige Forschungsaufgaben vor mir sah, entschloß ich mich, jene verantwortungsvolle Funktion nicht zu übernehmen.
Wie richtig ich gehandelt hatte, zeigte sich wenige Wochen später. Die vorangegangene Zeit war überreich mit Vorträgen, Sitzungen und der Arbeit an verschiedenen wissenschaftlichen Veröffentlichungen ausgefüllt gewesen. Zusätzlich hielt ich an der Parteihochschule der Sozialistischen Einheitspartei Deutschlands einen zweieinhalbstündigen Vortrag über das Thema »Wissenschaft als Produktivkraft«. Ich hatte mein Leistungsvermögen überfordert. Mehrere Kreislaufstörungen mit schwerem Kollaps mahnten mich, künftig mit meinen Kräften vorsichtiger umzugehen. Dieses Ereignis veranlaßte mich, den Problemen der Medizin mehr Aufmerksamkeit zu widmen.

Walter Ulbrichts Hilfe

Am 19. Juli 1963 fand eine Unterredung mit dem Vorsitzenden des Staatsrates, Walter Ulbricht, statt, um die ich gebeten hatte. Nur Professor Dr. Steenbeck, der damals Vizepräsident der Deutschen Akademie der Wissenschaften und 1. Stellvertreter des Vorsitzenden des Forschungsrates war, nahm außer mir daran teil. Zwei Stunden lang diskutierten wir über aktuelle Vorschläge zur Durchsetzung der Kräftekonzentration auf weltmarktfähige Erzeugnisse in den unteren Ebenen unserer Wirtschaftslenkung. In der Folge wurden administrative Maßnahmen getroffen, die unter anderem entscheidend dazu beigetragen haben, eine Reihe von Entwick-

Luftbild des Grundstückes Zeppelinstraße 7 mit 17 000 m² Fläche.

Mehrere Begegnungen, an die ich gerne zurückdenke, waren mit Dr. Günter Mittag, Mitglied des Politbüros des Z. K. der SED zwischen 1961 und 1984.

Besuch des Nobelpreisträgers Ch. de Duve am 29. April 1970. Rechts mein Hauptmitarbeiter seit 1964 bei der Entwicklung der Krebs-Mehrschritt-Therapie, P. G. Reitnauer.

Krebs-Mehrschritt-Therapie-Kolloquium unter Leitung des Nobelpreisträgers F. Lynen im Max-Planck-Institut für Biochemie München-Martinsried am 24. September 1976.

Ein letztes Wiedersehen mit Hans Vogt, dem Erfinder des Tonfilms (Triergon-Tobis) in Erlau, BRD, am 26. September 1976.

Der erste Sekretär der Bezirksleitung Dresden der SED, Hans Modrow (links), und der stellvertretende Minister für Wissenschaft und Technik, Klaus Herrmann (Mitte) bei der Gratulation zu meinem 75. Geburtstag am 20. Januar 1982.

Mit Otto Westphal (Mitte) und K. zum Winkel (Direktor der Universitäts-Strahlenklinik Heidelberg) am 28. Oktober 1982 beim Kolloquium über die Krebs-Mehrschritt-Therapie im Heidelberger Krebsforschungszentrum.

Besuch von Dr. h. c. Felix Wankel, Erfinder des Wankel-Motors, am 6. Januar 1973 in unserem Hause.

Besuch der Physiologen G. Thews (Mitte) und P. Vaupel (etwas verdeckt) am 6. Oktober 1981.

Zum 10-jährigen Bestehen des Institutes auf dem Weißen Hirsch am 26. 3. 1965 widmete sich der damalige Vorsitzende des Staatsrates, Walter Ulbricht, einen ganzen Tag den Problemen unserer Arbeit. Sein Besuch begann vormittags mit einem zweistündigen Rundgang durch das Institut. Dann folgte eine Besprechung in kleinem Kreise und das Mittagessen im Hause Zeppelinstraße 7. Nachmittags 16.00 schloß sich eine Beratung an im Dresdner Klub, an der Vertreter der unsere Entwicklungen produzierenden Werke, Mitarbeiter des Institutes und die leitenden Staatsfunktionäre des Bezirkes Dresden teilnahmen. Die Beratung endete nach einer 1½stündigen abschließenden Rede des Staatsratsvorsitzenden um 19.30 Uhr.

Ein Schnappschuß vom Rundgang durch das Institutsgelände. Im Vordergrund sind unter einem Regendach vereint: die Gattin unseres Staatsratsvorsitzenden, Frau Lotte Ulbricht, und Ardenne junior, der sich hier als Schirmherr bewährt.

lungsergebnissen unseres Instituts mit außergewöhnlichem Tempo in die Serienproduktion zu überführen.
Im letzten Teil dieses Gesprächs betonten wir die Bedeutung technisch-wissenschaftlicher beziehungsweise technologischer Traditionen in Instituten und Fertigungsbetrieben und wiesen auf die wirtschaftlichen Schäden hin, die durch ihre Unterbrechung entstehen können. Ich erinnerte daran, daß wir 1955 viel Mühe aufgewandt hatten, um die wichtigsten Mitarbeiter aus Sinop für das neue Institut auf dem Weißen Hirsch zu gewinnen und auf diese Weise die Traditionen in voller Breite zu erhalten. Da schaltete Walter Ulbricht sich lachend mit den Worten ein: »Wissen Sie eigentlich, daß ich Ihnen auch vor Ihrer Rückkehr sehr geholfen habe? Wir dachten damals, was ist das eigentlich für ein merkwürdiger Mensch; er will mit kapitalistischen Methoden im sozialistischen System arbeiten. Dann erkannten wir aber, daß Ihr Streben doch für die Sache des Fortschritts nützlich zu werden versprach.«

Silberne Hochzeit

Am 25. Oktober 1963 feierten wir im Kreis der Familie und unserer Freunde das Fest der silbernen Hochzeit. Ich möchte hier meine Tischrede zu diesem Anlaß wiedergeben, weil sie gewisse Einblicke in eine Sphäre gewährt, die in dieser Biographie nur selten anklingt, in Wirklichkeit aber im Leben jedes einzelnen von entscheidender Bedeutung ist. Ich meine die »private Sphäre«. Den Ausführungen stellte ich den Hinweis »nicht für Jugendliche unter achtzehn Jahren« voran:
»Liebe Freunde und Freundinnen – mit und ohne Anführungsstriche, je nachdem, wie es ist!
Unter den vielen Persönlichkeiten von hohem Rang, die heute unserem Fest erst den richtigen Glanz verleihen, befindet sich als besonders respektable Erscheinung der Präsident der Kammer der Technik. Er kann nachher genauere Auskunft geben über das Wort, welches den weiteren Teil meiner Ausführungen beherrschen wird, über den Begriff ›Optimieren‹. Optimieren heißt, soweit ich es verstehe, eine Sache optimal gestalten; also auf solche Weise, daß es

keine bessere Lösung mehr gibt. Man optimiert jetzt Verkehrsprobleme, man optimiert Fertigungsprozesse und noch vieles andere. Wir beide, Bettina und ich, haben mit dem Optimieren schon vor fünfundzwanzig Jahren begonnen, und zwar bei dem wichtigsten Problem im Leben des einzelnen, nämlich bei der Ehe. Die Optimierung einer Ehe fängt bei der Wahl des optimalen Ehepartners an. Die Reife dazu hat man nach den Erfahrungen, die ich in meinem Leben gesammelt habe, als Mann oft erst im Alter von fünfundzwanzig bis dreißig Jahren. Das ist gleichzeitig eine zarte Empfehlung an meine Söhne, die Partnerwahl erst ab ihrem fünfundzwanzigsten Jahre zu treffen. Ich war einunddreißig Jahre alt, als Bettina und ich geheiratet haben. Und niemand, der hier anwesend ist, wird bestreiten, daß ich neunzehnhundertachtunddreißig dieses Problem durch die Wahl von Bettina Bergengruen optimal gelöst habe.

Erlaubt mir ein paar Worte zu Bettinas Eigenschaften: Sie hat ein frauliches Gemüt, dem die Herzen der Umwelt sofort entgegenschlagen. Sie ist eine friedliche harmonische Natur. Sie ist gar nicht prüde (auch das ist wichtig). Sie hatte neunzehnhundertachtunddreißig sehr faszinierende Kurven, besonders wenn sie in ihrem kurzen Tennisröckchen vor mir in unseren niedrigen Sportwagen einstieg. Sie hat sich nach heute fünfundzwanzig Jahren in dieser Hinsicht kaum verändert. Ja, ihr lacht darüber, aber ich könnte das beweisen. Denn ich habe bereits auf der Hochzeitsreise in Voraussicht unserer heutigen Betrachtung durch eindrucksvolle Farb- und Stereobilder ihre Kurven unvernebelt festgehalten. Aber ich will einen weniger kandaulischen Beweis führen: Man kann auch aus der Gewichtskurve zu diesem Punkt viel entnehmen. Sie hat ihr Körpergewicht in fünfundzwanzig Jahren nämlich nur um zehn Prozent erhöht. Also sie ist auch noch als Großmutter jung. Sie fühlt sich jung und fühlt sich auch jung an. Sie ist temperamentvoll und ist bei allen Streichen, die mir einfallen, gleich mit dabei. Sie versteht einem großen Haushalt vorzustehen und kann Feste, wie das heutige, ankurbeln und feiern. Vor allen Dingen aber besitzt sie eine bestimmte, besonders für den Ehemann optimale Eigenschaft: Sie hat innerhalb der Grenzen der weiblichen Psyche Verständnis für die polyga . . ., ich meine polytechnischen Instinkte des Mannes. –

Sie hat Kinder mit guten charakterlichen Anlagen das Licht der Welt erblicken lassen, die stets zu uns, ihren Geschwistern und unserem Staat gehalten haben. Das ist ein Wort des Dankes besonders an dich, Beatrice. Zu den charakterlichen Veranlagungen der Kinder möchte ich noch eine Episode, die sich gerade gestern mit Hubertus (sieben Jahre) abgespielt hat, erzählen:

Ich wollte, daß ihr heute eine saubere Straße vor unserem Hauseingang vorfindet. Gestern früh lagen aber, bedingt durch Ausschachtungsarbeiten für unser weiteres Bauprojekt neunzehnhundertvierundsechzig, noch ungefähr hundert große Steine lose auf der Straße. Ich gab daher Hubertus den Auftrag, mit seinem Freund Heinz diese Steine aufzusammeln und in die Baugrube zu werfen. Als ich zurückkam, war tatsächlich die Straße völlig sauber. Ich lobte ihn: ›Das habt ihr sehr gut gemacht‹ und sagte zu Hubertus: ›Hier hast du dreißig Pfennige, zwanzig Pfennige für dich und zehn Pfennige für deinen Freund Heinz!‹ Darauf wurde er sehr nachdenklich, sah mich mit seinen strahlend blauen Augen etwas verschmitzt an und meinte: ›Ja, Papi, aber eigentlich hat der Heinz mehr gearbeitet als ich.‹ Darauf wurde dann sein Lohn beibehalten und die Summe für Heinz entsprechend erhöht.

Nach dieser Abschweifung wollen wir noch einmal kurz auf die optimalen Eigenschaften der Mutter zurückkommen. Sie hat die seltene und für das Leben auf dieser Welt so wichtige Gabe, sich in das Denken und Fühlen anderer Menschen hineinversetzen zu können. Daher versteht sie auch zuzuhören, wenn andere reden!

Eine entscheidende Tatsache für den Erfolg bei der Optimierung unserer Ehe habe ich mir bis zum Schluß aufbewahrt. Bettina war in ihren jüngeren Jahren ein ausgesprochen leicht erziehbares Wesen. Es kommt nämlich auch bei der Gleichberechtigung der Frau, die ich voll anerkenne, für die Optimierung der Ehe darauf an, daß sich die jungen Eheleute einander anpassen. In unserem Fall hat Bettina das durch ihr großes Einfühlungsvermögen nie zu einem Problem werden lassen. Kurz und gut: Auf Gesundheit und Glück dieses für mich optimalen Eheweibes, das fünfundzwanzig sehr bewegte Jahre an meiner Seite ausgehalten hat, möchte ich euch bitten, das erste Glas Wein bis auf den Grund zu leeren.«

Bei genauer Betrachtung der Rede wird der aufmerksame Leser

bemerken, daß die frivolen Passagen periodisch eingestreut sind. Empfindsame Naturen werden mir dies verzeihen, wenn ich noch ergänze, es handelt sich hier um ein bewußtes Ablenkungsmanöver. Diesen Kunstgriff anzuwenden war einfach opportun, weil meine Frau seit jeher eine tiefe Abneigung gegen das »Angefeiertwerden« und gegen allzu gefühlvolle Tischreden hat.

Mein Familienleben

Seitdem ich meine medizinischen Forschungen aufgenommen hatte und mit wachsender Intensität betrieb, mußte unsere Familie manche Opfer bringen. Allzuoft dauerte die Arbeit von sieben Uhr morgens bis in die späten Abendstunden, und die Wochenenden waren fast regelmäßig unentbehrlich, um die anstehenden Aufgaben zu erledigen. Die Leitung des Instituts mit seinen inzwischen fast 500 Mitarbeitern, die schöpferische wissenschaftliche Arbeit, die Erschließung und Aufbereitung der Informationen, die Auswertung der anfallenden Meßergebnisse und die daraus abzuleitenden Programme für die nächsten Versuche, die sich immer stärker ausweitende Korrespondenz, die Abfassung und Korrektur der Bücher sowie die vielen wissenschaftlichen Veröffentlichungen, die Arbeit in politischen, gesellschaftlichen und wissenschaftlichen Funktionen und Kommissionen – all diese Tätigkeiten ließen immer weniger Zeit für persönliche Belange übrig.
Meine Frau zeigte Verständnis für meine Situation und nahm mir, wo es ging, Belastungen ab. Es entwickelte sich eine Art Aufgabenteilung zwischen uns. Sie hat durch ihr stilles liebevolles Wirken viel zu den Ergebnissen meiner Arbeit beigetragen. »Kinderabende«, Familienausflüge, Rundgänge im Gelände mit den jeweils kleinsten Kindern oder Enkeln, Tennistreffen, Partys, Geburtstagsfeiern, Geselligkeiten mit Freunden, zu denen ich dann im letzten Augenblick, meistens vom Schreibtisch weg, geholt wurde, standen unter ihrer Regie. Große Freude bereiteten mir dann die knappen Stunden, in denen ich Ehemann, Vater, Großvater oder Freund unter Freunden sein durfte.

Regelmäßige Kinderabende als Brücke zwischen den Generationen

In unserem großen Hause Zeppelinstr. 7 konnten wir durch Reduzierung unserer eigenen Wohnung auch die Wohnungen für die Familien meiner Söhne Thomas (4 Personen) und Alexander (4 Personen) unterbringen, wodurch wir uns den Bedingungen des sozialistischen Systems etwas angepaßt haben. In unmittelbarer Nachbarschaft wohnen in eigenen kleinen Gebäuden die Familien meiner Tochter Beatrice (4 Personen) und meines jüngsten Sohnes Hubertus (2 Personen). Alle Kinder sind schon viele Jahre im Institut tätig. Zusammen bilden wir eine Art »Großfamilie« mit vielen gemeinsam genutzten Einrichtungen, wie Schwimmbad im Freien, Aussichtsterrasse, Garten mit vielen Obstbäumen, Sauna, großer Hauswerkstatt, Ferienheim usw. Bei meiner Frau und mir war der tägliche Trubel stets so groß, daß die Zeit fehlte, uns in die Angelegenheiten der Kinder einzumischen. Dies alles führte dazu, daß in unserer Großfamilie bis in die heutigen Tage hinein ein außergewöhnlich harmonisches Familienklima herrscht. Jeder hilft jedem, wenn es not tut. Zu diesem Umstand trägt sehr wesentlich bei, daß etwa einmal im Monat ein »Kinderabend« zusammen mit den Schwiegerkindern veranstaltet wird. Diese Methode ist unter den Verhältnissen der Gegenwart (Jugendprobleme) überall sehr empfehlenswert, denn sie stärkt in überraschend hohem Grade die viel zu lose gewordene Beziehung zwischen den Generationen. An solchen Kinderabenden werden bei Wein und Leckereien alle anstehenden Probleme durchgesprochen und gemeinsame Entscheidungen getroffen. Alle Kritiken und Klagen werden offen ausgesprochen, Differenzen bereinigt und alle Ereignisse diskutiert; und nicht zuletzt wird der Abend durch Austausch von amüsanten Klatschgeschichten belebt. Wenn wir nach solchen Abenden uns trennten, hatte wohl jeder von uns das Gefühl eines großen Gewinnes für sich und für die ganze Familie.

Begegnung mit den Künsten

Als 1955 die Sempergalerie im Dresdener Zwinger wieder aufgebaut wurde, durfte ich die Architekten zur technischen Frage der möglichst lichtreflexarmen Beleuchtung der Gemälde beraten. Jahre später, etwa 1970, wurde mir der Vorsitz des »Freundeskreises der Gemäldegalerie Neue Meister« angetragen, in welchem einige der Traditionen des früheren Sächsischen Kunstvereins fortgeführt werden. Da ich eine große Vorliebe für die romantische Malerei habe, nahm ich diese Aufgabe gerne wahr. Es ging mir dabei die Freundschaft meiner Großeltern von Ardenne mit *Max Liebermann* sowie ihr enger Kontakt zu den Mitgliedern des vor der Jahrhundertwende sehr bekannten Düsseldorfer »Malkastens« durch den Sinn, der damals den Anlaß für das »Effi-Briest«-Schicksal meiner Großmutter Else von Ardenne lieferte. Aus dem Freundeskreis ist eine Veranstaltungsreihe »Begegnung der Künste« hervorgegangen, die heute einen festen Platz im Kulturleben Dresdens gefunden hat. Ihr lag die Idee des langjährigen Direktors der Gemäldegalerie Neue Meister, *Joachim Uhlitzsch,* zu Grunde, einem bedeutenden Gemälde ein musikalisches und literarisches Meisterwerk der gleichen Epoche gegenüberzustellen. Stets fand die von Uhlitzsch in freier Rede durchgeführte Bildbetrachtung ungeteilte Aufmerksamkeit. Es wird etwa die 90. »Begegnung der Künste« sein, die in jenen Tagen stattfindet, an denen, von den Dresdnern lang ersehnt, die Semperoper im alten Glanz wiedereröffnet wird. Hierzu wird das von *Robert H. Sterl* gemalte Porträt des Dresdner Strauss-Dirigenten *Ernst von Schuch* durch die schönste Partie aus dem *Rosenkavalier,* die »Überreichung der silbernen Rose«, sowie mit Texten *Hugo von Hofmannsthals* aus seiner Beziehung zu *Richard Strauss* umrahmt. Häufig werde ich befragt, welche Schöpfungen aus dem Reich der Künste einen starken Eindruck auf mich gemacht haben. Ich möchte dazu das einfache Gedicht »Über allen Wipfeln ist Ruh« von *Goethe* nennen. Aus der Malerei sind es beispielsweise Gemälde von *Caspar David Friedrich* und *Carl Gustav Carus* und aus der Musik haben mich besonders die beiden Beethoven-Symphonien Pastorale und Eroica tief berührt. Wenn ich zurückdenke, so darf ich *Johann Sebastian Bach* nicht unerwähnt lassen, da ich ihm viele bewegte und besinnliche Stunden verdanke. Im Zusammenhang mit den Liebesliedern von Richard Strauss, die in meinen jüngeren Jahren eine Rolle gespielt haben, denke ich häufig an den zum Schweigen mahnenden, in weißen Marmor gehauenen Amor von *Falconet* zurück, vor dem wir so oft in der Leningrader Ermitage standen.

Abgeordneter der Volkskammer

Im Sommer 1963 wurde die ehrenvolle Frage an mich gerichtet, ob ich bereit sei, im Rahmen der Fraktion des Deutschen Kulturbundes für die Volkskammer zu kandidieren. Ich sagte trotz meiner hohen Beanspruchung zu, weil ich wußte, daß ich als Abgeordneter der obersten Volksvertretung noch besser der Entwicklung der Deutschen Demokratischen Republik dienen konnte.
So unterbreitete ich bald nach der Wahl den Vorschlag, auf die Strafverfolgung aller Bürger zu verzichten, die vor dem 13. August 1961 die Deutsche Demokratische Republik illegal verlassen hatten, und einen entsprechenden Erlaß herauszubringen. In der zweiten Sitzung der Volkskammer teilte Professor Hager mir zu meiner großen Freude in offiziellem Auftrag mit, das Zentralkomitee der Sozialistischen Einheitspartei Deutschlands und der Staatsrat hätten meinen Gedanken zugestimmt. Schon in nächster Zeit würden sie verwirklicht werden. Durch die Volkskammersitzung vom 1. September 1964 ist dann der »Erlaß des Staatsrates über die Aufnahme von Bürgern der Deutschen Demokratischen Republik, die ihren Wohnsitz außerhalb der Deutschen Demokratischen Republik haben«, bestätigt worden. In Paragraph 2 heißt es: »Bürgern der Deutschen Demokratischen Republik, die vor dem 13. August 1961 unter Verletzung der gesetzlichen Bestimmungen außerhalb der Deutschen Demokratischen Republik Aufenthalt genommen haben, wird für diese Gesetzverletzung Straffreiheit gewährt.«
Mit dieser Maßnahme hatte unsere Regierung einen großen Beitrag zur Entspannung zwischen den beiden deutschen Staaten geleistet. Durch die Gewährung von Straffreiheit wurden dem genannten Personenkreis wieder Reisen in die Deutsche Demokratische Repu-

blik ermöglicht. Manchem, der inzwischen die westdeutsche Wirklichkeit kennengelernt hatte, erschien die Entwicklung in der Deutschen Demokratischen Republik bei seinem Besuch in neuem Licht. – Heute, 1984, bin ich über mehr als vier Wahlperioden Mitglied der Volkskammer. Die mit einem solchen Amt verbundenen Aktivitäten und zusätzlichen gesellschaftlichen Pflichten habe ich bis zum heutigen Tage dank meiner Sauerstoff-Mehrschritt-Therapie ohne Schwierigkeiten ableisten können. Es waren 1983 in der DDR 12 Vorträge, 3 Foren und 10 Einführungsreden vor Gruppen von Institutsbesuchern.

Wissensspeicher-Bücher für die Schul- und Universitätsausbildung

Als Abgeordneter der Volkskammer hatte ich 1965 Gelegenheit, vor dem hohen Haus für die Rationalisierung der Schul- und Universitätsausbildung durch Schaffung von Wissensspeicher-Büchern in den grundlegenden Fächern einzutreten. Zweck dieser Bücher, die zum Beispiel bei Klausurarbeiten und Prüfungen eingesehen werden dürfen, ist es, das Auswendiglernen von Wissensstoff zu reduzieren und die Kapazität der jugendlichen Gehirne stärker für schöpferische, kombinatorische Denkleistungen zu reservieren. Meine Rede »Weniger passives Wissen, dafür mehr aktives Können« führte zu einer kleinen Sonderberatung im Arbeitszimmer des Volkskammerpräsidenten, an welcher der Vorsitzende des Ministerrates, Willi Stoph, Dr. Günter Mittag und der Sekretär des Staatsrates teilnahmen.

Volkskammerpräsident Professor Dr. Johannes Dieckmann

Freundschaftliche Beziehungen, die sich im Laufe der Jahre immer fester gestalteten, verbanden uns mit dem langjährigen Präsidenten der Volkskammer, dem 1969 verstorbenen Professor Dr. h. c. Johannes Dieckmann und seiner Familie. Regelmäßig wiederholten sich unsere abendlichen Gespräche mit ihm und seiner liebenswürdigen Gattin. Stets waren sie eine Quelle fruchtbarer Anregungen.

Viele wertvolle menschliche und politische Ratschläge verdanke ich ihm. Professor Dr. Dieckmann besaß jene Eigenschaften, die den Politiker von Rang kennzeichnen: nüchterne Einschätzung der Realitäten, frei von Illusionen; Erkennen der großen bewegenden Fragen der Gegenwart; Übergang zur Tat dort, wo das Ziel greifbar war; auf Fakten gegründete Argumentation; Schlagfertigkeit und souveräner Blick für die Zusammenhänge, humanistisches Streben aus tiefer innerer Überzeugung; ein heißes Herz, das durch kühlen Verstand gezügelt wurde.

Das Travelboard-Büro verhindert meine Reise nach Toronto

Im Mai 1964 freute ich mich sehr über die Einladung, als »Opening Speaker« die »World Conference On Electron Beam Technology« in Toronto zu eröffnen. Die Karten für das Flugzeug nach Kanada waren schon beschafft, da verweigerte das Travelboard-Büro in Westberlin mir im letzten Moment die für die Reise notwendigen Dokumente. Mein Vortrag mußte verlesen werden. Der amerikanische Physiker W. Nottingham, der mich auf der Konferenz treffen wollte, fuhr vergeblich nach Toronto und besuchte uns dann im Oktober des gleichen Jahres, wenige Wochen vor seinem Tode, in Dresden. Wir dankten ihm für zwei wissenschaftliche Kolloquien über uns sehr interessierende Spezialfragen der Elektronenemission.

Eine Anekdote um Irving Langmuir

Nottingham war ein enger Freund des bedeutenden Physikers Irving Langmuir, von dem er folgende Anekdote erzählte: Das Ehepaar bewohnte ein Häuschen auf einer kleinen Insel in einem der vielen Binnenseen im Norden der USA. Nach anstrengendem Tagesablauf trafen Langmuir und Nottingham am Ufer dieses Sees ein, aber das Ruderboot zum Übersetzen fand sich nicht an der gewohnten Stelle vor. Um zum Häuschen zu gelangen, blieb den beiden Physikerfreunden kein anderer Weg, als ihre Bekleidung in Bündel zu schnüren und damit zur Insel zu schwimmen. Bei ihrer Ankunft sollen sie sehr zur Erheiterung der Gäste einer Party beigetragen haben, mit der Ehefrau Langmuir sich gerade über die Abwesenheit ihres Mannes hinwegtröstete.

Rückfall in die Radiowellen-Romantik meiner Jugend

Nach dieser heiteren Episode sei ein kleines heiteres Intermezzo gestattet. Weihnachten 1969 hatte ich einen Rückfall in meine jugendliche Vor-Radioperiode von 1922/23: Ich schenkte mir einen Spezial-Radioempfänger (Weltempfänger) für alle Frequenzbereiche (den mein späterer Freund Erwin Braun gerade herausgebracht hatte) und schloß ihn im ehelichen Schlafzimmer an eine auf dem Turm des Gebäudes installierte echte »Hochantenne« an. Wieder, wie vor fast fünfzig Jahren, faszinierte mich der Hauch der großen weiten Welt und besonders die Romantik des Nachrichtenverkehrs zwischen Küstenfunkstellen und Schiffen auf hoher See. Gute Bekannte aus alter Zeit, wie Rügen-Radio, Kiel-Radio, Norddeich-Radio und Scheveningen-Radio, waren immer noch in Aktion. Nur die Stationsrufzeichen hatten sich geändert, und die Sendefrequenzen waren von 0,5 Megahertz in bestimmte Bänder des 1,8- bis 8,8-Megahertz-Bereichs verlegt worden. Außerdem erfolgte ein großer Teil des Nachrichtenaustauschs mit den Schiffen nicht mehr durch – mir jetzt nur noch bis zum Tempo 50 BpM verständliche – Morsesignale, sondern per Telefon.

Schon kurz nachdem ich die Anlage in Betrieb genommen hatte, belehrten uns folgende Wechselgespräche, daß die Sexwelle sich auch über die Radiowellen ausgebreitet hatte:

Aus naheliegenden Gründen wurden die Namen der Gesprächspartner verändert.

Erstes Gespräch – zwischen Seemann und Ehefrau: »Wenn ik övermorgen tu Hus komm, dann zieh' ik Di glik Din Büx ut, min seuten Deern.« – Antwort: »Na, da hab' ik ja man auch gar nix gegen, Karl. Tschüs.«

Gleich danach dienstlich: »Hier Norddeich-Radio, Gesprächsdauer drei Minuten.«

Zweites Gespräch – zwischen Verlobter und Seemann: »Entschuldi-

ge bitte, daß ich dich anrufe, aber ich will das Mißverständnis sofort ehrlich klären. Als der Vetter plötzlich in Unterhosen so vor mir stand, wurde mir ganz schwach, und da ist es dann geschehen. Ich versteh' mich selbst nicht mehr. Das einzige, was ich sagen kann, ist, entschuldige, Heinz, es soll auch nie wieder vorkommen.« – Antwort: »Aus unserer Hochzeit wird nix, du Luder!« – Verlobte: »Aber das Essen ist doch schon für alle bestellt, und die vielen Einladungen! Ich komme morgen gleich mit dem ersten Zug nach Cuxhaven zu dir, Heinz.« – Antwort: »Na, dann komm man, wolln sehen, was sich machen läßt.« Ein Seufzer der Erleichterung beschließt diese Ausstrahlung der Antennen von Kiel-Radio.
Drittes Gespräch – zwischen Freundin und Seemann: »Franz, heiratest du mich nun oder nicht?« – Antwort: »Ich heirate nicht!« – Freundin bricht in Tränen aus: »Oh, du gemeiner Kerl, ich dreh' ganz durch. Ich hab' nur noch eine Bitte, ruf Mutti an und sag ihr das selbst.« – »Kiel-Radio, Gespräch beendet! Gesprächsdauer zwei Minuten.«
Drei Radiogespräche und drei Momentbilder aus dem Leben. Bei weiterem Sprech- und Morseempfang vom Seefunkdienst tauchen längst vergessene Namen auf wie »Roter Sand«, »Alte Liebe« in Cuxhaven, »Holtenau«, »Eckernförde« und dann der Dialekt – so gar nicht sächsisch! Man wird mir sicher verzeihen, denn meine Wiege stand in Hamburg.

Außergewöhnliche Besucher auf dem Weißen Hirsch

Die Zahl der Wissenschaftler aus Ost und West, die das Institut auf dem Weißen Hirsch besuchten, hatte mit dem Anwachsen der Mitarbeiterzahl auf fast fünfhundert und mit der dazu fast proportionalen Vermehrung unserer Forschungsthemen so stark zugenommen, daß wir manchmal etwas bremsen mußten, um allzu häufige Störungen zu vermeiden. Prominente Gäste, die meist hochinteressante wissenschaftliche Informationen mitbrachten, waren natürlich stets sehr willkommen. Einen Höhepunkt dieser Art bildete am 2. April 1965 der Besuch des Arzt-Kosmonauten Dr. h. c. Boris Jegorow, der durch unsere Forschungen an medizintechnischen und medizinischen Themen veranlaßt wurde. Die Diskussionen über Spezialfragen dehnten sich über viele Stunden aus. Jegorows Persönlichkeit hinterließ einen tiefen Eindruck bei allen, welche die Freude hatten, ihn kennenzulernen.

Weitere unvergessene Besuche und Begegnungen auf unserem Wege seit 1955

Wenn ich in meinem kostbaren, 1928 begonnenen und über die Kriegswirren erhalten gebliebenen *Gästebuch* die nach März 1955 in Dresden erfolgten Eintragungen chronologisch durchgehe, so finde ich Namen aus Politik, Wirtschaft, Wissenschaft und Technik, sowie die Eintragung mancher guter Freunde, die nicht mehr unter uns weilen. Einige dieser Namen seien genannt, weil wir Grund haben, ihrer Träger in Dankbarkeit zu gedenken:
W. Weidauer 3.4.1955, L. Binder †3.4.1955, R. Rompe 15.4.1955, W. Stoph 23.4.1955, W. Friedrich †23.4.1955, B. Baade †16.7.1955, F. Selbmann †21.12.1955, H. Barkhausen †15.1.1956, M. Sefrin 31.8.1956, T. Brugsch †19.10.1957, Perwuchin 28.11.1958, K. Lohmann †18.8.1959, K. Fuchs 25.4.1960, G. Götting 25.5.1961, K. Lüdemann †5.7.1961, L. Artzimovich †18.12.1963, B. Petrowski 27.11.1965, H. Hoffmann 13.1.1967, E. L. Dulles 17.7.1967, O. Warburg †6.12.1967, O. Westphal 2.4.1968, A. Paton 20.9.1968, C. H. de Duve 29.4.1970, E. Braun 24.4.1971, H. Druckrey 21.7.1971, F. Wankel 6.1.1973, V. E. Cosslett 30.3.1973, R. Kavetski †24.4.1973, S. Möllenstedt 2.10.1976, W. Scheler 29.1.1981, K. Herrmann 25.3.1980, H. Pöschel 25.3.1980, W. Graf Baudissin 7.11.1980, G. Thews 6.10.1981, P. Vaupel 6.10.1981, E. Krenz 17.12.1981, H. Modrow 20.1.1982, B. Schönheit 20.1.1982, K. Seidel 22.10.1982.

Warum es keinen Nobelpreis für Mathematik geben soll

Auf der Internationalen Vakuumtagung in Stuttgart 1965 lernte ich den Chef des französischen Atomzentrums, Professor Dr. Debiesse, kennen. Bei einem Essen im kleinen Kreis erzählte er mir die

Geschichte, warum es keinen Nobelpreis für Mathematik geben soll: Nobel sei mit einer um dreißig Jahre jüngeren Frau befreundet gewesen, die er in einem Tête-à-tête mit einem Mathematiker antraf. Dieses Ereignis soll ihn veranlaßt haben, bei der Nobelstiftung das Fach Mathematik in den Satzungen der Stiftung auszusparen. Kleine Ursache, große Wirkung!

Hoher Besuch zum 10. Jahrestag unseres Instituts auf dem Weißen Hirsch

Am 26. März 1965 waren zehn Jahre seit der Rückkehr aus der Sowjetunion vergangen. Aus diesem Anlaß empfingen wir den Besuch des Vorsitzenden des Staatsrates, Walter Ulbricht, mit seiner Gattin, der einen ganzen Tag den Problemen unserer Arbeit widmete. Es war regnerisch, und unser jüngster Sohn, Hubertus, hatte spontan einen Regenschirm requiriert, um die Frau des Staatsratsvorsitzenden bei dem Rundgang durch das Institutsgelände gegen die reichlich herabfallenden Tropfen zu schützen. Als wir Frau Ulbricht ein Dreivierteljahr später bei einem Empfang in Berlin wiedertrafen, beendete sie unser Gespräch mit den Worten: »Grüßen Sie mir meinen Hubertus.«

Zum menschlichen Klima

Bei einem Empfang in der Sowjetischen Botschaft Anfang 1967 unterhielten wir uns zu Beginn mit der Witwe des früheren Ministerpräsidenten Otto Grotewohl. Sie, die an der Seite ihres Mannes stets im Mittelpunkt ähnlicher Veranstaltungen gestanden hatte, befand sich jetzt in der zweiten Reihe eines Menschenwalls, der sich bildete, als die Mitglieder unserer Regierung zusammen mit dem Botschafter der UdSSR den Festsaal durchquerten. In diesem Augenblick entdeckte der damalige sowjetische Botschafter P. A. Abrassimow Frau Grotewohl unter den Gästen, bahnte sich einen Weg zu ihr, hakte sie unter und führte sie in das Zentrum der Gesellschaft neben Erich Honecker und Kurt Hager.

Solche Episoden mögen, für sich betrachtet, unwesentlich erscheinen, aber sie sind Symptome für das Bestehen einer Kraft, die weitgehende Auswirkungen hat. Heiterkeit und Harmonie im menschlichen Zusammenleben gehören mit zu den starken Kraftquellen des Fortschritts. In einer solchen Atmosphäre entfalten sich schöpferische Initiative, Verantwortungsfreudigkeit und der Wille zur Tat. Auch für die Entwicklung der Wissenschaften hat ein solches Klima positive Auswirkungen – die Forschung ist speziell in ihren Anfangsstadien eine zarte Pflanze, die in besonderem Maß günstiger Bedingungen bedarf.

Ich verstand, warum Graf Arco seinen 60. Geburtstag in Moskau feierte

Während meiner Tätigkeit in der Sowjetunion beeinflußte mich in erster Linie unser Freund Professor Jemeljanow. Tiefe Eindrücke gewann ich aber auch durch das selbst in schwierigen Situationen unmittelbar nach Kriegsende bis zu ihrem Tode gleichbleibend herzliche und verständnisvolle Verhältnis führender sowjetischer Akademiker wie Professor A. Joffé, Professor I. W. Kurtschatow, Professor W. Weksler und vor allen Dingen Generaloberst A. Saweniagin zu uns. Ebenso ließen mich die vielfältigen Begegnungen mit sowjetischen Forschern wie L. A. Artzimovich, B. Blochinzew, Flerow und die fast einjährige Mitarbeit im Leningrader Werk »Elektrosila« unter A. Komar die sozialistische Wirklichkeit in einem ganz anderen Licht sehen. Ich verstand jetzt, warum das Vorbild meiner Jugend, Graf Arco, seinen 60. Geburtstag demonstrativ in Moskau gefeiert hatte.

Dokumentarische Informationen vernichten Zerrbilder

Zum Wandel meines politischen Weltbildes, der zur Parteinahme für das sozialistische System führte, trug stark bei, daß ich mich immer wieder darum bemühte, solche Episoden, Äußerungen oder Handlungen der Bahnbrecher des Sozialismus kennenzulernen, die unmittelbare Informationen über ihr Menschentum geben konnten. Wo sich eine Gelegenheit dazu ergab, versuchte ich, einen Blick

hinter das öffentliche Wirken der schöpferischen politischen Persönlichkeiten, welche die Geschichte unseres Jahrhunderts gestaltet haben, zu werfen.
Die Anregung dazu ging auf eine Erfahrung zurück, die ich als junger Mensch machte. Ich hatte damals die berühmte Rede des Perikles auf die Gefallenen des Peloponnesischen Krieges gelesen, und über mehr als zwei Jahrtausende hinweg empfand ich die einzigartige menschliche Größe dieses griechischen Staatsmannes und des nach ihm benannten Perikleischen Zeitalters. –
In Gesprächen mit Abraham Joffé erfuhr ich manches über seine Begegnungen mit Lenin und die wissenschaftsorganisatorischen Aufgaben, die ihm von Lenin gestellt worden waren. – Mein langjähriger Freund Graf von Westphalen berichtete mir gewisse Begebenheiten aus dem Leben seines Großonkels Karl Marx, die dessen warmherzige Menschlichkeit auch in den kleineren Dingen des Lebens erkennen ließen. – Alfred Kurella erzählte uns bei Besuchen in unserem Hause viele Episoden über die einzigartige Persönlichkeit seines früheren Chefs Georgi Dimitroff.
Unvergeßlich ist mir von Karl Liebknecht, der bekanntlich bei Beginn des ersten Weltkrieges als einziger Reichstagsabgeordneter den Mut aufbrachte, gegen den Krieg zu sprechen, ein Brief, den er am 18. März 1917 aus Luckau an seinen Sohn Helmi richtete. In diesem Brief, dessen Kenntnis ich dem früheren Präsidenten der Bauakademie der Deutschen Demokratischen Republik, Professor Dr. Kurt Liebknecht, einem Neffen von Karl Liebknecht, verdanke, heißt es:
»Ihr sollt die Matthäus-Passion hören – in klassischer Aufführung! Das wundervollste Werk auf dem Gebiet des Oratoriums. Die Noten hatte ich im Militärlazarett. Studiere sie vorher. Nicht ganz leicht zu verstehen. – Kontrapunkt und Fuge. Gleich der erste Satz: achtstimmiger Chor nebst Cantus firmus; durchblickt man das Zaubergewebe, ist man ganz berauscht vor Seligkeit. Nichts Süßeres, Zarteres, Rührenderes und in den Volksszenen – nichts Großartigeres kennt die Musik.«
Ich freue mich darüber, daß unser Staat die Stärke gehabt hat, das Reiterstandbild Friedrichs des Großen in Berlin am Beginn der Straße »Unter den Linden« wieder aufzustellen. Darin sehe ich einen Brückenschlag zu Traditionen, die zur Geschichte Preußens

und Berlins aufbauend beigetragen haben. Will man die Größe von Charakter und Persönlichkeit dieses Königs direkt erkunden, so gibt es kaum einen besseren Weg dahin, als das Studium seines Testamentes und vor allem seiner ergreifenden »Grabrede zum Tode des Prinzen Heinrich«. Mit dem Tode dieses 19jährigen Neffen trug er alle seine Hoffnungen auf eine geniale Führung des preußischen Staates in der nächsten Generation zu Grabe – aber mit welchen Worten!
Solche direkten dokumentarischen Informationen vernichten schlagartig die in Jahrzehnten durch gehässige Propaganda gezeichneten Zerrbilder politischer Persönlichkeiten. Man sollte viel häufiger die unmittelbaren Quellen studieren, die das wahre Menschentum der großen Geister der Geschichte offenbaren oder ahnen lassen.

Ein weiterer Besuch meines Freundes Jemeljanow

Eine Persönlichkeit, die sich in dem geschilderten Sinn aus tiefer Überzeugung für die Erhaltung des Friedens und eine weltweite Abrüstung einsetzte, war der frühere sowjetische Atomminister Jemeljanow, von dem ich schon wiederholt berichtet habe. Bei seinem zweiten freundschaftlichen Besuch im Februar 1967 sagte er, seine Pflichten als fliegender Diplomat hätten stark zugenommen, seit er in den »Ruhestand« getreten sei. Er war wieder auf dem Weg nach Genf. Der Verständigung zwischen Ost und West zu dienen und Entwicklungen entgegenzuwirken, die zu einem dritten Weltkrieg führen könnten, darin allein noch sah er seine Lebensaufgabe. Von amerikanischer Seite war er, wie er erzählte, gerade mit einem 100 000-Dollar-Friedenspreis ausgezeichnet worden, dessen Annahme er jedoch unter Hinweis auf die Ereignisse in Vietnam abgelehnt hatte. –

Diskussionsbeitrag zur Wissenschaftsförderung

Im Mai 1969 fand in Dresden die 9. Bezirksdelegiertenkonferenz der Sozialistischen Einheitspartei Deutschlands statt, an der auch der Vorsitzende des Ministerrates, Willi Stoph, verschiedene weite-

Gespräch mit dem damaligen Vorsitzenden des Staatsrates, Walter Ulbricht, auf dem Neujahrsempfang am 7. Januar 1967
Auf solchen festlichen Empfängen im Amtssitz des Staatsrates und bei ähnlichen Gelegenheiten konnte oft das Besprechungsprogramm einer ganzen Woche in wenigen Stunden durchgeführt werden, weil stets alle Persönlichkeiten der höchsten Ebene anwesend waren. Allerdings bedurfte es guter Vorbereitung durch eine stabile Notizkarte, die meist an 10 bis 20 gerade aktuelle Vorschläge oder Probleme erinnerte. Meine Frau hatte dabei die Aufgabe, den jeweils nächsten Gesprächspartner der Liste in der Menge der Anwesenden zu »orten«.

Im Gespräch mit dem 1. Sekretär der SED und Vorsitzenden des Staatsrates, Erich Honecker.
Es ist der Augenblick einer Einladung zum Besuch unseres Institutes, welche freundlich aufgenommen wird.

Am 25. März 1980 bestand das Forschungsinstitut Manfred von Ardenne auf dem Weißen Hirsch 25 Jahre. Aus diesem Anlaß wurde ein Photo der damals etwa 450 Mitarbeiter in der Zeppelinstraße 7 aufgenommen.

Unsere Elektronenkanone für 1200 kW-Strahlleistung und unser Sohn Alexander (Dr. rer. nat.) als Entwickler der zweiten Generation unserer Typenreihe.

Numerisch gesteuerte Elektronenstrahl-Schweißanlage in der Halle für Großgeräte und unser Sohn Thomas (Dr. Ing.) als Mitentwickler der Typenreihen 5 bis 50 kW Strahlleistung und 60 bis 150 kV Beschleunigungsspannung.

Blick auf den 14 m hohen Elektronenstrahl-Mehrkammerofen mit einem Strahler von 1200 kW maximaler Leistung im 1966 fertiggestellten Vakuum-Stahlwerk des VEB Edelstahlwerk Freital. Die Großanlage erlaubt die Erschmelzung von 12 t-Stahlblöcken im Hochvakuum. Sie arbeitet seit ihrer Inbetriebnahme im Dreischichtbetrieb.

In Weiterführung meiner Lichterfelder und Sinoper Pionierarbeiten (1938, 1953), den Elektronen-Mikrostrahl hoher Leistungsdichte als masseloses, trägheitslos steuerbares Werkzeug zu benutzen, entstanden unsere »Programmgesteuerten Elektronenstrahl-Bearbeitungsautomaten« zur Massenfertigung passiver Dünnschicht-Bauelemente der Mikroelektronik.

Oben: Unsere Anlagen im Produktionseinsatz bei dem VEB Keramische Werke Hermsdorf (seit 1971)

Unten: Mit dem Elektronen-Mikrostrahl graviertes Widerstandsnetz mit vorgegebenen Werten.

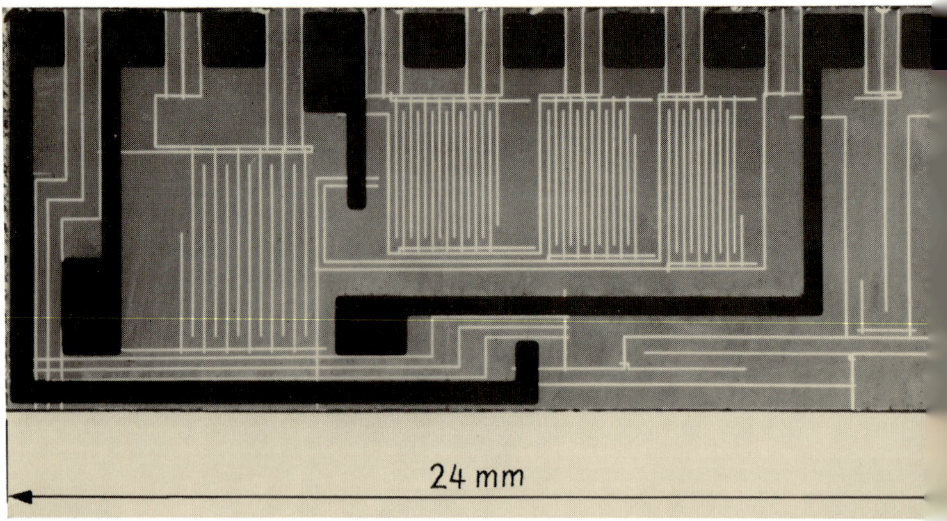

re Minister und hohe Staatsfunktionäre teilnahmen. Die Beratung befaßte sich besonders mit der Förderung von Spitzenergebnissen in Wissenschaft und Technik. Als Gast der Tagung erhielt ich Gelegenheit zu einem Diskussionsbeitrag. Aus meiner Rede möchte ich zwei Passagen zitieren, weil sie meine ganz persönlichen Auffassungen und Empfindungen betreffen:
»Die Deutsche Demokratische Republik gehört bekanntlich in die Reihe der ersten Industriestaaten unserer Erde. Wenn aber ihre Bevölkerungszahl und ihre relativ zur Bundesrepublik viel schlechtere Ausgangsposition 1945 beziehungsweise 1949 mitberücksichtigt wird, so gehört sie zu den allerersten Industriestaaten. Dieser Entwicklungsstand ist zwei elementaren Tatsachen zu verdanken:

1. dem Können, der Einsatzbereitschaft und dem Fleiß unserer Bevölkerung;
2. unserem sozialistischen System sowie dem organisatorischen Können und dem Fleiß der leitenden Funktionäre in Partei, Regierung und Industrie.

Lassen Sie es mich einmal aussprechen:
Auch aus einer gewissen Übersicht über das, was heute in großer Breite bei uns heranwächst an Neuem und Fortschrittlichem, habe ich persönlich die größte Hochachtung vor jenen Vertretern der Arbeiterklasse, die unter bis 1945 feindlichsten Umweltbedingungen mit der Größe ihrer Aufgaben zu staatsmännischem Format herangewachsen sind . . .
Spitzenergebnisse werden sich dort mit höherer Wahrscheinlichkeit einstellen, wo die Erfahrung, die Übersicht, das Fingerspitzengefühl, die Kenntnisse und umfassende Informationserschließung über die vielfältigen persönlichen Wissenschaftsbeziehungen der älteren Generation zusammenwirken mit der Arbeitskraft, dem Fleiß, dem gesunden, aber durch innere Bescheidenheit gemilderten Ehrgeiz und dem Können der jüngeren Generation. Ich glaube, daß es auch zu den Pflichten der älteren Wissenschaftlergeneration gehört, sich immer wieder durch eigene neue Ergebnisse von hohem Rang zu bewähren und zu behaupten. Niemals darf die großzügige Förderung, die unser Staat den Naturwissenschaften angedeihen läßt, dazu führen, daß einzelne Wissenschaftler in dieser Tatsache eine Art Lebensversicherung erblicken. Wer in dieser Frage versagt,

sollte in allen Ehren abtreten und jüngeren Talenten seinen Platz übergeben. In unseren Universitäten, Hochschulen, Forschungszentren und auch in unserer Industrie können solche durch gesetzliche Maßnahmen zu begünstigende Auffrischungen den Boden für Spitzenleistungen verbessern. Für diejenigen, die in dieser Frage kein reines Gewissen gegenüber unserer sozialistischen Gesellschaft haben, sei ein Geheimnis zur Erhaltung der geistigen Frische verraten. Es stammt von dem bekannten Atomphysiker Enrico Fermi. Er empfahl, daß ein Wissenschaftler etwa alle zehn Jahre sein Arbeitsfeld wechseln solle.«

Meine berufliche Laufbahn entspricht ziemlich genau dieser Empfehlung.

Zur hier berührten Frage der Kreativität gibt es auch eine Äußerung des Begründers der Streßforschung.

Der Streßforscher Hans Selye über Intuition und Phantasie

Zwei Eigenschaften, die wohl nur schwer lehr- und erlernbar sind, zeichnen den bahnbrechenden Forscher vor den anderen wissenschaftlich Tätigen aus: Intuition und Phantasie. Hans Selye gibt in seinem Buch »Vom Traum der Entdeckung«, welches er mir 1971 »mit kollegialen Grüßen« übersandte, Definitionen, über die es sich in unseren Tagen gezielter Wissenschaftsorganisation sehr nachzudenken lohnt. Selye schreibt:

»Intuition ist die Intelligenz des Unterbewußtseins; Intuition ist der Funken, an dem sich alle Formen der Originalität, des Einfallsreichtums und der Findigkeit entzünden. Sie ist die Erleuchtung, die notwendig ist, um das bewußte Denken mit der Phantasie zu verbinden. Die Definition für Einfall lautet: ›Eine verbindende oder klärende Idee, die sprunghaft ins Bewußtsein tritt als Lösung eines Problems, das uns intensiv beschäftigt.‹

Ich habe solche erleuchtenden Einfälle mit anderen diskutiert und fand, daß sie den meisten Wissenschaftlern ganz unerwartet beim Einschlafen oder während des Erwachens kamen oder manchmal auch, wenn sie mit etwas beschäftigt waren, das in gar keinem Zusammenhang mit der Sache stand, über die ihnen so plötzlich ein

Licht aufging. Hat man angestrengt und bewußt nach einer Lösung gesucht, kann sie einem plötzlich während eines Spazierganges, beim Anhören einer Oper oder beim Zeitunglesen einfallen. Andererseits wird die Intuition durch physische Erschöpfung, irgendwelchen Ärger, störende Unterbrechungen oder unter dem Druck des Zeitmangels absolut blockiert.

Wir müssen zuerst anhand von Beobachtungen die Tatsachen sammeln und sie dann in unserem Gedächtnis aufbewahren. Dann können wir sie logisch ordnen, wie es unser rationelles Denken diktiert. Dieses Verfahren reicht manchmal schon aus, um zu einer befriedigenden Lösung zu gelangen. Wenn aber die Tatsachen nach bewußtem Überlegen und Schlußfolgern kein harmonisches Bild ergeben, muß . . . der Phantasie freie Hand gegeben werden. Unter der Führung ungehinderter Phantasie entstehen dann, mehr oder weniger wahllos, unzählige Gedankenverbindungen, die Träumen gleichen – die der konventionelle Intellekt als töricht verwirft. Zeitweilig kommt aber eines der vielen zufälligen Tatsachenmosaike, die im Kaleidoskop der Phantasie gebildet werden, der Wirklichkeit so nahe, daß es einen erleuchtenden Einfall entzündet, dessen explosive Gewalt die Idee ins Bewußtsein schleudert. Mit anderen Worten, Phantasie ist die Kraft des Unterbewußtseins, Tatsachen in neue Beziehungen zueinander zu setzen, während Intuition die Gabe ist, die brauchbaren Traumbilder ins Bewußtsein zu bringen.«

Albert Einstein hat einmal den kurzen Satz geprägt: »Imagination is more important than knowledge«, womit er die Bedeutung der schöpferischen Phantasie hervorheben wollte.

Ein Rückblick an meinem 60. Geburtstag

Mit den Fortschritten unserer medizinischen Forschungen, zu denen eine verhältnismäßig kleine Gruppe junger Mitarbeiter entscheidend beigetragen hatte, und mit anderen guten Ergebnissen auf den Spezialgebieten Ionenquellen, Elektronenstrahlschmelzöfen, Elektronenstrahl-Mikrobearbeitungstechnik, Vakuumbedampfungstechnik, Plasmatechnik, Elektronen-Anlagerungs-Massenspektrographie und bio-medizinische Technik stand ich, vielleicht etwas verspätet, zum Zeitpunkt meines sechzigsten Geburtstags auf einem Kulminationspunkt wissenschaftlich-schöpferischen Wirkens. Bei einem Fernsehinterview am 20. Januar 1967 konnte ich zurückblikkend sagen, es erging mir, wie es der indische Dichter Rabindranath Tagore schildert:

Ich schlief
    und träumte,
das Leben
    wäre Freude.
Ich erwachte
    und sah,
das Leben
    war Pflicht.
Ich handelte
    und siehe,
die Pflicht
    war Freude.

KAPITEL 4: PHYSIKALISCH-TECHNISCHE FORSCHUNGEN

Natürliche Selektionsvorgänge können zum Entstehen tüchtiger Forschungskollektive beitragen

Als wir 1955 aus der Sowjetunion zurückkehrten, stellte ich meinem kleinen, aber hochkarätigen Kollektiv die Aufgabe, jüngere Mitarbeiter einzuarbeiten und dadurch die wissenschaftlich-technische Tradition weiterzugeben. Diese Stafettenübergabe ist inzwischen erfolgt, und eine neue Generation wurde zum wesentlichen Träger des Instituts. In dieser Phase geschah etwas Merkwürdiges. Beim Hinzukommen neuer Kräfte wurden die Tüchtigen von dem ungewöhnlichen Kernkollektiv angezogen und blieben, während die Untüchtigen sich in dem harten Leistungsklima nicht wohlfühlten und wieder gingen. Es war wie bei dem Wachsen von Kristallen, wo Gleiches sich bevorzugt an Gleiches lagert. Hier zeichnet sich eine Lehre für die Organisation neuer Institute, Betriebe usw. ab: Am Anfang sollte als Kristallisationskern und Traditionsträger die Zusammenstellung eines Kollektivs aus Mitgliedern besonders guter charakterlicher und fachlicher Qualifikation stehen!

Ursprünglich war die Struktur unseres Instituts auf eine kleinere Mitarbeiterzahl orientiert. Bedingt durch die Aufgaben, die wir für unsere Volkswirtschaft zu erfüllen haben, zeigte sich, daß die optimale Zahl etwas unter 500 liegt. Dadurch wird einerseits ein hinreichend großes Leistungsvermögen gesichert, so daß auch sehr große Aufgabenkomplexe zügig bearbeitet werden können. Andererseits bleibt aber unser Institut noch klein genug, um die für unsere Aufgaben dringend notwendige Dynamik und Reaktionsfähigkeit gegenüber neuen Erkenntnissen zu behalten. Die Mitarbeiterzal ist seit 1970 im wesentlichen konstant geblieben, jedoch hat eine Entwicklung zu einem höheren Anteil an Hoch- und Fachschulkadern stattgefunden.

Aus den oben schon erwähnten ersten Arbeiten, insbesondere der Entwicklung des Elektronenstrahl-Mehrkammerofen-Verfahrens, entstand der Bereich der *physikalisch-technischen Forschung*, der heute etwa 80% der Kapazität unseres Institutes umfaßt. 20% der Kapazität stehen gegenwärtig der medizinischen Forschung zur Verfügung.

Elektronenkanonen mit bis 1200 kW Strahlleistung

Die Formierung des Aufgabengebietes der Technologischen Forschung erfolgte auf der Basis der alten Traditionen auf den Gebieten der Elektronen- und Ionenstrahltechnik und neuer volkswirtschaftlicher Erfordernisse. Unmittelbar auf der alten Tradition bauten die *Hochleistungs-Elektronenkanonen* auf, welche in Typen zwischen 30 und 1200 kW Strahlleistung eine Weltspitzenfertigung repräsentieren und mit hohen Stückzahlen in die Sowjetunion, in die USA, nach Japan, Indien und europäische Industrieländer exportiert werden.
Die Entwicklung von Elektronenstrahl-Kanonen und -Mehrkammeröfen war in unserem Institut auch die Geburtsstunde für das Gesamtgebiet der Elektronenstrahltechnologie. Bereits 1961 wurde, ausgehend von dem Elektronenstrahl-Mikrobohrgerät nach von Ardenne (1938 und 1953), die erste Elektronenstrahl-Bearbeitungsanlage gebaut. Dieses Gebiet weitete sich schnell aus und führte zu den *Programmgesteuerten Elektronenstrahl-Mikrobearbeitungsautomaten* für die Massenanfertigung passiver Dünnschicht-Bauelemente der Mikroelektronik. 1965 wurde die erste industrielle *Elektronenstrahl-Schweißanlage* in Betrieb genommen. Die anderen Disziplinen der Elektronenstrahl-Technologie folgten bald danach, so daß wir sehr schnell zu einem Gleichlauf mit der Entwicklung in der Welt kamen. Diese ersten Jahre fruchtbringender und enger Zusammenarbeit mit der Industrie waren für unsere Kollektive auch eine Phase des intensiven Lernens. Wirtschaftliches Denken und Orientierung auf Nutzung in der Industrie schon in der Forschungs- und Entwicklungsphase gewannen mehr Einfluß auf das Handeln unserer Kollektive.

Die Erfindung des Plasma-Feinstrahlbrenners

Im eigenen Institut, in unserer Metallindustrie und auf den Schiffswerften ging sehr viel Zeit mit dem Trennen und Herausschneiden von Metallen verloren. 1960 kam mir die glückliche Idee, hierfür einen *Plasma-Feinstrahlbrenner* zu entwickeln, bei dem das Hochtemperatur-Plasma einer Hochdruckgasentladung so aus einer feinen wassergekühlten Düse austritt, daß sich ein Plasmastrahl von über 10 000° C Temperatur und nur wenig über 1 mm Durchmesser bildet. Mit einem solchen Plasmastrahl lassen sich auch die sprödesten Sonderstähle und Metalle mit sehr hohem Schmelzpunkt (z.B. Tantal) sehr schnell schneiden. Um die industrielle Nutzung dieser Methode zu demonstrieren, welche durch meine Mitarbeiter Rudolf Pochert und Willi Roggenbuck weiterentwickelt wurde, hatte ich das neue Schmelzschneiden in unserem Fernsehen vorgeführt und Interessenten eingeladen. Am nächsten Tag mußte der Verkehr auf dem Weißen Hirsch geregelt werden. Etwa 800 Anlagen, gefertigt vom Betrieb Schweißtechnik Finsterwalde (Mansfeld-Kombinat) und vier Goldmedaillen der Leipziger Frühjahrsmesse sind ein beredtes Zeugnis für den Erfolg meiner so einfachen Idee. In der DDR wurden einige hundert Betriebe der metallverarbeitenden Industrie und die Werften an der Ostsee mit den Brennern ausgerüstet. Wiederholt kamen Berichte über eine Steigerung der Arbeitsproduktivität auf 1000%! Etwa die Hälfte der Anlagen wurde nach Japan exportiert und diente dort der Rationalisierung des Schiffbaus.

Entwicklung von Verfahren zur Beschichtung im Vakuum

Um die Mitte der sechziger Jahre erlebte die *Bedampfungstechnik* international einen großen Aufschwung. Höhere Produktivität von Verfahren und Anlagen und völlig neue Anwendungsgebiete waren ein Kennzeichen dieser Entwicklung. Der eigentliche Einstieg unseres Instituts in die Vakuumbeschichtung erfolgte in diesem Zusammenhang. Die erste kontinuierlich arbeitende Anlage mit Elektronenstrahlverdampfung wurde 1964 für die Keramischen Werke

Hermsdorf entwickelt und gebaut. Besonders gefördert wurde die Vakuumbedampfung in der DDR durch einen Ministerratsbeschluß, der vom Vorsitzenden des Ministerrates Willi Stoph persönlich angeregt worden war. Als Folge dieses Beschlusses begann die forcierte Entwicklung der Bedampfung von Bandstahl, Flachglas, Folie und Papier. Auch bekannte Anwendungen wurden neu stimuliert. Bereits 1966 wurde eine Laboranlage zum versuchsweisen Bedampfen von Bandstahl mit Al mittels Elektronenstrahlen in unserem Institut in Betrieb genommen. Auf der Basis der Ergebnisse mit dieser Anlage erfolgten Entwicklung und Bau einer ersten Produktionsanlage, die 1971 im Kaltwalzwerk Bad Salzungen in die Produktion überführt wurde. Die technische Nutzung der Bedampfungstechnik für Bauglas (THERAFLEX), Folien und Papier begann im wesentlichen ebenfalls um 1970. In Zusammenhang mit den jeweiligen Anwendungen wurden auch Verdampferquellen und Anlagen weiterentwickelt.
Eine wesentliche Erweiterung der Vakuumbeschichtung stellt die Beschichtung unter Einfluß von Ionen und die Entwicklung des schon früher erwähnten Ringspalt-Plasmatrons für Kathodenzerstäubung fast beliebiger Metalle in industriellen Maßstäben dar. Auch für die Hochzüchtung dieses wichtigen Elementes konnten wir auf unsere früheren Erfahrungen mit der Plasmaführung in inhomogenen Magnetfeldern zurückgreifen.

Technologische Verfahrensforschung und Industriepartner

Um 1970 begann eine neue Etappe unseres Institutes. Von uns wurden erstmalig Verfahren und Anlagen in die Produktion überführt, die im Zeitraum 1970 bis 1973 zu einer Warenproduktion von ca. 100 Mio. Mark pro Jahr führten. Es entstanden Betriebsteile und teilweise neue Betriebe, für die die Elektronenstrahltechnologie und Vakuumbeschichtung als Basistechnologien angewendet wurden. Es war eine Zeit der Bewährung für unsere Kollektive. Die Überführung war die Prüfung der Wahrheit, bei der sich zeigte, wie gut in der Forschungs- und Entwicklungsphase gearbeitet worden war. Für viele Mitarbeiter bedeutete die Überführung auch zahlreiche persönliche Opfer, da sie über Monate, teilweise sogar Jahre, in den Anwenderbetrieben tätig sein mußten. Sie lernten während dieser Zeit im Kollektiv zu arbeiten. Rückblickend können wir feststellen, daß die Erfahrungen, die wir dabei gesammelt haben, unbezahlbar sind und sich außerordentlich positiv auf die fachliche und auch politische Weiterentwicklung unserer Kollektive auswirkten. Es bildeten sich Partnerschaften zu den Betrieben heraus, die es vorher nicht gab. Kennzeichnend ist, daß alle die Betriebe, in die wir damals neue Technologien überführt haben, auch 1984 noch unsere Auftraggeber sind.

Wir führten unsere Aufgaben vorwiegend im Auftrage von Kombinaten und Betrieben durch. Bei jeder neuen Forschungsaufgabe wird der gesamte Zyklus technologische Forschung, Anlagenentwicklung und Überführung in die Produktion berücksichtigt. Nur solche Aufgaben werden bearbeitet, die im Falle eines wissenschaftlich positiven Ausganges überführbar sind. Zur Überführung gehört nicht nur ein gutes wissenschaftliches Ergebnis, es müssen auch die materiellen und personellen Voraussetzungen für die Nutzung der Ergebnisse gegeben sein. Auch die voraussichtliche Bedarfsentwicklung neuer Technologien und Erzeugnisse muß dem einzusetzenden Aufwand entsprechen. Es werden mittelfristige, überschaubare Zeiträume von 2 bis 10 Jahren berücksichtigt. Das Nutzen von Zwischenergebnissen ist dabei integraler Bestandteil unserer Planung. Die Aufgaben, die wir zu bearbeiten haben, werden von uns nicht einseitig frei erfunden und auch nicht über den Papierweg unserem Institut zugestellt. Jede Aufgabenstellung ist ein Ergebnis umfangreicher Diskussionen mit unseren Partnern. Dadurch ist eine wichtige Voraussetzung für das richtige Beginnen gegeben, was entscheidend für ein erfolgreiches Ende ist. Meist versuchen wir, auch eine durchgehende Mitwirkung beider Seiten zu verwirklichen. Durch die enge Verflechtung der Pflichten ist gewährleistet, daß Produktionsbetriebe und Forschungseinrichtung in einem Boot sitzen und der beiderseitige Zwang zum Erfolg verstärkt wird. Bei auftretenden Schwierigkeiten muß jeder bereit sein, dem anderen bei der Erfüllung seiner Aufgaben zu helfen. Ein vertrauensvolles Verhältnis zwischen den Partnern ist dabei viel wirksamer als jede noch so ausgefeilte Absicherung über Verträge und Protokolle. Der Wille zum Miteinander muß stets vorherrschend sein.

Ergebnis unserer Arbeiten in diesem Bereich sind vorwiegend Verfahren bzw. Technologien und Anlagen für die industrielle Produktion. Technologische Forschung und Anlagenentwicklung werden bei uns als Einheit betrachtet, deren Bearbeitung im allgemeinen nicht nacheinander, sondern zeitlich verzahnt zu erfolgen hat. Die verbindliche Technologie kann häufig nur an Produktionsanlagen erarbeitet werden. Für die Vorgaben zur Entwicklung der Produktionsanlagen wiederum müßte die verbindliche Technologie bekannt sein. Auch in unserer Forschung haben wir oft Aufgaben zu lösen, die dem Henne-Ei-Problem der Natur entsprechen. Um solche Fragen unbürokratisch zu lösen und um das Denken und Handeln breiter Mitarbeiterkreise auf die Produktion zu orientieren, haben wir das *Prinzip der durchgehenden Verantwortlichkeit* verwirklicht.

Wer eine Aufgabe in der Forschungs- und Entwicklungsphase übernommen hat, muß diese auch zu Ende führen. Die Einführung dieses Prinzips hat den Vorteil, daß die sonst bei einer Verantwortungsübergabe auftretenden Probleme infolge von Informationsverlusten und Rückversicherungen vermieden werden. Darüber hinaus versuchen wir, auf allen Ebenen einen genügenden Entscheidungsspielraum zu schaffen. Jeder muß wissen, daß Aktivität stets gefördert wird und daß sich die Leitung in schwierigen Situationen hinter die Kollektive stellt; denn Mut zur Entscheidung und zum Risiko birgt erhöhte Gefahr zu Fehlern in sich.

Der personelle und materielle Aufwand für die Lösung von Forschungs- und Entwicklungsaufgaben steht in engem Zusammenhang und bestimmt die Entwicklungszeit und den Gesamtaufwand. Es ist aber nur ein Gerücht, wonach wir bezüglich Ausrüstungen an der Spitze stehen. Mit Forschungsmitteln müssen gerade wir sehr ökonomisch umgehen. Besondere Vorteile haben wir jedoch in bezug auf Forschungsmittel durch die Zusammenarbeit mit den Betrieben. Die Anlagen, die wir gemeinsam mit unseren Industriepartnern zum Zwecke der Erprobung in unserem Institut oder direkt im Produktionsbetrieb aufbauen, werden auch nach der Inbetriebnahme und Überführung noch für Forschungszwecke mitgenutzt. Damit haben wir einen Ansatz zur Weiterentwicklung von Verfahren und Anlagen auf höchstem anlagentechnischen Niveau unter Berücksichtigung von Produktionserfahrungen. Unser Arbeitsstil wurde in dieser Weise maßgeblich von der Industrie für die Industrie geformt. Die starke Bindung an die Industrie birgt durchaus die Gefahr in sich, daß eine Forschungseinrichtung sich zu stark auf Tagesprobleme konzentriert. Die Partnerschaft mit der Industrie hat sich jedoch in den vielen Jahren der Zusammenarbeit so entwickelt, daß Grundlagenforschung im erforderlichen Umfange betrieben werden konnte.

Grundlagenforschung im Auftrag des Ministeriums für Wissenschaft und Technik

Besonders positiv für das Schaffen allgemeiner Grundlagen haben sich die *Aufträge des Ministeriums für Wissenschaft und Technik* ausgewirkt. Sie ermöglichten es, Neuland zu beschreiten, ohne daß zu Beginn eine Anwendung in einem bestimmten Kombinat absehbar war.
Durch die Grundlagenforschung im Auftrage des Ministeriums für Wissenschaft und Technik und der Industrie konnten von uns wesentliche Beiträge zur Entwicklung des gesamten Fachgebietes Elektronenstrahltechnologie geleistet werden. Die DDR gehört auf diesem Gebiet sowohl in bezug auf wissenschaftliche Ergebnisse als auch in bezug auf industrielle Nutzung zur Spitzengruppe. Auf dem Felde der Vakuumbeschichtung wurde von unserem Institut Neuland beim Beschichten großer Flächen und bei der Entwicklung hochproduktiver Verfahren und Anlagen beschritten. Große Aufmerksamkeit haben wir auch der Entwicklung von Prozeßerweiterungen der Vakuumbeschichtung geschenkt. Ein besonderer Schwerpunkt sowohl in der Grundlagenforschung als auch in der technischen Entwicklung waren für uns die Elektronenkanonen und Quellen für die Vakuumbeschichtung großer Flächen.

Patente und Publikationen

Ein quantitatives Maß für den Neuheitsgrad unserer Ergebnisse ist die Zahl der Erfindungen. Die erfinderische Tätigkeit hat breite Mitarbeiterkreise erfaßt. Auf den erläuterten Gebieten der technologischen Forschung wurden bisher ca. 150 eigene Erfindungen genutzt. Die Zahl der zum Patent angemeldeten Erfindungen liegt zur Zeit bei nahezu 20 pro Jahr. Der gesamte volkswirtschaftliche Nutzen im ersten Nutzungsjahr der bisher geprüften Patente betrug 30 Mio. Mark. Die Zahl der Publikationen auf den genannten Fachgebieten liegt bei nahezu 300. Eine Aufgabe dieser Publikationen war es, neue Ergebnisse zur Diskussion zu stellen und deren Einführung wissenschaftlich vorzubereiten. Meine dreibändigen »Tabellen zur angewandten Physik« sind als Speicher für Traditionen und Wissen in allen technologischen Abteilungen zum Handwerkszeug unserer Arbeit geworden. In den Fachbüchern »Bedampfungstechnik« von S. Schiller und U. Heisig und »Elektronenstrahltechnologie« von S. Schiller, U. Heisig und S. Panzer fand das Wissen unseres Instituts seinen weiteren Niederschlag. Diese Bücher haben ebenfalls internationale Anerkennung gefunden.

Auch Erfolge können Schwierigkeiten verursachen

Im Frühjahr 1970 wurden wir merkwürdigerweise durch bedeutende Erfolge in der Forschungsarbeit vor eine sehr schwierige Situation gestellt. Unsere Hauptkraft konzentrierte sich auf etwa ein Dutzend Themen, die nach dem Leitsatz »Wo lohnt es sich am meisten?« ausgewählt worden waren. Fast gleichzeitig stellte sich bei allen diesen Aufgaben der Erfolg ein, und die Vertragspartner aus Industrie und Staatsapparat forderten daher ebenfalls zur gleichen Zeit, wir sollten umfangreiche Arbeiten der nachfolgenden Entwicklungsstufe übernehmen. Obwohl der Institutskomplex inzwischen auf vierzehn Einzelgebäude angewachsen war, überstieg die Summe der nur durch uns schnell zu erfüllenden Aufgaben unsere räumlichen Möglichkeiten, zumal die Anlagen immer größere Ausmaße annahmen. Aus diesem Grunde machten sich kurzfristig hohe Investitionen notwendig, die mir jedoch ohne Änderung des Institutsstatus ermöglicht wurden. Die Raumprobleme fanden ihre konstruktive Lösung durch die unverzügliche Errichtung einer Halle für Großgeräte (mit Krananlagen) hinter dem Garagengebäude der Zeppelinstraße 7 und durch den Bau eines Komplexes mit großzügig und zweckmäßig installierten Laboratorien in der Platt- leite 19a.

Entscheidende Unterstützung unserer Forschungen durch Partei und Regierung

Ende Mai 1972 gab mir der Stellvertretende Vorsitzende des Ministerrates Dr. Herbert Weiz im Auftrag des Ersten Sekretärs des Zentralkomitees der Sozialistischen Einheitspartei Deutschlands, Erich Honecker, einen Beschluß der höchsten Ebene bekannt. Er teilte mir mit, daß der bisherige private Status meines Instituts für die Dauer meiner eigenen Lebenszeit bestehen bleiben soll. Gleichzeitig wurde mir empfohlen, die nach meinem Tode auftretenden Probleme in Abstimmung mit zuständigen Dienststellen testamentarisch zu regeln. Die sehr ungewöhnliche Entscheidung empfand ich als großen Vertrauensbeweis und als kontinuierliche Fortsetzung der starken Förderung unserer Forschungen, die wir seit 1955 erfahren hatten. In einem Schreiben an den Ersten Sekretär des Zentralkomitees der SED brachte ich zum Ausdruck, wie stark ich die unter seiner Leitung getroffene Entscheidung als eine sehr ernste Verpflichtung auffasse, alle zur Verfügung stehenden Kräfte dafür einzusetzen, um durch wissenschaftliche beziehungsweise technische Leistungen von möglichst außergewöhnlichem Rang dem Fortschritt von Volkswirtschaft und Gesundheitswesen der Deutschen Demokratischen Republik zu dienen.

Zu einer sonderbaren Sendung des RIAS

Wenige Wochen nach der im vorausgehenden Absatz angedeuteten Entscheidung des Politbüros erhielt ich von einem meiner Mitarbeiter das Tonband einer Sendung des RIAS, die sich mit meiner Person beschäftigte. Nach einer sachlich gehaltenen Besprechung unserer Dresdner Forschungen formulierte der Sprecher des RIAS unter anderem wörtlich: »Mit der Ablösung Ulbrichts durch Honecker ist Manfred von Ardennes direkter Draht zur höchsten Entscheidungsinstanz in der DDR offenbar gerissen... Unter Honekker ist Ardenne praktisch enteignet worden... Und auch den gesellschaftspolitischen Anforderungen des SED-Staates hat sich der ‚Rote Baron', wie man ihn mitunter – keinesfalls nur abschätzig gemeint – nannte, entzogen...« Genau das Gegenteil war der Fall! Zu den drei Passagen dieser Sendung seien mir folgende Bemerkungen gestattet: Der direkte Draht zur höchsten Entscheidungsinstanz in der DDR ist keineswegs gerissen. Gerade Vorgänge der letzten Zeit beweisen, daß konstruktive Vorschläge, die dem Fortschritt dienen, sofort das Ohr der höchsten Ebene finden. Die »Enteignung« meines Instituts hat in der von Erich Honecker geleiteten Sitzung *nicht* stattgefunden, obwohl ich vorher als einer der ersten die Anpassung des Status unseres Instituts an das sozialistische System durch Überleitung in das Volkseigentum vorgeschlagen hatte. – Die in den westlichen Massenmedien heute schon etwas abgenutzte Titulierung »Roter Baron« ist die Fortsetzung einer alten Tradition meiner Familie. Schon mein von mir hochverehrter Großonkel Paul Freiherr von Schoenaich (†7. 1. 1954) wurde in der Rechtspresse der Weimarer Republik häufig in gleicher Weise oder mit dem Titel »Roter General« bezeichnet. Er war der einzige General aus der kaiserlichen Armee, der nach dem Ende des ersten Weltkrieges mutig Konsequenzen aus dem furchtbaren Geschehen zog. Er wurde Sozialdemokrat. Sein Buch »10 Jahre Kampf für Frieden und Recht« bezeugt seine Einstellung, ebenso wie die Tatsache, daß er als einer der Nachfolger der verehrungswürdigen Bertha von Suttner von 1929 bis zur Auflösung durch Hitler 1933 Präsident der Deutschen Friedensgesellschaft war.

Wege zur Steigerung der Effektivität technologischer Forschung

Unter den Bedingungen der wissenschaftlich-technischen Revolution und besonders der multidisziplinären beziehungsweise interdisziplinären Forschung hat der leitende Wissenschaftler im sozialistischen System nicht nur große Aufgaben und Pflichten, sondern ihm stehen auch neue Möglichkeiten offen, die es zu nutzen gilt. Ich

meine hier weniger die Bildung von problemorientierten Kollektiven aus Vertretern aller beteiligten Fachsparten, sondern mehr die Einschaltung von Potenzen, die außerhalb der eigenen Richtung liegen. Hierzu gehören überbetriebliche sozialistische Arbeitsgemeinschaften, wie wir sie zum Beispiel bei der Entwicklung des Elektronenstrahl-Mehrkammerofen-Verfahrens bis zur Großproduktion organisierten, Bildung von Forschungsverbänden, Erschließung nebenberuflicher Beratung durch hervorragende Vertreter fremder Fachsparten und die Einschaltung leistungsfähiger Kooperationspartner bei zugeordneten Fertigungen.
Die für den Leiter mit seiner Funktion verbundene administrative Belastung sollte durch die Einbeziehung von Mitarbeitern so gemindert werden, daß dem leitenden Wissenschaftler möglichst ein Arbeitsanteil von 75 Prozent für schöpferische wissenschaftlich-technische Arbeit zur Verfügung bleibt, die er verwenden kann, um die wesentlichen Informationen zu erschließen und aufzubereiten und die mit dem Thema verbundenen fremden Fachsparten zu studieren. Kollektive multidisziplinärer Zusammensetzung können nur dann zu hohem Nutzeffekt geführt werden, wenn der Leiter selbst eine hinreichende Übersicht über alle beteiligten Fächer hat und geistig-schöpferisch mitarbeitet. Bei diesen Voraussetzungen werden Verantwortung und Leistungsvermögen des einzelnen nicht herabgesetzt, sondern stark erhöht.

Gute Perspektiven für unsere materialsparenden Dünnschicht-Technologien

Unsere weiteren Aufgaben leiten sich unmittelbar aus den volkswirtschaftlichen Erfordernissen ab. Die Energieversorgung wird zu einer zentralen Frage unseres Jahrhunderts. Eine der wichtigsten neuen Energiequellen wird die eingesparte Energie sein. Neue Technologien und Erzeugnisse, die eine Einsparung von Energie ermöglichen, werden also vorrangig zu behandeln sein. Mit der Verknappung bestimmter Rohstoffe auf dem Weltmarkt und infolge unserer Importabhängigkeit wächst die Bedeutung wissenschaftlicher Ergebnisse, durch die eine Substitution bzw. eine Einsparung von Engpaßmaterialien erreicht wird. Elektronik und Mikroelektronik werden mehr und mehr zum bestimmenden Faktor für das gesamte technologische und industrielle Niveau. Dieser Industriezweig wird wesentlicher Partner für unser Institut bleiben. Mit steigender Industrialisierung nimmt ohne besondere Maßnahmen die Umweltbelastung zu. Viele Forschungsarbeiten auch in unserem Institut werden sich mit dieser Frage befassen. Schließlich wird der Wohlstand für die Bevölkerung unmittelbar durch die Arbeitsproduktivität bestimmt. Die Mitwirkung an Rationalisierungsvorhaben wird daher eine zentrale Aufgabe unseres Institus bleiben. Bereits heute läßt sich einschätzen, daß die große Zeit unserer Technologien erst kommen wird. Die absehbare Entwicklung unserer Volkswirtschaft bestimmt also unmittelbar die weiteren Arbeiten unseres Instituts. Es werden sich neue Dimensionen in der Nutzung von Wissenschaft und Technik ausbilden. Dies kann und darf im wesentlichen nicht durch zusätzliche Kapazitäten, sondern muß durch Intensivierung und erhöhte Effektivität aufgefangen werden. Für uns wird die Aufgabe bestehen, die höhere Effektivität durch die Weiterentwicklung unserer bisher bewährten Arbeitsmethoden zu erreichen. Eine entscheidende Maßnahme dafür ist die noch engere Verzahnung mit der Industrie, die noch stärkere Ausrichtung auf produktionsgerechte Forschung. Diese Verflechtung mit der Industrie bedeutet, daß unsere Industriepartner noch stärker als bisher mit uns und wir mit ihnen in allen Phasen der Entwicklung zusammenarbeiten. Verstärkte Fertigungs- und auch Wissenschaftskooperation werden zur täglichen Praxis in unserem Institut gehören.

Das mit eigenen Kräften errichtete neue Institutsgebäude Zeppelinstraße 1

Um die umfangreicher werdende Erprobungsarbeit in unserem Institut zu sichern, wurde gemeinsam mit den Keramischen Werken Hermsdorf, dem Kombinat LEW Hennigsdorf und dem Flachglaskombinat Torgau ein neues Gebäude auf dem Institutsgelände errichtet. Wir sind stolz darauf, daß dieses große Gebäude mit eigenen Kräften errichtet worden ist, denn die Stadt Dresden konnte hierfür

– bei allem guten Willen – keine Baukapazität zur Verfügung stellen. So haben dann Wissenschaftler, Konstrukteure, Laboranten, Mechaniker gemeinsam mit unserer kleinen Betriebs-Handwerkergruppe den Bau errichtet. Keiner schloß sich aus, zumal sich schnell verbreitet hatte, daß auch ich zwei Wagen mit Kies beladen und entladen hatte. Für mich war das eine multivalente Aktivität: Vorbildwirkung und gleichzeitig sehr gesundes Bewegungstraining! Durch den Neubau wurden auch bessere Voraussetzungen für die verstärkte zeitweilige Delegierung von Mitarbeitern der Partnerbetriebe in unser Institut geschaffen. – Eine zweite entscheidende Maßnahme zur Erhöhung der Effektivität ist die multivalente Nutzung unserer Forschungs- und Entwicklungsergebnisse. Unsere Zuordnung zum Ministerium für Wissenschaft und Technik sowie die getroffenen Vereinbarungen mit den Kombinaten und Betrieben sind die Basis dafür, daß dieses Ziel auch verwirklicht werden kann.

Auswirkungen unserer neuen Produktionsverfahren in der Volkswirtschaft der DDR

Die *Auswirkungen* der von uns entwickelten vakuumtechnologischen, elektronenstrahltechnologischen und plasmatechnologischen Produktionsverfahren in der Volkswirtschaft der DDR erreichten bei allen unseren Industriepartnern zusammen 1983 etwa die *Höhe von 600 Millionen Mark pro Jahr*! Zu diesem Betrag kommen pro weiteres Jahr durch die Überleitung zur Produktionsreife gebrachter neuer Verfahren noch etwa 60 Millionen Mark hinzu. Dieses einzigartige Ergebnis, zu welchem noch die Auswirkungen unserer medizinischen Forschungen hinzugezählt werden müssen, kommt allen Bürgern unseres Staates zugute. Es bestätigt überzeugend die Richtigkeit meiner noch in der Sowjetunion getroffenen Entscheidung, mein neues Institut in der Deutschen Demokratischen Republik aufzubauen.

Zu dem so ungewöhnlichen volkswirtschaftlichen Ergebnis hat sicher beigetragen, daß gemäß unserer alten Tradition bei der Entwicklung der neuen Produktionsverfahren nicht nur die Grundkon-

zeption und die wissenschaftlichen Grundlagen bereitgestellt wurden, sondern stets auch das *technologische Umfeld*. Für die Schaffung dieses Umfeldes wurden hohe Beträge aufgewendet, die sich aber schnell amortisierten und uns eine Sonderstellung gegenüber akademisch geleiteten, praxisfernen Instituten gaben.
Besonders hat zu dem guten Ergebnis die Tüchtigkeit meines Stellvertreters, Prof. Dr. Siegfried Schiller, und seiner engsten Mitarbeiter, Dr. Ulrich Heisig, Dipl.-Phys. Peter Lenk und Dr. Siegfried Panzer, beigetragen sowie der außergewöhnliche Leistungswille der vielen anderen Mitarbeiter dieses Bereiches. Genannt seien hier besonders weitere Mitarbeiter der Leitungsebene wie: Günther Beister, Heinz Döhler, Harry Förster, Karl-Heinz Ihle, Dieter Jahn, Kurt Jessat, Manfred Neumann, Rudolf Schroller, Peter Vetters. Hinter ihnen allen steht bereits eine weitere jüngere Generation hervorragend eingearbeiteter und fähiger Mitarbeiter, um eines Tages die Stafetten zu übernehmen. Hierzu gehören auch meine vier Kinder. Die hohe Effektivität des Instituts und seine enge vielfältige Verflechtung mit der Industrie unseres Staates führen zu meiner Freude zwangsläufig zu einer hohen Wahrscheinlichkeit des *Fortbestehens des Institutes lange über meine eigene Lebensdauer* hinaus. Mögen aus dem Kreis der Mitarbeiter immer wieder mit dem empfindlichen Funktionsmechanismus unserer Einrichtung gut vertraute und zugleich hochtalentierte Leitungspersönlichkeiten heranwachsen, welche Stärke und Fortbestand des Instituts auch für die fernere Zukunft sichern.

Prinzipien für Stärke und Fortbestand des Institutes lange über meine eigene Lebensdauer

Eine unabdingbare Voraussetzung für die Erhaltung von Effektivität und Leistungsfähigkeit meines Instituts ist die Sicherung der fachlichen Leistungspyramide und die Sicherung einer kontinuierlichen Leitung. Als eine Art *Vermächtnis* wurde daher von mir festgelegt, daß:

1. die Personalstruktur allein durch die leitenden Mitarbeiter des Institutes bestimmt wird;

2. ein leitender Mitarbeiter zum Zeitpunkt seiner Berufung mindestens 10 Jahre erfolgreiche fachliche Tätigkeit innerhalb des Instituts nachweisen muß;
3. der Berufung des Institutsdirektors eine mindestens 15-jährige erfolgreiche fachliche Tätigkeit auf physikalisch-technischem Gebiet im Institut vorausgegangen sein muß.

Die Anerkennung der Leistung, Harmonie zwischen den Mitarbeitern und charakterlich einwandfreies Verhalten mögen stets ein solches Arbeitsklima erzeugen, in dem außergewöhnliche Ergebnisse heranwachsen.

Die Entlastung meiner Arbeitskraft von der Leitung des technologischen Bereiches

Zu meiner großen Beruhigung sah ich, daß nach kurzer Einspielzeit auf dem Parkett internationaler Kongresse und Begegnungen auch mein Stellvertreter *Siegfried Schiller* dazu überging, sich durch persönliche Kontakte mit den führenden Spezialisten des Auslands genaue Informationen über den jeweiligen wissenschaftlichen Weltstand zu erschließen. Durch zahlreiche Vorträge hat er auf internationaler Ebene sowohl zum Ansehen unserer Forschungseinrichtung als auch zur weiteren Informationsgewinnung beigetragen. Damit wurde eine sehr wesentliche Voraussetzung dafür erfüllt, daß unsere technologische Forschung weiterhin in vorderster Front bleiben wird. Dieser Tatbestand und das zuvor genannte gute Ergebnis für unsere Volkswirtschaft rechtfertigten nachträglich meinen1960 gefaßten und allmählich in den Jahren bis 1965 realisierten Entschluß, mich von der technisch-physikalischen Forschung und ihrer Leitung zurückzuziehen. Damit beschritt ich den Weg, um mit voller Arbeitskraft forschend auf einem neuen Feld der Naturwissenschaften, wo noch große Aufgaben der Lösung harrten, tätig zu werden.

Kapitel 5: Medizinische Forschungen an grossen ungelösten Problemen unserer Zeit

Mein langer Weg zur medizinischen Forschung

Unsere Arbeiten über Elektronenröhrenverstärker für Meßzwecke, über Elektronenstrahloszillographen, über elektronenoptische Geräte, über kernphysikalische Indikatormethoden und über Mikroelektronik zwangen mich seit 1928 dazu, mich in wechselnde Gebiete der Medizin und Physiologie einzuarbeiten.

Zwei Bücher über »Verstärkermeßtechnik« und das »Messen mit Elektronenstrahlröhren« waren vom Verfasser 1929/33 im Verlag Julius Springer erschienen. Dies führte zu einigen Anfragen, die wegen ihrer bedeutenden Konsequenzen bis heute in der Erinnerung blieben. Eine Anfrage zur Weiterentwicklung der kernphysikalischen Meßtechnik kam von Niels Bohr. Weitere Anfragen kamen von Hans Schaefer und anderen Physiologen zur Gestaltung von oszillographischen Einrichtungen für die Erforschung der Aktionspotentiale von Nerven. Wir haben geholfen und gewannen Einblicke in das damals junge Gebiet der *Nervenphysiologie*.

Bald danach begann die Zeit, in der im Lichterfelder Institut Aufträge zur Herstellung von Spezialoszillographenröhren zur *Aufzeichnung von Elektrokardiogrammen und von Vektorkardiogrammen* eintrafen. Dieser Tatbestand nötigte zu einer gewissen Einarbeitung in die Probleme der Elektrokardiographie. Später flossen diese Arbeiten über vertragliche Beziehungen in die Entwicklungen der Elektrokardiographenabteilung von Siemens ein.

Meine Anfang 1934 erfolgte Erfindung des elektronenoptischen Bildwandlers löste eine intensive Beschäftigung mit den Problemen der *medizinischen Röntgentechnik* aus.

Im gleichen Jahr kam eine Anfrage des Nobelpreisträgers Otto Warburg, ob ich bereit sei, für ihn ein Spektralphotometer mit durch geeignete Röhren-Verstärker stark erhöhter Meßempfindlichkeit zu bauen. Ich sagte zu. Es entstand in Zusammenarbeit mit dem Warburg-Schüler Erwin Haas das *erste elektronische Spektralphotometer für enzymatisch-optische Messungen*, mit welchem in der Folgezeit

Warburg wichtige Entdeckungen (rotes Atmungsferment) und Arbeiten gelangen. Über Theodor Bücher, der nach Haas mit unserer Anlage arbeitete, führte unser Bemühen schließlich zu den industriell hergestellten elektronischen Spektralphotometern (Beckmann, Leitz). – Dieser Auftrag gab mir eine Vorstellung von der Bedeutung enzymatisch-optischer Messungen für die Biochemie und brachte mich mit Otto Warburg in Verbindung. Der Eindruck seiner Persönlichkeit bewirkte, daß ich seit 1934 den Warburgschen Veröffentlichungen zum Krebsproblem, die mich schon wegen ihres prägnanten Stils faszinierten, stets besondere Aufmerksamkeit widmete.

Durch die an anderer Stelle besprochene Erfindung des Elektronenrastermikroskopes, die Entwicklung des hochauflösenden Universalelektronenmikroskopes für Hellfeld-, Dunkelfeld- und Stereo-Betrieb sowie durch die Schaffung des ersten Ultramikrotoms (Keilschnittmethode) und die Einführung der Osmium-Färbemethode in die elektronenmikroskopische Präpariertechnik kam es ab 1937 zu einer Zusammenarbeit in großer Breite mit dem von Butenandt geleiteten Kaiser-Wilhelm-Institut für Biochemie, mit dem von Warburg geleiteten Kaiser-Wilhelm-Institut für Zellphysiologie und dem von Noak geführten Botanischen Institut. Aus dieser Zeit sind mir die Namen Friedrich-Freksa, Schramm, Melchers, Trunit, Augustin, Haas und Menke noch gut in Erinnerung, zumal mit nicht wenigen von ihnen auch gemeinsame Veröffentlichungen erfolgten. In dieser Phase ergaben sich Einblicke in Probleme der *Virusforschung*, der *Bakteriologie*, der *Chromosomenforschung* und der *Erforschung von Zellorganellen*.

Die elektronenmikroskopische Erkundung der Feinstruktur von Zellen und Geweben des Organismus, die sich bis zum Ende des 2.Weltkriegs fortsetzte, fand während des Krieges ihre Ergänzung durch Arbeiten an der *Markierungsmethode mit radioaktiven und stabilen Isotopen*. Der Einsatz dieser Methode, über die wir bei Kriegsende ein Buch veröffentlichten, das später auch in der Sowjetunion erschien, konfrontierte mich wieder mit interessanten Aufgaben der Medizin und Physiologie.

Nach unserer Rückkehr aus der Sowjetunion kam es durch meine Freundschaft mit dem Chef der Chirurgischen Klinik der Medizinischen Akademie Dresden, Prof. Dr. Bernhardt Sprung, zu vielen nachhaltigen Impulsen in Richtung Medizin und Medizintechnik. Aus unseren gemeinsamen Bemühungen entstand 1959 der schon an anderer Stelle besprochene verschluckbare Intestinalsender und 1961 der *Operationssaal für Forschungszwecke der chrirurgischen Klinik*. Für die Ausrüstung dieses Saales entwickelten wir im Institut zahlreiche elektronische Geräte für die *oszillographische Vielkanal-Kreislaufüberwachung* mit Fernsehröhren sowie *Hypo-* bzw. *Hyperthermiewannen* und *Herz-Lungen-Maschinen*. Für das umfangreiche technische Bauprogramm wurde damals unser neuer Institutsbereich »Biomedizinische Technik« in Dresden und in der Außenstelle Berlin geschaffen. Mit diesen Entwicklungen griffen wir damals weit in die Zukunft, denn erst etwa 10 Jahre später wurden Geräte dieser Art in das Produktionsprogramm der medizintechnischen Industrie, insbesondere für die Ausrüstung von Intensivpflegestationen aufgenommen. Für die DDR brachten unsere Bemühungen wenigstens den Vorteil, daß es zur Serienproduktion der Herz-Lungen-Maschinen durch unsere Außenstelle als Standardausrüs-tung für alle Herzzentren unseres Staates kam.

Professor Navratils Interesse für unseren Operationssaal

Nachdem der Operationssaal fertig war, veröffentlichten wir eine Arbeit darüber, von der wir auch dem damaligen Minister für Gesundheitswesen einige Sonderdrucke überreichten. Er hatte unsere Forschungen auf dem Gebiet der multidisziplinären Medizin von Anfang an stark gefördert. Minister Sefrin nahm einen Sonderdruck mit auf die Reise in die Tschechoslowakische Sozialistische Republik zu dem bekannten Herzoperateur Professor Navratil. Zu diesem Zeitpunkt waren die Herz-Operationszentren bei uns noch nicht aufgebaut, während Navratil bereits eintausendfünfhundert Herzoperationen in tiefer Hypothermie an Kindern mit anborenem Herzfehler durchgeführt hatte. Hauptziel der Reise Max Sefrins war es, das der Deutschen Demokratischen Republik zugebilligte Kontingent von nur sechs Herzoperationen pro Monat zu erhöhen. Im Lauf der Verhandlungen zeigte er auch die Bilder unseres Operationssaals. Professor Navratil interessierte sich für alle Einzelheiten, er ging so weit, die Dresdner Einrichtung als den realisierten Traum seines Lebens zu bezeichnen. Minister Sefrin erzählte mir, der Eindruck des Berichtes und der bald folgende Besuch des tschechoslowakischen Mediziners in Dresden hätten sehr dazu beigetragen, daß die Navratilsche Klinik sich bereit erklärte, das Kontingent der monatlichen Herzoperationen auf zwanzig zu erhöhen. Ein solches Nebenergebnis unserer Arbeit machte mich natürlich sehr glücklich. Diese für unser Gesundheitswesen wichtigen Ergebnisse wurden durch meine Wahl zum 1. Vorsitzenden der Gesellschaft für Biomedizinische Technik (medizinische Elektronik) in der DDR und zum Mitglied des Wissenschaftlichen Rates des Ministeriums für Gesundheitswesen anerkannt.

Diesmal waren es besonders starke Eindrücke und Kräfte gewesen, welche mein persönliches Interesse in Richtung Medizin lenkten. – Hinzu kam noch, daß ich mit sehr guten Anfangserfolgen 1961 die Entwicklung von *Ultraschall-Diagnoseanlagen* nach dem Impuls-Echo-Prinzip (Ultraschall-Focoscan-Schnittbildverfahren) eingeleitet hatte, weil ich mir von diesem Verfahren als Ergänzung der Abbildung des Körperinneren mit Röntgenstrahlung eine große Zukunft versprach. Leider konnten wir in diese Entwicklung nicht genügend Kräfte investieren, so daß wir, obwohl zu Beginn in vorderster Front, bald hinter der internationalen Entwicklung zurückblieben. 1983 wurde ich wegen der Aktivitäten im Jahre 1961 zum Ehrenmitglied der Gesellschaft für Ultraschalldiagnostik der DDR gewählt, und ich hatte am gleichen Tag die Freude, neue hervorragend arbeitende Ultraschall-Schnittbildgeräte aus der Fertigung des VEB Ultraschalltechnik Halle DDR kennenzulernen.

Bei meinen vorstehend skizzierten Exkursionen in die Medizin hatte ich den Eindruck gewonnen, daß verschiedene wichtige Felder dieser Disziplin naturwissenschaftlich betrachtet sich noch in einer Art Jugendstadium befanden. In solchen Phasen mitzutun hatte mich auch bei meinen verschiedenen früheren Fachgebieten immer stark gereizt, weil ich die Hoffnung haben durfte, noch Grundlegendes zu finden.

Durch die aufgezählten Geschehnisse war der Boden für einen Wechsel des Fachgebietes zwar langsam, aber gründlich vorbereitet

worden. Auch war nach dem Prinzip Enrico Fermis die 10-Jahre-Zeitspanne für einen Wechsel des Fachgebietes herangereift.
Zur endgültigen Entscheidung für den radikalen Wechsel zur Medizin bedurfte es jedoch der Überzeugungskraft einer außergwöhnlichen Persönlichkeit, an die wir in den folgenden Abschnitten erinnern wollen.

Otto Warburg als singuläre Erscheinung unter den großen Naturwissenschaftlern dieses Jahrhunderts

Unsere Zeit braucht Vorbilder, zu denen die Menschen nacheifernd aufblicken können. Unter den großen Naturwissenschaftlern dieses Jahrhunderts war Otto Warburg, geboren in Freiburg/Br. am 8. Oktober 1883, durch seinen Werdegang, durch sein nur der Wissenschaft zugewandtes Leben, durch seine Arbeitsweise, durch seine vielen grundlegenden Entdeckungen und durch Entwicklung bahnbrechender Forschungsmethoden eine singuläre Erscheinung, unvergeßbar für alle, die das Glück hatten, ihm zu begegnen. Als Sohn des Physikers Emil Warburg, des Präsidenten der Physikalisch-technischen Reichsanstalt zu Berlin, hatte er in seiner Jugend im Kreise der Familie und des Freundeskreises seines Vaters (Planck, Lummer, Pringsheim, Nernst, van't Hoff, Einstein) tief miterlebt, wie Planck aus den Präzisionsmessungen Lummers über die spektralen Strahlungskurven des schwarzen Körpers das Wirkungsquantum h als eine der fundamentalsten Naturkonstanten berechnete. So wurde die Ansicht Maxwells (1877): »Der wichtigste Schritt für den Fortschritt einer jeden Wissenschaft ist das Messen von Größen« zum Leitsatz seines eigenen Handelns.
Biologie und Biochemie befanden sich am Anfang dieses Jahrhunderts im Jugendstadium ihrer Entwicklung. Grundprobleme des Lebens, wie Atmungs- und Gärungsstoffwechsel normaler und kranker Zellen, wie Photosynthese, warteten auf ihre Klärung. Hier schaltete sich Warburg 1923 mit seiner genial erdachten *manometrischen Meßmethode* ein und mit seiner *Gewebeschnitt-Technik*. Beide Methoden fanden sehr schnell eine weltweite Verbreitung und wurden für viele Jahrzehnte zu den Standardmethoden von Biologie und Biochemie. Warburg selbst leiteten diese von ihm

immer weiter verfeinerten, quantitativen Methoden zu seinen großen Entdeckungen:

Entdeckung der aeroben Glykolyse der Krebszellen (1923)

Entdeckung des „sauerstoff-übertragenden, eisenhaltigen Atmungsfermentes Cytochrom-Oxidase“ (1928)

Ermittlung des Quantenbedarfs der Photosynthese (1923).

Zu diesen Hauptergebnissen gesellten sich weitere fundamentale Entdeckungen, insbesondere, als von ihm das zeitsparende spektrometrische Verfahren zur Aufnahme fermentativer Wirkungsspektren erdacht (1928) und elektronisch unter meiner Mitarbeit und der von E. Haas vervollkommnet (1935) wurde:

Entdeckung der Flavoproteine, des gelben Ferments (1932, 1938)

Entdeckung der Pyridinnucleotide und Identifizierung des Nicotinamid (1935, 1937)

Entdeckung der Kupferproteine (1937) usw.

Um vollständig zu sein, müßte die Aufzählung der Entdeckungen und erdachten Methoden von Warburg noch lange fortgesetzt werden. Aber das gehörte dann zu einem Bericht über sein wissenschaftliches Lebenswerk, der bereits von seinem großen Schüler Sir Hans Krebs, dem Entdecker des Citronensäurecyclus (Nobelpreis 1953) gegeben wurde.

Wenn man den Aufbau einer Wissenschaft mit der Errichtung einer Kathedrale vergleicht, so ergibt sich als Gemeinsamkeit, daß sehr wenige Baumeister und sehr viele Handwerker daran beteiligt sind. Otto Warburg wurde durch sein Lebenswerk zum maßgebenden Baumeister der modernen Biologie und Biochemie. »Warburg hat mehr als jeder andere zum Fortschritt von Biologie und Biochemie beigetragen«, formulierte A. Butenandt, Präsident der Max-Planck-Gesellschaft einmal aus festlichem Anlaß.

Otto Warburg war Schüler des Nobelpreisträgers Emil Fischer, des führenden organischen Chemikers seiner Zeit. Ihm zu Ehren ließ Warburg später im Garten des Kaiser-Wilhelm-Instituts für Zellphysiologie ein Denkmal errichten.

Für seine Entdeckung des aeroben Gärungsstoffwechsels der Krebszellen wurde Warburg 1927 zum *Nobelpreis* vorgeschlagen.

Für seine Entdeckung der katalytischen Rolle der Eisenporphyrine bei biologischen Oxydationen (Atmungsferment, Cytochrom-Oxydase) erhielt Warburg 1931 den *Nobelpreis* für Medizin und Physiologie.

Für die Identifizierung der Flavine und des Nicotinamids als Wasserstoffüberträger bei biologischen Oxydationen erhielt Warburg 1944 den *Nobelpreis* zuerkannt, mußte ihn aber wegen des Hitler-Erlasses ablehnen.

Fünf Schüler von Otto Warburg erhielten Nobelpreise: *Krebs, Lipmann, Meyerhoff, Ochoa* und *Theorell.*

Warburg, der sich ganz der reinen Forschung widmete, hat nie einen Lehrstuhl innegehabt. Als man ihn für die Lehre zu gewinnen versuchte, lautete seine Ablehnung: »Habe ich nicht genug für den Nachwuchs getan? Fünf meiner Schüler haben den Nobelpreis erhalten!«

Als ein Student Warburg nach dem wichtigsten Ereignis in seinem Leben fragte, lautete die Antwort: »Die frühe Begegnung mit dem Genius, mit meinem Vater, dem Physiker Emil Warburg, und mit meinem großen Lehrer Emil Fischer, der mich 1903 in sein Laboratorium aufnahm.«

Als entscheidend für die Entwicklung eines jungen Forschers sah Warburg die Mitarbeit im Laboratorium eines bedeutenden Forschers, »if you observe carefully, what he does, you will learn how discoveries are made«!

Um bei der Forschung von möglichst hohem Ausgangsniveau zu starten, pflegte Warburg einen guten Kontakt zu den großen Gelehrten seiner Zeit.

In seinem ergreifenden Nachruf auf Otto Warburg schrieb Sir Hans Krebs:

»Wenn man Warburgs Beitrag zur Wissenschaft überblickt, wird man an die Worte des französischen Biologen Cuvier erinnert, der 1830 die Leistungen Humphry Davys mit denen anderer zeitgenössischer Chemiker verglich: ›Davy stieg auf wie ein Adler und beschien mit heller Fackel ein weites Feld der Chemie und Physik. Die anderen ließen ihre Lämpchen auf begrenzte Gegenstände leuchten. Davys Name steht über vielen Kapiteln, während die Namen der anderen in einzelnen Abschnitten zu finden sind.‹ Über die hervorragenden Leistungen Otto Warburgs läßt sich Ähnliches sagen.

Viele Ehren wurden Warburg zeit seines Lebens zuteil; aber die höchste und bleibendste von allen ist die Verehrung, Bewunderung und Zuneigung all derer, die ihm und seinem Werk begegnet sind und noch begegnen.«

Hinter seinem Werk stand eine außergewöhnliche Persönlichkeit, wie in der Naturforschung nur wenige in einem Jahrhundert der Menschheit geschenkt werden. Deshalb ist es für diejenigen, welche ihn persönlich kannten, eine Pflicht, solche Einzelheiten aus dem Leben Otto Warburgs vor dem Vergessen zu bewahren, die entweder für die Geschichte der Naturwissenschaften interessant sind oder deren Kenntnis der jüngeren Generation helfen kann.

Das Dahlemer Kaiser-Wilhelm-Institut für Zellphysiologie

In Baltimore, USA, hielt 1929 Warburg seinen tief in wissenschaftliches Neuland vordringenden Vortrag »Enzyme action and biological oxidation«. Nach dem Vortrag kam ein Mitglied der Milliardärs-Familie Rockefeller zu ihm und erklärte: die Rockefeller Foundation sei bereit, ihm in Berlin ein Institut nach seinen Wünschen zu errichten und jährlich für seine künftige Forschung einen bedeutenden Betrag zur Verfügung zu stellen. Er brauche über die Verwendung des Jahresbetrages nicht abzurechnen! – Das war, noch dazu in den Jahren der großen Wirtschaftskrise, ein wohl einmalig gebliebener Fall einer *zu Höchstleistungen anspornenden Forschungsförderung durch Gewährung von Vertrauen und geistiger Freiheit* an einen genialen, nur für die Wissenschaft lebenden Menschen. Warburg konnte jetzt selbst die Arbeitsbedingungen bestimmen, von denen er maximale Effektivität seiner Forschung erwartete: die Größe seines Instituts; die Art und Zahl seiner Mitarbeiter; die Wahl seiner Forschungsthemen; die technische Ausstattung seiner Laboratorien und Werkstätten; die Minimierung der Verwaltungsarbeit und aller anderen, nicht seiner Forschung dienenden Tätigkeiten.

Kurz nach Ausbruch des Ersten Weltkrieges meldete sich Warburg freiwillig zum Militärdienst bei einem Potsdamer Garderegiment. Er wurde an der Front verwundet und mit dem Eisernen Kreuz 1.Klasse ausgezeichnet. Er erreichte den Rang eines Leutnants und lernte als Ordonnanzoffizier verschiedener Heerführer den »Umgang mit Menschen, gehorchen und befehlen«. Erst ein zu Beginn des letzten Kriegsjahres von Albert Einstein an ihn gerichteter Brief (siehe unten) löste seine Rückführung von der Front zur Fortsetzung seiner Forschungen aus. Seit seiner Militärzeit hatte Warburg eine immer wieder in Gesprächen anklingende Vorliebe für alles Preußische gewonnen. Diese Vorliebe führte ihn dazu, daß er für sein zu errichtendes Institut als Vorbild die Außenarchitektur eines preußischen Herrenhauses in Groß-Kreutz (Mark Brandenburg) wählte. Dieses nach Entwürfen von G.W. von Knobelsdorff im friderizianischen Rokoko 1763 errichtete Herrenhaus war damals im Besitz der preußischen Familie von der Marwitz. 1931 war das nach dem Vorbild in Berlin-Dahlem, Garystr. 32, errichtete Gebäude des Kaiser-Wilhlem-Instituts für Zellphysiologie einzugsfertig.

Die Arbeitsweise Otto Warburgs

Bei der Wahl seiner Forschungsthemen ließ Warburg sich von folgender, wiederholt von ihm zitierten Auffassung leiten: »Ein Wissenschaftler muß den Mut haben, die großen ungelösten Probleme seiner Zeit anzugreifen, und ihre Lösungen müssen durch Ausarbeitung unzähliger Experimente ohne kritische Zeitverluste vorangetrieben werden.« Im persönlichen Gespräch ergänzte er dann noch lächelnd: »Die Lösung der großen Probleme erfordert meist nicht viel mehr Arbeit als die Lösung kleinerer Aufgaben, aber der Erfolg ist so viel größer!«
Heute werden oft riesige Forschungszentren errichtet und erst im zweiten Schritt wird mit dem nicht selten ergebnislosen Suchen nach hochbefähigten Wissenschaftlern für ihre Leitung begonnen. Eine solche Reihenfolge führt in der Regel zu keinem guten Ende oder mindestens zu kostspieligen Zeitverlusten (Beispiel Krebsforschungszentrum Heidelberg). Bei der Gründung der Kaiser-Wilhelm-Institute in den ersten Dezennien dieses Jahrhunderts war die Reihenfolge umgekehrt. Erst, und nur, wenn eine Genialität verratende, kraftvolle Forscherpersönlichkeit gefunden war, begann meist sogar nach seinen Wünschen der Aufbau der Institute. Daß

die Leiter ihre wissenschaftliche Umwelt selbst gestalten konnten, trug sehr zur späteren Auszeichnung fast aller Dahlemer KWI-Direktoren mit dem Nobelpreis bei. Die meisten dieser durch ihre Ergebnisse weltbekannt gewordenen Institute sind durch ihre Begründer sehr überlegt auf eine relativ geringe Größe beschränkt worden. Diese Tendenz war besonders bei dem Warburg-Institut zu erkennen.

Im Innern war sein Institut auf Arbeit aus- und eingerichtet. Außer einem bescheidenen Eß- und Schlafraum im Obergeschoß gab es keine Räume, die nicht der Arbeit dienten.

Warburg war sein ganzes Leben hindurch bestrebt, die Zahl seiner Mitarbeiter klein zu halten und dafür einen verhältnismäßig großen Anteil seiner finanziellen Mittel für die Ausstattung mit modernen physikalischen und chemischen Apparaten zu verwenden. Die Zahl seiner Mitarbeiter überstieg selten 10 bis 12, darunter zwei oder drei Akademiker, und der Rest überwiegend junge Techniker. Es gab bei ihm keinen Pförtner und keine Sekretärin. Die Schreibarbeiten erledigte er selbst auf der Schreibmaschine oder handschriftlich. Die gesamte Verwaltungsarbeit bewältigte der seit 1919 mit Warburg freundschaftlich verbundene Jakob Heiss.

Die geringe Zahl seiner Mitarbeiter ergab für Warburg einen entscheidenden Vorteil: Er kannte die in seinem Institut laufenden Arbeiten bis in die feinsten Einzelheiten. Jedem in Angriff genommenen Experiment kamen seine genialen Ideen und Methoden sowie seine Erfahrung zugute. Er bestimmte alle Experimente, legte ihre Randbedingungen fest und kontrollierte oft im Laboratorium ihre sorgfältige Durchführung. Mehrmals am Tag oder mindestens gegen Abend ließ er sich, meist anhand der Meßprotokolle, berichten und zog dann die Schlußfolgerungen für die weitere Fortführung der Arbeiten. Bei meiner Mitarbeit 1934 im Institut bei der Entwicklung des elektronischen Spektralphotometers im äußersten Kellerlabor des rechten Gebäudeflügels habe ich diesen Arbeitsstil kennen und bewundern gelernt. Diese Erfahrung trug 25 Jahre später dazu bei, daß ich im Rahmen meines 470 Mitarbeiter-Instituts in Dresden für meine medizinischen Forschungen abgetrennt ein kleines Institut mit relativ wenigen Mitarbeitern (40 Mediziner, 55 Medizintechniker) organisierte.

Nach dem Ausritt am frühen Morgen, stets gemeinsam mit Jakob Heiss, begann um 9 Uhr die Arbeit Warburgs im Institut. Für die Mitarbeiter war es selbstverständlich, schon um 8.45 Uhr am Arbeitsplatz zu sein. Die Mittagspause lag für Warburg und Heiss mit einem kurzen Mittagsschlaf zwischen 13.00 und 15.30 Uhr. Wenn man als Gast häufiger am Mittagessen teilnahm, so bemerkte man eine erstaunliche Gleichförmigkeit des Speisezettels. Das Essen war auf die Erhaltung der Gesundheit, d.h. der Arbeitskraft, ausgerichtet: Suppe, Braten, Gemüse und am Schluß Zitronencreme, alles frisch aus von Warburg auf Kanzerogene kontrollierten Bezugsquellen. Kein mit Einsatz von Netzmitteln abgewaschenes Geschirr. – Am Abend verließ Warburg das Institut etwa um 18.30 Uhr. Es war selbstverständlich, daß die Mitarbeiter das Institut erst nach Warburg verließen, weil er für seine weitere Arbeit am Abend in seinem nahen Haus Garystraße 18 oft noch die letzten Versuchsdaten benötigte.

Jedes Jahr im August und September machte er zwei Monate »Ferien«, die er jedoch regelmäßig auch zur Niederschrift seiner Arbeiten und Bücher verwandte. Bis 1944 verbrachte er diese Zeit in seinem Landhaus in Nonnewitz auf Rügen, später im Hunsrück auf dem Gut »Wiesenhof«, das Jakob Heiss besitzt.

In der geschilderten Arbeitsweise Otto Warburgs spiegelt sich wider, wie sehr die Liebe zur experimentellen Naturwissenschaft die dominierende Leidenschaft seines Lebens war.

Ein Jahrzehnt mit Warburg als Lehrer und Helfer

Auf dem wichtigen Wegabschnitt unserer weiter unten besprochenen medizinischen Forschungen zwischen 1963 und 1970 hat uns besonders Otto Warburg immer wieder selbstlos unterstützt. Er ließ Sonderuntersuchungen an seinem Dahlemer Institut durchführen und förderte unsere Bemühungen durch seine Beratung, durch kritische Beurteilung der Ergebnisse, durch kurzfristige Besorgung von normalerweise schwer zu beschaffenden Spezialchemikalien aus dem Ausland, durch Einarbeitung in die von ihm geschaffenen Methoden, durch wichtige wissenschaftliche Informationen und

schließlich sogar durch das Geschenk einer kostspieligen künstlichen Niere. Seine ungewöhnlichen Vertrauensbeweise haben mich immer wieder stark angespornt. Alles wollte ich daransetzen, um Professor Warburg nicht zu enttäuschen. Er sah, wie er einmal sagte, in mir seinen »letzten Schüler« und erwartete, daß durch unsere Arbeit endlich seine frühe Entdeckung des Gärungsstoffwechsels der Krebszelle in Form einer klinisch erfolgreichen Krebstherapie praktisch genutzt werden würde.
Seit 1962 bis zu Professor Warburgs Tod 1970 war ich dank einer Sondergenehmigung des Vorsitzenden des Ministerrates, Willi Stoph, fast jeden Monat für viele Stunden Gast im Dahlemer Max-Planck-Institut für Zellphysiologie. Wenn dann am langen Tisch in der Bibliothek mit meinem verehrten Vorbild und Lehrer das Gespräch begann, hatte ich das Gefühl, einer Persönlichkeit gegenüberzusitzen, wie sie im Bereich der Naturwissenschaften vielleicht nur alle hundert Jahre einmal zu finden ist, etwa einem Galilei oder einem Leibniz oder einem Faraday.
Warburg hatte mit seinen Schülern in klassischen Arbeiten die komplizierten Einzelheiten des Stoffwechsels von Atmung und Gärung der Zellen aufgeklärt. Unter seiner Beratung begannen wir, seinen Weg fortzusetzen mit dem bestimmten Ziel, aus seiner Grundlagenforschung und aus seinen Entdeckungen Therapien abzuleiten, welche dem Menschen bei seinem Kampf gegen Krankheiten und Leiden Hilfe geben könnten. Als gemeinsame Methodik zur Gestaltung solcher Therapien erkannte und entwickelte ich die *Stimulierung des Stoffwechsels der Zellen* (Gärungsstoffwechsel der Krebszellen, Atmungsstoffwechsel der Normalzellen und Abwehrzellen) *durch sinnvolle Kombination mehrerer synergistischer Schritte*, d. h. durch *Mehrschritt-Therapien*. Wir starteten 1964 mit der Suche nach den besten Möglichkeiten zur Beeinflussung – in vivo von im menschlichen Organismus wirkenden natürlichen Mechanismen. In mehreren Gesprächen mit Otto Warburg und auch mit Hans Krebs wurden damals die voraussichtlichen Grenzen solcher Stimulierungen abgeschätzt. Die Natur war unseren Bemühungen immer wieder wohlgesonnen, und wir kamen weiter, als wir damals hoffen durften. Es entstanden, hier vorweg in Kurzform zusammengefaßt:

1. Die *Krebs-Mehrschritt-Therapie*, bei welcher die starke selektive Übersäuerung der Krebsgewebe durch Stimulierung des aeroben Gärungsstoffwechsels der Krebszellen (mehrstündige Erhöhung der Blutglukose auf heute das 8-fache des Normalwertes) mit einer zweistufigen Regional-Hyperthermie (42,5°C) von Körperabschnitten nach unserem Selectotherm-Verfahren kombiniert ist. Klinische Ergebnisse haben gezeigt, daß mit ihr die selektive Verschließung der Blutgefäße und damit eine zur Heilung führende Abtrennung der Krebsgewebe vom Kreislauf möglich ist.
2. Die *Sauerstoff-Mehrschritt-Therapie*, welche mit den neuesten Prozeßvarianten, insbesondere bei älteren oder starkem Streß ausgesetzten Personen, die kritisch abgesunkene Ruhe-Sauerstoff-Aufnahme auf 200 bis 250 % des vorprozessualen Wertes für Wochen bis Jahre anhaltend erhöht. Ihr liegt die Entdeckung eines generalisiert ablaufenden Kapillarwand-Schaltmechanismus der Blutmikrozirkulation zugrunde.
3. Die *Sauerstoff-Mehrschritt-Immunstimulation*, welche die Potenzsteigerung der zellulären Abwehr durch Anhebung des O_2-Status mit einer Reizung der Neubildung von Abwehrzellen durch Immunmodulatoren, wie z. B. Thymus-Extrakt, Ney Tumorin, 2-cyan-äthyl-harnstoff oder anderen Substanzen verbindet. Sie dient der Bekämpfung der Metastasierung des Krebses und der Prävention von Krankheiten.

Unvergessen ist die Freude Otto Warburgs, als ich ihm im berühmten Bibliotheksraum, dem Beratungszimmer seines Instituts, die Messungen über das Gelingen der selektiven Tumorübersäuerung an Ratten mit pH-Unterschieden von mehr als einer Einheit gegenüber Normalgewebe zeigte. Auch die gemeinsam mit P. G. Reitnauer durchgeführten Messungen über pH-Profile an den Grenzen von Mikrometastasen unterschiedlicher Größe interessierten ihn brennend. Er erkannte sofort, daß damit aus seiner Entdeckung im Jahre 1923 eine Selektionsquelle abgeleitet war, deren Nutzung zu einer selektiven Krebstherapie führen mußte. Heute, fast 20 Jahre später, bestätigt die internationale Entwicklung diese von ihm auch öffentlich bekundete Auffassung. – Sogar Hans Krebs meint leider in seiner Warburg-Biographie, daß Warburgs Urteilsvermögen in seinen späteren Jahren abgenommen habe. Aber ist Warburg auch im hohen Alter nicht vielleicht doch klüger gewesen als die meisten anderen? Die Zukunft wird es erweisen!

Warburg als Förderer der Dresdner Arbeitsrichtung

1966 nahmen meine Frau und ich als Gäste von Professor Otto Warburg an einer Tagung der Nobelpreisträger in Lindau teil. Diese Zusammenkunft war damals speziell der Biochemie und dem Krebsproblem gewidmet. Der Vortrag des zweiundachtzigjährigen Warburg zu den Ursachen der Krebsentstehung bildete den Höhepunkt der Veranstaltung. Warburg begründete in seinem weltweit diskutierten Vortrag die Erwartung, daß eine Krebsprophylaxe möglich sein müsse durch Sättigung der Zellen des Organismus mit den Wirkungsgruppen der Atmungsfermente, also insbesondere durch kontinuierliche hochdosierte Gabe von Vitaminen des B-Komplexes (Vitamin B_1 und so Verbesserung des O_2-Status). Sensationsgierige Reporter, die Warburg nach dem Vortrag vergeblich abzuwehren versuchte, mißverstanden unbewußt oder bewußt den wegweisenden Charakter der Warburgschen Ausführungen und versahen ihre Blätter mit den diskreditierenden Schlagzeilen: »Warburg sagt: Niemand braucht mehr an Krebs zu sterben!« In Wirklichkeit handelte es sich bei dem Vorschlag noch nicht um die Lösung dieses großen Problems der Medizin, sondern erst um den Hinweis auf einen einzuschlagenden Lösungsweg.
Professor Warburg begrüßte mich in seinem Vortrag zu meiner großen Überraschung namentlich unter der hohen Zuhörerschaft und zitierte am Schluß seines Vortrags unsere auf seiner Linie liegenden Forschungen in Dresden zur Entwicklung der Krebs-Mehrschritt-Therapie.

Otto Hahn zum Warburg-Vortrag

Als ich damals in Lindau nach dem Plenarvortrag von Professor Warburg den Saal verließ, stand ich einer Wand von Reportern und Fotografen gegenüber. Warburgs Äußerung hatte genügt, mich in

den Mittelpunkt des Interesses zu stellen. Ich wurde mit Fragen bestürmt, lehnte aber jede Antwort ab, weil ich mich als Gast nicht befugt fühlte, Stellung zu nehmen. Gerade in diesem Augenblick tauchte Professor Otto Hahn auf, dem es Vergnügen machte, mich in solcher Situation zu sehen.
»Mensch, Manfred«, sagte er, »ich wußte gar nicht, daß du auch ein berühmter Mediziner bist.«

Woher kommt die Kraft zum Durchhalten gegen Konservativismus und Voreingenommenheit?

Sein so freundliches öffentliches Urteil und das Erlebnis der Nobelpreisträger-Tagung mit Warburg und seinen großen Schülern, sowie Telegramme und Karten von ihm gaben mir viel Kraft, um gegen die bis etwa 1978 fortgesetzten Angriffe aus Kreisen der konservativen Medizin durchzuhalten. Besonders hat dazu auch ein zu weiteren Taten aufrufender Brief Warburgs vom 1. 4. 1967 beigetragen. Diese Schreiben seien hier abgedruckt, weil ihr Inhalt vielleicht auch manchen Lesern Stütze sein kann bei eigenen Kämpfen für den Fortschritt der Wissenschaften. Am Ende erweist sich in der Regel das Urteil jener als zutreffend, die sich durch ihre Leistungen und ihren Charakter weit über das Mittelmaß erheben.
Eine ungewöhnliche moralische Unterstützung durch die Autorität Warburgs wurde mir nach meinem unter Leitung von K. Lohmann in der Berliner physiologischen Gesellschaft gehaltenen Vortrag über die Entwicklung der Krebs-Mehrschritt-Therapie zuteil. Warburg sprach in der anschließenden Diskussion mit so positiven Worten über unsere Ergebnisse, daß auf ihre Wiedergabe hier verzichtet werden muß, obwohl Warburgs Rede auf ein Tonband aufgezeichnet wurde. Wegweisend für die Auswahl der Krebspatienten war seine hier wiedergegebene stimulierende Karte vom 31. Juli 1968. Fast nie haben wir die Auswahlempfehlung Warburgs bei der klinischen KMT-Forschung durchsetzen können – zum Schaden der Entwicklung!

MAX-PLANCK-INSTITUT
FÜR ZELLPHYSIOLOGIE

BERLIN 33 DAHLEM
GARYSTR. 32

1. 4. 67

Lieber Herr von Ardenne!

Ich muss sagen, dass ich Sie bewundere, wenn ich das Buch durchblättere. Sie sind in den wenigen Jahren durchaus an die Spitze der Krebsforschung vorgedrungen und jedenfalls kenne ich kein einziges Buch in der gesamten Krebsforschung, in dem ein anderer das Therapie-Problem mit der gleichen Energie und Vielseitigkeit angegriffen hätte. Mein Instinkt sagt mir, dass Ihnen auf die Dauer der Sieg sicher ist. Sie können jetzt nur noch e i n e n Fehler machen: dass Sie, entmutigt durch zuviel Widerstand, zu früh aufgeben. Vielleicht kann ich in dieser Hinsicht nachahmenswert sein. Je mehr Widerstand ich fand, umso mehr griff ich an und umso besser wurden meine Waffen. "In Staub mit allen Feinden Brandenburgs!"

Herzlichst

Otto Warburg

Brief Otto Warburgs vom 1. April 1967 als Antwort auf die Überreichung eines Exemplars unseres in der 2. Auflage 100 Arbeiten zusammenfassenden Buches »Theoretische und experimentelle Grundlagen der Krebs-Mehrschritt-Therapie«.

Warburgs Gedanken zur Redaktion wissenschaftlicher Zeitschriften

Warburg legte großen Wert auf die schnelle Veröffentlichung abgeschlossener Arbeiten. Zornig wetterte er gegen die gegenwärtige feige Redaktionsmethode der meisten wissenschaftlichen Zeitschrif-

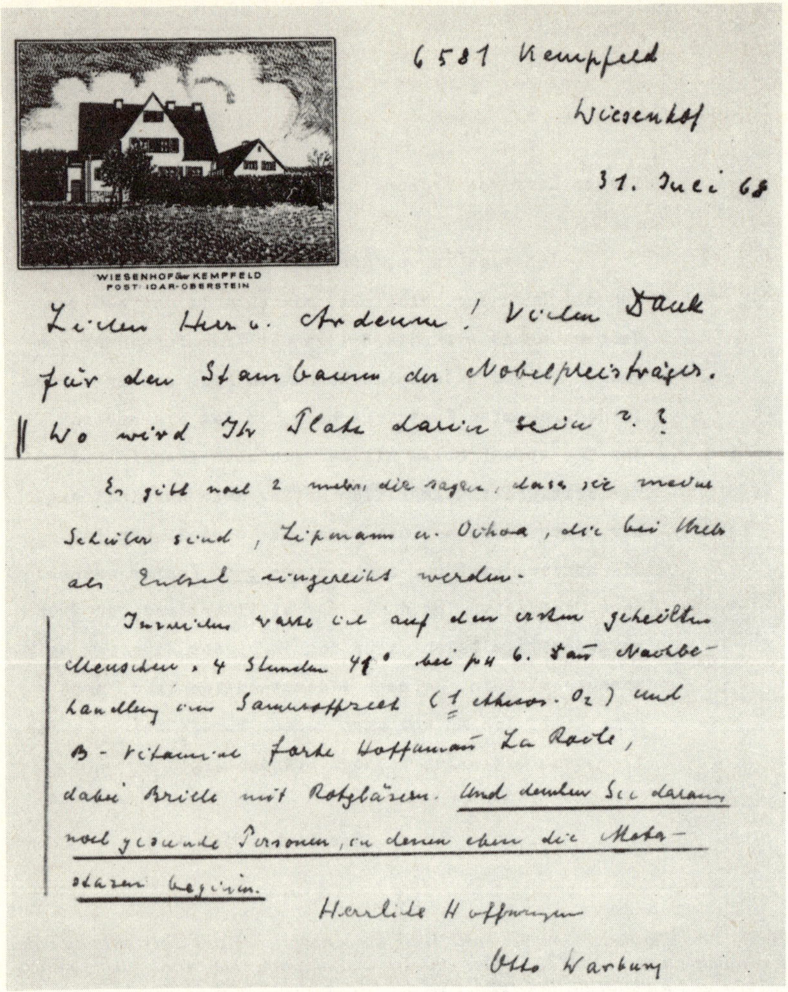

6581 Kempfeld
Wiesenhof
31. Juli 68

Lieber Herr v. Ardenne! Vielen Dank für den Stambaum der Nobelpreisträger. Wo wird Ihr Platz darin sein ?. ?

Es gibt noch 2 mehr, die sagen, dass sie meine Schüler sind, Lipmann u. Ochoa, die bei Krebs als Enkel eingereiht werden.

Inzwischen warte ich auf den ersten geheilten Menschen. 4 Stunden 41° bei pH 6. Dann Nachbehandlung im Sauerstoffzelt (1 Atmos. O_2) und B-Vitamine Firma Hoffmann La Roche, dabei Brille mit Rotgläsern. Und denken Sie daran noch gesunde Personen, in denen eben die Metastasen beginnen.

Herzliche Hoffnungen

Otto Warburg

Über die ersten nach dem KMT-Konzept gelungenen Heilungen des D5-Karzinosarkoms der Ratte hatte ich Warburg Anfang Juli 1968 berichtet und die ersten KMT-Behandlungen in Greifswald standen bevor. Aber durch meine Gegner wurde damals unsere therapeutische Handlungsfreiheit kritisch eingeschränkt.

ten. Heute entschieden anonyme, oft mittelmäßige, konservative, voreingenommene oder sogar neidische Gutachter über Annahme oder Ablehnung des zur Veröffentlichung eingereichten Manuskriptes. Das sei ein Verfahren, welches die Drucklegung wirklich wesentlicher, in Neuland vorstoßender Arbeiten oft verhindere und in jedem Fall um viele Monate verzögere. Sogar ihm seien durch anonyme Gutachter Arbeiten zurückgewiesen worden. Früher sei das anders und viel besser gewesen. Da hätten die Redakteure, meist angesehene Wissenschaftler, in alleiniger Verantwortung, aber mit viel Erfahrung, Wissen, und wo dieses nicht reichte, mit Instinkt rein sachlich die Entscheidung getroffen und dadurch ein schnelles Erscheinen auch und gerade von Arbeiten mit fortschrittlichem Inhalt ermöglicht.

Ich freute mich über diese harte Kritik Warburgs, denn ich hatte in dieser Frage noch schlimmere Vorgänge erleben müssen: Eine meiner wichtigsten Arbeiten zur Sauerstoff-Mehrschritt-Therapie war durch anonyme Gutachter 1½ Jahre nach Einreichung bei der »Klinischen Wochenschrift« abgelehnt worden. Zwei angesehene USA-Krebszeitschriften hatten mit großem Zeitverlust die Hauptarbeit über die Krebs-Mehrschritt-Therapie abgelehnt. Über das Redaktionsproblem wissenschaftlicher Zeitschriften habe ich im Sinne Warburgs später mit der Leitung verschiedener Verlage medizinischer Zeitschriften, z. B. Springer, Heidelberg, gesprochen. Vielleicht ist die Zeit noch nicht reif für einen Wandel.

Warburg-Gedanken und -Anekdoten

Wenn man von Dresden kommend, mit freudiger Erwartung der nächsten Stunden, die Klingel am Eingang des Gebäudes Garystr. 32 betätigte, so öffnete, wer zufällig gerade der Pforte am nächsten sich aufhielt. Mal war es Warburg selbst in abgetragener grauer Strickjacke, mal war es Jakob Heiss oder einer der Mitarbeiter, wie Siegfried Lorenz, Karlfried Gawehn oder auch Warburgs Fahrer. Dann wurde man über eine kurze Treppe in den zentral gelegenen Bibliotheksraum des Instituts geleitet. Hier lagen auch die gerade erschienenen Zeitschriften rechts auf einem Tisch, und daneben in einem Regal die Sonderdrucke der neuesten Institutsarbeiten aus. Warburgs Platz war stets am fensternahen Ende des langen, die Mitte des Raumes füllenden Tisches. Von diesem Platz aus regierte er sein Institut. Hier mußten die Mitarbeiter und auch ich Rechenschaft über das Geleistete abgeben.

War die wissenschaftliche Diskussion zu einem guten Ende gelangt, so sprach Warburg gern über Fragen allgemeiner Art, die ihn gerade bewegten. Manchmal erzählte er auch aus dem Schatz seiner vielen persönlichen Erinnerungen an Einstein, Planck, Lummer, Nernst oder an besondere Begebenheiten.

Während der Hitlerzeit stand Professor Warburg trotz seiner jüdischen Vorfahren unter dem Schutz des Reichsleiters Bouhler, weil Hitler wegen seiner vielen Reden und seit seiner Stimmband-Operation durch Professor von Eicken große Angst hatte, an Kehlkopfkrebs zu erkranken. Im Krieg wurden Warburgs Institut sogar holländische Gefangene zur Weiterführung der Arbeiten zur Verfügung gestellt. Professor Warburg ließ ihnen jeden Sonnabend eine Gans braten und eine Torte backen. Die Sache wurde denunziert, und der Professor erhielt einen Anruf von höchster Stelle. Bezeichnend für die wissenschaftliche Stellung Warburgs war die Formulierung des Anrufers: »Muß das sein?« Die Antwort lautete: »Ja, es muß sein.«

Die schon erwähnte Rückberufung von der Front im letzten Jahr des 1. Weltkrieges erregte großes Aufsehen, so daß der vorgesetzte General sich beim zuständigen Kompaniechef erkundigte. Warburg berichtete schmunzelnd, der Wortwechsel zwischen beiden sei mit militärischer Kürze geführt worden: »Was macht dieser Warburg eigentlich?« Antwort: »Füttert Seeigel, Herr General!« Weitere Frage: »Was fressen Seeigel?« Antwort: »Eigentlich nichts.« Worauf der General befriedigt das Thema wechselte.

Nach seiner Rückkehr von der Front stand Warburg vor der Notwendigkeit, sich für ein neues Forschungsthema zu entscheiden. Er fragte den berühmten Physico-Chemiker und späteren Nobelpreisträger Walter Nernst (†18. 11. 1941): »Was soll ich machen – Photosynthese oder Krebsforschung?« Die lakonische Antwort von Nernst soll gewesen sein: »Machen Sie Krebsforschung, Photosynthese geht ja!« Er befolgte diesen Rat.

Einmal kritisierte Warburg die häufig vertretene Meinung, Planck habe sein Wirkungsquantum durch rein theoretische Überlegungen gefunden. Dazu bemerkte er: »Richtig ist, daß Planck etwa zwanzig

Jahre vergeblich versucht hat, auf rein theoretischem Weg das Gesetz der Strahlung des schwarzen Körpers abzuleiten. Nachdem jedoch Otto Lummer in der Physikalisch-Technischen Reichsanstalt mit Hilfe seines Bolometers die spektrale Verteilung der Strahlung des schwarzen Körpers bei definierten Temperaturen mit außergewöhnlicher Genauigkeit experimentell ermittelt hatte, dauerte es nur noch anderthalb Monate bis zur Entdeckung des Planckschen Wirkungsquantums und zur Aufstellung der Planckschen Strahlungsformel. Auch bei dieser großen Entdeckung, durch welche um die Jahrhundertwende das Atomzeitalter eingeleitet wurde, ist das Experiment – die Frage des Forschers an die Natur – die eigentliche Grundlage des Fortschritts gewesen!«

In einer dieser unvergeßbaren Stunden sprach Warburg über seine Gedanken, wie der Staat den Fortschritt der Naturwissenschaften am wirksamsten unterstützen könne. Er meinte, trotz der so gewaltig zunehmenden Gesamtzahl der Wissenschaftler bleibe es doch eine relativ kleine Gruppe von Gelehrten, die wirklich bahnbrechende Ideen entwickle. Nach der Erfahrung seines Lebens komme es darauf an, die großen Forscherpersönlichkeiten in der Masse der jungen Wissenschaftler früh zu entdecken und sie durch Umweltbedingungen zu fördern, die höchste Konzentration und besten Nutzeffekt ermöglichen. In der weiteren Diskussion bestätigte er, daß wegen der wachsenden Aufsplitterung der Fachgebiete oft auch die Zuordnung von Spezialisten-Kollektiven zu solchen Umweltbedingungen gehöre. Abschließend betonte Warburg die Bedeutung der klaren objektiven Urteilsbildung über »das Neue« für den Fortschritt der Naturwissenschaften. Es sei eine stark differenzierte Wichtung der Stimmen aller an Einschätzung und Entscheidung Beteiligten notwendig, damit das Urteil richtig gefällt wird. »Hierbei haben manche Stimmen das millionenfache Gewicht der Stimmen anderer!«

Diese Worte erinnern an den Ausspruch des Biochemikers und Nobelpreisträgers Richard Willstätter kurz nach dem 2. Weltkrieg zu dem speziellen Bereich der Wissenschaft: »Die Namen, die bestimmt sind, die Jahrhunderte zu überdauern, sind nicht zahlreich. – Wir können zu verordnen versuchen, daß alle Stimmen ... gleich zählen, aber die Natur hat es anders geordnet.«

Wenn Warburg nach solchen Erinnerungen und Betrachtungen in die obere Etage zum standardisierten Mittagessen ging, kam auch Jakob Heiss zu Wort. Ihm verdanke ich folgende Geschichte über Warburg und sein Reitpferd kurz nach Ende des 2. Weltkrieges: Warburg betrachtete den täglichen Reitsport als bestes Mittel zu seiner Gesunderhaltung. So kam es dazu, daß er schon bald nach der Eroberung Dahlems durch die sowjetische Armee im Mai 1945 sein Reitpferd Nixe bestieg, um seine gewohnten Ritte auf den Reitwegen in Dahlem und Umgebung wieder aufzunehmen. Aber gleich beim ersten Ausritt griff ein sowjetischer Soldat mit der Geste »Runter vom Pferd, das gehört mir!« in die Zügel von Nixe. Warburg fügte sich der Gewalt, war aber bald darauf vom Marschall der Sowjetunion Schukow zum Mittagessen eingeladen. Nach dem Essen fragte ihn der Marschall, ob er etwas für ihn tun könne? Warburgs Antwort: »Ja, ich möchte mein Pferd wiederhaben, das mir ein russischer Soldat weggenommen hat!« Daraufhin wurden alle Berliner Truppenteile der Sowjetarmee nach dem Pferd durchgekämmt, und tatsächlich, eines Tages steht die Stute Nixe, allerdings abgemagert, vor Warburgs Haus. – Bald danach verlassen die sowjetischen Truppen Dahlem, und es kommen die Amerikaner. Warburg setzt seine morgendlichen Ritte fort, aber nun kommt ein amerikanischer Soldat und beschlagnahmt Nixe für sich. Es wiederholt sich das Spiel. Warburg wird von General Clay, dem Oberbefehlshaber der amerikanischen Truppen, zum Mittagessen eingeladen. Die gleiche Frage, die gleiche Antwort: »Ich möchte mein Pferd wiederhaben, das mir ein amerikanischer Sodat weggenommen hat.« Auch die Suche bei den amerikanischen Truppen nach der Stute Nixe hat Erfolg. Wieder kommt der Augenblick, wo die Nixe vor Warburgs Haus steht, nur sie ist diesmal wohlgenährt. – Jakob Heiss ergänzt dazu: »Wenn Warburg bei Russen eingeladen ist, erzählt er die Geschichte vom Ernährungszustand der heimgekehrten Nixe umgekehrt.« – Diese Episode aus der turbulenten Zeit bei Ende des 2. Weltkrieges wurde aufgezeichnet, weil sie zeigt, wie sehr die höchsten Vertreter der Wissenschaft über alle Grenzen hinweg als Bahnbrecher des Fortschritts gewürdigt werden.

Otto Warburgs Tod

1970 verlebten wir, wie schon viele Jahre zuvor, den Urlaub im August in unserem schönen Ferienheim an der Ostsee, das zwischen Heringsdorf und Bansin an der Strandpromenade liegt. Gleich in den ersten Tagen erreichte uns dort ein Telegramm mit der Nachricht: »Otto Warburg ging in den ewigen Schlaf.« Die Trauerfeier in der Dahlemer Dorfkirche bildete den würdigen Abschluß dieses reichen, so ganz der Forschung gewidmeten Lebens. Nachdem die ergreifenden Klänge von Beethovens »Die Himmel rühmen des Ewigen Ehre« verklungen waren, sprach Nobelpreisträger Professor Dr. Feodor Lynen mit tiefempfundenen Worten von dem inhaltsreichen Leben des am 1. August 1970 von uns gegangenen »Begründers der Biochemie«.

Als ich mich wenig später gemeinsam mit meinem Freunde Otto Westphal dem offenen Grabe zum letzten Gruß näherte, meinte dieser, wir beide gehörten zu den wenigen Menschen, die noch unmittelbare persönliche Erinnerungen an die großen Wissenschaftler der zwanziger Jahre in Berlin hätten: an Max Planck, Albert Einstein, Walter Nernst, Max von Laue, Ernst Pringsheim, Max Vollmer, Arthur Wehnelt und – Otto Warburg.

Wenige Monate nach Warburgs Tod saß ich ein letztes Mal am langen Tisch in der Bibliothek des Max-Planck-Instituts für Zellphysiologie. Hier eröffnete mir Jakob Heiss, es sei der Wunsch des Verstorbenen gewesen, daß ich den Schreibsekretär aus Nonnevitz erhielte, an welchem er in den »Ferien« seine Bücher und viele seiner Arbeiten niedergeschrieben habe, sowie, daß ich mir aus seiner persönlichen wissenschaftlichen Bibliothek all jene Bücher auswählen dürfte, die für unsere Forschungen nützlich sein könnten. Dann übergab Heiss mir mit innerer Bewegung den, wie er sagte, »schönsten« Brief Albert Einsteins an Otto Warburg als Geschenk: Dieses Schreiben stammt aus der Zeit des Ersten Weltkriegs und hat folgenden Wortlaut:

23. März 1918

Hoch geehrter Herr Kollege!

Sie wundern sich gewiß, von mir einen Brief zu bekommen, weil wir bis jetzt nur umeinander herum gegangen sind, ohne einander eigentlich kennen zu lernen. Ich muß sogar befürchten, mit diesem Brief so etwas wie Unwillen bei Ihnen zu erregen; aber es *muß* sein. Ich höre, daß Sie einer der begabtesten und hoffnungsvollsten jüngeren Biologen Deutschlands sind, und daß Ihr besonderes Fach gegenwärtig hier recht mittelmäßig vertreten ist. Ich höre aber auch, daß Sie draußen stehen an sehr gefährdetem Posten, so daß Ihr Leben beständig an einem Haar hängt! Jetzt schlüpfen Sie einmal bitte aus Ihrer Haut in die eines anderen sehenden Wesens und fragen Sie sich: Ist das nicht Wahnsinn? Kann Ihre Stelle da draußen nicht von einem phantasielosen Durchschnittsmenschen ausgefüllt werden, von der Sorte, von der 12 auf ein Dutzend gehen? Ist es nicht wichtiger als die ganze große Keilerei da draußen, daß wertvolle Menschen erhalten bleiben? Sie wissen es selbst genau und geben mir recht. Gestern sprach ich mit Prof. Krauss, der auch ganz meiner Auffassung ist und auch bereit, Sie für eine andere Thätigkeit reklamieren zu lassen.

Meine Bitte an Sie, die aus dem Gesagten entspricht, ist daher die, Sie möchten uns in dem Bestreben, Ihre Person zu sichern, unterstützen. Ich bitte Sie, mir nach einigen Stunden ernsthafter Erwägung ein paar Worte zu schreiben, damit wir hier wissen, daß unser Bestreben nicht an Ihrem Verhalten scheitern wird.

In der sehnlichen Hoffnung, daß in dieser Sache ausnahmsweise einmal die Vernunft siege, bin ich mit herzlichem Gruß

Ihr ergebener
A. Einstein
Haberlandstraße 5
Berlin W.

Auf Grund der intensiven Bemühungen Einsteins wurde Warburg durch Professor Krauss reklamiert und nahm noch im Sommer 1918 seine wissenschaftliche Tätigkeit wieder auf. Es ist faszinierend, diesen Brief zu lesen. Deutlich zeigt er, wie weitreichend Albert Einstein seine Verantwortung gegenüber den Wissenschaften und der Gesellschaft auffaßte. Dieser Pflichtenkreis umschloß nicht nur die uneigennützige Förderung talentierter junger Menschen, sondern erstreckte sich – wenn es not tat – auch auf den Schutz eines hochbegabten jungen Wissenschaftlers vor sinnlosen Gefahren, die ihm an vorderster Front eines ungerechten Eroberungskrieges drohen konnten. Ich bin sehr glücklich, diesen Brief zu besitzen. Meine Freunde, dich mich besuchen, wissen ohnehin, wie sehr ich Albert Einstein verehre. Jeder, der in Dresden auf dem Weißen Hirsch unser Haus betritt, bleibt vor dem Einstein-Bild stehen, das in der Eingangshalle den schönsten Platz hat. Hermann Hensel hat es für mich gemalt. Er war Physiker und hat Einstein noch selber gehört. Der Einstein-Brief, der Arbeitsplatz Warburgs und die ausgewählten Bücher befinden sich in der »Museumsecke« des Konferenzzimmers unseres Hauses auf dem Weißen Hirsch. Diese besonderen Gegenstände aus dem Nachlaß Otto Warburgs erinnern uns jeden Tag an diesen großen Gelehrten und Menschen.

Otto Warburg löst meinen Wechsel zur medizinischen Forschung aus

Anfang 1959 erschien in der Zeitschrift »Die Naturwissenschaften« von Otto Warburg ein Aufsatz, in dem ein neuer Weg zur Krebsbekämpfung erwogen wurde. Sein Vorschlag, den Unterschied im Katalasegehalt von Normalzellen und Krebszellen auszunutzen, interessierte mich sehr, war aber klinisch schwer realisierbar. Daher fand meine hierzu im Herbst 1959 veröffentlichte Konzeption zur Verwirklichung des Therapieverfahrens beim Menschen durch tiefe Unterkühlung bei Warburg ein lebhaftes Echo. Mir imponierte bei dem Warburg-Vorschlag, daß im Gegensatz zu den üblichen Krebstherapien ein Element echter Selektivität (Unterschied im Katalasegehalt) therapeutisch genutzt werden sollte.

Warburgs Interesse bewirkte, daß ich am 17. Dezember 1959 vor der Klasse Medizin der Deutschen Akademie der Wissenschaften einen Vortrag mit dem Titel »Über ein Vorhaben zur Krebszellenvernichtung durch H_2O_2-Einwirkung auf von roten Blutzellen nahezu befreites und tief unterkühltes Körpergewebe« hielt. Zu dieser Sitzung war die gesamte medizinische Prominenz der Akademie – von Brugsch, Felix, Kaatsch, Kraatz bis Warburg – erschienen. Nach Beendigung der Diskussion führte Otto Warburg mich etwas abseits und stimulierte durch folgende liebenswürdige Äußerung meinen

Mut zum Handeln: »Hören Sie bitte jetzt genau zu! Ich glaube, die Forschung am Krebsproblem wird Ihre größte Lebensleistung werden, noch größer und noch bedeutsamer als die Dinge, die Sie bereits geschaffen haben.«
Damals habe ich das nicht ganz ernst genommen. Aber wenn ich heute die Ergebnisse unserer 1963 begonnenen intensiven Forschungen zur Krebs-Mehrschritt- und Sauerstoff-Mehrschritt-Therapie und die Fülle unserer Veröffentlichungen auf diesem Felde betrachte, muß ich zugeben, Otto Warburgs prophetische Worte auf der Akademiesitzung im Dezember 1959 sind vielleicht doch richtig gewesen.

Die medizinische Forschung wird zu meiner Hauptaufgabe

1963 waren die bio-medizinisch-technischen Vorarbeiten nahezu abgeschlossen. Seitdem hat das Krebsproblem und die Forschung auf angrenzenden Gebieten der Medizin einen sehr großen Teil meiner persönlichen Kräfte in Anspruch genommen. Die Intensität, mit der wir uns dieser Richtung widmeten, geht schon daraus hervor, daß im Januar 1967 insgesamt vierzig und Mitte 1971 bereits einhundertsechsundzwanzig wissenschaftliche Arbeiten zu diesem Thema vorlagen, bei denen ich als Autor oder Mitautor zeichnete. Gegenwärtig wird in den hochentwickelten Industrieländern der Erde jeder dritte Mensch krebskrank, und jeder fünfte stirbt daran. Diese Krankheit, die durch unerbittliches Fortschreiten meist starker Schmerzen und in der Endphase oft auftretende furchtbare Zerfallserscheinungen gekennzeichnet wird, verläuft in der Regel grausam. Der Kampf gegen den Krebs ist deshalb eine der wichtigsten Aufgaben unserer Zeit im Zeichen der Humanität. Bei der Arbeit an diesem Problem bildet die Erkundung und Gestaltung eines klinisch gangbaren Weges zur selektiven Vernichtung der Krebsgeschwülste einschließlich der Tochtergeschwülste eine der größten, erregendsten, zugleich aber schwierigsten Forschungsaufgaben des 20. Jahrhunderts.
Welche Umstände gaben uns 1963 die Kühnheit, als Außenseiter der Medizin viele Lebensjahre diesen komplizierten medizinischen Aufgaben zu widmen? Ich habe bereits erwähnt: Der erste starke

Impuls, auf diesem Felde tätig zu sein, ging von Otto Warburg aus. Aber mußte es nicht abschrecken, daß seit vier Jahrzehnten, das heißt seit der Entdeckung des Gärungsstoffwechsels der Krebszellen durch Warburg, kein Fortschritt von universellem Charakter bei der Bekämpfung des Krebses gelungen war? Mußte es nicht wie ein Lotteriespiel mit minimaler Gewinnchance erscheinen, wenn man den Versuch einleitete, mit etwa fünfundzwanzigtausend Krebsforschern, denen jährlich rund eine Milliarde Mark zur Verfügung standen, zu konkurrieren? Was hat uns angesichts dieser Lage den Mut zum Handeln gegeben?

Was gab mir den Mut zur Krebsforschung?

Es war die Erkenntnis, daß die Morgenröte jener großen Zeit anbrach, da die Medizin und die exakten Naturwissenschaften mit ihrer quantitativen, durch Messung und Rechnung gekennzeichneten Arbeitsweise ihr Bündnis zum Heile der Menschheit schließen würden. Es war die Einschätzung, daß zur Bekämpfung der Krebskrankheit gerade nach den jahrzehntelangen vergeblichen Anstrengungen der klassischen Medizin und Biochemie ein Versuch unter starker Mitbeteiligung physikalischer und mathematischer Methoden besonders gute Erfolgsaussichten haben würde. Hierin bestärkte uns die fast triviale Einsicht, eine Heilung der fortgeschrittenen Krebskrankheit könne nur durch therapeutische Maßnahmen extrem hoher Selektivität gelingen. Damit das Geschwulstwachstum nach der Therapie nicht wiederauflebt, müssen nicht nur im Primärtumor, sondern auch in allen Tochtergeschwülsten, die sich im Organismus gebildet haben, die Krebszellen etwa im Verhältnis von 1 Million:1 abgetötet werden. Das haben besonders die Forschungen Hermann Druckreys gelehrt.
In der Radiotechnik wird die hohe Gesamtselektivität durch zwei Methoden herbeigeführt: durch die Verkettung vieler aufeinander abgestimmter selektiver Elemente (etwa Schwingungskreise) und durch die Anfachung einer Kettenreaktion (Rückkopplung). Diese beiden Methoden auf die Verhältnisse im lebenden, am Krebs erkrankten Organismus sinnvoll zu übertragen, erschien mir zugleich als Aufgabe und theoretischer Lösungsweg zur Heilung. Vorwegge-

nommen sei, daß diese Übertragung tatsächlich gelang durch Anwendung des gefundenen Prinzips der Mehrfachnutzung einer Selektionsquelle (selektive Krebsgewebeübersäuerung) und Anfachung der im hochübersäuerten Krebsgewebe ablaufenden lysosomalen Zytolyse-Kettenreaktion.

Das Grundkonzept der Krebs-Mehrschritt-Therapie

Über das bis zum heutigen Tage beibehaltene Grundkonzept der Krebs-Mehrschritt-Therapie (KMT) berichtete ich am 5. Juni 1965 im Rahmen der Berliner Physiologischen Gesellschaft in Anwesenheit der Professoren Warburg, Burk, Jung, Kraatz, Lohmann, Rapoport u. a. sowie am 25. September 1965 auf dem Festkolloquium zum 75. Geburtstag des bekannten Krebsforschers Prof. Dr. K.-H. Bauer in dem von ihm gegründeten Heidelberger Krebsforschungszentrum. In diesem Grundkonzept war als selektives Hauptelement die extreme Stimulierung der Krebszellen des Organismus durch vielstündige Steigerung der Blutglukosekonzentration auf etwa das Vierfache und heute etwa das Achtfache des Normalwertes (Glukoseinfusion) vorgesehen. Die dadurch bewirkte starke Übersäuerung der Krebsgewebe bzw. der venösen Enden aller Blutkapillaren in den Krebsgeweben wurde kombiniert mit Hyperthermie (Überwärmung) der krebsverdächtigen Körperregion. Diese synergistischen und therapeutischen Grundelemente kommen seit einigen Jahren bei ausländischen Therapiekonzepten immer häufiger zur Anwendung, oft ohne daß dabei auf unsere alten vor 1971 liegenden Arbeiten und Buchveröffentlichungen hingewiesen wird. Das Nichtzitieren der älteren deutschen Arbeiten trifft in erster Linie auf die einschlägige USA-Literatur zu und ist deshalb bedauerlich, weil gerade in den USA die Hyperthermie als Methode zur Krebsbekämpfung von den Gesundheitsbehörden zugelassen worden ist.

Krebs-Mehrschritt-Therapie-Forschung – Eine Entwicklung

Die 1964 begonnenen Forschungen zur Optimierung der Krebs-Mehrschritt-Therapie repräsentierten eine Entwicklung. Der mit jeder Entwicklung untrennbar verbundene Wechsel ist wiederholt als Mangel unseres Vorgehens verkannt worden. In diesem Zusammenhang ist festzustellen, daß sich allein aus kreativem Wandel der Fortschritt ergeben kann und daß in unserem Falle der Wandel sich nur auf Dosierung, Timing und adjuvante Maßnahmen zu den beiden unverändert beibehaltenen Hauptschritten bezog.

Rückschläge und Fortschritte bei der Entwicklung der Krebs-Mehrschritt-Therapie

Der Weg unseres kleinen Kollektivs (besonders möchte ich meinen Mitarbeiter P. G. Reitnauer sowie meine Mitarbeiter A. von Ardenne, W. Krüger und H. G. Lippmann nennen) verlief nicht geradlinig. Er war gekennzeichnet durch konstruktive Wechselwirkung zwischen in-vitro-Versuchen, Tierexperimenten, theoretischen Wegweisungen und klinischen Pilotstudien. Bis 1977 ergaben sich merkwürdige Widersprüche bei eigenen und fremden Therapieergebnissen und zwischen diesen beiden. Wir suchten nach dem unbekannten Einflußfaktor und fanden ihn: Es war die weitgehende Hemmung der Blutmikrozirkulation in den Krebsgeweben, die nach ihrer Übersäuerung und nach Hyperthermie eintritt. Dieser physiologische Tatbestand, von dem vorher niemand wußte, bedeutete zum Beispiel, daß nach einem bestimmten Zeitpunkt applizierte Kanzerotoxika kaum mehr in den Krebsherd gelangen und dort wirken konnten. Er bedeutete weiter, daß die Proliferation der Krebszellen nach diesem Zeitpunkt aufhörte und daher die Wirkung von Strahlung und Kanzerotoxika stark absank. Damit wurde klar, daß die Güte der therapeutischen Ergebnisse von Zufälligkeiten abgehangen hatte, wie bei Wahl des Applikationszeitpunktes für Strahlung beziehungsweise Kanzerotoxika vor oder nach der Mikrozirkulationshemmung sowie weiter bei Wahl von Strahlung (deren Dosis auch nach Mikrozirkulationshemmung voll den Krebsherd erreicht) oder Kanzerotoxika als Teilschritt im Konzept. Mit den neuen Ergebnissen wurde durch Einführung des kausal begründeten Timing im KMT-Konzept der Einfluß des Zufalles vermindert, und es ergab sich eine neue Lage.

Optimierte Krebsgewebe-Übersäuerung plus Hyperthermie als Therapie-Hauptschritte seit 1965

Die optimierte selektive Krebsgewebe-Übersäuerung ergibt sich aus der Stimulierung des 1924 von Otto Warburg entdeckten aeroben Gärungsstoffwechsels der Krebszellen durch vielstündige Steigerung der Blutglukose-Konzentration auf heute etwa $8 \cdot 10^{-3} gml^{-1}$. Diese Stimulierung ist möglich gewesen, weil vor Normalgewebe mit Gärungsstoffwechsel-Anteilen (Nerven-Gewebe) die bekannte Blut-Hirn-Schranke und die von mir gefundene Blut-Nerven-Schranke geschaltet sind, die eine Zunahme des Glukoseangebotes an die Nerven bei Vervielfachung der Blutglukosekonzentration verhindern. Das Gelingen dieser Stimulierung hat aber noch einen Grund: Der weit überwiegende Teil der Krebszellen in den Krebsgeweben ist sehr schlecht versorgt. Bei der genannten Erhöhung des Glukoseangebotes erreicht daher der Glukosestoffwechsel in den meisten Krebszellen noch nicht die Sättigung, und es ergibt sich wirklich eine entsprechende Vervielfachung der Milchsäureproduktion. Durch Kombination des selektiven Schrittes der optimierten Krebsgewebeübersäuerung mit einer Hyperthermie in den Krebsgeweben von ≈42°C wird eine so weitgehende Hemmung der Mikrozirkulation erreicht, daß ein Milchsäurestau und damit eine zusätzliche Abnahme des pH-Wertes eintritt, insbesondere in den Blutkapillaren.

Unterschied von etwa 1 pH-Einheit zwischen Krebsgewebe und Normalgewebe als multifunktional nutzbares Selektionselement der Therapie

Die langzeitige Steigerung der Blutglukose-Konzentration auf etwa das Achtfache gegenüber dem Normalwert ist heute klinisch praktisch risikofrei beherrscht.
Nach Abwarten stationärer Konzentrationsverhältnisse für Glukose und Milchsäure (nach etwa vier Stunden) ergibt sich in den Krebsgeweben eine pH-Erniedrigung bis auf Werte um 6,0. Hierdurch resultierte als Selektionselement für das Krebsgewebe ein Unter-

schied von etwa 1 pH-Einheit gegenüber den unveränderten Werten im Normalgewebe und sogar im Nervengewebe (Gehirn-pH ≈ 7,05). Dieser Unterschied erstreckt sich bis zum venösen Ende der Kapillaren, sobald infolge Hyperthermie ein Milchsäure-Stau einsetzt.

Aus Mikro-pH-Messungen ergab sich, daß die starke selektive Krebsgewebe-Übersäuerung auch noch in Mikrometastasen von wenigen mm^3-Volumen gelingt. Das bestärkte uns, seit 1968 nach möglichst pH-empfindlichen Effekten oder Mechanismen zu suchen, welche zugleich die Bedingung therapeutischer Nutzbarkeit erfüllen.

Diese Suche führte uns zu dem In-vitro-Befund, daß die Wärmeempfindlichkeit von Krebszellen um etwa 2°C im Vergleich zu normalen pH-Werten bei auf 6,0 erniedrigtem pH-Wert ansteigt.

Die Suche führte uns weiter zur Synthese von *CMT-Selectinen*. Das sind Glucuronide mit Maskierung des Aglykons (Transportform geringer Toxizität), die erst im hochübersäuerten Krebsgewebe am tumoreigenen Enzym β-Glucuronidase gespalten werden und so im Herd die kanzerotoxische Wirkform freisetzen. Die CMT-Selectine stehen gegenwärtig in Reserve, weil wir 1977 einem extrem pH-sensitiven natürlichen Biomechanismus begegneten, der sich therapeutisch gut nutzen läßt.

Bei Mitnutzung von Chemotherapeutika oder Strahlung zur Intensivierung der KMT-Wirkung dürfte die von uns untersuchte lysosomale Zytolyse-Kettenreaktion eine den Effekt verstärkende Rolle spielen.

Die Bedeutung der Zytolyse-Kettenreaktion im Rahmen der KMT

Wir wissen heute, daß die Zellauflösung und der nachfolgende Kettenreaktionsmechanismus der Zellenschädigung auf winzigen Zellorganellen, den sogenannten »Lysosomen«, beruht. Die von Professor Christian de Duve mit Hilfe des Elektronenmikroskops und der Dichtegradienten-Ultrazentrifuge entdeckten Lysosomen enthalten in einem Membranbläschen von wenigen Zehntausendstel Millimeter Größe die Lyse-Enzyme (Verdauungs-Enzyme) der

Zelle. Wird zum Beispiel durch spezifisch gegen die Lysosomenmembran gerichtete Attacken dieses Membranbläschen zerstört, werden die lysosomalen Enzyme freigesetzt. Erfolgt dies im nicht übersäuerten gesunden Gewebe, passiert wenig, weil die Enzyme kaum aktiviert werden. Erfolgt die Freisetzung jedoch im hoch übersäuerten (gärenden) Gewebe (zum Beispiel Tumorgewebe), werden die zahlreichen Enzyme aus den Lysosomen so stark aktiviert (aufgegiftet), daß nicht nur der natürliche zelleigene Lysemechanismus schnell abläuft, sondern darüber hinaus die lysosomalen Enzyme aus empfindlichen Zellen zur Vernichtung unempfindlicher (benachbarter) Krebszellen sowie zum Verschluß und zur Lyse angrenzender feinster Blutgefäße beitragen. Damit wird die lysosomale Kettenreaktion der Krebszellenschädigung existent, die erst abreißt, wenn das nicht übersäuerte gesunde Gewebe erreicht ist. Durch Mitschädigung der feinsten Blutgefäße löst schließlich die Kettenreaktion die angestrebte homogene Großnekrose im Krebsgewebe aus.

Der selektive irreversible Stop der Mikrozirkulation in den Krebsgeweben als extrem pH-sensitiver therapeutisch nutzbarer Biomechanismus

Bei einem KMT-Kolloquium im Institut für Biophysik und Strahlenbiologie Freiburg am 14. September 1976 wurden wir von D. F. Hoelzl-Wallach und W. Kreutz informiert, daß Laser-Raman-Spektren und Röntgenbeugungs-Analysen den Nachweis eines weitgehenden Umbaus der Architektur von Biomembranen beim Übergang vom Normal pH 7,4 zum pH 6,5 ergeben haben. Dieser Strukturwandel erfolge in Bruchteilen einer Sekunde. Die Information regte den Verfasser dazu an, die Ergebnisse der Blut-Mikrozirkulations-Forschung auf ihre therapeutische Nutzbarkeit im Rahmen des KMT-Konzeptes zu überprüfen. In dieser Phase wurden uns Hinweise freundlicherweise von A. L. Copley, L. Dintenfass, F. Jung, H.-G. Lasch, G. Schmid-Schönbein, H. Schmid-Schönbein und O. Westphal zuteil. Es resultierten Vorstellungen über Vorgänge, welche im Übergangsraum Kapillare/Venole bei dem erniedrigten pH ablaufen und zu einem irreversiblen völligen Stop der Mikrozirkulation führen können. Wir lernten, daß die pH-gesteuerte Strukturwandlung der Biomembranen (Basisvorgang) sich rheologisch mindestens *vierfach auswirkt*.

Bei den Erythrozyten führt der Stop zu einer starken Abnahme der Flexibilität. – Bei den Leukozyten wird ebenfalls die Flexibilität reduziert, so daß die roten Blutzellen in der Kapillare auflaufen und eine starke Wechselwirkung der beiden Zellarten am Übergang zur Venole stattfindet, die zum Haftenbleiben der Leukozyten am Venolenendothel führt. Bei den Thrombozyten bewirken die Eigenschaftsänderungen eine Steigerung der Bildungswahrscheinlichkeit von Mikrothromben. Schließlich ist bei Oberflächenschichten eine Verstärkung der Haftung und ferner auch eine nichtenzymatische Anlagerung von Fibrinogen am Endothel zu beobachten.

Durch diese vielfachen Auswirkungen desselben pH-empfindlichen Basisvorganges resultiert eine äußerst pH-sensitive Beeinflussung der Blutmikrozirkulation. Damit war der extrem pH-sensitive und therapeutisch nutzbare Mechanismus entdeckt, nach welchem wir mehr als ein Jahrzehnt gesucht hatten: Es war fast der gleiche natürliche Mechanismus, wie er beim Schockgeschehen und oft auch beim Herzinfarkt abläuft.

Ein Teil der Arbeiten zur Optimierung der selektiven Auslösung des Mikrozirkulationsstops in Krebsgeweben erfolgte an tumortragenden Ratten durch photoelektronische Messung der Anfärbungsgeschwindigkeit in Mikrogefäßen von Normal- und Krebsgewebe unmittelbar nach stoßartiger i.v. Injektion des Vitalfarbstoffes Evansblau. Diese Untersuchungen lehrten, daß sowohl durch optimierte Tumorübersäuerung allein als auch durch Hyperthermie allein die Blutmikrozirkulation in den Krebsgeweben auf etwa ein Zehntel heruntergeht. Zu betonen ist dabei der Befund, daß auch beim Hyperthermieschritt diese Hemmung etwas selektiven Charakter hat. Das ist ein für das Selektivitätsproblem der Hyperthermieanwendung bei der Krebsbekämpfung wichtiges Nebenergebnis. Hauptbefund ist, daß durch die KMT-gemäße *Kombination von Hyperglykämie und Hyperthermie eine Senkung der Blut-Mikrozirkulation auf 1 Prozent* und weniger eintritt (praktisch Stop der Mikrozirkulation).

Die Auslösung des Stops der Mikrozirkulation in Tumoren und Metastasen unbekannter Lokalisation durch zweistufige regionale Rasterhyperthermie nach dem Selectothermverfahren

Gegenüber allen bisher angewendeten Waffen gegen den Krebs unterscheidet sich die entdeckte Methode der selektiven Hämostaseauslösung dadurch, daß nicht mehr die Krebszellen mit der großen biologischen Variabilität ihrer Eigenschaften, sondern die Blutzellen mit ihrer relativ geringen Variabilität das Angriffsziel bilden. Weiter sollte die selektive Verschließung der Blutgefäße zu einer Krebstherapie von universalem Charakter führen, denn bei allen soliden Tumoren muß ein irreversibler Stop der Subtratzufuhr zu schneller Aushungerung führen. Schließlich ist ungewöhnlich, daß zur Auslösung des entdeckten Therapie-Mechanismus bei gegebenem Blutbild nur die Einsteuerung von zwei (durch Messungen kontrollierbaren) physikalischen Größen am Krebsgewebeort notwendig ist:

① der Soll-pH-Wert,
② der Soll-Temperatur-Wert.

Die Aufrechterhaltung einer Hyperthermietemperatur von 42 bis 42,5° C über eine Zeit von 100 min im Primärtumor und bei Metastasen unbekannter Lokalisation im menschlichen Organismus erschien zunächst als kaum risikoarm lösbare Aufgabe. Wir fanden jedoch nach Konzeption unseres *CMT-Selectotherm-Verfahrens* folgende klinische KMT-Behandlungen erlaubende Lösung: Genutzt wird das schon 1965 von mir vorgeschlagenene *Grundprinzip der zweistufigen Hyperthermie*. Nach diesem Prinzip wird auf eine Ganzkörpertemperatur von z. B. 40,5° C (1. Stufe) für den krebsverdächtigen Körperabschnitt die Regionalhyperthermie mit 1,5 bis 2° C weiterer Temperaturerhöhung aufgestockt (2. Stufe). Dank der Zweistufigkeit wird die notwendige Temperaturspanne der Lokalhyperthermie sowie der Temperaturgradient in Richtung senkrecht zur Körperoberfläche stark verringert und dadurch die Gefahr einer thermischen Schädigung (Verbrennung) insbesondere von hautnahem Normalgewebe entscheidend reduziert.
Die Temperaturaufstockung im krebskranken beziehungsweise

krebsverdächtigen Körperabschnitt wird nach dem CMT-Selectothermverfahren erreicht. Hauptmerkmal ist die Einführung einer Rasterbewegung des HF-Applikatorsystems in einer Ebene parallel zur Körperoberfläche. Infolge der Rasterung tritt eine Homogenisierung der Energiezufuhr in der Ebene parallel zur Körperoberfläche, aber überraschenderweise auch in der dazu senkrechten Richtung (Körpertiefe) ein. In Kombination mit einer starken Hautkühlung bewirkt das Rasterprinzip und weitere Maßnahmen, daß die Temperaturunterschiede zwischen Tumorwirtsgewebe und maximal überwärmter Gewebeschicht bei fast beliebiger Lokalisation des Krebsgewebes im Organismus meist $<2°$ C bleiben.

Klinisch zeigte sich, daß der entdeckte Mechanismus zur selektiven irreversiblen Abschaltung des Blutflusses auch in Tumoren und Metastasen des menschlichen Organismus ausgelöst werden kann. Beispielsweise war im röntgen-arteriographischen Vergleich bei einem Klarzellensarkom am Knie mit etwa 2 kg Tumormasse drei Wochen nach der KMT-Behandlung nichts mehr vom Tumor zu sehen.

In den Krebsgewebe-Abschnitten, wo die selektive Verschließung der feineren Blutgefäße *nicht* ausgelöst wird, tragen zur Abtötung der Krebszellen im KMT-Konzept folgende Wirkungen bei:

1. Ionisierende Strahlung oder Chemotherapie herabgesetzter Dosierung (mit O_2-Mehrschritt-Kreislaufstützung).
2. Die lysosomale Zytolyse-Kettenreaktion.
3. Hyperthermie gegen die durch Übersäuerung selektiv wärmeempfindlicher gewordenen Krebszellen.

Zur Vernichtung von weiteren den Prozeß überlebenden Krebszellen ist im KMT-Konzept eine *Mehrschritt-Stimulierung der körpereigenen zellulären Abwehr* vorgesehen, bei welcher die chemische Reizung des Abwehrsystems z. B. durch Derivate des N-(2-Cyanäthylen-)Harnstoffes bzw. durch Thymus-Extrakt mit einer Aktivierung der Neubildung von Abwehrzellen und Intensivvarianten der O_2-Mehrschritt-Therapie kombiniert ist.

Forschungen zum Mechanismus der selektiven Gefäßverschließung in den Krebsgeweben

Nachdem 1979 der klinische Nachweis gelungen war, daß die angestrebte selektive irreversible Gefäßverschließung in den Krebsgeweben gelingen kann und es sich in den seither verstrichenen Jahren gezeigt hat, daß es zu einer echten Heilung auf diesem für die internationale Krebsforschung neuen Wege kommen kann, sind wir damit beschäftigt, die Wahrscheinlichkeit einer Auslösung des Verschließungsvorganges unter klinischen Bedingungen möglichst stark zu erhöhen. Die auf dieser Linie liegenden Arbeiten laufen in drei Richtungen:

1. Rheologische Forschungen, Einsatz von Intravitalmikroskopie mit Sichtbarmachung der Fließvorgänge des Blutes durch feinste Gefäße auf einem Farbfernseh-Videorecorder, und zwar unter Nachahmung der therapeutischen Bedingungen (pH-Wert, pO_2-Wert, Temperatur).
2. Arbeiten zur weiteren Erhöhung der Übersäuerung am venösen Ende der Krebsgewebekapillaren.
3. Arbeiten zur Steigerung der Regionaltemperatur bei besonders tief lokalisierten Krebsgeweben durch hochfrequenztechnische Verbesserungen am Applikatorsystem der CMT-Selectotherm-Anlage (Gegenfeld-Anordnungen, Räumliche Rasterbahnen mit flexibler Führung durch Roboter).

Vorstehende Forschungen, die im engen Zusammenhang mit bei der klinischen Forschung anfallenden Beobachtungen stehen, werden uns sicher noch längere Zeit beschäftigen.

Klinische KMT-Forschung in Dresden und außerhalb der DDR

Vom Minister für Gesundheitswesen der DDR wurde 1979 der klinischen KMT-Forschung in Dresden durch vertragliche Regelung einer Zusammenarbeit der KMT-Gruppe unseres Hauses mit der Radiologischen Klinik der Medizinischen Akademie Dresden »Carl Gustav Carus« (Direktor Prof. Dr. R. Barke) eine solide Basis gegeben. Durch Beschränkung der Fälle auf seltene Extremitäten-

tumore sind leider bisher relativ wenige KMT-Behandlungen durchgeführt worden. Hierzu trug auch bei, daß gleichzeitig eine Behandlungsreihe mit der gegenüber der KMT vereinfachten Kombination Hyperthermie und ionisierende Strahlung (von Ardenne, Reitnauer 1969) abgewickelt wurde. Trotzdem lernten wir in dieser Phase viel Neues und gewannen entscheidende Anregungen für die Weiterentwicklung der Selectothermtechnik. Unter anderem beobachteten wir, daß oft zunächst *inoperable Tumore nach dem KMT-Prozeß sich so verändern und regressieren, daß sie operabel werden.* Dieser Befund allein ist ein Fakt von sehr großer Bedeutung für den chirurgischen Bereich der Onkologie. Denn dieser Fakt ist sofort im Interesse des Patienten nutzbar. – In jüngster Zeit wurden weitere oberflächennahe Tumormodelle für die klinische KMT-Forschung zugelassen, so daß jetzt auch in Dresden die Behandlungsfrequenz erheblich ansteigen dürfte.
Klinische KMT-Forschung in der Bundesrepublik läuft seit einigen Jahren bereits mit sehr guten Erfolgen in der Münchner Klinik rechts der Isar unter Dr. Lange auf Basis der Perfusionshyperthermie (von Ardenne – Gündel 1966, Perfusionsgerät. Navratil/Wien 1976 Klinische Forschung). – Weiter dürften in der BRD klinische KMT-Forschungen in Heidelberg beginnen, sobald die dafür in der Produktion befindliche CMT-Selectothermanlage (etwa Ende 1985) zur Auslieferung kommt.
Glücklicherweise hat sich, angeregt 1974 durch eine weiter unten erwähnte Vortragsreise in die Sowjetunion, die klinische KMT-Forschung dort in großer Breite an zahlreichen Kliniken entwickelt, wie in Moskau, Leningrad, Kiew, Minsk, Obninsk, Taschkent, Saratow, Gorki, Iwanowo, Wladimir und Iwans-Frankowsk. Wie mir mitgeteilt wurde, sollen in diesen Kliniken etwa 1000 KMT-Behandlungen mit so gutem Erfolg durchgeführt worden sein, daß die Zahl der interessierten Kliniken ständig weiter zunimmt.

Zusammenfassung der Prinzipien des KMT-Konzeptes 1977/84

Das Konzept 1977/84 der Krebs-Mehrschritt-Therapie mit selektiver Abtrennung der Krebsgewebe vom Blutkreislauf leitete einen neuen Abschnitt unserer Forschungen zur Gestaltung einer hochselektiven Waffe gegen den Krebs und zu ihrer klinischen Erprobung ein. Die Veränderungen betreffen dabei, wie erwähnt, nicht die Grundprinzipien und Hauptschritte.

1. Die selektive Stimulierung des Gärungsstoffwechsels der Krebszellen durch vielstündige Steigerung der Blutglukosekonzentration (heute auf 800 mg Prozent);
2. die Anwendung von Ganzkörperhyperthermie (heute 41,0° C) + aufgestockter Regionalhyperthermie (heute lokal 42,5° C);
3. die Stützung der beiden zuvor genannten Schritte durch O_2-Mehrschritt-Maßnahmen;
4. die Labilisierung der Zellmembranen und zusätzliche Anfachung des zur Nekrose führenden lysosomalen Zytolysemechanismus in den Krebsgeweben durch selektive Übersäuerung;
5. die Stimulierung der körpereigenen Abwehr durch vieltägige chemische Reizung der Neubildung von Abwehrzellen plus Aktivierung der Abwehr durch O_2-Mehrschritt-Maßnahmen;
6. die Anwendung einer den Zytolysemechanismus mit nachfolgender Zytolysekettenreaktion »auslösenden Attacke«, zum Beispiel mit schwach dosierter ionisierender Strahlung.

Die Veränderungen im KMT-Konzept 1977/84 bezogen sich im wesentlichen auf neue Festsetzung der Zeiten für die Applikation der Strahlendosis, der Kanzerotoxica-Dosis und der Hyperthermiedosis, also auf das Timing des KMT-Prozesses.

Nach der vorangegangenen Kurzdarstellung über den heutigen Entwicklungsstand der KMT sei nun an einige Ereignisse zur Geschichte dieser Forschung erinnert.

Tragische Ereignisse am Beginn der KMT-Forschung

Als ich mich unter Warburgs Einfluß der Krebsforschung zuwandte, war mir von Anfang an klar, daß die experimentelle Forschung zur Gestaltung einer selektiven Krebstherapie nur unter der Bedingung schnell erfolgreich sein könnte, daß ein *leistungsfähiger und leistungswilliger klinischer Bereich* zur Verfügung stand. Diese Bedingung war am Anfang unserer Bemühungen auf dem neuen Gebiet in fast idealer Weise erfüllt. Ich hatte damals in meinem Freunde Prof.

Dr. med. Bernhard Sprung, dem Chef und Gestalter der neuen chirurgischen Klinik der Medizinischen Akademie Dresden, einen für unsere Thematik begeisterten tatkräftigen und äußerst erfahrenen Mediziner nicht weit entfernt von unserem Institut zur Seite. Wie anders wäre die Entwicklung der KMT verlaufen, wenn dieser Freund aus der Breslauer Schule von K. H. Bauer am Leben geblieben wäre! Aber er starb in einem Augenblick, als gerade die KMT-Arbeit in dem für ihn und mit ihm geschaffenen Operationssaal für Forschungszwecke beginnen sollte, als Opfer seines Berufes. Er hatte sich bei einer Operation ein zweites Mal mit Salmonellen infiziert.

Danach hatten wir das weitere Unglück, daß auch sein aufgeschlossener und unserer Zusammenarbeit innerlich zustimmender Nachfolger Prof. Dr. med. Richard Kirsch nach langem Leiden, welches die geplante gemeinsame Arbeit sehr behinderte, 1971 ebenfalls starb. So kam es, daß ich gezwungen war, meinen klinischen Partner außerhalb Dresdens zu suchen.

Nach nicht hinreichend soliden Arbeiten an der Universitätsfrauenklinik in Greifswald erklärte sich 1973 der Erfinder des Wankelmotors, Felix Wankel, bei einem Besuch in unserem Hause damit einverstanden, die Mittel für Aufbau und Betrieb einer klinischen KMT-Gruppe in der Karl-Olga-Klinik in Friedrichshafen am Bodensee bereitzustellen. Der Aufbau dieser Gruppe erfolgte unter der medizinischen Leitung von Prof. Dr. med. Schostok. Die Arbeit begann mit so guten Anfangserfolgen, daß Professor Schostok ihre Fortsetzung mit großer Begeisterung plante und vorbereitete. In diesem Augenblick erschien in der BRD-Presse ein offener Brief gegen mein Vorhaben aus dem Heidelberger Krebsforschungszentrum (Institut für Nuklearmedizin). Dieser im Juli 1973 geschriebene Brief torpedierte das gut angelaufene Vorhaben, denn bei Wankel entstanden durch diesen Angriff so starke Zweifel, daß er seine finanzielle Unterstützung zurückzog. Wieder war die klinische KMT-Forschung vom Unglück verfolgt. Diese diskriminierende Aktivität des Heidelberger Krebsforschungszentrums ist aus heutiger Sicht als ein sehr merkwürdiger und schädlicher Vorgang einzuschätzen, denn Jahre zuvor hatte ich das KMT-Konzept im Heidelberger Krebsforschungszentrum zum 75. Geburtstag seines Gründers K. H. Bauer auf seinem Festkolloquium vorgetragen und wiederholt sind wir Gäste im Hause von K. H. Bauer gewesen. – 1982 wurde ich von der Leitung des Heidelberger Krebsforschungszentrums eingeladen, nachdem inzwischen die Hyperthermie und ihre synergistische Kombination mit Hyperglykämie auf zahlreichen internationalen Krebshyperthermiekonferenzen als in die Zukunft weisende Methode erkannt und behandelt worden war.

Unsere Forschung gleicht der Besteigung eines sehr hohen Berges

Heute bilden 317 medizinische Forschungsarbeiten die Stufen unserer Aufstiegsroute zum Gipfel des steilen Berges, den ich 1959 auswählte. Niemals vorher hatte ich bei der Verfolgung eines Forschungszieles eine so lange Kette von ungelösten Einzelproblemen erlebt. Kaum war eine Aufgabe zum Abschluß gebracht, so ergab sich daraus eine neue, meist noch interessantere Fragestellung. Daher waren wir gezwungen, uns stets neu durch kreative Leistungen zu bewähren. Dieser Vorgang bedeutete aber nicht nur immer wieder neue Arbeit, sondern auch neue Freude am schöpferischen Tätigsein.
Jeder ausdauernde Aufstieg zur Höhe eines Berges verbessert sehr die Übersicht. So ist es auch bei dem Fortschreiten unserer medizinischen Forschungsarbeiten gewesen. Mit ihren vielgestaltigen Resultaten stellte sich die Empfindung ein, fast den Gipfel eines außergewöhnlich hohen Berges erstiegen zu haben. Gleichzeitig erschütterte mich tief die Kluft einerseits zwischen meiner eigenen Gewißheit, daß in den von uns gestalteten neuen Bereichen Krebs-Mehrschritt-Therapie, aber auch Sauerstoff-Mehrschritt-Immunstimulation und Sauerstoff-Mehrschritt-Therapie sich ganz konkret Erfolge abzeichneten, um die Leiden unzähliger Menschen zu mildern, und andererseits der Langsamkeit bzw. Oberflächlichkeit, mit der unsere Arbeiten von fachlich zuständigen Einrichtungen zur Kenntnis oder nicht zur Kenntnis genommen wurden.
Wie sehr hätte uns das Gefühl, »verstanden zu werden«, weitere Kraft geben können! Wie sehr hätte eine frühe Anerkennung unserer multidisziplinären medizinischen Forschungen zum Abbau der

Voreingenommenheit gegenüber der Dresdner »Außenseiter-Gruppe« beitragen und damit den Fortschritt beschleunigen können.
Wo blieben die Persönlichkeiten und Wissenschaftler mit Phantasie, welche den nutzbaren Gehalt unserer medizinischen Forschungen voll erfaßten, so tief erfaßten, daß sie unsere Sache zur eigenen werden ließen? Warum hat man sich in all den Jahren nicht die Mühe gegeben, unsere Originalveröffentlichungen gründlicher zu lesen? Ist es die Informationsflut der Gegenwart? Ist es die Voreingenommenheit? Ist unsere Art der Darstellung zu sehr verschieden von der in der Medizin üblichen Darstellungsweise? Ist es das Festhalten an alten Vorstellungen? Wo bleibt die akademische Jugend? Fragen über Fragen, die mich bewegten. Als dann auch noch bei einigen Gelegenheiten unsachliche Angriffe gegen unsere medizinischen Arbeiten gerichtet wurden, kam mir der Gedanke, ob es nicht an der Zeit sei, wieder zu meinem früheren Arbeitsgebiet, der Elektronen- und Ionenphysik, zurückzukehren. Die 10-Jahre-Spanne der Fermi-Empfehlung war sowieso schon überschritten. Verschiedene sehr ehrenvolle Einladungen zu internationalen Kongressen über Elektronenstrahl-Technologie, über Elektronen-Rastermikroskopie und über Ionenquellen sowie neue Aufgaben im Institut legten einen solchen erneuten Gebietswechsel nahe. War es richtig, die begrenzten Kräfte damit zu verbrauchen, um auf dem Felde der Medizin jene (die Arbeit so erleichternde) international angesehene Stellung zu erkämpfen, die man auf dem Felde der Elektronen- und Ionenphysik bereits seit langem erobert hatte?
Ein derartiger Schritt zu diesem Zeitpunkt wäre sehr egoistisch und Ausdruck von Resignation gewesen. Gerade weil ich von der hohen Wirksamkeit unserer neuen prophylaktischen und therapeutischen Methoden selbst so fest überzeugt war, durfte ich mich als Verantwortlicher jetzt nicht zurückziehen. Im Gegenteil, alle Reserven waren scharf auf das Ziel auszurichten, die Ergebnisse unserer medizinischen Forschungen in großer Breite durchzusetzen.

In dieser Phase kam es darauf an, mit Optimismus durchzuhalten. Hierin bestärkte mich jener bekannte Ausspruch von Edison: »Die anderen begehen den Fehler, zu früh aufzuhören. Ich höre nie auf!« Und hatte mir nicht Otto Warburg 1967 geschrieben: »Sie können jetzt nur noch einen Fehler machen: daß Sie, entmutigt durch zu vielen Widerstand, zu früh aufgeben. Vielleicht kann ich in dieser Hinsicht nachahmenswert sein. Je mehr Widerstand ich fand, um so mehr griff ich an und um so besser wurden meine Waffen.«

Viel Kraft gaben mir stets in solchen Kampfperioden Besuche prominenter Wissenschaftler. So hatte ich 1971 die Freude, den bekannten Krebsforscher Hermann Druckrey bei uns begrüßen zu können. Er erwiderte damit unsere wiederholten Besuche in Freiburg. Dresden war Zwischenstation auf seiner großen Reise, die ihn in die Sowjetunion, nach Indien und Japan führte. Wieder einmal fand, wie bei vorausgegangenen Besuchen der Professoren Bennhold, Bergelson, Brock, Burk, Caspersson, de Duve, Fischer, Friedrich-Freksa, Ganse, Hoefer, Schapot, Shdanow und Westphal, eines jener sich bis spät in die Nacht ausdehnenden Kolloquien im kleinen Kreise statt, die uns so überaus wertvolle Informationen über den neuesten, meist noch unveröffentlichten Stand der vom Besucher vertretenen Forschungsgebiete gaben. Auch diesmal nahmen meine jungen Mitarbeiter W. Krüger, H. G. Lippmann und P. G. Reitnauer mit großer Begeisterung und Aktivität an der Diskussion teil.

Aus späteren Tagen erinnere ich mich mit besonderer Freude an den Besuch der bekannten Physiologen Gerhardt Thews und Peter Vaupel im Oktober 1981. Die in den Tagen ihres Besuches veranstalteten Kolloquien, in denen viele noch ungelöste Probleme unserer Forschung diskutiert wurden, haben noch lange nachgewirkt. Stunden mit Persönlichkeiten dieses Ranges lassen schnell Angriffe und Widerstände vergessen, welche dem Forscher die Freude an seiner Arbeit nehmen können, sofern sie unsachlich und polemischer Natur sind.

Angriffe und Widerstände: Daß etwas neu ist ... merkt man erst, wenn man auf scharfen Widerspruch stößt oder auf genau gegenteilige Lehrmeinungen (Konrad Lorenz, geb. 1903)

Die Jahre 1968 bis 1977 brachten viele Angriffe und Schwierigkeiten. Der schädlichste Angriff gegen unsere Krebs-Mehrschritt-Therapie-Forschung ging von der Leitung des Zentralinstituts für Krebsforschung der DDR in Berlin-Buch aus. Wir hatten die höchste für unsere Fachrichtung zuständige wissenschaftliche Stelle unseres Staates in diesen Jahren als schärfsten Gegner. Der in unserer offiziellen Gesundheits-Zeitschrift abgedruckte Angriff war gekennzeichnet durch Unrichtigkeiten, Uninformiertheit und Voreingenommenheit. Der Inhalt war weit entfernt von einem sachlichen wissenschaftlichen Meinungsstreit, der durch klärende Wirkung zum Fortschritt beitragen kann.

Wie stets bei öffentlichen Angriffen hatte ich auch hier sofort eine Entgegnung abgefaßt, welche an gleicher Stelle zum Abdruck kam. Ich bin der Meinung, daß es richtig ist, auf Angriffe ohne solides Fundament sofort mit scharf geschliffenen geistigen Waffen zurückzuschlagen, ehe sich falsche Ansichten und Behauptungen des Gegners bei den Lesern festsetzen.

Im vorliegenden Falle ergaben sich trotzdem Schwierigkeiten und unangenehme Situationen, als in der Diskussion nach KMT-Vorträgen außerhalb der DDR dann kritische Passagen aus dem Aufsatz des Zentralinstituts vorgelesen wurden. Es hieß damals: »Ihre Arbeiten sind ja nicht einmal in Ihrem eigenen Staat anerkannt! Was wollen Sie dann hier?« Die Gegnerschaft des Zentralinstituts fand schnell ein Echo im Heidelberger Krebsforschungszentrum und in anderen konservativen Krebszentren.

Zu der Zeit um 1972 hatte der Minister für Gesundheitswesen unsere medizinischen Forschungen in Dresden schon über ein Jahrzehnt mit großem Weitblick gefördert und ermöglicht. Unter der gegnerischen Einstellung des Zentralinstituts hat damals jedoch zweifellos die Effektivität unserer vom Staat finanzierten KMT-Forschung gelitten. Ich wollte nicht hinnehmen, daß es in unserem sozialistischen System bei solchen den Nutzeffekt staatlicher Ausgaben vermindernden Gegensätzlichkeiten blieb. Deshalb bat ich den

Leiter des Zentralinstituts für Krebsforschung um ein Gespräch unter vier Augen. Ich sagte ihm: »Selbst wenn Sie persönlich der Hyperthermie und Hyperglykämie (KMT) als Elemente der künftigen Krebstherapie nur eine Chance von wenigen Prozent einräumen, sollten Sie sich als Leiter eines staatlichen Zentralinstituts für Krebsforschung niemals durch scharfe Ablehnung dieser Elemente öffentlich festlegen. Es ist doch unklug, sich selbst in die Gefahr zu bringen, später einen Irrtum eingestehen zu müssen. Der Leiter eines Zentralinstituts darf sich in der Hauptthematik seines Arbeitsbereiches nicht irren!« Leider blieb er bei seiner gegnerischen Einstellung. Als ich ihn verließ, dachte ich an die Worte Einsteins: »Es ist leichter, ein Atom zu zertrümmern als ein Vorurteil!«
Inzwischen sind die Jahre vergangen. Mehr als 10 internationale Konferenzen über den Einsatz von Hyperthermie (und Hyperglykämie) bei der Krebstherapie haben stattgefunden. Von der sehr kritischen Gesundheitsbehörde der USA ist 1983 der Hyperthermieschritt als Element der Krebstherapie offiziell anerkannt und zugelassen worden. – Als Zentrum der DDR für KMT- und Hyperthermie-Forschung wurde die Arbeitsgemeinschaft zwischen unserem Institut und der Radiologischen Klinik der Medizinischen Akademie Dresden bestimmt. – Jahre fruchtbarer technischer und klinischer Forschung liegen noch vor uns, bis die Grenzen des Weges erkennbar werden, den wir 1965 mit nur ganz wenigen anderen gesehen und beschritten haben.
Wenn ich in unserem Archiv die Mappen mit den Zeitungsausschnitten der Jahre zwischen 1968 und 1977 durchblättere, so lese ich eine Reihe sehr positiver Beurteilungen unseres Weges. Diese positiven Stimmen gaben uns viel Kraft, weil sie fast durchweg von angesehenen Wissenschaftlern stammten. Auch die Verleihung des Dr. med. h. c. durch die Medizinische Akademie Dresden an mich 1978 erleichterte den Kampf um die Durchsetzung unserer Forschungsergebnisse.
Gewisse unversöhnliche Gegner scheuten sogar noch 1981 im österreichischen Fernsehen nicht einmal vor Lügen über Todesfälle bei KMT-Behandlungen in der DDR zurück. Groß war das Aufsehen, als dann durch ein Urteil des Landgerichts Heidelberg die öffentliche Zurücknahme dieser Unwahrheit erzwungen wurde.

Seit meinem Wechsel zur medizinischen und medizin-technischen Forschung habe ich fast 50 Semester intensives Forschungsstudium der Medizin betrieben. Zu der von mir geleiteten Arbeitsgruppe gehören als Mitarbeiter mit akademischer Ausbildung neben mehreren Physikern vier Ärzte (Internisten, Sportmedizin), ein Biologe, ein Biochemiker und zwei Medizintechniker. Deshalb war es irreführend, daß wir bis vor wenigen Jahren in den Massenmedien und medizinischen Gazetten oft noch als Außenseiter der Medizin tituliert wurden.

Gleichbleibende Förderung unserer medizinischen Forschung seit 25 Jahren durch das Ministerium für Gesundheitswesen der DDR

Mit großem Weitblick, großer Konstanz und großer Geduld haben seit 1960 der Minister für Gesundheitswesen, insbesondere *Prof. Dr. med. Ludwig Mecklinger,* sein Stellvertreter *OMR Doz. Dr. med. Bodo Schönheit* und der Leiter der Abteilung Gesundheitspolitik im Zentralkomitee der SED, *Prof. Dr. med. Karl Seidel*, unsere medizinischen Forschungen unterstützt, vertraglich geregelt und dadurch ermöglicht. Durch die Gleichmäßigkeit der Förderung über so viele Jahre konnten wir uns nicht nur voll auf die Lösung der Forschungsaufgaben konzentrieren, sondern auch eine wissenschaftliche Tradition aufbauen, welche Voraussetzung ist für erfolgreiche Forschung. Diese Tatsachen rechtfertigten einmal mehr meine vor der Rückkehr aus der Sowjetunion getroffene Entscheidung, unser Forschungsinstitut in der sozialistischen DDR zu errichten. Gegenüber den genannten hochstehenden Persönlichkeiten sowie Partei und Regierung empfinde ich große Dankbarkeit für die Stärke und Gleichmäßigkeit der Förderung. Ich muß gestehen, daß ich mich manchmal über Geduld und Instinkt der entscheidenden hohen Funktionäre fast gewundert habe. Vielleicht sah man in mir eine Art Rennpferd, das auf dem Felde naturwissenschaftlicher Forschung schon eine Reihe von Siegen errungen hatte, und gab mir deshalb für den KMT-Kampf eine hohe Erfolgschance. Eine in dieser Richtung liegende Bemerkung, die eigentlich nicht für mein Ohr bestimmt war, deutete eine solche Denkweise an.

Ablehnung unserer Hauptarbeit durch die führende USA-Zeitschrift »Cancer« und meine Reaktion

Die medizinischen Forscher in den USA nehmen in deutscher Sprache veröffentlichte Arbeiten und Bücher kaum noch zur Kenntnis. Noch weniger werden sie zitiert. Zur Sicherung unserer Prioritäten (Zweistufige 42,5° C-Regionalhyperthermie. Selektive Krebsgewebe-Übersäuerung. Selektive irreversible Verschließung der Blutgefäße im Krebsgewebe. CMT-Selectotherm-Hyperthermie-Technik) in den USA und international reichte ich daher die Hauptarbeit über den fortgeschrittenen KMT-Entwicklungsstand 1978 bei der führenden amerikanischen Krebszeitschrift »Cancer« ein. Etwa ein Jahr später erhielt ich das Manuskript mit einer erschütternd oberflächlichen Begründung zurück. Meine Reaktion war die sofortige Veröffentlichung des englischen Manuskriptes in der führenden japanischen Krebszeitschrift (Jpn. J.Clin. Oncol.), die Einrichtung einer eigenen Druckerei und der Nachdruck der in Japan erfolgten Veröffentlichung mit einer Auflage von 2500 Exemplaren sowie Versendung des Sonderdrucks an die bedeutendsten Onkologen der anderen Kontinente. Unsere Prioritäten waren auf diese Weise ebensogut gesichert wie durch eine Veröffentlichung in der Zeitschrift »Cancer«.

Heute, wo die Methoden und Ergebnisse der Krebs-Mehrschritt-Therapie-Forschung auf vielen Krebs-Hyperthermie-Konferenzen weltweit Anerkennung gefunden haben, kann ich ohne Bitterkeit an die Schwierigkeiten in den vergangenen Jahren zurückdenken. Gerade durch die Schwere überstandener Kämpfe erscheint ein Sieg am Ende wertvoller.

Als Krönung unserer KMT-Arbeiten empfand ich die offizielle Anfrage der International Clinical Hyperthermia Society (durch ihren Vorsitzenden Warren Dennis Ph.D.), ob man das 11. Annual Meeting aus Anlaß meines 80. Geburtstages in Dresden abhalten könne. Diese Anfrage wurde durch unser Ministerium für Gesundheitswesen positiv beantwortet.

Ein Teil der hier nicht verschwiegenen Konflikte erklärte sich zweifellos daraus, daß wir die Probleme der Medizin von unüblichen Richtungen aus angingen. Gerade diesem Tatbestand verdankten

Als Großvater 1980 beim täglichen Rundgang mit der damals jüngsten Enkelin Friederike von Ardenne (3 Jahre).

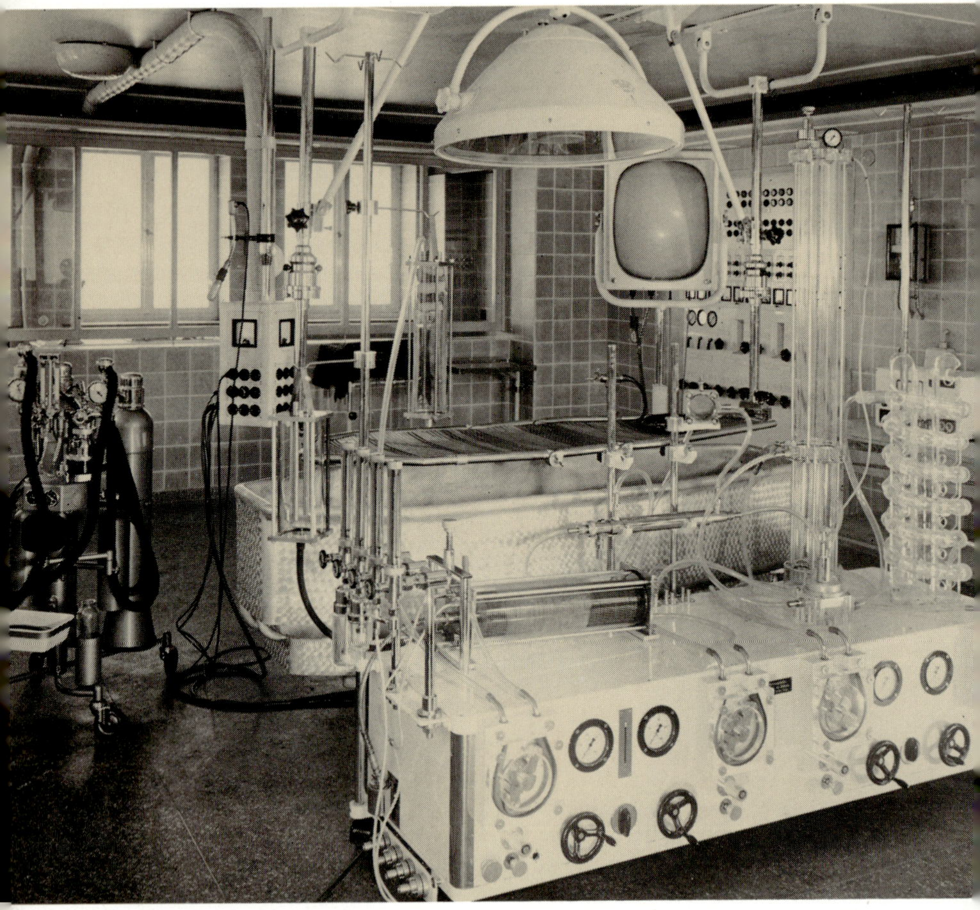

Der von uns 1962 für die chirurgische Klinik der Medizinischen Akademie Dresden gebaute Operationssaal für Krebstherapie-Forschung.
Im Vordergrund unsere Zweikreis-Herz-Lunge-Maschine und dahinter Großformat-Vielkanal-Oszillographen zur laufenden Überwachung der wichtigsten Kreislaufgrößen.

Die zwischen 1960 und 1970 monatlich durchgeführte Beratung über unsere Forschungsarbeiten zur Krebs-Mehrschritt-Therapie und zu den Anfängen der Sauerstoff-Mehrschritt-Therapie. Am langen Tisch im zentral gelegenen Bibliotheksraum, dem eigentlichen Arbeitsraum Otto Warburgs.

Otto Warburg, meine Frau Bettina von Ardenne und ich.
Wir nahmen als Gäste Otto Warburgs an der Nobelpreisträgertagung 1966, die der Biochemie und dem Krebsproblem gewidmet war, in Lindau teil.
Auch auf der Tagungsveranstaltung mit der studentischen Jugend hatten schon Tänze mit extremer Dynamik Einzug gehalten. Warburgs Urteil lautete:
»Es startete mit einem Wiener Walzer, dann ging es über in pure Biologie.«

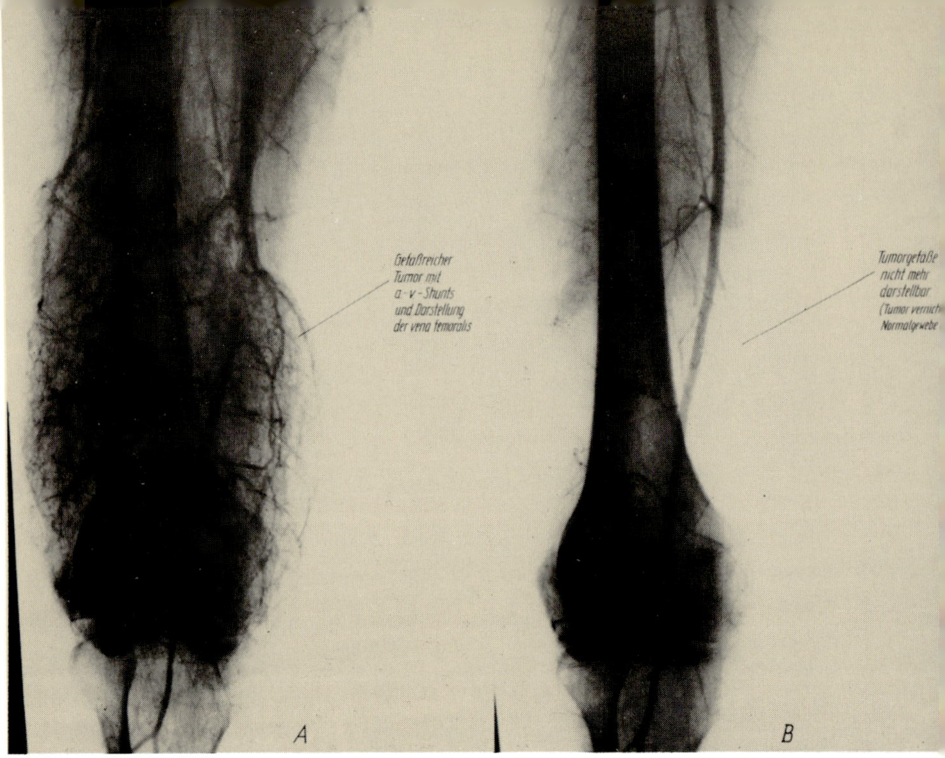

Röntgen-Arteriographie eines Klarzellen-Sarkoms (rechter Oberschenkel) vor (A) und drei Wochen nach Behandlung (B) mit dem Konzept 1977 der Krebs-Mehrschritt-Therapie.

Gespräch am 14. November 1972 in Moskau mit Professor Dr. N. N. Blokhin, dem Organisator und Leiter des neuen großen Zentrums zur Bekämpfung der Krebskrankheit in der Sowjetunion. Dem Gespräch folgte mein Kolloquium über das damalige Konzept der Krebs-Mehrschritt-Therapie.
Rechts die Chirurgin Frau Dr. R. M. Strelkowa.

wir aber die Aussicht, Neues zu entdecken. So ist es auch bei der *Sauerstoff-Mehrschritt-Therapie* gewesen, über welche in den folgenden Kapiteln berichtet wird.

Energielage des Körpers und Gesundheit

Beim Auto ist die Frage nach der augenblicklichen Energielage, d. h. nach der Höhe der Kraftstoffreserve im Tank, fast eine Selbstverständlichkeit. Beim menschlichen Organismus, wo die Beantwortung dieser Frage oft viel größere Bedeutung hat, wird eine Frage des Patienten an seinen Arzt über die augenblickliche Energielage seines Körpers nur ein mitleidiges Lächeln auslösen – außer bei führenden Sportmedizinern und Physiologen. Trotz der großen Fortschritte in der naturwissenschaftlichen Denkweise ist in der Medizin die Betrachtung des gesunden oder kranken Organismus aus energetischer Sicht in diesem Jahrhundert bisher fast völlig unterblieben. Hier besteht eine große Lücke der Forschung. Deutlich zeichnet sich die tiefe Kluft zwischen den zu exakten Wissenschaften heranwachsenden Disziplinen der Physiologie und Sportmedizin einerseits sowie der angewandten Medizin andererseits ab.
Ein charakteristisches Merkmal des älteren Menschen ist das Absinken seiner körperlichen und geistigen Kräfte mit zunehmendem Lebensalter. Hinter dieser allbekannten Erscheinung steht physikalisch die Verschlechterung des energetischen Status im menschlichen Organismus. Man sollte meinen, daß dieser Tatbestand, welcher sicher einen wesentlichen Beitrag zum Altern des Körpers liefert, und seine Ursachen im ersten Kapitel aller Lehrbücher über Geriatrie abgehandelt werden müßten. Aber man wird, wie ich, vergeblich nach einem solchen Kapitel suchen.
Eine typische Beobachtung bei länger sehr starken stressorischen Einflüssen ausgesetzten Menschen (z. B. Managern) ist die kritische Abnahme der Kreislaufreserven. Oft zwingt diese Abnahme zur Aufgabe oder zum Wechsel des Berufes. Auch diese Abnahme hat die Verschlecherung der Energielage als Ursache.

Der O_2-Status als Quasi-Kenngröße der energetischen Situation des Organismus

Als Energiequelle des Körpers wirken bekanntlich die von Karl Lohmann vor etwa einem halben Jahrhundert entdeckten *energiereichen Phosphate* (ATP, CP). Wegen ihres sehr schnellen Umsatzes im Körper lassen sich die energiereichen Phosphate nicht tanken bzw. speichern. Im wesentlichen wird daher die Konzentration dieser Substanzen, welche den energetischen Status regeln, von ihrer Bildungsrate bestimmt. Unter normalen Lebensumständen begrenzt nicht die Nahrungsaufnahme, sondern die Größe des O_2-Transportes in das Gewebe des Organismus die Erzeugung der energiereichen Phosphate. Deshalb kann die Größe des O_2-Flusses in das Körpergewebe bzw. die spirometrisch leicht meßbare Ruhe-O_2-Aufnahme als eine Art Kennziffer für den energetischen Status des menschlichen Organismus angesehen werden.

Mit zunehmendem Alter und nach starken stressorischen Einflüssen verschlechtert sich der O_2-Status

Wie nach vorstehenden Abschnitten zu erwarten, verschlechtert sich der O_2-Status im hohen Lebensalter bedeutend. Schuld an dieser Verschlechterung hat die eintretende Abnahme der Herzleistung.

Daß auch starke stressorische Einflüsse den O_2-Status sehr herabsetzen können, war selbst für den Begründer des Stress-Begriffes, Hans Selye, überraschend. Die Messungen hierzu wurden von mir 1981 in der Selye-Zeitschrift STRESS veröffentlicht. Nach meinen Messungen hatten als stressorische Einflüsse von O_2-Status verschlechternder Wirkung auch z. B. langzeitige Bewegungsarmut, Toxine (Gifte) aller Arten, Infektionen usw. zu gelten.

O_2-Mangel als Ursache sehr vieler Krankheiten, Leiden und Beschwerden

Viel häufiger, als bisher angenommen wurde, bildet ein schlechter O_2-Status die Ursache vieler Krankheiten, Leiden und Beschwerden. Nach vorliegenden Erfahrungen müssen u. a. dazu gerechnet werden: Herzinfarkt, Angina pectoris, Herzrhythmusstörungen, Gedächtnisschwäche, Schwindel, Kreislaufstörungen, Grauer und Grüner Star, Visusverschlechterungen, pathologische Lichtempfindlichkeit, periphere Durchblutungsstörungen, insbesondere in den unteren Extremitäten, Hypotonie, Dekubitus, Plazenta-Insuffizienz usw.

Wo beim einzelnen Menschen O_2-Mangel sich zuerst auswirkt, hängt von dem z. B. durch Struktur und Zustand des Blutgefäßsystems bedingten individuellen Engpaß des Organismus ab. Andererseits bestimmt die zufällige Lokalisation dieses Engpasses bei Behebung des O_2-Mangels auch den Ort der therapeutischen Wirkung. Hiernach ist nicht überraschend, daß Therapien, welche an der gemeinsamen Ursache O_2-Mangel angreifen und ihn anhaltend beseitigen, eine fast befremdliche Universalität haben müssen. Eine Therapie dieser Art ist neben dem aufwendigen und im höheren Alter oft nicht durchführbaren Ausdauertraining der Sportmedizin die von mir inaugurierte »Sauerstoff-Mehrschritt-Therapie«.

Entdeckung eines im Gesamtkörper wirkenden Schaltmechanismus der Blutmikrozirkulation

Grundlage der Sauerstoff-Mehrschritt-Therapie (und auch des Herzinfarktes, des Schock-Geschehens, von Stress- und Ausdauertrainings-Wirkungen usw.) bildet meine Entdeckung eines vom O_2-Status im Gesamtkörper gleichzeitig und gleichsinnig gesteuerten *Schaltmechanismus der Blutmikrozirkulation* mit für Monate bis Jahre anhaltender Wirkung.

Seit langem sind die vom lokalen O_2-Status über den präkapillären Sphinkter gesteuerten Regelvorgänge der Blutmikrozirkulation bekannt und eingehend untersucht. Unbekannt war, daß neben diesen lokalisiert ablaufenden Regelvorgängen noch ein sehr bedeutsamer *im Gesamtkörper generalisiert wirkender Mechanismus* besteht, der vom O_2-Status (O_2-Aufnahme) des Gesamtorganismus gesteuert wird und im venösen Ende der Blutkapillaren durch Beeinflussung ihres engsten freien inneren Querschnittes die Mikrozirkulation verändert.

Dieser Mechanismus läuft in den Kapillaren der *Lunge* ab und führt in der Lunge zu einer Änderung der Beladung des Blutes mit Sauerstoff. Die summarische Wirkung in der Lunge spiegelt sich wider in *Änderungen des arteriellen Sauerstoff-Partialdruckes*.

In den *übrigen Geweben des Körpers* führt gleichzeitig derselbe Mechanismus zu einer Änderung der O_2-Utilisation im Körpergewebe. Die summarische Wirkung im übrigen Körpergewebe führt zu *inversen Veränderungen des venösen* Sauerstoff-Partialdruckes.

Der durch Messungen entdeckte Schaltvorgang der Blutmikrozirkulation beruht nach unseren Vorstellungen auf einer den Querschnitt verringernden Schwellung von Wandzellen der Kapillaren an ihrem venösen Ende. Diese Schwellung tritt ein, sobald an diesem Ende der Druck des Sauerstoffs einen bestimmten Wert unterschreitet. Umgekehrt tritt bei Erhöhung des Sauerstoffdruckes an dieser Stelle eine Abschwellung und damit eine Querschnittserhöhung ein, wobei die Schnelligkeit der Querschnittsvergrößerung von der Höhe des zeitweilig dort erzwungenen Sauerstoffwertes abhängt. Daß hier der physiologisch ungewöhnliche Fall eines *Schaltvorganges* mit anhaltender Wirkung vorliegt, beruht darauf, daß z.B. bei Erhöhung des engsten Kapillarquerschnittes durch O_2-Überfluß an dieser Stelle der Blutfluß vermehrt wird und dadurch eine zusätzliche Verbesserung der O_2-Situation eintritt, und daß weiter bei dieser Erhöhung des Blutflusses auch die scheinbare Blutviskosität absinkt und hierdurch noch einmal die O_2-Situation verbessert wird. Es findet also eine zweimalige Effektverstärkung statt. Das besagt, daß ein System mit Schalteigenschaften vorliegt. Bei einem solchen System gilt es allerdings erst, wie bei einem Lichtschalter, einen *Schwellenwert* zu überschreiten, damit die Umschaltung vom ersten stabilen Zustand in den zweiten stabilen Zustand erfolgt. Das bedeutet, daß bei den Prozessen der Sauerstoff-Mehrschritt-Therapie, welche die Umschaltung vom Zustand schwacher Blutmikrozirkulation in den Zustand starker Blutmikrozirkulation bewirken, auch erst eine Dosis-Schwelle überschritten werden muß, damit der angestrebte Effekt eintritt.

Meine naheliegende Idee, durch Kombination von drei Schritten eine außergewöhnlich starke Erhöhung des O_2-Status im Körper zu bewirken, entstand schon in den 60er Jahren. Es waren dies wie heute als

1. Schritt: die Gabe von Pharmaka, welche die O_2-Utilisation im Gewebe erhöhen, als
2. Schritt: die zusätzliche Inhalation von reinem Sauerstoff mit einem Fluß von etwa 4 Liter pro Minute und als
3. Schritt: die Sicherung guter Durchblutung bzw. sogar ihre Verstärkung.

Nur dachten wir damals und als wir diese Schritte-Kombination beim Menschen anzuwenden begannen, daß die Verbesserung des O_2-Status allein *während* der O_2-Inhalation gegeben ist. Erst aus 1977 und 1982 durchgeführten Messungen entdeckten wir zu unserer eigenen großen Überraschung, daß bei bestimmter zeitlicher Dauer des Mehrschritt-Prozesses (Überschreitung der schon erwähnten Schaltschwelle) auch *nach* Ende der O_2-Inhalation ein gegenüber vorher bedeutend verbesserter O_2-Status lange bestehen bleibt.

Die Frage der für die Auslösung der Schaltwirkung notwendigen Prozeßdauer wurde unter breiter Variation der Prozeßbedingungen mit hohen Probandenzahlen untersucht. So gelangten wir zu dem meist auf 18 Sitzungen à 2 Stunden aufgeteilten *Standard-36-Stunden-O_2-Mehrschritt-Prozeß*.

Es gelang 1984, in den 36-Stunden-Prozeß (ohne zusätzlichen Zeitaufwand) am Sitzungsende ein *Herztraining von 10 min Dauer ohne O_2-Fluß* zur Steigerung der Herzleistung nach dem Vorbild von Alterssportlern einzbauen. Diese Variante mit »kardio-pulmonalem Minimaltraining« und Herbeiführung einer Pulsfrequenz nach der Hollmannschen Regel (f = 180 minus Lebensalter) ist allerdings belastungsfähigen Probanden vorbehalten.

Als zweite Hauptvariante ergab sich unter körperlicher Belastung mit einem Fahrradergometer (50 bis 100 Watt, Erhöhung des Atemzeitvolumens von 8 auf 30 Liter pro Minute) plus Erhöhung des O_2-Flusses auf 30 Liter pro Minute der *15-Minuten-O_2-Mehr-*

schritt-Schnellprozeß. Welche der beiden Varianten zum Einsatz kommt, hängt vom Patientenzustand ab. Der 36-Stunden-Prozeß wird für bewegungsunfähige, bewegungsbehinderte, herzinsuffiziente oder geschwächte Personen vorgesehen, während der nicht ganz so leistungfähige 15-Minuten-Prozeß für jüngere, gut bewegungsfähige Personen bevorzugt wird.

Mitnutzung von Fieber für einen O_2-Mehrschritt-Schnellprozeß zur Abkürzung der Rehabilitationszeit auf wenige Stunden und zur gleichzeitigen Auslösung des anhaltenden Therapie-Effektes

Im Sommerurlaub 1984 wurde mir in einem beglückenden Augenblick klar, daß bei hohem Fieber von Natur aus Herz- und Lungenleistung (Herz- und Atemzeitvolumen) etwa so stark ansteigen, wie bei unserem 15 min-O_2-Mehrschritt-Schnellprozeß durch die körperliche Belastung (50 bis 100 Watt) mit dem Fahrradergometer. Die Erkenntnis dieser Übereinstimmung führte mich zum Konzept des 25 min-O_2-Mehrschritt-Schnellprozesses (mit 25 Liter pro Minute O_2-Applikation) in der Spätphase von hohem Fieber. Der in seiner Einfachheit kaum zu übertreffende Prozeß bewirkt u. a. eine Abkürzung der sonst etwa eine Woche beanspruchenden Rehabilitationszeit auf wenige Stunden und eine risikosenkende anhaltende Hochschaltung des O_2-Status. Von dieser jüngsten Variante ist eine Verringerung der Arbeitszeitausfälle nach Infektions- und anderen von hohem Fieber begleiteten Krankheiten zu erwarten – im Interesse des Patienten, des Arbeitgebers und der Krankenkassen!

Prozeßvariante mit Nikotinsäure gegen Hypotonie

Die Entwicklung des O_2-Mehrschritt-Prozesses gegen regulatorisch bedingte Hypotonie (zu niedriger Blutdruck) ergab sich aus einer persönlichen Zwangslage. Diese Entwicklung ist Teil meines Weges zur O_2-Mehrschritt-Therapie und sei daher hier mit besprochen.
1970/71 strömten besonders viele erregende Ergebnisse und Erkenntnisse auf mich ein, die ich sofort auswerten mußte, um den

Mitarbeitern täglich ihre neuen Aufgaben bis in feinste Einzelheiten zu stellen. Gleichzeitig galt es im Zusammenhang damit, mehrere Bücher und zahlreiche wissenschaftliche Aufsätze abzufassen und bis spät abends zu korrigieren. Dazu kamen dann noch die vielen Vorträge, Sitzungen und gesellschaftlichen Verpflichtungen, die meine Mitwirkung in zahlreichen Gremien mit sich brachten. Diese Belastungen überschritten meine geistig-körperliche Leistungsgrenze. Ein Erschöpfungszustand mit viel zu niedrigem Blutdruck (Hyoptonie) und periodischen schweren Kreislaufstörungen (Morbus Menière) war die Folge. Damals gaben mir die Ärzte die für mich sehr negative Auskunft, es sei kaum möglich, den Blutdruck durch Medikamente anzuheben; viel leichter gelinge es, zu hohen Blutdruck auf niedrigere Werte zu bringen.
Auf die sonst üblichen Diktate während der häufigen langen Autofahrten nach Berlin mußte ich verzichten, ebenso auf das Weiterwirken während des Urlaubs im bequem eingerichteten Arbeitszimmer in Heringsdorf, und auch die bisher fast immer übliche Fortsetzung der Tätigkeit bis in die späten Abendstunden oder an den Wochenenden hatte zu unterbleiben. Die Ärzte und die gesamte eigene Familie verodneten mir einen mehrmonatigen Kuraufenthalt. Doch ein kurmäßiges, asketisches Leben nach streng einzuhaltenden Regeln und ohne schöpferische Tätigkeit ist für mich eine der schlimmsten Strafen, die man mir in Aussicht stellen kann. Also, ich mußte mir selbst helfen. So kam ich auf folgende Arbeitshypothese, die mir den Weg zur Lösung meines Problems wies: 1. Hypotonie-Ursache ist eine Verschlackung der Gefäße am Ort des Blutdruck-Regelzentrums. 2. Entschlackung ist ein energiefordernder Prozeß. 3. Gegenmaßnahme ist Schaffung eines *Zustandes großer Energiedichte im Halsbereich*. – Dann entstand die zündende Idee für einen neuen universal bei Hypotonikern anwendbaren Prozeß, der meine Gesundheit im Laufe weniger Stunden wiederherstellte und zu einer unentbehrlichen Hilfe der künftigen Medizin werden dürfte.
Durch diesen Prozeß und seine einmalige Wiederholung kann sehr oft sowohl der systolische Blutdruck als auch die Blutdruckamplitude innerhalb von zwei mal neunzig Minuten auf Normalwerte dauerhaft angehoben und damit eine vorher bestehende Hypotonie mit Kreislauflabilität definitiv beseitigt werden. Die einfache hierbei

benutzte Maßnahme ist die Kombination der schon besprochenen O_2-Mehrschritt-Therapie mit einer die Hals- und Gehirndurchblutung für fast eine Stunde stark heraufsetzenden Pharmakakombination (0,5 g Nikotinsäure + 0,5 g Vitamin C). Durch zwei Behandlungen mit dem neuen Prozeß wurde ich 1971 vom Hypotoniker (mit Mb-Menière) in einen Normotoniker (ohne Mb-Menière) mit Blutdruckwerten 135/80 mmHg verwandelt. 1984 bestehen noch dieselben guten Werte. – Die Ärzte hatten mir damals nicht helfen können, aber gerade weil dies so war, kam es dazu, daß ich den Ärzten eine für solche Fälle oft sehr wirksame Hilfe geben konnte.

Mehr als 250 Zentren für O_2-Mehrschritt-Therapie in Europa

Obwohl erst wenige Jahre vergangen sind, haben sich in Europa schon mehr als 250 Zentren gebildet, in denen Patientenbehandlungen mit der standardisierten Programmierung durchgeführt werden. Gegenwärtig kommen etwa zwei bis drei solcher Zentren pro Woche neu hinzu. Mindestens 10 000 Patienten sind bereits behandelt worden. Die Ergebnisse von einem Teil dieser Behandlungen sind mir auf genormten Formularen zurückgemeldet worden, so daß bereits eine gewisse Übersicht über die am meisten ins Auge fallenden Wirkungen unserer Therapie gegeben ist.

Haupteinsatzbereiche der O_2-Mehrschritt-Therapie

Als sicher darf heute gelten, daß in den meisten Altersgruppen, vor allem aber bei der speziell therapiebedürftigen Bevölkerung zwischen 60 und 80 Jahren, durch die O_2-Mehrschritt-Therapie eine für Wochen, Monate bis Jahre anhaltende Anhebung des O_2-Transportes in das Körpergewebe bzw. der Ruhe-O_2-Aufnahme des Körpers auf *etwa 200 bis sogar 250% der Werte vorher* gelingt. Jetzt kommt es darauf an, daß in möglichst vielen Spezialkliniken gründlich erforscht wird, was in ihrem Fachbereich diese einzigartig starke Verbesserung des Sauerstoffstatus in präventiver, prophylaktischer und therapeutischer Hinsicht bringt. Vorstehende Worte sind ein

Appell, den ich auch schon in verschiedenen Vorträgen, Rundfunksendungen und Fernsehvorträgen an die medizinische Öffentlichkeit gerichtet habe. Diesem Appell ist u. a. das Institut für Kreislaufforschung und Sportmedizin der Deutschen Sporthochschule Köln gefolgt. Nach Konsultation in Dresden ist in diesem Institut eine größere Einfach-Blindstudie mit älteren Probanden bereits angelaufen. Ich bin sehr glücklich darüber, daß gerade dieses angesehene Institut sich unserer Sache angenommen hat, denn die naturwissenschaftlich exakte Forschungsweise seines Leiters *Wildor Hollmann* hatte ich schon seit vielen Jahren sehr bewundert. Hollmann hatte in zahlreichen Arbeiten die O_2-Aufnahme und weitere Stoffwechselparameter des menschlichen Organismus in Abhängigkeit von körperlicher Belastung, Trainingszuständen, Lebensalter usw. durch Messungen untersucht und war so zum eigentlichen Begründer der wissenschaftlichen Sportmedizin geworden. Sein Lehrer war *H. W. Knipping*, dem wesentliche Methoden zur quantitativen Leistungsanalyse und Funktionsprüfung zu verdanken sind. Vor über 20 Jahren bin ich Knipping wiederholt bei gemeinsamen Bemühungen um die Gründung unserer Gesellschaften für biomedizinische Technik begegnet.

Gegenwärtig bereite ich eine Sammlung von Einzelergebnissen vor. Aus ihr seien vorweg die folgenden Hinweise extrahiert, weil hierdurch den klinischen Einrichtungen Anregungen gegeben werden können, wo es sich lohnen könnte, eigene Untersuchungen mit hohen Fallzahlen und mit Objektivierung der Ergebnisse zu starten: Erhöhung der körperlichen und geistigen Leistungsfähigkeit spezifisch bei Abfall im höheren Lebensalter; Hinausschieben der Multimorbidität des höheren Lebensalters zur Verlängerung der lebenswerten Phase des Lebens; Risikosenkung vor Operationen älterer oder geschwächter Patienten, ebenso bei Entbindungen, bei hohem Fieber usw.; Milderung der vielgestaltigen Folgen von stressorischen Einflüssen aller Art wie z. B. Kreislaufstörungen; Intensivierung von Kur- und Urlaubseffekten (Kur zur Prävention und Kurzurlaube); Steigerung der körpereigenen Abwehr spezifisch bei Abwehrschwäche nach kritischen Noxen.

Milderung bzw. Behebung von Angina pectoris-Anfällen, von Arrhythmien, von Atemnot; Erhöhung der Belastungsfähigkeit; Pro-

phylaxe des Herzinfarktes und Rehabilitation nach Herzinfarkten – Normalisierung des Blutdruckes bei regulatorisch bedingtem zu niedrigem Blutdruck, Senkung der Häufigkeit von Menière-Anfällen, Milderung von noch reversiblen Hörschäden, Hilfe zur Senkung eines zu hohen Blutdruckes bei noch nicht fixierter Hypertonie (Prophylaxe gegen Apoplexie); Behebung von Schwindel und Präkollaps-Zuständen durch Kreislaufstabilisierung; bedeutende Verbesserung der Lebensqualität bei Chemotherapie, Bestrahlungen, Vergiftungen und Verbrennungen; Milderung arterio-sklerotischer Degeneration durch Renormalisierung der O_2-Versorgung der arteriellen Gefäßwände; Behebung oder Milderung von Durchblutungsstörungen vor allen Dingen bei den unteren Extremitäten; bei chronischer Bronchitis und Bronchialasthma sowie Behebung von Dauerschwindel liegen positive Einzelbeobachtungen vor.
Milderung zerebraler Durchblutungsstörungen; über Senkung der Häufigkeit und Stärke von Migräneanfällen und Schlafstörungen liegen viele Einzelbeobachtungen vor: über Visusverbesserungen, Rückbildungstendenzen beim Grauen Star und beim Glaukom liegen zahlreiche Hinweise vor; prophylaktische Bekämpfung der Hörleistungsminderung im höheren Alter und auch bei starkem Dauerlärm; bei der Multiplen Sklerose wurden Bremsungen der Schübe beobachtet; bei Lebererkrankungen mit starker Verschlechterung der Transaminasewerte konnten bedeutende Verbesserungen dieser Werte in Einzelfällen beobachtet werden; Milderung des Altersdiabetes mit Senkung des Medikamentenverbrauchs; bei Dekubitus- und bei der Wundheilung wurden starke Beschleunigungen gesehen. Diese Kleinzahlbefunde sind hier miterwähnt, um zu speziellen Studien anzuregen.

Zum Nachdenken anregende Paradefälle

Vor einigen Jahren wurde ein 90jähriger Patient zur Behandlung mit einer Intensivvariante der Sauerstoff-Mehrschritt-Therapie angenommen. Sein Sauerstoffstatus war der schlechteste, den wir je gemessen hatten. Gerade noch ausreichende Sauerstoffversorgung zur Erhaltung des Lebens wurde bei ihm durch Erhöhung der Pulsfrequenz von 60 auf 90 pro Minute gewährleistet. Aber es zeichneten sich bereits bedenkliche Arrhythmien ab, so daß ein Versagen des Herzens bei weiterer anhaltender Überlastung vorauszusehen war. Es bestand bereits seit mehreren Tagen totale Gehbehinderung sowie Luftnot und Schwindel. Meine Ärzte hatten Sorge, ihn lebend aus der ersten Behandlungssitzung entlassen zu können. Es war klar, daß es darauf ankam, den schlechten O_2-Status als Ursache für die kritischen Erscheinungen möglichst schnell aufzuheben. Dann erfolgte unsere Therapie, der O_2-Status verbesserte sich auf Normalwerte eines 70jährigen, die Gehbehinderung verschwand ebenso wie Schwindel und Luftnot. Der Patient kehrte zu seinem normalen Leben zurück. Ich wurde dann über zwei Jahre später von ihm zu seinem 93. Geburtstag eingeladen. In diesem Beispiel ist mit hoher Wahrscheinlichkeit durch schnellen Einsatz der Sauerstoff-Mehrschritt-Therapie das Leben dieses Patienten um über 2½ Jahre bei hoher Lebensqualität verlängert worden.

In einem anderen Fall war ein 69jähriger Patient mit Leberzirrhose seit 5 Jahren an das Bett gefesselt und als ausgesprochener Pflegefall Last der Familie. Zwei Tage nach Beendigung der Behandlung mit einer Intensivvariante der Sauerstoff-Mehrschritt-Therapie erscheint zur grenzenlosen Überraschung der Familie der Patient im Garten. Seine Bewegungsfähigkeit entwickelte sich so, daß seine Familie weitgehend von den bisherigen Pflegeaufgaben entlastet wurde.

Nach den bisherigen Erfahrungen scheint die *Rückführung von Pflegefallpatienten in hinreichend normale Lebensweise* ein dankbares Einsatzfeld der Sauerstoff-Mehrschritt-Therapie zu sein. Hoffentlich erkennen Krankenkassen und Krankenversicherungsanstalten bald, daß der Einsatz der Sauerstoff-Mehrschritt-Therapie durch Renormalisierung von Pflegefällen und Abkürzung der Rehabilitationsphase und manch anderer Wirkungen sehr erhebliche Kosten einzusparen gestattet.

Bekämpfung der Placenta-Insuffizienz bei Frauen über 40 Jahren

Aus der Gynäkologie ist bekannt, daß bei Frauen über 40 Jahren das Risiko, gestörte Kinder zur Welt zu bringen, bei Werten um 15% liegt. Den Hauptgrund hierfür bildet die Placenta-Insuffizienz,

d. h. Sauerstoffmangel des heranwachsenden Kindes in der Schwangerschaft. Einzelbeobachtungen liegen darüber vor, daß dieser kritische O_2-Mangel bei rechtzeitigem und richtigem Einsatz der Sauerstoff-Mehrschritt-Therapie während der Schwangerschaft unterbleibt. Das begründet die Hoffnung, daß sich in Zukunft für Frauen etwa zwischen 40 und 50 Jahren eine neue und bessere Lage in dieser Frage ergibt.

In den vorstehenden Abschnitten bin ich, vielleicht etwas zu detailliert für eine Autobiographie, ausführlich auf die zahlreichen Einsatzbereiche der Sauerstoff-Mehrschritt-Therapie eingegangen. Dies erschien zweckmäßig, um dem Leser nicht nur eine Übersicht, sondern auch Hinweise für eigenes Handeln zu geben. Es war meine Absicht, auch diese Gelegenheit zu nutzen, um Patienten mit einer Methode zu helfen, welche in den gegenwärtigen Lehr- und Ausbildungsbüchern der Medizin aus zeitlichen Gründen noch kaum Berücksichtigung finden konnte.

Aktivierung der natürlichen Heilkräfte durch Sauerstoff-Mehrschritt-Therapie

Viel mehr als in der Gegenwart mit ihrem hohen Tablettenkonsum im Gesundheitswesen (Nebenwirkungen! Kosten!) wurde in der Vergangenheit den natürlichen Heilkräften des Organismus die Bekämpfung gesundheitlicher Krisen überlassen und anvertraut. Man bemühte sich, die Naturheilkräfte durch Kräftigung des Körpers (z. B. Hufeland, Kneipp u. a.) oder Entlastung des Kräfteverbrauches (z. B. Bettruhe) zu unterstützen. Als Maßnahmen dienten dabei z. B. Heilbäder, Solebäder, Moorbäder, ferner Sauna- und Schwitzbäder, Kneippsche Wasseranwendungen, kalte und warme Packungen, Nutzung von Heilquellen, Trinkkuren, Diätkuren, Fastenkuren, Schlaftherapie, Heil- und allgemeine Gymnastik, Sport und regelmäßiges Bewegungstraining usw. Sehr wurde auch eine Stärkung der körpereigenen Abwehr durch Abhärtung, vitaminreiche Kost usw. angestrebt. An dieser Stelle braucht kaum betont zu werden, daß auch ganz allgemein der Urlaub, der Besuch von Kurbädern, von Sanatorien usw. die Stärkung des Organismus und seiner natürlichen Heilkräfte zum Ziel hatte.

Stärkung des Organismus bedeutet mehr als nur Steigerung der Kreislaufreserven. Es ist die *längerzeitige Anhebung seines energetischen Status* oder genauer, die Anhebung der Konzentration energiereicher Phosphate (ATP, CP) in allen Geweben des Körpers. – Wie oben dargelegt, ist die Sauerstoff-Mehrschritt-Therapie das souveräne Mittel, um diese Anhebung zu bewirken. Die Frage der *energetischen Aktivierung der natürlichen Heilkräfte des Organismus* leitet zur damit verbundenen Thematik der folgenden Abschnitte.

Starke Dynamik des O_2-Status im täglichen Leben

Aus unseren Messungen fanden wir, daß der O_2-Status in Abhängigkeit von Randbedingungen des täglichen Lebens außerordentlich schwankt. Meßergebnisse und die aus ihnen gezogenen Schlußfolgerungen zwangen mich 1982, in der für den Jahresurlaub eigentlich bestimmten Zeitspanne große Teile meines Buches über die »Sauerstoff-Mehrschritt-Therapie« in wenigen Wochen neu zu schreiben. Es war selbstverständlich ein extrem starker Streß, welcher meinen O_2-Status fühlbar und meßbar wieder auf den meinem Lebensalter entsprechenden Erwartungswert senkte. Sofort nach Abschluß der Arbeit an dieser 3. Buchauflage führte ich daher den 36 h-O_2-Prozeß durch. Danach war es objektiv und subjektiv so, als ob der Erholungsurlaub stattgefunden hätte.

Z. B. beim Empfinden von körperlicher Frische wird ein guter O_2-Status gemessen und bei Müdigkeit ein schlechter O_2-Status. – Im 24-Stunden-Zyklus des Tages können Schwankungen der Ruhe-O_2-Aufnahme, welche den akuten O_2-Status charakterisieren, im Verhältnis bis 1:2,5 auftreten. Im Durchschnitt lagen die Maximalwerte des O_2-Status morgens um 8 Uhr und abends um etwa 19 Uhr. Die Minimalwerte wurden etwa um 12 Uhr und besonders ausgeprägt etwa zwei Stunden nach dem Einschlafen gemessen. Dieser Befund stimmt mit der medizinischen Erfahrung überein, daß in der Ruhe, wenige Stunden nach dem Einschlafen, z. B. bei kreislaufschwachen Patienten Herzinfarkt, Herzstillstände und Kreislaufstörungen mit bedeutend erhöhter Häufigkeit ausgelöst werden.

Schlechter O_2-Status bei Schwächezuständen

Regelmäßig haben wir einen besonders schlechten O_2-Status gefunden, wenn z. B. bei Infekten mit hohem Fieber ein solcher Schwächezustand beim Patienten bestand, daß er von sich aus seinen Energieverbrauch durch Bettruhe minimierte. In mehreren Fällen haben wir dann bei Patienten mit gutem Herzzustand im Zustand der Schwäche den 15-min-O_2-Mehrschritt-Schnellprozeß, allerdings mit in den ersten drei Minuten verlangsamtem Anlauf, durchgeführt. Überraschend war, daß trotz der anfänglichen Schwäche die mit diesem Prozeß verbundene körperliche Belastung von 50 bis 100 Watt auf dem Fahrradergometer ohne Schwierigkeiten geleistet werden konnte. Aus dieser Beobachtung war zu entnehmen, daß die durch die hohe O_2-Aufnahme (O_2-Fluß 30 l pro Minute, Atemzeitvolumen 30 l pro Minute) zusätzlich erzeugten energiereichen Phosphate sehr schnell dem Organismus zur Verfügung standen. Für das medizinisch bedeutsame Problem der Rehabilitation nach Schwächezuständen beliebiger Art verdienen unsere Meßergebnisse bei diesen Versuchen ein hohes Interesse. Sie zeigten, daß schon etwa zwei Stunden nach Durchführung des Schnellprozesses ein hervorragender O_2-Status bestand, der auch noch nach Tagen und Wochen in etwa gleichbleibender Höhe bestimmt wurde. Es war ein Weg zur *Schnellrehabilitation* entdeckt, welcher z. B. Patienten, die gerade in der Endphase einer schwächenden Krankheit stehen, dann entscheidende Hilfe geben kann, wenn sie aus Gründen ihres Berufes vor unaufschiebbaren, körperlich belastenden Pflichten stehen.

O_2-Status und Krebsabwehr

Zufällig gelang 1983 eine sehr eindrucksvolle Beobachtung zum viel zu wenig bekannten *Zusammenhang zwischen O_2-Status und Krebsabwehr*. Bei einer älteren Person war ein sogenanntes Basaliom (ein gutartiger Hautkrebs) gegeben und in seinen Abmessungen bequem meßbar. Die betreffende Person erkrankte an Grippe, und der O_2-Status ging von einem ursprünglich guten Wert auf einen sehr niedrigen Wert herunter. In dieser Phase vergrößerte sich das Volu-

men des Basalioms auf den siebenfachen Wert im Minimum des O_2-Status. Dann war die Grippe vorbei und der O_2-Status näherte sich wieder dem guten Anfangswert. Gleichzeitig damit reduzierte sich das Volumen des Basalioms ebenfalls wieder auf den Anfangswert. Danach kam eine Intensivvariante der O_2-Mehrschritt-Therapie zum Einsatz und das Basaliom verschwand (Heilung). Hier stellte sich beim Menschen die Abhängigkeit des Fließgleichgewichtes zwischen Krebszellenneubildung und Krebszellenvernichtung durch zelluläre körpereigene Abwehr vom O_2-Status unmittelbar dar. Bei der Ausheilung des Basalioms war allein durch Einsatz der O_2-Mehrschritt-Intensivvariante eine Vernichtung von etwa 50 Millionen Basaliom-Krebszellen eingetreten. Zur statistischen Sicherung dieses Zusammenhangs wurden Multitestversuche mit großen Patientenzahlen eingeleitet.
Bisher ist in der Prophylaxe und Therapie des Krebses und besonders auch in der Tumorimmunologie die große Bedeutung des O_2-Status für die Güte der zellulären Krebsabwehr viel zu wenig beachtet worden. Diese Vernachlässigung ist überraschend, denn schon seit vielen Jahrzehnten wird vermutet, daß ein Hauptbeitrag für die größere Krebshäufigkeit im hohen Lebensalter auf die Verschlechterung des O_2-Status zurückzuführen ist.

Ein Weg zur allgemeinen Krebsprophylaxe

Es ist meine Überzeugung, daß in wenigen Jahrzehnten in Staaten mit progressiven Gesundheitsministern und Medizinern die Krebskrankheit durch einfache prophylaktische Maßahmen, wie etwa die Kinderlähmung durch Poliomyelitis-Impfung, zurückgedrängt sein wird. Als konkreten Weg zu diesem hohen Ziel sehe ich die etwa *einmal im Jahr erfolgende Wiederholung eines Prozesses mit Anreizung der Neubildung von Abwehrzellen in Kombination mit ambulant durchführbaren Varianten der Sauerstoff-Mehrschritt-Therapie*. Für die Anreizung der Neubildung von Abwehrzellen steht heute eine ganze Palette von Substanzen zur Verfügung. Nach Messungen meines Mitarbeiters P. G. Reitnauer an Ratten wird z. B. für die Dauer von etwa drei Wochen die Neubildung von Abwehrzellen

(Leukozyten, T-Lymphozyten) durch folgende Immunmodulatoren erheblich stimuliert: Thymusextrakte, Ney Tumorin, 2-Cyanäthyl-Harnstoff (unsere BA 1-4-Entwicklung). Wenn einzelne besonders konservative Onkologen die positive Wirkung solcher Substanzen noch negieren, so beruht das wahrscheinlich auf Mangel an Informationen und darf nicht ernst genommen werden. Weitere sehr interessante Substanzen zeichnen sich ab. Sie und Kombinationen aus vorstehenden Substanzen werden gegenwärtig geprüft, um die Reizung der Neubildung zu optimieren.

Eine sehr wichtige Aufgabe der Krebsforschung besteht darin, eine möglichst wenig aufwendige Variante des besprochenen Kombinationsprozesses, dem wir die Bezeichnung *»O_2-Mehrschritt-Immunstimulation«* gegeben haben, zu gestalten und danach in einem geographischen Bereich mit bereits gut untersuchter Häufigkeit der verschiedenen Krebsarten bzw. der Krebserkrankung einen *Großzahlversuch zur allgemeinen Krebsprophylaxe* zu organisieren und abzuschließen.

Meine Frau und ich selbst führen bereits einmal pro Jahr einen Kombinationsprozeß durch, von dem zu vermuten ist, daß er bereits eine Prophylaxe gegen den Krebs darstellt. Das praktische Vorgehen ist überaus einfach. In einer Phase, wo durch Sauerstoff-Mehrschritt-Therapie ein guter O_2-Status, durch Messungen kontrolliert, besteht, werden für drei Wochen etwa täglich drei Thymus-Dragees oral eingenommen. Das ist alles.

In diesem Zusammenhang sei über eine andere auffällige Beobachtung mit der besprochenen Kombination berichtet. Bekanntlich bestehen bei älteren Personen oft sich langsam im Laufe von Jahren bildende präcanceröse Hautzustände, vor allem auf dem Rücken. Wahrscheinlich steht diese Erscheinung mit der Verschlechterung des O_2-Status im hohen Alter und mit dem bekannten Leistungsrückgang der Thymusdrüse bei fortschreitendem Alter in Verbindung. Aus der Literatur war uns kein Mittel bekannt, um diese Zustände, die nicht selten zu der gefährlichen Melanomform des Krebses entarten, zu hemmen oder zur Rückbildung zu bringen. Deshalb dürfte spezifisch für Dermatologen die Information interessant sein, daß wir bei Aufrechterhaltung eines guten O_2-Status über ein ganzes Jahr und täglicher Fortsetzung der Gabe von Thymusdragees über die gleiche Zeit eine faszinierende *Rückbildung der präcancerösen Hautzustände* beobachteten. Vielleicht deutet sich hier ein Weg an zu einer Art Verjüngung der Haut.

80% aller Krebstodesfälle kommen durch Metastasierung

Im folgenden soll die Aufmerksamkeit auf einen anderen, bisher sehr vernachlässigten, besonders aussichtsvollen Weg zur Bekämpfung des Krebstodes gelenkt werden. Nach Untersuchungen meines Freundes E. Krokowski, Direktor der Radiologischen Klinik der Universität Kassel, sind über *80% aller Krebstodesfälle durch Metastasen* und nur etwa 10% aller Krebstodesfälle durch den Primärtumor bedingt. Ferner folgt aus der Literatur, daß die Wahrscheinlichkeit einer Metastasierung mit zunehmender Größe des manipulierten Primärtumors bei der Erstbehandlung sich schnell erhöht. Für durchschnittliche Tumorabmessungen im Augenblick der ersten therapeutischen Behandlung und für die häufigsten Tumorarten liegt die *Metastasierungs-Wahrscheinlichkeit im Durchschnitt bei 50 bis 60%*. Meist bedeutet im individuellen Fall die Auffindung von Metastasen ein Todesurteil. Die vorstehenden Fakten weisen mit unerbittlicher Härte darauf hin, daß die Entwicklung und Erprobung von Prozessen zur Bekämpfung der Krebs-Metastasierung eine Hauptaufgabe der gegenwärtigen Krebsforschung darstellt. Weil kein Tag vergeht, an welchem nicht tausende Krebskranke an der Metastasierung sterben, ist in diesem Sonderfall ein stufenweises Vorgehen mit allmählichem weiterem Ausbau der wissenschaftlichen Grundlagen angebracht. Einem solchen stufenweisen Vorgehen entsprechen unsere eigenen Aktivitäten in dieser Frage. Ein sehr schneller Weg muß auch deswegen gefunden und organisiert werden, weil es in den letzten Jahrzehnten trotz weltweit vorgenommener jährlicher Investitionen von Milliarden Dollar in die Krebsforschung nicht zu einer Änderung der relativen Zahl von Krebstodesfällen gekommen ist (Statement des Direktors des National Cancer Institutes, Bethesda/USA, 1980). In den Wochen, wo diese deprimierende Bilanz gezogen und bekanntgegeben wurde, fragte man im Fernsehen den Krebsforscher und Nobelpreisträger Charles

Huggins, dem ich das erste Mal in Heidelberg beim 75. Geburtstag von K. H. Bauer begegnete:
»Was braucht die Krebsforschung?«
Seine Antwort lautete: »Sie braucht den kreativen Geist. Einen Beethoven kann man nicht für 1 Milliarde Dollar kaufen, nicht einmal die Pastorale.«
In einer wegweisenden Kritik am heutigen Vorgehen bei der Krebsbekämpfung beweist und formuliert E. Krokowski: *»In den letzten 20 bis 25 Jahren ist es nicht gelungen, die Heilquote beim Krebs durch therapeutische Maßnahmen entscheidend zu verbessern.«* Auch Krokowski sieht in der Metastasierungsprophylaxe vor und sofort nach der ersten Manipulation am entdeckten Primärtumor den nahen Weg, um die Krebsbekämpfung an neue Horizonte heranzuführen.

Heute übliche Krebstherapien begünstigen die Metastasierung

Die im letzten Abschnitt genannte hohe Metastasierungswahrscheinlichkeit von im Durchschnitt 50 bis 60% ist darauf zurückzuführen, daß die heute gegen den Primärtumor angewendeten Therapiemaßnahmen die Metastasierung stark begünstigen. Das gilt sowohl für die Chemotherapie, für die Strahlentherapie als auch für die chirurgische Entfernung. Unsere Analyse ergab, daß es zu dieser starken Begünstigung durch das ungünstige Zusammenwirken von zwei Folgeerscheinungen kommt. Die eine Erscheinung ist der allen Onkologen und Strahlentherapeuten bekannte Effekt, daß es nach Chemotherapie, Strahlentherapie und chirurgischer Therapie zu einem Absinken der Zahl von Abwehrzellen, oft auf etwa die Hälfte, kommt, und zwar meist über eine Zeitspanne von etwa 10 bis 20 Tagen (Leukopenie). – Die zweite mindestens gleich schädliche Erscheinung ist die bedeutende Verschlechterung des O_2-Status für ungefähr dieselbe Zeitspanne durch Chemotherapie, Strahlentherapie und chirurgische Therapie. Die zweite Erscheinung war vor unseren Streß-O_2-Status-Untersuchungen und der Veröffentlichung unserer Messungen im Buch nahezu unbekannt. Sie wird auch heute noch von den meisten Onkologen übersehen oder sogar nicht anerkannt. Ausgerechnet in dem Augenblick, wo durch die Manipulationen am Primärtumor Krebszellen gestreut werden, wird die Krebszellenabwehr durch das Zusammenwirken der zuvor besprochenen Erscheinungen in einem sehr starken Grade geschwächt. Niemand darf sich daher über die gegenwärtig noch gegebene hohe durchschnittliche Metastasierungsrate wundern.

Bekämpfung der Krebsmetastasierung durch O_2-Mehrschritt-Immunstimulation

Nach der skizzierten, durch Messungen fundierten Analyse der Gründe für die heute noch gegebene hohe Metastasierungsrate war es naheliegend, einen Prozeß zu gestalten, der möglichst bald nach Ende der klassischen Behandlung des Primärtumors eingesetzt wird und in dieser kritischen Phase eine möglichst hohe Zahl der Krebsabwehrzellen sowie einen besonders guten O_2-Status herbeiführt. Die Programmierung dieses unter der Bezeichung *»Sauerstoff-Mehrschritt-Immunstimulation«* publizierten Prozesses ist an alle größeren Krebszentren der Welt bekanntgegeben worden, ebenso wie eine Liste der Zentren, die diese Prozesse bereits praktizieren. Es wurde dadurch an die Onkologen die Anregung gegeben, am Primärtumor behandelte Patienten sofort an solche Zentren weiterzuleiten. Auf diese Weise wurde dem behandelnden Arzt eine große Verantwortung gegenüber seinem Patienten auferlegt, aber es blieb den onkologischen Kliniken der erhebliche Aufwand zur Durchführung des Prozesses gegen die Krebsmetastasierung erspart. Für die betroffenen Patienten war so eine sofortige Hilfe bei ihrem Problem erschlossen. In diesem Sonderfall fühlten wir uns zur Organisation eines Weges für sofortige Hilfe verpflichtet und sahen eine stufenweise weitere Verstärkung der wissenschaftlichen Grundlagen unseres Prozesses vor. Dazu gehören auch abschließende Untersuchungen mit statistischer Auswertung von an großen Patientenzahlen gewonnenen Ergebnissen. Mit großen Kliniken, welche diese Prozesse mit unserer Zielsetzung anwenden, wurde daher verabredet, daß die statistische Auswertung über die eintretende Änderung der Metastasierungsrate nach vier oder fünf Jahren nachgeholt werden soll. An erster Stelle sind hier die von Wicker errichtete Sonnenberg-Klinik in Bad Sooden-Allendorf (Chefarzt Prof. Dr. Douwes) mit einem Durchsatz von 5000 Krebspatienten pro Jahr und die Strahlenklinik der Städtischen Kliniken Kassel (Chefarzt Prof. Dr. Dr. Krokowski) zu nennen.

Die Wirkungsreichweite des Prozesses der Sauerstoff-Mehrschritt-Immunstimulation reicht über die Metastasenbekämpfung schon in den Bereich der Krebstherapie hinein. Bei einem 73jährigen Patienten mit einem Pankreas-Ca (Bauchspeicheldrüsen-Carcinom) von etwa anderthalb Zentimeter Durchmesser war rund zwei Monate nach Prozeßdurchführung das Ca nicht mehr nachweisbar. – Bei einem Patienten mit inoperablem Oesophagus-Ca (Speiseröhren-Carcinom) wurde eine leichte Remission beobachtet. – Bei einer älteren Patientin mit inoperablem Magen-Ca, vielen Metastasen, starken Schmerzen, Schwindel, Übelkeit war schon der kachektische (kachektisch = hinfällig, ausgezehrt) Zustand erreicht. Nach dem Prozeß wurde ihr Leben wieder lebenswert. Die Schmerzen und Beschwerden verschwanden, Appetit stellte sich ein und ihr Körpergewicht nahm um 13 kg zu. Sehr auffallend waren weitere Ergebnisse über eintretende Lebensverlängerung und auffallende Verbesserung der Lebensqualität. Diese positiven Ergebnisse haben dazu geführt, daß sich in Bad Wildungen unter der Leitung unseres Freundes Dr. med. S. H. Wolf eine Arbeitsgruppe »O_2-Mehrschritt-Immunstimulation« gebildet hat, welche im Sommer 1984 bereits ihr zweites Jahressymposium mit über 50 Teilnehmern durchführte.

Wir wissen heute, daß durch den angedeuteten Prozeß die Stärke der körpereigenen zellulären Krebsabwehr gemessen an der Zahl abtötbarer Krebszellen um viele Zehnerpotenzen gesteigert worden ist. Dabei ist wahrscheinlich jener natürliche Mechanismus stark verstärkt worden, der die früher oft unerklärlichen Spontanheilungen des Krebses bewirkte. Hierzu sei an die nachstehenden Worte von Gerhard Domagk erinnert: »Die bisher beobachteten Einzelfälle von Spontanheilungen ... zur Gesetzmäßigkeit zu machen, ist das Ziel der experimentellen Krebsforschung.«

Ein solcher Hinweis verdiente ernst genommen zu werden, denn Gerhard Domagk hat, worauf Otto Warburg mich einmal aufmerksam machte, mehr Menschenleben gerettet, als in zwei Weltkriegen vernichtet worden sind. Er entdeckte die Sulfonamide – die Waffe gegen Lungenentzündungen –, arbeitete am Nikotinsäurehydrazid – einem wichtigen Mittel gegen die Tuberkulose – mit, und seine Arbeiten strahlten auf die Erschließung der Antibiotika aus. Warburg äußerte damals, man solle Domagk Denkmäler auf allen Bergen errichten.

Naturbeobachtung und Irrtümer als Schlüssel zum Fortschritt

Die Beobachtung der Natur, insbesondere durch Messungen, ist in meinem Leben immer wieder der Schlüssel zum Neuen gewesen. Wenn sich dabei die Natur z. B. in den Experimenten anders verhielt als erwartet, wurde ich hellwach und startete eine besonders genaue Analyse ihrer Verhaltensweise. Gerade dann ist das Ergebnis der Analyse meist ein Weg zu neuen Möglichkeiten, die es zu nutzen gilt. Die dabei eintretende Änderung der Wegrichtung ist als ein positives Ergebnis zu werten. Auch bei Erstbesteigung von Bergen erweisen sich oft Änderungen der vorher geplanten Aufstiegsroute als notwendig, und niemals ist die Aufstiegsroute eine gerade Linie.

So lernten wir erst 1976 aus Experimenten, daß die Kapillaren des Krebsgewebes empfindlicher gegen die KMT-Schritte »Übersäuerung« und »Hyperthermie« sind als die Krebszellen selbst. (Auslösung der bleibenden Verschließung des Krebsgewebe-Kapillarnetzes durch selektive Übersäuerung im Zusammenwirken mit 42,5° C Regionalhyperthermie.) Das Kapillarnetz verdiente daher als Zielscheibe der Therapie den Vorrang.

Bei den Arbeiten zur O_2-Mehrschritt-Immunstimulation irrten wir am Beginn unserer Versuche mit N-(2-Cyanäthylen-)harnstoff, wo wir zunächst ein Cancerostaticum erwarteten. Wir wurden dann sehr überrascht, als wir entdeckten, daß diese Substanz eine etwa zwanzig Tage anhaltende starke Reizung der Neubildung von Abwehrzellen mit teilweiser Hemmung des Wachstums der Krebsgewebe bewirkte. Manche weitere Beispiele für Irrtümer und Fehler bei unseren Bemühungen könnten hier noch genannt werden.

Jedoch Irrtümer und Fehler sind notwendig, um aus ihnen lernend den Fortschritt zu gestalten. Es war beruhigend für mich, bei dem Festsymposium »Reflexionen über Wissenschaft« zum 65. Geburtstag des Freundes Otto Westphal am 1. Februar 1978 zu erleben, wie Manfred Eigen in seinem Vortrag anhand der in dem Satz »take advantage of mistake« enthaltenen Buchstaben durch Spiel mit einem Computer bewies, daß ein Fortschritt nur aus Fehlern pro Versuchsgeneration resultieren kann. Natürlich dürfen es nicht zu viele Fehler sein.

Medical Tribune: Sauerstoff-Mehrschritt-Therapie widerspricht physiologischen Erkenntnissen

Messende Naturbeobachtungen hatten mir den Weg zur Sauerstoff-Mehrschritt-Therapie gewiesen. Großzahlmessungen mit statistisch hochsignifikanten Ergebnissen gaben ein Spiegelbild der Natur. In dieser Phase veröffentlichte die Medical Tribune einen Aufsatz mit der merkwürdigen Überschrift »Sauerstoff-Mehrschritt-Therapie widerspricht physiologischen Erkenntnissen«.
Nach Vorstehendem bedeutet diese Überschrift in übertragenem Sinn »die Natur widerspricht physiologischen Erkenntnissen«. Da die Natur sich nicht von physiologischen Erkenntnissen vergewaltigen läßt, bleibt nichts anderes übrig, als die physiologischen Erkenntnisse abzuändern und der Natur, d. h. den erzielten Meßergebnissen anzupassen. Offenbar waren unsere Ergebnisse allzu überraschend für einige Skeptiker gewesen. Aber ist nicht das Moment der Überraschung ein Merkmal wirklicher Entdeckungen? – Die Entgleisung der genannten Gazette war der Beginn einer Kette von Angriffen gegen die Sauerstoff-Mehrschritt-Therapie.

Angriffe und Schwierigkeiten bei der Durchsetzung der Sauerstoff-Mehrschritt-Therapie

Daß um neue wissenschaftliche Ergebnisse ein Meinungsstreit entbrennt, dient nicht nur der wissenschaftlichen Klärung, sondern hat auch noch eine andere gute Seite. Die Öffentlichkeit wird durch

Streit und Angriffe aufmerksam. Nichts ist schädlicher für die Durchsetzung als ein Totschweigen. Deshalb habe ich am Anfang Angriffe auf Erstveröffentlichungen meist sogar in gewisser Hinsicht begrüßt, weil sie Gelegenheit gaben, das Wesentliche der eigenen Gedanken in stärker präzisierter Form noch ein zweites Mal vorzutragen. Außerdem werden erfahrungsgemäß Veröffentlichungen mit aggressivem Inhalt viel interessierter und gründlicher gelesen als normale Publikationen über die gleiche Thematik.

Der erste Angriff gegen die Sauerstoff-Mehrschritt-Therapie erfolgte von einem nicht unbekannten Lungenarzt, der infolge methodischer Mängel die von uns gemessene anhaltende Steigerung des arteriellen Sauerstoffdruckes nach Prozeßende nicht bestätigen konnte. Zum gleichen negativen Ergebnis, und ebenfalls infolge methodischer Mängel, kam 1981 ein ihm nahestehender Mediziner aus einem Institut der Universität München. Diese negativen Befunde fanden sofort ein starkes Echo in zahlreichen medizinischen Blättern. Überschriften wie: »Sauerstoff-Mehrschritt-Therapie ohne Erfolg«, »Sauerstoff-Mehrschritt-Therapie – falsche Versprechungen«, »Sauerstoff-Mehrschritt-Therapie nicht effizient« usw. diskreditierten unsere Dresdner Forschung. Unsere medizinische Gruppe in Dresden und mit uns zusammenarbeitende Mediziner anderer Gruppen waren sich aber aus eigenen Behandlungsergebnissen an Hunderten von Patienten und aus sich täglich erneuernden Erfahrungen absolut sicher, daß durch die Sauerstoff-Mehrschritt-Therapie nach Ende der O_2-Inspiration eine lang anhaltende Verbesserung des O_2-Status eintritt. Deshalb drangen wir darauf, daß die negative Untersuchung von 1981 des Münchener Instituts 1982 noch einmal ohne methodische Mängel insbesondere mit der von uns angegebenen O_2-Applikation wiederholt wurde. Das Ergebnis von 1982 brachte bei der Therapie-Gruppe einen anhaltenden Anstieg des arteriellen Sauerstoffpartialdruckes um 9,4 mm Hg, während bei der Kontrollgruppe im Durchschnitt kein Anstieg gegeben war. Durch einen Zufall erhielt ich Kenntnis aller Meßwerte und Parameter der 1982er Studie, die mit ihrem guten Effekt eine volle Bestätigung der Dresdner Befunde brachte. Seit 1982 warte ich vergeblich darauf, daß die Veröffentlichung der bestätigenden Ergebnisse vorgenommen wird.

Ich tröstete mich mit der Erinnerung, daß es bei der Uraufführung des »Rosenkavaliers« 1911 in Dresden einen Kritiker gab, der das Werk von *Richard Strauss* haßerfüllt verdammte. Es ist das Werk, in dessen Mitte die mich am stärksten ergreifende und bezaubernde Melodie erklingt: »Die Überreichung der silbernen Rose« durch Octavian und dazu die Texte von *Hugo von Hofmannsthal!* Kunst in einzigartiger Vollendung! Ich freue mich schon heute auf den »Rosenkavalier« in der neuerstandenen Semperoper 1985. Er ist geplant für den zweiten Tag nach der Wiedereröffnung.
Vom »Rosenkavalier« haben es meine Gedanken nicht weit zum Besuch des Dirigenten *Karl Böhm* am 15. 1. 1979 in unserm Hause. Dieser Dirigent hatte für das Dresdner Kunstleben sehr viel getan. Als Geste des Dankes bot ich ihm eine O_2-Mehrschritt-Kur an. Er nahm an und fühlte sich nach der Kur so gestärkt, daß er in seiner Abschiedsrede vor der Dresdner Staatskapelle mehr über die von ihm stark empfundene Wirkung meiner Therapie als über Musik sprach. Die Dresdner Staatskapelle schenkte mir eine Tonbandaufzeichnung dieser Rede. Karl Böhm erzählte mir von seiner damals bevorstehenden Amerika-Tournee. Ich wies ihn darauf hin, daß diese Tournee nach unseren Messungen ein extremer Streß ist, der seinen O_2-Status bei seinem hohen Alter bedenklich verschlechtern würde. Er müsse dann die O_2-Mehrschritt-Kur in Salzburg sofort wiederholen. Er folgte leider diesem Rat nicht. Es fehlte die Zeit dazu, war die Auskunft seiner Frau, als ich in Salzburg mahnen ließ! Er starb wenige Monate später.
In der Zeit des vor der medizinischen Öffentlichkeit ausgetragenen Effizienzstreites hätte es unserer Sache sicher sehr genutzt, wenn von prominenter zuständiger Seite eine positive Besprechung der 3. modernisierten Auflage meines Buches »Sauerstoff-Mehrschritt-Therapie« in einer bestimmten angesehenen medizinischen Zeitschrift publiziert worden wäre. Der von mir angesprochene Chefredakteur gab dem Sinn nach zur Antwort: »Ich bin überzeugt von der Richtigkeit Ihrer Ergebnisse, aber verstehen Sie bitte, wenn ich die Rezension etwas zurückhaltend formuliere, ich muß nämlich auf die Kollegen in meiner Redaktion Rücksicht nehmen, und die sind Ihnen gegenüber noch nicht freundlich gestimmt!«
Die Auswirkung solcher Verhaltensweisen besteht darin, daß die

Durchsetzung der Sauerstoff-Mehrschritt-Therapie in den offiziösen Bereichen der Medizin und vor allen Dingen in den großen Kliniken um Jahre verzögert worden ist. Den Schaden haben ungezählte an O_2-Mangel erkrankte und leidende Patienten in aller Welt, die so erst viele Jahre später auf neue Prozesse hingewiesen werden, welche ihnen Hilfen geben können, die auf pharmakologischen Wegen kaum oder nicht erreichbar sind.
Über die negativen Beispiele (ich könnte noch viele weitere über das, was sich so im Hintergrund abspielt, hinzufügen) habe ich nicht geschwiegen. Ich glaube dadurch aufstrebenden jungen Forschern zu nutzen. Sie müssen wissen, was ihnen bevorsteht, wenn sie den Kampf für etwas Neues beginnen, und sie müssen erfahren, daß in einem solchen Stadium Fleiß, Ausdauer und Kampfgeist notwendig sind, um sich schließlich gegen Uninformiertheit, Oberflächlichkeit, Konservativismus, Passivität, Arroganz und Voreingenommenheit durchzusetzen. Am Ende steht immer die wissenschaftliche Wahrheit.
Wenn sich trotz der Widerstände die Sauerstoff-Mehrschritt-Therapie fast mit dem Charakter einer Kettenreaktion durchsetzt, so ist dies nahezu ausschließlich der »Naturheilkunde« zu verdanken. Schon 1980 hatte sich ohne mein Wissen und Zutun aus einem spontanen Bedürfnis heraus die »*Ärztegesellschaft für Sauerstoff-Mehrschritt-Therapie*« in Bad Füssing gebildet. In dieser Gesellschaft haben sich unter dem Vorsitz von Dr. K.-H. Caspers fast 200 Ärzte aus dem deutschsprachigen Raum zusammengeschlossen, welche in den von ihnen geleiteten Kliniken, Sanatorien, Kurpraxen oder Arztpraxen Behandlungen mit den Standardprogrammierungen der Sauerstoff-Mehrschritt-Therapie durchführen. In Salzburg, München und Bad Füssing haben bereits mehrere Sauerstoff-Mehrschritt-Symposien stattgefunden, die vor allen Dingen dem wechselseitigen Informationsaustausch dienten. Fast alle der hier vereinigten Ärzte haben sich aus vielen eigenen Behandlungen und den ihnen zugeordneten objektiven und subjektiven Ergebnissen von der anhaltenden Verbesserung des O_2-Status durch unsere Therapie überzeugen können. Sie alle haben auch die Auswirkungen der Verbesserung des O_2-Status bei ihren Patienten kennengelernt und wissen daher, wo die wissenschaftliche Wahrheit liegt.

IMPERIAL COLLEGE OF SCIENCE AND TECHNOLOGY
(UNIVERSITY OF LONDON)

DEPARTMENT OF ELECTRICAL ENGINEERING
Professor D. Gabor
D.Sc. Dr.-Ing., F.Inst.P., M.I.E.E., F.R.S.

CITY AND GUILDS COLLEGE
EXHIBITION ROAD
LONDON - - S.W.7
Telephone: 01-589 5111

Professor Dr. H.c. Manfred von Ardenne

6 Februar 1970

Mein lieber von Ardenne,

das ist aber wirklich erstaunlich! Das zeigt eben, was ich schon immer vermutet habe, dass ein erfinderischer Geist in allen Gebieten was machen kann. Jetzt wollen wir mal sehen was die Mediziner, die reaktionärste Gesellschaft die es auf der Welt gibt, dazu sagen werden. Hoffentlich wird es Ihnen besser gehen als Semmelweis und Papanicolau!

Es ist sehr schmeichelhaft für mich, dass Sie das mit der Holographie vergleichen, und ich wünsche nur, dass Sie einmal die medizinischen Journale durchblättern können, wie ich die optischen, und schmunzelnd lesen können wie die alte Idee fast alle Wochen neue Früchte bringt. - Jetzt verbringe ich etwa die Hälfte d s Jahres in meiner neuen Villa: La Margioretta, 00040 ANZIO Lavinio, Viale dei Gigli, Italien.

Mit freundichen Grüssen

Ihr

Dennis Gabor

Brief des Nobelpreisträgers Dennis Gabor, des Erfinders der Holographie. Die schmerzliche Semmelweis-Erfahrung habe ich mehrmals machen müssen: z. B. bei der Krebs-Mehrschritt-Therapie. Hier ist es nach der Phase der Angriffe zu einem groben Ende gekommen. Dann bei der Sauerstoff-Mehrschritt-Therapie, wo die Phase der Angriffe im Frühjahr 1984 noch einen weiteren Höhepunkt hatte, mich aber die Überzeugung tröstete, daß sich zuletzt die wissenschaftliche Klarheit immer durchsetzt!

Auch in der DDR gab es um 1982 Schwierigkeiten bei den Bemühungen um Anerkennung und Durchsetzung der Sauerstoff-Mehrschritt-Therapie. Auch hier waren zunächst durch fast die gleichen methodischen Mängel wie bei den oben erwähnten Gegnern in der BRD unsere Ergebnisse über die anhaltende Erhöhung des arteriellen Sauerstoffpartialdruckes von zwei Kliniken nicht bestätigt worden. Auch in diesen beiden Kliniken war die Mitmessung der Dynamik des venösen Sauerstoffpartialdruckes bzw. der O_2-Aufnahme versäumt worden, obwohl eine solche Mitmessung erst die Beurteilung der Therapieeffizienz erlaubt! Die »negativen« Ergebnisse wurden von uns im März 1982 sofort kritisiert, und schon bald darauf wurden von uns *neue Untersuchungen vorgelegt, die mit stati-*

stischer Signifikanz die anhaltend starke Verbesserung des O_2-Status nach O_2-Mehrschritt-Therapie bewiesen und welche die zentralen Stellen von der Richtigkeit unseres Weges überzeugten. Diese Untersuchungen wurden 1983 in der offiziellen medizinischen Zeitschrift DEUTSCHES GESUNDHEITSWESEN veröffentlicht.
Sie brachten zugleich die Programmierung eines 15 min-Therapieprozesses und neue Aspekte für die Bestimmung der Wirkungen unserer Therapie auf die verschiedenen O_2-Parameter. Mitte 1984 erfolgte auf Veranlassung des Ministers für Gesundheitswesen der DDR eine Einarbeitung der Chefärzte fast aller einschlägigen Kurbäder unseres Staates in die Grundlagen, Techniken und Prozesse der Sauerstoff-Mehrschritt-Therapie. Die Breite des vom Ministerium für Gesundheitswesen der DDR eingeleiteten bzw. vorgesehenen Aufbaus von Behandlungseinrichtungen für Sauerstoff-Mehrschritt-Therapie hängt in der Praxis unseres Gesundheitswesens hauptsächlich von der Bereitstellung der insgesamt nicht unerheblichen Mengen von medizinischem Sauerstoff ab. Diese schwierige Situation wird jedoch nicht mehr lange anhalten, denn es sind große industrielle Anstrengungen im Gange, um den Sauerstoff mit technischen Einrichtungen, welche an die Bedürfnisse der Sauerstoff-Mehrschritt-Therapie angepaßt sind, dezentralisiert bereitzustellen.

Neue Waffen gegen den akuten Herzinfarkt

Meine Methode, aus der Naturbeobachtung für die Lösung unserer Probleme zu lernen, führte mich zwangsläufig zum Studium der Vorgänge beim Herzinfarkt. Beim Infarkt tritt von Natur aus in dem betroffenen Teil des Herzmuskels genau das ein, was wir bei der Krebs-Mehrschritt-Therapie anstreben. Es ist die irreversible Verschließung der Blutkapillaren in dem infolge O_2-Mangels gärenden Teil des Myokards.
Bekanntlich nehmen in den hochentwickelten Industriestaaten unter den gegenwärtigen Umweltbedingungen die Herz-Kreislauf-Krankheiten als Todesursache den ersten Platz ein. Dabei steht der Herzinfarkt als sehr häufige Todesursache im Vordergrund. Die Erkundung von Maßnahmen oder Maßnahmekombinationen zu sei-

ner Bekämpfung ist daher eine Aufgabe von hoher Aktualität. Wir wandten uns dieser Aufgabe etwa 1971 zu in der Hoffnung, dabei Anregungen für die Optimierung der selektiven Krebsgewebevernichtung bei der Krebs-Mehrschritt-Therapie zu gewinnen.
Wir begannen damit, Vorgänge zu untersuchen, die bei künstlicher Infarktauslösung (Einschnürung von Koronarien) am Rattenherzen abliefen.
Gemeinsam mit meinem Mitarbeiter *P. G. Reitnauer* gelangen mit Hilfe unserer feinen Mikro-pH-Glaselektrode (0,1 mm lange, bewegliche Meßspitze) rückwirkungsfreie pH-Messungen am schlagenden Herzen und Registrierungen über das zeitweilige tiefe pH-Absinken (tiefe Übersäuerung) beim Ablauf experimentell ausgelöster metabolischer Herzinfarkte. Wir fanden, daß die im Infarktgebiet gemessene starke Übersäuerung zunächst reversibel bleibt (zum Beispiel bis zu dreißig Minuten). Aus den so gewonnenen Einblicken in Natur und Ablauf des Infarktmechanismus ergaben sich neue Aspekte zur Infarktprophylaxe sowie zur Hemmung des Infarktes noch während seiner akuten Phase, d. h. bevor die Zytolyse mit nachfolgender Zytolyse-Kettenreaktion ihr Zerstörungswerk am Herzmuskel beendet hat. – Einer dieser Aspekte, zu dem bisher nur erste Untersuchungen von *W. H. Hauss* vorliegen, ist die Stabilisierung der feinen Membranen von Zellen und ihren Lysosomen im Initialstadium des Infarktes durch das Hormon *Prednisolon* in hoher Dosierung.
Wieder wiesen theoretische Vorstellungen den Weg. Ich denke an jenen Satz, den der große französische Physiologe *Claude Bernard* vor einem Jahrhundert für sein sich auch heute noch weiterentwickelndes Gebiet niederschrieb: »Es gibt keine richtigen oder falschen Theorien, es gibt nur fruchtbare und unfruchtbare Theorien!«
Wir nehmen heute an, daß der oben besprochene entdeckte Schaltmechanismus der Blutmikrozirkulation auch beim Herzinfarkt eine entscheidende Rolle spielt. Wir glauben, daß der Unterschied zwischen Angina-pectoris-Anfällen und dem Herzinfarkt darin besteht, daß beim Infarkt die Dauer und Stärke des örtlichen O_2-Mangels so groß ist, daß die oben besprochene Schaltschwelle überschritten wird und daß danach der Blutfluß kritisch zurückgeht. Im Infarktgebiet des Myokards schlägt dann der Atmungsstoffwechsel der Herz-

muskelzellen in Gärungsstoffwechsel um, und die gebildete Milchsäure führt zu der von uns gemessenen starken Übersäuerung. Wenn der Schaltvorgang nicht während der noch reversiblen Phase, d. h. etwa innerhalb von 20 Minuten, rückgängig gemacht wird, kommt es, wie bei der Krebs-Mehrschritt-Therapie, zur irreversiblen Verschließung der Gefäße und damit zur endgültigen Vernichtung der betroffenen Versorgungsbezirke des Herzmuskels.

Für den Leser, den hauptsächlich nur die *praktischen Schlußfolgerungen* interessieren, ergibt sich, daß der lebensbedrohende Herzinfarkt nur innerhalb der ersten 20 Minuten, d. h. in der Regel nur durch den betroffenen Patienten selbst, durch Maßnahmen abgestoppt werden kann, welche die Wiederhochschaltung der abgesunkenen Blutmikrozirkulation bewirken. Nur in den seltensten Fällen hat der Patient das Glück, daß der alarmierte Notarzt noch innerhalb der 20 Minuten eintrifft. Deshalb bilden Maßnahmen zur Wiederhochschaltung der Mikrozirkulation, die der Patient selbst vornehmen kann, den *Schlüssel zur Abstoppung des Infarktmechanismus in seiner akuten Phase*.

Aus den tierexperimentellen Untersuchungen ging hervor, daß das schon erwähnte Herzglykosid g-Strophanthin in der Lage ist, über die eintretende pH-Wert-Steigerung die Rückschaltung zu bewirken, wobei aus speziellen Messungen zu erkennen war, daß gleichzeitig die Mikrozirkulation wieder in Gang kam und sich der Sauerstoffdruck im Gewebe wieder normalisierte.

Leider hat das g-Strophanthin bei der vom Patienten selbst durchgeführten oralen oder perlingualen Applikation im allgemeinen eine unsichere Herzwirkung. Durch diese Beobachtung war dieses hervorragende, schnellwirkende Herzglykosid in Verruf geraten. Gemeinsam mit H.-G. Lippmann wurden die Ursachen für die Unsicherheit dieser Wirkung aufgeklärt und daraus eine *Applikationsform für sichere Wirkungen bei perlingualer Gabe* abgeleitet. So entstand das Präparat *Strodival spezial*, welches dann sicher wirkt, wenn der Inhalt einer Kapsel mit 6 mg g-Strophanthin so auf der abgetrockneten Zunge verteilt wird, daß keine wesentliche Verdünnung durch den Speichel eintritt. Risikopatienten sollten, beraten durch ihren Kardiologen, stets eine *Notfallpackung mit diesen Kapseln in der Tasche tragen*, um sich selbst ad hoc bei schweren

Angina-pectoris-Anfällen und besonders beim Eintreten eines Infarktes zu helfen.
Es haben sich bereits mehrere Fälle ereignet, wo ein Infarktrisiko-Patient, beraten und vorbereitet durch seinen Kardiologen, einen echten Myokardinfarkt mit seinen bekannten Symptomen erlitt, sich dann sofort den Inhalt einer Kapsel mit 6 mg-6‰ g-Strophanthin nach Einsetzen der Symptome applizierte und etwa 6 bis 8 Minuten danach das völlige Verschwinden aller Infarktsymptome erlebte. In jedem dieser Fälle konnte der Patient schon nach ein oder wenigen Stunden wieder zu normaler Lebensweise zurückkehren.
Aus Sicht der theoretischen und experimentellen Grundlage sowie aus Sicht der Beobachtungen an großen Patientenzahlen über das Verschwinden von Angina-pectoris-Anfällen (Warnzeichen und Vorstufe des Herzinfarktes) sind wir mit vielen Fachkollegen der Auffassung, daß das geschilderte Vorgehen eine besonders wirksame Methode zur Bekämpfung des akuten Myokardinfarktes darstellt. Bei der Bedeutung des Herzinfarktes als häufigster Todesursache sollte alles getan werden, was der weltweiten Durchsetzung dieses einfachen therapeutischen Handelns dienen kann.
Dank der jahrelangen Aktivitäten der sehr progressiven Gesellschaft für Infarktbekämpfung, D-7061 Schorndorf-Haubersbronn, sind bereits viele Tausende von Risikopatienten dazu übergegangen, sich in der geschilderten Weise durch eine einfache Notfallpakkung, die sie stets bei sich tragen, zu schützen. Gegen diese Methode können auch deshalb keine Einwände erhoben werden, weil nach den vorliegenden Erfahrungen die Anwendung des g-Strophanthins in dieser Form niemals schaden kann, denn das g-Strophanthin verträgt sich mit den anderen üblichen Medikationen. Insbesondere kann es ohne Risiko auch bei Patienten im Zustand der »Digitalisierung« eingesetzt werden.

Prophylaxe gegen den Herzinfarkt

Die beste Art der Bekämpfung des Herzinfarktes ist die Prophylaxe. Hierfür bieten sich zwei Wege an:
Der naturnahe Weg besteht im Ausdauertraining des Sportes in

jüngeren Jahren oder durch Prozesse der Sauerstoff-Mehrschritt-Therapie in späteren Jahren, um für einen guten mittleren O_2-Status des Organismus ohne zeitliche Lücken zu sorgen. Dann werden selbst beim Zusammentreffen mehrerer Minima des O_2-Status im 24-Stunden-Zyklus solche O_2-Mangel-Situationen unwahrscheinlich, bei denen der Infarktmechanismus ausgelöst wird.

Der andere Weg verlangt eine aufmerksame Beachtung des Auftretens von pectanginösen Herzschmerzen oder -beschwerden. Schmerzen bedeuten, daß am betreffenden Ort die unmittelbare Umgebung von empfindlichen Nerven übersäuert ist. Diese Übersäuerung ergibt sich, wenn umgebende Zellen vom Atmungsstoffwechsel in den Gärungsstoffwechsel überwechseln. Das wiederum geschieht bei lokalem O_2-Mangel. Somit sind pectanginöse Schmerzen ein Hinweis auf O_2-Mangel als tiefere Ursache. Durch Applikation von g-Strophanthin, sobald ein pectanginöser Schmerz eintritt, läßt sich nach Untersuchungen mit großen Patientenzahlen meines Freundes R. E. Dohrmann erreichen, daß in 85% der Fälle innerhalb von 10 Minuten nach perlingualer Gabe von Strodival spezial der pectanginöse Schmerz verschwindet. Wenn anerkannt wird, daß Angina-pectoris-Erscheinungen ein Übergangsstadium zum Herzinfarkt darstellen, dann wird es nach Vorstehendem sehr wahrscheinlich, daß die Ausschaltung pectanginöser Schmerzen und Beschwerden durch perlinguale Applikation von g-Strophanthin auch eine Art Prophylaxe gegen den Myokardinfarkt darstellt.

Risikosenkung bei der Rehabilitation nach Herzinfarkten

Bisher bewegte sich die Rehabilitation nach Herzinfarkten auf einem schmalen Grat zwischen der Auslösung eines Reinfarktes bei zuviel Belastung und unnötig langsamer Rückkehr zu dem Fall angepaßter Lebensweise bei zu geringer Belastung. Dieser Grat wird verbreitert und damit das Patientenrisiko bedeutend herabgesetzt, wenn in der Rehabilitationsphase z. B. der 36-Stunden-O_2-Mehrschritt-Prozeß, welcher oben kommentiert wurde, durchgeführt wird. Schon nach den ersten Sitzungen des Prozesses nimmt die Belastungsfähigkeit des Patienten bedeutend zu. Damit diese

Erscheinung leichter verstanden und akzeptiert wird, seien hier die Beobachtungen bei einem charakteristischen Einzelfall gebracht: Ein im mittleren Lebensalter stehender Patient kommt bald nach einem erlittenen Herzinfarkt zu uns nach Dresden, um eine O_2-Mehrschritt-Therapie-Kur zu absolvieren. Am Tage seiner Ankunft wird ein niedriger Wert des arteriellen pO_2 gemessen, und er kann in seinem 13stöckigen Hotel nur 2 Stockwerke steigen, weil er durch starke pectanginöse Beschwerden am weiteren Steigen gehindert wird. Er wird als »bewegungsbehindert« eingestuft. Schon nach der 3. Sitzung von je 4 Stunden Dauer fällt diese Bewegungsbehinderung fort, und der Patient steigt die 13 Stockwerke seines Hotels, ohne daß sich die pectanginösen Beschwerden wieder einstellen. Durch »initiale Mobilisation« ist er nunmehr in der Lage, das obligatorische Bewegungstraining unseres Prozesses zwischen den Sitzungen regelmäßig vorzunehmen. Am Ende der Kur und noch Wochen danach ist sein O_2-Status bedeutend verbessert. Der Patient wiederholt nach Kurende noch 2mal den Aufstieg bis in den 13. Stock seines Hotels ohne Beschwerden.

Die Beeinflussung der Blutmikrozirkulation als verbindendes Element zwischen unseren verschiedenen medizinischen Forschungsbereichen

Manche Leser wird es wahrscheinlich überraschen, daß wir uns gleichzeitig auf so verschiedenen Gebieten wie Krebs-Mehrschritt-Therapie-Forschung, Sauerstoff-Mehrschritt-Therapie, Bekämpfung der Krebsmetastasierung bzw. O_2-Mehrschritt-Immunstimulation und nun sogar noch auf dem Felde der Bekämpfung des Herzinfarktes engagiert haben. Vielleicht wird es sie noch mehr verwundern, daß wir auf all diesen so verschieden erscheinenden Gebieten der Medizin fündig geworden sind. Der Eindruck liegt nahe, daß wir die begrenzten Kräfte unseres kleinen Kollektives unklug zersplittern. Andere Leser wieder werden sich fragen, woher der Mut und die Unbescheidenheit kommt, sich zur gleichen Zeit an vier der größten Probleme der Medizin unseres Jahrhunderts heranzuwagen. Ich glaube aber, daß man uns verstehen und auch begreifen wird, wie es dazu gekommen ist, wenn ich darauf hinweise, daß bei fast allen Forschungen auf den genannten Gebieten die *positive oder negative Beeinflussung der Blutmikrozirkulation im Zentrum des Geschehens* steht. Sie bildet das verbindende Element. Sicherlich spielte bei allem auch eine große Rolle, daß wir bei unseren Bemühungen von dem wissenschaftlichen Niveau des Warburgschen Instituts starteten und sogar Warburg selbst über ein Jahrzehnt mit seinem Rat bei fast allen Vorhaben und vielen Experimenten zur Seite stand. Für mich war es tief beglückend, als nach Warburgs Tode seine Mitarbeiter vorschlugen, ich solle wenigstens kommissarisch die Leitung des Dahlemer Institutes für Zellphysiologie übernehmen. Ich hätte diese ehrenvolle Aufgabe akzeptiert, allein um den weiteren Bestand dieser berühmten Einrichtung zu sichern. Aber die Zeitverhältnisse standen einer solchen Möglichkeit entgegen.

Sonderentwicklungen zur biomedizinischen Technik

Etwa gleichzeitig mit der Gründung der Gesellschaft für Biomedizinische Technik begann ich in unserem Institut Forschungs- und Entwicklungskapazität für dieses Gebiet aufzubauen. Unsere Arbeiten trugen dann wesentlich mit zur Stimulierung der biomedizinischen Aktivitäten innerhalb und auch außerhalb der DDR bei. Die Übernahme einer in Berlin tätigen Entwicklergruppe verstärkte das Potential unseres Instituts auf diesem Gebiet. Von diesem Kollektiv wurde bereits 1960 die erste *Herz-Lungen-Maschine* entwickelt und gebaut. Viele Herzzentren, auch das Zentrum in der 1983 errichteten neuen Berliner Charité, sind inzwischen mit Herz-Lungen-Maschinen aus unserem Institut ausgerüstet. – Die große Breite, welche die biomedizinische Technik international und national erreicht hat, machte eine Konzentration auf bestimmte Schwerpunktaufgaben erforderlich. Im Rahmen von Forschungsvorhaben des Ministeriums für Gesundheitswesen wirkt unser Institut an der Entwicklung spezieller biomedizinisch-technischer Verfahren und Methoden mit. Im Zuge dieser Arbeiten wurden neue Prinzipien der physikalischen und elektronischen Meßtechnik für medizinische

Zwecke erschlossen. Diese Grundlagenarbeiten führen zunächst zu Verfahren und Geräten für die medizinische Forschung. Auf Grund der gemeinsam mit medizinischen Forschungseinrichtungen der DDR, insbesondere mit der Medizinischen Akademie Dresden, der Charité Berlin und der Martin-Luther-Universität Halle, durchgeführten Erprobungs- und Optimierungsarbeiten entstehen Geräte, die für eine spätere Serienproduktion geeignet sind. Eines der ersten Geräte, welches in breiterem Umfange wirksam geworden ist, war der *Momentan-Elektrokardiotachograph*, der vom Meßgerätewerk Zwönitz ab 1964 gefertigt wurde. Eine sehr intensive Bindung zur Industrie existiert bei der 1961 eingeleiteten Entwicklung von *Ultraschall-Geräten für medizinisch-diagnostische Zwecke*. Auf der Basis unserer Entwicklungsarbeiten wurden in den letzten sieben Jahren etwa 1000 Ultraschall-Geräte gefertigt. – Eine industrielle Nutzung unserer Forschungs- und Entwicklungsarbeiten repräsentiert sich auch in dem gegenwärtig intensiv betriebenen Vorhaben, Kleingeräte für die medizinische Routine-Diagnostik zu entwickeln und in die Produktion zu überführen. Dabei bilden die unmittelbaren Kontakte im eigenen Hause zwischen den Kollektiven für biomedizinische Grundlagenforschung und den Mitarbeitern des technologischen Bereiches ein aktivierendes Moment für unsere Arbeit auf biomedizinisch-technischem Gebiet.

Meine Aufmerksamkeit wird auf ein zukunftsreiches Feld der *biomedizinischen Technik* gelenkt

In Bad Wildungen hatten wir bei Freunden eine Persönlichkeit kennengelernt, die durch ihre Taten zur Entwicklung des Gesundheitswesens der BRD in einzigartiger Weise beigetragen hat. Es ist *Werner Wicker*, und seine Taten sind die vielen hervorragend ausgestatteten und organisierten Spezialkliniken, die unter seiner Regie entstanden sind. Der Besuch einer dieser Kliniken lenkte meine Aufmerksamkeit nachhaltig auf ein erst in den Anfängen stehendes Feld der biomedizinischen Technik, welches für die junge Generation noch große ungelöste Aufgaben bereithält. Ich meine das durch die bekannten Herzschrittmacher vorbereitete Feld der *implantier-*

baren, von außen steuerbaren Schrittmacher für Nervenaktionspotentiale. Als in dem Werner-Wicker-Klinikum in Bad Wildungen-Reinhardshausen, dem Orthopädischen Schwerpunktklinikum, die Gespräche mit den leitenden Ärzten *H. J. Gerner* und *D. Sauerwein* begannen, war ich auf das Thema Schrittmacher für Nervenaktionspotentiale bereits mehrfach vorsensibilisiert. Hatte ich doch vor 50 Jahren die Entdeckung und Messung der Nervenaktionspotentiale mit meinen damaligen Elektronenstrahl-Oszillographen miterlebt. Dann sahen wir beim Rundgang durch das große Klinikum das Leid der Querschnittsgelähmten!

Unsere Diskussion beschäftigte sich mit den physiologischen und technischen Problemen von implantierbaren Schrittmachern gegen neurogene Blasenfunktionsstörungen und gegen Ausfall der Zwerchfellfunktion. Von aktuellem Interesse für die Wicker-Klinik waren Informationen über die Pionierversuche des Wiener Biomedizin-Technikers Prof. *Thoma* mit Vielkanal-Schrittmachern für Querschnittsgelähmte. Durch Schrittmacher dieser Art soll den Gelähmten die Einsteuerung der Aufrichtung des Körpers und einfacher Gehbewegungen ermöglicht werden. Bei der Wirtschaftsstruktur der DDR sah ich große Chancen für die Produktion von Schrittmachern für Nervenaktionspotentiale. Die Zeit zum Handeln schien günstig. Wieder war hier, wie bei unseren Vakuum-Beschichtungsverfahren, die Schaffung großer Werte bei sehr kleinem Materialaufwand möglich.

Ein etwas sonderbares Anwendungsziel implantierbarer Schrittmacher für Nervenaktionspotentiale

Schon vor meinem Besuch der Wicker-Klinik war ich auf eine verrückte Idee gekommen, die ich zunächst niemandem zu sagen wagte. Erst als ein von mir angesprochener und bedeutender Physiologe spontan formulierte: »Das ist eine ausgezeichnete Idee!«, stieg mein Mut, und ich begann, mich offiziell der Sache anzunehmen. Ich hatte erkannt, daß und wie neurogen bedingte Potenzstörungen beim Mann durch implantierbare kleine Schrittmacher mit der Natur nachgeahmten elektrischen Impulsen beseitigt werden können. Schon bei Beginn meines Vorhabens kamen einige glückliche Umstände zusammen. Meinem Dresdner Freund *H. Kästner*, dem Chef des VEB Transformatoren- und Röntgenwerkes, unterstand die Produktion für Herzschrittmacher in der DDR. Damit war der Hauptteil der Schrittmachertechnologie vom gewebefreundlichen Gehäuse und von der Mikroelektronik bis zur Spezialbatterie extremer Lebenszeit für unser Vorhaben sofort greifbar. Weiter war von der ersten Sitzung an für den wichtigen chirurgischen Bereich der Urologe *J. Wehnert*, Chef der Urologischen Klinik der Medizinischen Akademie Dresden, mit dabei und hatte sich sogar schon im vorausgegangenen Jahr mit anderen Schrittmachern praktisch beschäftigt. Eindrucksvoll war, wie alle am Projekt irgendwie beteiligten Männer mit großer Begeisterung dieses Vorhaben förderten.

Kapitel 6: Beschleunigung der klinischen Nutzung unserer Entdeckungen und Forschungsergebnisse

Wie kann die Überleitung medizinischer Forschungsergebnisse in die Nutzung beschleunigt werden?

Bei der Schrittmacher-Entwicklung war ein interessierter leistungsfähiger Industriepartner von Beginn an mitbeteiligt. Die schnelle Überleitung in Produktion und Nutzung war hier ebensogut gesichert wie bei den meisten oben erwähnten Entwicklungen des physikalisch-technologischen Bereiches unseres Institutes. Eine völlig andere Situation besteht bei solchen medizinischen Forschungsergebnissen, die keinen Industriepartner haben oder brauchen. Von dieser Art waren die meisten unserer oben besprochenen Ergebnisse. Die Erfahrung hat gelehrt, daß dann eine Beschleunigung der Nutzung nur *durch wissenschaftliche Überzeugung der Basis*, also des maßgebenden und behandelnden Arztes möglich ist, aber fast niemals durch ministerielle Anweisungen. Diese Erfahrung war die Grundlage für die verschiedenen Maßnahmen, welche ich kombinierte, auch um die Nutzung unserer medizinischen Forschungsergebnisse wenigstens im europäischen Gesundheitswesen noch selbst mitzuerleben. Meinem Ziel, die Basis für unsere Gedanken und Methoden zu gewinnen, näherte ich mich stets mit nachstehender Reihenfolge der Maßnahmen:

1. Veröffentlichung des Ergebnisses in einer wissenschaftlichen Zeitschrift. (Neuerdings oft Vorausdruck in der eigenen Druckerei. Die Zahl der wissenschaftlichen medizinischen Publikationen mit meinem Namen als Autor oder Mitautor 1984 beträgt etwa 300.) Auch zusammenfassende Veröffentlichungen in Buchform. Sicherung der Priorität.
2. Vortrag auf einem medizinischen Symposium oder Kongreß passender Themenrichtung. Weitere Absicherung, daß die Erstinformation an die maßgebenden Forscher, Hochschulmediziner und Ärzte geht. Auch Vortrag in großen medizinischen Zentren (Universitäten, Kliniken usw.).

3. Bekanntgabe des Ergebnisses und evtl. der Art seiner Nutzung bei Arzt und Patient in einem Zeitabstand von ein bis zwei Monaten gegenüber 1. und 2. (Information der behandlungsbedürftigen Patienten und der durch 1. und 2. noch nicht erfaßten Ärzteschaft). Erzeugung eines die Durchsetzung beschleunigenden Druckes durch den an der Nutzung interessierten Patientenkreis.
4. Persönliche Vorträge mit Lichtbildern vor interessierten Ärzten und Patienten mit anschließender Diskussion und Fragenbeantwortung (Veranstaltungen mit etwa 500 bis 1000 Teilnehmern). Wirksamster Weg zur Überzeugung der Basis.

Immer wieder hatte ich beobachtet, daß Skepsis gegenüber unseren Ergebnissen sich in freundliche Duldung oder sogar Mitarbeit wandelte, sobald ich Gelegenheit hatte, darüber zu berichten, was wir wirklich tun. Unmittelbar vor einem Krebs-Mehrschritt-Therapie-Vortrag vor der medizinischen Gesellschaft der Universität Köln am 15. 9. 1976 sagte mir *R. Gross*, Vizepräsident der Deutschen Krebsgesellschaft, als Leiter der Veranstaltung: »Sie müssen wissen, die Hälfte der Teilnehmer sind Ihre Gegner.« Dann stand ich am Vortragspult eines großen Saales vor Hörern mit skeptisch mich anblikkenden Gesichtern. Während meines Vortrages sah ich, wie in den Gesichtern die Skepsis in Interessiertheit überging. In der anschließenden Diskussion ließ sich keine gegnerische Stimme hören, so daß R. Gross zum Abschluß formulierte: »Wir haben heute die selektive Krebstherapie des Jahres 1986 kennengelernt!« – Der Verlauf dieser wichtigen Veranstaltung erschien mir als Beweis dafür, daß ein persönlicher Vortrag mit Bereitschaft für anschließende kritische Diskussion der wirksamste Weg zur Information und Überzeugung der Basis darstellt. Diese Einschätzung ist der Grund, warum ich vor etwa einem Jahrzehnt damit begonnen habe, *jedes Jahr ein bis drei multivalente Vortragsreisen mit zahlreichen Einzelzielen* zu unternehmen.

Viele dieser Reisen, die auch uns immer wieder wichtige wissenschaftliche Informationen vermittelten, sind durch unseren langjährigen Freund, den Industriellen *Erwin Braun* (Engelberg) und *die Erwin-Braun-Gesellschaft für Präventivmedizin* (Basel) ermöglicht worden. Hierdurch hat er ein unvergeßbares Verdienst um die Be-

schleunigung der Nutzung unserer medizinischen Forschungsergebnisse im Gesundheitswesen. Ich wünsche ihm, daß die sehr konservative Schweizer Medizin recht bald die Bedeutung seiner in die Zukunft weisenden Taten von Engelberg und Basel sowie seine edlen Motive erkennt und anerkennt.
Bei medizinischen Prozessen hoher Wirksamkeit sind die vom Patienten empfundenen Besserungen so stark, daß er im Kreis seiner Familie, seiner Freunde und seiner Bekannten für diese Prozesse spontan wirbt und agitiert. Das löst eine Art *Kettenreaktion des Patientenzustromes* aus. Aber auch Kettenreaktionen bedürfen der Initialzündung. Und der wirksamste Weg, diese Initialzündung auszulösen, ist, wie oben dargelegt, die Durchführung von Vortragsreisen mit einer Kette gut gewählter Einzelziele.

Eine Vortragsreise zu Krebsforschungszentren der Sowjetunion

Bei der Entwicklung der Grundlagen der Krebs-Mehrschritt-Therapie war im Herbst 1972 ein gewisser Abschluß erzielt worden. Aus diesem Grunde freute ich mich ganz besonders, als ich vom Ministerium für Gesundheitswesen der Sowjetunion die Einladung erhielt, in vier verschiedenen Hauptzentren für experimentelle und klinische Krebsforschung Kolloquien über die Fortschritte unserer Forschungen abzuhalten. Die Reise fand im November 1972 statt und ging über Moskau nach Leningrad und Minsk.
Sie führte mich vor allem mit dem Leiter der sowjetischen Krebsforschung, Professor Blokhin, dem Organisator des großen neuen Krebsforschungszentrums der Sowjetunion in Moskau, zusammen. Diese bereits im Aufbau befindliche Institution, welche fast die Ausdehnung eines Stadtteiles erreicht, wurde mir gezeigt. Aber ich sah auch die anderen besuchten Zentren, die sich alle speziell dem Kampf gegen die Krebskrankheit widmen. Sehr imponierte mir die zweckmäßige, experimentelle und klinische Arbeiten zusammenführende Struktur der Einrichtungen. Vor allem aber erhielt ich tiefe Eindrücke vom wissenschaftlichen Format und von der Weltverbundenheit der leitenden sowjetischen Onkologen, die ich kennenlernen konnte: Professor Blokhin (Moskau), Professor Sergejew

(Moskau), Professor Rakow und Professor Seitz (Leningrad) und der Onkologen des damals von Prof. Alexandrow geleiteten Minsker Zentrums.
Ich denke mit großer Befriedigung an die Aufgeschlossenheit in den Gesprächen und an das wissenschaftliche Klima der Kolloquien zurück. Wieder empfand ich, wie in der Zeit meiner Tätigkeit als Direktor des Forschungsinstitutes bei Suchumi, daß die »Unvoreingenommenheit gegenüber dem Unüblichen« ein faszinierendes Kennzeichen der sowjetischen Wissenschaft ist. Darin liegt eines der Geheimnisse für das Tempo des wissenschaftlich-technischen Fortschritts in der Sowjetunion.

Im Minsker Institut für Onkologie

Mein Besuch in Minsk diente der Vertiefung einer bereits bestehenden Zusammenarbeit und war zugleich ein Gegenbesuch. Was ich hier zu dem Problem der klinischen Erprobung des Krebs-Mehrschritt-Therapie-Konzepts erfuhr, übertraf bei weitem alle meine Erwartungen.
In fast idealer Weise fand ich die Voraussetzungen für klinische Forschung und Erprobung erfüllt: ein erstaunlich großes, tief für die Thematik begeistertes und in harmonischer Zusammenarbeit gemeinsam dem hohen Ziel dienendes Kollektiv; erfahrene Onkologen, Chirurgen, Biochemiker, Biologen, Physiker und viele, viele Helfer. Neben dem Krebs-Mehrschritt-Therapie-Trakt mit Hyperthermie-Anlage für Aufwärmung in zwei Stufen (Körperkern 40,5°C, Tumorregion 42 bis 43° C) und hervorragend ausgebildeter Meß-, Steuer- und Regeltechnik aus eigenen Werkstätten lag unter anderem ein weiterer Trakt mit dem 25-MeV-Elektronen-Linearbeschleuniger, einem Betatron für Rotationsbestrahlung und einer Kobaltkanone. Es standen also zugleich alle Einrichtungen für die Erprobung auch der radiologischen Variante des Krebs-Mehrschritt-Therapie-Konzepts bereit.
Bei der Diskussion an der Hyperthermie-Anlage wurde mir von dem Leiter der Krebs-Mehrschritt-Therapie-Gruppe, Dr. *S. S. Fradkin*, ein mich tief beglückendes Geschenk übergeben. Es

stammte von einer talentierten dreiundzwanzigjährigen Malerin, die neunzehn Monate vorher als inkurable Krebspatientin, dem Tode nahe, in das Klinikum eingeliefert worden war. Man hatte dann im Zuge der klinischen Forschung die Schrittkombination des Krebs-Mehrschritt-Therapie-Konzeptes (Stand Anfang 1970) an ihr erprobt. Fast zwei Jahre später malte sie nach einem Foto ein Bild von mir und schrieb auf die Rückseite die Widmung: »Dem verehrten Professor M. von Ardenne von der nun gesunden L. S.« 1974 ließ sie mich grüßen mit der Nachricht, sie habe soeben geheiratet.

Mir wurden Abbildungen von Patienten mit Tochtergeschwülsten vor und einige Monate nach der Behandlung sowie viele analog terminisierte Röntgenbilder von Lungenmetastasen, Knochenmetastasen und so weiter gezeigt, die anhaltende Regressionen dokumentierten. Die an dieser Stelle nur kurz angedeuteten Erprobungen erfolgten bereits mit den typischen Hauptschritten Hyperthermie und Hyperglykämie (Langzeit-Glukoseinfusion) meines Therapiekonzeptes. Die Patientenauswahl geschah auf einfachste Weise allein durch die beteiligte Ärztegruppe.

Die offene Diskussion über die gewonnenen klinischen Erfahrungen ermöglichte es mir, die Ergebnisse mit den in Greifswald mit ähnlichen Schrittkombinationen gesammelten Erfahrungen zu vergleichen. Zu meiner Freude entsprach der Wirkungsbeitrag der Schrittkombinationen etwa unseren aus Labortierversuchen abgeleiteten Vorstellungen. Aus dieser koordinierten wissenschaftlichen Zusammenarbeit resultierten wichtige Impulse. Daß ich in Minsk ganz besonderes Interesse und tiefes Verständnis für feinste Details der vorgetragenen Verbesserungen des Krebs-Mehrschritt-Therapie-Konzepts fand, war nur natürlich. Auf einer gemeinsamen festlichen Abschlußveranstaltung, die sich bis spät in die Nacht hineinzog, wurde von beiden Seiten immer wieder der Wunsch nach künftiger noch engerer Zusammenarbeit mit periodischen Begegnungen geäußert. Wir haben diesem Wunsch durch regelmäßige Übersendung der Manuskripte und Drucke aller folgenden KMT-Arbeiten entsprochen. Leider starb wenige Jahre später der Leiter dieser progressiven Arbeitsgruppe, Prof. N. Alexandrow.

Diese Reise erhielt einen besonderen Akzent durch die im Mai 1972 zwischen der Sowjetunion und den USA geschlossenen Vereinbarungen über Zusammenarbeit auf dem Gebiet des Gesundheitswesens und speziell bei der Bekämpfung der Krebskrankheit. Die auf dieser Reise gehaltenen Vorträge haben sicher zu dem breiten Einsatz der Krebs-Mehrschritt-Therapie im Jahre 1984, über den schon oben berichtet wurde, beigetragen. Einen weiteren großen Anteil an der positiven 1984-Situation in der Sowjetunion hat die nach dem Besuch von *R. Kavetski* in Dresden am 24. 4. 1973 eingeleitete und vertraglich geregelte langjährige Zusammenarbeit mit dem Kavetski-Institut für Onkologie der Ukrainischen Akademie der Wissenschaften in Kiew.

Eine Vortragsreise zu Krebsforschungszentren der USA

Gemeinsam mit dem Freunde Erwin Braun und meinem Mitarbeiter Winfried Krüger (Immunologie, Biochemie) unternahmen wir im April/Mai 1975 eine 20-Tage-Reise in die USA. Wie sehr hatte sich in den fast 50 Jahren seit meiner letzten USA-Reise die Skyline New Yorks verändert! An die Stelle der Romantik neuntägiger Schiffsreisen war das Erlebnis der schnellen Flugreise über den Atlantik getreten.
Unser erster Besuch galt in New York dem berühmten *Memorial Sloan Kettering Cancer Centre*, dessen Präsident damals *Robert A. Good* war. Mein vor der Leitungsebene (Lloyd Old, Herbert F. Oettgen, Joseph Bucheral, Eric Hahn usw.) über den Entwicklungsstand der Krebs-Mehrschritt-Therapie gehaltener Lichtbildervortrag begegnete hohem Interesse. Sicher haben er und die weiteren Vorträge dazu beigetragen, daß in den USA der Einsatz des Hyperthermie-Schrittes in der Krebstherapie ab etwa 1977 schnell wachsendes Interesse fand und daß ab 1983 auch unsere selektive Schrittkombination Hyperthermie und Hyperglykämie immer häufiger diskutiert und genutzt wurde.
Wenige Tage später hielt ich den gleichen Vortrag vor einem fast leeren Hörsaal im National Cancer Institute in Bethesda/Maryland. Nur ein paar alte Bekannte, wie *Dean Burk, P. M. Gullino,* waren erschienen. Unser Weg interessierte in Bethesda niemanden. Er lag ja zu weit ab von dem Üblichen!

Im Gegensatz zu dieser Enttäuschung im NCJBethesda fand mein Vortrag im Medical Centre der Universität Alabama in Birmingham außergewöhnliche Resonanz. Im voll besetzten Hörsaal entdeckte ich Erwin Haas, mit dem ich 1934 bei Warburg zusammengearbeitet hatte.
Ein Vortrag im Mount Sinai Medical Centre unter *Prof. Holland* und *H. E. Nieburgs* in New York beschloß meine KMT-Aktivitäten in den USA.
Ein Wiedersehen mit dem Nobelpreisträger Ch. de Duve in unserem am Central Park gelegenen »Plaza«, ein letztes Gespräch mit *Wernher von Braun* über Mondlandung und Krebsforschung, ein letztes Wiedersehen mit dem alten Freunde *V. K. Zworykin* und seiner Frau in seinem Hause in Princeton sowie ein unvergeßbarer Abend bei *Peter Florin*, dem ständigen Vertreter der DDR bei den Vereinten Nationen, bildeten den würdigen Abschluß dieser Reise.

Eine außergewöhnliche Japanreise

Zu einem großen Erlebnis wurde unsere sechzehntägige Vortragsreise 1979 nach Japan, auf der mich meine Frau und mein Sohn Thomas begleiteten. Ich hatte die Aufgabe und die Ehre, als erster Wissenschaftler aus der Deutschen Demokratischen Republik auf Einladung der jungen Kulturgesellschaft Japan–DDR in diesem Rahmen tätig zu sein. Die Hauptschwierigkeit lag darin, die traditionell hohe Achtung der Japaner vor der deutschen Wissenschaft und Medizin mindestens nicht zu enttäuschen. Die Vortragsveranstaltungen führten uns mit extremer Programmdichte von dem bereits schneebedeckten Norden Hokkaidos bis in den warmen Süden des Landes mit seinen Mandarinenbäumen. Die Veranstaltungen erfolgten an der Iihei-Universität Tokio, an der Hokkaido-Universität in Sapporo, an der Universität Osaka, an der Kyushu-Universität in Hakata, an der Tokai-Universität in Tokio, vor der japanischen Gesellschaft für Elektronenmikroskopie in Kyoto und vor dem Nationalen Krebszentrum in Tokio.
Höhepunkte der Reise bildeten konstruktive, von der DDR-Botschaft vorbereitete Gespräche mit führenden japanischen Persön-

lichkeiten, wie Präsident Inayama (Nippon Steel), Präsident Irobe (Kulturgesellschaft Japan–DDR und Kyowa Bank), Magnifizenz Professor Dr. h. c. Matsumae (Gründer der Tokai-Universität), Präsident Matsuda (Kyoho Tsusho Kaisha) und vielen anderen. Beim Empfang, den unser Botschafter *H. Brie* mir gab, war es meiner Frau und mir gelungen, ein mit dem Kaiserhaus verwandtes Ehepaar durch gezielte Gespräche für die Sauerstoff-Mehrschritt-Therapie zu interessieren. Zahlreiche Interviews, welche ich Tage davor japanischen Zeitungen gegeben hatte, halfen dabei. Als Folge dieser Initiative (man muß tätig sein!) erhalte ich die Einladung, in der Kaiserlichen Residenz den Arzt des Kaisers und Leiter seines Biologischen Laboratoriums (und Museums), Dr. Hatsuki, über Wesen und Wirkungen der Sauerstoff-Mehrschritt-Therapie zu informieren. Schon am folgenden Tage wird mir mitgeteilt, der Tenno habe mit Interesse die übergebenen Sonderdrucke gelesen und bäte darum, daß bei meiner nächsten Japanreise (1985?) ein Gespräch mit mir eingeplant wird.
Ich hatte als erster Bürger unseres Staates die kaiserliche Residenz betreten dürfen und war durch das Interesse des Kaisers ausgezeichnet worden. Dieser Tatbestand erleichterte es mir in den folgenden Jahren, unseren Freund seit 1972, Präsident Shigeo Matsuda, für die Organisation eines Sauerstoff-Mehrschritt-Ambulatoriums in Tokio und für die Organisation der Übersetzung meines Sauerstoff-Mehrschritt-Therapie-Buches in das Japanische zu gewinnen.
Zu weiteren Höhepunkten der Reise gestalteten sich Veranstaltungen der Japanischen Gesellschaft für Elektronenmikroskopie. Anfang 1940 hatte ich das erste zusammenfassende Buch über Elektronen- und Rasterelektronenmikroskopie veröffentlicht. Während des Zweiten Weltkrieges war dieses Buch in mehrere Sprachen übersetzt worden. Die japanische Ausgabe hatte, wie immer wieder betont wurde, die Bildung des industriellen Schwerpunktes »Bau von Elektronenmikroskopen« in Japan damals ausgelöst. Viele Male wurde ich gebeten, meinen Namen in Exemplare der japanischen Ausgabe einzuschreiben, so auch von Professor Hashimoto, dem Präsidenten der Japanischen Gesellschaft für Elektronenmikroskopie. Aber sein Buch war stark angebrannt. Die Nachfrage ergab, daß Hashimoto als junger Student 1945 in Hiroshima gerade

das Buch studierte, als die Atombombe explodierte. Er überlebte, weil eine mit Wasser gefüllte Badewanne, in die er spontan hineinsprang, damals zufällig neben ihm stand. Seine Familienangehörigen wurden alle getötet! In seinem Institut gab mir Hashimoto an einem von ihm umgebauten Jeol-100-keV-Elektronenmikroskop direkte Einblicke in die Dynamik der atomaren Mikrowelt.
Unvergeßliche Eindrücke erhielten wir von dem japanischen »way of life«: Achtung vor Alter und Leistung, Pflege der Tradition, hohe Arbeitsmoral, minimale Arbeitsstellenfluktuation, Höflichkeit, Organisationskunst, Zielstrebigkeit und liebenswürdigste Gastlichkeit. Ich gewann das Bild eines Industriestaates hoher Stärke, wo die Fähigkeit zu konzentriertem und kreativem Handeln immer noch im Stadium aufbauender Entwicklung ist. Der minimale Anteil der Rüstungsausgaben im japanischen Staatshaushalt begünstigt diese Entwicklung. Japan zeigt sich als ein Partner, mit dem zusammenzuarbeiten sehr perspektivreich erscheint.

Die Reisen nach England und Holland

Im Frühjahr führte mich ein Vortrag auf dem Internationalen Hyperthermie-Meeting am British Institute of Radiology nach London. Der Vortrag hatte das Ziel, unseren neuen Weg der Krebs-Mehrschritt-Therapie mit selektiver Hemmung der Blutmikrozirkulation im Krebsgewebe bekanntzugeben und gleichzeitig zur Sicherung dieser wichtigen Priorität beizutragen. – Zwei Tage vorher waren wir von einem Abgeordneten des Unterhauses, der Anfang des gleichen Jahres zusammen mit Abgeordneten des englischen Unter- und Oberhauses unser Dresdner Institut besucht hatte, zum Mittagessen im Parlamentsgebäude eingeladen. Im Parlamentsgebäude begannen wir tiefe Eindrücke von jenem Milieu zu empfangen, welches Ausdruck britischer Traditionen ist. Das setzte sich fort, als wir am Tage darauf an einer Sitzung der Royal Society teilnahmen und dann ein längeres Gespräch mit dem Präsidenten der Royal Society, *Lord Todd*, über mein Krebs-Mehrschritt-Therapie-Konzept hatten.
Weitere unvergeßbare Eindrücke prägten sich ein, als wir der Einla-

dung unseres alten Freundes aus der Elektronenmikroskopzeit *V. E. Cosslett* nach Cambridge folgten. Cosslett war als führender Elektronenphysiker Englands in der Nachfolge von *Rutherford* und *Thompson* Direktor des berühmten *Cavendish-Laboratoriums* der Universität Cambridge geworden. Er zeigte mir in seinem Institut die erhaltengebliebenen Hörsäle und Arbeitsräume, in denen einst *Maxwell*, *Heaviside*, *Raleigh*, *Rutherford* u. a. berühmte Männer der englischen Physik gewirkt hatten. Ein Rundgang durch die verschiedenen Colleges mit den charakteristischen Gebäuden der Universität Cambridge beschloß den großen Traditionen gewidmeten Tag. Wenn ich an die Hinweise Cossletts auf diesem Gang zurückdenke: »In diesem Turm hat *Newton* gelebt« oder »in diesem Hause hat *Darwin* gewohnt«, so erinnere ich mich mit besonderer Freude, daß sich neben mir in meinem Arbeitszimmer unter Glas ein Originalfernrohr *Galileo Galileis* mit seiner eigenen Signierung befindet:

> Galileus Galileus m. p. scripsi
> Die 20 Marti 1629. Florentie.

Die Rückreise aus England erfolgte über Holland, wo ich über die gleiche Krebs-Mehrschritt-Therapie-Thematik wie in London an der medizinischen Fakultät der Universität Limburg in Maastricht und im *Cancer-Institute Antony van Leuwenhoek* in Amsterdam sprach. In Amsterdam sah ich unter meinen Hörern auch den Vorsitzenden des Forschungsrates der Niederlande, Professor *Kistemaker*, wieder, einen alten Bekannten aus der Zeit unserer Arbeiten über Isotopentrennverfahren.

Die zuvor erwähnten Reisen hatten neben der Prioritätssicherung hauptsächlich eine wissenschaftliche Information der zuständigen Spezialisten über unsere Ergebnisse zum Ziel. Eine besondere Absicht war dabei, den Beginn eigener Arbeiten nach dem Konzept der Krebs-Mehrschritt-Therapie in den betreffenden Ländern anzuregen. Wir wissen heute, daß besonders in der Sowjetunion dieses Ziel in überraschender Breite erreicht worden ist und daß auch in den USA bedeutende Entwicklungen ausgelöst worden sind.

Bei allen zurückliegenden Reisen wurde von mir betont, daß unsere Arbeiten sich noch für längere Zeit im Forschungsstadium befinden, um bei krebskranken Patienten keine vorläufig noch nicht erfüllbaren Hoffnungen zu erwecken. Die vielen Veranstaltungen hatten als Nebeneffekt, daß uns zahlreiche für die weitere Arbeit äußerst wertvolle Sonderdrucke und Anregungen zugingen. – Die zunehmende Zahl von Einladungen aus dem Ausland zwang in jüngster Zeit immer häufiger dazu, die Vertragspflichten jüngeren sprach- und sachkundigen Mitarbeitern, wie insbesondere Dr. *Winfried Krüger*, zu übertragen.

Reisen durch die BRD, die Schweiz und Österreich zur Beschleunigung der Nutzung unserer Ergebnisse im Gesundheitswesen dieser Länder

Die zahlreichen Reisen, die ich selbst seit 1978 in die BRD, in die Schweiz und nach Österreich unternahm, hatten ein anderes und sehr konkretes Ziel. Bei ihnen sollte durch nicht zu schwer verständliche Lichtbildervorträge vor progressiven Ärzten (meist aus dem Bereich der Naturheilkunde) und zugleich vor Patienten der baldige Beginn von Behandlungen nach den Konzepten der Sauerstoff-Mehrschritt-Therapie und der Sauerstoff-Mehrschritt-Immunstimulation ausgelöst werden. Es war mir klar, daß nur der persönliche Vortrag dies erreichen konnte.
Hatte doch eine wissenschaftliche Analyse des Klinikers Rudolf Gross über die »Bewältigung der Wissenslawine durch den Arzt« gerade ergeben, daß gegenwärtig nur wenige Prozent der medizinischen Fachliteratur zur Kenntnis genommen werden.
Natürlich mußte sich der wesentliche Inhalt der gehaltenen Vorträge wiederholen. Trotzdem langweilte ihre Abhaltung weder mich noch meine oft geduldig zuhörende Frau, weil ich die Gewohnheit hatte, frei zu sprechen, weil in schneller Folge hinzukommende neue Ergebnisse den Inhalt modifizierten und weil die Diskussion am Schluß ein lokales Kolorit erzeugte. Zweifellos hatten diese Veranstaltungen wesentlichen Anteil an dem schnellen Entstehen der schon früher erwähnten großen Zahl von Zentren für Sauerstoff-Mehrschritt-Therapie und Sauerstoff-Mehrschritt-Immunstimulation. Einige dieser Vorhaben waren so großzügig und mutig organi-

siert, daß ich der an mich gerichteten Bitte, bei der Eröffnung einer Einrichtung einen Einführungsvortrag abzuhalten, glaubte entsprechen zu müssen. Besonders möchte ich hier das einzigartige Kurzentrum von *Karl Rödhammer* in Vigaun bei Salzburg, das Vorhaben von *Liane Pümpel* auf der Hungerburg bei Innsbruck und die Zentren von *Dr. Caspers* in Bad Füssing, von *Dr. Wolf* in Bad Wildungen und verschiedene ambulante Zentren in großen internationalen Hotels erwähnen.

Immer wieder trafen wir auf diesen Reisen interessante und bedeutende Persönlichkeiten wieder oder lernten sie kennen, wie z. B.: *K. Bahlsen, N. Brock, A. Butenandt, R. Gross, R. Haas, W. H. Hauss, W. Hollmann, H. Howald, K. A. Körber, E. H. Krokowski, O. Lafontaine, H. Lasch, D. W. Lübbers, G. Schimert, H. Schmid-Schönbein, H. W. Schreiber, A. deWeck, W. Wicker, W. Wilmanns, A. Zuppinger.*

Einen sehr ungewöhnlichen Reisetag erlebten meine Frau und ich im März 1984. Als Gäste des Industriellen *Dr. Körber* waren uns die schönsten Räume im berühmten Hamburger Hotel »Vier Jahreszeiten« gegeben worden. Kaum waren wir angekommen, klingelte das Telefon: Kammersänger *Theo Adam*, unser guter Freund aus Dresden, wohnte im gleichen Hause und hatte wenige Stunden später einen Liederabend. Theo Adam wendet die Sauerstoff-Mehrschritt-Therapie seit Jahren zur Hebung des O_2-Status seines Organismus an. Am Tage vor vielstündigen, also seine Stimme hoch beanspruchten Auftritten ist er sogar dazu übergegangen, seine Sauerstoffsituation durch den 15-min-O_2-Mehrschritt-Prozeß prophylaktisch anzuheben. In dieser Frage ist er ein Vorbild für Sänger oder Sängerinnen, welche sich den Glanz ihrer Stimme möglichst lange erhalten wollen.

Begegnung mit dem früheren Bundeskanzler Helmut Schmidt

Der von mir gefundene Zusammenhang zwischen O_2-Status und sehr starkem Streß ist das Thema, welches den Abend dieses Tages im Hause von Dr. Körber in Hamburg-Bergedorf ausfüllt. Vor der Fahrt in seine Wohnung führt uns Dr. Körber durch die Hallen

Unser Freund und Helfer Erwin Braun, früher Pionier der Elektrorasiertechnik und des Designs von Industriegeräten, jetzt Vorkämpfer für die Präventivmedizin der Zukunft. Gründer des Erwin-Braun-Institutes für Präventivmedizin in Engelberg, Schweiz. Links meine Frau Bettina.

Empfang in Tokio bei dem Präsidenten der Kulturgesellschaft Japan-DDR Yoshiaki Irobe (rechts) in der Kyowa Bank.
Im Gespräch mit Magnifizenz Prof. Dr. h. c. Matsumae (sitzend), dem Begründer der Tokai-Universität, und mit unserem alten Freund, Präsident Shigeo Matsuda.

Der Nobelpreisträger Manfred Eigen bei seinem mich bewegenden Vortrag »Sprache und Lernen auf molekularer Ebene« auf dem Festsymposium ›Reflexionen über Wissenschaft‹ zum 65. Geburtstag von Otto Westphal.

Beim Tennis 1984 mit der früheren DDR-Meisterin Eva Johannes.
Aus den Büchern von W. Hollmann (Leiter des Instituts für Kreislaufforschung und Sportmedizin Köln) hatte ich gelernt, daß der die Herzleistung wieder erhöhende Trainingseffekt im Myokard nur eintritt, wenn mit gewisser Regelmäßigkeit die Pulsfrequenz auf den Wert 180 minus Lebensalter (bei mir 105 bis 115 pro Minute) für 30 bis 60 Min. gesteigert wird. Das war beim Tennisspiel der Fall, aber nicht bei einfacher Gartenarbeit. Dies soll auch ein Hinweis für meine (gesunden!) älteren Leser sein.

Im Sekretariat mit meiner Sekretärin Frau Elsa Suchland, die von 1942 bis zu ihrem Tode 1982 vierzig Jahre an meiner Seite stand. Im Zuge der Überleitung unserer medizinischen Forschungsergebnisse in die Nutzung nahm seit 1983 die Korrespondenz mit dem Inland und Ausland so zu, daß heute trotz Speicher-Schreibmaschinen fünf Mitarbeiterinnen (Frau Gertraude Hartmann als Leiterin, Frl. Roesch, Frl. Gaudlitz, Frau Balcarek und Frau Härtig) kaum mit den Anforderungen des Tages fertig werden.

Unser Kollektiv für multidisziplinäre medizinische Forschung 1984. Sitzend von links nach rechts: M. Zimmermann (Physiker), Dr. med. W. Dauterstedt (Abteilungsleiter), Dr. rer. nat. P. G. Reitnauer, Prof. Dr. med. h. c. M. von Ardenne, Dr. rer. nat. W. Krüger (Biochemiker), Dr. med. W. Klemm, Ing. H.-J. Götting (Elektroniker). Stehend von links nach rechts: D. Petzold, Fr. J. Neumeister, Fr. M. Nicklisch, Dipl.-Phys. F. Pielenz, Dipl.-Chem. B. Junghans, Fr. Ch. Hentschel, Dr. med. H.-J. Wünschmann, Fr. M. Krusche, Fr. H. Stephan, Fr. S. Eisold, Fr. I. Fülle, Fr. U. von Ardenne, Fr. B. Herberg, Fr. E. Lück, Fr. Ch. Melzer, G. Trautmann, Dipl.-Ing. U. Ebert, Fr. G. Binder, Fr. E. Noack, Fr. A. Gottowski, Fr. M. Bauer, Fr. H. Pawlak, Fr. K. Fiedler, Fr. S. Körner.

seines großen Werkes zur Herstellung von hochautomatisierten Spezialmaschinen. Bald darauf erscheint in seinem Büro der frühere *Bundeskanzler Helmut Schmidt*. Dann fahren wir mit Blaulichtbegleitung zum Haus von Dr. Körber und haben das Erlebnis einer vierstündigen Unterhaltung im kleinsten Kreise mit diesem hohen Politiker. Beiläufig erwähnt der Bundeskanzler a. D., der bekanntlich einen Herzschrittmacher trägt: »Wenn ich noch ein Jahr länger im Amt geblieben wäre, würde das sicher meinen Tod bedeutet haben.« Ich gebe den Hinweis, daß nach unseren Messungen die Sauerstoff-Mehrschritt-Therapie ein sehr wirksames Mittel ist, um besser als durch zeitraubende Urlaube und Kuren die Folgen von starkem und lange anhaltendem Streß zu bekämpfen.

Mein Treffen 1957 im Auftrage von Walter Ulbricht und Otto Grotewohl mit dem Bundesratspräsidenten Dr. Kurt Sieveking: Botschaft, daß die Regierung der DDR einer Konföderation beider deutscher Staaten zustimmen würde

Nach dem medizinischen Gespräch gehen wir zu anderen Themen über. Ich informiere den früheren Bundeskanzler darüber, daß ich mich etwa im Juni 1957 im Auftrage von *Walter Ulbricht* und *Otto Grotewohl* im Westberliner Hause meines Schwagers Otto Hartmann mit meinem Vetter, dem damaligen Bundesratspräsidenten *Dr. Kurt Sieveking,* getroffen habe, um ihm die Botschaft zu übermitteln, daß unsere Seite einer Konföderation zwischen beiden deutschen Staaten zustimmen würde. Sieveking nahm diese Mitteilung mit großer Freude entgegen, aber Adenauer war gegen eine solche Lösung und Dr. Sieveking wurde bei Adenauer zur persona ingrata. Damals konnte ich persönlich miterleben, daß die Schuld für die Teilung Deutschlands in zwei deutsche Staaten bei Adenauer im Westen gelegen hat. Obwohl Helmut Schmidt meinen Vetter Dr. Sieveking gut kannte, war ihm dieser Vorgang neu. – Dieser Abend mit seinen vielen weiteren Gesprächen gehört für mich zu den interessantesten Ereignissen der letzten Jahre.

Bei dem zentral geleiteten sozialistischen System ist in den höheren und höchsten Leitungsebenen ein sehr starker und permanenter

Streß gegeben, der zum Teil schon im hohen Lebensalter stehende Personen trifft. Die Sicherung großer Kreislaufreserven und damit hoher Leistungs- und Belastungsfähigkeit hat große politische und volkswirtschaftliche Bedeutung. Hier besteht ein weites dankbares Betätigungsfeld für O_2-Mehrschritt-Therapeuten in der sozialistischen Staatengemeinschaft!

Begegnung mit dem Premierminister der Vereinigten Arabischen Emirate Prinz Handan Bin Mohamed Al-Nahyan

Bei der im Juli 1984 in Warnemünde erfolgten Besprechung mit dem Premierminister und ehemaligen Gesundheitsminister der Vereinigten Arabischen Emirate ging es ebenfalls um Methodik und Möglichkeiten der Sauerstoff-Mehrschritt-Therapie. Mein Gesprächspartner war schon vor unserem Treffen zu der Einschätzung gelangt, daß gerade in dem heißen Klima und der bewegungsarmen Lebensweise des arabischen Raumes an die Dresdener Therapie große Hoffnungen geknüpft werden dürfen. Wieder gehörten auch die Folgen des starken Dauerstresses bei vieljährigem Regieren und die Milderung dieser Folgen zum Thema. Wenige Wochen später wurde mir die Einladung zu einer Vorlesung über Sauerstoff-Mehrschritt-Therapie an der Universität in Abu-Dhabi angekündigt.

Unvergeßbare Reisestunden in den Alpen

Weil es so schön in unserem Hause mit dem Blick von der Höhe des Weißen Hirsches auf das weite Elbtal ist, waren wir immer bestrebt, die notwendigen Reisen nicht lange auszudehnen. Daher war in der Regel jede Stunde bei den Reisen verplant. Meist brachte uns das Auto von Tag zu Tag in eine andere Stadt. Selten war eine Pause für Besinnung und Ruhe. Aber Ausnahmen gab es ab und zu, wenn der Weg uns durch die Alpen führte. Dann waren Auge und Herz, wie früher im Kaukasus, wieder weit geöffnet für die Schönheiten der Natur: So etwa, wenn wir von Zermatt aus zum Gornergrat oder zum Schwarzsee gelangten und das Matterhorn und seine Bergwelt uns umgaben oder wenn im Berner Oberland von Mürren aus Eiger, Mönch und Jungfrau die Aussicht beherrschten; wenn in Engelberg zur Höhe des Erwin-Braun-Institutes Titlis und Spannort herübergrüßten, von Montreux aus hinter dem Genfer See die Vorberge des Mont Blanc sich erhoben, auf dem Weg nach Klagenfurt die Schönheit der Lienzer Dolomiten plötzlich sichtbar wurde oder wenn im Lauterbrunner Tal der Staubachfall aus großer Höhe herabfiel. Diese Aufzählung möge auch den einen oder anderen Leser (wenn seine Reisezeit gekommen ist) hinleiten zu diesen alpinen Plätzen, die uns so viel gegeben haben.

Unvergessene Reisestunden zu einem festlichen Freiburger Symposium

Bei einer unserer Reisen folgten wir einer Einladung *Hansjürgen Staudingers* zu dem aus Anlaß des 65. Geburtstages von *Otto Westphal* am 1. Februar 1978 veranstalteten Festsymposium, welches unter dem Thema »Reflexionen über Wissenschaft« stand. Otto Westphal, Sohn des Physikers und Freundes von Max Planck, Albert Einstein, Gustav Hertz u. a. aus der großen Berliner Physikära am Anfang dieses Jahrhunderts, hatte in Freiburg als langjähriger Leiter des unter der Präsidentschaft von Adolf Butenandt gegründeten „Max-Planck-Institutes für Immunbiologie" wissenschaftliche Leistungen von außergewöhnlichem Rang erbracht. Viele neue Erkenntnisse auf dem Gebiet der Immunchemie, insbesondere von Bakterien, verdanken wir seinem Arbeitskreis, so auch die Reindarstellung und Strukturaufklärung der bakteriellen Fieberstoffe (Pyrogene). Bei den daraus resultierenden klinischen Untersuchungen zur sogenannten unspezifischen Therapie mit bakteriellen Reizstoffen kam er schon frühzeitig in freundschaftlichen wissenschaftlichen Kontakt mit Max Bürger und seiner Klinik in Leipzig. Er war Gründer und viele Jahre Vorsitzender der Gesellschaft für Immunologie. In der Max-Planck-Gesellschaft war er u. a. Vorsitzender der Biologisch-Medizinischen Sektion, Vorsitzender des Wissenschaftlichen Rates und Mitglied des Senats. Nach seiner Emeritierung (1982) übernahm er noch für einige Zeit die wissenschaftliche Leitung des großen Krebsforschungszentrums (DKFZ) in Heidelberg, wo wir ihn, auch für ein großes Seminar, besuchten. Wir hatten uns zuerst bei Otto Warburg in Dahlem getroffen.

Das ihm zu Ehren gegebene Freiburger Festsymposium war mit seinen Vorträgen und den vielen Gesprächen ein lange nachwirkender geistiger Höhepunkt in unserem Leben. Niemals sonst war mir eine solche Konzentration von Bahnbrechern der Wissenschaft aus aller Welt, von Nobelpreisträgern und von erfolgreichen Forschern begegnet.

Am Beginn und im Zentrum des Symposiums stand der Vortrag des Nobelpreisträgers *Manfred Eigen* über »Sprache und Lernen auf molekularer Ebene«. Dieser Vortrag enthielt in neuer Darstellungsweise die Theorie Manfred Eigens über die Evolution des Lebens aus wenigen chemischen Molekülen. Ich, und sicher mit mir viele andere, glaube, daß diese Theorie Eigens, die er ja ständig weiter ausbaut, zu den größten Geistesleistungen unseres Jahrhunderts gehört, vergleichbar mit den großen Taten Darwins oder Plancks und Einsteins. In der Welt ist dieses Ergebnis deutscher Forschung leider noch nicht genügend erkannt, vielleicht, weil es nicht ganz einfach ist und Fleiß erfordert, den Gedankengängen Eigens im Detail zu folgen. Kann es etwas Bewundernswerteres geben als die theoretische Aufklärung, wie die Natur im optimierenden Wechselspiel zwischen Fehlformen und der Selektion des Überlegenen es im Laufe von vielen Hundertmillionen Jahren fertigbringt, aus einfachen chemischen Molekülen Organismen, wie z. B. den Menschen, entstehen zu lassen?

Einen zweiten unvergeßbaren Höhepunkt des Symposiums bildete die Rede des schon vom Tode gezeichneten Wilhelm Bernhard, Paris, über »Geist und Ungeist in der Wissenschaft«. In tief ergreifenden Worten ging er auf den gegenwärtigen Wandel im Wesen und in der Ausübung der Wissenschaften ein. Es war wie ein Vermächtnis an die nächste Generation.

Ein mit seltener Beredsamkeit gestalteter Epilog des Anglisten Rudolf Haas bildete den würdigen Abschluß der feierlichen Stunden. Das Festsymposium vereinte eine internationale Elite aus Medizin, Biologie, Biophysik, Biochemie und Immunologie. Viele der Informationen, die ich in Freiburg erfuhr oder erfragte, waren daher ein großer Gewinn für unsere Dresdner Arbeiten. Unsere Aufmerksamkeit wurde noch stärker auf den Weg der O_2-Mehrschritt-Immunstimulation und auf die Frage einer Bekämpfung der Metastasierung des Krebses gelenkt. Für uns waren die beiden Freiburger Tage zugleich ein Wiedersehen mit vielen Freunden und Bekannten und ein Kennenlernen von Persönlichkeiten, deren bedeutende wissenschaftliche Leistungen ich schon seit Jahren bewundert hatte.

Gute Freunde und erbitterte Feinde – heute

Nach einer oben zitierten, von Diogenes stammenden Erkenntnis soll der Mensch gute Freunde oder erbitterte Feinde haben. Am besten aber soll es jenen ergehen, die von Menschen beider Arten umgeben sind. Zu diesen Auserwählten durfte ich mich auch in meinen späteren Jahren rechnen.

Ein Kraft schenkender Kartengruß der Nobelpreisträger Hans Krebs, Konrad Lorenz, Linus Pauling und des Grafen Bernadotte von der Nobelpreisträgertagung 1981 aus Lindau. Unsere medizinischen Arbeiten (O_2MT, KMT) waren in dieser hohen Ebene freundlich aufgenommen worden.

Einen Kraft schenkenden Gruß von Freunden erhielt ich 1981 von der Nobelpreisträgertagung aus Lindau. – Während meines Lebens habe ich immer wieder die Initiative ergriffen und oft viel Zeit aufgewendet, um Freunde zu gewinnen und Freundschaften zu schließen, aufrechtzuerhalten, zu pflegen und sie zu vertiefen. In der beruflichen Sphäre war es immer ein beglückender Vorgang, wenn aus Gegnern durch überzeugende Argumentation Freunde und Mitkämpfer wurden. Auch in der Zukunft werden wir weiter die uneigennützige Hilfe von Freunden in der Deutschen Demokratischen Republik und im Ausland brauchen, die schon in der Vergangenheit immer wieder aktiv wurden, wenn es galt, der Durchsetzung unserer Forschungsrichtung zu dienen.

Gedanken zum Termin für den Abschluß einer Autobiographie

Unter normalen Bedingungen ist die Vollendung des 65. Lebensjahres ein guter Termin für den Abschluß einer Autobiographie. Meistens haben dann die geistig-schöpferischen Leistungen bereits erheblich abgenommen. Man zieht sich aus dem Beruf zurück und genießt im Ruhestand die noch verbleibenden Jahre. In dieser rückläufigen Lebenszeit steigt die Zahl der freundlich gesinnten Fachkollegen rapide an. Wissenschaftliche Ehrungen werden dem abtretenden Geburtstagskind zuteil. Man nähert sich unerbittlich jener abschließenden Phase, für die im Nachruf auf einen der Großen des Altertums, auf Horaz, die folgenden Worte sich finden: »Und da er nun tot war, verziehen sie ihm seinen Ruhm, wußten sie doch, daß er jetzt das Außerordentliche nicht mehr leisten würde.«

In meinem Falle besteht eine völlig andere Situation, weil ich seit meinem 65. Lebensjahr durch Sauerstoff-Mehrschritt-Prozesse streng dafür sorge, daß in meinem Organismus möglichst ohne wesentliche zeitliche Lücken ein guter O_2-Status besteht. Sofort nach sehr starkem Streß, wie z. B. Vortragsreisen, wird mein O_2-Status gemessen. Falls er kritisch abgesunken ist, wird der O_2-Status unverzüglich wieder auf einen guten Wert angehoben. Infolge dieser Lebensweise habe ich bisher vom Älterwerden noch kaum etwas gespürt. Vor allen Dingen scheint mir, gemessen an der Zahl der pro

Jahr veröffentlichten wissenschaftlichen Arbeiten, noch keine Abnahme der geistig-schöpferischen Leistungen erfolgt zu sein. Wie lange das so weitergeht, muß der zukünftige Verlauf dieses »Selbstversuches« zeigen. Bei der gegebenen Situation dürfte es richtig gewesen sein, mit der neuen Abfassung der Autobiographie nicht bis zur Erreichung meines physischen bzw. energetischen Ruhestandes zu warten.

Rückblick

Bei einer Rückschau auf mein bisheriges Leben muß ich mit tiefem Dank erkennen, wie sehr mir eine lange Kette von Glücksfällen, oft intuitives Erahnen der Lösungswege, eine Reihe hochtalentierter, immer einsatzbereiter und für unsere Thematik begeisterter Mitarbeiter und schließlich auch befreundete auswärtige Spezialisten dabei geholfen haben, an der Lösung großer wissenschaftlicher Probleme unserer Zeit mitzuwirken. Der Beitrag meiner Mitarbeiter zu unseren Ergebnissen sei durch jene berühmte Anerkennung eines Staatsmannes zum Aufbau der englischen Radartechnik im zweiten Weltkrieg gewürdigt: »Selten zuvor haben so wenige so viel in so kurzer Zeit geleistet!«

Als Mitglied des Forschungsrates, als Mitglied der Volkskammer der Deutschen Demokratischen Republik und als Chef des von mir gegründeten Forschungsinstitutes auf dem Weißen Hirsch habe ich immer wieder versucht, durch eigene Beiträge, Vorschläge, Beratungen und nicht zuletzt durch kreative wissenschaftliche Leistungen zur Stärkung unseres Staates sowie seiner Wissenschaft und Technik beizutragen.

Zu meinem aktiven Parteiergreifen für das sozialistische System trug entscheidend bei, daß ich bei so vielen Persönlichkeiten der höchsten Leitungsebene immer wieder das rein sachliche Denken im Interesse der Gesellschaft und die humanistischen Ideale, von denen sie ausgingen, kennenlernte.

In den heute bei mir noch seltenen Stunden der Besinnung erkenne ich, daß mir bis zum heutigen Tage die Gnade eines selten erfüllten Lebens zuteil wurde.

Mein Leben ist verlaufen wie eine Beethovensche Sinfonie, etwa wie die Eroica, in einer kaum unterbrochenen Kette von Höhepunkten:
In der beruflich-schöpferischen Sphäre, weil ich seit meiner Jugend beitragen durfte zur Gestaltung vieler und sehr verschiedenartiger Gebiete von Naturwissenschaft und Technik, und zwar oft in ihrer ersten Entwicklungsphase, wo noch so viel Wesentliches zu finden war.
In der privaten Sphäre, weil ich mit gütigen Menschen umgeben war und mir Liebe in überreichem Maße zuteil wurde.

Mögen die nachstehenden, an meine jüngeren Leser gerichteten Worte möglichst vielen heranwachsenden Talenten etwas helfen, damit sie in ihrem schweren beruflichen Wettkampf mit den geistigen Schrittmachern des Auslands höhere Plätze erringen.

Meinen jüngeren Lesern zugedacht

Im Zurückschauen möchte ich versuchen, etwas von den Prinzipien der Lebensführung und Lebenskunst zu erkennen, die ich bewußt oder unbewußt befolgt habe und die mir bei der glücklichen Gestaltung meines Weges zum und auch im sozialistischen System halfen. Diese will ich besonders den jüngeren unter meinen Lesern abschließend zurufen, obwohl ich eigentlich immer wieder gesehen habe – auch bei meinen eigenen Kindern –, daß guter Rat erst dann ernsthaft befolgt wird, wenn eigene, oft teuer erkaufte Lebenserfahrung ihn bestätigt hat:
Entwickelt bei allen Dingen des Lebens einen unversiegbaren Optimismus, denn »sich im voraus kränken heißt, der entfernten Not zur Ankunft Flügel schenken«!
Habt stets eine heitere Einstellung zum Leben und seinen Zwischenfällen! Sorgt für Harmonie in den engeren Lebensbezirken! Laßt hier nie eine ernste Differenz über die Nacht andauern! Denkt stets daran, daß Einigkeit und, wenn es not tut, gegenseitige Hilfe in der Familie zu den stärksten Kraftquellen im Lebenskampf gehören. Niemals sollte hier kleinliches Denken oder Neid als Störfaktor auftreten!

Wenn ihr mit oder ohne Schuld anderen Menschen Leid zugefügt habt, so versucht, durch vermehrte Güte und Liebe diese Tatsache schnell zu kompensieren!
Seid einfach und natürlich!
Verträumt nicht euer Leben, sondern gestaltet und erlebt eure Träume!
Sucht euch große Vorbilder, studiert ihr Leben und versucht ihnen nachzueifern!
Nutzt jede Stunde so aus, daß ihr sie später gut verwendet findet!
Handelt immer so, daß ihr euch nicht zu schämen brauchtet, würde euer Handeln im Blickfeld der Öffentlichkeit stehen!
Vergeßt nie, daß wegen der großen Aufnahmefähigkeit des jungen Gehirns die Freizeit im jugendlichen Alter sehr viel kostbarer ist als im späteren Leben!
Verschwendet eure Zeit nicht, sondern verwendet sie zum Lernen! Nutzt sie zum Lesen guter, belehrender und bildender Bücher, zum Anhören von Fachvorträgen, zum Basteln oder zum Experimentieren, wo sich nur Gelegenheit dazu ergibt.
Man wird in der Regel nur das im Leben erreichen, was man sich selbst erarbeitet!
Unterscheidet Wesentliches von Unwesentlichem!
Verfolgt mit hartnäckigem Fleiß und zäher Ausdauer das einmal gesteckte Ziel, bis ihr es erreicht habt!
Wählt große Aufgaben. Aber sie müssen Forderungen der Zeit entsprechen und müssen im Rahmen der nationalen Strukturen von Wissenschaft und Technik durchführbar sein.
Wo die Menschen nicht mehr hinsehen, was jedermann für fertig geklärt hält, verdient oft am meisten, untersucht zu werden.
Beobachtet mit großer Sorgfalt (Messungen!) die Natur, studiert die Beeinflußbarkeit von Naturvorgängen und was die Natur zuläßt. Wo die Natur nicht will, ist die Forschung umsonst!
Haltet einer einmal für richtig erkannten Sache die Treue!
Versucht euren Lebensberuf so zu wählen, daß er euren Neigungen nahekommt!
Resigniert nie, sondern tragt durch Initiative, konstruktive Kritik und schöpferisches Handeln zur Beseitigung von Unvollkommenheiten und zum Fortschritt bei!

Wenn ihr etwas für euch Neues kennenlernt, so betrachtet es nie als eine abgeschlossene Entwicklung, sondern mit der geistigen Grundhaltung »Alles ist verbesserbar, alles läßt sich noch weiter optimieren!«. Bringt dann, wo es sich lohnt, Mut und Kraft zur schöpferischen Tat auf!

Nehmt nicht Partei, um eure Karriere zu beschleunigen, sondern aus tiefer innerer Überzeugung. Seid Vorbild durch große Leistungen und Taten, dann beschleunigt ihr auf ehrliche, dauerhafte Weise eure Entwicklung in unserem sozialistischen Staat!

Trefft eine notwendige Entscheidung sofort!

Habt Mut zum Erleben!

Macht nie eine Dummheit zweimal!

Empfindet Freude auch an kleinen Dingen!

Nehmt das Leben von der leichten Seite!

Nutzt, was die Gegenwart euch bietet. Trauert nicht um Versäumtes, denn Vergangenes ist nicht mehr zu ändern!

Zeigt Güte und menschliche Wärme, besonders gegenüber Schwächeren! Zeigt echte Bescheidenheit, innerlich und auch im äußeren Auftreten!

Schafft euch Freunde im Leben und erweist ihnen Treue und Zuverlässigkeit!

Habt Ehrfurcht vor der Weisheit des Alters und vor dem Großen, das euch immer wieder in der Natur und bei den Menschen begegnet!

Seht ein hohes Ziel darin, in den beruflichen und in den privaten Lebensbezirken immer mehr zu geben als zu empfangen, denn gerade dieser für die Umwelt unerwartet kommende Überschuß ist es, der als Glück auf eure eigene Lebensbahn zurückstrahlt!

Und am Ende noch eine Mahnung zu wohlabgewogener Härte in Gestalt des bekannten Goethe-Wortes:

> Allen Gewalten
> zum Trutz sich erhalten,
> nimmer sich beugen,
> kräftig sich zeigen,
> rufet die Arme
> der Götter herbei!

Prof. Dr. h. c. mult. Manfred Baron von Ardenne

Biographische Tabelle

Jahr	Forschungsergebnisse	Wissenschaftliche Publikationen	Daten und Ereignisse
1907			*Geboren 20. 1. 1907 in Hamburg* Vater: Egmont Baron von Ardenne spät. Oberregierungsrat. Mutter: Adela geb. Mutzenbecher
1921			Physikalische und chemische Versuche (Röntgenaufnahmen, Teslaversuche, Detektorempfang mit selbstgebauten Geräten).
1922			Funkverkehr über Berlin und Empfang von Langwellen-Übersee-stationen mit selbstgebauten Anlagen.
1923			Einrichtung eines Laboratoriums in der Wohnung der Eltern.

Jahr	Forschungsergebnisse	Wissenschaftliche Publikationen	Daten und Ereignisse
			Rundfunk-Lautsprecher-Vorführung vor dem Reichspräsidenten Ebert (mit Dr. Loewe und Dr. Nesper) im März zur Propagierung der Rundfunkidee.
			Teilnahme an den ersten Rundfunksendungen vom Voxhaus, Berlin. (Übertragung aus der Berliner Philharmonie mit Widerstandsverstärkern eigener Konstruktion).
		Anmeldung des ersten erteilten Patents: 14. 10	*Absolvierung des Friedrich-Realgymnasiums Berlin mit Primareife (25. 9.).*
1924		(*Erste Buchveröffentlichung; Funk-Ruf-Buch.)*	*Praktische Ausbildung in einer feinmechanischen Werkstatt.*
			Beginn der Mitarbeit an funktechnischen Zeitschriften.
	Versuche mit der Fa. Lindström zur elektrischen Aufnahme von Schallplatten (heutige Technik!).		Veranstaltung einer Vortragsreihe über Rundfunktechnik in der Berliner Urania.
			Funktechnische Vorträge.
			Beginne die Bedeutung der Naturbeobachtung durch Messungen zu erkennen.

Jahr	Forschungsergebnisse	Wissenschaftliche Publikationen	Daten und Ereignisse
1925	Entwicklung von NF-Widerstandsverstärkern hoher Spannungsverstärkung.	Nr. 1 u. 3*	Immatrikulation an der *Universität Berlin* durch Vermittlung von Graf Arco und Geheimrat Nernst (27. 4.).
	Erstentwicklung von Mehrfachröhren und Breitband-Verstärkern (gemeinsam mit Dr. S. Loewe).	(Mehrfachröhren Nr. 2.)	*4 Semester Studium von Physik, Chemie, Mathematik* (Planck, Nernst, Schlenk, Schmidt, Bieberbach, Szegö, von Mises). Grundlagenstudium.
1926	Entwicklung des Widerstands-*Ortsempfängers mit Dreifachröhre* (gemeinsam mit Loewe-Radio).	Nr. 2 u. 4.	*Reise nach England (Juli).*
		Buch: Bau von Widerstandsverstärkern.	Besuch von Graf Arco (Telefunken) im Herbst.
1927		Nr. 5 bis 12. (Indirekte Messung von Gitterströmen, Theorie der Endverstärkung usw.)	Reise nach den USA (Juli/August). Besuch von Dr. h. c. Lee de Forest in New York.
		Buch: Transformatorenverstärker.	*Beginn des permanenten (lebenslangen) Studiums von Spezialfächern in enger Beziehung zu den Aufgaben und zum Wechsel der Aufgaben.*
1928	Entwicklung der »Gemeinschaftsantenne« mit Breitband-Antennenverstärker (heutige Technik!).	Nr. 13 bis 19. (Themen der Hochfrequenz- und Hochfrequenz-Meßtechnik.)	*Errichtung des Laboratoriums für Elektronenphysik in Berlin-Lichterfelde Ost* (1. 2.).
	Entwicklung des *Elektronenstrahlers mit nega-*		

* Nummer im Verzeichnis »Wissenschaftliche Veröffentlichungen«

Jahr	Forschungs-ergebnisse	Wissenschaftliche Publikationen	Daten und Ereignisse
	tiv vorgespannter Steuerelektrode und Strahl-»Cross over«.		
1929	Entwicklung der *Elektronenstrahlröhre mit Glühkathode und Lichtsteuerelektrode für Anodenspannungen über 1000 V.*	Nr. 20 bis 25. (Breitband-Verstärker, Oszillographen-Verstärker.) *Buch: Verstärker-Meßtechnik.*	Die Fa. Leybold Köln beginnt im Herbst, die Elektronenstrahlröhren in den Handel zu bringen. Besuch von Sir Watson-Watt (5. 12.).
1930	*Entwicklung des Leuchtfleck-Abtasters* (»Flying spot scanner«) (Element heutiger Technik!). *Durchführung der ersten Fernsehbild- und Filmübertragungen mit Elektronenstrahlröhren auf Sender- und Empfangsseite*(14.12.). (Realisierung des Fernsehens auf rein elektronischer Grundlage.) (Heutige Technik!)	Nr. 26 bis 32. (*Elektronenstrahlröhre als Fernsehempfänger*) Nr. 28. (Vielfachrundfunk auf einer Welle, Feldverstärkung) Konzept der heutigen Nachrichtentechnik mit UKW-Breitband-Richtfunkstrecken bzw. Breitbandkabel-Relaisstrekken. Nr. 31.	*Erste Fernsehvorführung am 24.12. vor dem Staatssekretär Kruckow* (RPM).
1931	Projektion von Fernsehbildern mit Elektronenstrahlröhren (Februar). Steigerung der Bildgüte auf 10 000 Bildelemente pro Bild (April). *Farbfernsehmethode mit Farbzeilen-Leuchtschirm.* Brit. Patent 388 623 vom 19. 6. 1931.	Nr. 33 bis 35. (Fernsehsender und -empfänger mit Kathodenstrahlröhren. Fernsehen.) Nr. 34 u. 35. (Mehrfachmodulation von Ultrakurzwellen) Aufmodulation vieler modulierter Hochfrequenzen auf eine Ultrakurzwelle. (Heutige Technik!) Nr. 33.	Im Frühjahr Fernsehvorführung vor den Direktionen der Firmen Telefunken, Fernseh AG und den Wissenschaftlern der Reichspost, ebenso vor Prof. Barkhausen und Möller (18.4.). *Alleinige öffentliche Fernsehfilmübertragung auf der Funkausstellung*

Jahr	Forschungsergebnisse	Wissenschaftliche Publikationen	Daten und Ereignisse
			mit rein elektronischen Elementen. (Weltpremiere der heutigen Fernsehtechnik.)
1932	Experimentelle *Realisierung der Fernsehbild-Übertragung mit Geschwindigkeitsmodulation* (Liniensteuerungsmethode).	Nr. 36 bis 40. (Fernsehen mit Modulation der Absenkgeschwindigkeit statt der Stromdichte des Elektronenfleckes Nr. 40).	Lösung des Vertrages mit der Fa. Radio-Loewe.
			Gründung der Dipol-AG in Arbon (Schweiz).
1933	Entwicklung eines Projektions-Elektronenstrahl-Oszillographen.	Nr. 41 bis 45. (Zur Physik der Elektronenstrahlröhren.)	Demonstration des Fernsehens mit Geschwindigkeitsmodulation auf der Funkausstellung 1933.
	Elektronenstrahl-Bildaufnahmeröhre mit lichtempfindlichem Halbleiterschirm (Vorläufer des Vidicons).	*Buch: Die Kathodenstrahlröhre.* (2. Auflage 1939 in England.)	Vertragsabschluß mit der C. Lorenz AG.
1934	*Erfindung und Entwicklung des elektronenoptischen Bildwandlers.* Deutsches Patent 902 890 vom 25.2.1934 (Erteilt am 28.1.1954!). Röntgenbildwandler.	Nr. 46 bis 50. (Zur Elektronenoptik und Physik der Elektronenstrahlröhren.)	Gründung der *Leybold-von-Ardenne-Oszillographen-Gesellschaft.*
		(Bildwandler Nr. 67.)	
	Entwicklung des elektronischen Spektralphotometers für Otto Warburg	(Spektralphotometer Nr. 56.)	
1935	*Entdeckung der Emission negativer Ionen von thermischen Kathoden.* Entwicklung von Fernsehempfängern für die C. Lorenz AG, Berlin-Tempelhof.	Nr. 51 bis 58. (Negative Ionen Nr. 55.)	Einrichtung eines Bildwandler-Laboratoriums im Reichspostzentralamt.
		Buch: Fernsehempfang (1936 auch in England erschienen).	

Jahr	Forschungsergebnisse	Wissenschaftliche Publikationen	Daten und Ereignisse
1936	Entwicklung von Breitband-Oszillographen-Verstärkern (0,2 Hz bis $3 \cdot 10^6$Hz).	Nr. 59 bis 76.	Besuch von Dr. Zworykin (21.2.).
			Besuch des Reichspostministers (18.6.).
	Entwicklung des Polarkoordinaten-Elektronenstrahl-Oszillographen (Grundelement der heutigen Radartechnik). Elektronenlinse mit Widerstandswendel. (Element der Elektronenoptik.)	(Polarkoordinaten-Oszillograph Nr. 76.)	
1937	*Entwicklung des Elektronen-Rastermikroskops. Typ I für Oberflächenabbildung. Typ II für Durchstrahlungsabbildung (Renaissance Typ I 1960 in England und Typ II 1970 USA).*	Nr. 77 bis 84. *Buch: Fernsehen VDE, Abschnitt Fernsehempfang*	*Vertragsabschluß mit der Reichspost (Fernsehen und seit 1940 angewandte Kernphysik). Vertragsende April 1945.*
1938	Untersuchung der Grenzen für das Auflösungsvermögen des Elektronenmikroskops.	Nr. 85 bis 94. (Auflösungsvermögen Nr. 85.) (Rastermikroskop Nr. 87 u. 92.)	Berufung in den Verwaltungsausschuß des Deutschen Museums München (7.5.).
	Erfindung und Entwicklung der *Projektions-Elektronenstrahlröhre mit Lichtrelaisfläche* auf Basis des Pockels-Effektes. (Renaissance 1970 USA.)	(Kristallichtrelaisröhre Nr. 94 u. 99, 100, 108.)	Besuch von Prof. Debye (27.6.).
			Übernahme der Patente durch Telefunken (1939) und RCA (1940).
1939	Vorschlag über ein *Röntgenstrahlen-Schattenmikroskop*.	Nr. 95 bis 110. (Röntgenmikroskop Nr. 101.)	Besuch von Dr. Ives (4.8.).

Jahr	Forschungsergebnisse	Wissenschaftliche Publikationen	Daten und Ereignisse
	Entwicklung des *Elektronen-Mikrooszillographen* (Renaissance 1942 USA). Entwicklung des *Universal-Elektronenmikroskops*.	(Mikrooszillograph Nr. 110.)	Besuch von Prof. von Laue (20.12.).
	Begründung der Mikrobearbeitung mit Elektronen- und Ionensonde (Elektronenstrahltechnologie!).	(Mikrobearbeitung Nr. 90 u. 109.)	Brief an den Reichspostminister über die *Bedeutung der Entdekkung der Urankernspaltung durch Hahn/Straßmann* (Dezember).
1940	*Einsatz des Universal-Elektronenmikroskops auf vielen Gebieten. Einführung der Stereomethode in die Elektronenmikroskopie.*	*Nr. 111 bis 125. (Zur Übermikroskopie.)*	Besuch von Prof. Butenandt (20.1.).
		(Stereo-Elektr.-Mikroskop Nr. 114 u. 116.)	*Besuch von Prof. Planck* (2.2.).
	Entwicklung des Objektträger-Vibrators.	*Buch: Elektronen-Übermikroskopie* (1941 auch in USA gedruckt).	Vertragsabschluß mit Krupp 15.7. (Übermikroskopische Forschung bis 1945.)
	Entdeckung der Faserstruktur entwickelter Bromsilberkörner.	(Faserstruktur Nr. 119.)	*Mit Hollmann Vorschlag über ein Panorama-Radargerät.*
1941	Entwicklung des *200-kV-Universal-Elektronenmikroskops* (Vorläufer der Höchstspannungs-Elektr.-Mikroskope).	Nr. 126 bis 142. (200-kV-Mikroskop Nr. 132.)	Besuch von Prof. Friedrich (10. 3.).
			F. G. Houtermans Mitarbeiter ab 1. 1.
	Entwicklung des *Erhitzungs-Elektronenmikroskops* (T bis 2500°C).	(Erhitzungs-Elektr.-Mikroskop Nr. 139.)	*Verleihung der Silbernen Leibniz-Medaille* durch die Preußische Akademie der Wissenschaften (3. 7.).

Jahr	Forschungsergebnisse	Wissenschaftliche Publikationen	Daten und Ereignisse
	Über Kernkettenreaktionen (Houtermans).	Geheime Mitteilung.	*Besuch von Prof. Heisenberg* (28. 11.).
	Einführung der Osmiumfärbung in die elektr.-mikroskopische Präparationstechnik.	(Osmiumfärbung Nr. 127.)	*Besuch der Prof. Hahn, Mattauch, Philipp* (10. 12.).
	Entdeckung der Fadengestalt des Muskeleiweißes (gemeinsam mit Hans H. Weber).	Myosin Nr. 140.	
1942	Erste Feinstrahl-Elektronenbeugung.	Nr. 143 bis 150. (Feinstrahl-Kondensator und Beugung Nr. 129 u. 147.)	Bau der unterirdischen Betonbunker in Berlin-Lichterfelde Ost, Jungfernstieg 18.
	Beendigung der *Entwicklung des 1-MeV-van-de-Graaff-Neutronengenerators.*	(1-MeV-Generator. Nr. 156.)	
1943	Konstruktion und *Bau der 60-Tonnen-Zyklotronanlage.*	Nr. 151 bis 161. (Zur Übermikroskopie.)	*Lehrauftrag an der Universität Berlin* (Elektronen- und Ionengeräte).
	Entwicklung der Vakuum-Filmkamera zum Elektronenmikroskop.	(Vakuum-Filmkamera Nr. 153.)	Verlagerung der Laboratorien in die Betonbunker (1. 8.).
	Einsatz des Erhitzungs-Übermikroskops auf mehreren Gebieten		Luftangriff I (Luftmine in 60 m Entfernung) (23. 8.).
			Vernichtung der Elektronen-Rastermikroskope Typ I und II.
			Besuch von Wernher von Braun (26. 2.).

Jahr	Forschungs-ergebnisse	Wissenschaftliche Publikationen	Daten und Ereignisse
1944	Steigerung der *Auflösung des Universal-Elektronenmikroskops* auf 12 AE durch Kondensor-Objektiv-Einfeldlinse. (Auflösungsrekord bis 1954.) (Heutige Technik!)	Nr. 162 bis 165. (Einfeldlinse Nr. 163.)	Luftangriff II (Hauptgebäude zu 50% abgebrannt) März.
			Hauptgebäude wieder völlig aufgebaut (Dezember).
	Vermeidung der Objekterhitzung im Übermikroskop durch Feinstrahlbeleuchtung und H_2-Kühlung.	*Buch: Die physikalischen Grundlagen der Anwendung radioaktiver oder stabiler Isotope als Indikatoren.*	
	Elektronenoptische Schlierenmethode und erster Einsatz.	(Schlierenmethode Nr. 164.)	
	Aktivierungsanalyse mit Neutronen (gemeinsam mit F. Bernhard).	(Aktivierungsanalyse Nr. 165.)	
1945	Letzte Phase der Entwicklung eines *Li-Trenners mit Ringmagnetfeld und Plasma-Ionenquelle*	(Magnetischer Massentrenner Nr. 145.)	*Berufung in den Forschungsrat*. (Kurat. Hochfrequenzfschg.) (2. 1.).
	Entwicklung eines *Protonenmikroskops mit Ionenbildwandler.*		Kriegsfront in Lichterfelde Ende April.
			Verlagerung der Laboratorien aus den Bunkern in das Hauptgebäude (8. 5.).
			Der spätere Stellvertr. Ministerpräsident der UdSSR, Generalleut-

Jahr	Forschungsergebnisse	Wissenschaftliche Publikationen	Daten und Ereignisse
			nant Saweniagin, besichtigt die Anlagen (10. 5.).
			Flug nach Moskau (21. 5.).
			Schicksalhafte Sitzung bei Marschall Beria: Ernennung zum Direktor des Instituts A (21. 8.) und Aufbau des Instituts für industrielle Isotopentrennung (heute »Suchumi-Institut für elektronische Physik«).
			Besuch von Prof. Joffé (12. 10.).
1946	Bearbeitung einer *Spezialaufgabe* der UdSSR-Regierung bis 1951. Entwicklung industrieller Verfahren zur Isotopentrennung.		
	Konstruktion eines Elektronen-Übermikroskops.		
1947	*Punktkathoden-Gasentladungsrohr zur Sichtbarmachung von Magnetfeldlinien.**		*Staatspreis der UdSSR* für die Konstruktion eines Übermikroskops (Januar).

* Die Veröffentlichung dieser Arbeiten erfolgte u. a. in dem Buch: M. von Ardenne, Tabellen der Elektronenphysik, Ionenphysik und Übermikroskopie, VEB Deutscher Verlag der Wissenschaften, Berlin 1956.

Jahr	Forschungsergebnisse	Wissenschaftliche Publikationen	Daten und Ereignisse
	*Methode zur Herstellung sehr hoher Elektronenstrom- bzw. Plasmadichten mit inhomogenen Magnetfeldern.** (Magnetische Flasche.)		
1948	Entwicklung der Unoplasmatron-Ionenquelle.*	Nr. 166. (Einrichtung am Universal-Elektronenmikroskop zur fast vollständigen Vermeidung der thermischen Objektbelastung.)	
	*Erfindung und Entwicklung der Duoplasmatron-Ionenquelle.**		
	*Präzisions-Massenspektrograph mit Unoplasmatron- und Ionen-Bildwandler (Richtungsfokussierung).**		
1949	Arbeiten am elektronenoptischen Mikrobearbeitungsgerät, z. B. Feinstbohrungen seit 1947.*		
1950	*Duoplasmatron-Elektronenstrahler* mit hohem Richtstrahlwert.*		
1951	*Planung des neuen Instituts in Dresden, Weißer Hirsch, DDR.*		

* Die Veröffentlichung dieser Arbeiten erfolgte u. a. in dem Buch: M. von Ardenne, Tabellen der Elektronenphysik, Ionenphysik und Übermikroskopie, VEB Deutscher Verlag der Wissenschaften, Berlin 1956.

Jahr	Forschungs-ergebnisse	Wissenschaftliche Publikationen	Daten und Ereignisse
1952	*Entwicklung des Präzisions-Oszillographen mit* 2μ Schreibfleck und 9-χ-12-cm-Platten.		Kauf der Institutsgebäude in Dresden, Weißer Hirsch, Plattleite 27–29 (13. 2.).
1953	*Präzisions-Massenspektrograph mit Doppelfokussierung und Ionenbildwandler.**	Nr. 167. (Punktkathodenrohr.)	*Stalinpreis für die Lösung einer Spezialaufgabe der Regierung*. Erfolgreiche Entwicklung industrieller Verfahren zur Isotopentrennung (31. 12.)
1954	Steigerung der Auflösung des Präzisions-Massenspektrographen auf $\frac{M}{\Delta M} = 110\,000$.*	Nr. 168.	*Beschluß des Präsidiums der Deutschen Akademie der Wissenschaften* vom 20.2. zur Unterstützung des Institutsprojekts auf dem Weißen Hirsch.
			Fertigstellung des neuen Dresdner Instituts nach $2\frac{1}{2}$jährigem Aufbau (1. 10.).
1955	Konzeption und Konstruktion des magnetischen Massentrenners für hohen Massentransport bei auf 20 Tonnen reduziertem Magnetgewicht.*	Nr. 169 u. 170.	Rückkehr nach 10jähriger Tätigkeit in der Sowjetunion (24.3.).
			Besuch von Walter Ulbricht (26. 3.).

* Die Veröffentlichung dieser Arbeiten erfolgte u. a. in dem Buch: M. von Ardenne, Tabellen der Elektronenphysik, Ionenphysik und Übermikroskopie, VEB Deutscher Verlag der Wissenschaften, Berlin 1956.

Jahr	Forschungsergebnisse	Wissenschaftliche Publikationen	Daten und Ereignisse
1955			Berufung zum Mitglied des Wissenschaftlichen Rates für friedliche Anwendung der Atomenergie beim Ministerrat der DDR (10.11.). Berufung zum Mitglied der Sektion Physik der Deutschen Akademie der Wissenschaften (26.7.). *Weiteres Institutsgebäude Plattleite 31.*
1956	Aufbau des magnetischen Isotopentrenners für hohen Massentransport mit 20-Tonnen-Magnet und Unoplasmatron-Ionenquelle.	Nr. 171 u. 172. *Buch: Tabellen der Elektronenphysik, Ionenphysik und Übermikroskopie.* Band I u. II *Buch: Tabellen zur angewandten Kernphysik.*	Ernennung zum Honorarprofessor an der Technischen Hochschule Dresden (1.6.). Reden und Schriften zur Atompolitik.
1957	Entwicklung des *verschluckbaren Intestinalsenders* zur Signalisierung der Druck- und pH-Werte aus dem Magen-Darm-Trakt.	Nr. 173 bis 175. *Buch: Tabellarische Darstellung zur Anwendung von Radioisotopen als Strahlungsquellen und als Indikatoren.*	Besuch von Prof. Jemeljanow und Prof. Frank (23.2.). Berufung zum Mitglied des Forschungsrates beim Ministerrat der Deutschen Demokratischen Republik (15.7.). *Ernst-Moritz-Arndt-Medaille* (7.12.). *Weiteres Institutsgebäude Plattleite 25a.*

Jahr	Forschungs-ergebnisse	Wissenschaftliche Publikationen	Daten und Ereignisse
1958	Erfindung und Entwicklung der Elektronenanlagerungs-Ionenquelle mit hohem Nutzeffekt.	Nr. 176 bis 186.	*Deutsche Friedensmedaille* (18. 4.).
			Gründung des VEB Hochvakuum Dresden.
	Methode der Elektronenanlagerungs-Massenspektrographie organischer Substanzen.	(EA-Massenspektrograph Nr. 186, 188, 200, 207 u. 235).	*Verleihung des Dr. rer. nat. h. c. durch die Math.-Naturwiss. Fakultät der Ernst-Moritz-Arndt-Universität Greifswald* (25. 9.).
			Verleihung des Nationalpreises 1. Klasse (7. 10.).
			Besuch von Botschafter Perwuchin (28. 11.).
1959	*Elektronenstrahl-Mehrkammerofen-Verfahren.*	Nr. 187 bis 200.	Reise als Mitglied einer Regierungsdelegation unter Ministerpräsident Otto Grotewohl durch Ägypten, Syrien, Irak, Indien, Vietnam und China (4.–31. 1.).
	Erzeugung von 45- bis 1700-kW-Elektronenstrahlen mit einer Kanone.	(EMO Nr. 205, 217, 231, 236 u. 305.)	
	Erschmelzen von Reinstmetallen im Hochvakuum (Edelstahlblöcke bis 20 t).		*Verleihung des Großkreuzes des Verdienstordens der VAR.*
			Austausch des alten in Lichterfelde-Berlin/West gelegenen Institutskomplexes gegen den *Grundstückskomplex Dresden, Weißer Hirsch, Zeppelinstr. 7* (20. 11.).

Jahr	Forschungs-ergebnisse	Wissenschaftliche Publikationen	Daten und Ereignisse
			Weiteres Institutsgebäude Zeppelinstr. 2.
			Nobelpreisträger Otto Warburg rät dringend zur Aufnahme der Forschung am Krebsproblem (17. 12.).
1960	Verschiedene Geräte der medizinischen Elektronik.	Nr. 201 bis 214.	
1961	Studie über die Möglichkeit des Nachrichtenempfangs von fremden Planetensystemen (gemeinsam mit G. Böhme).	Nr. 215 bis 224. (Empfang aus Kosmos Nr. 216.)	Vorsitzender der Gesellschaft für biomedizinische Technik (27. 5.).
	Bremsgurte und -stoffe zum Unfallschutz von Kraftfahrzeuginsassen (gemeinsam mit S. Panzer).	(Unfallschutz Nr. 202, 224, 225, 226 u. 252.)	
1962	Entwicklung des Elektrokardiotachographen mit Warneinrichtung.	Nr. 225 bis 235. (EKT-1 Nr. 227, 234 u. 289.)	Erste Berufung zum Mitglied des Wissenschaftlichen Rates des Ministeriums für Gesundheitswesen (2. 11.).
	Operationssaal mit biomedizinischer Technik für Forschungszwecke.	(Operationssaal Nr. 237.)	
		Buch: Tabellen zur angewandten Physik I.	
1963	*Erfindung und Entwicklung des Plasmafeinstrahlbrenners* mit Hochdrucklichtbogen.	Nr. 236 bis 247. (Feinstrahlbrenner Nr. 240, 246, 256, 260 u. 278.)	*Abgeordneter der Volkskammer* (20. 10.)

Jahr	Forschungsergebnisse	Wissenschaftliche Publikationen	Daten und Ereignisse
		Buch: Wege zur Steigerung der Weltmarktfähigkeit unserer industriellen Erzeugnisse.	
1964	*Anlagen zur Mikrobearbeitung mit Elektronenstrahlen* (für Industrie).	Nr. 248 bis 263. (Mikrobearbeitung Nr. 254, 259, 268, 292 u. 304.)	
		Buch: Tabellen zur angewandten Physik II.	
1965	Voraussage der Existenz und Angabe der Bedingungen (verstärkte Tumorübersäuerung + Hyperthermie) für die *Kettenreaktion der Krebszellenschädigung.*	Nr. 264 bis 286. (Kettenreaktion Nr. 284 u. 295.)	*Besuch von Walter Ulbricht* (26. 3.).
			Verleihung des Nationalpreises 2. Klasse (7. 10.).
			Weiteres Institutsgebäude Zeppelinstr. 8.
	Prinzip der zweistufigen Regional-Hyperthermie. Realisiert mit *Zweikammer-Hyperthermiewanne* und später mit dem CMT-Selectothermverfahren.	(Hyperthermiewanne Nr. 282.)	Berufung zum Mitglied der internationalen astronautischen Akademie Paris (15. 12.).
	Anlagen zum Aufdampfen dünner Schichten im Hochvakuum für Industrie (gemeinsam mit S. Schiller).	(Aufdampfen Nr. 268, 316 u. 335.)	
1966	*Mathematische invivo-Theorie des Gärungsstoffwechsels der Krebsgeschwülste* (gemeinsam mit F. Rieger).	Nr. 287 bis 313. (In-vivo-Theorie Nr. 293 u. 306.)	*Zentralwerkstattgebäude Plattleite 27.*

Jahr	Forschungs-ergebnisse	Wissenschaftliche Publikationen	Daten und Ereignisse
1967	Herabsetzung der gegen Krebszellen wirksamen Hyperthermietemperatur von 44°C auf 42°C durch selektive Senkung des pH in Krebsgeweben auf Werte ≈ 6,0 (Thermosensibilisierung der Krebszellen). Entdeckung des Synergismus Tumorübersäuerung u. Hyperthermie (mit P. G. Reitnauer).	Nr. 314 bis 326. (40°C-Hyperthermie Nr. 315, 325 u. 329.) *Buch: Theoretische und experimentelle Grundlagen der Krebs-Mehrschritt-Therapie. 1. Auflage 40 Arbeiten.*	
1968	*Entdeckung, Klärung und Realisierung der 1965 vorausgesagten lysosomalen Kettenreaktion der Krebszellenschädigung* (unter Mitarbeit P. G. Reitnauer, F. Rieger).	Nr. 327 bis 344. (Kettenreaktion Nr. 342, 345, 358 u. 372.)	*Weiteres Institutsgebäude Plattleite 19.*
1969	*Optimierung der Übersäuerung von Tumoren und Metastasen* (Senkung des pH der Krebsgewebe von etwa 7,0 auf etwa 6,0). *Krebs-Mehrschritt-Therapie-Konzept mit »Optimierter Tumorübersäuerung + Hyperthermie« + »auslösende« Attacke bzw. Attackenkombination.*	Nr. 345 bis 372. (Übersäuerung Nr. 346, 348 u. 370.) (KMT-Konzept Nr. 295, 345, 346, 357, 358, 364, 366 u. 372.)	
	Kombination Selektive Tumorübersäuerung	(Verstärkung Nr. 357, 361, 369 u. 372.)	

Jahr	Forschungsergebnisse	Wissenschaftliche Publikationen	Daten und Ereignisse
	(Hyperglykämie) und Strahlentherapie. Langzeit-Glukoseinfusion. *Erstmalig totale Tumorregressionen mit Strahlen-Herddosen von nur D = 1200 r.*		
1970		Nr. 373 bis 397. (KMT-Konzept mit ergänzender immunologischer Attacke Nr. 374.)	Berufung in das Präsidium der internationalen Gesellschaft zur Erforschung von Zivilisationskrankheiten und Vitalstoffen (1. 1.).
			Lenin-Medaille (12. 5.).
	Nachweis guter Verträglichkeit des Krebs-Mehrschritt-Therapie-Prozesses beim Menschen.	(KMT-Verträglichkeit Nr. 385.)	
	Vermeidung des Röntgen-Hauterythems.	(Erythembildung Nr. 387.)	
	Entdeckung der Blut-Nerven-Schranke und des Primärvorgangs der Schmerzauslösung (Neue Aspekte für Krankheiten des peripheren Nervensystems).	(Blut-Nerven-Schranke Nr. 394.)	
	Mechanismus des Narkosetodes und des Todes im hyperglykämischen Koma.	(Narkosetod Nr. 383.)	*Weiteres Institutsgebäude Montagehalle Hans-Schubert-Str. 4*
	Aus ATP-Messungen im Rattengehirn abgeleitetes *Auftanken von*	(Auftanken energiereicher Phosphate Nr. 401.)	

Jahr	Forschungsergebnisse	Wissenschaftliche Publikationen	Daten und Ereignisse
	Herz-Kreislauf-Reserven vor schweren Belastungen (Operationen, Geburten usw.) (gemeinsam mit H. G. Lippmann).		
	Entwicklung von Techniken zur langzeitigen Wiederherstellung guter Sauerstoffversorgung der Körpergewebe beim alten Menschen (Erhöhung des geistigen und körperlichen Leistungsvermögens. Verlangsamung des Alterns. Teilweise Beseitigung sklerotischer Schäden).		*Weiteres Institutsgebäude Plattleite 19a.*
1971	Mechanismus des Herzinfarkts als lysosomale Zytolyse-Kettenreaktion. Vorschlag zur Senkung der Herzinfarkt-Letalität durch die Kombination g-Strophanthin plus Kortikosteroid (Lysosomenstabilisator).	Nr. 398 bis 413. (Herzinfarkt-Mechanismus Nr. 406, 407, 436.)	
		Buch: Theoretische und experimentelle Grundlagen der Krebs-Mehrschritt-Therapie. 2. Auflage. (100 Arbeiten)	
		Buch: Elektronenanlagerungs-Massenspektrographie organischer Substanzen (gemeinsam mit K. Steinfelder und R. Tümmler).	
	Zahlreiche Varianten der O_2-Mehrschritt-Therapie (O_2-Mehrschritt-Kur, O_2-Mehr-		

Jahr	Forschungsergebnisse	Wissenschaftliche Publikationen	Daten und Ereignisse
	schritt-Sauna, O_2-Mehrschritt-Gymnastik, O_2-Mehrschritt-Schlaf) zur Bekämpfung der O_2-Mangelkrankheiten des Alters.	(O_2-Mehrschritt-Therapie Nr. 416, 417, 420.)	
	Entdeckung eines Kurzprozesses anhaltender Wirkung zur Renormalisierung des systolischen Blutdrucks und der Blutdruckamplitude von Hypotonikern mit labilem Kreislauf sowie zur Milderung cerebraler Sklerose (O_2-Mehrschritt-Prozeß während Flusheffekt nach Gabe von 0,5 g Nikotinsäure + 0,5g Vitamin C).	*Buch: Tabellen zur angewandten Physik III.* (Prozeß gegen Kreislaufkrankheiten Nr. 417, 433, 434.)	
1972	*Beginn der Arbeiten zur außergewöhnlichen Pharmakokinetik des Herzmittels g-Strophanthin.*	Nr. 413 bis 430. (g-Strophanthin Nr. 409 u. 423 gemeinsam mit H. G. Lippmann und Nr. 422 gemeinsam mit F. Rieger.)	20.1.1972: 65. Geburtstag
	Wirkungssichere perlinguale Gabe von g-Strophanthin als Prophylaxe und als Schnelltherapie zur Herzinfarkt-Bekämpfung in der Notsituation vor Einsatz ärztlicher Hilfe.		
	Dokumentation wesentlicher klinischer Erfolge an inoperablen Patien-	H. Spies E. Kraußold G. Holle	Sicherung der Zukunft des auf fast 500 Mitarbeiter angewachsenen

Jahr	Forschungs-ergebnisse	Wissenschaftliche Publikationen	Daten und Ereignisse
	tinnen mit Zervix-Karzinomen nach dem Krebs-Mehrschritt-Therapie-Konzept und mit nur 20% der sonst üblichen Strahlendosis. (Patientinnen 1976 noch ohne Rezidive!)	(Arch. Geschwulstforschg. 45, 581, 1975.)	Instituts durch verschiedene Maßnahmen. Reise zu Vorlesungen über das Konzept der Krebs-Mehrschritt-Therapie in die Sowjetunion (12.11.–23.11.).
1973		Nr. 431 bis 452.	Besuch von Felix Wankel (6.1.).
			Leitung der X. Intern. Conference on medical and biological Engineering Dresden (12. bis 17.8.). Offener Brief aus dem Heidelberger Krebsforschungszentrum torpediert das von der Wankel-Stiftung in Friedrichshafen aufgebaute und gut anlaufende klinische KMT-Vorhaben.
	Therapeutisches Prinzip zur Milderung lokaler Durchblutungsstörungen.	(Nr. 450.)	Festvortrag auf der 1. Jahrestagung der Fernseh- und Kinotechnischen Gesellschaft (8.10.).
			Reise zu Vorträgen über das Konzept der Krebs-Mehrschritt-Therapie in die BRD, Schweiz und nach Österreich (16.9. bis 24.10.).

Jahr	Forschungs-ergebnisse	Wissenschaftliche Publikationen	Daten und Ereignisse
			Hans-Bredow-Medaille für Verdienste um den Deutschen Rundfunk (29.10.). Rückgabe wegen der folgenreichen Gegnerschaft von Hans Bredow 1930.
1974	*Entdeckung der 20 Tage andauernden Immunstimulation durch 2-Cyanaziridin oder Abwandlungen. Unsere Substanz BA 1* (gemeinsam mit U. Bicker und P. G. Reitnauer).	Nr. 453 bis 459. (Nr. 469, 474, 497.)	
	Theorie des Wachstums der Krebsgeschwülste und seiner Bekämpfung. *Gesetzmäßigkeiten der Substratversorgung, der Zellkinetik und der Therapiemechanismen im Interkapillarraum der Krebsgewebe* (gemeinsam mit A. von Ardenne).	(Nr. 461.)	
	Aspekte der Bekämpfung von Krebs-Rezidiven aus der Sicht unserer Theorie und *Mesenchym-Theorie der Resistenzausbildung bei Wiederholung von Krebs-Therapieprozessen* (gemeinsam mit A. von Ardenne).	(Nr. 460, 462.)	Gründer-Präsident der Gesellschaft für biomedizinische Technik der DDR (25.9.).

Jahr	Forschungs- ergebnisse	Wissenschaftliche Publikationen	Daten und Ereignisse
1975	*Berechnung des pH-Profils im Interkapillarraum der Krebsgewebe für normale und KMT-Bedingungen* (gemeinsam mit A. von Ardenne).	Nr. 460 bis 474. (Nr. 477.)	Verleihung des Ernst-Edens-Traditionspreises 1975 in Stuttgart (15. 3.). Reise zu KMT-Vorträgen in den USA. National Cancer Inst. Washington, Sloan-Kettering-Inst. New York u. a. (26. 4.–19. 5.).
	Abschluß der 1967 gestarteten Entwicklung eines *neuen Typs von selektiven Antikrebspharmaka* (CMT-Selectinen) *mit Aufgiftung in hoch übersäuerten Krebsgeweben am tumoreigenen Enzym* β-Glucuronidase (gemeinsam mit P. G. Reitnauer, R. Mahrwald, W. Krüger und A. von Ardenne).	(Nr. 454, 472, 479, 487.)	
	Krebsheilungen bei Tiertumoren allein durch Verstärkung der Glukose-induzierten Krebsgewebeübersäuerung. pH ≈ 5,4 bis 6,1 plus Senkung des Blutdruckes mit NAD (selektiver Stop der Blutmikrozirkulation) (gemeinsam mit P. G. Reitnauer).	(Nr. 485.)	Erste Krebstherapie ohne Cancerostatica bzw. Strahlung und damit ohne Schädigung der körpereigenen Abwehr!
	Grundphänomen, daß die Krebszellenempfindlichkeit bei Annäherung	(Nr. 482.)	

Jahr	Forschungs-ergebnisse	Wissenschaftliche Publikationen	Daten und Ereignisse
	an pH ≈ 5,85 maximal wird gegenüber »Cancerolytica« und minimal gegenüber Cancerostatica bzw. Strahlung. Hemmung der Zellproliferation bei extremer Übersäuerung (gemeinsam mit P. G. Reitnauer).		
1976	Verbesserung der Wirkungssicherheit von g-Strophanthin bei perlingualer Gabe	Nr. 475 bis 492. (Nr. 492, 504.)	
	Erfindung des CMT-Selectotherm-Verfahrens. Zweistufige Dekawellen-Rasterhyperthermie zur homogenisierten Energiezufuhr 41,0°C-Körperkern. 42,5°C – Körperabschnitt mit Krebsgewebe (gemeinsam mit Th. von Ardenne).	(Nr. 495, 499.)	
1977	Entdeckung der permanenten Wiederanhebung von in höherem Lebensalter stark abgesunkenem arteriellen pO_2 durch O_2-Mehrschritt-Therapie.	Nr. 493 bis 510. (Nr. 503.)	20. 1. 1977 70. Geburtstag. Vaterländischer Verdienstorden in Gold.
	Entdeckung des physiologischen Mechanismus der Blutmikrozirkulationshemmung in stark	(Nr. 507.)	

Jahr	Forschungsergebnisse	Wissenschaftliche Publikationen	Daten und Ereignisse
	übersäuerten Körpergeweben.		
	Kausale Herzinfarkttherapie auf Basis von Messungen zur Mikrozirkulation.	(Nr. 505.)	
	Konzept 1977 der Krebs-Mehrschritt-Therapie mit neuem Timing auf Basis von Messungen zur Mikrozirkulation und mit zweistufiger Hyperthermie nach dem CMT-Selectotherm-Verfahren.	(Nr. 494, 502.)	Vortrag über KMT-Konzept 1977 auf dem 2nd Intern. Sympos. on Cancer Therapy by Hyperthermia and Radiation. Essen (3. 6.).
1978	Inbetriebnahme, Optimierung und Erprobung der 8-kW-CMT-Selectotherm-Anlage zur zweistufigen Hyperthermie (gemeinsam mit G. Böhme, E. Kell, H. G. Lippmann).	Nr. 511 bis 522. (Nr. 500, 501, 513, 521.) *Buch: Physiologische und technische Grundlagen der Sauerstoff-Mehrschritt-Therapie.*	Beginn engerer Zusammenarbeit mit der Medizinischen Akademie Dresden unter Magnifizenz Prof. Knoch (klinische Partner für KMT und O_2-MT).
	Gesteuerte Auslösung des selektiven bleibenden Stops der Blutmikrozirkulation in den Krebsgeweben nach dem KMT-Konzept 1977 mit aufgestockter 42,5°C Hyperthermie in Körperabschnitten mit Krebsgewebe.	(Nr. 510, 512, 513, 514, 519, 522.)	Vortrag über Stand der Forschungen zur Entwicklung der KMT auf dem Hyperthermia Meeting des British Institute of Radiology London (12. 5.).
	Konzept einer kausalen Herzinfarkt-Mehr-	(Nr. 505, 515, 520, 522.)	Verleihung des Dr. med. h. c. durch die Medizini-

Jahr	Forschungsergebnisse	Wissenschaftliche Publikationen	Daten und Ereignisse
	schritt-Therapie mit Renormalisierung der Blutmikrozirkulation durch eine Maßnahmenkombination als Ziel.		sche Akademie »Carl Gustav Carus« Dresden (12. 12.).
1979	Beginn klinischer Arbeiten nach dem KMT-Konzept 1977 und erster klinischer Beweis über das Verschwinden von Primärtumor und Metastasen nach selektivem Stop der Blut-Mikrozirkulation (Auslösung von irreversibler Hämostase)(2. 11.).	Nr. 523 bis 540. (Nr. 525, 534, 535.)	Vortrag über Stand der Forschungen zur Entwicklung der KMT auf der Konferenz »Heat Transfer in Tumors« der New York Academy of Science (15. 3.). Vortragsreise nach Japan (9.–24. 11.). Die Bezeichnung »Ardennea tricostata« wird einer neuen Gattung von Ostrakoden gegeben (R. Schallreuter) zur Erinnerung an den Bau des ersten Rasterelektronenmikroskops 1937. Ehrenmitglied des Forschungsrates der DDR (20. 6.).
1980	Entdeckung der Senkung des O_2-Status bzw. der O_2-Sättigungsdifferenz n des Blutes durch fast alle stressorischen Einflüsse	Nr. 541 bis 555. (Nr. 545, 548.)	25jähriges Jubiläum unseres Institutes auf dem Weißen Hirsch (25. 3.).
			Orden Banner der Arbeit I. Stufe.
	Intensiv-Varianten der O_2-Mehrschritt-Therapie, z. B. mit HOT.	(Nr. 550, 551.)	Gründung einer Ärztegesellschaft für Sauerstoff-Mehrschritt-Therapie in der BRD.
	Konzept O_2-Mehrschritt-Immunstimulation (Krebs-Rezidiv- und Metastasierungs-Prophylaxe).	(Nr. 554.)	

Jahr	Forschungs-ergebnisse	Wissenschaftliche Publikationen	Daten und Ereignisse
			Zweite Berufung in den Wissenschaftlichen Rat des Ministeriums für Gesundheitswesen.
1981	Untersuchungen zum Mechanismus und zur Optimierung der selektiven Blutflußhemmung in Krebsgeweben (mit P. G. Reitnauer).	Nr. 556 bis 579	Rapides Vordringen der Sauerstoff-Mehrschritt-Therapie in Europa. (Etwa 250 Zentren im Jahr 1984).
	Konzept vereinfachter Variante O_2-Mehrschritt-Immunstimulation zur allgemeinen Krebsprophylaxe. (Bei staatlicher Einführung konkreter Weg zur starken Senkung der Rate von Krebserkrankungen, ähnlich wie bei der Kinderlähmung).		Vortragsreisen: Sowjetunion, USA, BRD, Frankreich, Österreich, Schweiz.
			50-Jahre-Jubiläum der ersten öffentlichen Vorführung des Fernsehens mit Elektronenstrahlröhren. Feier auf der (West-)Berliner Funkausstellung am 8. 9.
			Besuch von G. Thews und P. Vaupel, Mainz, am 8.10.
			Aufbau einer Station mit 10 Betten an der Medizinischen Akademie Dresden zur klinischen Krebs-Mehrschritt-Therapie-Forschung (15.10.).
			Einladung von Hans Selye zu seinem 3. Intern. Streß-Symposium in Tokio (14.11.).

Jahr	Forschungs-ergebnisse	Wissenschaftliche Publikationen	Daten und Ereignisse
			Barkhausen-Medaille (1.12.)
1982	Entdeckung und Klärung des generalisiert ablaufenden und von O_2-Status gesteuerten kapillaren Schaltmechanismus der Blut-Mikrozirkulation (Grundmechanismus der O_2-Mehrschritt-Therapie). 36 h-O_2-Mehrschritt-Prozeß und 15 min-O_2-Mehrschritt-Schnellprozeß als Hauptvarianten der O_2-Mehrschritt-Therapie	Nr. 580 bis 587 (Nr. 581)	20.1.1982 75. Geburtstag. Ehrenspange zum Vaterländischen Verdienstorden in Gold. Deutsche Friedensmedaille in Gold. Verleihung des Dr. paed. h. c. durch die Pädagogische Hochschule Dresden (22.9.). KMT-Vortrag im Heidelberger Krebsforschungszentrum (28.10.).
1983	Drastische Senkung der Krebs-Metastasierungsrate durch O_2-Mehrschritt-Immunstimulation sofort nach klassischer Therapie des Primärtumors Einfügung eines kardiopulmonalen Minimaltrainings in den 36h-18-Tage-Prozeß der O_2-Mehrschritt-Therapie mit Steigerung der Leistung des Altersherzens.	Nr. 588 bis 603	Gründung der Ärztegruppe für Sauerstoff-Mehrschritt-Immunstimulation in Bad Wildungen, BRD (25.6.). Chairman und KMT-Vortrag in Essen bei der Eröffnung des Symposiums der Europäischen Gesellschaft für onkologische Hyperthermie, Essen (30.6.). Ehrenmitglied der Gesellschaft für Ultraschalltechnik (25.10.).
1984	Weiterentwicklung des CMT-Selectotherm-Verfahrens (größere Tiefenwirkung). Kon-	Nr. 604 bis 620	Ehrenmitglied der Ärztegesellschaft für Sauerstoff-Mehrschritt-Therapie (19.2.).

Jahr	Forschungsergebnisse	Wissenschaftliche Publikationen	Daten und Ereignisse
	zept und Entwicklungsbeginn des implantierbaren Schrittmachers zur Beseitigung von neurogener Blasen- und Potenzstörungen. Mitnutzung des Fiebers für einen O_2-Mehrschritt-Schnellprozeß mit Abkürzung der Rehabilitationsphase auf wenige Stunden und anhaltender Hochschaltung des O_2-Status. O_2MT-Besprechung mit dem Ministerpräsidenten (und früheren Gesundheitsminister) der Vereinigten Arabischen Emirate Hamadan B. M. Al Nahyan. – Abu Dhabi (18.7.). Einladung zu einer O_2 MT-Vorlesung an der Universität Abu Dhabi.		Erfolgreiche Behandlung von über 1000 Patienten mit der Krebs-Mehrschritt-Therapie in 11 Kliniken der Sowjetunion.

Die Ergebnisse unserer Forschungs- und Entwicklungsarbeit spiegeln sich auch wider in etwa 600 erteilten in- und ausländischen Patenten.

Veröffentlichungen des Autors in Buchform

1. 1924 Funk-Ruf-Buch.
2. 1924 Des Funkbastlers erprobte Schaltungen, 5 Auflagen.
3. 1926 Der Bau von Anoden- und Heizstrom-Netzanschlußgeräten, 5 Auflagen.
4. 1926 Die Wirkungsweise der Rundfunkempfänger, 2 Auflagen.
5. 1926 Der Bau von Widerstandsverstärkern, 2 Auflagen.
6. 1927 Fünf ausgewählte Rundfunkempfänger, 6 Auflagen.
7. 1927 Transformatorenverstärker.
8. 1928 Empfang auf kurzen Wellen.
9. 1929 Mehrfachröhren-Empfänger, 4 Auflagen.
10. 1929 Streifzüge durch die Empfangstechnik.
11. 1929 Moderne Empfangs-Schaltungen.
12. 1929 Verstärker-Meßtechnik.
13. 1930 Die elektrische Schallplatten-Wiedergabe, 2 Auflagen.
14. 1930 Rundfunk-Schaltungstechnik.
15. 1930 Funkempfangstechnik.
16. 1933 Die Kathodenstrahlröhre und ihre Anwendung in der Schwachstromtechnik (1939 auch in England erschienen).
17. 1935 Fernsehempfang (1936 auch in England erschienen).
18. 1937 Fernsehen VDE, Abschnitt Fernsehempfang.
19. 1940 Elektronen-Übermikroskopie (1941 auch in SU, USA und Japan erschienen).
20. 1944 Die physikalischen Grundlagen der Anwendung radioaktiver oder stabiler Isotope als Indikatoren (1948 auch in der SU erschienen).
21. 1956 Tabellen der Elektronenphysik, Ionenphysik und Übermikroskopie, Band I und II.
22. 1956 Tabellen zur angewandten Kernphysik.
23. 1957 Tabellarische Darstellung zur Anwendung von Radioisotopen als Strahlungsquellen und als Indikatoren.
24. 1962 Eine glückliche Jugend im Zeichen der Technik, 2 Auflagen.
25. 1963 Wege zur Steigerung der Weltmarktfähigkeit unserer industriellen Erzeugnisse.
26. 1962/1964 Tabellen zur angewandten Physik, Band I und II.
27. 1967/1971 Theoretische und experimentelle Grundlagen der Krebs-Mehrschritt-Therapie.
    1. Auflage 40 Arbeiten, 2. Auflage 106 Arbeiten.
28. 1971 Elektronenanlagerungs-Massenspektrographie organischer Substanzen.
29. 1973 Tabellen zur angewandten Physik, Band III sowie 2. Auflage Band I und II.
30. 1978 Sauerstoff-Mehrschritt-Therapie. 3. Auflage 1983.

31. 1984 Ein glückliches Leben für Forschung und Technik (6 Auflagen DDR, 4 Auflagen BRD) Neuschrift. Chairman und KMT-Vortrag in Essen bei der Eröffnung des Symposiums der Europäischen Ges. f. onkologische Hyperthermie. Essen (30.6.).

SONSTIGE WISSENSCHAFTLICHE VERÖFFENTLICHUNGEN

1. M. von Ardenne – H. Heinert, Über Widerstandsverstärker. Jahrb. drahtl. Telegr. u. Teleph. 26, 52, 1925.
2. M. von Ardenne – S. Loewe, Zweisystemröhren für Hoch- und Niederfrequenzverstärkung. Jahrb. drahtl. Telegr. u. Teleph. 27, 19, 1926.
3. M. von Ardenne, Über die Konstruktion von Arbeitskennlinien bei Verstärkern mit Widerstandskopplung. Jahrb. drahtl. Telegr. u. Teleph. 27, 50, 1926.
4. M. von Ardenne, Ein Vergleich zwischen Transformatorenverstärker und Widerstandsverstärker. Jahrb. drahtl. Telegr. u. Teleph. 27, 167, 1926.
5. M. von Ardenne, Über die Dimensionierung von Niederfrequenzverstärkern mit Widerstandskopplung, unter besonderer Berücksichtigung der Verzerrungen. Elektrotechn. Z. 48, 36, 1927.
6. M. von Ardenne, Zur Messung der Spannungsverstärkung bei Niederfrequenzverstärkern. Elektrotechnik und Maschinenbau 45, Nr. 10, 25, 1927.
7. M. von Ardenne, Über Anodengleichrichtung. Jahrb. drahtl. Telegr. u. Teleph. 29, 82, 1927.
8. M. von Ardenne, Über eine einfache Methode zur indirekten Messung von Gitterströmen. Jahrb. drahtl. Telegr. u. Teleph. 29, 88, 1927.
9. M. von Ardenne, Über Röhrenverzerrungen bei Verstärkern. Z. techn. Physik 8, 235, 1927.
10. M. von Ardenne – W. Stoff, Die Berechnung der Scheinkapazität bei Widerstandsverstärkern, Jahrb. drahtl. Telegr. u. Teleph. 30, 86, 1927.
11. M. von Ardenne, Zur Theorie der Endverstärkung, Jahrb. drahtl. Telegr. u. Teleph. 30, 116, 1927.
12. M. von Ardenne – W. Stoff, On the values and the effects of stray capacities in resistance-coupled amplifiers. Proc. Inst. Rad. Eng. 15, 895, 1927.
13. M. von Ardenne, On the theory of power amplification. Proc. Inst. Rad. Eng. 16, 193, 1928.
14. M. von Ardenne, Über Anodengleichrichter. Jahrb. drahtl. Telegr. u. Teleph. 31, 51, 1928.
15. M. von Ardenne, Ein empfindliches Röhrenvoltmeter für Hochfrequenz. Elektrotechn. Z. 49, 565, 1928.
16. M. von Ardenne – W. Stoff, Über die Kompensation der schädlichen Kapazitä-

ten und ihrer Rückwirkungen bei Elektronenröhren. Jahrb. drahtl. Telegr. u. Teleph. 31, 122, 1928.
17. M. von Ardenne, Über elektrische Felder in der Umgebung lebender Wesen. Z. techn. Physik 9, 288, 1928.
18. M. von Ardenne, Anordnung und Geräte zur Untersuchung von Hochfrequenzverstärkern. Elektrotechn. Z. 49, 1675, 1928.
19. M. von Ardenne, Einige Messungen über die Hochfrequenzspannungen an der Eingangsseite von Empfängern. Jahrb. drahtl. Telegr. u. Teleph. 32, 199, 1928.
20. M. von Ardenne, Die aperiodische Verstärkung von Rundfunkwellen, Z. Hochfrequenztechn. 33, 166, 1929.
21. M. von Ardenne, Methoden zur Beseitigung des Mikrophoneffektes in Verstärkerröhren, Z. techn. Physik 10, 185, 1929.
22. M. von Ardenne – K. Schlesinger, Amplitudenabhängigkeit der dynamischen Steilheit beim Richtverstärker. Z. Hochfrequenztechn. 34, 91, 1929.
23. M. von Ardenne, Eine einfache Methode zur Bestimmung der Röhrenkonstanten. Z. Hochfrequenztechn. 34, 143, 1929.
24. M. von Ardenne, Fortschritte beim Bau und bei der Anwendung von Widerstandsverstärkern. Z. Hochfrequenztechn. 34, 161, 1929.
25. M. von Ardenne, Der aperiodische Verstärker in der Meßtechnik. Elektrotechn. Z. 50, 1617, 1929.
26. M. von Ardenne – K. Schlesinger, Phasenverhältnisse und Schwingungseinsatz bei einem Zweiröhrensystem nach Art der Leithäuser-Heegner-Schaltung. Z. Hochfrequenztechn. 35, 60, 1930.
27. M. von Ardenne, Bestimmung von Modulationsgraden und Gleichrichterkennlinien mit der Braunschen Röhre. Elektr. Nachrichtentechn. 7, 80, 1930.
28. M. von Ardenne, Die Braunsche Röhre als Fernsehempfänger. Fernsehen 1, 193, 1930.
29. M. von Ardenne, Kompensation der Verstimmung in der Rückkopplungsschaltung. Elektrotechn. Z. 51, 1060, 1930.
30. M. von Ardenne, Über eine neue Feldstärke-Meßeinrichtung. Elektr. Nachrichtentechn. 7, 434, 1930.
31. M. von Ardenne, Vielfachrundfunk auf einer Ultrakurzwelle. Elektrotechn. Z. 51, 1619, 1930.
32. M. von Ardenne, Über eine Methode zur Schaffung guter Empfangsverhältnisse in der Großstadt. Elektr. Nachrichtentechn. 7, 463, 1930.
33. M. von Ardenne, Zur Technik des Sendens und Empfangens von Ultrakurzwellen, die mit mehreren modulierten Hochfrequenzen moduliert sind. Z. Hochfrequenztechn. 36, 12, 1931.
34. M. von Ardenne, Über neue Fernsehsender und Fernsehempfänger mit Kathodenstrahlröhren. Fernsehen 2, 65, 1931.
35. M. von Ardenne, Über Fortschritte beim Fernsehen mit Kathodenstrahlröhren. Fernsehen 2, 173, 1931.
36. M. von Ardenne, Über Helligkeitssteuerung bei Kathodenstrahlröhren unter besonderer Berücksichtigung einer neuen Methode. Fernsehen 3, 18, 1932.

37. M. von Ardenne, Untersuchungen an Braunschen Röhren mit Gasfüllung. Z. Hochfrequenztechn. 39, 18, 1932.
38. M. von Ardenne, Investigations on gas-filled cathode ray-tubes. Proc. Inst. Rad. Eng. 20, 1310, 1932.
39. M. von Ardenne, Die aperiodische Verstärkung von ultrakurzen Wellen, Z. Hochfrequenztechn. 40, 65, 1932.
40. M. von Ardenne, Die praktische Durchführung der Thunschen Liniensteuerung unter Anwendung neu entwickelter Methoden. Fernsehen 3, 210, 1932.
41. M. von Ardenne, Ein Demonstrations-Kathodenstrahl-Oszillograph. Z. physikal. chem. Unterricht 46, 241, 1933.
42. M. von Ardenne, Bedeutung und Beseitigung der Lichthofstörung bei Kathodenstrahlröhren. Z. Hochfrequenztechn. u. Elektroak. 42, 113, 1933.
43. M. von Ardenne, Eine neue Methode zur Beseitigung der Verzerrung durch Raumladung in Braunschen Röhren. Z. techn. Physik 14, 461, 1933.
44. M. von Ardenne, Untersuchungen über achromatische Elektronenlinsen. Z. Physik 86, 802, 1933.
45. M. von Ardenne, Über Strahlkontaktanordnungen bei gasgefüllten Kathodenstrahlröhren zur Aufnahme einmaliger unwillkürlicher Vorgänge. Elektr. Nachrichtentechn. 10, 485, 1933.
46. M. von Ardenne, Zur Fremdsteuerung der Strahlbewegung beim Fernsehen mit Braunschen Röhren. Z. techn. Physik 15, 62, 1934.
47. M. von Ardenne, Beitrag zur Elektronenoptik Braunscher Röhren, Z. Physik 88, 251, 1934.
48. M. von Ardenne, Über eine Apparatur zur Untersuchung von Fluoreszenzmaterialien, insbesondere für Fernsehempfänger. Z. angew. Chemie 47, 483, 1934.
49. M. von Ardenne, Zum Einfluß der Maxwell-Geschwindigkeitsverteilung bei der Erzeugung von Dezimeterwellen. Naturwiss. 22, 561, 1934.
50. M. von Ardenne, Beitrag zur Konstruktion von Braunschen Röhren mit Hochvakuum für Fernseh- und Meßzwecke. Z. Hochfrequenztechn. und Elektroak. 44, 166, 1934.
51. M. von Ardenne, Zum Fernsehempfang mit Braunscher Röhre. Z. Hochfrequenztechn. u. Elektroak. 45, 73, 1935.
52. M. von Ardenne, Über photometrische Untersuchungen und Messungen der spektralen Intensitätsverteilung an Fluoreszenzschirmen, insbesondere bei Erregung durch Elektronenstrahlen. Z. techn. Physik 16, 61, 1935.
53. M. von Ardenne, Neue Elektronenstrahlröhren mit Hochvakuum zur Tonaufzeichnung, Filmtechnik 11, Nr. 5, 1, 1935.
54. M. von Ardenne, Die Größe der Lichthofstörung in Elektronenstrahlröhren bei verschiedenen Fluoreszenzschirmarten. Z. Hochfrequenztechn. u. Elektroak. 46, 1, 1935.
55. M. von Ardenne, Negative Ionenstrahlen bei der Formierung von Hochvakuum-Elektronenstrahlröhren. Arch. Elektrotechn. 29, 731, 1935.
56. M. von Ardenne – E. Haas, Über eine Methode zur Messung von Lichtabsorp-

tion bei kleiner Lichtintensität und kurzer Einstellzeit. Z. physikal. Chemie 174, 115, 1935.

57. M. von Ardenne, Ein neuer Verstärker für Elektronenstrahl-Oszillographen. Elektrotechn. Z. 56, 1195, 1935.
58. M. von Ardenne, Über ein neues Röhren-Kippschwingungsgerät für Elektronenstrahl-Oszillographen. Elektrotechn. Z. 56, 1295, 1935.
59. M. von Ardenne, Ein neues, hochempfindliches Netzanschluß-Röhrenvoltmeter mit zwei Meßbereichen. Elektrotechnik und Maschinenbau 54, Heft 3, 1936.
60. M. von Ardenne, Oscillograph amplifiers for very wide frequency ranges. Wireless Eng. 13, 59, 1936.
61. M. von Ardenne, Über neuere Versuche mit Elektronenstrahl-Filmgebereinrichtungen für hohe Zeilen- und Bildzahlen. Fernsehen 7, 9, 1936.
62. M. von Ardenne, Neues einstufiges Netzanschluß-Röhrenvoltmeter mit vier Meßbereichen. Funk 4, 122, 1936.
63. M. von Ardenne, Eine neue Elektronenstrahlröhre zur Ausmessung magnetischer Kraftfelder. Z. Hochfrequenztechn. u. Elektroak. 47, 43, 1936.
64. M. von Ardenne, An experimental television receiver using a cathoderay tube. Proc. Inst. Rad. Eng. 23, 409, 1936.
65. M. von Ardenne, Bemerkungen zur phasenkompensierten Kerr-Zelle. Fernsehen 7, 45, 1936.
66. M. von Ardenne, Die Braunsche Röhre als Spannungsmesser beim elektrolytischen Trog. Elektrotechn. Z. 57, 831, 1936.
67. M. von Ardenne, Über die Umwandlung von Lichtbildern aus einem Spektralgebiet in ein anderes durch elektronenoptische Abbildung von Photokathoden. Elektr. Nachrichtentechn. 13, 230, 1936.
68. M. von Ardenne – O. Groos – G. Otterbein, Dispersionsmessungen im Gebiet der Dezimeterwellen. Physikal. Z. 37, 533, 1936.
69. M. von Ardenne, Einige Anwendungen des elektrolytischen Troges. Fernsehen 7, 60, 1936.
70. M. von Ardenne, Ausführung von Elektronenlinsen mit Widerstandswendeln. Arch. Elektrotechn. 30, 623, 1936.
71. M. von Ardenne, Weitere Versuche mit Hochspannungs-Elektronenstrahl-Einrichtungen für hohe Zeilenzahlen. Fernsehen 7, 68, 1936.
72. M. von Ardenne, Versuche und Messungen über stereoskopische Projektion mit polarisiertem Licht, Z. techn. Physik 17, 332, 1936.
73. M. von Ardenne, Spannungsmessungen bei extrem hohen Frequenzen mit dem Dioden-Voltmeter. Z. Hochfrequenztechn. u. Elektroak. 48, 117, 1936.
74. M. von Ardenne, Über neue Doppel-Elektronenstrahlröhren. Arch. techn. Messen, J 834–17, Heft 10, 1936.
75. M. von Ardenne, Vortrag: Der Fernsehempfang. Vortragsreihe Fernsehen, VDE 7.12.1936.
76. M. von Ardenne, Ein neuer Polar-Koordinaten-Elektronenstrahl-Oszillograph mit linearem Zeitmaßstab. Z. techn. Physik 17, 660, 1936.

77. M. von Ardenne, Ein Netzanschluß-Gleichstromverstärker für Elektronenstrahl-Oszillographen. Elektrotechn. Z. 58, 66, 1937.
78. M. von Ardenne, Verformung von Kippschwingungen durch einen Vierpol. Z. Hochfrequenztechn. u. Elektroak. 49, 37, 1937.
79. M. von Ardenne, Messungen über das Nachleuchten von Elektronenstrahl-Oszillogrammen an Schirmen mit langer Abklingzeit. Z. Physik 105, 193, 1937.
80. M. von Ardenne, Ein neues Feldstärkemeßgerät für Rundfunkwellen. Elektr. Nachrichtentechn. 14, 293, 1937.
81. M. von Ardenne, Ein neuer Weg zur Herstellung von Lichtquellen mit gleichbleibender Energie im Bereich sichtbarer Wellenlängen. Z. Physik 107, 414, 1937.
82. M. von Ardenne, Über Versuche mit lichtempfindlichen Halbleiterschichten in Elektronenstrahlröhren. Z. Hochfrequenztechn. u. Elektroak. 50, 145, 1937.
83. M. von Ardenne, Über eine neuere Anordnung zur Untersuchung von Fluoreszenzmaterialien für Elektronenstrahlröhren. Z. angew. Chemie 50, Heft 49, 1937.
84. M. von Ardenne, Entwicklung von Vierfach-Elektronenstrahl-Oszillographen. Arch. techn. Messen, J834–19, Heft 78, 1937.
85. M. von Ardenne, Die Grenzen für das Auflösungsvermögen des Elektronenmikroskopes. Z. Physik 108, 338, 1938.
86. M. von Ardenne, Technische Ausführung einer Lichtquelle mit gleichbleibender Energie im Bereich sichtbarer Wellenlängen. Z. techn. Physik 19, 41, 1938.
87. M. von Ardenne, Das Elektronen-Rastermikroskop, Theoretische Grundlagen. Z. Physik 109, 553, 1938.
88. M. von Ardenne, Einfluß der Filterwirkung der Kristalle mit hohem CdS-Gehalt auf die spektrale Intensitätsverteilung von ZnS CdS Ag-Leuchtschirmen mit mehreren Komponenten von unterschiedlichem CdS-Gehalt. Telegraphen-Fernsprech-Funk- und Fernseh-Technik 27, 106, 1938.
89. M. von Ardenne, Staubfiguren stehender Ultraschallwellen in Flüssigkeiten. Funktechn. Monatshefte, Heft 8, 248, 1938.
90. M. von Ardenne, Die Verwendung der Elektronensonde für Mikromanipulationen. Naturwiss. 26, 562, 1938.
91. M. von Ardenne – H. Preßler, Zum Problem des Farbfernsehens, Teil I, Grundsätzliche Überlegungen über die Auflösung farbiger Fernsehbilder, Teil II, Über die Wirkung der Schärfenabnahme bei mit gleichem Frequenzband übertragenen farbigen Fernsehbildern in Abhängigkeit von der gesamten Bildelementzahl, der Größe des Bildbetrachtungswinkels und von dem Bildmotiv. Telegraphen-Fernsprech-Funk- und Fernseh-Technik, Heft 7, 264, 1938.
92. M. von Ardenne, Das Elektronen-Rastermikroskop, Praktische Ausführung. Z. techn. Physik 19, 407, 1938.
93. M. von Ardenne, Die durch Elektronenstreuung im Objekt verursachten Abbildungsfehler des Elektronenmikroskopes und ihr Verhältnis zueinander. Z. Physik 111, 152, 1938.
94. M. von Ardenne, Methoden und Anordnungen zur Speicherung beim Fernseh-

empfang. Telegraphen-Fernsprech-Funk- und Fernseh-Technik, Sonderheft 1938, S. 518.
95. M. von Ardenne, Eine einfache Xenon-Lampe für kurzwelliges Ultraviolett. Z. techn. Physik 20, 30, 1939.
96. M. von Ardenne, Zum Problem des stereoskopischen Fernsehens. Telegraphen-Fernsprech-Funk- und Fernseh-Technik Heft 1, 1939.
97. M. von Ardenne, Die Keilschnittmethode, ein Weg zur Herstellung von Mikrotomschnitten mit weniger als 10^{-3}mm Stärke für elektronenmikroskopische Zwecke. Z. wiss. Mikroskopie 56, 8, 1939.
98. M. von Ardenne, Intensitätsfragen und Auflösungsvermögen des Elektronenmikroskopes. Z. Physik 112, 744, 1939.
99. M. von Ardenne, Die Verwendung von Zinkblende-Relaisschirmen im Speicher-Projektionsempfänger mit Elektronenstrahlröhre. Telegraphen-Fernsprech-Funk- und Fernseh-Technik 28, 108, 1939.
100. M. von Ardenne, Ein neues Großflächen-Lichtrelais für Intensitäts-, Farb- oder Polarisationsebenen-Steuerung. Telegraphen-Fernsprech-Funk- und Fernseh-Technik 28, 226, 1939.
101. M. von Ardenne, Zur Leistungsfähigkeit des Elektronen-Schattenmikroskopes und über ein Röntgenstrahlen-Schattenmikroskop. Naturwiss. 27, 485, 1939.
102. M. von Ardenne, Bemerkungen zur Größe des chromatischen Fehlers beim Elektronenmikroskop. Z. Physik 113, 257, 1939.
103. M. von Ardenne, Einkristall-Leuchtschirme und Übermikroskopie. Z. techn. Physik 20, 235, 1939.
104. M. von Ardenne, Über die Möglichkeit der Untersuchung lebender Substanz mit Elektronenmikroskopen. Z. techn. Physik 20, 239, 1939.
105. M. von Ardenne, Über eine elektronische Hochspannungslinse kurzer Brennweite. Naturwiss. 27, 614, 1939.
106. M. von Ardenne, Zur Größe des Öffnungsfehlers beim Elektronenmikroskop. Z. techn. Physik 20, 289, 1939.
107. M. von Ardenne, Das Auflösungsvermögen photographischer Schichten für Elektronenstrahlung. Z. Physik 114, 379, 1939.
108. M. von Ardenne, Zur praktischen Ausführung von Elektronenstrahl-Speicher-Projektionsröhren. Telegraphen-Fernsprech-Funk- und Fernseh-Technik 28, 403, 1939.
109. M. von Ardenne, Über eine Ionensonde großer Schärfe. Z. techn. Physik 20, 344, 1939.
110. M. von Ardenne, Der Elektronen-Mikrooszillograph. Z. Hochfrequenztechn. u. Elektroak. 54, 181, 1939.
111. M. von Ardenne – H. Reibedanz, Über eine Vorrichtung zum Bohren feinster Löcher in Metallfolien. Z. Instrumentenkde. 60, 22, 1940.
112. M. von Ardenne, Ergebnisse einer neuen Elektronen-Übermikroskop-Anlage. Naturwiss. 28, 113, 1940.
113. M. von Ardenne – D. Beischer, Untersuchungen von Katalysatoren mit dem Universal-Elektronenmikroskop. Angew. Chemie 53, 103, 1940.

114. M. von Ardenne, Über ein Universal-Elektronenmikroskop für Hellfeld-, Dunkelfeld- und Stereobild-Betrieb. Z. Physik 115, 339, 1940.
115. M. von Ardenne – D. Beischer, Untersuchung des Feinbaues hochmolekularer Stoffe mit dem Universal-Elektronenmikroskop. Z. physikal. Chemie (B) 45, 465, 1940.
116. M. von Ardenne, Stereo-Übermikroskopie mit dem Universal-Elektronenmikroskop. Naturwiss. 28, 248, 1940.
117. M. von Ardenne – D. Beischer, Untersuchung von Metalloxyd-Rauchen mit dem Universal-Elektronenmikroskop. Z. Elektrochemie 46, 270, 1940.
118. M. von Ardenne – D. Beischer, Untersuchung des Feinbaues hochmolekularer Stoffe mit dem Universal-Elektronenmikroskop. 2. Mitteilung: Zur Morphologie von Kautschuk und Buna. Kautschuk Heft 5, 1940.
119. M. von Ardenne, Analyse des Feinbaues stark und sehr stark belichteter Bromsilberkörner mit dem Universal-Elektronenmikroskop. Z. angew. Photogr. 2, 14, 1940.
120. M. von Ardenne – K. Endell – U. Hofmann, Untersuchungen feinster Fraktionen von Bentoniten und Tonböden mit dem Universal-Elektronenmikroskop. Ber. Deutsch. Keram. Ges. Berlin 21, 209, 1940.
121. M. von Ardenne, Abbildung feinster Einzelteilchen, insbesondere von Molekülen, mit dem Universal-Elektronenmikroskop. Z. physikal. Chemie 187, 1, 1940.
122. M. von Ardenne, Versuche zur Abbildung des Maul- und Klauenseuche-Virus mit dem Universal-Elektronenmikroskop. Naturwiss. 28, 531, 1940.
123. M. von Ardenne, Der Objektträger-Vibrator, ein neues Hilfsgerät der Übermikroskopie und Mikroskopie. Kolloid-Z. 93, 158, 1940.
124. M. von Ardenne, Über das Auftreten von Schwärzungslinien bei der elektronenmikroskopischen Abbildung kristalliner Lamellen. Z. Physik 116, 736, 1940.
125. M. von Ardenne, Die Keilschliffmethode, ein Weg zur Herstellung von Objektschichten mit weniger als 10^{-3}mm Stärke für elektronenmikroskopische Zwecke. Z. wiss. Mikroskopie 57, 291, 1940.
126. M. von Ardenne, Die Anwendung des Objektträger-Vibrators zur Herstellung von Emulsionen. Angew. Chemie 54, 144, 1941.
127. M. von Ardenne – H. Friedrich-Freksa – G. Schramm, Elektronenmikroskopische Untersuchung der Präcipitinreaktion von Tabakmosaikvirus mit Kaninchenantiserum. Arch. gesamte Virusforschung II, 80, 1941.
128. M. von Ardenne, Zur Bestimmung des Auflösungsvermögens von Elektronenmikroskopen. Physikal. Z. 42, 72, 1941.
129. M. von Ardenne, Elektronen-Übermikroskop mit wahlweise einschaltbarer Elektronensonde zur Herstellung von Elektronenbeugungsdiagrammen bestimmter kleiner Bezirke des Gesichtsfeldes. Z. Physik 117, 515, 1941.
130. M. von Ardenne, Über eine elektronenmikroskopische Untersuchung der Struktur reflexmindernder Schichten und über die Bemessung solcher Schichten. Z. angew. Photogr. 3, 13, 1941.

131. M. von Ardenne, Zur Prüfung von kurzbrennweitigen Elektronenlinsen. Z. Physik 117, 602, 1941.
132. M. von Ardenne, Über ein 200 kV-Universal-Elektronenmikroskop mit Objektabschattungsvorrichtung. Z. Physik 117, 657, 1941.
133. M. von Ardenne – H. Augustin, Elektronenmikroskopische Darstellung des Lepraerregers. Klin. Wochenschr. 20, 753, 1941.
134. M. von Ardenne, Elektronen-Übermikroskopie lebender Substanz. . Naturwiss. 29, 521, 1941.
135. M. von Ardenne – H. Friedrich-Freksa, Die Auskeimung von Sporen von Bacillus vulgatus nach vorheriger Abbildung im 200 kV-Universal-Elektronenmikroskop. Naturwiss. 29, 523, 1941.
136. M. von Ardenne – U. Hofmann, Elektronenmikroskopische und röntgenographische Untersuchungen über die Struktur von Rußen. Z. physikal. Chemie (B) 50, 1, 1941.
137. M. von Ardenne – F. Kiermeier, Die Herstellung von Emulsionen in kleinen Mengen mit dem Objektträger-Vibrator, Fette und Seifen 48, 619, 1941.
138. M. von Ardenne, Ergänzung zu den Arbeiten »Zur Prüfung von kurzbrennweitigen Elektronenlinsen« und »Über ein 200 kV-Universal-Elektronenmikroskop mit Objektabschattungsvorrichtung«. Z. Physik 118, 384, 1941.
139. M. von Ardenne, Erhitzungs-Übermikroskopie mit dem Universal-Elektronenmikroskop. Kolloid-Z. 97, 257, 1941.
140. M. von Ardenne – H. H. Weber, Elektronenmikroskopische Untersuchung des Muskeleiweißkörpers »Myosin«. Kolloid-Z. 97, 322, 1941.
141. M. von Ardenne, Ein Sechsfach-Elektronen-Mikrooszillograph. Z. Hochfrequenztechn. u. Elektroak. 58, 156, 1941.
142. M. von Ardenne, Über Versuche zur Sichtbarmachung molekularer Rauhigkeiten an gegen die Gitterebenen geneigt verlaufenden Kristallkanten im Universal-Elektronenmikroskop. Naturwiss. 29, 780, 1941.
143. M. von Ardenne, Weitere Entwicklungsarbeiten am Universal-Elektronenmikroskop. Physikal. Z. 43, 11, 1942.
144. M. von Ardenne, Über ein Ionenquellensystem mit Massenmonochromator für Neutronengeneratoren. Physikal. Z. 43, 91, 1942.
145. M. von Ardenne, Über einen neuen magnetischen Isotopentrenner für hohen Massentransport, Sonderbericht. Forschungsanstalt der Deutschen Reichspost, Berlin 1942.
146. M. von Ardenne, Reaktionskammer-Übermikroskopie mit dem Universal-Elektronenmikroskop. Z. physikal. Chemie (B) 52, 61, 1942.
147. M. von Ardenne – E. Schiebold – F. Günther, Feinstrahl-Elektronenbeugung im Universal-Elektronenmikroskop. Z. Physik 119, 352, 1942.
148. M. von Ardenne, Zur Abbildungstreue von nahe der Auflösungsgrenze liegenden Objektstrukturen bei Lichtmikroskop und Elektronenmikroskop. Kolloid-Z. 100, 206, 1942.
149. M. von Ardenne – K. Endell, Das Schmelzen der Klinkermineralien C_3A und C_4AF sowie der Fraktion $<3\mu$ einiger Portlandzementklinker im Erhitzungs-Übermikroskop. Z. Zement 313, 1942.

150. M. von Ardenne – H. Kircher, Nachweis der Übereinstimmung des lichtmikroskopischen Oberflächenbildes einer Hydronaliumprobe mit der elektronenmikroskopischen Aufnahme einer Abdruckfolie des gleichen Objektausschnittes. Z. Metallkde. 34, 236, 1942.
151. M. von Ardenne – K. Endell, Das Sintern von Tonmineralien und von Schlämmstoffen natürlicher Formsande im Erhitzungs-Übermikroskop. Die Gießerei, 1, 6, 1943.
152. M. von Ardenne – D. Beischer, Zur elektronenmikroskopischen Abbildung feiner Reaktionsschichten auf Metalloxydrauchkristallen. Kolloid-Z. 102, 127, 1943.
153. M. von Ardenne, Elektronenmikrokinematographie mit dem Universal-Elektronenmikroskop. Z. Physik 120, 397, 1943.
154. M. von Ardenne – K. Endell – H. Lehmann, Das Sintern keramischer Rohstoffe im Erhitzungs-Übermikroskop. Ber. Deutsch. Keram. Ges. Berlin 24, 73, 1943.
155. M. von Ardenne, Zur Eignung bindemittelarmer Photoschichten in der Elektronen-Übermikroskopie. Z. Physik 121, 1, 1943.
156. M. von Ardenne, Über eine Atomumwandlungsanlage für Spannungen bis zu 1 Million Volt. Z. Physik 121, 236, 1943.
157. M. von Ardenne – K. Endell, Veranschaulichung des Sinterns und Schmelzens von keramischen Rohstoffen, Glasgemengen, Schlacken und Kohlenaschen im Erhitzungs-Übermikroskop. Kolloid-Z. 104, 223, 1943.
158. M. von Ardenne, Über Vibratoren zur Schwingungsbehandlung größerer Flüssigkeitsmengen. Chemische Technik 16, 177, 1943.
159. M. von Ardenne – K. Endell – A. Zinzen, Über das Sintern und Schmelzen von Kohlenaschen im Erhitzungs-Übermikroskop sowie die Bedeutung der Schlakkenviskosität für die Schmelzkammerfeuerung. Feuerungstechnik 31, 73, 1943.
160. M. von Ardenne – K. Endell, Veranschaulichung des Sinterns und Schmelzens von Glasgemengen, Soda und Sodaschlacken im Erhitzungs-Übermikroskop. Glastechn. Ber. 21, 121, 1943.
161. M. von Ardenne – P. A. Koch – H. Freytag, Glasfäden-Untersuchungen. Glastechn. Ber. 21, 249, 1943.
162. M. von Ardenne – H. Lehmann – K. Endell, Veranschaulichung des Sinterns und Schmelzens einiger keramischer Rohstoffe im Erhitzungs-Übermikroskop. Sprechsaal für Keramik, Glas, Email 77, Nr. 5/8, 1944.
163. M. von Ardenne, Über ein neues Universal-Elektronenmikroskop mit Hochleistungsmagnet-Objektiv und herabgesetzter thermischer Objektbelastung. Kolloid-Z. 108, 195, 1944.
164. M. von Ardenne, Zur Sichtbarmachung von Störungen oder Inhomogenitäten magnetischer und elektrischer Felder mit der elektronenoptischen Schneidenmethode (Schlierenmethode). Physikal.-Z. 45, 312, 1944.
165. M. von Ardenne – F. Bernhard, Ein physikalisches Verfahren zur Bestimmung geringer Kohlenstoffzusätze in Eisen. Z. Physik 122, 740, 1944.
166. M. von Ardenne, Über eine neue Einrichtung am Universal-Elektronenmikro-

skop zur fast vollständigen Vermeidung der thermischen Objektbelastung. Kolloid-Z. 111, 22, 1948.
167. M. von Ardenne, Anwendung eines Gasentladungsrohres mit Punktkathode zur Sichtbarmachung der Kraftlinien von Magnetfeldern. Z. exper. u. theoret. Physik (UdSSR) 25, 749, 1953.
168. M. von Ardenne, Neue Messung der Lebensdauer angeregter Atome. Z. exper. u. theoret. Physik (UdSSR) 26, 362. 1954.
169. M. von Ardenne, Über ein Schallsichtverfahren mit elektronenoptischem Bildwandler. Nachrichtentechn. 5, 49, 1955.
170. M. von Ardenne, Ein Präzisions-Elektronenstrahloszillograph mit wenigen μ Schreibfleckdurchmesser, Nachrichtentechn. 5, 481, 1955.
171. M. von Ardenne, Erdfernrohr aus der Hand Galileo Galileis. Optik 13, 49, 1956.
172. M. von Ardenne, Über die Plasmatron-Ionenquellen und einige ihrer Anwendungen. Tagung Probleme des Plasmas in Physik und Astronomie, Leipzig, Oktober 1956 (ersch. 1958).
173. M. von Ardenne, Atomenergie in Technik und Industrie, Bundesvorstand des FDGB 1957.
174. M. von Ardenne, Bauweise und Anwendung von Elektronenstrahl-Generatoren. Deutsche Elektrotechn. 11, 398, 1957.
175. M. von Ardenne, Über eine Nachbildung des Sternenhimmels mittels Fluoreszenz-Leuchtscheiben. Sterne 33, 235, 1957.
176. M. von Ardenne – E. Nebe – W. Schüler, Beseitigung elektrostatischer Aufladungen bei der Verarbeitung synthetischer Seiden auf Bobinetmaschinen. Deutsche Textiltechn. 8, 138, 1958.
177. M. von Ardenne, Entwicklungslinien und gegenwärtige Bedeutung der Vakuumtechnik. Technik 13, 275, 1958.
178. M. von Ardenne – S. Schiller, Ein Präzisions-Hochspannungs-Oszillograph. Deutsche Elektrotechn. 12, 143, 1958.
179. M. von Ardenne – H. B. Sprung, Über Versuche mit einem verschluckbaren Intestinalsender. Naturwiss. 45, 154, 1958.
180. M. von Ardenne – H. B. Sprung. Über einen verschluckbaren Intestinalsender. Z. inn. Medizin 13, 269, 1958.
181. M. von Ardenne – S. Schiller – H. Westmeyer, Über Plasmauntersuchungen mit einer Elektronenstrahlsonde von kleinem Durchmesser. Exp. Techn. d. Physik 6, 49, 1958.
182. M. von Ardenne – H. Rackwitz, Über eine Ultraschall-Zahnbohreinrichtung. Nachrichtentechn. 8, 448, 1958.
183. M. von Ardenne – H. B. Sprung, Über die gleichzeitige Registrierung von Druckänderungen und Lageänderungen bei dem verschluckbaren Intestinalsender. Z. inn. Medizin 13, 596, 1958.
184. M. von Ardenne – R. Tümmler, Durch Anlagerung langsamer Elektronen erhaltene Molekül-Massenspektrogramme des höheren Alkohols $C_{18}H_{37}OH$. Naturwiss. 45, 414, 1958.

185. M. von Ardenne – H. B. Sprung, Über den verschluckbaren Intestinalsender für pH-Wert-Signalisierung. Naturwiss. 45, 564, 1958.
186. M. von Ardenne, Der Dresdner Molekülspektrograph, ein neuartiger Präzisions-Massenspektrograph für negative hochmolekulare Ionen. Kernenergie 1, 1029, 1958.
187. M. von Ardenne – E. Klar, Über einen Schwingkondensator guter Konstanz. Nachrichtentechn. 9, 26, 1959.
188. M. von Ardenne, Fortschritt in der EA-Massenspektrographie vielatomiger Moleküle. Wiss. Z. Ernst-Moritz-Arndt-Universität Greifswald 7, 161, 1958 – Z. f. angew. Physik 11, 121, 1959.
189. M. von Ardenne, Über Leuchtfarben-Lehrbilder astronomischer Beobachtungsobjekte. Die Sterne 35, 34, 1959.
190. M. von Ardenne – M. Feller – H. Westmeyer, Über ein Lichtimpulsgerät zur Prüfung von Schutzanzügen und Baustoffen unter dem Einfluß von Wärmestrahlungsdichten, äquivalent der Wärmestrahlung bei Atom- und Wasserstoffbombenexplosionen. Techn. 14, 389, 1959.
191. M. von Ardenne – H. Westmeyer, Über ein Ultramikrotom einfacher Bauart. Optik 16, 193, 1959.
192. M. von Ardenne, Entwicklungslinien und gegenwärtige Bedeutung der medizinischen Elektronik. Nachrichtentechn. 9, 442, 1959.
193. M. von Ardenne, Die Technik des verschluckbaren Intestinalsenders. Nachrichtentechn. 9, 449, 1959.
194. M. von Ardenne, Über eine Elektronenstrahl-Generator-Anlage für strahlenchemische Arbeiten. Techn. 14, 674, 1959.
195. M. von Ardenne – W. Feitscher, Zur Systematik der gegenwärtigen Versuchsanlagen für Kernfusion. Atompraxis 5, 344, 1959.
196. M. von Ardenne – S. Schiller, Über eine Universal-Ionen-Elektronen-Quelle für Van de Graaff-Generatoren. Kernenergie 2, 893, 1959.
197. M. von Ardenne – S. Schiller, Einrichtung zur kalorischen Bestimmung der Dosisleistungsdichte von Elektronenstrahlgeneratoren. Elektrie 13, 386, 1959.
198. M. von Ardenne, Über ein Vorhaben zur Krebszellenvernichtung durch H_2O_2-Einwirkung auf von roten Blutzellen nahezu befreites und tief unterkühltes Körpergewebe und einige Grundlagen des Vorhabens. Vortrag und Bericht vor der Klasse Medizin der Deutschen Akademie der Wissenschaften vom 17.12.1959.
199. M. von Ardenne – K. Steinfelder – R. Tümmler, Beobachtung von Kristallvorkeimen im EA-Massenspektrographen für vielatomige negative Ionen. Kernenergie 2, 854, 1959.
200. M. von Ardenne – K. Steinfelder – R. Tümmler – H. Westmeyer, Spektren anorganischer Substanzen als Basis der Massenskala beim EA-Massenspektrographen für vielatomige Moleküle, Kernenergie 2, 1094, 1959.
201. M. von Ardenne – H. Großmann – H. Rackwitz – J. Matauschek – W. Steglich, Über einige Fortschritte bei der Entwicklung von Ultraschall-Zahnbohrgeräten. Deutsche Stomatologie 10, 127, 1960.

202. M. von Ardenne, Über Kraftfahrzeuge mit innerem Bremsweg. Kraftfahrzeugtechnik 10, 52, 1960.

203. M. von Ardenne – H. Großmann, Ultraschallmechanisches Einbringen von Dünndrahtsonden und Kanülen in den lebenden Organismus. Festschrift 150-Jahr-Feier der Humboldt-Universität. 2. Deutscher Verlag der Wissenschaften, Berlin 229, 1960.

204. M. von Ardenne, Evolution of the cathode-ray tube. Wireless World 66, 28, 1960.

205. M. von Ardenne – S. Schiller, Ein 45 kW-Elektronenstrahl-Mehrkammerofen für das Schmelzen und Gießen beliebiger Metalle. Kernenergie 3, 507, 1960.

206. M. von Ardenne, Die informationstheoretische Grenze bei der Abbildung lebender Substanz im Elektronenmikroskop und über Möglichkeiten zur Annäherung an die Grenze. Vierter Internationaler Kongreß für Elektronenmikroskopie Berlin 1958. 1 Springer, Berlin 112, 1960.

207. M. von Ardenne – K. Steinfelder, Über eine Elektronenanlagerungs-Ionenquelle mit Fernhaltung des Testdampfes von der Entladungskathode. Kernenergie 3, 717, 1960.

208. M. von Ardenne, Mikroskalen-Apparatur, Nachrichtentechn. 10, 427, 1960.

209. M. von Ardenne, Über die Erzeugung von Elektronen-Fadenstrahlen mit hohem Energietransport. Exp. Techn. Physik 8, 97, 1960.

210. M. von Ardenne – K. Steinfelder – R. Tümmler, EA-massenspektrometrische Bestimmung der Zahl Kohlenstoffatome in organischen Molekülen aus dem Verhältnis $^{13}C/^{12}C$. Naturwiss. 47, 492, 1960.

211. M. von Ardenne – G. Jäger – F. Köhler – G. Petter, Über einen magnetischen Massentrenner mit kleinem Magnetfeldvolumen. Kernenergie 3, 1177, 1960.

212. M. von Ardenne – K. Steinfelder – R. Tümmler, Kernphysikalische Bestimmung der Zahl chemisch gleichartiger Atome in vielatomigen Molekülen durch EA-Massenspektrometrie. Kernenergie 3, 1192, 1960.

213. M. von Ardenne – G. Bahr – H. von Lingen, Über ein elektronisches Punktions-Blutdruck-Meßgerät. Z. med. Labortechnik 1, 231, 1960.

214. M. von Ardenne – K. Jessat – P. G. Reitnauer, Universal-Kardiostimulator mit herzsynchronen oder wählbaren Impulsfolgen. Z. med. Labortechnik 1, 339, 1960.

215. M. von Ardenne – K. Steinfelder – R. Tümmler, Elektronenanlagerungs-Massenspektrogramme kondensierter aromatischer Kohlenwasserstoffe. Angew. Chemie 73, 136, 1961.

216. M. von Ardenne – G. Böhme, Über die Möglichkeit des Nachrichtenempfangs von fremden Planetensystemen. Hochfrequenztechn. und Elektroak. 70, 2, 1961.

217. M. von Ardenne – S. Schiller – W. Küntscher – H. Thiel – L. Meyer, Hochvakuumschmelzen von Stahl im 60-kW-Elektronenstrahl-Mehrkammerofen. Neue Hütte 6, 198, 1961.

218. M. von Ardenne, Tabellen zur medizinischen Elektronik. Z. med. Labortechnik 2, 1, 1961.

219. M. von Ardenne – D. Effenberger – L. Haase – G. Jäger, Ein vollautomatischer Zwillingspumpstand. Vakuum-Techn. 10, 143, 1961.

220. M. von Ardenne – R. Millner, Das Ultraschall-Focoscan-Verfahren. Nachrichtentechn. 11, 291, 1961. – Inst. Rad. Eng. Transact. Med. Electronics BME-9, 145, 1962.

221. M. von Ardenne, Elektronen- oder Ionenstrahlung als Mikrowerkzeug. Nachrichtentechn. 11, 339, 1961.

222. M. von Ardenne, Elektronenanlagerungs-Massenspektrographie. Wiss. Z. Techn. Hochsch. Dresden 10, 905, 1961.

223. M. von Ardenne, Das Duoplasmatron als Ionen- oder Elektronenspritze extrem hoher Emissionsstromdichte. Exp. Techn. Physik 9, 227, 1961.

224. M. von Ardenne – S. Panzer, Untersuchungen zum Unfallschutz von Kraftfahrzeuginsassen. 1. Mitteilung. Universalmeßeinrichtung zur Untersuchung kurzzeitiger Körperabbremsvorgänge. Kraftfahrzeugtechn. 11, 446, 1961.

225. M. von Ardenne – S. Panzer, Untersuchungen zum Unfallschutz von Kraftfahrzeuginsassen. 2. Mitteilung. Sicherheitsgurt mit großem Energieaufnahmevermögen für die Insassen von Kraftfahrzeugen. Kraftfahrzeugtechn. 12, 120, 1962.

226. M. von Ardenne – S. Panzer, Untersuchungen zum Unfallschutz von Kraftfahrzeuginsassen. 3. Mitteilung. Über Bremsstoffe für die Innenauskleidung und Außenumkleidung von Kraftfahrzeugen. Kraftfahrzeugtechn. 12, 183, 1962.

227. M. von Ardenne – H. von Lingen – J. Göhler, Über den Einsatz eines registrierenden Cardiotachometers beim Patienten. Z. inn. Medizin 17, 97, 1962.

228. M. von Ardenne – E. Lorenz – H. Westmeyer, Über eine Getter-Ionenpumpe mit Titanverdampfung und hohem Startdruck. Exp. Techn. Physik 10, 19, 1962.

229. M. von Ardenne – S. Panzer, Ein neues Anwendungsgebiet für Waben. Plaste u. Kautschuk 9, 246, 1962.

230. M. von Ardenne – K. Steinfelder – R. Tümmler, Beitrag zur EA-massenspektrographischen Analyse von Fettsäuregemischen. Seifen, Öle, Fette, Wachse 88, 415, 1962.

231. M. von Ardenne, Hochvakuumschmelzen mit dem Dresdner Elektronenstrahl-Mehrkammerverfahren. Freiberger Forschungshefte B 68, 1, 1962.

232. M. von Ardenne – K. Steinfelder – R. Tümmler, Elektronenanlagerungsmassenspektrographische Untersuchungen von höheren Alkoholen und Fettsäuren. Z. physikal. Chemie 220, 105, 1962.

233. M. von Ardenne – R. Tümmler, Tabellen zur Strahlenchemie. Atomkernenergie 7, 285, 1962.

234. M. von Ardenne – P. G. Reitnauer, Normprogramm und Reproduzierbarkeit der Meßergebnisse beim Einsatz des Momentan-Kardiotachographen. Dtsch. Gesundheitswesen 17, 1243, 1962.

235. M. von Ardenne – K. Steinfelder – R. Tümmler, Erweiterung der EA-massenspektrographischen Methode durch den Mechanismus der Anlagerung negativer Ionen an Moleküle. Z. physikal. Chemie 221, 240, 1962.

236. M. von Ardenne – G. Jäger – S. Schiller, Ein 200-kW-Elektronenstrahl-Mehrkammerofen. Neue Hütte 8, 2, 1963.
237. M. von Ardenne – P. G. Reitnauer, Der Operationssaal für Forschungszwecke in der Chirurgischen Klinik der Medizinischen Akademie Dresden. Dtsch. Gesundheitswesen 18, 232, 1963.
238. M. von Ardenne – U. Heisig. Ein magnetisches Erhitzungs-Elektronen-Emissionsmikroskop für metallkundliche Zwecke. Exp. Techn. Physik 11, 2, 1963.
239. M. von Ardenne – U. Heisig, Über eine Unoplasmatron-Ionenquelle mit kleinen Abmessungen. Exp. Techn. Physik 11, 26, 1963.
240. M. von Ardenne, Metallurgie und angewandte Physik. Technik 18, 263, 1963. – Neue Hütte 8, 137, 1963.
241. M. von Ardenne – W. Gündel, Eine Zweikreis-Herz-Lungen-Maschine. Medizintechn. 3, 45, 1963.
242. M. von Ardenne – K. Steinfelder – R. Tümmler – K. Schreiber, Molekül-Massenspektrographie von Naturstoffen. Steroide. Experientia 19, 178, 1963.
243. M. von Ardenne – H. Förster, Das Vakuumgießen im Elektronenstrahl-Mehrkammerofen. Neue Hütte 8, 313, 1963.
244. M. von Ardenne – K. Steinfelder – R. Tümmler, Molekül-Massenspektrographische Untersuchung von Diffusionspumpenölen. Vakuum-Techn. 12, 135, 1963.
245. M. von Ardenne – U. Heisig. Zur praktischen Auflösungsgrenze eines magnetischen Emissionsmikroskopes im Zweipolbetrieb mit ionenausgelöster Sekundärmission. Naturwiss. 50, 541, 1963.
246. M. von Ardenne – L. Haase – R. Pochert – W. Roggenbuck – H. Wachtel – P. Wiese, Weitere Arbeiten zur Hochzüchtung und zum Einsatz des Plasmabrenners. Technik 18, 645, 1963.
247. M. von Ardenne – H. Flemming – H. Mielke – R. Preußer, Grenztemperaturanzeige aus Dämpfholz durch Radiosonde. Holztechnologie 4, 249, 1963.
248. M. von Ardenne, Ein Durchbruch der Chemotherapie des Krebses auf der Grundlage jüngster Arbeiten von O. Warburg? Dtsch. Gesundheitswesen 19, 49, 1964.
249. M. von Ardenne – R. Tümmler, Zur Messung der Konzentration von DL-Glycerinaldehyd in Blut bzw. Infucoll-Blutgemischen und zur Bestimmung der Krebstherapie-Wirkdosis aus solchen Messungen. Dtsch. Gesundheitswesen 19, 709, 1964.
250. M. von Ardenne, Zur Berechnung der Glycerinaldehyd-Wirkdosis im Gewebe bei Applikation in den Kreislauf. Naturwiss. 51, 217, 1964.
251. M. von Ardenne – H. Mielke – P. G. Reitnauer, Der gegenwärtige Stand von Methodik und Anwendung der verschluckbaren Intestinalsender. Dtsch. Gesundheitswesen 19, 810, 876, 1964.
252. M. von Ardenne – S. Panzer, Zur Entwicklung des Sicherheitsgurtes mit großem Energieaufnahmevermögen für Kraftwageninsassen. Kraftfahrzeugtechn. 14, 165, 1964.
253. M. von Ardenne – R. Tümmler – Ek. Weiss – T. Reichstein, Massenspektro-

skopie bei Cardenoliden und anderen stark hydroxylierten Steroiden. Helvetica Chimica Acta 47, 1032, 1964.

254. M. von Ardenne – U. Heisig – S. Panzer, Thermische Mikrobearbeitung mit Elektronenstrahlen. Feingerätetechn. 13, 293, 1964.

255. M. von Ardenne – P. G. Reitnauer, Untersuchungen zur Applikation und Verträglichkeit therapiewirksamer Dosen von DL-Glycerinaldehyd. Dtsch. Gesundheitswesen 19, 1355, 1384, 1964.

256. M. von Ardenne – R. Pochert – W. Roggenbuck – H. Wachtel – P. Wiese, Der Plasmafeinstrahlbrenner. Schweißtechn. 14, 441, 1964.

257. M. von Ardenne – F. Rieger, Über einige Fortschritte bei der theoretischen und experimentellen Arbeit an den Grundlagen der Krebs-Chemotherapie mit Glycerinaldehyd. Naturwiss. 51, 415, 1964.

258. M. von Ardenne, Mehrwege-Applikationsverfahren zur Minderung der Wirkdosisunterschiede im Körpervolumen. Dtsch. Gesundheitswesen 19, 1755, 1964.

259. M. von Ardenne, Neuere Beiträge auf dem Gebiet der Elektronenstrahl-, Ionenstrahl- und Plasmastrahl-Technik. Technik 19, 673, 1964.

260. M. von Ardenne – L. Haase – R. Pochert – W. Roggenbuck – H. Wachtel – P. Wiese, Praktische Ergebnisse beim Schmelzschneiden mit der 100-kW-Plasma-Schmelzschneidanlage PA 100. Schweißtechn. 14, 481, 1964.

261. M. von Ardenne – S. Schiller – U. Heisig – G. Beister, Eine Duoplasmatron-Ionenquelle, insbesondere für Drucktank-Van de Graaff-Generatoren. Kernenergie 7, 811, 1964.

262. M. von Ardenne – F. Rieger, Abnahme und Streuung der effektiven Wirkdosis als Hauptursachen der Unterschiede zwischen in vitro- und in vivo-Ergebnissen bei der Chemotherapie des Krebses.
Mehrwege-Applikationsverfahren mit bestimmter zeitlicher Wegfolge. Dtsch. Gesundheitswesen 19, 2136, 1964.

263. M. von Ardenne – M. Mothes – H. R. Schütte – P. Müller – R. Tümmler, m-Tyrosin, eine neue Aminosäure aus dem Milchsaft von Euphorbia Myrsinites L. Z. Naturforschg. 19b, 1161, 1964.

264. M. von Ardenne – J. Elsner – F. Rieger, Zur perkutanen Infusion von DL-Glycerinaldehyd oder von Pharmaka mit ähnlichem Wirkungscharakter im Körpergewebe. Archiv f. Geschwulstforschung 24, 69, 1965.

265. M. von Ardenne, Mehrschritt-Chemotherapie für hohe effektive Wirkdosis in Geweberäumen großer Krebszellendichte. Auffind-ung und Nutzungsmöglichkeiten eines neuen hochselektiven Effektes in der Krebs-Chemotherapie. Dtsch. Gesundheitswesen 20, 661, 1965.

266. M. von Ardenne, In vitro-Messungen als Grundlage der Krebs-Mehrschritt-Chemotherapie. Naturwiss. 52, 419, 1965.

267. M. von Ardenne – P. G. Reitnauer – F. Rieger, Der Einfluß des selektiven Pharmakonverbrauchs der Krebszellen bei regionaler Perfusion von Tumoren mit Glycerinaldehyd. Z. Krebsfschg. 67, 230, 1965.

268. M. von Ardenne – S. Schiller – U. Heisig, Spezielle technologische Ausrüstun-

gen zur Herstellung von Dünnschichtbauelementen. Sektionstagung »Probleme der Mikroelektronik« Leipzig, 9.3.1965.
269. M. von Ardenne, Entwicklungstendenzen der Hochvakuumtechnik. Vakuumtagung Dresden, April 1965.
270. M. von Ardenne – S. Schiller, Fortschritte der Vakuummetallurgie. 3. Intern. Vakuum-Kongreß Stuttgart, 28.6.1965.
271. M. von Ardenne – S. Panzer, Energieaufzehrende Sturzbremse aus unverstreckten bzw. teilverstreckten Polyamidfasern für Arbeitsschutz- und Bergsportseilsicherungen. Faserforsch. u. Textiltechn. 8, 93, 1965.
272. M. von Ardenne – G. Osske – K. Schreiber – K. Steinfelder – R. Tümmler, Über die Sterine von Solanum tuberosum L. Sterine und Triterpenoide. VIII. Mitteilung. Die Kulturpflanze 13, 101, 1965.
273. M. von Ardenne – G. Osske – K. Schreiber – K. Steinfelder – R. Tümmler, Über die Sterine und Triterpenoide von Solanum demissum Lindl. und Solanum polyadenium Greenm. Sterine und Triterpenoide. IX. Mitteilung. Die Kulturpflanze 13, 115, 1965.
274. M. von Ardenne – E. Kirsch – P. G. Reitnauer, Der neu entwickelte Steinschüttelstuhl und seine Bedeutung im Rahmen der konservativen Therapie der Urolithiasis. Z. f. Urologie 58, 225, 1965.
275. M. von Ardenne – H. Großmann – R. Millner, Einige Untersuchungen zum US-Focoscan-Verfahren. Wiss. Z. Humboldt-Univ. Berlin, Math.-Nat. R. XIV, 71, 1965.
276. M. von Ardenne – S. Panzer – H. Beyer – H. Pollmer, Energieaufzehrende Seilsturzbremse für Arbeitsschutz- und Bergsportseilsicherungen. Dtsch. Textiltechnik 15, 441, 1965.
277. M. von Ardenne – S. Panzer, Untersuchungen und Maßnahmen zum Unfallschutz von Kraftfahrzeuginsassen. Vortrag auf der 5. Tagung der Med.-wiss. Gesellschaft d. DDR z. Studium d. aktuellen Lebensbedingungen. 28./29. Februar 1964 in Berlin. In H. Scharz, Kampf dem Straßenunfall. Fischer-Verlag. Jena 1965, S. 13.
278. M. von Ardenne – R. Pochert – W. Roggenbuck – H. Wachtel – P. Wiese, Plasmafeinstrahlbrenner. Tagung »Gas Welding and Allied Processes«. Paris 1965.
279. M. von Ardenne – G. Osske – K. Schreiber – K. Steinfelder – R. Tümmler, Sterine und Triterpenoide. – X. Über die Sterine des Kartoffelkäfers, Leptinotarsa Decemlineata Say. J. Insect Physiol. 11, 1365, 1965.
280. M. von Ardenne – K. Steinfelder – R. Tümmler, Beitrag zur Molekül-Massenspektrographie von Naturstoffen. Z. Chemie 5, 287, 1965.
281. M. von Ardenne – F. Rieger, Zur gegenwärtigen Stellung der Ganzkörper-Extremhyperthermie als Element der Krebs-Mehrschritt-Therapie. Z. Krebsforschg. 69, 341, 1967.
282. M. von Ardenne – R. Kirsch, Zur Methodik der Extrem-Hyperthermie, insbesondere bei der Krebs-Mehrschritt-Chemotherapie. Dtsch. Ges.wesen 20, 1935, 1980, 1965.

283. M. von Ardenne, Zur zweimaligen Ausnutzung der selektiven Wärmeempfindlichkeit von Krebszellen bei der Krebs-Mehrschritt-Chemotherapie. Naturwiss. 52, 480, 1965.
284. M. von Ardenne, Spontanremission von Tumoren nach Hyperthermie – ein Rückkopplungsvorgang? Naturwiss. 52, 635, 1965.
285. M. von Ardenne – H. Großmann – R. Millner, Vergleich von Ultraschallköpfen ohne und mit Fokussierung bei ihrer Anwendung in medizinischen Ultraschall-Diagnostik-Geräten. Acustica 16, 134, 1965.
286. M. von Ardenne – P. G. Reitnauer, Über die Wirkung von Hyperthermie auf Ehrlich-Mäuse-Ascites-Krebszellen. Archiv Geschwulstforschg. 26, 184, 1965.
287. M. von Ardenne – P. G. Reitnauer, Zur thermischen Resistenz von Krebszellen nach wiederholter Extrem-Hyperthermie. Untersuchung am Ehrlich-Ascites-Carcinom der Maus. Archiv Geschwulstforschg. 26, 255, 1966.
288. M. von Ardenne – H. Roth – E. Lorenz, Entwicklung, Ausführung und Betriebsverhalten einer neuen Ionen-Zerstäuberpumpe rotations-symmetrischer Bauart. Vakuum-Technik 15, 8, 1966.
289. M. von Ardenne – G. Böhme – J. Elsner, Über Eigenschaften und Einsatz des Elektrokardiotachographen. Dtsch. Ges.wesen 21, 153, 1966.
290. M. von Ardenne – P. G. Reitnauer, Die zwei Arten der therapeutischen Schädigung von Krebszellen. Naturwiss. 53, 88, 1966.
291. M. von Ardenne – P. G. Reitnauer, Zum Dosisspielraum und zur Steigerung der effektiven Wirkdosis im Organismus bei der Krebs-Chemotherapie mit N-Oxyd-Lost. Z. Krebsforschg. 68, 54, 1966.
292. M. von Ardenne – S. Schiller – U. Heisig, Automated electron beams process thin-film components. Electronics 39, 110, 1966.
293. M. von Ardenne – S. Schiller – U. Heisig, Stand und Entwicklungstendenzen der Elektronenstrahltechnologie. Die Technik 21, 257, 1966.
294. M. von Ardenne – P. G. Reitnauer, Bestimmung der Wirkdosis zur in-vitro-Abtötung von Ehrlich-Mäuse-Ascites-Krebszellen durch N-Oxyd-Lost. Acta biol. med. germ. 16, 43, 1966.
295. M. von Ardenne, Syncarcinokolyse in Gestalt der Mehrschritt-Chemotherapie. Vortrag im Heidelberger Krebsforschungszentrum am 25. 9. 1965.
Aktuelle Probleme aus dem Gebiet der Cancerologie. Herausgegeb. von W. Doerr, F. Lindner und G. Wagner. Springer-Verlag. Berlin 1966, S. 128.
296. M. von Ardenne – J. Elsner – W. Krüger – P. G. Reitnauer – F. Rieger, Zur Höhe und Bedeutung des effektiven Glukosespiegels in Tumoren. Klin. Wschr. 44, 503, 1966.
297. M. von Ardenne – W. Krüger, Messungen zur Abhängigkeit der Hexokinase-Aktivität von pH-Wert und Temperatur. Z. Naturforschg. 21b, 373, 1966.
298. M. von Ardenne – F. Rieger, Mathematische in-vivo-Theorie des Gärungsstoffwechsels der Krebsgeschwülste. Z. Naturforschg. 21b, 472, 1966.
299. M. von Ardenne – S. Schiller – U. Heisig – S. Panzer – E. Holzberger, Eine Elektronenstrahl-Bearbeitungsanlage vom 150 kV-Typ. Feinwerktechnik 70, 209, 1966.

300. M. von Ardenne – P. G. Reitnauer, Zur Abhängigkeit des Glucoseverbrauches von Ehrlich-Mäuse-Ascites-Krebszellen in vitro von Temperatur und Hyperthermie-Vorbehandlung. Z. Naturforschg. 21b, 841, 1966.
301. M. von Ardenne – W. Krüger, Messungen zur irreversiblen Schädigung der Atmung von Krebszellen durch Extremhyperthermie. Z. Naturforschg. 21b, 836, 1966.
302. M. von Ardenne – P. G. Reitnauer, Versuche zur Ermittlung der durch Extremhyperthermie an Ehrlich-Mäuse-Ascites-Krebszellen in vitro erreichbaren Schädigungsquoten. Archiv Geschwulstforschg. 27, 236, 1966.
303. M. von Ardenne, Schädigung von Tumorbereichen schlechter und guter Versorgungslage durch Hyperthermie-Teilschritte mit reduziertem bzw. erhöhtem Blut-Glucosespiegel. Naturwiss. 53, 180, 1966.
304. M. von Ardenne – U. Heisig – S. Panzer, Automatisiertes Elektronenstrahl-Abgleichen von Dünnschichtwiderständen mit kontinuierlichem Durchlauf der Bauelemente durch die Bearbeitungskammer. Vortrag U. Heisig, Symposium Intern. Federation of Automatic Control. VDI-VDE Fachgruppe Regelungstechnik. München 1965.
305. M. von Ardenne – S. Schiller – G. Jäger – P. Lenk – H. Schönberg – P. Stein – K. Schmidt – G. Barsikow. Ein Elektronenstrahl-Mehrkammerofen mit einer Leistung von 1700 kW. Freiberger Forschungshefte. Heft B 122, 57, 1966.
306. M. von Ardenne – F. Rieger, Die wichtigsten Aussagen der mathematischen in-vivo-Theorie des Gärungsstoffwechsels der Krebsgeschwülste. Dtsch. Ges.wesen 21, 2412, 1966.
307. M. von Ardenne – W. Krüger, Auffindung eines Bereiches nahezu unendlicher Selektivität zwischen Krebszellen und gesunden Zellen bei der Krebstherapie mit Extremhyperthermie. Naturwiss. 53, 436, 1966.
308. M. von Ardenne – W. Krüger, Atmung von Hühnerembryozellen bei Extremhyperthermie unter erniedrigtem Sauerstoffdruck. Naturwiss. 53, 479, 1966.
309. M. von Ardenne – M. Neumann, Veränderung organischer Lackschichten durch Elektronenbestrahlung. Z. angew. Phys. 21, 196, 1966.
310. M. von Ardenne – U. Heisig, Elektronenoptisches Mikrobearbeitungsgerät, eine Einrichtung zur thermischen und nichtthermischen Elektronenstrahl-Bearbeitung mit elektronenoptischer Abbildung einer inneren Schablone. Z. angew. Phys. 21, 237, 1966.
311. M. von Ardenne – U. Heisig – S. Panzer – K. Jessat – G. Bahr – H. Döhler, Continuous Electron Beam Processing Plant For Plane Thin-Film Resistors. Pergamon Press 5, 255, 1966.
312. M. von Ardenne – E. D. Knebel – H. Wachtel – P. Wiese, Verneuil-Züchtung von Einkristallen mit dem Hochfrequenz-Plasmabrenner. Kristall und Technik 1, 437, 1966.
313. M. von Ardenne – W. Krüger – F. Rieger, Über die in-vitro-Simulation der in-vivo-Bedingungen beim Kohlenhydratstoffwechsel der Krebszellen. Archiv Geschwulstforschg. 29, 36, 1966.
314. M. von Ardenne – P. G. Reitnauer – F. Rieger, Therapeutische Angriffspunkte

im intermediären Stoffwechsel der Krebszelle. Naturwiss. Rdsch. 20, 155, 1967.

315. M. von Ardenne – P. G. Reitnauer, In-vitro-Thermosensibilisierung von Ehrlich-Mäuse-Ascites-Krebszellen durch Vitamin K_3 und K_5. Z. Naturforschg. 22b, 422, 1967.

316. M. von Ardenne – S. Schiller – H. Förster, Zu Problemen der großtechnischen Verdampfung mit Elektronenstrahlen. Elektrowärme 25, 216, 1967.

317. M. von Ardenne – P. G. Reitnauer, Selektive in-vivo-Thermosensibilisierung und Therapie des Ehrlich-Mäuse-Ascites-Karzinoms durch Vitamin-K_3-natrium-bisulfit. Dtsch. Ges.wesen 22, 1879, 1967.

318. M. von Ardenne – F. Rieger, Über das Prinzip der mehrfachen Ausnutzung einer einzigen Selektionsquelle bei der Krebstherapie. Z. Naturforschg. 22b, 958, 1967.

319. M. von Ardenne – P. G. Reitnauer – D. Schmidt, Zur Toxikologie des Vitamin-K_3-natrium-bisulfit und seiner Kombination mit Methylenblau. Arzneim.-Forsch. 17, 1339, 1967.

320. M. von Ardenne – P. G. Reitnauer – F. Rieger, Zur Pharmakokinetik des Vitamin-K_3-natrium-bisulfit als Thermosensibilisator für Krebszellen. Archiv Geschwulstforschg. 30, 284, 1967.

321. M. von Ardenne – P. G. Reitnauer, Überadditive Verstärkung der selektiven Thermosensibilisierung von Krebszellen mit Vitamin K_3 durch Methylenblau. Z. Krebsforschg. 70, 165, 1967.

322. M. von Ardenne – G. Böhme, Technische Möglichkeiten des Messens, Regelns und Steuerns physiologischer und pathophysiologischer Faktoren. Zbl. Chir. 92, 2067, 1967.

323. M. von Ardenne, Vernichtung therapieresistenter Reste von Krebszellen in Tumoren durch Aufgiftung aus cytolysierenden Nachbarzellen anfallender Stoffe bei auf 6,5 herabgesetztem Tumor-pH. 24.10.1967, Originalarbeit.

324. M. von Ardenne – P. G. Reitnauer, Thermosensibilisierung von Ehrlich-Mäuse-Ascites-Krebszellen durch Atobrin. Klinik und Forschg. Dtsch. Ges.wesen 23, 258, 1967.

325. M. von Ardenne – P. G. Reitnauer, Thermosensibilisierung von Ehrlich-Mäuse-Ascites-Krebszellen durch Progesteron. Naturwiss. 54, 496, 1967.

326. M. von Ardenne – H. Großmann – R. Millner – H. Ungar, Ein Ultraschall-Schnittbildgerät. Diagnostic Ultrasound (Congress-Bericht SIEUO-Symp. Intern. E. Diagn. Ultr. Ophthalmologie) II, Brünn 1967.

327. M. von Ardenne – H. Roth – B. Wenzel, Zur Optimierung von Ionenzerstäuberpumpen. Die Technik 1, 25, 1968.

328. M. von Ardenne – P. G. Reitnauer, Selektive Thermosensibilisierung von Ehrlich-Mäuse-Ascites-Krebszellen durch Diathylstilboestrol. Z. Naturforschg. 23b, 350, 1968.

329. M. von Ardenne, Selektionsprinzipien der Elektronik und ihre Anwendung bei der Krebs-Mehrschritt-Therapie-Forschung. Elektromedizin 13, 65, 1968.

330. M. von Ardenne – M. Neumann, Untersuchungen zur nichtthermischen Elektronenstrahlbearbeitung von Haftmasken. Nachrichtentechnik 18, 161, 1968.
331. M. von Ardenne – F. Rieger, Zu den Wegen der Krebstherapie und möglichen Ursachen der Krebsentstehung sowie ihren wechselseitigen Beziehungen. Z. Naturforschg. 23b, 357, 1968.
332. M. von Ardenne – P. G. Reitnauer, Versuche zum Einfluß einer Diät mit erhöhtem Gehalt an mehrfach ungesättigten Fettsäuren auf die Thermosensibilisierung von Krebszellen mit Vitamin K_3. Archiv Geschwulstforschg. 31, 252, 1968.
333. M. von Ardenne – K. Steinfelder – R. Tümmler, Massenspektrometrie von Depsiden, Depsidonen, Pepsonen, Dibenzofuranen und Diphenylblutadienen mit positiven und negativen Ionen. Pergamon Press 24, 2707, 1968.
334. M. von Ardenne – S. Schiller – P. Lenk, Elektronenkanonen mit Leistungen von 5 kW bis 1200 kW und ihre technischen Anwendungen. Kernenergie 11, 81, 1968.
335. M. von Ardenne – S. Schiller – P. Lenk, Elektronenkanonen mit Leistungen von 5 kW bis 1200 kW und ihre technischen Anwendungen. Rev. Int. Hautes Temper. et Refract 5, 121, 1968.
336. M. von Ardenne – J. Böhme – E. D. Knebel, Zu Betriebsweisen und Einsatzmöglichkeiten des Hochfrequenz-Plasmabrenners. Kristall und Technik 3, 79, 1968.
337. M. von Ardenne – H. Großmann – R. Millner, Ultraschall-Focoscan-Anlage zur Aufnahme von A-, B-, C- und 3D-Bildern in der medizinischen Ultraschall-Diagnostik. Nachrichtentechnik 18, 361, 1968.
338. M. von Ardenne – P. G. Reitnauer, Selektive Thermosensibilisierung von Krebszellen durch Kombination von Tumorübersäuerung, organische Lösungsmittel und weiteren Attacken. Z. ärztl. Fortbildg. 62, 840, 1968.
339. M. von Ardenne – W. Krüger, Zum Mechanismus der Thermosensibilisierung von Krebszellen mit Vitamin K_3 durch intrazelluläre Bildung von H_2O_2 und Lipidperoxiden. Acta biolmed. germ. 21, 549, 1968.
340. M. von Ardenne – P. G. Reitnauer, Zur Toxikologie der Attackenkombination Tumorübersäuerung, Tween 80, Äthylalkohol, Diäthylstilboestrol, Vitamin K_3 und 40° C-Hyperthermie bei der Krebs-Mehrschritt-Therapie. Arzneim.-Forschg. 18, 666, 1968.
341. M. von Ardenne – P. G. Reitnauer, Selektive Krebszellenschädigung durch Proteindenaturierung. Dtsch. Ges.wesen 23, 1681, 1738, 1968.
342. M. von Ardenne – F. Rieger, Systemtheoretische Betrachtungen zur Optimierung des Regierens. Studie zur Regierungsstruktur im kybernetischen System der Gesellschaft. Sonderdruck 1969.
343. M. von Ardenne – H. Großmann – R. Millner, Ultraschalldiagnostik-Geräte für die klinisch erprobten Routineverfahren. Dtsch. Ges.wesen 23, 2418, 1968.
344. M. von Ardenne – R. A. Chaplain – F. Rieger, Zur Optimierung eines Rückkopplungsmechanismus für zusätzliche Tumorschädigung nach vorausgegangener Stoßtherapie. Z. Krebsforschg. 72, 258, 1969.

345. M. von Ardenne – P. G. Reitnauer – D. Schmidt, Theoretische Grundlagen und in-vivo-Messungen zur Optimierung der selektiven Übersäuerung von Krebsgewebe. Acta biol. med. germ. 22, 35, 1969.
346. M. von Ardenne – R. A. Chaplain, Selektionssteigerung der strahlentherapeutischen Wirkung durch manipulierte Tumorübersäuerung und Wärme. Naturwiss. 55, 448, 1968.
347. M. von Ardenne, Über mögliche Wege zur zeitweiligen Verstärkung der »optimierten Übersäuerung« von Krebsgewebe in guter Versorgungslage. Acta biol. med. germ. 22, 197, 1969.
348. M. von Ardenne – R. A. Chaplain – P. G. Reitnauer, Selektive Krebszellenschädigung durch eine Attackenkombination mit Übersäuerung. Hyperthermie, Vitamin A, Dimethylsulfoxid und weiteren die Freisetzung lysosomaler Enzyme fördernden Agenzien. Archiv Geschwulstforschg. 33, 331, 1969.
349. M. von Ardenne – J. Dittmann – W. Krüger, In-vitro-Messungen zur Schädigung von Krebszellen in guter Versorgungslage durch die Attackenkombination Vitamin B_2 + 40° C-Hyperthermie. Dtsch. Ges.wesen 24, 630, 1969.
350. M. von Ardenne – J. Dittmann – W. Krüger, Zur zeitweiligen Verstärkung der »optimierten Übersäuerung« von Krebszellen in guter Versorgungslage durch Insulin. Acta biol. med. germ. 23, 873, 1969.
351. M. von Ardenne – P. G. Reitnauer, Über die Möglichkeit des schrittweisen Übergangs von der lokalen Strahlentherapie zur Ganzkörper-Mehrschritt-Therapie des Krebses. Radiobiologia Radiotherapia 10, 145, 1969.
352. M. von Ardenne – R. A. Chaplain – P. G. Reitnauer, In vitro-Messungen zur Schädigung von Krebszellen in guter Versorgungslage durch die Attackenkombination Nordihydroguajaretsäure + 40° C-Hyperthermie ohne und mit der Strahlendosis 1000 r. Archiv Geschwulstforschg. 34, 1, 1969.
353. M. von Ardenne – P. G. Reitnauer, Messungen zur selektiven Krebszellenschädigung in vitro durch Attackenkombination mit Übersäuerung + 40° C-Hyperthermie und verschiedenen Gallensäuren günstiger pH-Abhängigkeit. Arzneim. Forschg. 20, 323, 1970.
354. M. von Ardenne – W. Krüger – O. Prokop – St. Schnitzler, In-vitro-Versuche zur Gestaltung einer immunochemischen Attacke mit Anti-A_{HP} im Rahmen des »Krebs-Mehrschritt-Therapie«-Konzeptes. Dtsch. Ges.wesen 24, 588, 1969.
355. M. von Ardenne – St. Schnitzler – O. Prokop, Demonstration of N-acetyl-D-galactosamine in Tumor Cells by the Immunofluorescence Technique. Naturwiss. 56, 285, 1969.
356. M. von Ardenne – R. A. Chaplain – P. G. Reitnauer, In-vivo-Versuche zur Krebs-Mehrschritt-Therapie mit der Attackenkombination Optimierte Tumorübersäuerung + Hyperthermie + schwache Röntgenbestrahlung. Dtsch. Ges.wesen 24, 924, 1969.
357. M. von Ardenne, Über die Bedeutung der Schädigungs-Kettenreaktion im Rahmen des »Krebs-Mehrschritt-Therapie«-Konzeptes. Klin. Wschr. 47, 647, 1969.

358. M. von Ardenne – J. Elsner – G. Stelzer, Cardiac Monitoring with a new Electrokardiotachograph. Tagung Elektronik in der Medizin. 9. bis 12. Oktober 1968 in Ljubljana.

359. M. von Ardenne, Ausschnitte aus neueren Pionierentwicklungen des Forschungsinstituts Manfred von Ardenne. Feingerätetechnik 18, 451, 1969.

360. M. von Ardenne, Kettenreaktion der Krebszellenabtötung – Stand der Forschung am »Krebs-Mehrschritt-Therapie«-Konzept. Elektromedizin 14, 184, 1969.

361. M. von Ardenne – S. Reball, Die Dokumentenflut und die Wege zur Überwindung der gegenwärtigen Informationskrise. Informatik 16, 21, 1969.

362. M. von Ardenne – L. Haase – R. Pochert – W. Roggenbuck – P. Wiese, Zum Plasmaschmelzschneiden von unlegierten Baustählen mit Plasmafeinstrahlbrenner. Schweißtechnik 19, H. 10, 1969.

363. M. von Ardenne – R. A. Chaplain, In-vivo-Versuche zur Krebs-Mehrschritt-Therapie mit »auslösender« Attacke durch Vitamin A + Dimethylsulfoxyd. Z. inn. Med. 24, 609, 1969.

364. M. von Ardenne – R. A. Chaplain – O. Prokop, In-vivo-Versuche zur Krebs-Mehrschritt-Therapie mit »auslösender« Attacke durch Immunantikörper. Dtsch. Ges.wesen 24, 1589, 1969.

365. M. von Ardenne – P. G. Reitnauer, Theoretische Betrachtungen zur Optimierung der »auslösenden« Attacke im Rahmen der Krebs-Mehrschritt-Therapie. Z.ärtzl. Fortbild. 63, 965, 1969.

366. M. von Ardenne – R. A. Chaplain – P. G. Reitnauer, In-vitro- und in-vivo-Versuche zur Krebs-Mehrschritt-Therapie mit »auslösender« Attacke durch alkylierende Zytostatika. Dtsch. Ges.wesen 24, 1781, 1969.

367. M. von Ardenne – G. Böhme – P. G. Reitnauer, Methodik zur kontinuierlichen Schnellmessung und Einregelung vorbestimmt erhöhter Blutglukosekonzentration. Z. med. Labortechn. 10, 306, 1969.

368. M. von Ardenne – R. A. Chaplain, Hochprozentige Heilung eines spontanen Mamma-Carcinoms der Maus durch Krebs-Mehrschritt-Therapie. Naturwiss. 56, 464, 1969.

369. M. von Ardenne – P. G. Reitnauer – K. Rohde – H. Westmeyer, In-vivo-pH-Messungen in Krebs-Mikrometastasen bei optimierter Übersäuerung. Z. Naturforschg. 24b, 1610, 1969.

370. M. von Ardenne – J. Elsner – H. Großmann, Über den Nachweis der Darmperistaltik beim Menschen mit Ultraschall. Z. Exper. Chirurgie 2, 380, 1969.

371. M. von Ardenne, Die selektive Verstärkung einer primären Krebszellenschädigung als Fundamentalprozeß der Krebs-Mehrschritt-Therapie. Vortrag 12.10.1969 Turin. III. Simposio internazionale sul trattamento loco regionale dei tumori.

372. M. von Ardenne, The selective amplification of primary cancer cell damage as a basic mechanism of the multistep cancer therapy.
Vortrag 12.10.1969 Turin. III. Simposio internazionale sul trattamento loco regionale dei tumori.

373. M. von Ardenne – H. U. Röhner – W. Braun – W. Buchholz – J. Barth – H. Schmoranzer – H. Hartmann – D. Kipping – R. Ludewig – H. Nitzschner – H. Standau, Beobachtungen und Meßergebnisse bei Durchführung der Doppelattacke des Krebs-Mehrschritt-Therapie-Konzeptes an gesunden Menschen. Dtsch. Ges.wesen 25, 333, 1970.
374. M. von Ardenne – R. A. Chaplain, In-vivo-Versuche zur Krebs- bzw. Metastasenprophylaxe mit ein- und zweimaliger Verstärkung künstlich stimulierter unspezifischer Immunabwehr. Dtsch. Ges.wesen 25, 861, 1970.
375. M. von Ardenne – S. Reball, Zur Problematik der Informationsaufbereitung. Informatik 17, 23, 1970.
376. M. von Ardenne, Der pH-gesteuerte Grundprozeß der generellen Autolyse nach Eintritt des Todes. Naturwiss. 57, 43, 1970.
377. M. von Ardenne, Physik und Verbundbaustoffe. Wiss. Z. der Hochsch. f. Architektur u. Bauwesen 17, 323, 1970.
378. M. von Ardenne – P. G. Reitnauer, Übersäuerungsgrenze und pH der Tumorzelle in ihrer Beziehung zur Krebs-Mehrschritt-Therapie. Acta biol. med. germ. 25, 483, 1970.
379. M. von Ardenne – O. Prokop – J. Fleischer – St. Schnitzler – W. Krüger – B. A. Lapin – H. A. Annenkow – N. S. Assanow – V. I. Kolodin, Untersuchungen an Rhesusaffen über die Verträglichkeit von gereinigten Anti-A_{HP}-Präparationen. Dtsch. Ges.wesen 25, 817, 1970.
380. M. von Ardenne – P. G. Reitnauer, Zur Wirkung wiederholter Hyperthermie auf das Ehrlich-Aszites-Karzinom der Maus. Archiv. f. Geschwulstforschg. 35, 369, 1970.
381. M. von Ardenne – R. A. Chaplain – P. G. Reitnauer – K. Rohde, pH-Messungen im Innern und in der Nähe optimiert übersäuerter Mikrometastasen verschiedener Größe. Acta biol. med. germ. 25, 671, 1970.
382. M. von Ardenne – P. G. Reitnauer, pH-Messungen im Gehirn und Doppelattacke des Krebs-Mehrschritt-Therapie-Konzeptes. Die Möglichkeit der Einbeziehung des Gehirns in den therapeutisch erfaßbaren Bereich des Organismus bei der Krebs-Mehrschritt-Therapie. Klin. Wschr. 48, 658, 1970.
383. M. von Ardenne – P. G. Reitnauer – K. Rohde, Messungen des pH-Verlaufs im Großhirn der Ratte bei Eintritt des Todes aus verschiedener Ursache. Dtsch. Ges.wesen 25, 1677, 1970.
384. M. von Ardenne – R. A. Chaplain, Vorteile der durch Krebs-Mehrschritt-Therapie erzielbaren Lyse eines Primärtumors. Naturwiss. 57, 197, 1970.
385. M. von Ardenne – H. G. Lippmann, Über Maßnahmen zur Verträglichkeitserhöhung der Doppelattacke des Krebs-Mehrschritt-Therapie-Konzeptes. Dtsch. Ges.wesen 25, 1685, 1970.
386. M. von Ardenne – W. Krüger, Bindungsverhalten von Humanserumalbumin für Desoxycholsäure. Untersuchung zum Prinzip des Schleppens von Zellgift selektiv in Krebsgewebe. Arzneim.-Forschg. 21, 65, 1971.
387. M. von Ardenne – P. G. Reitnauer, Erythembildung als Folge der Zellschädigungs-Kettenreaktion mit Aufgiftung lysosomaler Enzyme beim niedrigen

Haut-pH. Erythemvermeidung bei Krebs-Mehrschritt-Therapie durch Hyperthermie mit Zweikammerwanne. Z. Naturforschg. 25b, 872, 1970.

388. M. von Ardenne – R. A. Chaplain, Versuche zu Möglichkeiten der Einwirkung auf das körpereigene Immunsystem von Ratten im Rahmen der Krebs-Mehrschritt-Therapie. Archiv f. Geschwulstforschg. 36, 237, 1970.

389. M. von Ardenne – R. A. Chaplain, Zur Wirkungsstärke von Attacken und Attackenkombinationen des Krebs-Mehrschritt-Therapie-Konzeptes beim spontanen Mammakarzinom der Maus. Dtsch. Ges.wesen 25, 1776, 1970.

390. M. von Ardenne, Verstärkte lysosomale Zytolyse-Kettenreaktion durch zeitweilige Erhöhung des Lysosomengehaltes in Krebszellen. Naturwiss. 57, 360, 1970.

391. M. von Ardenne, Selektive Auslösung von Krebszellen-Zytolyse durch Pinozytose mit nachfolgender intralysosomaler Verdauung des mit Zellgift beladenen Vehikels. Z. Naturforschg. 25b, 897, 1970.

392. M. von Ardenne – P. G. Reitnauer, Therapie-Ergebnisse beim DS-Karzinosarkom der Ratte durch Krebs-Mehrschritt-Therapie ohne immunologische Attacke. Archiv f. Geschwulstforschg. 36, 319, 1970.

393. M. von Ardenne, Die in-vivo-Größe der aeroben Glykolyse als Hauptparameter des Stoffwechselunterschiedes zwischen Normalzellen und Krebszellen. Klin. Wschr. 48, 1397, 1970.

394. M. von Ardenne, Über die Existenz einer Blut-Nerven-Schranke. Z. Naturforschg. 25, 1492, 1970.

395. M. von Ardenne, Ferdinand Braun, Enzyklopädie »Die Großen der Weltgeschichte«, Band IX, Kindler-Verlag 1970.

396. M. von Ardenne, Die Curies. Enzyklopädie »Die Großen der Weltgeschichte«, Band IX, Kindler-Verlag 1970.

397. M. von Ardenne – P. G. Reitnauer – K. Rohde, Erhaltung der optimierten Tumorübersäuerung auch bei Erhöhung des Sauerstoffpartialdruckes der Inspirationsluft. Originalarbeit 20.4.1970.

398. M. von Ardenne – S. Panzer – B. Förster – K. Gaber, Elektronenstrahl-Legierungsdotierung von Silizium. Feingerätetechn. 20, 43, 1971.

399. M. von Ardenne – P. G. Reitnauer, Therapie-Ergebnisse beim DS-Karzinosarkom der Ratte durch Krebs-Mehrschritt-Therapie mit ergänzender immunologischer Attacke. Z. Krebsforschg. 75, 99, 1971.

400. M. von Ardenne, Über die Lösung des Selektivitätsproblems Normalgewebe – Krebsgewebe bei der Krebs-Mehrschritt-Therapie. Mitteilung vom 20.1.1971.

401. M. von Ardenne – H. G. Lippmann, Größe und zeitweilige Erhöhung der Herz-Kreislauf-Reserven des menschlichen Organismus. Z. inn. Med. 26, 149, 1971.

402. M. von Ardenne – R. A. Chaplain, Die Belastungskrise durch Tumorabbauprodukte nach Krebs-Mehrschritt-Therapie und ihre Minderung durch Erhöhung der α_2-Globulinfraktion. Z. inn. Med. 26, 175, 1971.

403. M. von Ardenne – R. A. Chaplain, Prophylaktische Aspekte der Doppelattacke des Krebs-Mehrschritt-Therapie-Konzeptes. Archiv f. Geschwulstforschg. 37, 4, 1971.

404. M. von Ardenne – P. G. Reitnauer – K. Rohde, Vergleich von Ifosfamid mit Cyclophosphamid bei der Therapie des DS-Karzinosarkoms der Ratte. Archiv f. Geschwulstforschg. 38, 15, 1971.

405. M. von Ardenne – R. A. Chaplain, The Inhibitory Effect of B-Group Vitamins on the Incidence of Tumour Metastases. Naturwiss. 58, 221, 1971.

406. M. von Ardenne – B. Kern, Der Herzinfarkt als Folge der lysosomalen Zytolyse-Kettenreaktion. Dtsch. Ges.wesen 26, 1769, 1971.

407. M. von Ardenne – P. G. Reitnauer, Messungen zu Elementarvorgängen des Herzinfarktes. Cardiol. Bull. Acta cardiolog. H. 4/5, 51, 1971.

408. M. von Ardenne, Revolutionierung des Weltgesundheitswesens als Folge internationaler Abrüstung auf dem Gebiet der ABC-Waffen. Konferenz der Weltföderation der Wissenschaftler vom 21. bis 23. November 1971 in Berlin.

409. M. von Ardenne – H. G. Lippmann, Hauptursache und Verringerung der Wirkungsschwankung bei oraler Gabe von g-Strophanthin. Cardiol. Bull. Acta cardiolog. H. 4/5, 167, 1971.

410. M. von Ardenne – P. G. Reitnauer – K. Rohde, Zum pH-Verhalten des Myokards und seiner Bedeutung für Herzinfarkt und Krebs-Mehrschritt-Therapie. Wiener klin. Wschr. 84, 47, 1972.

411. M. von Ardenne – P. G. Reitnauer, In-vitro-Grundversuch zur Verkürzung der Hyperthermiedauer bei der Krebs-Mehrschritt-Therapie. Auslösung der lysosomalen Zytolyse-Kettenreaktion durch Übersäuerung + Hyperthermie und ihre Fortsetzung nach Hyperthermieende. Archiv f. Geschwulstforschg. 38, 264, 1971.

412. M. von Ardenne, Verschiedene Varianten einer Krebs-Mehrschritt-Prophylaxe. Vortrag Montreux, 11. September 1971. Protectio vitae 16, 248, 1971.

413. M. von Ardenne, Krebserkrankung und körpereigene Krebsabwehr. Gesetzmäßigkeiten und Mechanismen der unspezifischen Krebsabwehr als Wegweiser für die Krebsprophylaxe und für die Optimierung der immunologischen Attacke im Rahmen der Krebs-Mehrschritt-Therapie. Naturwiss. Rdsch. 24, 520, 1971.

414. M. von Ardenne, Entzündung und lysosomaler Zytolyse-Mechanismus. Umschau, 73, 172, 1973.

415. M. von Ardenne – F. Rieger, Über den Einfluß der biologischen Variabilität auf den Schädigungsablauf von lysosomaler Zytolyse und Zytolyse-Kettenreaktion. Archiv f. Geschwulstforschg. 40, 51, 1972.

416. M. von Ardenne – H. G. Lippmann, O_2-Mehrschritt-Sauna. Programmierung und Kreislauf-Meßergebnisse. Z. Physiother. 25, 349, 1972.

417. M. von Ardenne, »Intensivierte O_2-Mehrschritt-Therapie« als lokalisiert und generalisiert anwendbarer Fundamentalprozeß. Einsatzbeispiel mit dem Ergebnis anhaltender Renormalisierung der Blutdruckwerte bei hypotonischen Dysregulationen. Z. Physiotherapie 25, 341, 1973.

418. M. von Ardenne, Über die Methode der intensivierten O_2-Mehrschritt-Prophylaxe gegen Krebs bzw. Krebsmetastasen. Techn. Med. 2, 91, 1972.

419. M. von Ardenne, Die Bedeutung der Elektronenmikroskopie für die Gestal-

tung einer hochselektiven Waffe gegen den Krebs. Wiss. Z. d. TU Dresden 20, 337, 1971.

420. M. von Ardenne, Intensivierte O_2-Mehrschritt-Gymnastik – eine universale Prophylaxe gegen O_2-Mangelkrankheiten. Z. Physiotherapie 25, 81, 1973.

421. M. von Ardenne – R. A. Chaplain, The use of [^{125}J] – labelled helix agglutinines as a possible method for the early diagnosis of tumor and metastatic growth. Naturwiss. 59, 278, 1972.

422. M. von Ardenne – F. Rieger, Theoretische und experimentelle Grundlagen zur außergewöhnlichen Pharmakokinetik des g-Strophanthins. Arzneimittel-Forschg. 22, 1845, 1972.

423. M. von Ardenne – H. G. Lippmann, QT_c-Zeit-Messungen zum Beginn der Schutzwirkung verschiedener Herzglykoside bei oraler Applikation. Perlinguale Gabe mit sehr hoher Resorption von g-Strophanthin als Prophylaxe und als Schnelltherapie zur Myokardinfarkt-Bekämpfung in der Notsituation vor Einsatz ärztlicher Hilfe. Cardiol. Bull. Acta cardiolog., Heft 6/7, 1, 1972/1973.

424. M. von Ardenne, Krebszellkinetik und Krebs-Mehrschritt-Therapie. Z. Naturforschg. 27b, 1547, 1972.

425. M. von Ardenne – H. Möschwitzer – K. Gaber, Probleme der Großintegration. Nachrichtentechn. 22, 39, 1972.

426. M. von Ardenne, Über die multivalente Nutzbarkeit der Krebs-Mehrschritt-Therapie-Einrichtung. Medizintechnik 12, 1972, A, H.2.

427. M. von Ardenne, Die Erhöhung des Leistungs- und Lebensalters der Menschen durch die künftige multidisziplinäre Medizin. Technological Forecasting and Change 4, 101, 1972.

428. M. von Ardenne, Das Konzept der Krebs-Mehrschritt-Therapie mit Optimaldistanz-Nachtherapie. Mitteilung vom 1.9.1972. Bereich Krebsforschung IvA.

429. M. von Ardenne, Informationskrise und interdisziplinäre Forschung. Technik 27, 430, 1972.

430. M. von Ardenne, Selective Multiphase Cancer Therapy: Conceptual Aspects and Experimental Basis.
Advances in Pharmacology and Chemotherapy 10, 339, 1972.

431. M. von Ardenne – P. G. Reitnauer, Diabetogene Schädigung des Gehirns (Erwiderung zur Arbeit von H. Woßmann und V. Moritz. Dtsch. Ges.wesen 27, H. 38, 1972). Dtsch. Ges.wesen 28, 376, 1973.

432. M. von Ardenne – F. Rieger, Über die Bestimmung der onkokinetischen Sensibilität. Archiv Geschwulstforschg. 42, 17, 1973.

433. M. von Ardenne, Versuche mit einem O_2-Mehrschritt-Prozeß anhaltender Wirkung gegen Hypotonie. Z. f. Naturheilkde. 25, 59, 1973.

434. M. von Ardenne, Über einen O_2-Mehrschritt-Prozeß anhaltender Wirkung gegen regulatorisch bedingte Hypotonie. Klin. Wschr. 51, 565, 1973.

435. M. von Ardenne, Optimaldistanz-Nachtherapie mit multiplikativer Wirkung. Archiv Geschwulstforschg. 42/3, 240, 1973.

436. M. von Ardenne – P. G. Reitnauer, Lysosomaler Zytolysemechanismus und Myokardinfarkt. Card. Bull.-Acta cardiol. 6/7, 137, 1972/1973.

437. M. von Ardenne, Zyklussynchronisierung von aus der H_0-Fraktion in die proliferative Fraktion übergeleiteten Krebszellen. Ein weiterer Schritt im Krebs-Mehrschritt-Therapie-Konzept 1973. Naturwiss. 60, 483, 1973.
438. M. von Ardenne, Erinnerungen aus der Frühgeschichte des Fernsehens. Vortrag a. d. 1. Jahrestagg. d. Fernseh- u. Kinotechn. Ges., Berlin, 8.10.1973. – Fernseh- u. Kinotechn. 27, 383, 1973.
439. M. von Ardenne – R. A. Chaplain, The inhibitory effect of alpha-2-macroglobulin on tumour growth.
Experientia 29, 1271, 1973.
440. M. von Ardenne – F. Rieger, Letter to the editor concerning. P. M. Gullino, R. H. Lanzerotti: Mammary Tumor Regression. II. Autophagy of neoplastic cells. (Cancer Res. 49, 5, 1349, 1972). J. Nat. Cancer Inst., 1973.
441. M. von Ardenne, Krebs-Mehrschritt-Therapie mit langzeitig stimulierter natürlicher Hyperthermie der Krebsgewebe und Ausdehnung des Intervalls der Zytolyse-Kettenreaktion auf etwa 20 Stunden. Prinzip der Ganzkörper-Fraktionierungshyperthermie. Vortrag a. d. Congr. Cardiologie u. Med. Onkologie, Baden-Baden, 1.11.1973.
442. M. von Ardenne, Die Stimulierung des Stoffwechsels der Zellen als Waffe gegen Krankheiten und Krisenzustände. Plenarvortrag X. Intern. Conf. on Med. and Biolog. Engineerg. Dresden, 15.8.1973. Phys. Med. Rehabilitation 14, 321, 1973.
443. M. von Ardenne, Prinzipien und Konzept 1973 der »Krebs-Mehrschritt-Therapie« mit Optimaldistanz-Nachtherapie. Therapie der Gegenwart 113, 48, 194, 1974. – Agressologie 14, 225, 1973.
444. M. von Ardenne, Anwendungsformen der Krebs-Mehrschritt-Therapie. Dtsch. Ges.wesen 29, 835, 1974.
445. M. von Ardenne – F. Rieger, Über die proliferationsbestimmenden Versorgungsradien der Tumorkapillaren für Glukose und Sauerstoff. Mathematische in-vivo-Theorie zur Begründung des Krebs-Mehrschritt-Therapie-Konzeptes 1973. Originalarbeit, 1974.
446. M. von Ardenne – F. Rieger, Tumorzellbilanzen und Substratversorgung. Mathematische in-vivo-Theorie zur Begründung des Krebs-Mehrschritt-Therapie-Konzeptes 1973. Archiv Geschwulstforschg. 44, 25, 1974.
447. M. von Ardenne, In-vivo-Gewinnung von Richtwerten über O_2-Mangelzustände und Therapiewirkungen in erkrankten Körpergeweben durch pO_2-Messung mit Mikroelektroden. Z. med. Labortechn. 17, 116, 1976.
448. M. von Ardenne – P. G. Reitnauer, Messung des zeitlichen pO_2-Verlaufes in Geschwülsten als vielseitig nutzbare Methodik bei der Krebsbekämpfung. Oncology 29, 364, 1974.
449. M. von Ardenne – P. G. Reitnauer, Verstärkung der mit Glukoseinfusion erzielbaren Tumorübersäuerung in vivo durch DL-α-Liponsäure. Intensivierung von Wachstum und Glykolyse. Krebsgeschehen 6, 25, 1974.
450. M. von Ardenne, Über eine Methode zur Schnellbeseitigung zerebraler Durchblutungsschwäche. Ein universales therapeutisches Prinzip zur Milderung lokaler Durchblutungsstörungen. Z. Alternsforschg. 29, 299, 1975.

451. M. von Ardenne – R. Tümmler, EA-massenspektrographische Untersuchung zum schnellen Inaktivwerden des Herzglykosides g-Strophanthin. Arzneimittel-Forschg. 24, 1847, 1974.
452. M. von Ardenne – A. von Ardenne, Pharmakokinetische Aspekte zur Krebsgewebsschädigung durch Cancerostatica. Arzneimittel-Forschg. 25, 863, 1975.
453. M. von Ardenne – P. G. Reitnauer, Versuche zur lysosomalen Zytolyse-Kettenreaktion der Krebszellenschädigung. Z. Naturforschg. 29 c, 425, 1974.
454. M. von Ardenne – R. Tümmler, Stand und spezifische Anwendungen der Elektronen-Anlagerungs(= EA)-Massenspektrographie. Atomkernenergie 24, 145, 1974.
455. M. von Ardenne – P. G. Reitnauer, Bedingungsmatrix für die Konzeption neuer Cancerostatica mit Aktivierung in optimiert übersäuerten Krebsgeweben. Archiv Geschwulstforschg. 45, 34, 1975.
456. M. von Ardenne, Krebszellenwachstum und Therapiewirkung. Festvortrag zum DDR-Gynäkologenkongreß in Halle vom 9. bis 12.5.1972. Wiss. Z. Univ. Halle XXIII'74 M, H. 1, S. 137–140.
457. M. von Ardenne, Über einen behinderungsarmen O_2-Applikator mit geringem O_2-Verlust. Entwicklung für O_2-Mehrschritt-Therapie während des Schlafens, Intensivpflegestationen, Erleichterung der Hitzearbeit und weitere Zwecke. Dtsch. Ges.wesen 29, 1441, 1974.
458. M. von Ardenne – G. Böhme, Technik der O_2-Applikation. Vergleich verschiedener Applikationsarten von O_2-angereicherter Atemluft. Technik 29, 780, 1974.
459. M. von Ardenne – S. Schiller, Elektronenstrahlerwärmung. Elektrowärme – Theorie und Praxis, S. 745. Verlag W. Girardet. Essen 1974.
460. M. von Ardenne, Theoretische Aspekte der Bekämpfung von Krebs-Rezidiven. Wien. Klin. Wschr. 87, 7, 1975.
461. M. von Ardenne – A. von Ardenne, Gesetzmäßigkeiten der Substratversorgung der Zellkinetik und der Therapiemechanismen im Interkapillarraum der Krebsgewebe. Z. Naturforschg. 30 c, 91, 1975.
462. M. von Ardenne – A. von Ardenne, Mesenchym-Theorie der Resistenzausbildung bei Wiederholung von Krebs-Therapieprozessen. Archiv Geschwulstforschg. 45, 268, 1975.
463. M. von Ardenne – P. G. Reitnauer, Verstärkung der mit Glukoseinfusion erzielbaren Tumorübersäuerung in vivo durch Amygdalin und β-Glukosidase. Archiv Geschwulstforschg. 45, 135, 1975.
464. M. von Ardenne – A. von Ardenne, Gesetzmäßigkeiten der Substratdiffusion im Interkapillarraum des Myokard. Card. Bull. – Acta cardiolog., Heft 10/11, 143, 1975.
465. M. von Ardenne, Prinzipien und Konzept 1974 der »Krebs-Mehrschritt-Therapie«. Radiobiol. Radiother. 16, 99, 1975.
466. M. von Ardenne, Die selektive Schädigung der Krebsgewebe-Kapillaren als Teilziel des Konzeptes 1974 der Krebs-Mehrschritt-Therapie. Radiobiol. Radiother. 16, 717, 1975.

467. M. von Ardenne, Die O_2-Mehrschritt-Methodik als Ergänzung der Standard-Therapie gegen Energiebilanzstörungen des Gehirns. Psychiatrie, Neurologie u. med. Psychologie, 28, 690, 1976.
468. M. von Ardenne, Messungen zur Wirksamkeit von perlingual gegebenem g-Strophanthin nach der Methode des kardialen Anspannungs-index. Card. Bull.-Acta cardiol. Heft 10/11, 3, 1975.
469. M. von Ardenne – P. G. Reitnauer, Nachweis krebshemmender Eigenschaften einer stark immunstimulierenden Verbindung kleiner Molekülmasse. Arzneimittel-Forschg. 25, 1369, 1975.
470. M. von Ardenne, Wege zur Erhaltung der geistig-schöpferischen Leistungsfähigkeit bis ins höhere Alter. Z. Alternsforschg. 29, 373, 1975.
471. M. von Ardenne – P. G. Reitnauer, Therapie des DS-Carcinosarkoms der Ratte mit Ifosfamid/Dimethylsulfoxid. Pharmazie 30, 602, 1975.
472. M. von Ardenne – R. Mahrwald – P. G. Reitnauer, CMT-Selectine, ein neuer Typ selektiver Cancerostatica und Pharmaka mit Transportform-Aufgiftung an körpereigenen Enzymen in hoch übersäuerten Krebsgeweben. Krebsgeschehen 7, 79, 1975.
473. M. von Ardenne – W. Krüger, Nachweis der Immunstimulation bei der Maus durch eine neue Substanz kleiner Molekülmasse. Archiv Geschwulstforschg. 45, 572, 1975.
474. M. von Ardenne, Vereinfachung der Krebs-Mehrschritt-Therapie durch induzierte Spontanhyperthermie. Krebsgeschehen 8, 26, 1976.
475. M. von Ardenne – P. G. Reitnauer, Anti-Krebsmittel mit Aktivierung im hoch übersäuerten Krebsgewebe. Anti cancer agents with activation in strongly hyperacidified tumor tissue: CMT Selectines. Agressologie 17, 261, 1976.
476. M. von Ardenne, Zellkinetische Aspekte zur Erfassung größerer Krebszellanteile durch Therapiestöße. Radiobiol. Radiother. 20, 184, 1979.
477. M. von Ardenne – A. von Ardenne, Berechnung des pH-Profils im Interkapillarraum der Krebsgewebe für die Fälle mit und ohne Langzeit-Glukose-Infusion. Res. exp. Med. 171, 177, 1977.
478. M. von Ardenne – H. Grossmann, Einsatzmöglichkeiten der Ultraschall-Untersuchung in der Tumordiagnostik und der Verlaufskontrolle tumortherapeutischer Maßnahmen. Dtsch. Ges.wesen 31, 789, 1976.
479. M. von Ardenne – W. Krüger – P. G. Reitnauer, Quantitation of Free β-Glucuronidase Activity in Several Tumors of Rats. pH-dependent activity gain and enzyme concentration gain using CMT-Selectine anticancer drugs. Agressologie 18, 135, 1977.
480. M. von Ardenne, Zellkinetische und pharmakokinetische Aspekte bei Einsatz und Weiterentwicklung von Cancerostatica.
Cell-kinetic and Pharmacokinetic Aspects in the Use and Further Development of Cancerostatic Drugs. Progress in Drug Research 20, 521, 1976.
481. M. von Ardenne – P. G. Reitnauer, Temperaturmessungen an der Ratte zu Problemen der Krebs-Mehrschritt-Therapie. Österr. Z. f. Onkologie 3, 40, 1976.

482. M. von Ardenne – P. G. Reitnauer, Einfluß der Glykolysestimulierung und der dadurch erzeugten Tumorübersäuerung auf die Krebszellenproliferation. Radiobiol. Radiother. 20, 40, 1979.

483. M. von Ardenne, Research on the Mechanism of Myocardial Infarctions and on Counteracting Measures. A New Galenic Form of the Fast Acting g-Strophanthin Agressologie 19, 13, 1978.

484. M. von Ardenne, Experimente gegen den Herzinfarkt. Renaissance des Herzmittels g-Strophanthin. Originalarbeit, 1976.

485. M. von Ardenne – P. G. Reitnauer, Verstärkung der mit Glukoseinfusion erzielbaren Tumorübersäuerung in vivo durch NAD. Archiv Geschwulstforschg. 46, 197, 1976.

486. M. von Ardenne – P. G. Reitnauer, Zum zeitlichen Verlauf der cancerostatischen Wirkung von Ifosfamid. Onkologie 1, 165, 1978.

487. M. von Ardenne – A. von Ardenne – W. Krüger, Messungen und Berechnungen zur Aglykon-Freisetzung der CMT-Selectine an β-Glucuronidase beim pH 6. Acta biol. med. germ. 36, 1199, 1977.

488. M. von Ardenne, Lysosomenbildung als Reizantwort des Herzmuskels auf O_2-Mangel. Cardiol. Bull. Acta cardiol. H. 14/15, 165, 1977.

489. M. von Ardenne – W. Krüger, Versuche zur Spaltung von β-D-Glucuroniden mit cancerotoxisch wirksamen Aglykonen bei pH 6. Eine echte Realisierungsmöglichkeit des Transportform-Wirkform-Prinzips. Vortrag auf dem 1. Symposium für klinische Pharmakologie, Dresden, 7.–10.12.1976, Zbl. Pharm. 116, 563, 1977.

490. M. von Ardenne – P. G. Reitnauer, Tumor-pH und pH-abhängige Giftung von Krebs-Chemotherapeutika. Pharmazie 32, 74, 1977.

491. M. von Ardenne, Stand der Forschungen zur Entwicklung der Krebs-Mehrschritt-Therapie. Vortrag am 27.4.1976 im Zentralinstitut für Mikrobiologie und experimentelle Therapie. Jena.

492. M. von Ardenne – P. G. Reitnauer – R. Tümmler, Hohe wirkungssichere Invasionsstromstärke von perlingual gegebenem g-Strophanthin. Cardiol. Bull. Acta cardiol. H. 12/13, 55, 1976.

493. M. von Ardenne, Synergistische therapeutische Wirkung von selektiver Lokalhyperthermie und selektiver optimierter Übersäuerung gegen Tumoren. Therapie der Gegenwart 116, 1299, 1977.

494. M. von Ardenne, Prinzipien und Konzept 1977 der Krebs-Mehrschritt-Therapie. Archiv Geschwulstforschg. 48, 504, 1978.

495. M. von Ardenne – Th. von Ardenne – G. Böhme, Dekawellen-Rasterhyperthermie. Ein neues Diathermieverfahren mit homogenisierter Energiezufuhr und sehr hoher Tiefenwirkung im Körpergewebe. Z. Physiotherapie 29, 225, 1977.

496. M. von Ardenne – H. Berg – H. Fritzsche – P. G. Reitnauer – R. Tümmler, Physikochemische Analyse der Hydrolyse von N-(2-Cyanäthylen-)harnstoff. J. prakt. Chemie 319, 848, 1977.

497. M. von Ardenne – P. G. Reitnauer, Über die bisherigen Befunde der langzeiti-

gen chemischen Stimulierung des Immunsystems mit Derivaten des N-(2-Cyanäthylen-)harnstoff. Ein Beitrag zum BA_1-Effekt. Arzneimittel-Forschg. 27, 1701, 1977.

498. M. von Ardenne – J. Quandt – P. G. Reitnauer, Zur Problematik der Strophanthin-Therapie zerebrovaskulärer Störungen. Wien. Med. Wschr. 127, 34, 1977.

499. M. von Ardenne – Th. von Ardenne – G. Böhme – P. G. Reitnauer, Selektive Lokalhyperthermie der Krebsgewebe. Homogenisierte Energiezufuhr auch in tief liegende Gewebe durch Hochleistungs-Dekawellen-Spulenfeld + Rasterbewegung des Doppelsystemes. Arch. Geschwulstforschg. 47, 487, 1977.

500. M. von Ardenne – G. Böhme – E. Kell – P. G. Reitnauer, Die Bedeutung der Wärmeleitung für die therapeutischen Grenzen der selektiven Lokalhyperthermie von Krebsgeweben. Radiobiol. Radiother. 20, 529, 1979.

501. M. von Ardenne – G. Böhme – E. Kell, Die Optimierung der Lokalhyperthermie von Tumoren auf der Basis eines neuen Hochfrequenzverfahrens. Originalarbeit, 1977. – On the Optimization of Local Hyperthermy in Tumors Based on a New Radiofrequency Procedure. CMT Selectotherm Method. J. Cancer Res. Clin. Oncol. 94, 163, 1979.

502. M. von Ardenne, On a new physical principle for selective local hyperthermy of tumor tissues. In: Cancer-Therapy by Hyperthermia and Radiation. (Herausgeb.: C. Streffer. Urban u. Schwarzenberg, München, 1978) [Vortrag auf dem 2nd Intern. Symp. on Cancer Therapy by Hyperthermia and Radiation. Essen. 3.6.1977].

503. M. von Ardenne, Permanente Wiederanhebung von in höherem Lebensalter abgesunkenem arteriellen pO_2. Technik in der Medizin 7, 97, 1977.

504. M. von Ardenne, Über die neue Lage bei der Anwendung des perlingual gegebenen g-Strophanthins. Physikal. Med. u. Rehabil. 18, 466, 1977.

505. M. von Ardenne, Die Hemmung der Mikrozirkulation beim Myokardinfarkt und das perlingual applizierte g-Strophanthin. Arzneimittel-Forschg. 28, 2315, 1978.

506. M. von Ardenne – W. Krüger, Local tissue Hyperacidifiation and lysosomes. In: J. T. Dingle – P. Jacques, Lysosomes in Applied Biology and Therapeutics. Elsevier/North-Holland, Amsterdam 1978.

507. M. von Ardenne – P. G. Reitnauer, Gewebe-Übersäuerung und Mikrozirkulation. Archiv Geschwulstforschg. 48, 729, 1978.

508. M. von Ardenne – P. G. Reitnauer, Über manipulierte Übersäuerung autochthoner Tumoren. Onkologie 1, 85, 1978.

509. M. von Ardenne, Zur Geschichte der Rasterelektronenmikroskopie und der Elektronenmikrosonde. Vortrag am 12.10.1977 im Zentralinst. f. Festkörperphysik und Werkstofforschung (magnet. Werkstoffe), Jena, der AdW der DDR. Optik 50, 177, 1978.

510. M. von Ardenne – P. G. Reitnauer, The Amplification of the Selective Tumor Acidification by Local Hyperthermia. Kurzmitteilg. Naturwiss. 65, 159, 1978.

511. M. von Ardenne – A. Hendrik, Überlegungen zur Bedarfsdeckung an medizinischem Sauerstoff. Dtsch. Ges.wesen 33, 2233, 1978.

512. M. von Ardenne – P. G. Reitnauer, Verstärkung der mit Glukoseinfusion erzielbaren Tumorübersäuerung in vivo durch lokale Hyperthermie. Res. exp. Med. 175, 7, 1979.
513. M. von Ardenne, Über den Entwicklungsstand der Krebs-Mehrschritt-Therapie. Selektiver Stop der Mikrozirkulation in den Krebsgeweben durch ihre optimierte Übersäuerung + Hyperthermiestoß nach dem Selectotherm-Verfahren. Medizin in unserer Zeit 3, 34, 1979.
514. M. von Ardenne, Selektive Verschließung der Krebsgewebekapillaren durch einen Hyperthermiestoß während Hyperglykämie. Dtsch. Ges.wesen 33, 2158, 1978.
515. M. von Ardenne, Zur Pharmakokinetik des g-Strophanthins bei perlingualer Gabe. Mitteilungsblatt der Internationalen Gesellschaft für Infarktbekämpfung 1978.
516. H. G. Lippmann – M. von Ardenne, Klinische Prüfung des Krebs-Mehrschritt-Therapie(KMT)-Konzeptes M. von Ardennes. Analyse der gegenwärtigen Situation (31.12.1977). Originalarbeit 31.12.1977.
517. M. von Ardenne – P. G. Reitnauer – H. Hilse – P. Oehme, Über den Mechanismus der Verstärkung der Übersäuerung von Tumoren durch NAD. Pharmazie 33, 753, 1978.
518. M. von Ardenne, Methodik und erste Ergebnisse der Sauerstoff-Mehrschritt-Therapie. Physikal. Med. u. Rehabil. 19, 541, 1978.
519. M. von Ardenne – H. G. Lippmann – P. G. Reitnauer – J. Justus, Histological Proof for Selective Stop of Microcirculation in Tumor Tissue at pH 6,1 and 41°C. Naturwiss. 66, 59, 1979.
520. M. von Ardenne – P. G. Reitnauer, Weitere Untersuchungen zur Pharmakokinetik des g-Strophanthins bei perlingualer Applikation. Card. Bull. Acta cardiol. 16/17, 109, 1978/79.
521. M. von Ardenne – E. Kell, Berechnung des dynamischen Aufheizprozesses in mehrschichtigen Modellgeweben bei Lokalhyperthermie nach dem CMT-Selectotherm-Verfahren. Arch. Geschwulstforschg. 49, 590, 1979.
522. M. von Ardenne, Über die Gegenläufigkeit der Maßnahmen einer kausalen Therapie des Myokardinfarktes und der Mehrschritt-Therapie des Krebses. Dtsch. Ges.wesen 34, 1253, 1979.
523. M. von Ardenne – H. G. Lippmann, Kurzzeitige generelle oder lokalisierte Blutdrucksenkung als Hilfsschritt für selektive Blutgefäß-Verschließung bei der Krebs-Mehrschritt-Therapie. Ärztl. Z. f. Naturheilverf. 24, 384, 1983.
524. M. von Ardenne – W. Krüger, The Use of Hyperthermia within the Frame of Cancer Multistep Therapy. Ann. N. Y. Acad. Sci. 335, 356, 1980.
525. M. von Ardenne – P. G. Reitnauer, Selective Occlusion of Cancer Tissue Capillaries as Central Mechanism of the Cancer Multistep Therapy. Jpn. J. Clin. Oncol. 10, 31, 1980.
526. M. von Ardenne, g-Strophanthin perlingual als Hauptelement einer kausalen Therapie der Angina pectoris und des Herzinfarktes. Dtsch. Apoth.-Ztg. 119, 1261, 1979.

527. M. von Ardenne, Bewegungsarmut – Gefahr für unsere Gesundheit! Humanitas 19, 12, 1979.
M. von Ardenne, Bewegungstraining muß Spaß machen! Erfahrungsheilkunde 28, 877, 1979. Österr. J. f. Sportmedizin 9, 26, 1979.
528. M. von Ardenne – P. G. Reitnauer, Verstärkung der mit Glukoseinfusion erzielbaren Tumorübersäuerung in vivo durch Natriumnitroprussid. Pharmazie 34, 447, 1979.
529. M. von Ardenne, A Specific Oxygen Multistep Procedure for Permanent Reelevation of the arterial pO_2 Resting Level decreased in Advanced Age. Int. Soc. Oxygen Transp. Tissue Meeting '79.
530. M. von Ardenne, Hyperthermia and Cancer Therapy. Cancer Chemother. Pharmacol. 4, 137, 1980.
531. H. G. Lippmann – M. von Ardenne – H. H. Wiemuth, Zwischenresultate einer Pilotstudie zur Optimierung und klinischen Prüfung der Sauerstoff-Mehrschritt-Therapie (O_2-MT). Z. f. Alternsforschg. 35, 411, 1980.
532. H. G. Lippmann – M. von Ardenne – D. Graichen, Zur Frage einer Tagesrhythmik des arteriellen Ruhe-pO_2. Z. Erkrank. Atm.-Org. 156, 29, 1981.
533. M. von Ardenne, Anhaltende Vervielfachung des O_2-Transportes zum Gewebe durch Kombination der O_2-Mehrschritt-Therapie mit einer Senkung des O_2-Bindungsvermögens im Blut. Physikal. Med. u. Rehabil. 20, 518, 1979.
Permanent Multiplication of Oxygen Transport into Tissues by Combining the Oxygen Multistep Therapy with Lowering the Oxygen Binding Capacity in the Blood. Bioelectrochem. Bioenergetics 7, 685, 1980.
534. M. von Ardenne – P. G. Reitnauer, Vergleichende photoelektronische Registrierung des Einstromes von Evansblau in das Blutgefäßsystem von Normalgewebe und von Tumoren mit selektiv ausgelöster Hämostase. Verlangsamung des Farbeinstromes als Gradmesser der Mikrozirkulationshemmung. Arch. Geschwulstforschg. 50, 443, 1980.
535. M. von Ardenne, Utilization of pH-dependent membrane changes of blood cells for the selective occlusion of the vasculature in cancer tissues. Bioelectrochem. Bioenergetics 7, 255, 1980. J. Electroanal. Chem. 116, 255, 1980.
536. M. von Ardenne, Der arterielle Sauerstoffpartialdruck, eine wichtige Kenngröße des Gesundheitsstatus. Labormedizin 2, 285, 1979.
537. M. von Ardenne und P. G. Reitnauer, Zur gesteigerten Wärmeempfindlichkeit hypoxischer Tumorzellen. Naturwiss. 64, 279, 1977.
538. M. von Ardenne, STATEMENT über die Dresdner-Krebs-Mehrschritt-Therapie-Forschung. Eigendruck 1979.
M. von Ardenne, STATEMENT on the Dresden Cancer Multistep Therapy Research and on the Topics of the Conference on Thermal Characteristics of Tumors: Applications in Detection and Treatment. Eigendruck 1979.
539. K. Algenstaedt, P. Feiffer, M. von Ardenne und A. von Ardenne, Ausschöpfung der Möglichkeiten für eine höhere Mähdruschleistung. Getreidewirtschaft 7, 150, 1979.
540. M. von Ardenne, Berlin und die Pionierzeit des Fernsehens. Bild und Ton 32, 293, 1979.

541. M. von Ardenne – P. G. Reitnauer, Selective Inhibition of Microcirculation in Tumor Tissue. Naturwiss. 67, 154, 1980.

542. M. von Ardenne – P. G. Reitnauer, Versagen der Blut-Hirn-Schranke als primäre Todesursache. Anästhesiol. u. Intensivmed. 21, 36, 1980.

543. M. von Ardenne, O_2-Mehrschritt-Therapie und Krebs. Neue Perspektiven der Krebsimmunologie. Arch. Geschwulstforschg. 51, 231, 1981.

544. M. von Ardenne, O_2-Mehrschritt-Stimulierung der Immunabwehr durch Thymus-Extrakt und Intensivvarianten der Sauerstoff-Mehrschritt-Therapie. Immunstimulation und Krebs. Krebsgeschehen 13, 60, 1981.

545. M. von Ardenne, Reaktivität und Regenerierbarkeit des Lunge-Herz-Systems. Z. F. Physiotherapie 32, 379, 1980.

546. M. von Ardenne, Zur Wertigkeit von »Außenseitermethoden« in der Medizin. Physikal. Med. u. Rehabil. 21, 345, 1980.

547. M. von Ardenne – W. Krüger, Oxygen Multistep Therapy as a Measure for Improving Immunologic Parameters and Prevention of Cancer in Man. 4. Intern. Symp. on the Prevention and Detection of Cancer. London July 26–31, 1980.

548. M. von Ardenne, Measurement and Removal of Certain Stress Effects. Synergism. Physical Exercise, and Oxygen Multistep Therapy. Stress 2, 25, 1981.

549. M. von Ardenne, Über die gesundheitliche Bedeutung der permanenten Anhebung des arteriellen Sauerstoff-Partialdruckes. Der Praktische Arzt 18, 1349, 1981.

550. M. von Ardenne – H. H. Wiemuth und S. Wiesner, Messungen über permanente bzw. zeitweilige Steigerung der arteriovenösen pO_2-Differenz durch den O_2-Mehrschritt-Regenerationsprozeß bzw. Reinfusion von UV-bestrahltem Eigenblut. Dtsch. Ges.wesen 35, 1620, 1980.

551. M. von Ardenne – H. H. Wiemuth und S. Wiesner, Blood pO_2-Measurements During Treatment of Peripheral Circulatory Disorders Using the Combination of the Oxygen Multistep Regeneration Process and Reinfusion of UV-irradiated, Patient's own Blood. Proc. VII Intern. Congr. Hyperbaric Medicine. Moskau 1981.

552. M. von Ardenne, Der arterielle Ruhe-pO_2 als diagnostische Kenngröße. Med. Klinik 75, 923, 1980.

553. M. von Ardenne – R. Mahrwald, Liposomen von allosterischen Effektoren zur Kombination mit dem O_2-Mehrschritt-Regenerationsprozeß und in vivo Herabsetzung der O_2-Affinität des Hämoglobins. Pharmazie 35, 502, 1980.

554. M. von Ardenne, Krebs-Rezidiv- und Metastasen-Prophylaxe durch O_2-Mehrschritt-Immunstimulation. Ärztezeitschr. f. Naturheilverf. 22, 318, 1981 (auch Eigendruck 1980).

555. M. von Ardenne, Der Plasmafeinstrahlbrenner – Entwicklung, Einführung, Anwendung. Urania 1980 Heft 1, S. 25.

556. M. von Ardenne, Blut-pO_2-Messungen nach Bestrahlung großer hyperämisierter Hautflächen mit kurzwelligem ultraviolettem Licht. Ärztl. Z. f. Naturheilverf. 24, 41, 1983.

557. M. von Ardenne – P. G. Reitnauer, Selective Inhibition of Microcirculation in Tumor Tissue after Glucose Infusion and Hyperthermia. Originalarbeit.
558. M. von Ardenne, Stand der Krebs-Mehrschritt-Therapie-Forschung. Dtsch. Ärzteblatt 78, 1560, 1981.
559. M. von Ardenne, Sauerstoff-Mehrschritt-Therapie-Grundlagen und neuere Ergebnisse. Ärztl. Z. f. Naturheilverf. 25, im Druck, 1984.
560. M. von Ardenne, Messung und Bekämpfung von Streßfolgen. Ergebnisse der Sauerstoff-Mehrschritt-Therapie-Forschung. Z. f. Alternsforsch. 36, 473, 1981.
561. M. von Ardenne – H.-J. Kretzschmar, Wege zur Risikosenkung bei Operationen durch vorausgehende O_2-Mehrschritt-Therapie. Anästhesiol. u. Intensivmed. 22, 313, 1981.
562. M. von Ardenne – P. G. Reitnauer, Erhöhung der Anzahl Leukozyten und Thrombozyten im peripheren Blut mit Thymus-Extrakt im Vergleich mit 2-Cyanäthylharnstoff. Pharmazie 36, 703, 1981.
563. M. von Ardenne, Die Bekämpfung von Streßfolgen durch den Sauerstoff-Mehrschritt-Regenerationsprozeß und durch Bewegungstraining. Card. Bull. Acta cardiol., 22/23, 19, 1982.
564. M. von Ardenne, Was bedeutet Sauerstoff-Mehrschritt-Therapie? Originalarbeit 1.1.1981.
565. M. von Ardenne – P. G. Reitnauer und W. Krüger, 2-Cyano-Ethyl-Urea and its Derivatives as Potential Immunostimulants in Experimental Cancer Research. Arch. Geschwulstforschg. 51, 485, 1981.
566. M. von Ardenne, Höchstleistungen in Wissenschaft und Technik durch bessere Erkennung und Förderung von echten Begabungen. Rede auf der Tagung des Kulturbundes am 12.2.81 in Dresden. Physikal. Blätter 38, 75, 1982.
567. M. von Ardenne, Reactivity and Regenerability of the Cardio-Pulmonary System. The Arterial pO_2 as a Diagnostic Parameter. Adv. Physiol. Sci. Vol. 25. Oxygen Transport to Tissue. 239.
568. M. von Ardenne, Principles and Results of the Cancer Multistep Therapy. studia biophysica 81, 181, 1980.
569. M. von Ardenne, Ehrenpromotion zum doctor paedagogicae honoris causa (Dr. paed. h. c.) durch den Wissenschaftlichen Rat der Pädagogischen Hochschule »Karl Friedrich Wilhelm Wander«. Dresden am 22. September 1982.
570. M. von Ardenne u. a., Prozeßoptimierung im Mähdrusch. Reserven in der Steigerung der Getreideproduktion. Kundendienst- und Schulungsmaterial des VEB Kombinat Fortschritt Landmaschinen, Neustadt/Sachs.
571. M. von Ardenne, Unremembered Attempts and Designs from the Early Years of Electron Microscopy. 10th International Congress on Electron Microscopy Hamburg. 17.–24. August 1982.
572. M. von Ardenne, Diskussion über »Geistige Elite« auch in der DDR. Phys. Bl. 38, 75, 1982.
573. M. von Ardenne, Sauerstoff-Mehrschritt-Therapie. Interview! Ibykus 2, 29, 1982.

574. M. von Ardenne, Sauerstoff-Mehrschritt-Therapie bedeutet die Entdeckung eines Prozesses mit überraschend starker und anhaltender Steigerung des O_2-Transportes in den gesamten Organismus. Erfahrungsheilkunde 33, 53, 1984.
575. M. von Ardenne – H. J. Kretzschmar, Über Einflußfaktoren auf die Responderrate des O_2-Mehrschritt-Regenerationsprozesses. Erfahrungsheilkunde 31, 162, 1982.
576. M. von Ardenne, Sauerstoff-Mehrschritt-Therapie, Mikrozirkulation und Myokardinfarkt. Erfahrungsheilkunde 31, 512, 1982.
577. M. von Ardenne – P. G. Reitnauer, Manipulierte selektive Hämostase im Tumorgewebe ohne Blutgerinnung. Naturwiss. 67, 485, 1981.
578. M. von Ardenne – P. G. Reitnauer, Die manipulierte selektive Hemmung der Mikrozirkulation im Krebsgewebe. J. Cancer Res. Clin. Oncol. 103, 269, 1982.
579. M. von Ardenne – W. Krüger, Combined Whole-Body and Local Hyperthermia for Cancer Treatment: CMT Selectotherm Technique. Biomed. Thermology, 705, 1982.
580. M. von Ardenne – P. G. Reitnauer, Selektive Reaktion der Mikrozirkulation des Krebsgewebes auf Blutdrucksenkung. Naturwiss. 69, 150, 1982.
581. M. v. Ardenne, Zellulärer Gefäßwand-Schaltmechanismus der Mikrozirkulation. Biomed. Technik 27, 111, 1982.
582. M. von Ardenne, Messungen des arteriellen O_2-Partialdruckes ohne und mit O_2-Inhalation nach Lungenschädigung durch Rauch. Z. Erkrank. Atm.-Org. 159, 166, 1982.
583. M. von Ardenne – W. Krüger, Recent Trends in the Cancer Multistep Therapy Concept. In: Hyperthermia (ed. by H. I. Bicher and D. F. Bruley) Plenum Publ. Corp. New York, N. Y., 71, 1982.
584. M. von Ardenne – W. Krüger, Oxygen Multistep Immunostimulation – a New Concept for Improving the Immune State in Cancer Patients. In: Oxygen Transport to Tissue. Vol. IV (ed. by H. I. Bicher) Plenum Publ. Corp. New York, N. Y., 369, 1983.
585. M. von Ardenne, Wege zur Bekämpfung von Hörschäden aus Sicht der O_2-Mehrschritt-Therapie-Forschung. HNO-Praxis 7, 73, 1982.
586. M. von Ardenne, Wirkungssteigerung von Bewegungstraining durch Vorausgabe einer Pharmakakombination. Österr. J. f. Sportmedizin 12, 1, 1982.
587. M. von Ardenne, Lauftraining mit Effekterhöhung durch Vorausgabe einer Pharma-Kombination. Z. Spiridon 8, 5, 1982.
588. M. von Ardenne – P. G. Reitnauer, Methodische Hinweise zur Untersuchung der Thrombozytenaggregation in vitro und in vivo. Z. med. Labor.-Diagn. 25, im Druck, 1984.
589. M. v. Ardenne, Persönliche Erinnerungen an Otto Warburg. NTM-Schriftenr. Gesch., Naturwiss., Technik, Med., 21.
590. M. von Ardenne – P. G. Reitnauer, Selektive Hemmung der Mikrozirkulation im Krebsgewebe bei manipulierter Blutdrucksenkung. Arch. Geschwulstforschg. 52, 363, 1982.
591. M. von Ardenne – W. Klemm, Grundlagen der O_2-Mehrschritt-Prozesse mit

lang anhaltender Vergrößerung der arterio-venösen O_2-Sättigungsdifferenz. Dtsch. Gesundh.-Wesen 38, 1469, 1983.

592. M. von Ardenne – P. G. Reitnauer, Die Thrombozytenaggregation bei Übersäuerung und Hyperthermie. Arch. Geschwulstforsch. 52, 443, 1982.

593. M. von Ardenne – Th. von Ardenne – W. Krüger, Multistep Thermotherapy in Cancer Treatment. Proc. Internat. Conf. on Applications of Physics to Medicine and Biology, Trieste (Italy), March 30 – April 3, 1982. Ed. by: G. Alberi, Z. Bajzer & P. Baxa, World Sci. Publ. Comp. Pty. Ltd., Singapore 107, 1983.

594. M. von Ardenne, Ursache und Schnellbehebung von Schwächezuständen. Fortschr. Med. 102, im Druck, 1984.

595. M. von Ardenne, Messung und Beeinflussung des O_2-Transportes in das Körpergewebe. Der praktische Arzt 38, 689, 784, 1984.

596. M. von Ardenne – P. G. Reitnauer, Blutdruckerniedrigung – kein obligater Faktor bei manipulierter Hemmung der Tumor-Mikrozirkulation. Krebsgeschehen 15, 61, 1983.

597. M. von Ardenne – Th. von Ardenne – W. Krüger, CMT Selectotherm Technique: Effective rf (27.12. MHz) Application for Therapeutic Tumour Heating. studia biophysica 94, 171, 1983.

598. M. von Ardenne, On the Effect of a Generalized and Bioenergetically controlled Mechanism of Microzirculation. The Influence of Bioenergetically Positive or Negative Factors on Arterial and Venous pO_2. studia biophysica 94, 173, 1983.

599. M. von Ardenne, Gegenwärtiger Entwicklungsstand der Krebs-Mehrschritt-Therapie. Interdisziplinäre wissenschaftliche Tagung »Die Chemotherapie der Gliome«, Mainz, Oktober 1983.

600. M. von Ardenne – W. Klemm – J. Klinger, Doppelblindstudie zur starken anhaltenden Steigerung der körperlichen Leistungsfähigkeit nach Sauerstoff-Mehrschritt-Therapie-Behandlungen. Z. Alternsforschung 39, 17, 1984.

601. M. von Ardenne, Erinnerungen an die Zeit der Machtergreifung Hitlers. In: Glaser, Siegreich bis zum Untergang, Herder Freiburg 1983, S. 73.

602. M. von Ardenne, Die Sauerstoff-Mehrschritt-Immunstimulation und Krebs-Mehrschritt-Therapie. Signal 1, 35, 1983.

603. M. von Ardenne, Sauerstoff-Mehrschritt-Therapie erschließt das Auftanken energetischer Reserven in allen Phasen des menschlichen Lebens. In: M. von Ardenne, Sauerstoff-Mehrschritt-Therapie. 3. Aufl. Georg Thieme, Stuttgart 1983.

604. M. von Ardenne, Fundamentals of Combatting Cancer Metastasis by Oxygen Multistep Immunostimulation Processes. Medical Hypotheses, im Druck, 1984.

605. M. von Ardenne, Messungen über die Zunahme des Sauerstoff-Transportes in das Körpergewebe nach Trinken von Kaffee. Raum & Zeit 8, H. 8, 4, 1984.

606. M. von Ardenne, Die energetische Aktivierung der natürlichen Heilkräfte. Ein Wirkprinzip der Sauerstoff-Mehrschritt-Therapie. Z. Naturheilkunde 35, 311, 1983.

607. M. von Ardenne – P. G. Reitnauer, pO_2-Messung mit einer lichtleitenden

Sauerstoffelektrode unter intravitalmikroskopischen Bedingungen. Pflügers Archiv, im Druck, 1984.

608. M. von Ardenne – P. G. Reitnauer, Eine lichtleitende Sauerstoff-Mikroelektrode für die Intravital-Durchlichtmikroskopie. Z. med. Labor.-Diagn. 25, im Druck, 1984.

609. M. von Ardenne – G. Böhme – W. Dauterstedt – H. J. Götting – J. Schorcht, Die Selectothermanlage, eine KW-Diathermieapparatur mit bewegtem Applikator zur zweistufigen Erzeugung von Hyperthermie in der kombinierten Tumortherapie. Dt. Gesundh.-Wesen 39, 977, 1984.

610. M. von Ardenne – P. G. Reitnauer, Hyperthermia and Hyperglycemia for Manipulated Inhibition of Tumor Microcirculation. J. Cancer Res. Clin. Oncol. 107, 66, 1984.

611. M. von Ardenne, Schaltmechanismus der Mikrozirkulation und Herzinfarkt. Vortrag: Medizinische Woche Baden-Baden 1983 12. Tagung der Ges. f. Infarktbekämpfung.

612. M. von Ardenne, Die Abhängigkeit des Sauerstofftransportes in das Körpergewebe vom Lebensalter und die günstige Beeinflussung dieses Transportes durch Sauerstoff-Mehrschritt-Therapie. Z. Alternsforsch. 39, 187, 1984.

613. M. von Ardenne, The Present Developmental State of the Cancer Multistep Therapy. In: Hyperthermia in Cancer Treatment (L. J. Anghileri u. F. Roberts, Hrsg.), CRC Press. Inc. Boca Raton. Fl. USA 1984.

614. M. von Ardenne, Persönliche Erinnerungen an die Anfänge der Rundfunk- und Fernsehtechnik. NTM-Schriftenr. Gesch., Naturwiss., Technik, Med., 22, im Druck, 1984.

615. M. von Ardenne, Kritische Verschlechterung des O_2-Status im Organismus durch Distress und prophylaktische oder therapeutische Bekämpfung dieser Verschlechterung durch neue Prozesse der Sauerstoff-Mehrschritt-Therapie. Research in Human Stress Vol. I.

616. M. von Ardenne, Memories of the origins of the Scanning Electron Microscope and the Electron Microprobe. Paper presented at the European Conference on Electron Microscopy on the occasion of the 30th anniversary of the International Federation of Societes for Electron Microscopy (IFSEM) Budapest, August 13, 1984.

617. M. von Ardenne – P. G. Reitnauer, Messung und Registrierung der paravasalen Glukosekonzentration in Mikrobereichen der Endstrombahn. Biomed. Techn. 29, im Druck, 1984.

618. M. von Ardenne – W. Klemm, Messungen zur leichten zusätzlichen Anhebung eines durch O_2-Inhalation erhöhten arteriellen Ruhe-pO_2 durch Ionisation des zugeführten Sauerstoffs. Erfahrungsheilkunde 33, im Druck, 1984.

619. M. von Ardenne – P. G. Reitnauer, Some experimental and methodological experiences on the selective inhibition of blood microcirculation in Tumor Tissues as the Central Mechanism of the Cancer Multistep Therapy. Vortrag auf dem 3. Weltkongreß für Mikrozirkulation 9.–14. September 1984, Oxford, GB.

620. M. von Ardenne, Über die Mitnutzung des Fiebers bei Infektions- und anderen Krankheiten für einen O_2-Mehrschritt-Schnellprozeß mit Abkürzung der Rehabilitationsphase auf wenige Stunden und anhaltender Hochschaltung des O_2-Status.

Personenregister

Sachregister

Detailliertes Inhaltsverzeichnis

2. Buch. Berlin-Lichterfelde 1928 bis 1945

3. Buch. Sowjetunion 1945 bis 1955

4. Buch. Dresden 1955 bis 1984

Kapitel 3: Für die Deutsche Demokratische Republik 292

Kapitel 4: Physikalisch-technische Forschungen 325

Enrico FERMI: A scientist sho

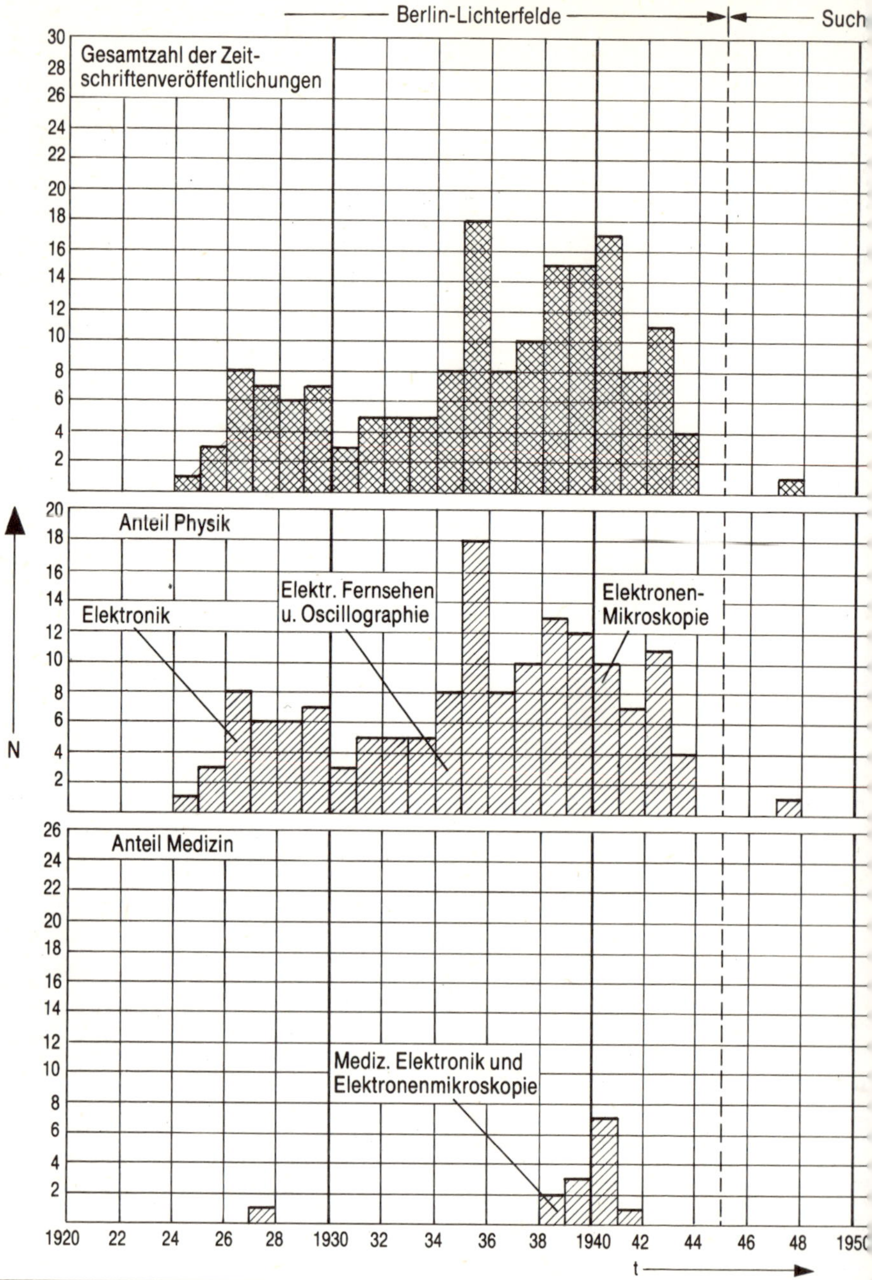

Inst. M. v. Ardenne	**Zahl N wissenschaftlicher Veröf pro**